趙坤茂・張雅惠
黃俊穎・黃寶萱 著

Introduction to Computer Science

# 計算機概論

## AI與科技的共舞

全華

# 作者簡介

## 趙坤茂

國立臺灣大學　資訊工程學系暨研究所教授
國立臺灣大學　生醫電子與資訊學研究所教授
國立臺灣大學　資訊網路與多媒體研究所合聘教授

**學歷**

國立交通大學　資訊工程學士
國立交通大學　資訊工程碩士
美國賓州州立大學　計算機科學博士

**經歷**

靜宜大學　資訊管理學系副教授、教授
國立陽明大學　生命科學系教授


趙坤茂行 e 已四十餘年，撰寫過數十萬行程式，收發過數百萬封伊媚兒。這些年來，打過的字和說過的話差不多，走過的網路遠比馬路長很多。:-)

大學唸工學院，研究所唸理學院，博士後研究在衛生研究院。學成歸國後，任教於管理學院、生命科學院及電機資訊學院。雖然游走於各個不同的學院，但其道 e 以貫之，離資訊本行都不遠，這一切皆拜各領域已逐漸被 e 網所打盡之賜。lol

四十年前大專生流行的電腦擇友、三十年前的電子佈告欄（BBS）、二十年前的 ICQ（I seek you!）、十年前的微網誌（microblogging），一直到目前的社群網路與擬真宇宙，他無役不與，學以致用。上線時 e 呼百諾，儘管和這些驚鴻 e 瞥的網友僅有 e 面之緣，但大家 e 見如故、沆瀣 e 氣，在 e 來 e 往間，建立了不錯的默契。^_^

現在的他，每天透過數位高速公路，來往於世界各地，宇宙所發生的新鮮事全都 e 覽無遺。其思維也 e 觸即發，在 e 彈指間，以幾近光速穿梭於 e 想世界裡。%-)

然而，在數位世界裡 e 軍突起，即使他焚膏繼晷，e 夫當關已不敵萬夫。因此，自喻為資深 e 世代，此「資深」一詞，和「資深」美少女的用法類似，雖說風韻猶存，但長江後浪推前浪，該是 e 缽相傳的時候了。e_e

# 作者簡介

## 張雅惠

國立臺灣海洋大學　資訊工程學系暨研究所教授

**學歷**

| | |
|---|---|
| 國立臺灣大學 | 資訊工程學士 |
| 美國馬里蘭大學 | 計算機科學碩士 |
| 美國馬里蘭大學 | 計算機科學博士 |

**經歷**

| | |
|---|---|
| 靜宜大學 | 資訊管理學系副教授 |
| 國立空中大學 | 資料庫系統科兼任副教授 |
| 國立臺灣師範大學 | 進修推廣部兼任副教授 |
| 國立政治大學 | 資訊科學系兼任副教授 |
| 國立臺灣科技大學 | 資訊工程系兼任副教授 |
| 國立臺北大學 | 資訊工程系兼任副教授 |
| 國立臺北大學 | 資訊工程系兼任教授 |

張雅惠從小就愛讀書，和前副總統呂秀蓮雷同的是，在國小國中畢業時都拿縣長獎，在高中念北一女時也是班上第一名畢業。不過，除了課本之外，她更喜歡讀活書，不僅曾是文藝少女，也到處周遊列國，增廣見聞。透過這次寫書的機會，謹將數十年來追求知識的心得，轉化成文字，以饗同好。

# 作者簡介

## 黃俊穎

國立交通大學　資訊工程學系暨研究所教授

**學歷**

國立臺灣海洋大學　資訊科學系學士
國立交通大學　資訊科學系碩士
國立臺灣大學　電機工程學系博士

**經歷**

國立臺灣海洋大學　資訊工程學系暨研究所助理教授
國立臺灣海洋大學　資訊工程學系暨研究所副教授
國立交通大學　資訊工程學系暨研究所副教授


黃俊穎從小就是個喜歡玩電腦寫程式的孩子。國小時從 BASIC 語言入門，國中時開始寫組合語言，高中時開始寫 C 和 C++ 語言，並參加國內外大大小小程式設計比賽，獲得些許獎項和獎金。取得博士學位後，他於 2008 年秋天起進入國立臺灣海洋大學資工系任教。他的研究興趣廣泛，包括電腦網路、資訊安全、嵌入式系統以及多媒體系統。雖然在學術界服務，但是他熱愛寫程式更甚於寫論文。他的研究成果也以開放源碼的型式發佈。透過這次寫書的機會，希望可以嘗試從不同的管道，將他對資訊科技的熱愛，傳達給讀者。

# 作者簡介

## 黃寶萱

Google 臺灣　行銷副總

**學歷**

國立臺灣大學　資訊工程學系學士

**經歷**

國立臺灣大學　資訊工程學系助教
國立臺灣大學　計算機中心 Excel 及 Word 講師
2003 年資訊月無線生活館作品展覽
2003 年 IEEE CSIDC 競賽全球第一名


黃寶萱，小時候屬多才多藝之孩子，演講繪畫書法鋼琴作文樣樣來，國小五年級代表臺北市前往日本參加亞太兒童大會，國小六年級當選自治市長。國中最大的成就是第一名畢業，然後考上北一女中，高中最大的成就是考上臺大資訊工程學系。中學生涯無其他值得一提的表現，就在擔心自己是否「小時了了，大未必佳」時，2003 年拿下世界級比賽第一名，才暫時抹去這股疑慮，目前持續努力中，希望數十年後也不必擔心「小時了了，大未必佳」。

# 推薦序

個人電腦的普及化，一直是我們國家引以為傲的事。的確，沒有一間辦公室裡不是人手一架電腦的，沒有一間學校不是有很多電腦的，至於家庭，有電腦的也越來越多，小學老師所出的作業，就要小學生上網去查資料。我們報稅，也都已經上網去報稅，即使買火車票，也是上網去買。可以說，個人電腦已經是民生必需品，就像柴米油鹽一樣，幾乎一定要有這些東西，否則我們活不下去的。

為因應資訊時代的來臨，幾乎所有大專院校都開授多門的「計算機概論」，但內行人都知道，這門課的內容常常需要修訂更新，如果能有一本廣泛介紹資訊科技最新發展的教科書來輔助教學，一定能大大提昇該課程的教學品質。

年前，趙坤茂這小子就告訴我，他、張雅惠及黃寶萱正在撰寫「計算機概論」，希望我能為該書寫序，我很高興現在終於看到他們的完稿。這三位作者學有專精，都是資訊工程科班出身的專家，我為他們熱心致力於推廣資訊教育喝采。

這本書特別著重「資訊工程」基礎概念的介紹，提供理工學院、管理學院學生及有志自學資訊工程或資訊管理者極佳的入門書籍，我發現它至少有下面幾個優點：

一、深入淺出地介紹硬體及軟體的概念，掌握計算機的發展趨勢；

二、取材詳盡，頗具參考價值；

三、以輕鬆的筆調進行，圖文並茂，可讀性高；

四、專有名詞皆中英對照，奠立讀者未來的自學基礎；

五、校對嚴謹，錯誤率低。

這個年頭，大家關心的是經濟發展，流行的名詞是知識經濟、奈米科技等等，我卻老是提出一個回歸基本面的觀念。所謂回歸基本面，就是一切從基本做起，這本來應該是天經地義的事，可是並沒有人喜歡聽這些想法，理由很簡單，因為這種作法是相當不耀眼的。我常常想，我們的老師們應該注意學生學到的基本知識，可是他們多半不會這樣做，因為我們整個社會總希望學生知道非常高深的學問，怎麼可以去過問學生有沒有最基本的知識呢？但沒有好的基礎，又如何談創新呢？我願再次呼籲，萬丈高樓平地起，讓我們一切從基本做起吧！

對有志打好資訊工程基礎的讀者們，這本書的出版真是個好消息！

李家同

2004.7

# 作者序

教過計算機概論的老師都知道，這是一門不容易教好的課程！首先，它的內容極為善變，唯一不變的特色就是變，任課老師必須時時更新教材，才能跟上潮流，帶給學生最新的計算機概念。其次，它涵蓋的範圍非常廣泛，包括計算機應用、計算機操作、計算機運作流程、計算機運作原理及計算機軟體設計等課題，若每一課題都只講皮毛，常流於亂蓋一通的計算機「蓋」論；若只偏頗單一課題，又變成單調貧乏的計算機「丐」論。再者，學生的數位落差極大，有的很懂電腦，有的一竅不通，要兼顧多數人的學習需求，還真不容易做到呢！再加上合適的教科書可遇不可求，常讓整個課程的進行雪上加霜，事倍而功半。

資訊工程多年來已建立了許多基礎理論及模式，本書從「資訊工程」基礎概念中挑選出最重要核心的主題，深入淺出地介紹各種關鍵的概念，可以説這是一本入門的「資訊工程導論」。我們在書裡加入了最新的軟硬體發展及計算機應用，以便同學能體認最尖端的資訊脈動；我們也平衡了不同領域的課題，並深入探討一些重要的核心技術，讓概論不至於成為虛浮偏頗的「蓋」論或「丐」論；當我們撰寫慎選出來的題材時，盡量避免老生常談，讓每位同學都覺得有新鮮感，從而提昇整體的數位程度。

本書在規劃階段時，就鎖定撰述對象主要為理工學院與管理學院的大專生，以及有志自修資訊工程或資訊管理相關領域的朋友。我們常常在想，要具備怎樣的知識才算有基本的資訊素養？這是我們撰寫每一章節前，都會仔細思考的問題。我們知道一本概論不可能包山包海，通吃所有的資訊知識，但我們期待透過這本書的學習，至少能建立讀者爾後自學計算機的基礎。

本書初版三位作者來自於不同的年齡層，分別和喬丹、徐薇及小甜甜布蘭妮年齡相仿，從老生到花旦都有！希望能因而兼顧計算機古典與現代之美。這段日子，寫這本書是我們最優先的事，雖然每天都有趕稿的壓力，但我們甘之如飴，因為推廣資訊教育一直是我們共同的理想。然能力有限，疏漏難免，還望諸先進多多指正。

本書第一版於 2004 年 7 月問世，並逐年根據資訊科技的現況與脈動全面修訂。從第十版起，與小飛俠柯比．布萊恩年齡相仿的黃俊穎加入作者群，強化網路基礎架構及應用之說明，並新增資訊安全的篇章，最新版本於 2024 年 4 月時完成重新排版。感謝資訊界諸多先進採用為「計算機概論」課程的教科書，並惠賜不少寶貴的意見，讓我們受益匪淺。在修訂版中，我們已一一改正前一版的錯誤，並增補了許多新的內容，期使本書能更臻完善。

我們謝謝李家同教授多年來的指導、叮嚀及支持，承蒙他撥冗為本書寫序，讓我們更感到任重而道遠。謝謝中國時報浮世繪版夏瑞紅主編在千禧年時規劃了「數位世界說法」專欄，邀請趙坤茂主筆，本書的「資訊科技專欄」，有不少取材於該專欄的文章。謝謝臺大資工系同仁熱心分享資訊科技的願景，因為他們的肩膀，讓我們看得更遠。

感謝全華圖書公司對本書的精心策劃及全力支持，讓本書能順利出版。最後，我們謝謝家人這些日子以來的包容、體諒與支持。

趙坤茂 張雅惠 黃俊穎 黃寶萱
謹識於
臺灣大學資訊工程學系
2024 年 4 月

# 本書導讀

這本計算機概論的撰述對象，主要是理工學院與管理學院的大專生，以及有志自修資訊工程或資訊管理相關領域的朋友。因此，我們特別著重「資訊工程」基礎概念的介紹，在題材的選擇上，希望能讓讀者對計算機各領域的進展有概括性的理解。本書也透過範例的實作及演練，讓讀者對書的內容將不僅有抽象性的概念，同時也有實質的體會。為了增添本書的可讀性，我們也在章節裡加入一些相關的題材，如：國際資訊界的一些名人軼事，以及某些資訊概念背後的故事等。

本書共分十六章，從計算工具的沿革談起，然後討論計算機如何表示數位化的資料，以及當代計算機的基本組織。有了這些概念後，我們介紹電腦的管家婆－作業系統，使大家對電腦的作業流程有進一步的認識。接著，帶領大家認識網際網路，並進一步理解網際網路的運作原理。為了要建立讀者計算機軟體的設計與分析能力，我們有專章介紹程式語言、資料結構、演算法、軟體工程及資料庫，希望透過這些基礎知識的理解，讓讀者更能掌握軟體設計的要訣。最後我們討論日益蓬勃的電子商務及其他重要課題，使讀者對整個資訊工程領域有通盤性的認識。我們各章節的簡要說明如下：

第一章詳述了計算機發展的來龍去脈、簡介當代計算機的通用架構，並列舉目前計算機的應用現況。有道是鑑往知來，當我們對計算機的沿革有進一步的認識之後，不僅能對當代的計算機有更深的體會，同時也能對未來的計算機有更廣博的展望。

- 1-1 節整理歸納了計算機科學發展的重要關鍵，這部分的內容非常詳盡，極具參考價值。
- 1-2 節討論當今計算機的通用架構，它是基於一種稱為「馮紐曼模式」的架構，其主要的精神在於「儲存程式」的概念。在 Google 搜尋引擎輸入關鍵字「computer」，可以查到數十億個相關網頁。關鍵字「電腦」和「計算機」，則分別都可查到近億個相關網頁，足見電腦的影響面之大。要在一天的生活中和電腦完全扯不上關係，還真有點難呢！

在電腦裡，我們需要處理的資料型態包括：數字、文字、語音、音樂、圖形、影像、影片及動畫等，這些資料都會編碼成數位化的資料儲存在電腦裡，等到顯示或列印時，再將數位化的資料解碼成原來的資料格式。數位化的資訊好處多多，它方便我們編輯、處理、儲存、傳輸及播放，以便更有效精確地表達意念。第二章我們介紹電腦如何表示數字和文字資料。

- 2-1 節討論電腦基本的資料型態。
- 2-2 節及 2-3 節分別討論二進位表示法及各種進位法間的轉換方式。
- 2-4 節及 2-5 節介紹整數及浮點數的表示方式。
- 2-6 節簡介文字資料表示最常用的 ASCII 及 Unicode。

第三章依序介紹中央處理器、主記憶體及輸出入周邊設備等，希望能讓讀者對計算機組織有初步的認識，而我們的論述將特別著重於個人電腦相關的計算機組織課題，如果大家對大型電腦或工作站的組織架構有興趣，可進一步參閱這方面的相關資料。

- 3-1 節討論計算機的大腦 - 中央處理器，並整理近年來微處理器的發展。
- 3-2 節介紹電腦執行計算時所用的主記憶體。
- 3-3 節談論電腦如何執行程式。
- 3-4 節簡介電腦的匯流排及介面。
- 3-5 節列舉了常見的輸出入周邊設備。
- 3-6 節介紹儲存裝置的類型。

比爾蓋茲因為作業系統而致富，甚至蟬連世界首富多年。在第四章中，我們將簡介作業系統，了解被稱為管家婆的作業系統，到底負責哪些事情。

- 4-1 節給予讀者最基本的作業系統概念，讓讀者理解為什麼要有作業系統的存在。
- 4-2 節我們介紹幾種作業系統，使讀者了解作業系統有不同的設計目的與方針。
- 4-3 節介紹 CPU 的排班方式，舉出幾個最基本的排班演算法，並且進行比較使讀者能較深入地了解。
- 4-4 節談到記憶體管理，講述記憶體管理的技術及方法。
- 4-5 節談論有關檔案系統，讓讀者能以系統的角度認識檔案。
- 4-6 節簡介幾個熱門的作業系統。
- 4-7 節介紹行動裝置作業系統。

網路可以說是現代人生活不可或缺的必需品。在第五章中，我們將介紹網路的基本概念。

- 5-1 簡述常見電腦網路的用途。
- 5-2 節從幾個不同的角度，包括連接的方式、服務的方式以及網路的規模，來討論網路的架構。
- 5-3 節介紹網路的傳輸媒介，包括有線、無線、光纖等等。
- 5-4 節則針對網路的語言一傳輸協定做簡單的說明，並介紹常見的 OSI 與 TCP/IP 模型。
- 5-5 節介紹日常生活中常見的幾種網路設備。
- 5-6 節針對電信網路，包括傳統的電腦線路以及流行的行動網路，做簡單的介紹。
- 5-7 節針對常見的幾種無線網路包括 802.11、RFID 以及 NFC 進行介紹。

網路之所以可以成為生活的必需品，一切都要歸功於「網際網路」技術的成功。在第六章中，我們將介紹網際網路，讓讀者了解網際路的運作方式。

- 6-1 節簡述網際網路的歷史，並說明網際網路中最重要的「封包交換」概念。6-2 節至 6-5 節則按 TCP/IP 模型分層介紹與網際網路相關的各種功能。
- 6-2 節簡介資料連結層。
- 6-3 節介紹網路層中的定址、封包切割、組裝及路由。
- 6-4 節介紹傳輸層提供的功能，包括多工處理、連接及無連接導向服務、可靠傳輸、流量控制、壅塞控制等。
- 6-5 節簡介應用層。
- 6-6 節介紹幾個網際網路相關的實務操作，包括網際網路的基本設定和除錯方式。
- 6-7 節介紹網路模擬的相關工具。

隨著網路與網際網路技術的成熟，網路上的應用也愈來愈豐富。在第七章中，我們介紹網路上常見的應用。

- 7-1 節說明從網路開始發展到現在都非常多人使用的電子郵件服務。

- 7-2 節則介紹電子佈告欄（BBS）系統，並簡述 ANSI 控制碼的功能。
- 7-3 節討論網路上最普及的應用一全球資訊網（WWW）的運作原理以及各種瀏覽器。
- 7-4 節介紹全球資訊網的相關應用，包括搜尋引擎、即時通訊、網路遊戲、影音分享、社群網路、網路儲存。坐而言不如起而行！
- 7-5 節介紹基本的網頁製作概念。

在享受網路帶來便利的同時，我們也必須要正視網路安全帶來的威脅！在第八章中，我們將探討網路安全相關的概念。

- 8-1 節簡述網路安全的基本原則一機密性、完整性、可用性。8-2 節至 8-4 節則分別為這三個基本原則做更為詳細的介紹。
- 8-2 節介紹達成資料機密性的方式，包括對稱式及非對稱式的加解密演算法，以及常見的密碼學演算法應用。
- 8-3 節針對資料完整性，包括密碼學的雜湊函數、數位簽章以及公開金鑰管理加以討論。
- 8-4 節就系統可用性做簡介。
- 8-5 節簡述常見的網路攻擊，包括阻斷服務攻擊、主機入侵、電腦病毒以及網路監聽。
- 8-6 節介紹幾個常見的網路防護方式，包括防毒軟體、網路加密、防火牆及入侵偵測系統，以及無線網路的安全機制。
- 8-7 節以深入淺出的方式簡述區塊鏈的概念及應用。包括其設計理念、相關的密碼學技術，以及如何應用在比特幣的設計與實作。
- 8-8 節介紹後量子密碼學。
- 8-9 節簡述資訊倫理的概念。除了技術面上的安全外，身為一個電腦螢幕後的藏鏡人資訊人也得重視網路上的禮儀。

在第九章中，我們將對程式語言的功能作一概略的介紹。一部電腦就外觀而言，只是很多硬體的組合，如中央處理器、記憶體、硬碟等。但是如何指揮這些硬體，提供我們所需要的功能，就必須有適當的溝通工具，這工具就是程式語言。

- 9-1 節先回顧一下程式語言發展的歷史，並說明幾個比較具影響力或代表性的程式語言。
- 9-2 節簡介在程式中可定義的資料型態。
- 9-3 節介紹一些常用的程式指令。
- 最後，9-4 節討論程序及參數。

在第十章中，我們將介紹幾種廣被使用的資料結構。在撰寫程式時，為了把資料的特性適當的表示出來，除了程式語言提供的基本資料型態之外，也有許多更複雜的資料結構被提出來，我們將在這章中分節討論。

- 首先，10-1 節探討陣列的應用。
- 10-2 節詳細說明如何利用指標建立鏈結串列。
- 10-3 節討論因應兩種存取不同順序的資料結構，包含「先進後出」的堆疊和「先進先出」的佇列。
- 10-4 節簡單介紹樹狀結構的特性。

在我們的數位世界裡，每一份數位資料的處理，最終都化成某種程度的計算問題，而好的演算法正是數位計算的靈魂。日益精進的數位處理器，配上精雕細琢的演算法，將是構築未來數位世界很重要的兩把刷子。第十一章介紹演算法的基本概念，並以範例介紹幾個基本演算法，希望透過這些示範，讓讀者體會到演算法多采多姿的世界。

- 11-1 節介紹找最大數和最小數的幾種找法及其效能。
- 11-2 節討論幾個基本的排序方法：選擇排序法、插入排序法、泡沫排序法及快速排序法。
- 11-3 節簡介二元搜尋法的概念及效率。
- 11-4 節介紹較為複雜的動態規劃技巧。
- 11-5 節探討數位世界的計算難題。

軟體工程的相關議題在第十二章討論。經由前幾章的介紹，讀者已經對寫程式有些許概念，而軟體工程所討論的就是整個軟體開發過程中可能遇到的問題。譬如在寫數百行的程式時，如何註解、偵錯、理解程式的流程和用途。還有在業界發展的成千上萬行程式，如何進行軟體測試和品質保證，以保證不論使用者怎麼使用程式，都不會玩到當機。

- 12-1 節討論小規模的程式撰寫。
- 12-2 節和 12-3 節討論開發大型軟體計畫的議題。
- 12-4 節介紹軟體產業中普遍採用的分析設計標準－ UML。

在第十三章中，我們會簡單介紹資料庫的理論基礎，並討論與資料處理相關的新興技術。

- 13-1 節介紹資料庫系統的架構和基本功能。
- 13-2 節說明關聯式資料模式的理論，和查詢語言 SQL 的基本功能。
- 13-3 節先介紹實體關係模式的概念和實體關係圖的畫法，接著說明如何判斷一個關聯綱要是否符合 Boyce-Codd 正規式，若不符合的話應該如何分解。
- 13-4 節討論數個因應資料大量產生所推出的技術，首先介紹如何建立資料倉儲，其次說明大數據的特性，並以 MongoDB 為例說明 NoSQL 類資料庫軟體的資料表示和查詢方法。
- 13-5 節介紹資料探勘的基本概念，包含其所能產生的資訊類別，以及一般進行資料探勘的步驟。
- 最後，於 13-6 節介紹在全球資訊網有廣泛應用的 XML，以便讓讀者瞭解一種新型態的資料表示方式。

人工智慧的研究是希望使電腦系統也具有人類的知識，並具學習及推理的能力，以便電腦可以自行判斷來解決不同的問題。此領域由來已久，但是近幾年由於技術上的突破，又再度引起大家的注意。在本章中，我們介紹重要的技術和應用。

- 14-1 節首先簡介人工智慧技術的歷史沿革，以及大家耳熟能詳的應用如專家系統等。
- 14-2 節深入介紹機器學習和深度學習的技術，並特別說明卷積神經網路、遞歸神經網路、生成對抗網路等。
- 14-3 節說明電腦視覺的原理，以及其處理過程中的五大步驟。
- 14-4 節介紹感測網路、物聯網及智慧聯網的觀念，並描述智慧家庭和智慧電網等應用。

千禧年的前後，可說是電子商務最戲劇化的時段，在不斷地投入金錢堆砌出來的風光泡沫化之後，電子商務開始進入另一沉潛的階段。由於網際網路的持續發達，電子商務並沒有因此就日落西山，反而是蓄勢待發。

- 15-1 節介紹電子商務的特性，包含遍存性、全球市場、全球標準、互動與多元資訊、資訊密集、個人化與客製化等。
- 15-2 節分別以「交易對象」和「商業模式」兩個觀點，探討電子商務目前如何以不同的方式運行。
- 15-3 節談論有關電子商務交易安全與加密機制。
- 15-4 節談論電子商務的付費機制及安全連線等問題。
- 15-5 節探討電子商務帶給社會及商業的一些新思維。

第十六章簡述了雲端運算、生物資訊、多媒體、資料壓縮及計算理論，讓大家對資訊工程的多元性有更多的體會。

- 16-1 節介紹雲端運算，包括常見的 IaaS、PaaS 及 SaaS 架構。
- 16-2 節簡述生物資訊學的核心課題包括：序列組合、序列分析、生物資訊資料庫、基因認定、種族樹建構以及蛋白質三維結構推測等。
- 16-3 節討論幾個多媒體的重要課題及常見軟體。「多媒體」是近年來媒體的寵兒，它是多種資訊傳輸媒介或多個不同型態的資訊。
- 16-4 節介紹資料壓縮，它透過編碼的技術，來降低資料儲存時所需的空間。
- 16-5 節討論計算理論，它探討計算問題的複雜度，除了回答特定計算問題的難易度外，同時也設計最有效的方法來解決問題。

附錄 A 羅列常見電腦專有名詞縮寫及中英對照一覽表，熟記該表有助於理解資訊領域的論述，並且也有助於相關考試之準備。附錄 B 提供數位邏輯設計學習的相關網站。

# 目錄

## 第一篇　資訊通鑑

### 01 計算機簡介



### 02 數位資料表示法



### 03 計算機組織

## 第三篇 程式開發

## 第四篇　進階應用

### 12 軟體工程



### 13 資料庫



### 14 人工智慧

## 15 電子商務



## 16 進階資訊理論及應用課題



## 附錄

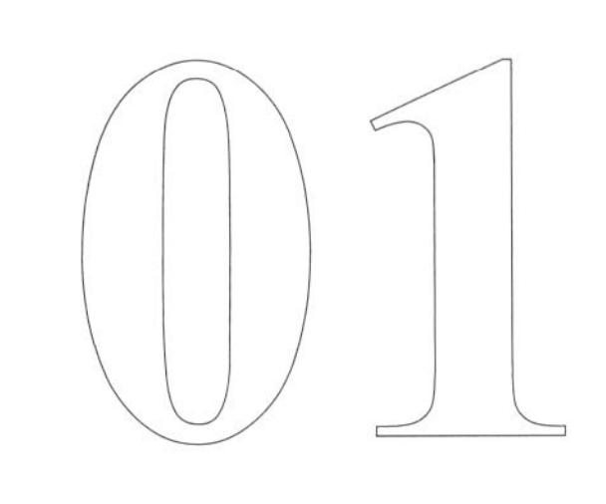

# 計算機簡介

0 1 0 0 0 0 0 1 1 0 1 1 0 1 0 0 0 1 1 0 0 0 0 0 0 0 0 0 0 0 0 0

電腦一詞乃是一般大眾對計算機（computer）的俗稱，計算機顧名思義是用來協助人們計算（compute）的工具。算盤是目前為止，我們所知道最早的輔助計算工具，早在五千年前，它就出現在亞洲了。它不僅可以算十進位數，也可算十六進位數，只是算盤珠子，不撥不動，還稱不上是自動化的計算工具。

雖然，計算機有一些不同的類型，但如今這名詞所代表的，通常是指自動化的數位計算機，它以數位化資料的處理及運算為主。

想想看，我們一般人這輩子會做多少次的數字計算呢？以每天一百次來算，即使我們和彭祖一樣長壽，活了八百歲，總共大約也「只」算了三千萬次，利用現在數位科技界所開發出的計算機，不用一秒就能完成我們一輩子生活上遭遇的所有數字運算，真是太神勇了，不是嗎？

有道是鑑往知來，當我們對計算機的沿革有進一步的認識之後，不僅能對當代的計算機有更深的體會；同時也能對未來的計算機有更廣博的展望。因此，本章概述計算機發展的來龍去脈、簡介當代計算機的通用架構，以及例舉目前計算機的應用現況。

# 1-1 ｜ 計算機科學大事記

## 西元前 3000 年

**算盤**（abacus，這英文單字是每個誓言將字典從 A 背到 Z 的人，在 abandon（放棄）之前必唸之字）已出現在亞洲。

圖 1-1　算盤
（資料來源：Freepik）

## 西元 1642 年

法國數學家 Blaise Pascal 發明了機械式的加法器 Pascaline。

## 西元 1801 年

Joseph-Marie Jacquard 發明了 Jacquard loom，這是第一部使用儲存器及程式設計概念的機器。該機器以**打孔卡片**（punched card）來控制織布機的編織流程。

## 西元 1822 年

Charles Babbage 開始設計 Difference Engine，不只可做簡單的數學運算，還可以解答一些多項式的問題。

## 西元 1844 年

Samuel Morse 從華盛頓傳了一份電報到巴爾地摩。

## 西元 1889 年

Herman Hollerith 設計了以打孔卡片來儲存資料並排序的電動機器，它在競賽中脫穎而出，獲選為西元 1890 年美國人口統計分析的機器。美國戶政局（U.S. Census Bureau）以 Hollerith 這個打孔卡片處理機來協助人口普查，只耗費兩年半即完成調查工作，而原來這項工作需耗時七年半呢！

Herman Hollerith 在西元 1896 年時成立了 Tabulating Machine Company，這是世界上第一家生產電動製表及會計機器的公司。後來經過一番的合併重整後，於西元 1924 年 2 月 14 日，正式改名為 IBM（International Business Machines Corporation）。

圖 1-2　IBM 的 Logo

## 西元 1912 年

無線電廣播工程師學會（the Institute of Radio Engineers）成立，它於西元 1963 年和美國電機工程師學會（the American Institute of Electrical Engineers）合併，成為聲譽卓著的國際電機電子工程師學會（the Institute of Electrical and Electronics Engineers，簡稱為 IEEE，唸成“EYE triple E”）。

## 西元 1937 年

亞蘭杜林（Alan Turing）提出了**杜林機**（Turing Machine）的概念，它是一個假想性的計算工具，在這機器上有一個長條型、無窮多格的儲存磁帶，每一格位置是空白或一個符號；附帶在磁帶上的是一個可讀寫的磁頭，它可以在磁帶的格子往左或往右移動，並在每次移動時讀、寫或擦拭該格子；還有一個有限狀態控制機，可運用狀態的改變，配合目前磁頭所在的位置，來決定這些移動讀寫的動作。這樣一個簡單的機器，它的運算功力竟然相當於今天的數位計算機。換句話說，目前數位計算機可以運算的方法，我們都可以在杜林機上實現，很神奇吧！杜林當初也用這個抽象機器，證明了某些命題的不可決定性，這在數學及邏輯領域上，都算是二十世紀裡很重要的里程碑。

## 西元 1938 年

史丹佛大學的同學 William Hewlett 和 David Packard 在加州 Palo Alto 的車庫組成了 Hewlett-Packard（HP）公司的雛型，於西元 1939 年正式成立 HP，當初要取名為 Hewlett-Packard 或 Packard-Hewlett 是丟銅板決定的。

## 西元 1939 年

John V. Atanasoff 和他的助理 Clifford Berry 發明了第一部可用電子訊號將資訊編碼的特殊用途機器，稱為 ABC（Atanasoff Berry Computer，如圖 1-3），那時候這部電腦的目的是要解決一些線性方程式。在這同時，德國數學家 Konrad Zuse 也設計了一個稱為 Z1 的二進位電動計算機。

圖 1-3 John V. Atanasoff（左）、他的助理 Clifford Berry（中）及 ABC（右）

## IT 專家 亞蘭杜林

象徵最崇高學術桂冠的諾貝爾獎，從 1901 年開始頒發，根據瑞典發明家諾貝爾的遺囑，設有物理、化學、生理醫學、文學及和平等五個獎項；自 1969 年起，增設了經濟學諾貝爾獎。不知讀者是否曾有這樣的疑問：為什麼諾貝爾獎沒有數學獎項呢？坊間流傳的説法是：當初諾貝爾的夫人，曾經和瑞典一位很有成就的數學家米塔雷符勒有過一段婚外情，所以諾貝爾決定不設數學獎項。

亞蘭杜林（Alan Turing）

英國數學家亞蘭杜林（Alan Turing，1912-1954），雖然無緣在有生之年得到諾貝爾獎，但後人為了紀念他在數位計算理論上的貢獻而設立的杜林獎（Turing Award），已被公認是資訊科學領域最崇高的獎項，而有「資訊科學諾貝爾獎」的美譽。

杜林獎從 1966 年開始頒發，受獎人都是對計算機科學有深遠影響的大師級學者。例如：演算法分析領域最出眾的高德納（Donald E. Knuth）、在計算複雜度理論上有卓越貢獻的庫克（Stephen A. Cook）、C 程式語言的創始人理奇（Dennis M. Ritchie）、UNIX 作業系統製作人湯普生（Ken Thompson），及資料庫管理系統的先驅卡德（Edgar F. Codd）等。

第一位華人得主是 2000 年的姚期智教授，表彰了他在計算複雜度理論的偉大貢獻。

被譽為人工智慧領域之父的 Herbert A. Simon，除了是 1975 年杜林獎得主外，同時也是 1978 年的諾貝爾經濟獎得主，卡內基美隆大學（CMU）也在他的影響下，成為資訊科學領域最頂尖的學府之一。

## 西元 1944 年

哈佛大學在 IBM 贊助下，完成了第一部電動機械計算機，稱為馬克一號（Mark I），長度 51 英呎，高度 8 英呎。

## 西元 1945 年

馮紐曼（John Louis von Neumann）介紹了**儲存程式**（stored program）的概念，今日的數位電腦基本上都是採用這個概念所建構而成的。

# 第一代電腦：真空管時期

## 西元 1946 年

賓州大學的 John. W. Mauchly 和 J. Presper Eckert, Jr. 製造了第一部以**真空管**（vacuum tube）為基礎元件的計算機，稱為 ENIAC（Electronic Numerical Integrator and Computer，如圖 1-4）。它比馬克一號快上千倍，但所佔的空間仍相當龐大。同時它非常耗電，啟動時會使所在地費城的燈光變得微弱，而它所產生的熱度常會縮短真空管的使用期限，降低了可靠度。儘管如此，ENIAC 和稍後的 UNIVAC I 開啟了第一代電腦：真空管時期。

圖 1-4 真空管與 ENIAC
（資料來源：CC BY-SA 3.0）

**資訊專欄**

運籌零壹之間
決勝毫秒之內

https://tinyurl.com/bdf8bpys

## 西元 1947 年

從這一年起，世上最早及最大的計算機教育及研究學會 ACM（the Association for Computing Machinery）就開始提供交換計算機領域相關資訊、想法及發現的園地，今日它已是橫跨超越百國的重要學術組織。

ACM

貝爾實驗室研究員巴丁（John Bardeen）和布拉頓（Walter Brattain）開發出史上第一顆電晶體，它可應用於任何需要運算、存取、通訊、感測、顯影的電子裝置，是廿世紀最偉大的發明之一。

## 西元 1948 年

Richard Hamming 發明了 Hamming code（漢明碼），可找出傳輸資料的錯誤並訂正之，此技巧被廣泛地應用在電腦及電話系統。

## 西元 1952 年

傑出女性資訊學家 Grace Murray Hopper（圖 1-5）設計了第一個**編譯器**（compiler）：A-0。（編譯器是用來將程式語言所寫的程式轉換成電腦可執行的 0 與 1 數列。）

圖 1-5 Grace Hopper 是世界公認最偉大的女性資訊學家之一

## 西元 1956 年

William Bradford Shockley、John Bardeen 及 Walter Houser Brattain 榮獲諾貝爾物理獎，諾貝爾委員會在讚辭中說：「獲獎是要表彰三位學者在半導體的研究，及發現電晶體的效應。」

## 西元 1957 年

John Backus 和 IBM 的同事發展了第一個 FORTRAN 語言的商用編譯器。

### 資訊專欄 點矽鍺成金 人走茶未涼

近日寒流來襲，但捷運列車依然人潮洶湧，已逐步回復到疫前盛況。環顧車廂內外，無論是人手一部的智慧裝置，或是預錄廣播系統、到站顯示器、路線識別燈，乃至於行車控制及車門開關等，電晶體都在其電子電路晶片裡扮演關鍵角色。粗估一下，這部列車共承載了數兆顆電晶體，此乃七十五年前第一顆電晶體問世時難以預料的景象。

巴丁（John Bardeen）和布拉頓（Walter Brattain）以半導體材料鍺開發出史上第一顆電晶體，在一九四七年十二月廿三日正式展示給任職的貝爾實驗室，勇奪彼時科學家追尋數十年的聖杯。電晶體具備開關電流與放大信號的功用，可應用於任何需要運算、存取、通訊、感測、顯影的電子裝置，是廿世紀最偉大的發明之一。電晶體問世後，沒幾年就取代真空管，成為數位電腦的基礎元件。

當初巴丁和布拉頓申請電晶體專利時，他們的主管蕭克利（William Shockley）並沒有一起掛名，這讓蕭克利覺得自己的貢獻被漠視。據說在跨年夜裡，懊惱的蕭克利以半導體三明治模式發想，勾勒出一種改良式的雙極性電晶體。儘管初始設計遭遇重重難關，但經歷一個多月的修正與秘密實驗後，終於在二月中旬證實其可行性。

一九五六年，蕭克利、巴丁和布拉頓獲頒諾貝爾物理學獎，以彰顯他們在半導體研究和電晶體效應的卓越貢獻。其實，科學研究的重大突破總在競合試誤中突圍而出，成者為王，敗者為寇。因此，王者前身或許曾為賊寇，而王者後來可能更加擴大版圖，或是再度淪為賊寇。

蕭克利在一九五六年將矽電晶體製造導入灣區，新創事業不幸失敗慘澹收場，但所招聘的優秀工程師卻造就了諸多矽谷傳奇，包括仙童半導體和英特爾。可惜他因管理風格觸犯員工而眾叛親離，也因種族歧視和倡導優生思維而走向偏鋒。

巴丁在一九五一年到伊利諾大學任教，並將研究聚焦從電阻可轉移的半導體，轉移到零電阻的超導體。他在一九七二年因超導理論再度獲頒諾貝爾物理學獎，成為史上唯一榮獲兩次諾貝爾物理學獎的科學家。

布拉頓在一九六七年從貝爾實驗室退休後，呼應內心鄉野的召喚，回到母校惠特曼學院任教。他出生於廈門，一歲時回到故鄉華盛頓州，中年喪偶後再娶育有三個孩子的艾瑪，成為筆者恩師米勒教授的繼父。

雖然研發電晶體的三位開路先鋒早已往生超過卅年，但他們的智慧結晶仍在我們周遭發光發熱，並將在未來持續造福人間。

趙老 於 2022 年 12 月

## 第二代電腦：電晶體時期

### 西元 1959 年

Honeywell 公司推出以**電晶體**（transistor）為基礎元件的計算機，稱為 Honeywell 400，這也是第二代電腦（電晶體時期）的代表作。電晶體（圖 1-6）較真空管體積小、耗電少、且散熱快，因此可靠性較高，同時價格也較低廉，堪稱「俗擱大碗」。很快地，這類型的計算機就取代了真空管計算機。

圖 1-6 電晶體

這一年，全錄公司（Xerox）也完成了第一部商用影印機，在美語中，Xerox machine 是 copy machine 的同義字。另外，John McCarthy 在這一年裡開發了第一個人工智慧程式語言 LISP。

### 西元 1962 年

史丹佛大學和普渡大學成立了全球最早的計算機科學系（computer science departments）。交通大學於西元 1960 年設立臺灣最早的計算機研究學程；臺灣最早的計算機科學系是淡江大學於西元 1969 年所設立的電子計算機科學學系；最早命名為資訊工程系的則是西元 1977 年臺灣大學所設立的資訊工程系。在時勢所趨下，現在各大學的計算機相關科系，大都以資訊開頭命名，包括交大的計工系也於 1988 年更名為資訊工程系；而在英文名稱方面，資訊工程系曾經以 information engineering 為名，但據說申請國外學校時，容易被誤解為搞情報（information）的，現多以 computer science and information engineering 為英文系名；而國外的資訊工程相關科系，則多以 Computer Science（CS）或 Computer Science and Engineering（CSE）為名。

現在幾乎全球各主流大學，都設立了計算機科學的相關科系，足以顯示計算機一日千里的進展。這一年，MIT 的 Steve Russell 發明了全球第一個電腦遊戲，很快就風行了整個美國的電腦實驗室。

### 西元 1963 年

美國國家標準局制定了以 7 個**位元**（bit）編碼的 ASCII（American Standard Code for Information Interchange），ASCII 仍是目前非常重要的電腦編碼標準。

## 第三代電腦：積體電路時期

### 西元 1964 年

科技的進步有時快得令人難以置信，西元 1964 年時，電腦界的藍色巨人 IBM 推出了第一部以**積體電路**（Integrated Circuit；IC）為基礎元件的 IBM 360 型計算機。它不僅速度比電晶體快上數百倍，同時也在空間上省了很多。IBM 360 開啟了第三代電腦：積體電路時代，此時的一個積體電路**晶片**（chip）可容納數十個電子元件的功能，所謂一個電子元件就是指一個電晶體或真空管。

圖 1-7　真的粉像老鼠吧

這一年，Douglas Engelbart 發明了滑鼠（mouse），它之所以暱稱為滑鼠，乃是因為它的末端有著長長的尾巴，真的很像老鼠（圖 1-7）。現在逐漸流行的無線滑鼠，也許該有另一個有趣的暱稱，就叫它「小饅頭」或「米龜」吧！

### 西元 1965 年

貝爾實驗室、奇異公司與麻省理工學院共同開發了一個多工、多使用者的 Multics 作業系統。

### 西元 1966 年

有資訊領域諾貝爾獎之稱的**杜林獎**（Turing Award）開始頒發，每年頒發一次，獎金為美金十萬元。

### 西元 1968 年

Robert Noyce、Andrew Grove 和 Gordon Moore 成立了 Intel，它是今日世界影響力最大的電腦微處理器發明公司，Pentium、Celeron、Xeon 及 Itanium 等都是該公司一系列的產品，影響資訊科技至深。

### 西元 1970 年

Dennis Ritchie 和 Kenneth Thompson 設計了 UNIX 作業系統（這名稱和 1965 年耗費眾多人年完成的 Multics 互別苗頭）。

# 第四代電腦：超大型積體電路時期

## 西元 1971 年

Niklaus Wirth 開發了 Pascal 程式語言。這一年，Ray Tomlinson 寄發了第一封網路電子郵件（email）。

圖 1-8 微處理器

雖然有很多電腦廠商以它們所生產的產品作為第四代電腦（超大型積體電路時期）的起始點，但絕大多數的人認為，西元 1971 年是第四代電腦的開始年，此時一片積體電路晶片可容納數千個、甚至數萬個電子元件，其中的代表作是全世界第一部微處理器（microprocessor）Intel 4004（圖 1-8、圖 1-9）。表 1-1 列了前幾代電腦的基礎元件。

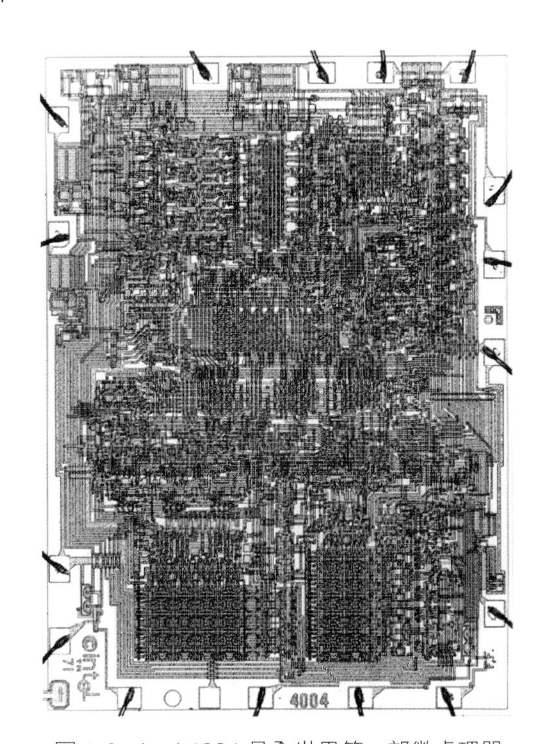


圖 1-9 Intel 4004 是全世界第一部微處理器

表 1-1 第一代電腦到第四代電腦

| 項目代別 | 年代 | 電子元件 | 電子元件的大小 | 速度比較 |
|---|---|---|---|---|
| 第一代 | 1946 ～ 1959 | 真空管 | 大姆指 | 毫秒（$10^{-3}$ 秒） |
| 第二代 | 1959 ～ 1964 | 電晶體 | 鉛筆的橡皮頭 | 微秒（$10^{-6}$ 秒） |
| 第三代 | 1964 ～ 1971 | 積體電路 | 0.5mm 鉛筆芯 | 10 毫微秒（$10^{-8}$ 秒） |
| 第四代 | 1971 年以後 | 超大型積體電路 | 比針尖小 | 毫微秒（$10^{-9}$ 秒） |

## 西元 1972 年

Dennis Ritchie 開發了 C 程式語言。

## 西元 1975 年

第一部**個人電腦**（personal computer；PC）問世，稱為 Altair 8800（圖 1-10）。這一年，IBM 做了第一部商用雷射印表機。

圖 1-10 Altair 8800 是第一部個人電腦

## 西元 1976 年

第一部**超級電腦**（supercomputer）誕生，稱為 Cray-1。IBM 發展了第一部的噴墨印表機。Steve Jobs 和 Steve Wozniak 設計了蘋果一號（Apple I）。

## 西元 1977 年

Steve Jobs 和 Steve Wozniak 成立了蘋果電腦公司（Apple Computer），並推出了在當時最出眾的蘋果二號（Apple II，圖 1-11）。Bill Gates 和 Paul Allen 創設了微軟（Microsoft）。

圖 1-11 Apple II 應可算是第一部大量流行的個人電腦

## 西元 1978 年

Ron Rivest、Adi Shamir 及 Leonard Adleman 發明了著名的 RSA 公開金鑰加密法。Intel 推出了第一個 16 位元的處理器 8086 及 8088，其中 8088 是 IBM PC 初期所採用的**中央處理器**（Central Processing Unit；CPU）。

## 西元 1981 年

IBM 推出開放式的個人電腦架構，使得各電腦廠能推出與 IBM **個人電腦相容**（IBM PC compatible）的機器，自此時起，個人電腦逐漸成為最主流的產品。

## 西元 1982 年

《時代》（Time）雜誌（圖 1-12）以電腦作為年度風雲人物。日本開始第五代人工智慧電腦大型計畫，使得人工智慧領域研究再次受到舉世的注目。Intel 推出 80286，簡稱 286。

圖 1-12 時代雜誌

## 西元 1984 年

新力（Sony）和飛利浦（Philips）推出了 CD-ROM，使數位資料的儲存方式又往前邁進了一大步。IBM PC AT 使用了 Intel 16 位元的 80286。

## IT 專家 比爾蓋茲

Bill Gates 在哈佛大學休學前，雖然只是一個大學生，但已和老師 Christos Papadimitriou 寫了一篇很不錯的論文〈薄煎餅翻整問題〉：給定一疊大小不一的薄煎餅，廚師如何用鏟子做最少次的翻轉，使得薄煎餅依序由小排到大。這是個很難的問題，但聰慧的 Bill Gates 給了一個很優的解法。

後來 Christos Papadimitriou 成了計算複雜理論的大師，據說有人就向 Papadimitriou 提到：「Bill Gates 一定很後悔沒繼續跟你做研究，不然也一定能在計算理論領域佔有很重要的一席之地。」Papadimitriou 回答說：「唉呀！該後悔的是我！如果我跟他一起去開公司，我早就名列全美十大富豪了！」

## 西元 1985 年

Windows 1.0 推出，當時蘋果電腦公司的**麥金塔**（Macintosh）有比較令人滿意的使用者介面。

## 西元 1986 年

Intel 推出了 32 位元的 80386，簡稱 386。

## 西元 1989 年

Tim Berners-Lee（圖 1-13）提出**全球資訊網**（World Wide Web；WWW）的構想，當初目的是要使得歐洲的物理學家容易交換圖文並茂的文件。Intel 推出了 80486（內含一百多萬個電晶體），簡稱 486。

圖 1-13 全球資訊網發明人 Tim Berners-Lee 改變了世界

## 西元 1990 年

WWW 正式推出，沒想到才幾年光景，WWW 就風行全球，使得整個數位世界改觀，並改變了現代人的生活型態。

## 西元 1991 年

芬蘭赫爾辛基大學的學生 Linus Torvalds（五年級後段班的學生），基於 UNIX 的開放原始碼，創作了個人電腦作業系統 Linux（Linus + UNIX）。

## 西元 1993 年

蘋果電腦公司推出了第一部普及的 PDA（Personal Digital Assistant），後來 Palm 及 Sony 等公司都推出了極為成功的 PDA 產品。Intel 推出了第一代的 Pentium 60 和 66 MHz。第一版的 Windows NT 問世。

## 西元 1994 年

第一個成功的商業化瀏覽器 Netscape（網景）推出，本來有著大好前景等著它，後來卻被隨著 Windows 附贈的 IE（Internet Explorer）打得落花流水，頓時前途變得一片迷惘，市場佔有率節節敗退，再次印證「好東西不保證一定是常勝軍」的現實。

當時，大家正為查閱網址所苦惱，楊致遠和 David Filo 適時推出 Yahoo! 搜尋引擎，Yahoo! 代表「另一個階層化的非官方分類目錄（Yet Another Hierarchical Officious Oracle）」，“YA”取材於一個 UNIX 平台使用的程式 YACC「這不過是另一個編譯器的編譯器（Yet Another Complier Complier）」，在決定了前兩個字母之後，他們參考了字典，把剩下的字補足，然後再額外的加了個驚嘆號。（Yahoo 的原意是格利佛遊記中的人形獸，隱含著「沒水準沒文化」的意思，楊致遠笑稱自己當初不務正業整天上網，感覺很沒水準，因此用了這個字當公司名稱 ...）。

Yahoo! 在西元 2000 年，以四十多億新臺幣，購併了當時在臺灣頗受歡迎的奇摩網站，在臺灣的分公司稱為 Yahoo! 奇摩。於是，很多年輕人的慣用語，就從「你奇摩了嗎？」轉成「你 Yahoo! 了嗎？」

圖 1-14　James Gosling 領軍開發的 JAVA，讓數位世界跳躍起來

## 西元 1995 年

James Gosling（圖 1-14）領軍的團隊推出了跨平台的 JAVA 程式語言，其實這語言早在 1991 年就已開始設計，當初命名時，研究人員看看實驗室的外面正好有棵橡樹（oak），就叫這語言為 Oak。後來註冊時才發現很多實驗室外面都有橡樹，Oak 這商標早被登錄，因此改名為大家討論時常喝的爪哇（Java）咖啡。由於全球資訊網跨平台互動的需求，JAVA 語言頓時成為紅透半片天的新世代程式語言。

Windows 95 問世，這個作業系統包含了超過一千萬行程式指令，同時搭配的還有 Internet Explorer（IE）1.0。

## 西元 1997 年

IBM 的深藍電腦擊敗了稱霸西洋棋壇十四年的棋王 Garry Kasparov，再次讓人們領略到電腦的潛能。Office 97 與 Intel Pentium II 上市推出。

## 西元 1998 年

Windows 98 問世。

廣受歡迎的搜尋引擎 Google 推出，開創者是史丹佛博士班的休學生 Larry Page 和 Sergey Brin。

Google 是由英文字裡的「googol」而來，是美國數學家 Edward Kasner 的外甥 Milton Sirotta 隨便造的一個詞，代表 1 後面再加 100 個零的數字。Google 使用這個龐大的數字代表公司想征服網上無窮無盡資料的雄心。

## 西元 1999 年

Intel 推出 Pentium III 和低價位的 Celeron。

## 西元 2000 年

Zhores I. Alferov、Herbert Kroemer 及 Jack S. Kilby 榮獲諾貝爾物理獎，諾貝爾委員會在讚辭中說：「這三位學人的研究，尤其在快速電晶體、雷射二極體和積體電路（IC）的發明，已經為現代資訊科技革命奠定基礎。」

這一年，由 Windows NT 演化而來的 Windows 2000 問世，這個作業系統包含了超過三千五百萬行程式指令。由 Windows 98 改版而來的 Windows Me（Me 是 Millennium Edition）在千禧年問世，這版 Windows Me 用過的人，不少人叫苦連天，怨聲載道，所幸隔年微軟隨即推出了 Windows XP。Intel 推出 Pentium 4（這裡用的是阿拉伯數字 4，而不是羅馬計數符號 IV，這樣讓普羅大眾看起來較不陌生吧！）。

## 西元 2001 年

結合 Windows NT 系列及 Windows 95 系列的作業系統 Windows XP 問世，有 Home Edition 及 Professional 兩種版本。XP 剛推出時，聽說會將電腦使用者的操作細節回報微軟，這讓不少盜用者心虛，喜歡將 XP 唸成「叉匹」，以表達些許的不滿。老實講，這次 XP 的推出，穩定度較微軟以往「弱不禁“瘋”」的 Windows 強悍許多，頗受好評。你知道為什麼它要叫作 XP 嗎？ XP 乃“eXPerience”的縮寫，體驗之義。Windows XP 強化數位的體驗、通訊的體驗及無線的體驗，帶給個人電腦用戶在數位時代裡面有一個全新的經驗。

Intel 推出了**工作站**（workstation）適用的微處理器 Xeon 及 Itanium，其中 Itanium 是 Intel 第一個 64 位元的微處理器。

Jimmy Wales 創建了一部免費的網路百科全書，稱為「維基百科」（Wikipedia）。英國權威科學期刊《自然》（Nature）於 2005 年底的一篇研究報告指出，《大英百科全書》內容的正確性只比維基百科好一點點，結果惹惱了大英百科，於 2006 年 3 月嚴正要求《自然》撤回這篇研究報導，可見這部免費百科全書，帶給經典的《大英百科全書》多大的威脅了。

## 西元 2003 年

在電腦的協助下，「人類基因組解讀計畫」順利完成人類 DNA 序列的定序，開啟了生物科技與資訊科技結合的新紀元。

Office 2003（Microsoft Office XP 的後續產品）問世。Intel 推出針對筆記型電腦設計，以 Pentium M 微處理器為核心的 Intel Centrino 行動運算技術平台，無線網路、省電技術及較小體積是它的賣點。

## 西元 2004 年

Google 上市，造成華爾街股市大轟動。

本書第一版問世。（這也是大事？開玩笑的啦！但說真的，我們作者群很有心要寫好一本可造福大眾的「計算機概論」，敬請多多指教。）

## 西元 2005 年

簡單易用的網路電話軟體 Skype 逐漸流行，可讓網路使用者透過耳機和麥克風，跟世界各地已登記 Skype 的朋友藉由網路通話。

Google 推出 Google Earth，不僅提供各城市的衛星圖，同時也加入了多種消費資訊，包括住宿及餐飲等。要知道紐約曼哈頓的星巴克咖啡（Starbucks）在哪裡，Google Earth 幫你一指搞定。要知道自己家的屋頂長什麼樣子，找 Google Earth 就對了。

為了提升第三世界人民上網能力，以及減少貧富數位落差，MIT 媒體實驗室創始人尼葛洛龐帝（Nicholas Negroponte）提出一百美元廉價電腦的願景，並成立非營利組織 OLPC（One Laptop Per Child，「每個學童一台筆記型電腦」）推動這項計畫，將廣達列為代工設計廠商（ODM）。

## 西元 2006 年

Google 以 16.5 億美元購併視訊分享網站 YouTube。Google Maps 在既有的 Google Earth 及 Google Moon 外，又加入了 Google Mars。Google Sun 及 Google Cosmic 等也指日可待。Google 在臺灣設立研發機構，稱為「Google 臺灣工程研究所」。

大學入學學科能力測驗出現火星文，「3Q 得 Orz：感謝得五體投地」那一段使得網路流行符號 orz 大出鋒頭。orz 源自日本，看起來像一個人拜倒在地，有「悔恨」、「悲憤」、「無力回天」、「佩服」、「拜託」、「被你打敗了」及「真受不了你」等多種涵義，其衍生的符號有 Orz（大頭症者拜倒）、crz（戴安全帽怕被轟者）、sto（換另一個方向拜）及 oroz（像趙老這樣有小腹者）等。

## 西元 2007 年

Apple 電腦推出 iPhone，讓手機與電腦間的結合，又跨進了一大步。這是繼西元 2001 年 Apple 推出 iPod 後（幾年間就賣了上億台），另一件「轟動武林」的佳作。

Microsoft 推出作業系統 Vista，Google 主導推出行動電話平台 Android。

## 西元 2008 年

各路英雄逐鹿數位戰場，Microsoft 向 Yahoo! 提出購併合作案，以對抗日益強大的 Google，惟最後破局。Google 進軍行動電話市場，推出 GPhone，和 Apple 的 iPhone 互別苗頭。

## 西元 2009 年

Microsoft 推出作業系統 Windows 7。2009 年第四季的個人電腦（PC）前五大廠商依序為 HP、Acer（宏碁）、Dell、Lenovo 和 Toshiba。科幻電影《阿凡達》（Avatar）使用了多台伺服器及大量記憶體來產生令人驚嘆的立體視覺效果。光纖通訊之父高錕獲頒諾貝爾物理學獎。

## 西元 2010 年

微網誌（microblogging）盛行，臺灣的兩大微網誌平台為 Plurk（噗浪）與 Twitter（推特）。

透過網路計算、儲存及服務的「雲端運算」成為熱門技術名詞，臺大推出「雲端計算趨勢學程」。雲端計算技術的日漸成熟，也應驗了人工智慧大師 John McCarthy 在 1960 年代所言「有朝一日，計算可能被組織成一種公用事業」（Computation may someday be organized as a public utility.）。現在除了自來水、自來瓦斯外，還有自來網路、自來計算等。

Apple 推出觸控式平板電腦 iPad，「手機電腦化、電腦手機化」已成必然走向。

## 西元 2011 年

**超輕薄筆電**（Ultrabook）問世，其特色為體積較薄、重量較輕，且擁有較佳的電池續航力，包括宏碁的 Acer Aspire 及 Asus Zenbook。Apple 推出平板電腦 iPad 2 及 MacBook Air。平板電腦與筆記型電腦的市場競爭更加白熱化。相較於往年個人電腦的「IBM 相容」與「IBM 不相容」分類，「蘋果系列」與「非蘋陣營」也成為區隔市場的重要指標。

## 西元 2012 年

源起於哈佛大學校園的臉書（Facebook），自 2004 年上線後，用戶直線上升，創辦人馬克・祖克柏（Mark Zuckerberg）成為資訊科技新一代的佼佼者。2012 年 2 月臉書在美國申請上市，其申請文件顯示臉書有 8.45 億位活躍用戶，影響面無遠弗屆。Apple 於 2012 年 3 月推出新款平板電腦 The new iPad，在第一個週末就賣出了三百萬部。

## 西元 2013 年

除了觸控、聲控外，最新流行的手機功能是可讓使用者以眼睛或頭部操控的介面。

雖然網路團購已蔚為風潮，但團購大咖「酷朋」（Groupon）的執行長 Andrew Mason 仍因業績表現不如預期而下台。

宏達電推出 The new hTC One，從絕地反攻手機市場。宏碁面臨轉型危機，創辦人施振榮重回戰場，接任宏碁董座及全球總裁。

穿戴式行動裝置及 3D 印表機日益普及。

## 西元 2014 年

臉書以一百九十億美元收購著名的即時通訊軟體 WhatsApp。在德國漢諾威舉辦的資訊科技展 CeBIT 2014 由機器人開幕，該展覽以巨量資料、社群媒體、行動裝置及雲端計算為主軸。

iPhone 6 系列首波銷售來勢洶洶，號稱第一天就賣出四百萬支，前三天破一千萬支，雙雙寫下蘋果的最高紀錄。

## 西元 2015 年

智慧手錶 Apple Watch（圖 1-15）於 2015 年 4 月 10 日開放預購，不到半小時便全部售完，穿戴式裝置的戰火一觸即發。另外，資訊安全問題層出不窮，相關課題備受重視。

創立於 1939 年的 HP（Hewlett-Packard）分割成兩家公司：HP Inc. 和 Hewlett Packard Enterprise。

圖 1-15　Apple Watch

## 西元 2016 年

華盛頓郵報列出六項定義2016年的科技，分別為人工智慧、機器人、自動駕駛汽車、虛擬實境、物聯網及太空科技，這些科技均與資訊科技極為相關，說明了資訊科技已深深影響人類生活的各個層面。

電腦圍棋軟體 AlphaGo 以四勝一負戰績擊敗韓國李世乭九段，人工智慧的神速進展舉世矚目。

任天堂公司推出擴增實境遊戲《精靈寶可夢 GO》，地不分東西南北，人不分男女老少，玩家紛紛走到戶外捕捉神奇寶貝，一時蔚為奇景。

## 西元 2017 年

美國電信龍頭 Verizon 以 44.8 億美金買下 Yahoo!，將 Yahoo! 和兩年前收購的美國線上公司（AOL）整併為 Oath 公司，網路通訊市場重新洗牌。

**資料科學**（Data Science）、**金融科技**（Financial Technology，簡稱 FinTech）、**深度學習**（Deep Learning）、**擴增實境**（Augmented Reality，簡稱 AR）、**物聯網**（Internet of Things，簡稱 IoT）等資訊相關領域持續發燒，新一波資訊革命蓄勢待發。

從隨機對奕開始，AlphaGo Zero 藉由強化學習模式累積功力，僅三天棋力即超越 2016 年打敗李世乭的 AlphaGo，廿一天超越打敗柯潔的 AlphaGo Master，之後棋力仍持續增進中，令人嘆為觀止。

亞馬遜創辦人貝佐斯（Jeff Bezos）10 月時身價 938 億美元，成為最新世界首富。

繼 Google 之後，Facebook 的 2017 年第三季廣告營收，也首度超越了所有的傳統媒體公司。

## 西元 2018 年

**電動汽車**（Electric Vehicle）及**自動駕駛汽車**（Autonomous Car）技術更臻成熟，人類交通工具的革新一日千里。儘管科技日新月異，Tesla 和 Uber 等自動駕駛先驅者，仍發生了數起死亡交通事故。

Apple 成為美國第一家超過一兆美元市值的公司。Amazon 併購 Whole Foods 超市後，在一年內推出無人結帳的零售店 Amazon Go，大量運用人工智慧技術，以達到全自動化的經營模式。三星與 Google 聯手打造摺疊螢幕手機，具備螢幕可摺疊及螢幕厚度超薄之特性。

IBM 以三百四十億美元買下開放原始碼巨擘 Red Hat；微軟以七十五億美元買下全球最大的開放原始碼平台 GitHub。

Facebook 爆發數千萬筆個資外洩的醜聞，世人為之震驚；台積電因電腦病毒感染而發生機台停擺事件，一夕之間就損失了數十億元，資安議題引發國人高度重視。

雖然比特幣暴起暴落，區塊鏈技術的應用仍逐步成長中。

## 西元 2019 年

中美貿易大戰，全球半導體產業鏈受到嚴峻挑戰；華為的 5G 部署受到抵制，不少國家皆嚴陣以待，臺灣也不例外。

**深度學習**（deep learning）技術革命之父 Yoshua Bengio、Geoffrey Hinton 和 Yann LeCun 獲頒具「資訊科學諾貝爾獎」美譽的「杜林獎」（Turing Award），彰顯了深度學習在當代資訊科技的重要性及影響力。

**第五代行動通訊技術**（Fifth-generation mobile networks，簡稱 5G）乃數位蜂巢式網路技術，國內入秋後啟動第一波 5G 頻譜競標，發放 5G 執照。4G 頻寬改變了用戶手機上網習慣，並造就了直播網紅，5G 速度快上百倍，新型應用將應運而生。

全球最大專業積體電路製造服務公司台積電（Taiwan Semiconductor Manufacturing Company, Ltd.；TSMC）市值突破八兆台幣，打敗三星，成為亞洲市值最高的公司。

## 西元 2020 年

春節期間，嚴重特殊傳染性肺炎（COVID-19）大爆發，中國大陸許多城市封城停工，對資通訊設備產業鏈造成巨大衝擊。國內各級學校春季課程延後數週開學，而本書修訂改版如期推動，以饗莘莘學子。

歐美各國亦於三月時紛紛淪為疫區，各大都市整年都壟罩在疫情之下。遠距學習及工作成為疫情期間的重要模式，視訊聯繫的便捷性及安全性益形重要。

特斯拉（Tesla）帶動新一波的電動車及自動駕駛革命浪潮，相關供應鏈摩拳擦掌以待。

COVID-19 疫苗問世。

## 西元 2021 年

車用晶片嚴重缺貨，美、日、德等國向臺灣求援，盼台積電等業者增產。得半導體者得天下，台積電市值屢創新高，春節後開市市值達臺幣 17 兆元，名列全球前十大企業。

年中疫情升級，全國各級學校停止到校上課，史上第一次全面改採線上教學。

IonQ 在紐約證交所以 SPAC（特殊目的收購公司）模式上市，成為首家公開發行的量子電腦公司。

無人機的性能愈來愈優異，價格愈來愈親民，已經廣泛應用在各個場域，如物流運輸、醫療救援、巡邏警戒、油礦探勘、精準農業、休閒娛樂等。

臉書改名 Meta，宣示 Metaverse 的願景。Metaverse 是 Meta 與 Universe 的合體字，坊間多譯為「元宇宙」，其他更適切的譯名包括「後設宇宙」、「外掛宇宙」、「擬真宇宙」、「超越宇宙」、「美他宇宙」。

NFT（Non-Fungible Token，非同質化代幣）是一種區塊鏈帳本的資料單位，它的獨一無二及可回溯性，使其成為數位收藏的流行選項。

## 資訊專欄 Metaverse 的超越實境體驗

在科幻史詩電影《阿凡達》裡，卡麥隆運用真人動作捕捉技術，將演員的臉部表情和身體動作投射到數位分身，仿真呈現二一五四年潘朵拉星球上的阿凡達和納美人。在科幻冒險電影《一級玩家》裡，史匹柏融合懷舊元素，再搭配環景虛擬實境特效，擬真構築二〇四五年讓人類逃離現實環境的虛擬競賽世界。

立體電影發展至今已逾百年，藉由不同角度同步取景，使觀眾視覺上產生了身歷其境的立體深度。猶記七〇年代臺灣首部立體功夫電影《千刀萬里追》，由張美君執導，觀眾戴上立體眼鏡後，武林人物躍出銀幕，刀劍武器飛到眼前，現場此起彼落的驚呼聲更強化了感官娛樂效果。

近年來多媒體技術突飛猛進，從數位存在到現實存在的軸線來看，包括虛擬實境、擴增虛擬、擴增實境、混合實境及延展實境等領域的軟硬體日趨成熟，構築了 Metaverse（元宇宙）的新世界，各路拓荒人馬正前仆後繼中，就連臉書都改名為 Meta，而宏達電也創建了 VIVERSE……

虛實整合的影音製作工具如雨後春筍般湧現，粉絲們可大飽眼福了。田馥甄的〈一一〉音樂短片，以多鏡頭多面向同步拍攝，呈現西洋鏡層層堆疊的走馬人生，受困生命因一一轉念而掙脫枷鎖。又如曾在北高上演的《囍宴機器人》沈浸式體驗，藉由實體創意空間及虛擬實境影片的互動演出，讓每位觀眾化身玩家，協力探索事件真相。

然而，日漸成熟的多媒體技術也衍生了更能魚目混珠的深度造假，偽作逼真程度已如科幻大師艾西莫夫小說《第二基地》所言：「任何事情不必為真，但必須令人信以為真。」曾有剪輯短片將韓劇姜漢娜角色替換成臺灣女孩周子瑜，片中以假亂真橋段，肉眼完全看不出破綻。因此，對來源不明的影音資料，眼見為憑不再可行，必須經過防偽偵測判讀才行。

研究指出，藉由心跳脈衝在肌膚顯現的微觀變化，可更精準過濾出深度造假的影片。問題是道高一尺，魔高一丈，未來的深度造假勢必納入擬真的心跳脈衝，實在防不勝防。但願這波對抗終究邪不勝正，數位世界的秩序得以重歸正軌。

有道是「假作真時真亦假」，當你流連數位世界的時光愈漫長，是否覺得與現實世界愈有違和感呢？別忘了《一級玩家》的最後忠告：「現實才是唯一真實。」的確，五色令人目盲，何不暫時遠離數位塵囂，沏一壺好茶，靜心聆聽德布西的交響樂素描《海》，徜徉於腦海自然浮現的葛飾北齋浮世繪《神奈川沖浪裏》，如真似幻，豈不更加引人遐思！

趙老 於 2022 年 3 月

## 西元 2022 年

為因應全球超過 30 億人的廣大電玩市場，微軟宣布以美金 690 億收購電玩巨頭「動視暴雪」（Activision Blizzards），與騰訊、Sony 和 Apple 等公司競爭電玩市場。

全球交易量第二大的加密貨幣交易所 FTX 市值急轉直下，申請美國破產法第十一章的破產保護，凸顯弊幣必斃。加密貨幣的價位瞬息萬變，交易不舍晝夜，故常有人說「幣圈一天，人間N年」。

OpenAI 推出聊天機器人 ChatGPT，一鳴驚人，被紐約時報譽為最佳人工智慧聊天機器人。它基於深度學習生成自然語言模型 GPT-3.5，並使用了監督學習和強化學習等技術。

台積電赴美設廠，前兩期的四奈米和三奈米製程總投資額達四百億美元。十二月在鳳凰城舉行移機典禮時冠蓋雲集，美國總統拜登親臨致詞。

### 資訊專欄　陸海空軌跡 雲端全都錄

2022 年 8 月初，美國眾議院議長裴洛西訪臺。她所搭乘的專機從吉隆坡起飛後，為避開可能遭受軍事威脅的南海，繞道較遠航程的菲律賓海。在七個小時的飛行期間，許多網友湧入知名航班追蹤網站 Flightradar24，查詢呼號 SPAR19 專機的即時動態。

一開始大家都能自在追蹤 SPAR19 專機的飛行途徑，不料後來由於使用者激增到數十萬人，使得 Flightradar24 不得不祭出流量控制手段，僅允許訂閱戶即時觀看，並將非訂閱戶轉到等候室停留一段時間後才能觀看。這項緊急措施一石二鳥，不僅可促銷訂閱，也能保障網站不被異常流量癱瘓。

裴洛西離臺後，中共對臺灣周遭進行封島式軍事演習。網友透過「臺灣海域船舶即時資訊系統」，可看到臨海船隻在演習前紛紛返港停泊。實彈射擊期間，有名網友透過該系統看到竟然還有航行的船隻，鄉民大驚，後來才發現原來是在海島中央的日月潭。

筆者在日月潭旅宿酒店的頂樓餐廳實測，從日潭望向拉魯島和月潭，可看到多艘船隻來回水社、玄光寺和伊達邵之間，但其中僅有一兩艘移動的船隻顯示在該即時資訊系統上，資訊並不完整。該系統未來若能更完整呈現臺灣水域的船隻動態，將有助於急難救援、船隻調度、行船安全及緊急警示等。

雖然馬路上的行車資訊無法開放給大眾查詢，但已有愈來愈多的車子自動連上網路，並將行車資訊定期傳回車廠，包括是否繫上安全帶、自動駕駛設定、雙手是否放在方向盤上、行車速度及路線等。二〇一八年佛羅里達的一場車禍，十八歲駕駛和同齡乘客雙雙死亡，近日判決出爐，車廠僅需擔負百分之一的責任。它的辯護資料包括車速紀錄，顯示該車在肇事前的幾個月裡，每天最高時速平均高達一百四十五公里。

二〇二〇年有位蒙面漢在華盛頓特區搶劫三家銀行，調查局探員追查時發現嫌犯開了一部租賃的電動車。當探員向租賃公司索取租借者的聯絡資訊時，租賃公司還額外提供該車的行車軌跡，顯示該車在各個銀行被搶劫時，正好就停在附近，成為後來據以判刑的證據之一。

基於個資保護原則，這些個別化的資料蒐集後必須去識別化，以免侵犯隱私。然而，去識別化作業實非易事，某些機緣湊巧的組合仍可能透露個資，更何況蒐集者可能以不法手段累積客戶資訊，以利後續的市場分析。

當今科技讓空運、海運、馬路和網路的軌跡全都錄，凡路過必留下痕跡，我們都得審慎以對。無論是驚鴻一瞥，或是雪泥鴻爪，剎那都將化為永恆，定格永駐雲端。

趙老 於 2022 年 8 月

## 西元 2023 年

一月十一日，美國聯邦航空總署因「飛航任務公告」（Notice to Air Missions，NOTAM）電腦系統失靈，勒令機場飛機全面停飛，導致全美機場一天之內就有高達一萬多次航班延誤和數千次航班取消。這次故障的導火線是一個老舊電腦的資料庫檔案受損，而其備份也同時受損，使得電腦「當機」立斷，機場「哀鴻」遍野。

台北國際電腦展聚焦高效運算、智慧應用、次世代通訊、超越現實、創新與新創、綠能永續等主題。

微軟已於 2 月 14 日永久停用 IE。當舊用戶點選 IE 時，會被特定版本的 Microsoft Edge 自動替換。

疫情緩和後，各科技巨擘的裁員浪潮此起彼落，光 2023 年第一季就已裁撤數十萬名員工。

在以色列回擊哈瑪斯的戰事中，加薩走廊居民被迫面臨斷水、斷電、斷糧、斷路和斷網的生存挑戰，引發聯合國人道事務組織的關注。在地網全面癱瘓下，「技可敵國」的馬斯克提供天羅「星鏈」通訊網路，支援加薩走廊被認可的人道救援組織。

因應生成式 AI 革命浪潮，Google 推出新世代多模態大型語言模型 Gemini，展現卓越超群的語言、圖像、聲音和影片之理解與生成能力！

## 西元 2024 年

台積電在日本熊本的建廠速度和投資規模讓業界大開眼界。雖然熊本廠比美國鳳凰城建廠較晚，但因廿四小時日夜趕工而能更早投入量產。

全球最大的 GPU 公司 NVIDIA 的執行長黃仁勳與專家們在 GTC 2024 分享人工智慧影響各行各業與日常生活的重大突破，擘劃人工智慧和加速運算的未來發展。

## 資訊專欄 量子電腦是計算武林的未來盟主嗎？

2021 年 10 月 8 日，IonQ 在紐約證交所以 SPAC（特殊目的收購公司）模式上市，成為首家公開發行的量子電腦公司。IonQ 上市後第一周市值蒸發了約 20%，顯示市場對量子電腦的願景仍舊存疑。無論如何，IonQ 的成功上市，已豎立了量子計算領域在商業上的里程碑。

傳統電腦的基本單位是位元，儲存著 0 或 1，而量子電腦的基本單位是量子位元，以疊加態並存 0 和 1，且同群的量子位元間，可在任意距離相互糾纏，使得量子位元的威力可隨著位元數增加而呈現指數成長，具備同步平行處理資料的潛能。

自七〇年代起，科學界已醞釀利用量子特性加速運算的想法。四十年前，費曼認為傳統電腦無法模擬複雜的量子現象，提議建造量子電腦，以量子本身的潛質來模擬，開啟了量子計算領域的拓荒熱潮。量子電腦的研發，無論是硬體實現或理論推導都極具挑戰性，故目前量子計算解法多數仍停留在紙上談兵階段，必須等到未來通用性的量子電腦問世後才能派上用場。

十年前推出的 D-Wave One 是最早期的商用量子電腦，但它的計算速度仍可被傳統電腦所抗衡。兩年前，Google 設計的 Sycamore，以 53 個量子位元對應了 2 的 53 次方（約一萬兆）維度的量子狀態，可在兩百秒完成某特定任務，而該任務若用彼時最快的超級電腦，必須一萬年才能達成，此乃人類首次見證量子霸權（quantum supremacy）的實現。IBM 反駁說超級電腦其實可在兩天半就做到，即使如此也和量子電腦差了千倍以上。另一方面，研發量子電腦「九章」的中國科大團隊近年屢創新猷，美中兩大強權互別苗頭，競爭相當激烈。

量子電腦的穩定與保真都困難重重，除了絕對零度與室溫間的巨大溫差外，還有就是誤差的控制。十月初，《自然》期刊線上出版了 IonQ 團隊在容錯方面的研發成果，它可修正量子位元的錯誤，代價是額外使用一些量子位元來偵測。雖然作法與傳統電腦截然不同，但有些概念是相通的，例如若要修正一步的錯誤，則任兩串合格編碼間的距離至少為三步，當走錯一步時，就能以離它最近的唯一合格編碼修正之。

量子電腦將來會全方位取代傳統電腦嗎？個人認為不會。這景象不會如同汽車那樣全面淘汰馬車，比較像是飛機問世後，雖然成為遠途旅行的最佳選項，但汽車還是照跑，貨輪依舊航行。如今，量子計算的萊特兄弟試飛剛剛完成，在特定的應用面上，展翅高飛的日子已指年可待。

關於量子計算的概況，請參見 https://en.wikipedia.org/wiki/Quantum_computing。

Quantum_computing

趙老 於 2021 年 10 月

## 資訊專欄 我不是機器人

在公費疫苗預約登記平台操作時，身分驗證畫面總會要求使用者輸入圖形驗證碼的文字，通過後才能進行身分驗證。明明輸入的身分證字號及健保卡卡號，某種程度已代表自己，為何還要驗證碼呢？

圖形驗證碼是用來判定使用者是不是「人類」，以遏止機器人程式以大批輸入來破解密碼、快速搶票、大量下單或攻擊系統。所以在人流眾多的網路平台，都會看到類似的關卡，如高鐵訂票系統，「為了確保交易安全，請輸入右圖中之驗證碼」，臺鐵訂票系統，訂票時要勾選「我不是機器人」。

千禧年時，雅虎面臨機器人程式大量申請帳號的難題。剛進卡內基美隆大學就讀的 Luis von Ahn 知道這問題後，很快就想到人類可以辨識歪歪扭扭的文字和數字，但當時的電腦做不到，於是設計了圖形驗證碼，若使用者能正確回答圖形上的扭曲字符，就判定是人類。這類型的圖形驗證碼稱為 CAPTCHA，是「Completely Automated Public Turing test to tell Computers and Humans Apart」的縮寫字，讀音像 Capture（逮到了）。

CAPTCHA 後來演進為 reCAPTCHA，它讓使用者辨識兩個英文單字，第一個字已知答案，第二個字選自掃描文件裡，電腦無法自動判讀的單字。當使用者第一個字過關後，所回答的第二個字就與其他使用者的答案並存，最後以多數人的共識作為第二個字的答案。如此一來，使用者所回答的第二個字，都可協助辨識掃描文件的難解文字。reCAPTCHA 巧用此類群眾外包力量，不消幾天就將一年份的紙本紐約時報完全數位化，因此也被用來加速古今書籍的數位化。

另一種判定方式，是讓使用者勾選「我不是機器人」。讀者或許納悶，單單一個勾選動作，怎能判定是否為人類？其實人們在勾選前的游標移動及網頁捲動等行為，都流露了一些人味，其微妙差異可據以區別人和機器人。有些線上服務，除了必須勾選「我不是機器人」外，還要辨識圖片上的紅綠燈、山丘、煙囪等，才能得到服務。眾人協助辨識的街景號誌，可用來數位化地表建物，以及訓練自動駕駛系統。

還有一種方式是系統在背後運作，讓使用者不必回答圖形驗證碼，也不必勾選，系統可藉由操作軌跡判斷使用者是否為人。這種方式較不擾人，對視障者也更友善。

經過這些年的訓練，機器人的圖形辨識能力，不僅可與人類並駕齊驅，甚至在某些特定的圖文上，早已凌駕人類。或許，未來純機器人的網路平台裡，為了防止人類來攪局，其所設定的圖形辨識碼，只有機器人能過關，答不出來的人類只好被屏除在外了。

趙老 於 2021 年 11 月

## 資訊專欄

人機競合
大未來

https://tinyurl.com/mr2urxes

無遠弗屆的
飛天神器

https://tinyurl.com/4an9e4e4
https://tinyurl.com/c6u22pff

# 1-2 當代計算機的通用架構

當今計算機的通用架構，都是基於一種稱為**馮紐曼模式**（von Neumann Model）的架構，這種架構最主要的精神在於**儲存程式**（stored program）的概念。馮紐曼在 1945 年提出這種儲存程式概念及可行架構的論文，據此設計出 1952 年出品的 EDVAC，但這類型最早的電腦卻是 1948 年英國的曼徹斯特馬克一號（Manchester Mark I）。

馮紐曼模式主要有四大子系統：**記憶體**（Memory）、**算術邏輯單元**（Arithmetic Logic Unit；ALU）、**控制單元**（Control Unit）及**輸入／輸出**（Input ／ Output）。其中算術邏輯單元和控制單元合起來稱為**中央處理器**（Central Processing Unit；CPU）。圖 1-16 顯示這些子系統之間的關聯性。

現在我們很簡略地介紹這四個子系統，在第 3 章時，我們會對整個計算機的組織做一個比較完整的介紹。

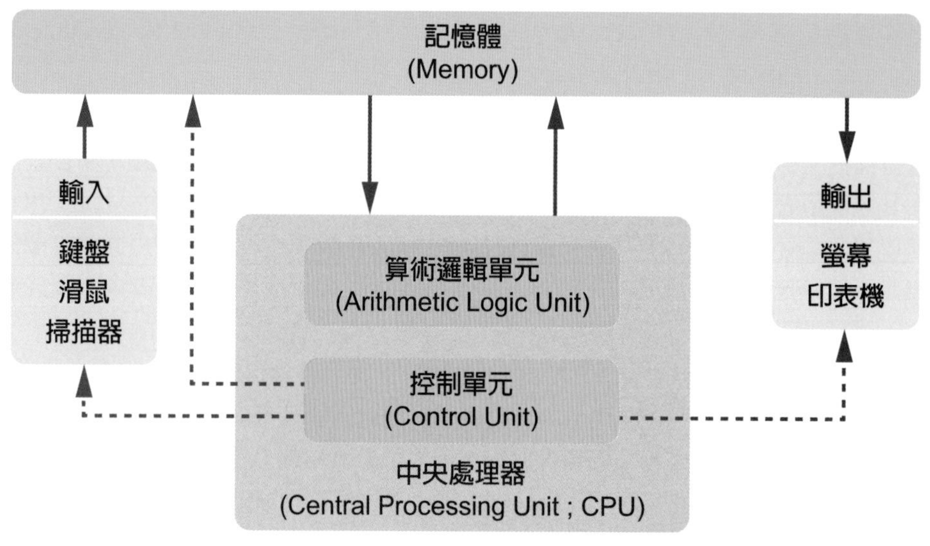


圖 1-16 馮紐曼模式

## 記憶體

記憶體依速度、單位價格及屬性等分成多種類型，它是用來儲存數位資料以及運算後的結果；在馮紐曼模式裡，它同時也用來儲存程式。換句話說，記憶體同時儲存程式及資料，當我們要操作不同的程序時，只要載入相對應的程式即可，不必再另外改變硬體。

## 算術邏輯單元

算術邏輯單元負責資料的運算處理，包括加減乘除等運算及邏輯上的處理（例如：比較兩個數的大小）。

## 控制單元

控制單元控制記憶體、輸出入及算術邏輯單元的運作，相當於大腦的中樞神經。

## 輸入／輸出

輸入子系統負責將程式及資料放入電腦裡，例如：鍵盤、滑鼠及掃描器等。輸出子系統則負責將處理後的結果送出電腦，例如：螢幕及印表機等。廣義的輸出入子系統還包括**次要的儲存設備**（secondary storage device），例如：磁碟、光碟片及磁帶等。

各位現在所看到的電腦，幾乎都使用馮紐曼模式，如果要讓電腦達成某種新設定的任務，只要在記憶體寫個程式來完成即可，這是因為我們將程式放在記憶體，修改程式輕而易舉。大家不禁要問，1950 年代以前的計算機，到底是怎樣的架構呢？在馮紐曼模式之前，所有運算程序都是用**繞線方式的程式**（hard-wired program）達成的。想想看，如果我們現在安裝套裝軟體，不是將軟體灌到記憶體，而是要安裝一大堆線路，這將會是怎樣的世界啊？

另一方面，由於運算需求的不同，某些應用領域會採用「非馮紐曼模式」的運算架構。例如有一種稱為**哈佛架構**（Harvard architecture）的運算硬體模式，它將程式指令和資料分別儲存在不同的記憶體，故可同時使用不同匯流排抓取程式指令與資料，執行時會比馮紐曼模式以同一記憶體儲存程式指令及資料來得快速，但指令與資料分開儲存也使得哈佛架構的線路複雜度較高。在一些需要快速處理資料的應用，如數位訊號處理、微控制器及嵌入式系統設計等，常常可以看到哈佛架構或其進階版本被派上用場。

### IT 專家 馮紐曼

馮紐曼（John Louis von Neumann，1903- 1957）是不是第一個提出「儲存程式」概念的人，仍有待商榷，但他毫無疑問地是大家公認絕頂聰明的偉大數學家。

馮紐曼（John Louis von Neumann）

在一次宴會上，女主人向馮紐曼提出一個算題：有兩輛火車面對面行駛，相對速度為每小時三十哩，假設兩火車在一分鐘後相撞，此時有個時速六十哩的超快蒼蠅從一輛火車的車頭往另一輛飛，等它抵達另一輛火車車頭時往回飛，就這樣來回不停地飛，直到最後被壓扁為止，請問蒼蠅一共飛多遠？

蒼蠅飛的總距離可以由來回飛的各個小片段加總起來而得，這是一個無窮級數的算法，雖不難，但有些繁瑣。再仔細看這問題，既然火車一分鐘後相撞，而時速六十哩的蒼蠅一分鐘可以飛一哩，所以答案當然就是一哩。

女主人一問完問題，馮紐曼馬上回答：「一哩。」

女主人驚訝地說：「數學家通常用無窮級數花幾分鐘來解，而忽略了速解竅門。」

馮紐曼說：「什麼竅門？我就是用無窮級數算的啊！」

各位可以體會他的神算功力吧！

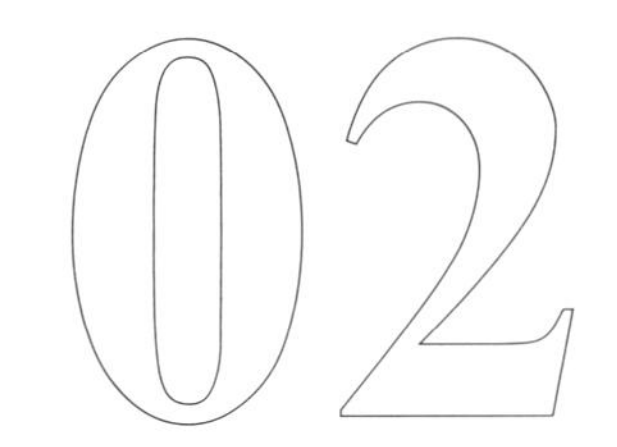

# 數位資料表示法

0 1 0 0 0 0 0 1 1 0 1 1 0 1 0 0 0 1 1 0 0 0 0 0 0 0 0 0 0 0 0 0

在電腦裡，我們需要處理的資料型態包括：數字、文字、語音、音樂、圖形、影像、影片及動畫等，這些資料都會編碼成數位化的資料儲存在電腦裡，等到顯示或列印時，再將數位化的資料解碼成原來的資料格式。數位化的資訊好處多多，它方便我們編輯、處理、儲存、傳輸及播放，以便更有效精確地表達意念。

在這一章裡，我們介紹電腦如何表示數字和文字資料，首先討論各種進位表示法，包括電腦所使用的二進位表示法。接著介紹不同進位表示法之間的轉換，包括十進位數與二進位數的互換，以及二進位數與十六進位數的互換。

在整數方面，本章介紹了下列幾種表示法：「無正負符號的整數」、「帶正負符號大小表示法」、「一補數表示法」及「二補數表示法」。其中，「二補數表示法」是目前電腦表示整數所用的方法，我們將仔細介紹它的加減法運作原理及計算方式。

在小數方面，IEEE 754 標準的浮點數表示法是目前的主流，它主要有三部分：符號位元、指數部分及尾數部分，本章介紹該表示法的數值轉換方式。

另外，我們也介紹通用的字符表示法，包括：ASCII 和 Unicode。在編碼理論方面，常談到的課題還有用來確保資料傳輸正確性的**錯誤偵測碼**（error-detecting code）及**錯誤更正碼**（error-correcting code），有興趣的讀者可再找相關資料做進階的研讀，而影像及視聽訊息的表示法將在後面的章節再做介紹。

## 到底數位是什麼呢？

數位在電學上是指不連續變化的數量表示法，所謂不連續變化，可以用這個比喻來感受：實數算是一種連續變化的數量表示法，因為任兩數之間總還可以找到第三個數介於它們之間，而且到最後是沒有空隙的（也就是這區間所有的實數，無法與整數形成一對一的可數性，亦即無法以整數來數實數），例如 1 和 2 間，我們可以找到 1.1、1.2、……、1.9 是介於它們之間，而 1.1 和 1.2 間，我們可以找到 1.11、1.12、……，如此這般，各位是否可以感受到，實數從 1 變到 2 的那一種無窮多而漸進性的連續性節奏呢？

另一方面，整數從某個角度來看，它是不連續變化的數量表示法，例如整數 1 和整數 2 之間，我們再也找不到任何整數是介於它們之間的，不像實數系統總有第三個數將大家串聯在一起。

Bit

Byte

針對不連續變化的數量，我們就可以用**位元**（binary digit；bit）的組合來計數，那位元又是什麼呢？它是數位資訊的基本粒子，也是電腦儲存或傳遞資料的最小單位，常用 0 或 1 來表示。當初電腦會採用位元表示資料，主要是因為電子元件的穩定狀態有兩種：一種是「開」（通常用來表示“1”）及一種是「關」（通常用來表示“0”）。單一的 0 或 1 稱為**位元**（bit），而早期電腦以 8 個位元為存取單位，因此 8 個位元稱為**位元組**（byte）。請參見 https://en.wikipedia.org/wiki/Bit 及 https://en.wikipedia.org/wiki/Byte。

請不要小看 0 與 1，它組合起來的力量可是挺驚人的。讓我們從最簡單的問題談起，請問兩個位元可以有多少種不同的組合呢？各位不假思索就能回答有 2 的 2 次方共 4 種組合（00, 01, 10, 11）。圖 2-1 列了一到五個位元的各種組合，在這圖中我們注意到：每增加一個位元，我們的組合數就加倍。因此，$n$ 個位元可以有 $2^n$ 種不同的組合，就可用來表示 $2^n$ 種不同的物件。

其實這份神奇的力量，伏羲氏早在西元前四千年就已發現了！他發明了八卦，其中最基本的元素是「陰爻」（如同位元 0）及「陽爻」（如同位元 1）這兩個符號，由這兩個符號，連疊三層，組成八卦：乾（111）、坤（000）、震（001）、巽（110）、坎（010）、離（101）、艮（100）及兌（011）。八卦的形成，是由太極兩儀四象變化而來的，發明八卦的目的，是以通神明之德，以類萬物之情，我們的先知早就洞悉了這一個乾坤獨步的數位世界。

8 個位元可以有多少種不同的組合呢？答案當然是 2 的 8 次方共 256 種組合，這樣的組合就足以表示每一個英文字母（大小寫共 52 個）、數字（0 到 9 共 10 個）和標點符號！本章中介紹的 ASCII 就是這類型組合的公定標準。

| 1 位元 | 2 位元 | 3 位元 | 4 位元 | 5 位元 |
|---|---|---|---|---|
| 0 | 00 | 000 | 0000 | 00000 |
| 1 | 01 | 001 | 0001 | 00001 |
| | 10 | 010 | 0010 | 00010 |
| | 11 | 011 | 0011 | 00011 |
| | | 100 | 0100 | 00100 |
| | | 101 | 0101 | 00101 |
| | | 110 | 0110 | 00110 |
| | | 111 | 0111 | 00111 |
| | | | 1000 | 01000 |
| | | | 1001 | 01001 |
| | | | 1010 | 01010 |
| | | | 1011 | 01011 |
| | | | 1100 | 01100 |
| | | | 1101 | 01101 |
| | | | 1110 | 01110 |
| | | | 1111 | 01111 |
| | | | | 10000 |
| | | | | 10001 |
| | | | | 10010 |
| | | | | 10011 |
| | | | | 10100 |
| | | | | 10101 |
| | | | | 10110 |
| | | | | 10111 |
| | | | | 11000 |
| | | | | 11001 |
| | | | | 11010 |
| | | | | 11011 |
| | | | | 11100 |
| | | | | 11101 |
| | | | | 11110 |
| | | | | 11111 |

圖 2-1　一到五個位元的各種組合

我們要用多少個位元才能表示中文字呢？答案是 16 個位元已綽綽有餘了。為什麼呢？因為 16 個位元可以有 2 的 16 次方共 65,536 種組合，這已遠超過我們常用的中文字數目。由於網際網路日益普及，為避免各國文字的位元表示方式有所衝突，**萬國碼**（Unicode）就依實現方式不同，而以不同位元個數的組合來公定各國文字，本章也會介紹這個愈來愈受歡迎的文字表示法。

在此，我們也要告訴讀者，由於電腦的存取機制以位元組為基本單位，所以表示資料所需的位元數，通常是 8、16 及 32 等。

值得一提的是，雖然數位的組合可以變化多端，但有限個位元的組合總是有限個數的。反過來說，我們所生存的物質世界裡，有許多事物的本質卻是非數位性的，如：顏色、聲音、圖片及影像等。就拿顏色而言，自然界存在無窮多種連續性變化的色彩，當今的數位科技讓我們能試著將顏色數位化，例如，8 個位元可以表示 256 種顏色，更多的位元數可以做得更逼真。僅管如此，逼真終究不是真，它是有個極限的。物質世界如此，虛無縹緲的想像空間，就更不在話下了。

### 資訊專欄 資料容量的單位

關於資料容量的單位，我們常見的有 KB、MB、GB 及 TB 四種，提醒讀者這裡的「B」代表的是 Byte（位元組），不是 Bit（位元）。「K」代表了 $2^{10}$，為 1,024，大約是一千左右。「M」是 $2^{20} = 2^{10} \times 2^{10} = 1,048,576$，大約是百萬左右。對於 $2^x$ 的估算，我們常以 $2^{10}$ 為簡化的捷徑，因為它和 $10^3$（也就是 1000）非常接近。多年以後，也許 P（Peta，$10^{15}$）、E（Exa，$10^{18}$）、Z（Zetta，$10^{21}$）及 Y（Yotta，$10^{24}$）等會變成主流單位的計量也說不定！

| 縮寫單位 | 全名 | 精確位元組個數 | 大約位元組數 | 範例 |
|---|---|---|---|---|
| KB | Kilo Byte | $2^{10} = 1,024$ | 一千 ($10^3$) | 這個檔案的大小約 238 KB。 |
| MB | Mega Byte | $2^{20} = 1,048,576$ | 一百萬 ($10^6$) | 這張影像大小約 3.6MB。 |
| GB | Giga Byte | $2^{30} = 1,073,741,824$ | 十億 ($10^9$) | 本片 DVD 的容量為 4.7 GB。 |
| TB | Tera Byte | $2^{40} = 1,099,511,627,776$ | 一兆 ($10^{12}$) | 這部高容量磁碟可儲存 20 TB 的資料。 |

## 2-1 資料型態

在電腦裡，我們需要處理的**資料型態**（data type）包括：數字、文字、語音、音樂、圖形、影像、影片及動畫等，這些資料都會編碼成位元字串儲存在電腦裡，等到顯示或列印時，再解碼成原來的資料格式（圖 2-2）。

如何將不同型態的資訊數位化呢？讓我們以黑白照片為例來加以說明。請先想像我們將照片放在精密的方格紙上，每一個小方格上，都分配到照片的一小部分，然後再記錄每個方格的灰度，我們可將全黑的值定為 0，全白的值定為 255，任何明暗度灰色的值都介於兩者之間，這樣每個方格就可用八位元來表示（八個 0 與 1 可以有 256 種組合），如果我們格子打得夠細（也就是解析度夠高）且明暗度層次夠細緻，我們就可以數位化地複製出肉眼難以辨認真偽的黑白照片；如果格子畫得不夠細（也就是解析度太低），就常常會出現「鋸齒狀」的數位化照片。

同樣的道理，我們也可將彩色圖片數位化。至於聲音如何數位化呢？現在我們 CD 唱片上的取樣是每秒約四萬四千次，每一次取樣的聲波，都可轉化成相對應的位元，由於取樣夠細膩，在我們的耳朵聽來，仍是傳真的曲調，而非暗沉而帶著雜音的失真曲調。

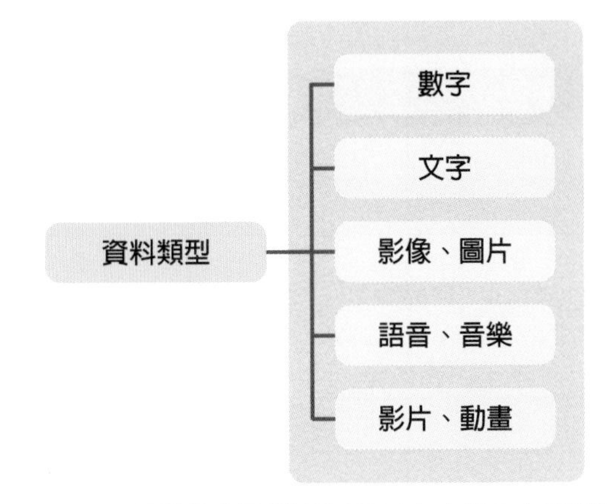


圖 2-2　不同的資料型態都以位元字串儲存在電腦裡

數位化的資訊好處多多，它方便我們編輯、處理、儲存、傳輸及播放，以便更有效精確地表達意念。我們可以用電腦來編輯及整合不同的數位化資訊，精確地安排各種複雜媒體出現的順序、時間及播放設備。我們也可利用電腦強大的處理及搜尋功能，提供多媒體的互動方式，加強虛擬實境的真實感。透過網際網路無遠弗屆的牽引，這些數位化的資訊也可即時地傳送到世界每一個角落。

## 2-2 ｜ 二進位表示法

古代的巴比倫人，所用的數字系統是六十進位法，逢「六十」進一，現在這樣的進位法，除了每分鐘六十秒及每小時六十分外，已不多見。

現今的公制以十為基數，採用十進位法，「十進」即滿十進一，這套進位系統之所以能大統江湖，和我們有十根指頭有很大的關係。一個數字在不同的位置上所表示的數值也就不同，如三位數“523”，右邊的“3”在個位上表示 3 個一，中間的“2”在十位上就表示 2 個十，左邊的“5”在百位上則表示 5 個百，換句話說，$523 = 5\times10^2 + 2\times10^1 + 3$。因為在電腦的電子元件中，最穩定簡單的狀態就是「開」（通常用來表示“1”）與「關」（通常用來表示“0”），所以目前通行的電腦皆以 2 為基數，用二進位符號來儲存資料。請參見 https://en.wikipedia.org/wiki/Binary_code。

Binary_code

在電腦系統的資料顯示方面，我們也常使用十六進位數，這是因為一個位元組有八個位元，可正好切成兩個十六進位數，例如：11010011，前面的 1101 可用一個十六進位數表示，後面的 0011 也可用一個十六進位數表示。十進位數用十個阿拉伯數字表示，十六進位數就需十六個符號表示各個不同的數字。在十六進位系統裡，0 到 15 的十六個數字分別用阿拉伯數字的 0 到 9 及 A 到 F 表示（見表 2-1）。因此，11010011 這個二位元字串，就可表示成 $D3_{16}$ 或 0xD3（x 起頭代表這個數是十六進位數）。

表 2-1　十六進位的數字符號及其所對應的十進位及二進位

| 十進位 | 二進位 | 十六進位 | 十進位 | 二進位 | 十六進位 |
|---|---|---|---|---|---|
| 0 | 0 | 0 | 8 | 1000 | 8 |
| 1 | 1 | 1 | 9 | 1001 | 9 |
| 2 | 10 | 2 | 10 | 1010 | A |
| 3 | 11 | 3 | 11 | 1011 | B |
| 4 | 100 | 4 | 12 | 1100 | C |
| 5 | 101 | 5 | 13 | 1101 | D |
| 6 | 110 | 6 | 14 | 1110 | E |
| 7 | 111 | 7 | 15 | 1111 | F |

**資訊專欄**

臺北 101 大樓在 2004 年落成，號稱是當時世界第一大樓。本書作者趙老從上個世紀起，就住在 1011 樓了。什麼？ 1011 ？那不是超高樓層嗎？啊哈！其實是二進位的 1011，也就是 $1\times2^3+0\times2^2+1\times2^1+1=11$，是十進位的 11 樓啦！

為了要避免混淆，如果不是十進位表示的數字，我們通常會在數字的右下方註明它的基數，例如：$1011_2$ 就是指二進位的 1011。

# 2-3 ｜ 各種進位表示法的轉換

現在我們要討論各種進位表示法的轉換，為了簡化討論，我們以範例的方式來探討 (1) 十進位數與二進位數的互換，以及 (2) 二進位數與十六進位數的互換。其他的進位互換（如十六進位及八進位等與十進位的互換，讀者應可依同理推出，就不在此贅述）。

## 十進位數與二進位數的互換

給定一個二進位數，我們如何將它轉換成十進位呢？我們只要將每個二進位數字和它所對應的 2 的次方項（以十進位表示）相乘即可。

**範例 1**

＊ $10110101.1101_2$ 所對應的十進位數為 181.8125，其計算步驟如圖 2-3。

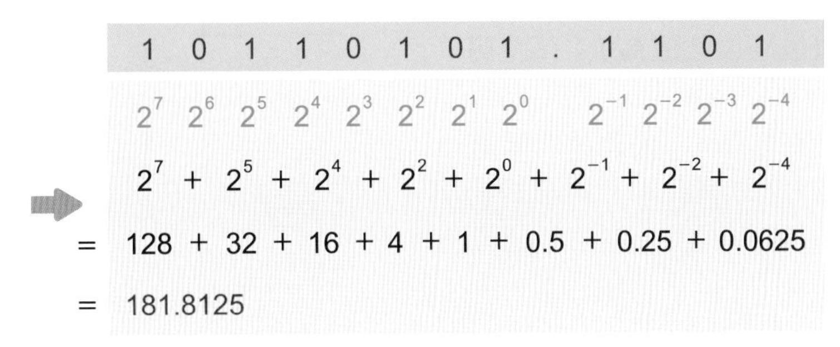


圖 2-3 $10110101.1101_2$ 所對應的十進位數為 181.8125

另一方面，如果給定一個十進位數，我們如何將它轉換成二進位數呢？我們當然也可以把每個十進位數字以二進位數字表示，再和它所對應的 10 的次方項（也以二進位表示）相乘，但這種作法比較沒有效率，較為通行的一個作法是將整數部分和小數部分分開處理。

現在讓我們先來看一下整數的部分，我們將這個數值除以 2，可得到餘數為最低位數的數值；再把商數除以 2，可得到餘數為次低位數的數值；以此類推直到商數為 0。

**範例 2**

＊ 現在讓我們以 181 為例，181 除以 2 得商數 90，餘數為 1，因此我們知道最小位數值為 1；再將 90 除以 2，得商數 45，餘數為 0，因此我們知道次小位數值為 0；以此類推。詳細的計算步驟如圖 2-4，我們所得到的二進位數為 $10110101_2$。

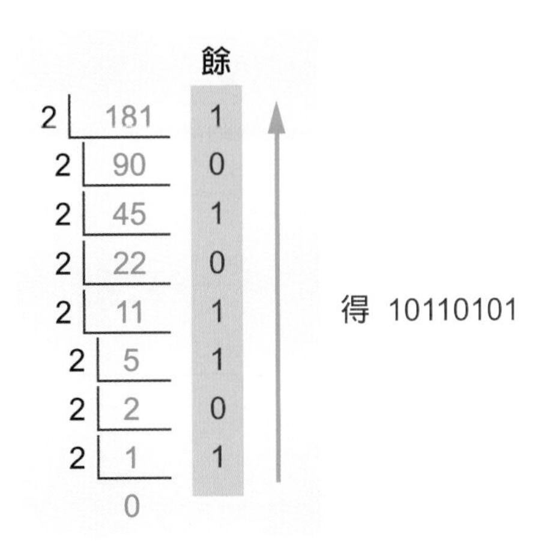


圖 2-4 十進位 181 所對應的二進位數為 $10110101_2$

小數的部分如何轉換呢？如果將該數值乘以 2，若越過小數點的數值為 0，則最高位數的數值為 0；若為 1，則最高位數的數值為 1。再將小數部分乘以 2，若越過小數點的數值為 0，則次高位數的數值為 0，若為 1，則次高位數的數值為 1。以此類推，直到剩餘的小數部分為 0。

## 範例 3

＊ 現在讓我們以 0.8125 為例，0.8125 乘以 2 得 1.625，越過小數點的整數為 1，因此我們知道最高位數值為 1；再將剩下的小數部分 0.625 乘以 2，得 1.25，越過小數點的整數為 1，因此我們知道次高位數值為 1；以此類推。詳細的計算步驟如圖 2-5，我們所得到的二進位數為 $0.1101_2$。

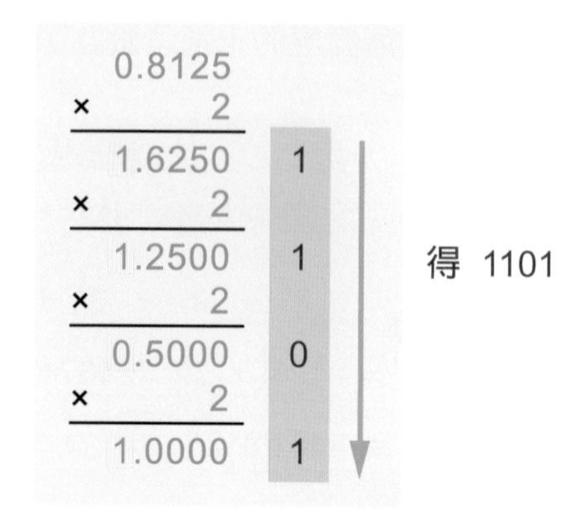


圖 2-5 十進位 0.8125 所對應的二進位數為 $0.1101_2$

## 範例 4

＊ 請問十進位 0.1 的二進位表示法為何？0.1 乘以 2 得 0.2，越過小數點的整數為 0，因此我們知道最高位數值為 0。將剩下的小數部分 0.2 乘以 2，得 0.4，越過小數點的整數為 0，因此我們知道次高位數值為 0。將剩下的小數部分 0.4 乘以 2，得 0.8，越過小數點的整數為 0，因此我們知道位數值為 0。將剩下的小數部分 0.8 乘以 2，得 1.6，越過小數點的整數為 1，因此我們知道位數值為 1。將剩下的小數部分 0.6 乘以 2，得 1.2，越過小數點的整數為 1，因此我們知道位數值為 1。將剩下的小數部分 0.2 乘以 2，咦？0.2 剛剛不是出現過了嗎？這樣下去似乎沒完沒了！沒錯！詳細的計算步驟如圖 2-6，我們所得到的二進位數為 $0.000110011..._2$。

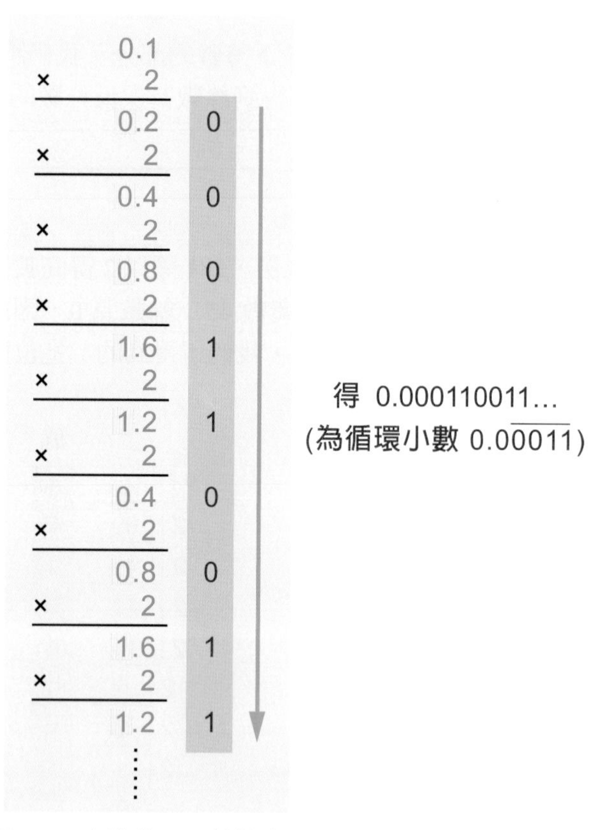


圖 2-6 十進位 0.1 所對應的二進位數為無窮位數的 $0.000110011..._2$

雖然有限位數的二進位表示法，永遠無法精確地表示十進位的 0.1，但別灰心，因為它是二進位的循環小數，當我們需要精確地表示它時，仍可用有限位數的二進位分數來解決，一般的情況下，可能就只好容許這種小誤差囉。讀者可試試 0.2 看看，也會碰到相似的窘境；但 0.5 就沒有這問題，因為二進位的 $0.1_2$ 正好就是十進位的 0.5。

## 二進位數與十六進位數的互換

因為 16 為 2 的整數次方，所以二進位數和十六進位數可說是系出同門，它們之間的轉換特別簡單。

二進位數要如何轉換成十六進位數呢？若將整數部分從小數點往左每四個分一群；小數部分從小數點往右每四個分一群，則我們可以將取低位“二進位數”改寫成以 16 為基數的多項式，如圖 2-7。

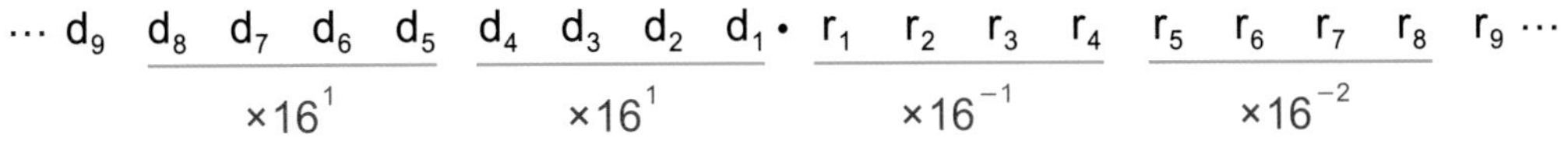

$$\cdots d_9 \quad \underbrace{d_8 \; d_7 \; d_6 \; d_5}_{\times 16^1} \quad \underbrace{d_4 \; d_3 \; d_2 \; d_1}_{\times 16^1} \cdot \underbrace{r_1 \; r_2 \; r_3 \; r_4}_{\times 16^{-1}} \quad \underbrace{r_5 \; r_6 \; r_7 \; r_8}_{\times 16^{-2}} \quad r_9 \cdots$$

圖 2-7　二進位數換成十六進位數時，每四個位數合成一項

### 範例 5

＊ 讓我們以 $110110101.11011_2$ 為例，它的十六進位表示法為 $1B5.D8_{16}$，其計算步驟如圖 2-8。

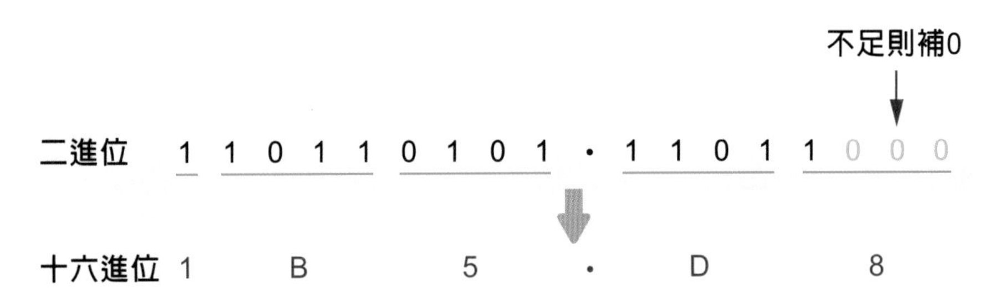


圖 2-8　$110110101.11011_2$ 的十六進位表示法為 $1B5.D8_{16}$

### 範例 6

＊ 反方向的作法可將十六進位轉換成二進位。讓我們以 $1B5.D8_{16}$ 為例，它的二進位表示法為 $110110101.11011_2$，其計算步驟如圖 2-9。

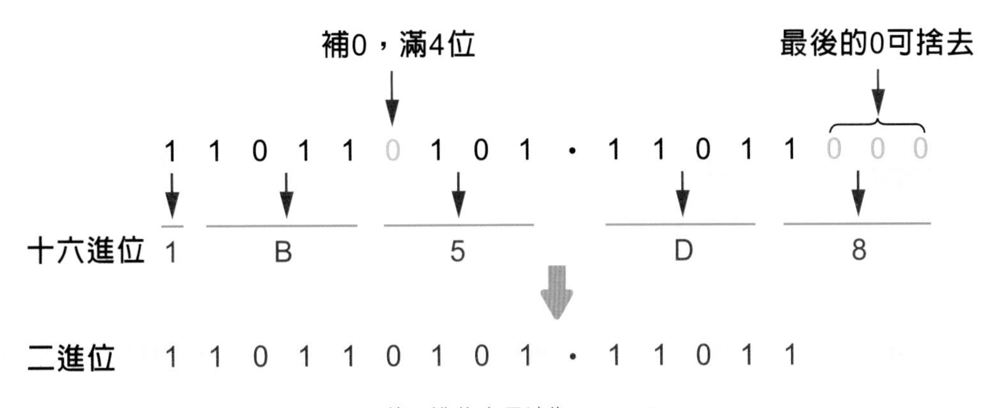


圖 2-9　$1B5.D8_{16}$ 的二進位表示法為 $110110101.11011_2$

### 資訊專欄

「二八年華」常被用來形容含苞待放的青春歲月，指的是「二乘以八」等於十六歲左右的年輕朋友們，本書作者趙老撰寫初版時已是百戰沙場的歐吉桑，居然號稱剛度過二八年華，這到底是怎麼一回事呢？原來是十六進位的二十八，也就是 x28 = $2 \times 16^1 + 8 = 40$。有道是：「二八年華應猶在，只是進位改。」

## 2-4 ｜ 整數表示法

介紹過各種進位的表示法及其轉換法後，現在讓我們來談談在電腦裡如何表示一個整數呢？如果只要表示非負的整數即可，則情況比較單純，並不會造成困擾，只要將最小的位元字串（亦即全為 0 的字串）給 0，依序表示到最大的數即可，這樣 $n$ 個位元就可表示 $2^n$ 個數，所表示的整數範圍為 $0 \sim 2^n-1$。例如，如果使用 8 個位元，則可表示 $0 \sim 2^8-1$ 間的所有整數，也就是從 0 到 255 的所有整數。表 2-2 列了位元字串與十進位數的對應表。我們稱這種整數為**無正負符號的整數**（unsigned integer）。

表 2-2　以 8 位元所表示的「無正負符號的整數」

| 位元字串 | 十進位數 |
| --- | --- |
| 00000000 | 0 |
| 00000001 | 1 |
| 00000010 | 2 |
| … | ⋮ |
| 11111110 | 254 |
| 11111111 | 255 |

但負整數的表示就得仔細斟酌，如此各項運算才能順利進行。假設我們用 $n$ 個位元表示一個數，則我們可表示的數有 $2^n$ 個，如果要同時表示正數和負數，最直接的作法是採用**帶正負符號大小表示法**（sign-and-magnitude representation），這方法以位元字串的最左邊的位元當作符號位元，它表示數的正負：0 為正數；1 為負數。剩下的 $n$-1 個位元就可用來表示數的大小，所以我們以位元 0 開頭的整數範圍為 $0 \sim 2^{n-1}-1$；而以位元 1 開頭的整數範圍為 $0 \sim -(2^{n-1}-1)$。例如，如果使用 8 個位元，則可表示 $-(2^7-1) \sim 2^7-1$ 間的所有整數，也就是從 -127 到 127 的所有整數。表 2-3 列了位元字串與十進位數的對應表。這種表示法有潛在的兩個問題：第一，它有兩個 0，+0(000...00) 和 -0(100...00)；第二，正數和負數的運算（例如加和減）並不直接（稍後介紹「補數表示法」時會更有所體會），所以目前的電腦並不採用這種方法表示整數。

表 2-3　以 8 位元所表示的「帶正負符號大小表示法」

| 位元字串 | 十進位數 |
| --- | --- |
| 00000000 | 0 |
| 00000001 | 1 |
| ⋮ | ⋮ |
| 01111111 | 127 |
| 10000000 | -0 |
| 10000001 | -1 |
| ⋮ | ⋮ |
| 11111111 | -127 |

目前電腦儲存整數的標準方式是採用**二補數表示法**（two's complement representation），補數的概念是指要補多少才滿，先舉個例子讓讀者感受一下「補」的概念。

假設我們到超級市場買東西，共買 793 元，如果付一千元大鈔，應該找多少呢？腦筋動得快的馬上會說：1000-793=207，所以找 207 元。很多國外的櫃員的作法是先將千元大鈔放一旁，嘴巴唸著 793，然後在另一旁拿出 1 元，唸著 794；再拿出 1 元，唸著 795；再拿出 5 元，唸著 800；再拿出 100 元，唸著 900；再拿出 100 元，唸著 1000，這時共拿出 1+1+5+100+100=207 元，正好是要找的錢，換句話說，793 元還差 207 元就可「補」成 1000 元。

## 一補數表示法

談二補數表示法之前，我們先看看較簡單的**一補數表示法**（one's complement representation）。兩種補數方法仍以位元字串最左邊的位元當作符號位元，以它來表示數的正負：0 為正數；1 為負數，其餘的 $n$-1 個位元則用來表示正負符號外的數值大小。正數的表示方式和前面「帶正負符號大小表示法」相同，而負數的表示法就有所不同。給定一個十進位數值，轉換成它的一補數表示法步驟如下：

**步驟 1** 先忽略其符號，將數字的部分轉成二進位數值；

**步驟 2** 若該二進位數值超過 $n$-1 個位元，則為「溢位」（overflow），無法進行轉換；否則在它的左邊補 0，直到共有 $n$ 個位元為止；

**步驟 3** 若所要轉換的數為正數或零，則步驟 2 所得數值即為所求；若為負數，則將每個位元做補數轉換，原為 0 的轉成 1；原為 1 的轉成 0。（好像打拱豬時的豬羊變色）

假設我們以 8 位元表示一個數，讓我們看看幾個例題。

**範例 7**

* 41 的一補數表示法為何？第一步先將 41 轉成二進位數值 101001；第二步在二進位數值左邊補上 0，使得 00101001 共有 8 個位元，因為要表示的數為正數，所以 00101001 即為所求。

**範例 8**

* -41 的一補數表示法為何？第一步先將 41 轉成二進位數值 101001；第二步在二進位數值左邊補上 0，使得 00101001 共有 8 個位元。這時所要表示的數為負數，所以將原為 0 的轉成 1；原為 1 的轉成 0，得 11010110。圖 2-10 描繪這個轉換程序。

反之，「11010110」這個一補數所表示的值為多少呢？讀者若再多觀察一下當初轉換成一補數的步驟，應可反向推導出下面的法則：

如果最左邊的位元是 0，則表示該數是正數，只要將後面的位元以前面介紹的二進位轉十進位方式求出其數值即可。

如果最左邊的位元是 1，則表示該數是負數，先將每個位元做補數轉換，原為 0 的轉成 1；原為 1 的轉成 0。然後將該二進位轉成十進位，再加上一個負號即可。

第一步：將41轉成101001

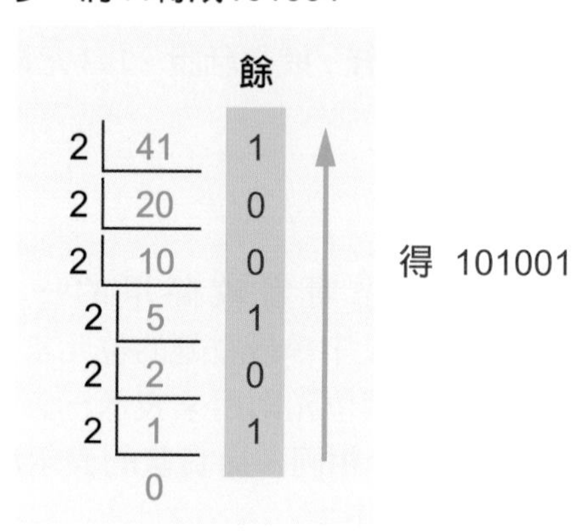


第二步：在左邊補滿0，得00101001

第三步：做補數動作，得11010110

00101001

0變1&1變0

11010110

圖 2-10 -41 的八位元一補數表示法為 11010110

**範例 9**

* 給定一補數 11010110，因為最左邊的位元是 1，所以我們先將這補數原為 0 的轉成 1；原為 1 的轉成 0，得 00101001。再將二進位的 00101001 轉成十進位的 41，然後加上一個負號得 -41。

給定一個一補數，採用之前介紹之一補數轉換第三步負數部分的補數動作求取它的一補數，這樣所得的數，再求取它的一補數，所得的數仍為自己。換句話說，一個數的一補數的一補數仍為自己。舉例而言，41 的一補數表示法為 00101001，該補數的一補數為 11010110（-41），而這個一補數的一補數為 00101001，又回到 41。再看一個例子，-41 的一補數表示法為 11010110，該補數的一補數為 00101001（41），而這個一補數的一補數為 11010110，又回到 -41。

一補數表示法以位元字串的最左邊的位元當作符號位元，它表示數的正負：0 為正數；1 為負數。剩下的 $n$-1 個位元就可用來表示數的大小，所以我們以位元 0 開頭的整數範圍為 $0 \sim 2^{n-1}-1$；而以位元 1 開頭的整數範圍為 $0 \sim -(2^{n-1}-1)$。例如，如果使用 8 個位元，則可表示 $-(2^7-1) \sim 2^7-1$ 間的所有整數，也就是從 -127 到 127 的所有整數。

一補數法也碰到「兩個 0」的問題，以八位元為例，00000000 和 11111111 都是 0，這會造成計算上的困擾，再加上它的加減法也不是那麼直接，所以它並非目前電腦用來表示整數所用的方式。

## 二補數表示法

「二補數表示法」是目前電腦表示整數所用的方法，如前面所言，補數方法係以位元字串最左邊的位元當作符號位元，以它來表示數的正負：0 為正數；1 為負數；其餘的 n-1 個位元則用來表示正負符號外的數值大小。給定一個十進位數值，轉換成它的二補數表示法步驟如下：

**步驟 1** 先忽略其符號，將數字的部分轉成二進位數值；

**步驟 2** 若該二進位數值超過 $n$-1 個位元，則為「溢位」（overflow），無法進行轉換；否則在它的左邊補 0，直到共有 $n$ 個位元為止；惟若所轉換的數為 $-2^{n-1}$，則轉出來的數為 1 後面有 $n$-1 個 0，此即為該數的二補數表示法，不應視為溢位。

**步驟 3** 若所要轉換的數為正數或零，則上步所得數值即為所求；若為負數，則最右邊的那些 0 及最右邊的第一個 1 保持不變，將其餘的每個位元做補數轉換，原為 0 的轉成 1；原為 1 的轉成 0。

假設我們以 8 位元表示一個數，讓我們看看幾個例題。

**範例 10**

* 40 的二補數表示法為何？第一步先將 40 轉成二進位數值 101000；第二步在二進位數值左邊補上 0，使得 00101000 共有 8 個位元，因為要表示的數為正數，所以 00101000 即為所求。

**範例 11**

* -40 的二補數表示法為何？第一步先將 40 轉成二進位數值 101000；第二步在二進位數值左邊補上 0，使得 00101000 共有 8 個位元；這時所要表示的數為負數，所以最右邊的三個 0 及第一個 1 維持不變，其餘的將原為 0 的轉成 1；原為 1 的轉成 0，得 11011000。

反之，「11011000」這個二補數所表示的值為多少呢？如同一補數反推的作法，讀者若再多觀察一下當初轉換成二補數的步驟，應可反向推導出下面的法則：

如果最左邊的位元是 0，則表示該數是正數，只要將後面的位元以前面介紹的二進位轉十進位方式求出其數值即可。

如果最左邊的位元是 1，則表示該數是負數，保留最右邊的那些 0 及最右邊的第一個 1，將其餘的每個位元做補數轉換，原為 0 的轉成 1；原為 1 的轉成 0。然後將該二進位轉成十進位，再加上一個負號即可。

### 範例 12

* 給定二補數 11011000，因為最左邊的位元是 1，所以我們先保留最右邊的那三個 0 及最右邊的第一個 1，再將其他的位元原為 0 的轉成 1；原為 1 的轉成 0，得 00101000。再將二進位的 00101000 轉成十進位的 40，然後加上一個負號得 -40。

給定一個二補數，採用之前介紹之二補數轉換第三步負數部分的補數動作求取它的二補數，這樣所得的數，再求取它的二補數，所得的數仍為自己。換句話說，一個數的二補數的二補數仍為自己。舉例而言，40 的二補數表示法為 00101000，該補數的二補數為 11011000（-40），而這個二補數的二補數為 00101000，又回到 40。再看一個例子，-40 的二補數表示法為 11011000，該補數的二補數為 00101000（40），而這個二補數的二補數為 11011000，又回到 -40。

二補數表示法以位元字串最左邊的位元當作符號位元，它表示數的正負：0 為正數；1 為負數。剩下的 $n$-1 個位元就可用來表示數的大小，所以我們以位元 0 開頭的整數範圍為 0 ～ $2^{n-1}$-1；而以位元 1 開頭的整數範圍為 -1 ～ $-2^{n-1}$。例如，如果使用 8 個位元，則可表示 $-2^7$ ～ $2^7$-1 間的所有整數，也就是從 -128 到 127 的所有整數。二補數的 0 只有一個，以八位元為例，就是 00000000。圖 2-11 列了二補數表示法位元字串與數值的對應關係。

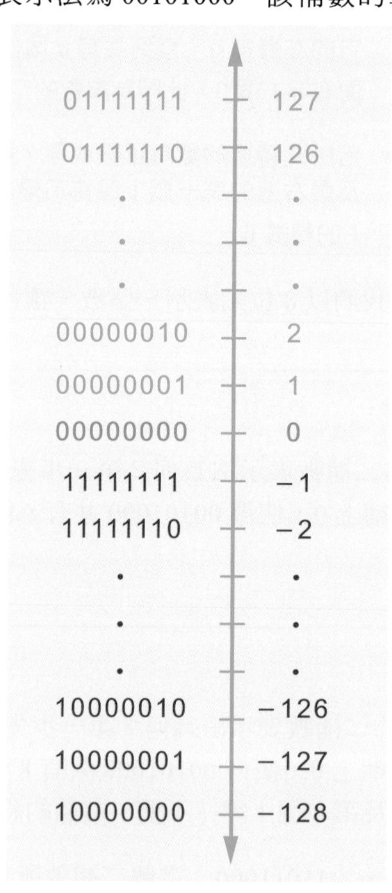


圖 2-11　八位元二補數表示法的位元字串與數值之對應

## 二補數的加減法

二補數的加法很容易進行，先將所加的兩個數之二補數位元對齊，從最右邊的位元開始加起，因為是二進位，所以若相對位置的位元加起來為二或以上，則有進位。若有進位，則往左邊傳遞，如果最左邊的位元相加有進位，則忽略這個進位。此外，當兩個正數相加後，若結果的最左邊符號位元變成 1，則有溢位（overflow）。當兩個負數相加後，若結果的最左邊符號位元變成 0，則有**溢位**（overflow）。在談它的運作原理前，讓我們先以例子來看看它是如何進行的。

### 範例 13

＊ 最簡單的情況是兩個正數相加，圖 2-12 為兩個正數相加的過程。

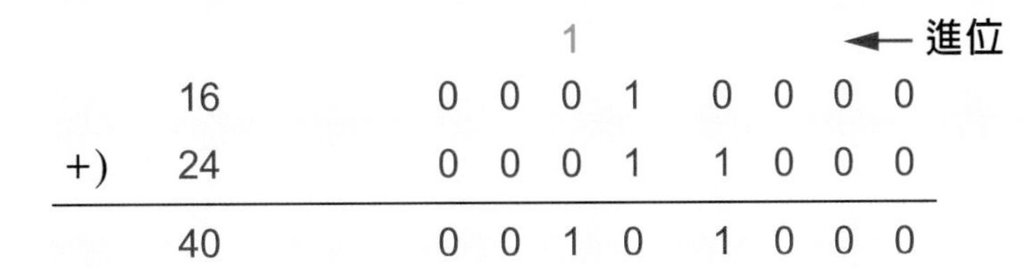


圖 2-12 二補數表示法的兩正數相加

### 範例 14

＊ 圖 2-13 是一個正數加上一個負數，且結果為正的例子。在這過程中，最左邊的位元相加有進位，我們對那個進位忽略不管。

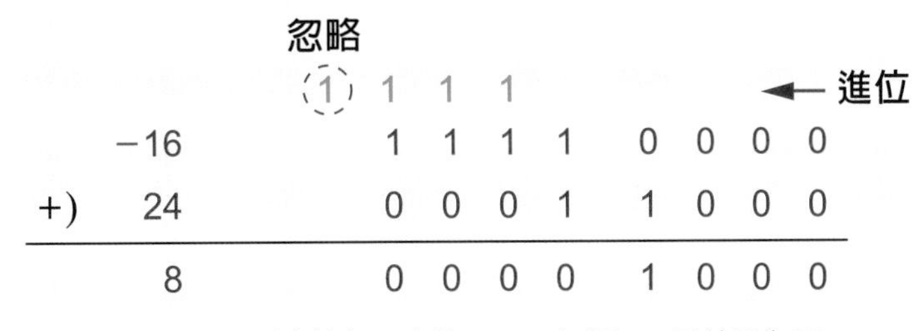


圖 2-13 二補數表示法的一正一負相加，且結果為正

### 範例 15

＊ 圖 2-14 是一個正數加上一個負數，且結果為負的例子。在這過程中，最左邊的位元相加並沒有進位。

|  |  |  |
|---|---|---|
|  | −24 | 1 1 1 0 1 0 0 0 |
| +) | 16 | 0 0 0 1 0 0 0 0 |
|  | −8 | 1 1 1 1 1 0 0 0 |

圖 2-14 二補數表示法的一正一負相加，且結果為負

### 範例 16

＊ 圖 2-15 是兩個負數相加。在這過程中，最左邊的位元相加有進位，我們對那個進位忽略不管。

| | | 忽略 | | | | | | | | |
|---|---|---|---|---|---|---|---|---|---|---|
| | | (1) | 1 | 1 | | | | | | ← 進位 |
| −16 | | | 1 | 1 | 1 | 1 | 0 | 0 | 0 | 0 |
| +) | −24 | | 1 | 1 | 1 | 0 | 1 | 0 | 0 | 0 |
| | −40 | | 1 | 1 | 0 | 1 | 1 | 0 | 0 | 0 |

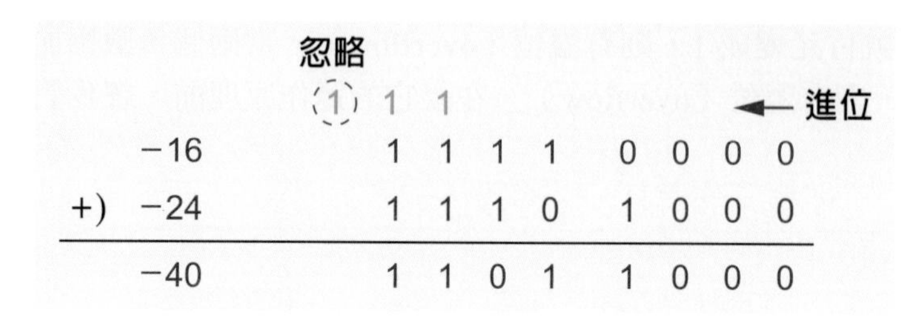

圖 2-15　二補數表示法的兩負數相加

### 範例 17

＊ 圖 2-16 是兩個正數相加超過儲存範圍的例子，我們稱之為**溢位**（overflow）。在這過程中，最左邊的符號位元相加結果變成 1，在二補數表示法代表負數，也就是兩正數相加反變成負數，其原因乃 $n$ 個位元的二補數最大正數為 $2^{n-1}$-1，當 $n$=8 時，最大正數為 127，而在此我們的結果為 129，已超過正數儲存範圍。

| | | | | | | | | | |
|---|---|---|---|---|---|---|---|---|---|
| | | 1 | 1 | 1 | 1 | | | | ← 進位 |
| | 120 | 0 | 1 | 1 | 1 | 1 | 0 | 0 | 0 |
| +) | 9 | 0 | 0 | 0 | 0 | 1 | 0 | 0 | 1 |
| | 129 | (1) | 0 | 0 | 0 | 0 | 0 | 0 | 1 |
| | | 溢位 | | | | | | | |

圖 2-16　二補數表示法的兩正數相加結果超過正數儲存範圍

### 範例 18

＊ 圖 2-17 是兩個負數相加超過儲存範圍的例子，我們稱之為**溢位**（overflow）。在這過程中，最左邊的符號位元相加結果變成 0，在二補數表示法代表正數，也就是兩負數相加反變成正數，其原因乃 $n$ 個位元的二補數最小負數為 $-2^{n-1}$，當 $n$=8 時，最小負數為 -128，而在此我們的結果為 -129，已小於負數儲存範圍。

| | | 忽略 | | | | | | | | |
|---|---|---|---|---|---|---|---|---|---|---|
| | | (1) | | | | | | | | ← 進位 |
| | −120 | | 1 | 0 | 0 | 0 | 1 | 0 | 0 | 0 |
| +) | −9 | | 1 | 1 | 1 | 1 | 0 | 1 | 1 | 1 |
| | −129 | | (0) | 1 | 1 | 1 | 1 | 1 | 1 | 1 |
| | | | 溢位 | | | | | | | |

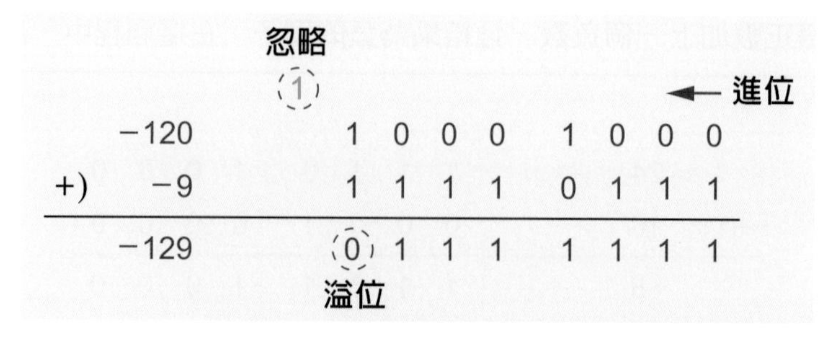

圖 2-17　二補數表示法的兩負數相加結果小於負數儲存範圍

現在讓我們來談談為何二補數的加法可以這樣進行，如果兩個數都是正數，其作法和一般表示法無異，若有進位到最左邊的符號位元，則為溢位。若牽涉到負數的加法，情況就比較複雜了，讓我們先回想一下二補數的一個負數所代表的意義。假設我們以 $n$ 個位元表示一個數，則一個二補數負數 $-x$ 會表示成怎樣的二位元字串呢？

先以例子來體會這個問題，前面我們提到 40 的二位元字串為 00101000，而 -40 的二補數字串是 11011000，若把最左邊的位元符號也視為數值的一部分，直接把這個二進位字串換成十進位，可得值 216，而這個值正好是 256 - 40，也就是 $2^8$ - 40。再看一個例子，24 的二位元字串為 00011000，而 -24 的二補數字串是 11101000，若把最左邊的位元符號也視為數值的一部分，直接把這個二進位字串換成十進位，可得值 232，而這個值正好是 256 - 24，也就是 $2^8$-24。這是巧合嗎？

先想想看 $2^8$ 的二進位字串是什麼呢？正好是一個 1 後面跟著八個 0：100000000。以前面的 -40 為例，它的二補數字串是 11011000，而 $2^8$-40 又是什麼東東呢？圖 2-18 描繪了這個相減的過程，當你仔細觀察 $2^8$-40 的結果和 40 之間的異同時會發現，最右邊的那些 0 和最右邊的第一個 1 維持不變，其他的位元則由 0 變 1 及 1 變 0。為什麼最右邊的那些 0 會維持不變？因為 $2^8$ 是由一個 1 再加上一長串的 0，所以減的時候並不會改變 40 最右邊的那些 0。為什麼最右邊的 1 會維持不變？最右邊的 1 是第一個產生借位的地方，因為是二進位，向前一位借來的在這一位算來是 2，再減去 1，仍然得到 1。為什麼其他的位元由 0 變 1 及 1 變 0 呢？在最右邊的 1 借位後，以這個例子而言，$2^8$ 左邊的 10000 已被借走 1，所以剩下 1111，由這種全為 1 的字串去減另一個字串，原來為 0 的位元，結果為 1；原來為 1 的位元，則互相抵銷變為 0，因此其他的位元會由 0 變 1 及 1 變 0。

圖 2-18 -40 的二補數表示法正好是 $2^8$ - 40

我們很容易就可將這樣的結果由 8 位元擴充到 $n$ 位元，我們得到這樣的結論：一個二補數負數 $-x$ 所表示成的二位元字串其數值為 $2^n - x$。

有了這些基本知識，現在讓我們來解釋二補數的加法原理。兩個正數相加的情況與一般加法相同，因此只要考慮有負數的情況即可。令 $x$ 和 $y$ 為兩正數，我們現在考慮 $x$ 加 $-y$，也就是一正一負相加的情況，如同前面所說，$-y$ 的二補數表示法之數值為 $2^n - y$，這有三種狀況：

**狀況一** $x > y$，此時所加的結果 $x$-$y$ 應為正數，當我們用二補數相加時，得到 $x + (2^n - y) = 2^n + (x - y)$，注意在此的 $2^n$ 就會造成最左邊我們所忽略掉的進位，所以得到 $x - y$。

**狀況二** $x = y$，此時所加的結果 $x$-$y$ 應為 0，當我們用二補數相加時，得到 $x + (2^n - y) = 2^n + (x - y)$，注意在此的 $2^n$ 就會造成最左邊我們所忽略掉的進位，所以得到 $x - y = 0$。

**狀況三** $x < y$，此時所加的結果 $x$-$y$ 應為負數，所以其值為 $-(y - x)$，當我們用二補數相加時，得到 $x + (2^n - y) = 2^n - (y - x)$，注意在此的 $2^n$ 並不會造成最左邊我們所忽略掉的進位，想想看 $-(y - x)$ 的二補數表示法之數值應為什麼呢？它正好就是 $2^n - (y - x)$ ！

我們現在考慮 $-x$ 加 $-y$，也就是兩負數相加的情況，如同前面所說，$-x$ 的二補數表示法之數值為 $2^n - x$，而 $-y$ 的二補數表示法之數值為 $2^n - y$，所以以二補數表示法進行 $-x$ 加 $-y$ 時，得到 $(2^n - x) + (2^n - y) = 2^n + (2^n - (x + y))$，這裡的第一個 $2^n$ 是我們忽略掉最左邊的進位，而其餘的部分 $2^n - (x + y)$，正好是 $-(x + y)$ 的二補數表示法！

我們已解釋了二補數表示法的加法過程，讀者也許要問，二補數的減法如何進行呢？作法很簡單，只要將所要減去的數，求取它的負值表示法（也就是將該數的二補數表示法，依之前介紹之二補數轉換第三步負數部分的補數動作求取它的二補數，正數變負數，而負數則變正數），再用加法進行即可。例如，24 - 16，可先求 -16 的二補數表示法，再和 24 相加即為所求。

# 2-5 ｜ 浮點數表示法

**浮點數**（floating-point）表示法是電腦表示實數最常用的方式，還記得科學記號嗎？例如，536.87 表示成科學記號則為 $5.3687 \times 10^2$，我們會移動小數點，它會「浮動」到標準的位置，浮點數表示法的運作原理也相同，因為浮動小數點，所以在有限位元數的情況下，我們所能表示的數值範圍比固定小數點位置的方式大了許多。

給定一實數，第一步先做標準化的動作，這和科學記號作法一樣，例如：10110.100011 會先轉換成 $1.0110100011 \times 2^4$，因為是二進位的關係，在這裡的小數點左邊的那個數值一定是 1，其餘小數點右邊的 0110100011 稱為**尾數**（mantissa），而**指數**（exponent）則為 4。

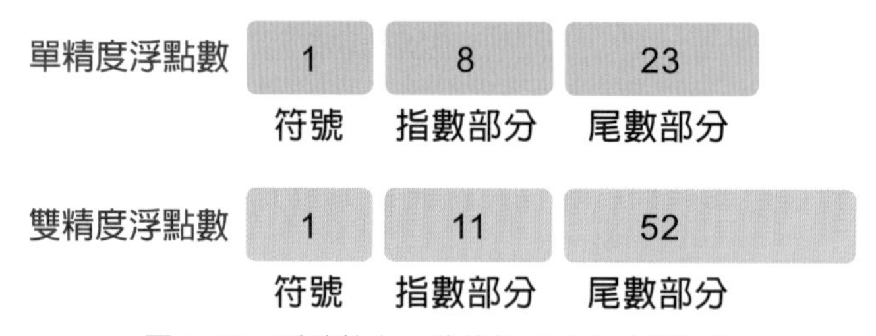


圖 2-19　浮點數表示法的位元欄位功能分配

目前所採用的浮點數表示法以 IEEE 754 標準為主，它主要有三部分：**符號位元**（sign bit）、指數部分及尾數部分。圖 2-19 列了**單精度浮點數**（single-precision floating-point；32 位元）及**雙精度浮點數**（double-precision floating-point；64 位元）的位元欄位功能分配。在單精度浮點數裡，我們以 1 個位元表示符號；8 個位元表示指數；23 個位元表示尾數部分。而在雙精度浮點數裡，我們以 1 個位元表示符號；11 個位元表示指數；52 個位元表示尾數部分。

讓我們以單精度浮點數為例，詳細說明它的儲存方式，標準化後的三部分（符號位元、指數部分及尾數部分）之格式簡要說明如下：

* **符號位元：** 1 個位元，以 0 表示正數；以 1 表示負數。
* **指數部分：** 8 個位元，以過剩 127（Excess 127）方式表示，這方式以偏差值 127 來儲存。8 個位元所存的數值可從 0 到 255，共有 28 種變化，若要儲存正指數和負指數，需做一些調整，過剩 127 方式是將位元數值減去 127 所得的值，才是真正所儲存的值。例如：若位元數值為 150，則其所存的數值為 150-127=23；若位元數值為 100，則其所存的數值為 100-127=-27。如此，我們就可表示 -127 到 +128 的所有整數值，其中保留 -127 和 +128 作為特殊用途。
* **尾數部分：** 23 個位元，從標準化的小數點後開始存起，不夠的位元部分補 0。

### 範例 19

* 給定一實數 10110.100011，先轉換成 $1.0110100011 \times 2^4$，因為是正數，所以符號位元為 0，其尾數部分為 0110100011，指數部分為 4，以過剩 127 方式儲存，必須先加上 127，得 131，再將 131 轉換成二進位，得 10000011。因此 10110.100011 若按 IEEE 754 標準儲存，為 01000001101101000110000000000000。

### 範例 20

* -0.0010011 又是如何儲存呢？先轉換成 $-1.0011 \times 2^{-3}$，因為是負數，所以符號位元為 1，其尾數部分為 0011，指數部分為 -3，以過剩 127 方式儲存，必須先加上 127，得 124，再將 124 轉換成二進位，得 01111100。因此 -0.0010011 若按 IEEE 754 標準儲存，為 101111100001100000000000000000000。

### 範例 21

* 在 IEEE 754 標準下，01000010100101000110000000000000 所儲存的數值為多少呢？首先，位元符號為 0，所以是正數，指數部分是 10000101，換成十進位為 133，再減去 127，得 6，因此，01000010100101000110000000000000 所儲存的數值為 $1.0010100011 \times 2^6$，也就是 1001010.0011。

### 範例 22

* 在 IEEE 754 標準下，10000010100101000110000000000000 所儲存的數值為多少呢？首先，位元符號為 1，所以是負數，指數部分是 00000101，換成十進位為 5，再減去 127，得 -122，因此，10000010100101000110000000000000 所儲存的數值為 $-1.0010100011 \times 2^{-122}$。

因為標準化後，小數點的左邊為 1，所以 IEEE 754 小數點左邊的 1 不儲存，但這時你也許要問，0 是如何儲存的？ 0 的公定表示法為 00000000000000000000000000000000；而 10000000000000000000000000000000 也是 0（代表 -0）。因為如果假設小數點左邊為 1，再怎樣改變其他位元，也不可能為 0 啊，為了應付此類的問題，指數部分的 -127（00000000）和 +128（11111111）作為特殊用途。例如：如果指數部分全為 0，而尾數部分不為 0，則這樣的數代表著小數點左邊為 0 的未標準化實數；若指數全為 1，則代表著無窮大及其他數字資訊。

除了這些特殊指數部分的狀況外，單精度浮點數所能表示的數字範圍有多大呢？最小的正數為 000000001000000000000000000000000，其數值為 $+2^{-126}$；最大的正數為 011111110111111111111111111111111，其數值為 $(2-2^{-23})\times 2^{127}$。同理，最大的負數為 100000001000000000000000000000000 其數值為 $-2^{-126}$；最小的負數為 111111110111111111111111111111111，其數值為 $-(2-2^{-23})\times 2^{127}$。因此，單精度浮點數所能表示的正數從 $+2^{-126}$ 到 $(2-2^{-23})\times 2^{127}$；而負數則從 $-(2-2^{-23})\times 2^{127}$ 到 $-2^{-126}$。

想想看 32 位元最多可表示多少個數呢？最多也只有 $2^{32}$ 個，但上面的數值範圍遠遠超過 $2^{32}$，雖然我們損失了數值的解析度，但可彈性地表達了更大範圍的數，IEEE 754 標準表示法還是頗有賺頭的。

雙精度浮點數的方式也很類似，所表達的數值範圍又大了許多！若讀者對這方面的資訊感興趣，可在網路搜尋 IEEE 754 相關資訊，一定會很有斬獲的。

# 2-6 ｜ ASCII 及 Unicode

在電腦裡，所有的文字也存成位元字串，因此我們必須有公定的對照表，以便我們能在儲存時將文字轉成位元字串，而在解讀時能將位元字串轉回文字。ASCII（唸成 Ass-key；American Standard Code for Information Interchange；美國國家資訊交換標準碼）是當今最普及的公定標準，這標準由美國國家標準局在 1963 年時發表。它以 7 個位元儲存一個字符，共有 $2^7$=128 種組合，想想看，英文字母只有 26 個，若包含大小寫，也才 52 個，再加上 10 個阿拉伯數字，以及加減乘除符號，也才 66 個，還有很多組合可用來儲存其餘的標點符號及控制符號等。

標準的 ASCII 只用 7 個位元儲存一個字符，而電腦的儲存常用的位元組為 8 個位元，這多出來的一個位元，有時就用來儲存錯誤**檢驗位元**（parity bit）。另外，也有些擴充型的 ASCII 用 8 個位元儲存一個字符，這樣共有 $2^8$=256 種組合，比標準的 ASCII 還多一倍，多出來的組合，我們通常用來儲存非英文的符號、圖形符號及數學符號等。表 2-4 列了 ASCII 基本的符號對照表。

編號 1~31 是一些控制碼，例如：叫聲（BEL、ASCII 編號 7）及跳行（LF、ASCII 編號 10）等，在此我們省略一些控制碼；編號 32~126 是可印出的符號；編號 127 是刪除控制碼（DEL）。

ASCII 簡介

早期的資訊工程研究所入學考試，還經常考學生對 ASCII 符號表的記誦能力，所幸這種整人方式已不再流行，不然若要學生背我們接下來所介紹的 Unicode，再十個腦袋瓜也不夠啊！另一方面，作為一個稱職的工程師，適度地記憶一些有用的 ASCII 是有助益的。作者本人也牢記某些 ASCII code，寫程式時還真管用呢，https://zh.wikipedia.org/wiki/ASCII。

表 2-4 ASCII 符號對照表

| ASCII 碼 | 鍵盤 | ASCII 碼 | 鍵盤 | ASCII 碼 | 鍵盤 | ASCII 碼 | 鍵盤 |
|---|---|---|---|---|---|---|---|
| 0 | NUL | 7 | BEL | 10 | LF | 13 | CR |
| 27 | ESC | 32 | SPACE | 33 | ! | 34 | ? |
| 35 | # | 36 | $ | 37 | % | 38 | & |
| 39 | ? | 40 | ( | 41 | ) | 42 | * |
| 43 | + | 44 | , | 45 | - | 46 | . |
| 47 | / | 48 | 0 | 49 | 1 | 50 | 2 |
| 51 | 3 | 52 | 4 | 53 | 5 | 54 | 6 |
| 55 | 7 | 56 | 8 | 57 | 9 | 58 | : |
| 59 | ; | 60 | < | 61 | = | 62 | > |
| 63 | ? | 64 | @ | 65 | A | 66 | B |
| 67 | C | 68 | D | 69 | E | 70 | F |
| 71 | G | 72 | H | 73 | I | 74 | J |
| 75 | K | 76 | L | 77 | M | 78 | N |
| 79 | O | 80 | P | 81 | Q | 82 | R |
| 83 | S | 84 | T | 85 | U | 86 | V |
| 87 | W | 88 | X | 89 | Y | 90 | Z |
| 91 | [ | 92 | \ | 93 | ] | 94 | ^ |
| 95 | _ | 96 | ? | 97 | a | 98 | b |
| 99 | c | 100 | d | 101 | e | 102 | f |
| 103 | g | 104 | h | 105 | i | 106 | j |
| 107 | k | 108 | l | 109 | m | 110 | n |
| 111 | o | 112 | p | 113 | q | 114 | r |
| 115 | s | 116 | t | 117 | u | 118 | v |
| 119 | w | 120 | x | 121 | y | 122 | z |
| 123 | { | 124 | \| | 125 | } | 126 | ~ |
| 127 | DEL | | | | | | |

這些年，當電腦逐步地將全球化成一體，對文字編碼上的需求，已不僅僅是單一英文而已，還須融入各種不同文化的文字等，而這已不是 8 位元（256 種組合）所能表達的，Unicode 應運而生。

Unicode 即一般俗稱「萬國碼」的字符編碼標準，中國大陸稱之為「統一碼」。由美國萬國碼制訂委員會於 1988-1991 年間訂定，已成為 ISO 認證之標準（ISO10646），且發展出多種編碼方式：UTF-8、UTF-16 及 UTF-32 等，分別以 8 位元、16 位元及 32 位元為基本單元的編碼方式，UTF-8 在全球資訊網最通行，UTF-16 為 JAVA 及 Windows 所採用，而 UTF-32 則為一些 UNIX 系統使用，前面 128 個符號為 ASCII 字符，其餘則為英、中、日、韓文以及其他非英語系國家之常用文字。相關訊息可參見 Unicode 官方網頁 https://home.unicode.org/ 及其維基百科中文網頁 https://zh.wikipedia.org/zh-tw/Unicode。

後面這首短詩，說明了萬國碼的目標及功用。

**What is Unicode?**

Unicode provides a unique number for every character,
no matter what the platform,
no matter what the program,
no matter what the language.

**萬國碼係啥米碗糕啊？**

每個字符在萬國碼中有個唯一的代號
無論在哪種機器上
無論在哪個程式裡
無論用哪種語言

在 http://www.unicode.org/charts/ 網址裡，提供了各種不同類別字符的對照表，我們簡略地抽出幾項列在表 2-5，讓大家對 Unicode 有些初步的認識。

表 2-5　Unicode 符號對照表

| 範　圍 | 代表的字符群 |
|---|---|
| 0000-007F | 基本拉丁字符（與 ASCII 相同） |
| 0080-024F | 擴充的拉丁字符 |
| 0370-03FF | 希臘字符 |
| 0E00-0E7F | 泰文 |
| 0E80-0EFF | 寮文 |
| 2200-22FF | 數學符號 |
| 2500-25FF | 方塊圖形及幾何圖形 |
| 3040-30FF | 平假名及片假名 |
| 4000-9FFF | CJK；中文、日文及韓文之漢字 |

在 Unicode 中，最大宗的分類就是 CJK，這主要是中文、日文及韓文之漢字集，本書作者之一的趙老，它的名字（喔不，是「他」的名字）若查詢 Unicode，可得趙（8D99）坤（5764）茂（8302），都落在 CJK 的範圍 4000-9FFF 裡。

除了 ASCII 和 Unicode 外，IBM 的 EBCDIC（唸成 eb'see`dik；Extended Binary Coded Decimal Interchange Code）也是某些機型上常用的編碼方式。國際標準局（ISO）用四個位元組（也就是 32 位元）制定一種編碼方式，可以有 $2^{32}$ 種組合，這樣就可表示多達 4,294,967,296 種字符。

最後，我們再稍稍補充說明中文字體的編碼，以正體字而言，大五碼（Big5；約一萬六千字）是廣受歡迎的一種編碼方式，盛行於臺灣及香港。以簡體字而言，國標（GB；約八千字）是廣受歡迎的編碼方式，盛行於大陸地區。這些字體已逐步被包含於 Unicode 的 CJK 字集中。

### 資訊專欄 Unicode

在實際應用上，Unicode 並非皆以 16 位元儲存字元，讀者可參照 Wikipedia 上的相關條目。以 Unicode 的一種實現方式 UTF-8（以 8 位元為基本編碼單元的 Unicode Translation Format）為例，傳統的 ASCII 字符仍以一個位元組儲存（位元組首位為 0，後面的 7 位元為原 ASCII 的編碼），其餘非 ASCII 字符，再依類別而有不同長度的編碼方式。例如：「A」的 UTF-16 為「0041」，UTF-8 則為「41」；「趙」的 UTF-16 為「8D99」，UTF-8 則為「E8B699」。

另外，作者要感謝大葉大學李立民教授特地來函指教如何檢視各個字符在不同編碼法下的十六進位數值。

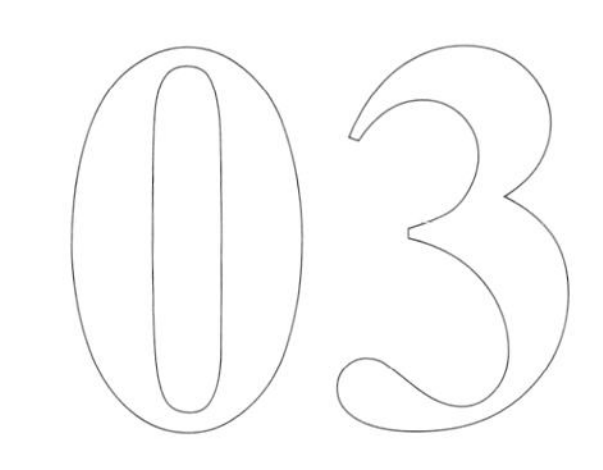




# 計算機組織

0 1 0 0 0 0 0 1 1 0 1 1 0 1 0 0 0 1 1 0 0 0 0 0 0 0 0 0 0 0 0 0

計算機組織探討計算機的組織架構，如同第 1 章所說，當今計算機的通用架構，都是基於一種稱為「馮紐曼模式」（von Neumann Model）的架構，主要有四大子系統：記憶體（Memory）、算術邏輯單元（Arithmetic Logic Unit；ALU）、控制單元（Control Unit）及輸入／輸出（Input／Output）。

其中算術邏輯單元和控制單元合起來稱為中央處理器（Central Processing Unit；CPU），有時又稱為微處理機（microprocessor），可說是數位計算機的大腦，控制著數位資料的處理及運算。它包含了控制單元和算術邏輯單元，控制單元協調整個計算機各單元的運作；而算術邏輯單元則執行加減乘除及邏輯上的運算。

在數位計算機中，還有一個很重要的元件，那就是記憶體，它用來儲存數位資料以及運算後的結果。記憶體有很多不同的型式，有的電一關就什麼都不見了，例如被稱為主記憶體的隨機存取記憶體（Random-Access Memory；RAM），通常就是這一類型。有的在沒有電源的情況下還可保有儲存的數位資訊，例如磁碟片或光碟片。它們的容量、速度與價錢也有差異，大致上容量大的，速度會比較慢，但價錢也比較便宜。

微處理器，加上記憶體，再配合一些輸出入設備，就構成了各式各樣不同功能的數位計算機。雖然我們一生所做的數字運算次數也許不過數千萬次，但可別小看自己的大腦喔！有人曾做過這麼一個估計，人腦一秒鐘約可處理一千萬億個動作，而記憶容量則約十兆個位元組，至少在短期內，我們還不會輸給任一部世上最厲害的數位計算機啊！

這幾十年來，電腦基礎元件由真空管、電晶體、積體電路到超大型積體電路，進展驚人（圖 3-1）。在數位世界裡，有一個很有名的**摩爾定律**（Moore's Law），大意是說：每隔兩年，數位處理器的功能就會倍增，但價格維持不變，或是以減半的價格獲得同樣的功能。摩爾定律這些年來大致守恆，這種以指數成長的浪潮，也解釋了為什麼數位革命的步調會愈來愈快了。想想看，如果你明天的錢是今天的一倍，剛開始可能差別不大，但如果從現在起每天都有這種神奇的加倍作用，一個月後，你的錢就變成現在的 $2^{30}$ 倍，也就是約十億倍，這可不得了！同時，當你有比現在多十億倍的錢後，再加倍的功效就比仍為窮小子時大得多。

圖 3-1　電腦基礎元件由真空管、電晶體、積體電路到超大型積體電路

## 資訊專欄　夢想無界的晶片傳奇

擦身而過的路人嘀咕著，這突如其來的陣雨若是落在水庫該有多好。曾幾何時，不只路人關心民生用水，就連全球產經新聞近日也關注臺灣的嚴峻旱情，尤其是攸關半導體晶片生產的竹科、中科與南科，鄰近水庫的即時水情更是動見觀瞻，唯恐缺水將影響製程，讓晶片缺貨更加惡化。

晶片是積體電路成品的別稱，依功能可區分為處理器晶片、記憶體晶片、系統晶片、特定用途晶片等，應用非常廣泛，幾乎涵蓋了任何需要運算、存取、通訊、感測、顯影等功用的電子裝置。

六十年前，時尚雜誌《生活》報導了仙童半導體所開發的晶片，內含四顆可開關、放大和改變電流的電晶體，而今晶片已可塞入數百億顆電晶體。仙童半導體更輕薄的電子元件，當年曾協助阿波羅登月計畫，而今人人隨身的智慧型手機，運算力已遠勝阿波羅十一號登月時所使用的電腦。

高登・摩爾（Gordon Moore）是仙童半導體的創始員工，後來共同創辦了英特爾。他觀察到晶片裡的電晶體個數，在時間軸上呈現指數增長的趨勢。初期成長每年倍增，而從七〇年代起，一顆晶片所能容納的電晶體個數每兩年倍增，這就是著名的摩爾定律（Moore's law）。儘管近年來元件愈做愈小，製程挑戰愈來愈大，但藉由極紫外光微影及三維晶片堆疊整合等技術克服難關，柳暗花明又一村，摩爾定律大致持續守恆至今，著實令人讚嘆。

隨著晶片內電晶體數量的指數增長，其單位價格也呈現指數衰減的趨勢。如果汽車工業維持類似的發展趨勢，股東會紀念品可能就是一部超跑了。倍數增長的威力後勁十足，假設存款一千元，每兩年倍增一次，經過六十年卅次倍增，存款就超過一兆元。而且只要再兩年，就可超過兩兆元，兩年間存款增量相當於先前累積數十年的總量。

另一方面，就經濟面考量的摩爾第二定律指出，晶片設備成本大約每四年倍增。五十幾年前英特爾草創時，一部晶片設備僅一萬二千美元，而今動輒上億美元。故當臺積電和英特爾宣布將在亞利桑那州設廠時，投資金額皆以百億美元計。愈來愈高的資本支出，得靠相對增長的獲利才足以支撐，所幸兩國的護國神山都是勇冠群倫的佼佼者，相信必能再創高峰。

晶片是人類智慧的結晶，未來從奈米製程進階到次奈米或皮米等級時，恐將受制於原子大小的物理極限及市場規模的投資瓶頸。摩爾定律早晚走入歷史，但人類夢想的傳奇將永無止境。

趙老 於 2021 年 4 月

## 資訊專欄　摩爾傳奇 千古流傳

摩爾（Moore）名列英美百大姓氏，歷年來出現過多位大家耳熟能詳的電影明星。例如在〇〇七系列飾演詹姆士・龐德的羅傑・摩爾，曾擔綱演出《金鎗人》、《海底城》、《太空城》、《最高機密》等膾炙人口的諜報電影；又如主演《第六感生死戀》、《軍官與魔鬼》、《魔鬼女大兵》的黛咪・摩爾，以及主演《侏羅紀公園：失落的世界》、《遠離天堂》、《我想念我自己》的茱莉安・摩爾（藝名），她們剛柔並濟的堅毅性格，想必早已深植影迷心中。

摩爾家族也曾出現不少社會賢達，其中一位響叮噹的人物就是高登・摩爾（Gordon Moore）。高登・摩爾是一位卓越的發明家和企業家，他與勞勃・諾伊斯（Robert Noyce）共同創辦了英特爾（Intel），連同草創期間的第三號員工安德魯・葛洛夫（Andrew Grove），三位巨頭被尊稱為「英特爾三位一體」（The Intel Trinity）。英特爾開發了史上第一顆在市面上販售的動態隨機存取記憶體（DRAM）和微處理器（microprocessor），帶動了晶片設計和資通科技的革命風潮，造福了你我的數位生活體驗。

據說當初公司命名時，「Moore Noyce」的提議立即被打臉，因為唸起來像「more noise」（更多的雜訊），犯了晶片品管的大忌。後來取名為 Intel，乃合併「Integrated Electronics」（積體電子）的字首，反映其致力開發積體電路的產業方向。近年 AI 很夯，曾有位來訪的員工還戲稱 Intel 也是 intelligence（智能、智慧）的字首，展現了當年公司命名時的遠見。

高登．摩爾同時也是一位偉大的慈善家，他與妻子成立了基金會，宗旨是要為後代子孫創造正向發展，尤其著重在開創性的科學發現、環境保護、改善患者護理和保護舊金山灣區特色。基金會贊助了多種類別的專案，對資料科學發展具有重大貢獻的專案如 Jupyter 提供一套讓互動式運算可以跨越不同程式語言的免費軟體、開放標準和網頁服務；又如 Julia 是新一代適合數值分析和科學計算的程式語言，還有 NumPy 為 Python 程式語言中常被使用的函式庫。

在六〇年代時，高登．摩爾預測晶片裡可容納的電晶體個數每年倍增，而從七〇年代起則修正為每兩年倍增，這就是著名的摩爾定律（Moore's law）。摩爾定律持續守恆數十年，不僅有令人讚嘆的預測精準度，也成為引領業界精進的標竿，寫下一頁又一頁的摩爾傳奇。在一次訪談裡，摩爾笑稱在網路搜尋「摩爾定律」得到的網頁筆數，遠超過「莫非定律」的筆數。

令人惋惜的是，高登．摩爾於三月下旬在夏威夷家中辭世，享壽九十四歲。如今，儘管英特爾三巨頭都已走入歷史，然而他們在世時超群絕倫的貢獻，仍將繼續造福人間。

https://en.wikipedia.org/wiki/Moore%27s_law

Moore's law

趙老 於 2023 年 4 月

本章將依序介紹中央處理器、主記憶體及輸出入周邊設備等，希望能讓讀者對計算機組織有初步的認識，而我們的論述將特別著重於個人電腦相關的計算機組織課題，如果大家對大型電腦或工作站的組織架構有興趣，可進一步參閱這方面的相關資料。中央處理器及主記憶體一般放在主機板裡面，而主機除了主機板外，通常還有硬碟、光碟機及各式各樣的周邊介面。

現在電腦每年都推陳出新，電腦展已成為玩家嚐鮮必到之處，場面浩大的電腦展和消費性電子展包括德國漢諾威電腦展（CeBIT；每年三月舉行，但 CeBIT 2018 改在六月舉行，目前已停辦）、台北國際電腦展（COMPUTEX TAIPEI；每年五六月舉行）及美國拉斯維加斯國際消費電子展（CES；每年一月舉行）。到了十二月的台北資訊月展覽，玩家還可再殺價搶購一番，不亦樂乎。疫情期間，許多展覽改為線上虛擬模式進行。

即使是遠在美國的 CES 大展，臺灣也有多家科技廠商參與，將各種具有巧思的新產品呈現在世界買家的面前。在展覽中，可看到最受歡迎的 3C 產品。

為提供給消費者最安全有效的桌上型電腦，有些電腦公司整合軟體和硬體的使用介面，串聯 VoIP 和 Wi-Fi 等傳輸方式，呈現出不同以往的全新運算裝置，在鍵盤上設計出可放手機或平板電腦的基座，再加上三方通話裝置及獨特的六吋螢幕保護程式，完整提供消費者最簡易便利的操作方式，讓使用者體驗科技饒富創意的趣味性。此外，桌上型電腦的造型日新月異，令人目不暇給（圖 3-2）。

圖 3-2　桌上型電腦的造型日新月異 ( 資料來源：acer)

這些年的**筆記型電腦**（notebook）、**平板電腦**（tablet PC）及**個人數位助理**（Personal Digital Assistant；PDA）的發展也叫人驚艷（圖 3-3），第三波革命（資訊革命；第一波是農業革命，第二波是工業革命）已展開全面性的應用，作為現代人，資訊素養已愈來愈重要。在「知識就是力量」的時代裡，閱讀是吸收新知最佳的利器，文盲無形中被排除在知識殿堂的高牆外。今日我們邁向數位世界「資訊就是力量」的新時代，善用資訊工具是擷取新資的不二法門，你情願做一個「資盲」，而被這一波數位浪潮所淘汰嗎？

圖 3-3　筆記型電腦及平板電腦的發展一日千里

值得注意的是：電腦不斷地演進，計算機組織的定義已日漸趨向模糊，高畫質數位電視已取代類比電視，讓電腦與家電的整合更上一層樓。現在到處可看到的 3C 是 Computer（電腦）、Communication（通訊）、Consumer electronics（消費性電子產品）三個英文名詞的縮寫，發展 3C 技術，將可提升全民的生活品質，厚植產業發展潛力。

# 3-1 ｜ 中央處理器

**中央處理器**（Central Processing Unit；CPU）是計算機的大腦，它是一個電路極為複雜的晶片，用來執行儲存在記憶體的程式指令，控制著數位資料的處理及運算。主要有兩部分：**控制單元**（Control Unit；CU）及**算術邏輯單元**（Arithmetic Logic Unit；ALU）。它還有一個極小的儲存裝置，稱為**暫存器**（register），可以暫時存放指令或資料，它的存取速度比主記憶體快得多，有了這些額外的小儲存區，可大大增高 CPU 的效能。另一方面，我們以程式語言撰寫的程式，在執行前都必須編譯或直譯為機器看得懂的機器碼，那是以二進位制所表示的代碼。因此，執行程式機器碼的過程中，我們還需要兩個比較特殊的暫存器：儲存所執行指令的**指令暫存器**（Instruction Register）及記錄目前程式正在執行的指令位址之**程式計數器**（Program Counter），如圖 3-4，我們將在稍後的段落裡，逐一介紹這張圖的意義。

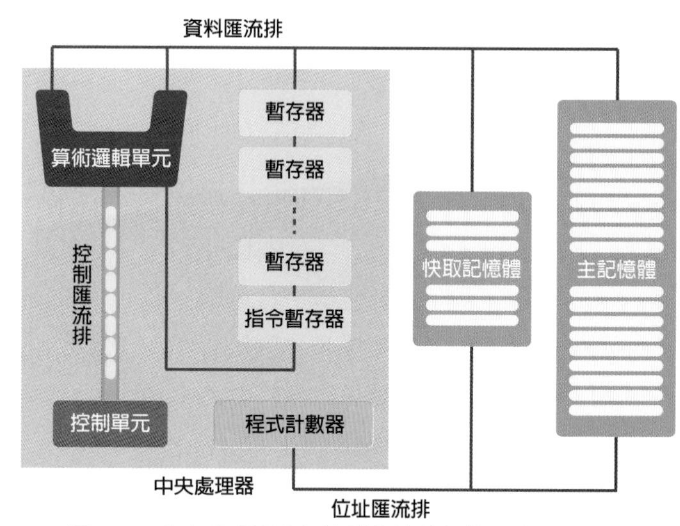


圖 3-4 中央處理器和記憶體的連結架構圖（示意圖）

控制單元主要是負責控制電腦執行程式的流程，它就像是一位導演，不必親自下海，而是負責指揮各個系統單元執行所須進行的任務；同時它也必須協調各個系統單元間的運作。例如：它會從記憶體將所須執行的程式指令搬到暫存器並且對指令解碼，然後交給算術邏輯單元運算，再將運算結果放回暫存器或記憶體，程式執行的流程我們將在後面的章節裡詳細介紹。

算術邏輯單元是算術單元及邏輯單元的合稱，它們負責加法、減法、乘法及除法等數學運算。它也負責 AND、OR、XOR（eXclusive OR；兩者相同為 0、反之為 1）及 NOT 等邏輯運算（圖 3-5），這些邏輯運算用來做位元的操作，並用來判斷決定程式流程的某些條件是否成立，通常是「大於條件」、「等於條件」及「小於條件」等，例如：判斷兩個數的大小等。

讀者們對邏輯運算 AND、OR 和 NOT 應不陌生，在此僅簡要說明邏輯運算 XOR。從圖 3-5 的真值表中可以看到，如果 x 和 y 同為 0 或同為 1，則它們做 XOR 的結果為 0；如果 x 和 y，一為 0，另一為 1，則它們做 XOR 的結果為 1。回想在 OR 運算中，只要 x 或 y 其中有一為 1，則運算結果就為 1，而 XOR 則必須 x 和 y 各專有（exclusive）一個 0 和 1。換句話說，XOR 的運算口訣可以說成「相同為 0，不同為 1」。

令 x 和 y 做 XOR 的結果為 z，請問再將 z 和 y 做 XOR 會得到什麼結果呢？例如 x 為 0，y 為 1，則得 z 為 1，再將 z 和 y 做 XOR 得 0；又如 x 為 1，y 為 1，則得 z 為 0，再將 z 和 y 做 XOR 得 1。讀者從運算過程中可以觀察到，最後的結果會回復到 x，這是因為 x 和 y 的

XOR 結果又和 y 再做一次 XOR，過程中相同的 y 和 y 做 XOR 為 0，使得若 x 為 0，則結果為 0；若 x 為 1，則結果為 1。

AND

| x | y | x AND y |
|---|---|---|
| 0 | 0 | 0 |
| 0 | 1 | 0 |
| 1 | 0 | 0 |
| 1 | 1 | 1 |

OR

| x | y | x OR y |
|---|---|---|
| 0 | 0 | 0 |
| 0 | 1 | 1 |
| 1 | 0 | 1 |
| 1 | 1 | 1 |

XOR

| x | y | x XOR y |
|---|---|---|
| 0 | 0 | 0 |
| 0 | 1 | 1 |
| 1 | 0 | 1 |
| 1 | 1 | 0 |

NOT

| x | NOT x |
|---|---|
| 0 | 1 |
| 1 | 0 |

圖 3-5　AND、OR、XOR 及 NOT 等邏輯運算

XOR

QR Code

上述性質就是 XOR 做資料遮罩的基礎，例如若 DATA 為 11010110，MASK 為 00101100，則 DATA 與 MASK 以 XOR 運算後的結果為 11111010，再將該結果與 MASK 以 XOR 運算一次，得到的結果為 11010110，這就回復到原來 DATA 的內容。一種常見應用是把 MASK 當成加密用的密碼，當我們將 DATA 以 MASK 蓋住時，只有知道 MASK 的人才能將 DATA 回復。另一種常見應用是 QR Code 產生器製作 QR Code 時，會評估套用哪一款 MASK 讓它看起來最「黑白相間」，避免出現一大片全黑或全白的區塊，解讀時再套用同一款 MASK 讀回原始內容。因此，我們平常看到的 QR Code，無論內藏資料為何，它都不會白白一大片，也不會黑黑一大片。

在中央處理器和**記憶體**的連結架構裡，有一些用來傳輸電子訊號的傳輸工具，稱為**匯流排**（bus），包括：**控制匯流排**（control bus）、**位址匯流排**（address bus）及**資料匯流排**（data bus）。控制匯流排讓控制單元可以操控算術邏輯單元的運算；位址匯流排將所要執行的程式位址傳到中央處理器內的程式計數器；資料匯流排可供各單元間進行資料交換。

CPU 可以說是電腦最核心的單元，這些年來個人電腦的 CPU（又稱為微處理器，microprocessor）進展神速，我們簡單整理了一份微處理器的發展史，以饗讀者。

在微處理器的發展史上，最主要是 Intel 和 AMD 的兩雄對決，當然還有其他競爭者，如：Motorola 及 VIA（威盛）等，其實微處理器的設計極為複雜，很多關鍵的設計都已被這些主要的設計公司專利化，一般公司根本無從切入。在這些公司間，又常因侵權而引發訴訟，最後通常會謀求妥協方案，彼此互相交換專利設計，否則互相卡位，根本無法向前推進。無論如何，在良性競爭下，使用者是最大的贏家。表 3-1 簡述了微處理器發展簡史。

表 3-1　微處理器發展簡史

| 年份 | 名稱 | 說明 |
|---|---|---|
| 1971 | Intel 4004 | Intel 的第一個微處理器；108KHz |
| 1972 | Intel 8008 | 比 4004 快一倍（4004×2 = 8008） |
| 1974 | Intel 8080 | 第一部個人電腦 Altair 所用的 CPU，據說該電腦的設計是為了要製作星際大戰電視影集 |
| 1978 | Intel 8086-8088 | 第一款 IBM PC 所用的 CPU；4.77MHz |
| 1980 | Motorola 68000 | Motorola 推出的第一個微處理器；8MHz |
| 1982 | Intel 286 | 也就是 80286，可相容運算之前 CPU 所可執行的軟體，是 Intel 第一個考慮相容性的 CPU；6MHz~25MHz |
| 1985 | Intel 386 | 80386，32 位元微處理器，並可多工進行計算，用了 275,000 個電晶體，比 4004 多了百倍以上；16MHz~40MHz |
| 1989 | Intel 486 DX | 可用內建功能處理複雜的數學函數運算，讓電腦世界彩色化；20MHz~50MHz |
| 1991 | AMD Am386 | 與 Intel 386 相容，但價位便宜，此款賣得不錯，奠立 AMD 在微處理器發展史上的一席之地；25MHz~40MHz |
| 1993 | Intel Pentium | Pentium（奔騰）系列果真讓個人電腦在全球的發展有如萬馬奔騰，勢不可擋 |
| 1995 | Intel Pentium Pro | 用了五百多萬個電晶體 |
| 1995 | AMD K5 | 75MHz~133MHz |
| 1997 | Intel Pentium II | 結合 Intel MMX 技術，可有效處理影音資訊；Intel Pentium MMX 166MHz~233MHz；Intel Pentium II 233MHz~450MHz |
| 1999 | Intel Celeron | 這是 Intel 較 Pentium 次階便宜的微處理器產品 |
| 1999 | Intel Pentium III | 網際網路指令及單一指令多重資料（SIMD）等設計，用了九百多萬個電晶體 |
| 2000 | Intel Pentium 4 | MP3 音樂快速解碼指令，用了四千多萬個電晶體，如果汽車的進展速度也是這樣的話，現在從美國西岸舊金山開車到東岸紐約只要 13 秒！1.3GHz~3.2GHz |
| 2002 | VIA C3 | 國內威盛公司產品，是 x86 系列最小的產品 |
| 2003 | Intel Pentium M | Intel Centrino 行動計算技術的重要元件，Centrino 行動計算技術內建無線功能，可走到哪裡、算到哪裡，讓筆記型電腦更輕薄且更省電 |
| 2003 | AMD K8 | AMD 的另一力作；3.2GHz |
| 2008 | Intel Core 2 | 微處理器製造群雄繼續逐鹿中原，鹿死誰手仍是未知數，但肯定已進入 64 位元時代！此外，多處理器核心已成主流，例如：Intel Core 2 Duo 及 Intel Core 2 Quad 等 |
| 2009 ~ | Intel Core i7 | Intel Core 系列還包括 i3 和 i5 等多核心處理器。節能減碳的綠能概念成為設計時的重要考量 |

# 3-2 | 主記憶體

記憶體依速度、單位價格及屬性等分成多種類型（圖 3-6），它是用來儲存數位資料以及運算後的結果；在**馮紐曼模式**（von Neumann Model）裡，它同時也用來儲存程式。換句話說，記憶體同時儲存程式及資料，當我們要操作不同的程序時，只要載入相對應的程式即可，不必另外再改變硬體。在本節中，我們介紹電腦執行計算時所用的**主記憶體**（main memory），至於其他的輔助儲存機制（如硬碟及光碟片等），一併留到後面的輸出入周邊設備中介紹。

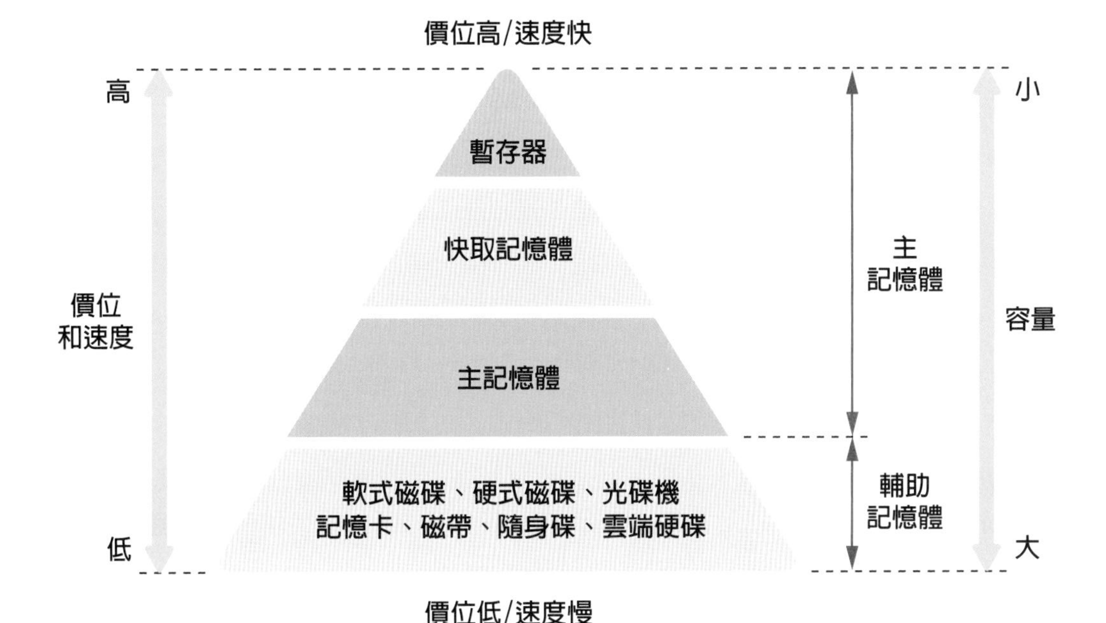


圖 3-6　記憶體的容量、速度與價位

其中，速度最快但單位價格最高的是**暫存器**（register），它位於 CPU 內，請參見上一節的介紹。在上一節的圖 3-4，我們看到了介於 CPU 和記憶體間的快取記憶體（cache），它雖然比暫存器速度慢，但單位價格比較便宜，容量也比暫存器多很多。另一方面，它速度比主記憶體快，但單位價格比較貴，容量也比主記憶體少。因為如果每次 CPU 執行時，都要從主記憶體擷取資料，而主記憶體傳送資料到 CPU 的速度較慢，在效率上會打了不少折扣。要知道，不論 CPU 與記憶體的速度有多快，整個系統的速度終將受限於**匯流排**（bus）的速度，這種瓶頸被稱為**馮紐曼瓶頸**（von Neumann Bottleneck），使用快取記憶體，可提高 CPU 與記憶體間之頻寬。在實務上，我們必須設法猜測哪些主記憶體的區段會被執行，先將那些部分搬到快取記憶體，可想而知，如果我們的猜測很準確，執行效率就高；但如果猜測得很不準，則執行效率當然就差了。

主記憶體的每個位置都有個位址，這樣我們才能去存取它的內容。在圖 3-7 中，我們每個位置可存放 8 個位元，而每個位址以 16 個位元表示，因此，可以有 $2^{16} = 65536$ 種不同的位址空間，所以這樣的定址方式，最多可存放 65536 個位元組。

假設我們每個位置存放 8 個位元，也就是一個**位元組**（byte），如果我們的電腦有 32MB，那我們的位址至少需要幾個位元來表示呢？也就是我們要用多少個位元，它的組合數至少有 32M 種呢？答案是：$\log_2 32M = \log_2 2^{25} = 25$ 個位元。

| 位址 | 值 |
|---|---|
| 0000000000000000 | 10110101 |
| 0000000000000001 | 01101011 |
| 0000000000000010 | 11101101 |
| 0000000000000011 | 00011111 |
| ⋮ | ⋮ |
| 1111111111111111 | 11000011 |

圖 3-7　以 16 個位元表示位址，最多可表示 $2^{16} = 65536$ 個位址

記憶體類別有兩種：RAM（Random Access Memory；隨機存取記憶體）及 ROM（Read-Only Memory；唯讀記憶體）。這兩者都可隨機讀取資料，但 RAM 才可讓使用者隨意改寫內容。

RAM

RAM 一旦關機後，資料就不見了，它有兩種主流：SRAM（Static RAM；靜態隨機存取記憶體）及 DRAM（Dynamic RAM；動態隨機存取記憶體）。

SRAM

SRAM 以**正反器**（flip-flop gate）儲存資料，取名「靜態」的原因是因為只要電源維持住，並不需要做**更新**（refresh）的動作。它的速度較快，但價錢也貴些。

DRAM 以**電容器**（capacitor）儲存資料，但因電容器會隨時間逐漸失去它的電容量，因此須動態週期性地更新內容，故取名為動態隨機存取記憶體。它的速度較慢，但價錢便宜許多。

DRAM

一般而言，在相同的晶片面積下，DRAM 容量大於 SRAM 四倍以上，但在速度上，SRAM 卻是比 DRAM 快四倍以上。

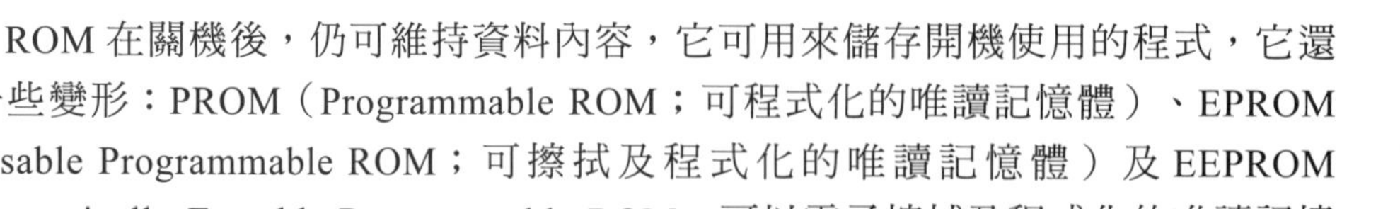

ROM 在關機後，仍可維持資料內容，它可用來儲存開機使用的程式，它還有一些變形：PROM（Programmable ROM；可程式化的唯讀記憶體）、EPROM（Erasable Programmable ROM；可擦拭及程式化的唯讀記憶體）及 EEPROM（Electronically Erasable Programmable ROM；可以電子擦拭及程式化的唯讀記憶體）。

ROM

PROM 可讓使用者儲存所需的程式，但一旦儲存後，就不可再改寫了；EPROM 可以改寫，但必須以紫外線照射來擦拭；EEPROM 可直接從電腦進行改寫，最為方便，它被廣泛應用於 BIOS 晶片及快閃記憶體。

雖然我們前面說主記憶體速度比快取記憶體等慢，但比起硬碟，它還是快了許多倍。因此，記憶體愈大、就能夠把愈多的程式及資料從硬碟載入到記憶體中，如此，CPU 的執行效率也就愈高。如果程式資料太大或太多，我們將無法載入到有限的記憶體中，此時也許 CPU 要讀取的資料或程式不在記憶體中，就必須從硬碟中讀取，整個速度就慢了許多。

## 資訊專欄　人工記憶體 vs. 天工記憶體

電腦愈來愈精明，不只運算能力進步神速，它的記憶裝置也正全面擴增。如同處理器的晶片設計走向立體化堆疊，近年競爭極為激烈的高頻寬記憶體（HBM；High Bandwidth Memory）系列，也利用三維先進封裝技術，將 DRAM 堆疊出速度更快、功耗更低和容量更大的記憶體，以因應人工智慧運算晶片的需求。

人工記憶體在單位空間所能儲存的記憶容量固然驚人，但這與老天爺在小小細胞內就能嵌入大量遺傳資訊 DNA 相比，仍是小巫見大巫。遺傳基因資訊由一種使用 A、G、C、T 四個字母的 DNA 語言所寫成，乃數位化的生命樂章。每個生物體的生命藍圖不僅可以代代演化相傳，而且如果環境合宜，它的保存年限還挺驚人的。例如，數萬年前冰封在西伯利亞的長毛象，它們的毛髮仍保有損害不大的 DNA 片段，讓科學家可以在幾萬年後將遺傳資訊讀出來。

在資料儲存的軍備競賽下，不少科技巨擘並未漠視 DNA 儲存器（DNA Storage）驚人的儲存潛力，紛紛投入研發能量。科學家已能在實驗室展示 DNA 儲存器的讀寫功能，惟現階段 DNA 儲存器的存取速度仍相當牛步，與當前尖端記憶體最高每秒可存取上兆位元的速度相比仍差好多截，而且它的不穩定和高成本也存在許多挑戰。所幸目前人類所開發的 DNA 讀取與合成技術仍在起飛階段，或許在未來某個時間點，DNA 儲存器可以真正派上用場。

趙老 於 2024 年 3 月

# 3-3 ｜ 執行程式

我們所要執行的程式放在記憶體裡，它們已編譯或直譯為在記憶體依序存放的機器碼，而這些機器碼以二進位存放程式指令。CPU 到底如何執行程式指令呢？在 CPU 的暫存器裡，有一個程式計數器，專門記錄目前正在執行的程式位置，以便我們每次都能抓到正確的指令。CPU 執行時，首先由控制單元**擷取**（fetch）所要執行的指令，放在指令暫存器，再做**解碼**（decode）動作。注意：在這裡所抓到的東西都是二位元字串，每個指令可能包括指令動作及資料，因為我們的指令動作有限（加減乘除 ...），所以可以把每個指令動作編號，當我們抓到指令時，解碼動作可由查表法來完成。當我們找到該指令所對應的運算動作時，就可交給算術邏輯單元來**執行**（execute），執行完所得的結果再由控制單元協助儲存回記憶體。完成一個指令後，程式計數器自動往下一個指令邁進，CPU 再依程式計數器所儲存的新位址擷取指令，解碼指令及執行指令。CPU 就這樣循環運作下去，如圖 3-8。

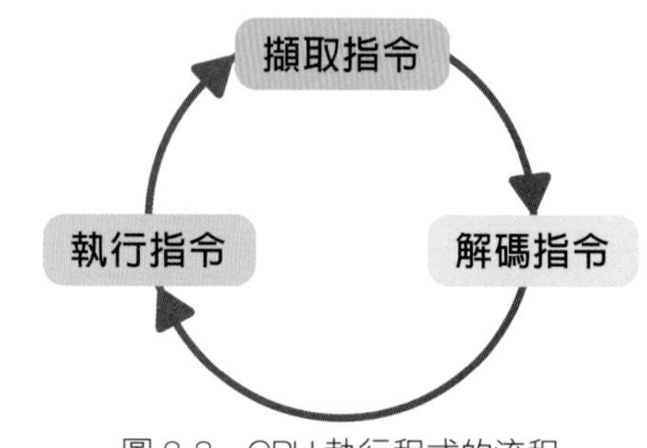


圖 3-8　CPU 執行程式的流程

為了增進 CPU 的效率，當算術邏輯單元正在執行時，控制單元並不會傻呼呼地等在那裡，它也會開始進行下一個擷取指令的動作，這好像汽車工廠的**生產線**（pipeline），如果工廠每次就只組裝一部汽車，全部組裝完一部後再組裝下一部，這樣的效率當然不理想；但如果生產線某單元完成汽車某零件的裝配後，就交給後面單元繼續完成，同時它也接著進行下一部汽車的零件裝配，雖然裝配第一部汽車所需的時間和每次只組裝一部汽車一樣，但從第二部汽車起，速度就會快許多。同樣地，我們也可把 CPU 執行程式的流程，以生產線方式來進行，這種技術稱為**生產線技術**（pipelining；圖 3-9），它可大大提升 CPU 的執行效率。

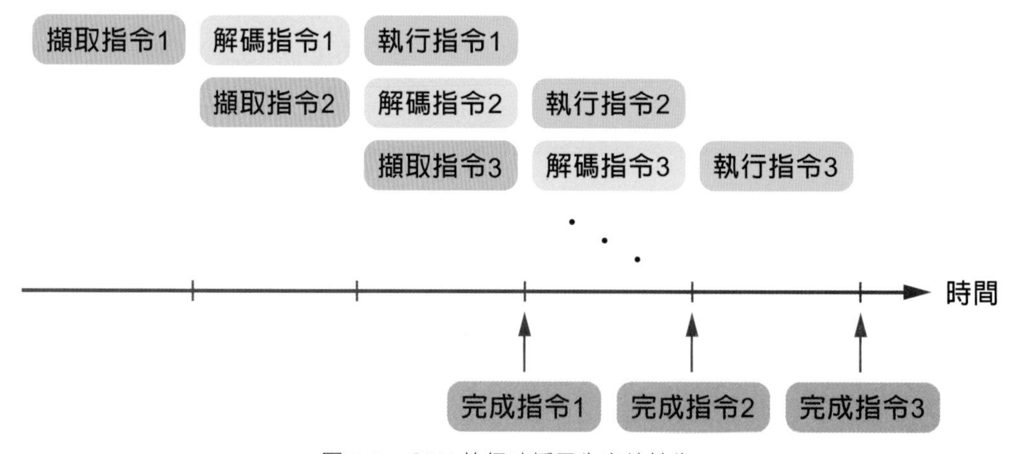


圖 3-9　CPU 執行時採用生產線技術

# 3-4 | 匯流排及介面

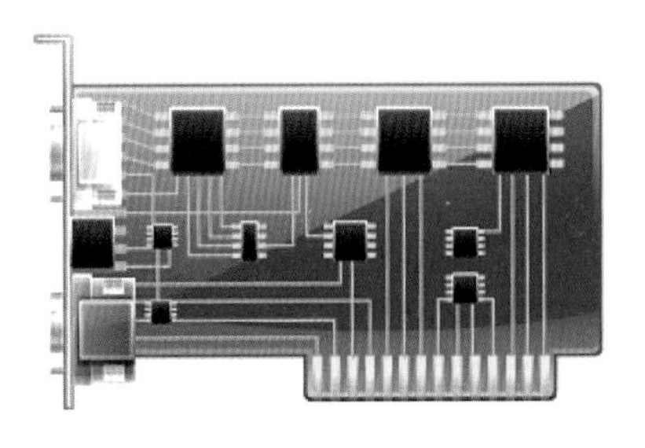

在電腦的主機板上，有一些用來傳輸電子訊號的傳輸工具，稱為**匯流排**（bus），包括系統匯流排及擴充匯流排。匯流排一次所能傳輸的資料量，稱為它的**匯流排寬度**（bus width），它會和 CPU 每次所能處理的位元數相容。系統匯流排負責 CPU 與記憶體間的資料傳送；而擴充匯流排則保留一些連接給使用者彈性使用，例如：趙老曾將 USB 連接埠從 1.0 升級為 2.0，先到 3C 廣場買個 USB 2.0 介面卡，它可插到主機板 PCI 擴充槽，而它的 USB 插槽正好就可裝在主機殼的外表上，這種外部連接端稱為**連接埠**（port），它有兩種型態：每次傳一個位元的**序列埠**（serial port）及每次傳一組位元的**平行埠**（parallel port）。升級到 3.0 的作法也是如此。

## ISA、PCI、AGP 及 PCI Express

在 80 年代，最當紅的高速匯流排是 ISA（Industry Standard Architecture），它的傳輸速率每秒只有 8.33Mb。到了 90 年代，PCI（Peripheral Component Interconnect）的速率每秒 133Mb，這速率在以前還可以，但現在許多更高速設備接踵而出，已面臨瓶頸，因此，繪圖卡等需高速運作的多採用 AGP，它每秒可傳輸 2.1Gb。它們都可用來連接硬碟及網路卡，也可用來連接需大量資料處理的影像圖形介面。

現在走紅的是 PCI Express，它也稱為 3GIO（Third Generation I/O Architecture；第三代輸出入架構），第三代輸出入架構主要是演進自第一代 1980 年代的 ISA（含 EISA、MCA 與 VESA），以及第二代從 1990 年代沿用至今的 PCI 架構（含 AGP、PCI-x 與 HL 等）。PCI Express 的傳輸速率為每秒 2.5Gb ～ 8Gb。

PCI Express 由英特爾、康柏、Dell、IBM、微軟等聯手研發，主要是當作晶片（晶片組南北橋）連結、轉接卡的 I/O 連結、以及 1394b、USB 2.0、InfiniBand 架構與乙太網路的 I/O 連結，另外，也可取代 AGP 匯流排成為繪圖卡的傳輸連結。

PCI Express 的近期發展可參見 https://zh.wikipedia.org/wiki/PCI_Express。

PCI Express

## USB 及 IEEE 1394

USB（Universal Serial Bus；通用序列匯流排）是 USB Implementers Forum 所開發的連線規格。它針對電腦的外接周邊設備（鍵盤、滑鼠、遊戲控制器、攝影機、儲存裝置、掃描器和其他周邊）所設計，讓使用者安裝特定裝置時，能夠省去開啟電腦機箱及重開機的麻煩，隨插即用，為一般使用者提供了操作簡便、擴充性和快速等優點。

USB 2.0 傳輸速度最高每秒可達 480Mb（早期版本 USB 1.0 每秒 1.5Mb；USB 1.1 每秒 12Mb），真正隨插即用，不需外接任何電源就可以使用。USB 能在同一埠上支援多台設備，技術上而言，安裝 USB Hub（集線器）這類的輔助裝置後，一個 USB 埠能夠支援最多 127 台設備同時連線。USB 3.0 每秒傳輸速度達 4.8Gb，USB 4.0 每秒傳輸速度達 40Gb。

IEEE 1394 是一種高速序列匯流排的公定標準。Apple 將此種匯流排命名為 FireWire，Sony 稱它為 i.Link，以上所有的名稱皆代表同一樣技術。不過，以 IEEE 1394（或簡稱為 1394）較為常用。IEEE 1394 也提供隨插即用的功能，提供個人電腦相容性的延伸介面，它具有保證頻寬的傳輸模式，適用於消費性電子聲訊／視訊產品、儲存周邊及可攜式裝置。IEEE 1394 的資料傳輸速度是每秒 400Mb，新的 IEEE 1394b 規格，傳輸速度高達每秒 3.2Gb。

以前在電腦外加裝置並非易事，筆者就曾有幾次把外掛硬體設備裝壞的經驗，但在這種隨插即用的裝置出現後，整個過程已變得和「將插頭插入插座中」一樣簡單了（圖 3-10）。

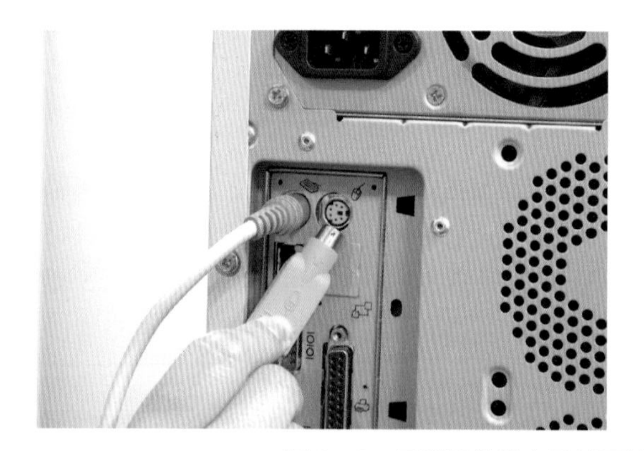

圖 3-10　周邊設備很容易就可連上主機，必要時再加裝介面卡

# 3-5 ｜ 輸出入周邊設備

輸入子系統負責將程式及資料放入電腦裡，例如：鍵盤、滑鼠及掃描器等；輸出子系統則負責將處理後的結果送出電腦，例如：螢幕及印表機等。廣義的輸出入子系統還包括**次要的儲存設備**（secondary storage device），例如：磁碟、光碟片及磁帶等。

## 鍵盤

**鍵盤**（keyboard）是輔助我們將訊息輸入電腦的重要輸入設備，它的字符位置和打字機類似，與主機板連接的介面規格主要為 PS2 及 USB。無線鍵盤漸漸流行之後，讓使用者不必俯首案前也能一鍵搞定（圖 3-11）。

圖 3-11 傳統鍵盤與無線鍵盤

## 滑鼠

**滑鼠**（mouse）是另一個輔助我們將訊息輸入電腦的重要輸入設備，它與主機板連接的介面規格主要為 PS2 及 USB。它的種類非常的多，大致上有二鍵、三鍵、二鍵加小滾輪（可方便瀏覽超過顯示範圍的頁面）及軌跡球式的滑鼠。滑鼠運作的原理有機械式及光學式。機械式滑鼠利用腹部滾球來帶動座標滾軸，但滑鼠使用久了，滾球容易有污垢，三不五時要記得擦拭滾球及滾軸上的汙垢，才可增加滑鼠靈敏度及使用壽命（圖 3-12）。光學式滑鼠利用腹部的發光體和感光器來感應滑鼠的座標位置（圖 3-13）。

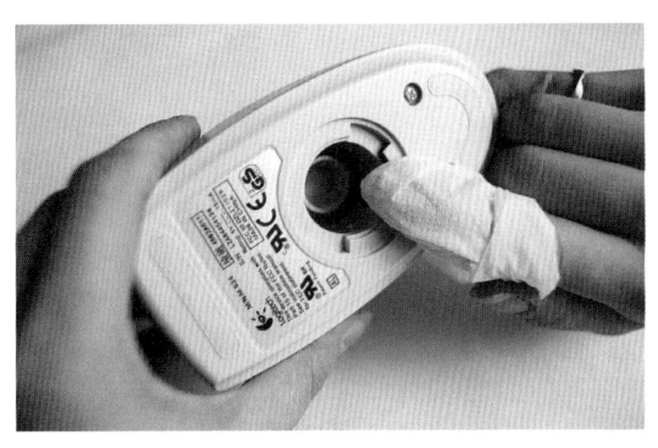

圖 3-12 古董級的滑鼠還得三不五時把滑鼠的滾動裝置擦拭一番

圖 3-13 光學式滑鼠
（資料來源：© Maigi | Dreamstime.com）

## 掃描器

**掃描器**（Scanner）（圖 3-14）就像影印機可以複製文件，只是它並不是把文件複印到紙上，而是將掃描的文件以數位影像格式儲存。擷取文件影像的方式是先將光線投射到文件上，因文件明暗不同的區域，使反射光有不同的強度，由感光元件將反射回來的光轉換為數位資料，再經由掃描軟體讀入數據，最後組成數位影像，其儲存的檔案格式有 TIFF、BMP、GIF 與 PCX 等格式。

在種類上，掃描器大致上有：掌上型掃描器、平台式掃描器、饋紙式掃描器及滾筒式掃描器等。

圖 3-14 平台式掃描器

掃描器的解析度以掃描時每英吋的取樣點數（dot per inch；dpi）表示。例如：1200 dpi 就表示所掃描的圖檔每英吋將產生 1200 點的資料。因此，掃描時 dpi 設的愈高，所獲得的資料愈精密，但儲存所需的空間也愈大。

## 螢幕

螢幕又稱顯示器（monitor），是電腦最主要的輸出設備，傳統的螢幕為**陰極射線映像管顯示器**（Cathode Ray Tube；CRT），既粗大又笨重，已快速地被既輕且薄的**液晶螢幕**（Liquid Crystal Display；LCD）所取代（圖 3-15）。

圖 3-15　液晶螢幕已成為主流（資料來源：BENQ）

## 印表機

印表機是另一個重要的輸出周邊設備，它的解析度以印出時每英吋的列印點數（dot per inch；dpi）表示。印表機可大致分成下列幾種：**點矩陣印表機**（dot-matrix printer）、**噴墨式印表機**（inkjet printer）、**雷射印表機**（laser printer）、**熱轉印印表機**（thermal transfer printer）及**噴蠟印表機**（solid ink printer）。

愈來愈多的印表機款式，已結合其他功能，例如四合一的印表機，除了可以印製報表外，還可傳真、影印及掃描（圖 3-16），真是「一兼二顧，摸蛤兼洗褲」啊！

由於數位相機的流行，愈來愈多的需求要在自己的電腦印出照片，所以也有不少印表機是專門針對印製數位相片而設計的，有的迷你印表機，還可讓你玩到哪裡、照到哪裡、印到哪裡。

圖 3-16　多功能印表機兼具印表、傳真、影印及掃描功能（資料來源：HP）

# 3-6 | 儲存裝置

磁性儲存裝置的基本原理，是利用某些物質可以磁化的特性，將資料記錄下來。在這些磁化物質表面有個多點的陣列，每個點可磁化成代表數位訊號一個位元的 0 與 1。在本節裡，我們簡單介紹幾種常見的儲存裝置，善用這些儲存裝置，可大大提升數位生活的便利性。

## 硬碟

**硬碟**（hard disk）是電腦儲存資料最重要的地方，它的內部有圓形碟片及讀寫頭（圖 3-17）。我們的程式及資料平時通常放在硬碟，執行時才從硬碟載入主記憶體，因此它是極為重要的儲存設備，平時最好就做備份，否則一旦硬碟掛了，可要去撞牆了！

隨著硬碟容量向上攀升，價格逐漸下降，近年來硬碟單位已從 GB 升級到 TB。另外，除了有圓形碟片的傳統硬碟外，還有一種稱為**固態硬碟**（Solid-State Drive；SSD）的儲存裝置也常被簡稱為硬碟，它的內部並沒有圓形碟片，而是使用積體電路晶片，因而比較省電及耐震。

圖 3-17　硬碟的內部結構

## 磁帶

磁帶通常用來做備份，主要是因為磁帶通常比硬碟的容量要大許多。現在的磁帶備份的資料動輒以**兆位元組**（Tera Byte；TB）計，容量超大。備份的另一種選擇是使用 RAID（Redundant Arrays of Inexpensive Disks）磁碟陣列，在 RAID 上，有多顆硬碟，當有硬碟故障時，系統會自動調整，使得資料並不會喪失。

## 光碟片

新力（Sony）和飛利浦（Philips）在八十年代初期推出了 CD-ROM，使數位資料的儲存方式又往前邁進了一大步。這二十幾年來，**光碟片**（Compact Disk）的進展驚人，尤其軟體程式不斷地複雜化，再加上消費者對影音品質需求不斷提高，儲存容量 650 MB 的 CD 光碟片已不敷使用，新一代高儲存容量、資料儲存密度提高的 DVD（Digital Versatile Disk）系列產品應運而生（圖 3-18）。DVD 單面單層可儲存 4.7GB，最高可儲存雙面雙層，達 17GB 之多。

圖 3-18　DVD 光碟機曾是很重要的輔助儲存裝置

當我們計算 CD 系列（CD-ROM、CD-R、CD-RW 或 VCD）的存取速度時，單倍速為每秒 150KB，因此 40 倍速（或寫成 40x）即為每秒存取 6000KB，也就是約 6MB。當我們計算 DVD 系列（DVD-ROM、DVD-R、DVD-RW 或 DVD-Video）的存取速度時，單倍速為每秒約 1350KB，因此 40 倍速（或寫成 40x）即為每秒存取 54000KB，也就是約 54MB，這比 CD 系列同樣倍速的快了許多。

## 記憶卡

記憶卡已成為現代資訊人必備的儲存裝置，數位相機……等都利用這種輕薄的記憶裝置儲存資料，它的種類繁多，包括：CF（Compact Flash）、SM（Smart Media）、SDHC（Secure Digital High Capacity）、MMC（Multi Media Card）、MS（Memory Stick）及 xD 等，給使用者多樣化的選擇（圖 3-19）。

圖 3-19　各式各樣的記憶卡

這麼多種類的記憶卡，要用電腦來讀入，剛開始還有點傷腦筋，所幸有些多合一的讀卡機（圖 3-20），可同時讀取多種不同的記憶卡，如：Compact Flash、IBM Microdrive、Smart Media、Secure Digital、Multi Media Card 和 Memory Stick。同時，各槽之間資料還可以互相拷貝，極為便利。

圖 3-20　讀卡機 ( 資料來源：SanDisk)

## 隨身碟

**隨身碟**（flash disk）又稱大拇哥，意即和大拇指大小差不多，透過 USB 埠可以連到電腦上，進行存取動作，相當方便。它的容量已可達 TB，而它的造型花樣百出（圖 3-21），令人讚嘆。本書進行排版時，就是以隨身碟儲存整本書的初稿，再委請專業編輯美化排版，極為便利可靠，因此我們幾位作者是隨身碟問世後的受益者，才能順利完成本書出版事宜，希望讀者也覺得是間接受益者，而不是受害者啊！

圖 3-21　隨身碟造型設計極具巧思 ( 資料來源：SanDisk)

有的隨身碟兼具多項功能，除了可儲存資料外，還有錄音、MP3 及收音機功能，真是「校長兼撞鐘，能者多勞」啊（圖 3-22）！

圖 3-22　複合式隨身碟兼具錄音、MP3 及收音機功能

## 可攜式硬碟

如果你平時攜帶的資料量是隨身碟所存放不下的，那你可考慮 USB 外接硬碟（圖 3-23），它是一種體積小且重量輕的攜帶式儲存裝置，大約只有手掌般的大小，而且具有 USB 連接線即插即用的功能，可輕易地與個人電腦相連接，安裝極為便捷。它雖然較隨身碟大一些，但容量可達數十 TB，是需攜帶大量資料人士的最愛。

圖 3-23　外接式硬碟 ( 資料來源：創見 )

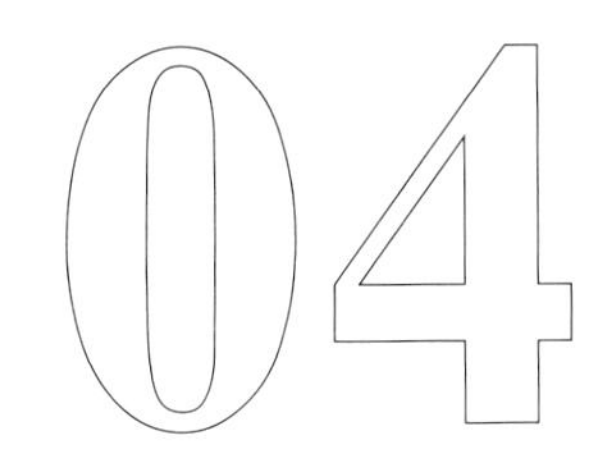

# 作業系統

0 1 0 0 0 0 0 1 1 0 1 1 0 1 0 0 0 1 1 0 0 0 0 0 0 0 0 0 0 0 0 0

比爾蓋茲因為個人電腦作業系統的設計，而成為全球最富有的人，並且蟬連多年（2003 年因為幣值更動使得比爾蓋茲拱手將寶座讓給 IKEA 家具的創辦人），這使人不禁好奇，作業系統到底是怎樣的一個法寶呢？

比爾蓋茲在 80 年代許下的企業願景為：每一個家庭都有一台個人電腦（Personal Computer；PC），每一台個人電腦上面都跑著微軟的 Windows 作業系統（目前的願景則為：未來，所有的企業、人們及裝置都可以互相聯結，而使用者不論任何時間、任何地點，使用任何裝置都可以使用網路服務）。環視今天的生活週遭，果然比爾蓋茲的預言成真，因此微軟也從 1975 年成立的小公司變成反托拉斯官司纏身的世界第一大軟體公司。微軟的興起及行銷策略也促使另一派人士推動自由軟體（free software）與開放原始碼（open source）。

本章節將首先介紹作業系統的基本觀念，介紹不同的系統及資源分配管理方式，最後再簡介幾個熱門的作業系統。

# 4-1 | 作業系統簡介

作業系統到底是什麼呢？簡單地說，作業系統是一個程式，負責管理電腦裡的硬體及周邊設備，扮演介於使用者與電腦硬體的中間人。作業系統的存在目的是提供使用者一個方便又有效率的環境，使其能夠執行程式。我們知道任何一個電腦系統，大致上都可分為四部分：硬體（微處理器、記憶體及輸出入設備）、作業系統、應用軟體（我們常用的文書處理軟體及電動玩具等，或者是系統程式如組譯器、編譯器等）及使用者（人或其他電腦）（圖 4-1）。作業系統控制並且支配不同的應用程式使用各種資源，因此作業系統就像是電腦的管家婆，管家婆最重要的任務就是提供使用者方便。

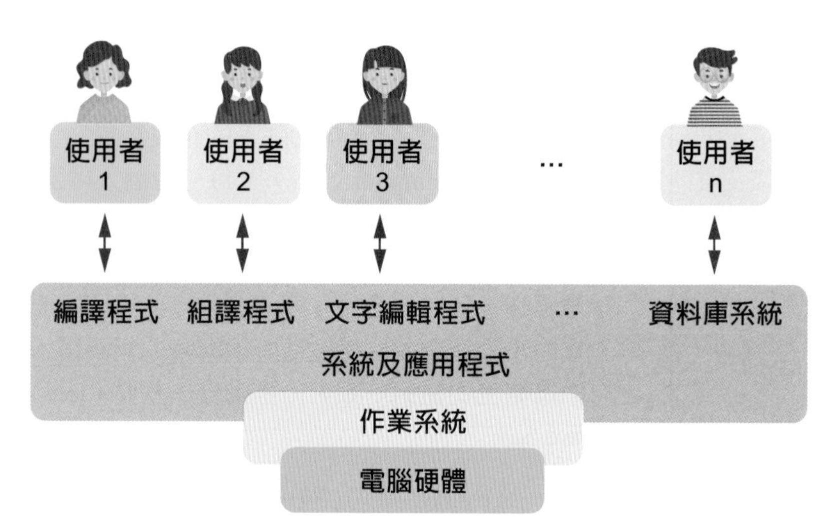


圖 4-1　電腦系統的架構

不同家庭的管家婆，所著重的地方也不同。家有長者的家庭自是請管家婆多幫忙看顧老人；而在家有幼兒家庭中的管家婆，則是得負責照顧小朋友。作業系統也是如此，我們前面提到：作業系統要提供方便及效率。實際上，這兩點有相互矛盾的時候。這就像是你不可能叫管家婆要把房子徹底的打掃乾淨，卻又只能花很少的時間打掃。對於大型系統而言，為了提供諸多使用者同時使用，作業系統必須著眼於效能方面的考量，分配好使用資源；對於個人電腦而言，由於大部分的情況都是電腦由單一使用者掌控，因此，除了必須考量效能之外，資源分配就顯得比較不重要。但是，另一重點則在於**容易使用**（user friendly），功能的使用必須能讓使用者很快就上手操作，為了提供使用者親切的介面，只好犧牲一點效能來供應**圖形化介面**（Graphic User Interface；GUI）。在不同場景使用的電腦，作業系統就必須因時制宜，使用不同的作業系統來達到該場景的需求。

對於硬體而言，作業系統是直接接觸的程式，因此，這個管家婆得負責分配資源給有需要的應用程式及使用者。此外，作業程式也得負責防止因為使用者執行程式而導致的錯誤發生，或者是對電腦的不正確操作。整個作業系統是一個大程式，至於這個大程式裡應該有哪些功能，則沒有標準的定義。通常我們會認為，雖然不同的程式會使用到不同的資源及控制，但是其中有交集的部分，就應該由作業系統來負責，或者我們也可以說，作業系統是一個在電腦內部隨時都在執行的**核心程式**（kernel），而其他的則被歸類為應用程式。

如果更嚴謹一點，我們應該這麼說：整個作業系統是一群程式的集合，而作業系統中最重要的部分就是常駐在記憶體的核心程式，核心程式負責管理作業系統，也就是說，核心程式負責把其他部分的作業系統（非常駐程式）在必要時從磁碟中載入到記憶體裡（圖 4-2）。不論我們使用哪一種作業系統，當按下電腦電源時，核心程式就負責把其他作業系統載入到記憶體中，這個過程就稱為開機（boot）。

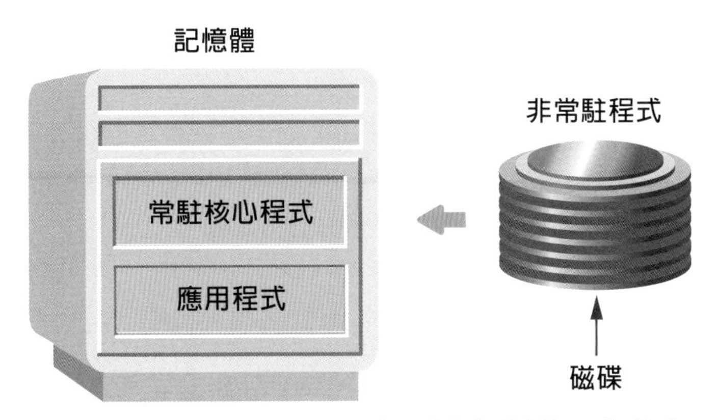


圖 4-2　核心程式從磁碟中將非常駐的作業系統載入到記憶體

雖然我們無法給作業系統下一個完善而標準的定義，但是基本上，作業系統負責的工作主要有五大項目：

## 中央處理器管理

**中央處理器**（CPU）是整個計算機的核心，所有的程式都會需要處理器做運算，當多個程式同時必須使用處理器時，作業系統要負責讓 CPU 充分發揮其功能，提高使用效率。我們稱在系統中被執行的程式為**程序**（process），當有一程序處於等待的狀況時（譬如說是等待使用者輸入），作業系統就得讓 CPU 去做別的程序運算，而不能讓 CPU 也跟著等下去。此外，假設突然有一程序其優先順序較目前 CPU 在運算的程序高時，作業系統得負責把 CPU 搶過來給優先順序較高的程序使用。

## 記憶體管理

雖然現在的主記憶體容量以 GB 計，但是不論如何還是有限，如何把這些有限的記憶體資源進行合理的分配，使每一個程序都能滿足，並且提昇效能，也是作業系統的重要任務。作業系統在分配記憶體時，要使各個程序與資料相互隔開，避免相互干擾。也就是說，要讓每個程序都能獨立地執行，但是，也要能使每個程序共享公共的程序和資料，以避免重複的程式片段和資料佔用，節省記憶體空間。此外，當程序在執行時，如果發現記憶體空間不夠，作業系統要能做出適當的處理，以保證目前執行的程序能夠繼續進行。最重要的是：要防止使用者程序及程序執行時所需要的資料破壞作業系統本身，因為一旦作業系統遭到破壞，整個計算機系統就無效了。

## 檔案管理

由於主記憶體的空間有限，因此大部分的程序和資料，及作業系統本身都是放在輔助記憶體上。如何標示這些資料檔案，如何有條理地組織這些訊息，使檔案能夠合理的存取與控制，使用者能夠方便而安全地使用，這些都算是作業系統得負責的檔案管理部分。

## 周邊設備管理

計算機一定有周邊設備讓使用者進行 I/O 輸入輸出，作業系統得負責有效率地管理各種周邊設備，最好還能**隨插即用**（plug-and-play），並且要提供簡易的使用者介面程式，讓使用者就算在對設備不熟悉的情況之下，也能循著導引使用設備。

## 程序管理

每一個程序在作業系統之中都對應著一個**程序控制表**（Process Control Block；PCB）（圖 4-3），此控制表記載著該程序的相關資訊及程序的狀態。當程序進入系統之後，它們是被放在**工作佇列**（job queue）之中，此佇列是由等待主記憶體配置的程序組成。位於主記憶體中，並且就緒。等待執行的程序則被存放在**就緒佇列**（ready queue），作業系統負責源源不斷地將這些程序交給 CPU 進行運算。

圖 4-3　程序控制表（PCB）

# 4-2 ｜ 各類作業系統

隨著時間的演進，作業系統也不停地進步，使得軟體的發展能夠跟上硬體的進步速度，這樣才能充分應用不斷開創出的新硬體。我們接著要簡介各類型的作業系統以及作業系統的演進。

## 主機型系統

### ▍手動操作階段

早期的電腦體積非常地龐大，並且沒有軟體，也就是沒有系統來進行控制，一切得從控制台進行。輸入的裝置可能是讀卡機和磁帶機，輸出的裝置則為印表機、打孔機或者磁帶機，這個階段的特色是使用者獨占計算機的所有資源，並且直接使用這些硬體。使用者要執行程式時，首先要將計算機進行初始化（就像是我們量體重的時候也要先把磅秤歸零），然後啟動控制開關，將程式、資料和一些與工作有關的控制訊息打洞在打孔紙內，然後依序輸入進計算機中（所以拿著打孔紙送進系統時一定要非常小心，若不慎跌倒，打孔紙全散，可就要多費工夫了）。計算機接收到輸入之後，就開始執行作業。一段時間之後（可能是數分鐘、數小時、甚至是數天）就可以看到輸出。如果程式執行的過程中有錯誤，還必須要檢測記憶體和暫存器裡的值以除錯。

我們可以想見當時要使用計算機是多麼的不方便，從輸入作業到作業完成的整段期間，每一個操作步驟都需要使用者直接控制，並且一個作業還沒完成之前，是不能穿插別的作業進來一起計算。由於手動操作的速度是緩慢的，再加上使用者獨占計算機，因此計算機大部分的時間都處於等待的狀況，造成資源浪費，無法發揮計算機的功能。此外，由於使用者要直接接觸到硬體，因此使用者得熟悉計算機的各部分細節及操作方法，上手難度高，而且操作麻煩又容易出錯。

## 批次系統

後來我們有了**批次系統**（batch system），這個早期的作業系統設計很簡單，它主要是負責一個工作到下一個工作時自動地控制轉換。批次系統由於有了作業之間的轉接自動化，因而縮短了作業之間等待 CPU 的時間，終於較能發揮計算機的處理能力。

批次系統的情況中，作業系統是常駐在記憶體中（圖 4-4），作業員把若干個有相同或類似的工作集合為一整批（batched），然後將整批作業讀入主記憶體的緩衝區，再轉到磁帶上。這工作完成之後，就由系統監控程式接手，負責將磁帶上的每個作業循序讀入主記憶體中，交給 CPU 去運算處理。一個作業接著一個作業運作，直到整批全部完成，再把下批作業讀入磁帶，以同樣的方式進行處理。因此，我們可以看到，處理一批作業的時候，由於各個作業之間的轉接是由監控程式自動操作，可以縮短手動操作緩慢所造成的 CPU 等待時間。

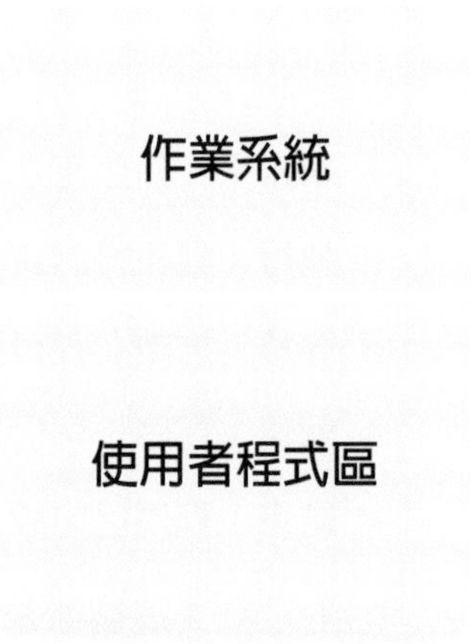

作業系統

使用者程式區

圖 4-4　簡單的批次系統記憶體配置

但是這一類型的計算機中，CPU 仍然經常處於閒置等待的狀態，這是由於 I/O 緩慢的關係。因為機械式的輸出入裝置處理資料速度本來就比電子裝置慢，即使是一個慢速的 CPU 每秒也能處理百萬個指令，但是，最快的讀卡機每分鐘也僅能讀 1200 張卡而已。雖然讀卡機的技術也在進步，可以加快讀卡的速度，但是同時 CPU 的運算速度也在成長，導致讀卡機反而越來越跟不上 CPU。

不過不管如何，批次系統已經允許把所有工作都一起放在磁碟中，不必串列在讀卡機上，如果能夠直接存取幾件工作，作業系統就可以進行**工作排班**（job scheduling），進而增進效率。此外，批次系統也讓使用者不必再理解計算機的每一個細節就能進行處理。

## 多元程式規劃系統

有了工作排班之後，最重要的就是**多元程式規劃**（multiprogramming）的能力。由於一個程序不太可能讓 CPU 一直處於忙碌的狀態，因此多元程式規劃的目的就是要增進 CPU 的使用率，只要還有程序需要 CPU，CPU 就不會閒置等待。

一個程式被載入記憶體中並且執行時就稱為程序，一個程序的生命週期有幾個狀態以表示程序目前的動作。各個狀態之間的關係如圖 4-5 所示，一個程序可能有以下幾種狀態：

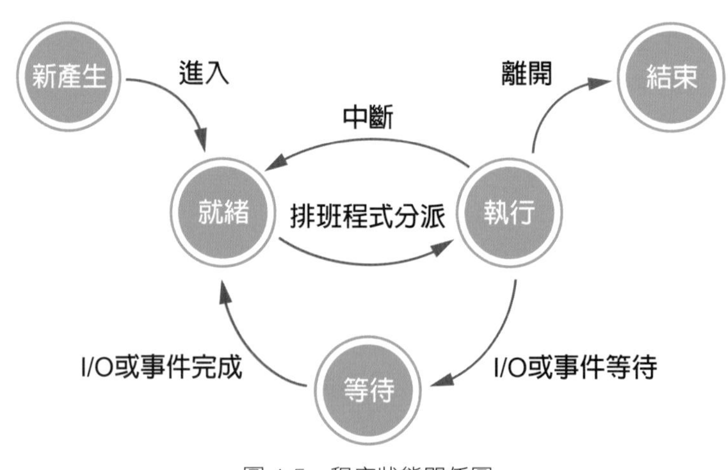


圖 4-5　程序狀態關係圖

* **新產生：**程序正在產生中。
* **執行：**程序得到資源正在執行中。
* **等待：**程序在等待某個事件發生，譬如說是等待使用者輸入。
* **就緒：**程序一切已準備就緒，在等待處理器執行。
* **結束：**程序已完成。

在多元程式規劃系統中，只要程序進入等待的狀況時，CPU 就轉移到其他工作上運作，如果原本在等待的程序已經變成就緒，就有機會再重新得到 CPU 資源。這樣的觀念就像是銀行櫃檯小姐，每次只能服務一位客戶，可是如果遇到客人需要填單時，為了提高服務效能，就請客戶先在旁邊填單子，然後櫃檯小姐先行處理下一位客戶的資料。

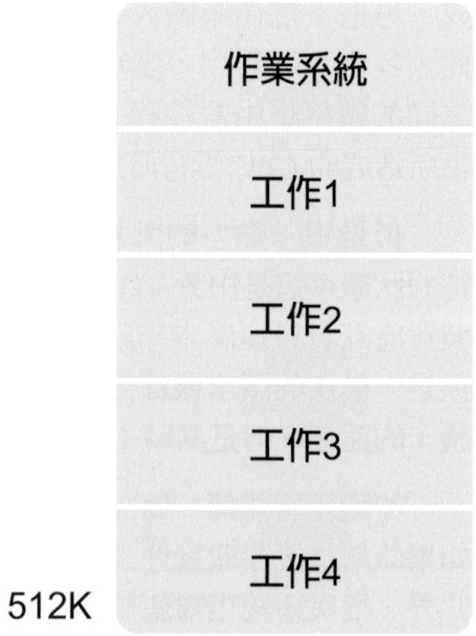

作業系統
工作1
工作2
工作3
工作4
512K

圖 4-6　多元程式規劃系統的記憶體配置

所有的工作進入系統之後，都放在**工作池**（job pool）中，多元程式規劃必須為使用者決定執行的優先順序，將多個程序放置在記憶體中（圖 4-6）。多元程式規劃中有兩種主要的排班，一是**工作排班**（job scheduling），另一個是**處理器排班**（CPU scheduling）（圖 4-7）。每個程序都有一個專屬的 PCB（Process Control Block；程序控制區塊），它被用來記錄該程序當下的執行狀態。在圖 4-7 中，我們以 CPU 在兩個程序間的來回運轉為例，說明如何交換執行。當程序 $P_0$ 執行時，可能因碰上由硬體觸發的中斷事件，或者軟體觸發的系統呼叫而中斷。這時候就必須將 $P_0$ 當下的執行狀態儲存到 $P_0$ 的程序控制區塊 $PCB_0$，然後將 $P_1$ 的程序控制區塊 $PCB_1$ 載入，恢復到當初 $P_1$ 的執行狀態後才開始執行 $P_1$。等到 $P_1$ 執行被中斷時，就將 $P_1$ 當下的執行狀態儲存到 $P_1$ 的程序控制區塊 $PCB_1$，然後將當初儲存的 $P_0$ 的程序控制區塊 $PCB_0$ 載入，恢復到當初 $P_0$ 的執行狀態後才開始執行 $P_0$。

當有多個程序需要執行時，會先放到大型儲存裝置（一般來說是磁碟）的工作池，在工作池中等候被執行，工作排班負責把程序從工作池中選出，載入到記憶體內以便執行。可是程序進入記憶體後也是得等待，這時候就要使用 CPU 排班從記憶體中挑選已經準備就緒的程序，好將 CPU 分配給它使用。

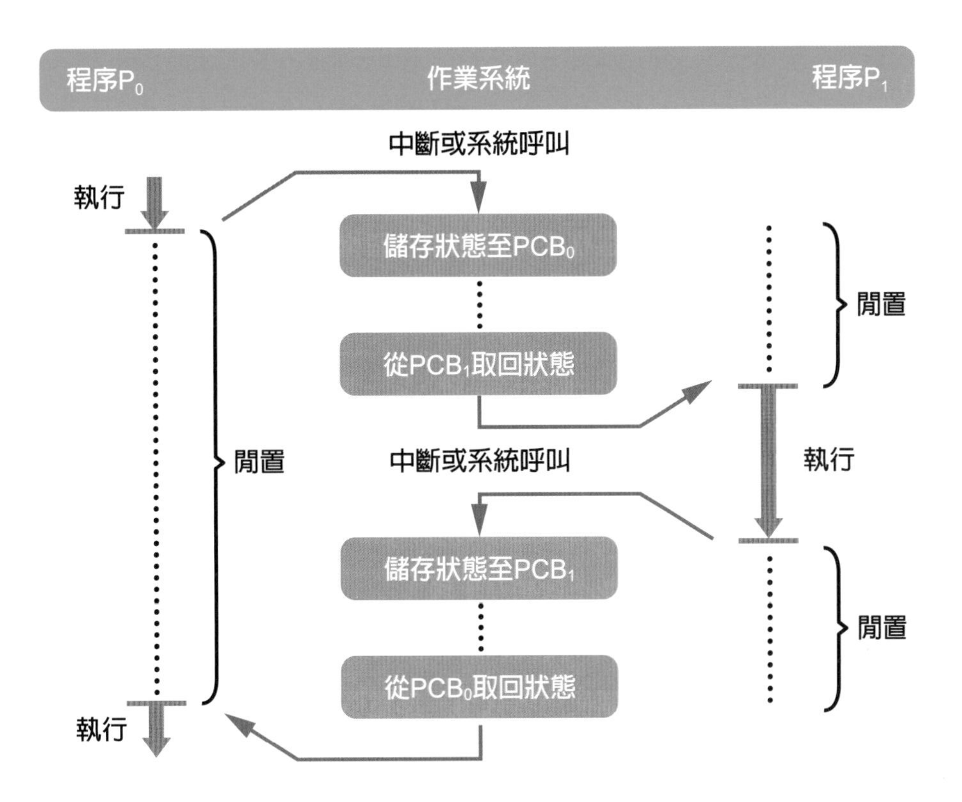


圖 4-7 CPU 在程序之間來回運轉狀況。CPU 首先為 $P_0$ 進行運算，$P_0$ 進入等待狀況之時，作業系統提出中斷或者系統呼叫，接著 CPU 改為 $P_1$ 進行運算，如此來回轉換

這兩種排班除了執行層次的差別之外，最主要的差別在於執行的次數。CPU 排班必須經常為 CPU 選擇新的程序。因為一個程序可能執行幾毫秒之後就因為有 I/O 要求而進入等待的狀況。所以 CPU 排班執行的頻率非常頻繁，並且必須在很短的時間內就做出決定，否則將會發生大部分的時間都浪費在做決定上面。排班有一些不同的決定方式可使用，我們將在後面介紹一些。

## 分時系統

雖然多元程式規劃系統可以提供不同系統資源的有效利用方式，但是對程序來說，一次還是只有一個程序能被執行。分時系統則可以讓大家同時都認為自己與電腦正在交談沒有間斷。分時系統的方式是將 CPU 的時間切割成很多小時段，CPU 不停地在許多程序或者使用者之間切換來執行許多工作。因為切換得很頻繁，所以每個使用者都以為自己和 CPU 是持續運作的（圖 4-8）。

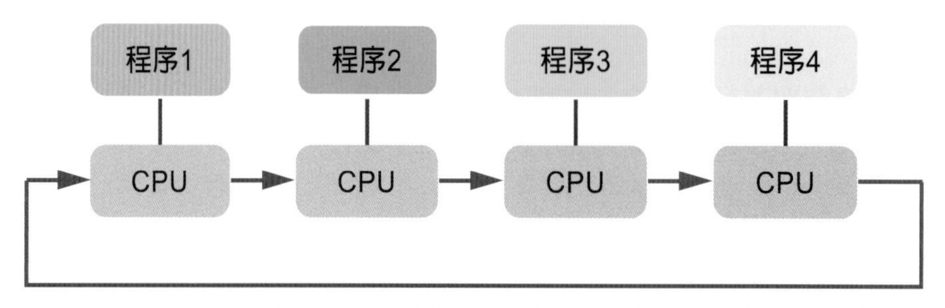


圖 4-8　時間一到，CPU 就為下一個程序進行運算，如此不停來回處理多個程序

由於數位處理器的運算速度非常快，而我們人類在輸入或處理資料時，對電腦而言，卻相對太慢了，所以有分時的概念產生。同樣的場景也可能發生在天才與一般人之間。有一年，旅日圍棋高手林海峰棋士曾同時和幾十位棋士下快棋，林海峰因為頭腦轉得快，每盤棋只看十秒鐘就可決定下一個棋步，他就這樣來來回回和各個棋士對下，每個棋士大約可以想數分鐘再決定棋步，對他們而言，林海峰好像只和他下棋，可是林海峰實際上卻是同時和很多人對下啊！這就是一種分時的概念。

像是我們平常連上工作站，就是一個分時系統，同一時間點可能有很多使用者同時登入，跑程式、進行文字編輯、或者收發信件、或是 telnet 到 bbs 上去，也可能是 ftp 到某個站台，一群使用者能夠同時在機器上進行不同的工作，就是拜分時系統之賜。分時系統有幾大特色：

* **同時性：**可以同時有若干個使用者連結到同一台計算機上進行運算。
* **獨立性：**不同的使用者之間並不會相互干擾。
* **即時性：**每一個使用者都可以即時得到計算機的回應。

分時作業的概念，不僅可讓多個使用者共用一部電腦；也讓我們能在只用一個處理器的個人電腦上，同時開多個視窗來完成不同的任務。而為了要在同一段時間內完成使用者交辦的多項任務，有效且公平的排程也是作業系統設計的重點，唯有好的排程，才能讓電腦日理萬機而不脫線。

總結來說，多元程式規劃系統是倚靠**事件觸發**（event-driven），也就是基本上程序都能不斷的執行，直到進入等待的狀況之下，CPU 就被分配到別的程序去使用；而分時系統則是倚靠**時間觸發**（time-driven），不管程序在什麼狀態，時間一到 CPU 就進行下一個程序的運算，而原本的程序就必須等待，只不過因為 CPU 切換得很快，所以就好像 CPU 不曾離開過。

## 個人電腦系統

我們前面曾經提過，個人電腦系統的設計方針與主機型系統並不同。個人系統的目標在於增進使用者操作方便，並且提昇 CPU 的回應速度避免讓使用者等待。

個人電腦上最常見的作業系統有早期的 DOS（磁碟作業系統），這是微軟最早的作業系統產品，用在 IBM 相容個人電腦上，讓使用者以指令的方式來操控電腦。第一個圖形化介面的個人電腦作業系統是 Mac OS，適用於蘋果電腦上。隨後微軟也推出 Windows 1.0，成為 PC 上的第一個圖形化作業系統。

另外，還有根據大型電腦作業系統 UNIX 所發展出的 Linux 也是個人電腦上受歡迎的作業系統，早期就像 DOS 一樣只有命令列模式，現在也有了親切的圖形化使用者介面。我們將在本章節最後簡介這些個人電腦上的作業系統。

## 多處理器系統

大多數的系統只有單一處理器，可是有些系統有一個以上的處理器，彼此之間緊密地溝通合作、共享資源、共用時脈，這類型的系統就是**多處理器系統**（multiprocessor system）（圖 4-9）。

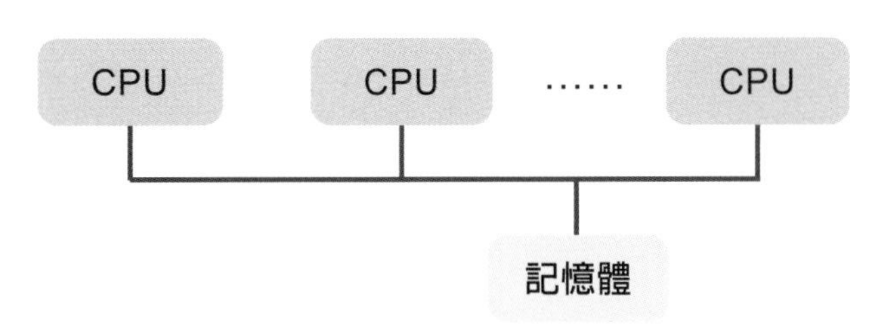


圖 4-9 多處理器系統中，多個應用程式共用記憶體等資源

使用多處理器系統有幾個好處，最顯著的好處是因為我們增加了處理器，所以當我們在進行大量運算時，各個處理器可以一起分擔工作。然而，值得注意的是，假設添加了四顆 CPU，變成原來的五倍，但是我們不能天真的以為效能就會變成原來的五倍。因為多顆處理器一同運作時，一定要多費一些功夫在保持工作進行無誤，處理器之間溝通合作正常。這跟生產線運作的情況不同，生產線如果多開一條，產量就增加一倍。雖然沒有辦法呈現等倍數成長，不過多處理器還是能增進效能。

想要增進效能，其實也可以採用生產線的模式，用幾台單一處理器系統。然而從經濟層面來考量，我們就會發現多處理器系統較符合經濟利益。因為多個處理器可以共用周邊設備、共享電腦資源，並且空間上也較不佔位子。

此外，因為有多個處理器一起運作，可以達到**容錯**（fault tolerance）的目的。所謂容錯，是指如果有錯誤發生，也不會礙了大事。生活上我們也常有這樣的準備。假設我們要去參加一個重要會議報告，那我們就會把要報告的檔案拷貝分放在硬碟、隨身碟、甚至網路磁碟也再放一份。如果臨時電腦當掉無法開機，那我們借用別人的電腦讀隨身碟裡的檔案，萬一隨身碟也不小心粉碎了，那至少網路上還放了一備份，最後我們還是能成功地完成報告而不受這些錯誤影響，這就是容錯。在多處理器系統下的容錯是指如果各個工作能夠適當地被分配在不同的處理器上，那如果有其中一個處理器發生問題時，系統也不會因此而中止，只是會使得速度變得較原先來得慢。

## 分散式系統

簡單來說，分散式系統指的是電腦是分散的，也就是說，電腦們並不共享資源或者時脈，每一個電腦都有自己的記憶體甚至是各自的作業系統，彼此之間依靠網路傳輸交換資料。雖然電腦會透過網路連線使用其他電腦的資料或元件，但是電腦前的使用者不會有任何感覺，對使用者而言，就好像只是跟單一電腦交談。

由於我們已經進入網際網路的世代，資料的傳輸多半使用網路，再加上擁有高速網路環境，所以分散式作業系統的使用環境已經越來越成熟。其中 Web Service 則是將傳統分散式系統演變成網際網路上的標準化服務，它透過網際網路通訊協定及資料格式的開放式標準（例如：HTTP、XML 及 SOAP 等）來為其他的應用程式提供服務，達到分散式的效果。（圖 4-10）

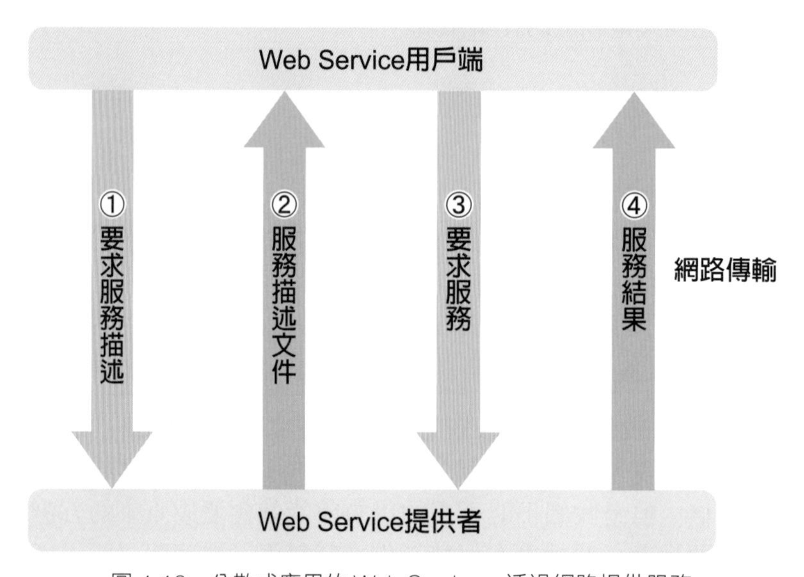


圖 4-10　分散式應用的 Web Service，透過網路提供服務

Web Service 能夠提供給企業許多便利性，假設要成立一個旅遊網站，早期我們可能要理解飛機訂票系統、鐵路訂票系統以及飯店訂房系統。如果要一個個去了解如何建制這些系統可能會大傷成本，這個時候如果採用航空公司等提供的訂票訂房 Web Service，則我們就不需要費心思理解內部怎麼運作，只需要設計好自己的介面。程式運作的時候，就會透過網路連線使用分散在網路其他位址的服務元件。由於分散式系統資料在網路上傳來傳去，因此資料的安全性將是一大考量。

## 即時系統

即時系統為一特殊目的的作業系統。在即時系統中，計算機要能即時回應外部事件的要求，並且於規定的時間內完成對該事件的處理，還要控制所有的即時設備和即時工作能夠協調一致地執行。也就是說，即時系統的使用情況為使用者對於處理器操作或資料的傳輸在時間上有嚴謹的要求，通常是用在專門應用範圍的控制裝置，感應器將資料傳送給電腦，電腦必須將資料加以分析，並且控制感應器。

即時系統有嚴謹的時間限制，這也是它的主要訴求，作業一定得在所定義的時間內完成，不然將會當機。使用即時系統可能是用來控制科學實驗、醫學影像系統、或者是工業工程控制。這些情況下都必須有嚴謹的時間控制，譬如造飛機的時候，生產線上每一個環節的時間點都必須剛剛好，總不能機頭都已經往前推進了，噴槍才開始噴漆，或者更嚴重的情況可能是機器手臂動作太慢，無法跟其他工作協調導致傷害到飛機，這些情況都是不允許發生的。

因此我們可以知道，在設計即時系統時，有幾個重點：

* **即時時鐘管理：**用以完成定時工作或者延遲工作，以利與其他工作協調。
* **過載保護：**當工作太多導致計算機來不及處理的時候，必須要有完善的服務策略，例如使用緩衝區來應急，將優先順序較低的工作暫時緩一緩先存起來，使優先順序較高的工作能先執行。
* **高度可靠性：**必須保障計算機發生問題時，系統仍然正常工作，通常使用的方式就是如上述之多處理器方式解決。

# 4-3 ｜ CPU 排班

我們在上一節曾經提到多元程式規劃作業系統，而其基礎便是 CPU 排班。藉由 CPU 在不同的程序中轉換，各個程序就可以盡可能地搾乾 CPU 的運算能力。也就是說，多元程式規劃作業系統的主要目的，就是藉著 CPU 排班以保持隨時都有一個程序在執行，提高 CPU 的使用率。在單一處理器系統中，一次只能有一個程序被執行，其他的都得依照 CPU 排班在旁等待。

CPU 排班的決策時間點可能發生在下面五種情況（圖 4-11）：

1. 程序新產生時
2. 程序從執行狀態變成等待狀態（譬如有 **I/O** 要求）
3. 程序從執行狀態變成就緒狀態（譬如有中斷發生時）
4. 程序從等待狀態變成就緒狀態（譬如 **I/O** 要求得到回應）
5. 程序中止時

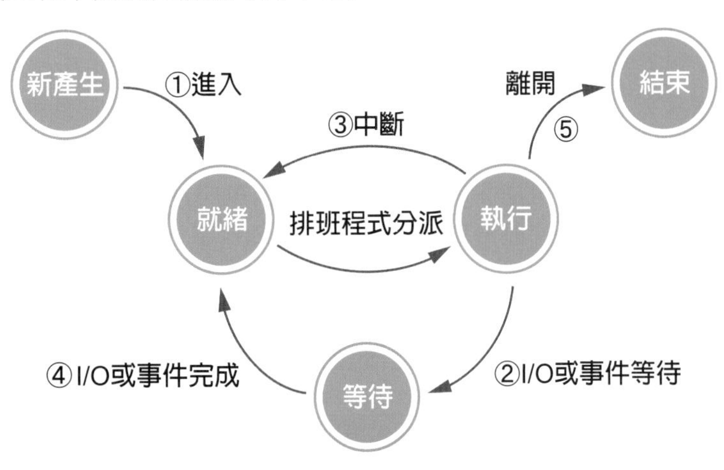


圖 4-11　五個必須 CPU 排班的時間點

對於情況 1 與情況 4 而言，為了讓 CPU 使用率增高，所以勢必得進行 CPU 排班，挑出一個新的程序給 CPU 運算。但是情況 2 跟情況 3 則不然。有些排班方式確保已經享有 CPU 資源的程序能夠一直用，不管其他程序的狀態，直到程序自己跳到其他非執行的狀態，才進行排班，這種稱為**不可搶先排班**（nonpreemptive）；另一類型則為**可搶先排班**（preemptive），也就是時時刻刻都要注意所有程序的狀態，如果有程序進入就緒的狀態，那就要把已經就緒的程序跟正在使用 CPU 的程序相互比較優先順序，優先順序較高的就能把對方踢去排隊。

接下來我們要實際介紹各種 CPU 排班演算法，可是，在那之前，我們要先介紹幾個用來評估各個排班演算法好壞的標準：

* **CPU 使用率：**由於我們希望 CPU 越忙越好，因此理論上 CPU 使用率最好達 100%，然而實際應用上，CPU 是不可能到達這個極限。
* **產能：**如果 CPU 越忙碌，**產能**（throughput）就會越高。評估產能的方式可以是算計單位時間完成的程序數目，然而這樣並不盡公平，因為如果執行到大程序，可能只能完成幾個；相對的，如果執行的都是小程序，則產能可能就大得多。
* **回復時間：回復時間**（turnaround time）也就是從頭到尾所花的時間。產能是衡量單位時間 CPU 可完成多少程序，而回復時間則是指一個程序從進入電腦開始算起，經歷了等待主記憶體、在就緒佇列中等待、I/O 處理時間、及 CPU 執行，一共花費多少單位時間。
* **等待時間：**算計程序會花多久的時間在就緒佇列中等待。這個標準比回復時間更客觀，因為假設有一個優先順序很高並且又很龐大的程序，可能回復時間就會很長，然而實際上回復時間中，大部分都是在享用 CPU 資源。

接下來我們就要來看不同的 CPU 排班演算法，用來決定哪一個程序可以享用 CPU 資源。

## 先到先處理

最簡單的方式就是**先到先處理**（First Come First Serve；FCFS），也就是把 CPU 分給第一個需要 CPU 資源的程序，我們可以用有**先進先出**（first in first out）特性的佇列來排置程序。每當有一個新的程序產生並且需要 CPU 資源時，它就會被串接到就緒佇列的末端。當 CPU 完成一個程序，就把就緒佇列的第一個程序拿出來運算，並且把它從就緒佇列中踢除。這種排班方式是不可搶先的，也就是一旦 CPU 分配給某個程序，該程序就一直佔用 CPU，直到它進入等待的狀態或是結束，CPU 才會執行下一個程序。

舉一個例子來看，假設程序的資訊如下面所示，時間以毫秒為單位：

| 程序 | 抵達順序 | 所需時間（毫秒） |
|---|---|---|
| $P_1$ | 1 | 15 |
| $P_2$ | 2 | 3 |
| $P_3$ | 3 | 3 |

使用先到先處理的方式，整個 CPU 的工作表就如同下面**甘特圖**（gantt chart）所示：

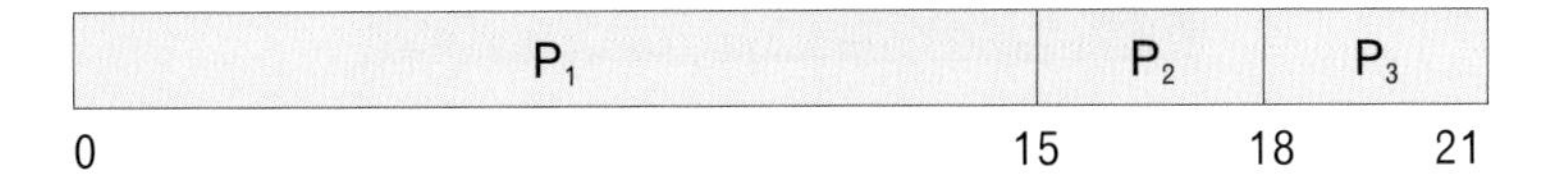


分析一下這種排班方式，我們會發現各程序的等待時間如下表所示：

| 程序 | 等待時間（毫秒） | 平均等待時間（毫秒） |
|---|---|---|
| $P_1$ | 0 | |
| $P_2$ | 15 | |
| $P_3$ | 18 | 11 |

同樣這三個程序，假設來的順序不同，就有截然不同的結果，如下所示：

| 程序 | 抵達順序 | 所需時間（毫秒） |
|---|---|---|
| $P_1$ | 3 | 15 |
| $P_2$ | 1 | 3 |
| $P_3$ | 2 | 3 |

這種情況下的甘特圖如下所示：

$P_2$ $P_3$ $P_1$

0 3 6 21

各程序的等待時間則為：

| 程序 | 等待時間（毫秒） | 平均等待時間（毫秒） |
|---|---|---|
| $P_1$ | 6 | |
| $P_2$ | 0 | |
| $P_3$ | 3 | 3 |

同樣是這三個程序，但是先來後到的順序不同，平均等待時間就相差很大。因此我們可以知道，雖然先到先處理方式在實作上很容易完成，可是卻不是最理想的排班方式。

## 最短工作先處理

從先到先處理的排班方式中，我們看到了如果大型的工作排在前面，會使得小型工作卡在後面拉長平均等候時間，因此最短工作先處理排班方式就能夠解決這個問題。所謂**最短工作先處理**（Shortest Job First；SJF）是說，當 CPU 排班為 CPU 挑選下一個執行程序時，會檢視所有需要 CPU 資源的程序各會花多少時間完成其工作。最短的程序就能夠先得到 CPU 資源。其餘的等到下一次挑選時再行比較。如果有兩個以上的程序所需時間相同，則再採用先到先服務的方式挑選。

舉個例子來說明：

| 程序 | 所需時間（毫秒） |
| --- | --- |
| $P_1$ | 7 |
| $P_2$ | 3 |
| $P_3$ | 5 |

這個例子之下，甘特圖將如下所示：

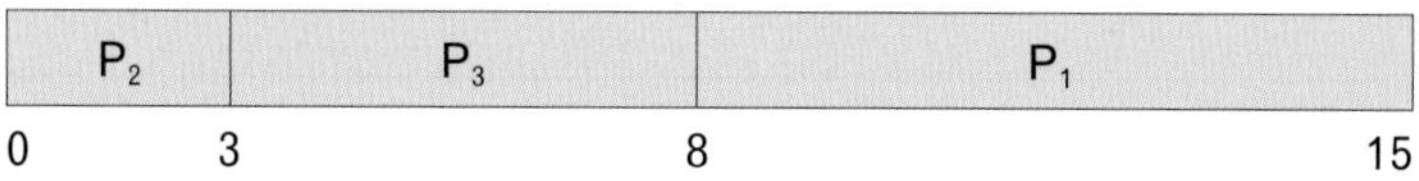

| $P_2$ | $P_3$ | $P_1$ |
| --- | --- | --- |
| 0 – 3 | 3 – 8 | 8 – 15 |

各程序的等待時間則為：

| 程序 | 等待時間（毫秒） | 平均等待時間（毫秒） |
| --- | --- | --- |
| $P_1$ | 8 | |
| $P_2$ | 0 | |
| $P_3$ | 3 | 3.67 |

如果使用先到先處理的方式，則程序先後順序及其平均等待時間如下所示：

| 程序先後順序 | 平均等待時間 |
| --- | --- |
| $P_1 \rightarrow P_2 \rightarrow P_3$ | 5.67 |
| $P_1 \rightarrow P_3 \rightarrow P_2$ | 6.33 |
| $P_2 \rightarrow P_1 \rightarrow P_3$ | 4.33 |
| $P_2 \rightarrow P_3 \rightarrow P_1$ | 3.67 |
| $P_3 \rightarrow P_1 \rightarrow P_2$ | 5.67 |
| $P_3 \rightarrow P_2 \rightarrow P_1$ | 4.33 |

我們可以發現，除了 $P_2 \rightarrow P_3 \rightarrow P_1$ 剛好與最短工作先處理的順序相同之外，其餘的順序平均等待時間都會比 SJF 來得長些。最短工作先處理的方式又可分為可搶先及不可搶先。如果是可搶先的情況，在 CPU 執行某一工作的同時，如果有新的程序產生，就要比較新產生程序的所需時間，如果較目前正在執行的程序之剩餘時間還短，新的程序就可以搶走 CPU，如果是在不可搶先的情況之下，則新程序必須等目前正在執行的程序完成。

如果單純考慮使平均等待時間降到最低，那麼最短工作先處理的方式會是最理想的。雖然將一個短程序排到前面，會是使長程序擠到後面而增加其等待時間，然而卻可以大大減低短程序的等待時間，因此平均起來還是划算的。然而，最短工作先執行的難處在於實際執行時，我們很難能夠精準預測每一個程序將花多少時間來完成工作。

## 優先權排班

所謂**優先權排班**（Priority Scheduling），是指給程序們階級化，標上優先順序。先到先處理的方式並沒有優先權的概念，但是最短工作先處理的方式則算是優先權的特例，也就是給予需時較短的程序較高的優先權先行使用 CPU。

假設有如下的程序及其優先權：

| 程序 | 優先權 | 所需時間（毫秒） |
|---|---|---|
| $P_1$ | 3 | 7 |
| $P_2$ | 1 | 5 |
| $P_3$ | 2 | 4 |

使用優先權為排班依據，則甘特圖如下：

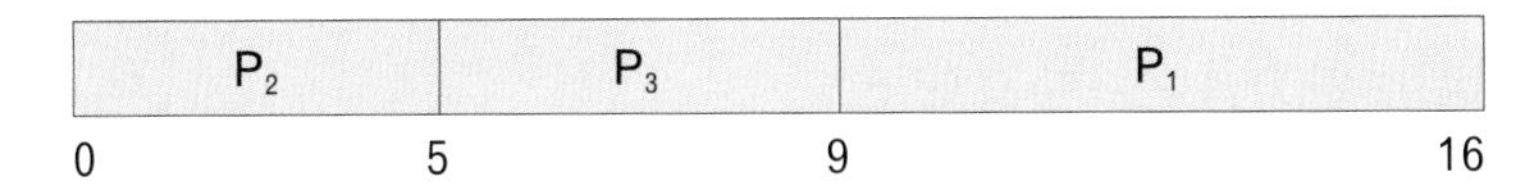


優先權可以是從多面向來算計，譬如可以計算其所需時間、記憶體需求、程序大小等來考量，也可以是根據程序的重要性，譬如說是緊急需要計算結果的程序，就可以有較高的優先權。優先權排班也可分成可搶先及不可搶先兩種，同樣地，如果有一個新的程序產生，並且其優先順序較目前執行中的程序高時，在可搶先的情況，就可以搶用 CPU；而在不可搶先的情況，就得等目前的程序處理完畢。

使用優先權來作為排班考量，最擔心的事情是程序會因為始終得不到 CPU 資源而變成**飢餓**（starvation）的狀況。工作繁重的電腦系統中，如果使用優先權排班，很有可能會有一連串高優先權的程序源源不停地進入就緒佇列，導致低優先權的程序永遠停留就緒佇列中癡癡等待。解決這種困擾的方式就是把等待時間也列入優先權設定的考量中，也就是說，我們可以設定等待超過一定的時間，就提升該程序的優先權，如此一來，終有等到 CPU 的一天，不會發生年華老去卻始終不曾招致青睞的飢餓情況。

## 依序循環排班

前面提到的三種排班方式，雖各有好處，卻都不適合分時系統。分時系統的宗旨是要時間一到就得讓下一個程序使用 CPU。因此，為了分時系統而設計出依序循環排班方式。這方式基本精神與先到先處理相同，然而不同的則是在時間上做了把關，好讓各程序交換使用 CPU。

**依序循環排班**（Round Robin Scheduling）方式在使用時，先預設好經過多少時間 CPU 就該切換執行下一個程序，也就是設定好**間隔時間**（time slice）。所有的程序放在先進先出的佇列裡面，首先 CPU 排班從佇列裡挑第一個程序執行，然後開始進行倒數，時間到的時候就得讓 CPU 處理佇列裡下一個程序。然而我們得特別注意一下，依序循環排班方式可能有兩種情況會發生：

* **程序所需時間小於間隔時間：**在這種情況下，程序一執行完畢之後，就得自動交出 CPU 使其執行下一個程序。
* **程序所需時間大於間隔時間：**程式所需時間比間隔時間大，在倒數完畢時，必定會有尚未完成的部分，但是我們必須堅守時間到換程序的遊戲規則，所以作業系統得把目前執行的內容及狀態記錄下來，寫進前面所提到的程序控制表（PCB）中，然後把該程序放到佇列的尾端，然後從佇列開頭拿取下一個程序執行。

舉個例子來看，假設我們設定時間間隔為 5 毫秒，並且有如下的程序：

| 程序 | 所需時間（毫秒） | 抵達順序 |
| --- | --- | --- |
| $P_1$ | 17 | 1 |
| $P_2$ | 3 | 2 |
| $P_3$ | 8 | 3 |

則使用依序循環排班方式之甘特圖如下：

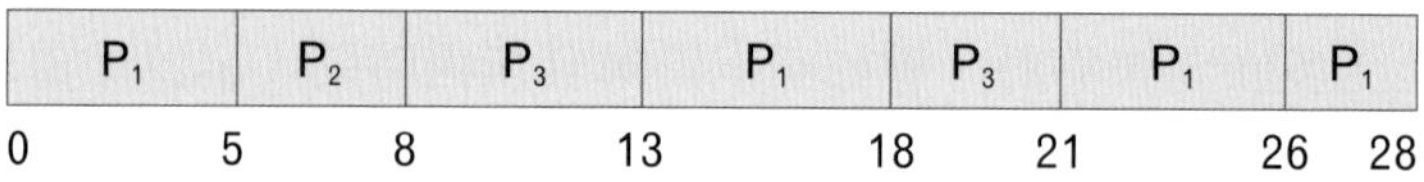

| $P_1$ | $P_2$ | $P_3$ | $P_1$ | $P_3$ | $P_1$ | $P_1$ |
| --- | --- | --- | --- | --- | --- | --- |

0　5　8　13　18　21　26　28

上圖中，由於 $P_2$ 並不需要 5 毫秒那麼多，3 毫秒執行完後，就讓 CPU 執行下一個程序，然後到了 18 毫秒，由於 $P_2$ 已經完成，不再放在佇列中，因此佇列中的頭將是 $P_3$，故執行 $P_3$ 並將 $P_1$ 放進佇列的尾端（由於已經沒有其他程序了，所以同時也是佇列的頭），最後到了 21 毫秒，CPU 就執行到了 $P_1$，在 26 毫秒時，由於其他程序都已完成，佇列已空，因此就繼續執行 $P_1$ 直到完成。使用依序循環排班的方式，由於每一個程序時間一到 CPU 資源就會被搶走，不能繼續霸佔下去，因此依序循環排班方式算是可搶先的排班。

依序循環排班方式中的關鍵在於時間間隔的選擇，下面我們顯示時間間隔對於程序的影響：

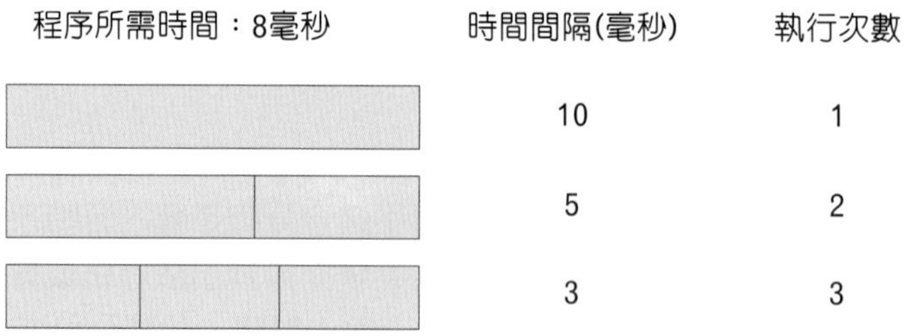

| 程序所需時間：8毫秒 | 時間間隔(毫秒) | 執行次數 |
| --- | --- | --- |
| [ 1 段 ] | 10 | 1 |
| [ 2 段 ] | 5 | 2 |
| [ 3 段 ] | 3 | 3 |

執行的次數越多，代表程序轉進轉出 CPU 的次數越多，就會花較多的時間在讀取及寫入程序控制表，造成額外的負擔。如果時間間隔設定的太小，就會導致執行次數太多，相反的，如果時間間隔設定太大，就會變成跟先進先出相同的排班方式，因此我們通常使用「二八原則」，也就是讓 20% 的程序所需時間大於時間間隔，而 80% 的程序所需時間會小於時間間隔。

不論是採用哪一種排班方式，當程序需要資源時，都會循著**請求**（Request）資源、**使用**（Use）資源、**釋放**（Release）資源的順序。如果在「請求資源」時，無法即時得到所請求的資源配置，則程序便進到「等待」狀態，直到順利得到資源，即開始「使用資源」，該程序便可執行掌控所被配置的資源。執行完畢之後，必須「釋放資源」，好讓資源能被其他程序使用。

在**多元程式規劃**（multiprogramming）中，程序之間彼此需要相互競爭以取得運算系統中有限的資源，搶不到資源的程序，就進到「等待」狀態，直到所需要的資源被釋放出來。但是程序進到「等待」狀態之後，也可能從此就陷入「等待」的狀態無法跳脫，因為它所請求的資源，被其他同樣在「等待」狀態中的程序所佔用，這就稱為**死結**（Deadlock）。在日常生活中也可能發生死結的情況，如圖 4-12 所示，在十字路口中，因為大家都在等待其他方向的車輛空出車道，結果導致整個卡死。在死結中的程序，由於每個程序都在等待其他程序觸發事件，但是卻沒有一個程序可以先觸發事件，導致所有程序癱瘓，最終呈現**餓死**（starvation）的狀態。

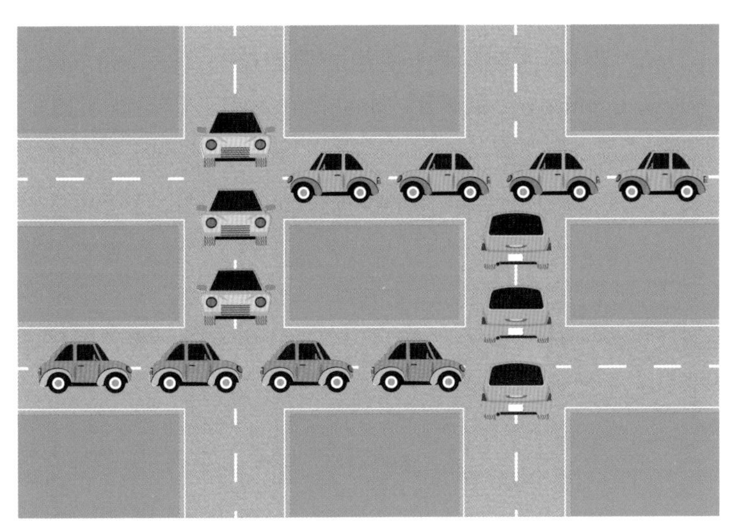

圖 4-12　程序所請求的資源被其他同樣在「等待」狀態中的程序所佔住，即可能發生死結，就像是十字路口的車輛都在等待別的車輛空出通道

## 資訊專欄　什麼是二八原則？

二八原則是一個神奇的數字，可以廣泛的應用在經濟學或者是社會學上，意指我們可以用 2:8 來作為分割對比，這個神奇數字在很多場合都不約而同的能夠適切的形容狀況。譬如我們「20% 的人享有地球 80% 的財富」、「20% 的客戶為企業帶來 80% 的收益」、「20% 的人主宰（影響）80% 人的命運」、「80% 的考題出自課本的 20%」，這些都是二八原則的例子，也許下次你可以多留心社會或生活週遭的狀態，會發現有更多二八原則的應用喔！

# 4-4 | 記憶體管理

資源管理除了把 CPU 分配給各個程式之外，另一大重點在於管理記憶體。記憶體管理主要是讓記憶體能夠充分被利用。我們在前面理解到，為了使 CPU 的使用效率增加，我們必須把多個程序放在佇列裡等待，也就是說，我們必須把許多程序放在記憶體中，因此各個程序必須共用記憶體。記憶體的管理必須做到如以下之功能：

* **記憶體管理：**由於每一個程序都需要有一定的記憶體空間存放程序本身或者是資料，因此，記憶體管理一定要把記憶體**分割**（partition）成各個區塊，以分配給各個程序，甚至是各個使用者使用。
* **記憶體位址定位：**使用者在執行程式時，完全不知道程式會被放在哪裡執行（當然也不見得會關心），程式撰寫員在執行自己所開發出來的程式時，也不知道自己的程式會放在記憶體的什麼位置，甚至每次執行的時候，所放置的位置也可能都不同（因為每次記憶體的使用情況可能都不同），作業系統外的**記憶體管理單元**（Memory Management Unit）硬體可將程式所使用的**邏輯位址**（logical address）與記憶體裡的**實際位址**（physical address）做**映射**（mapping）的工作（圖 4-13）。

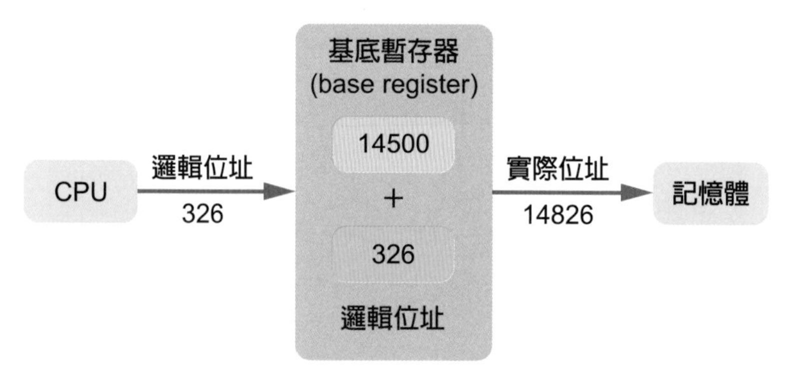


圖 4-13　邏輯位址轉為實體位址：透過基底暫存器進行轉換

* **記憶體保護與共享：**由於各個程序和作業系統都存放在記憶體中，因此，程序之間所使用的記憶體不能夠相互干擾。另一方面，記憶體中放作業系統的部分卻要讓各程序共用。此外，特別要小心的是要保護好作業系統所使用的記憶體區塊不會被程序破壞。

## 單一連續記憶體配置方式

最早期的記憶體管理方式是不支援多元程式規劃的，在這種方式中，概念上記憶體被分為三個連續的區塊，最底層是作業系統存放的區塊，其他部分則為隨著工作負荷被動態的應用程式佔用的區塊及未使用區塊（圖 4-14）。

圖 4-14　最早期的單一連續記憶體配置方式

在這種記憶體管理方案中，為了防止使用者破壞（不論是有意還無意）作業系統，需要一些基本的保護機制。以下我們要介紹的是界線位址保護法。界線位址保護，是靠界線暫存器及基底暫存器來保護。如果作業系統是被放置在高位址區域，那界線暫存器就用來保護作業系統區塊最下界。當 CPU 在存取應用程式區塊時，首先會檢查存取的邏輯位址是否小於界線暫存器。如果發現所存取的位址比界線暫存器內的值還高，則發出錯誤中斷訊息，要求作業系統做出錯誤處理，如果沒問題的話，則再加上基底暫存器的值形成實際位址（圖 4-15）。如果是作業系統在使用記憶體，則不受界線暫存器的限制，甚至可以改變界線暫存器內的值。

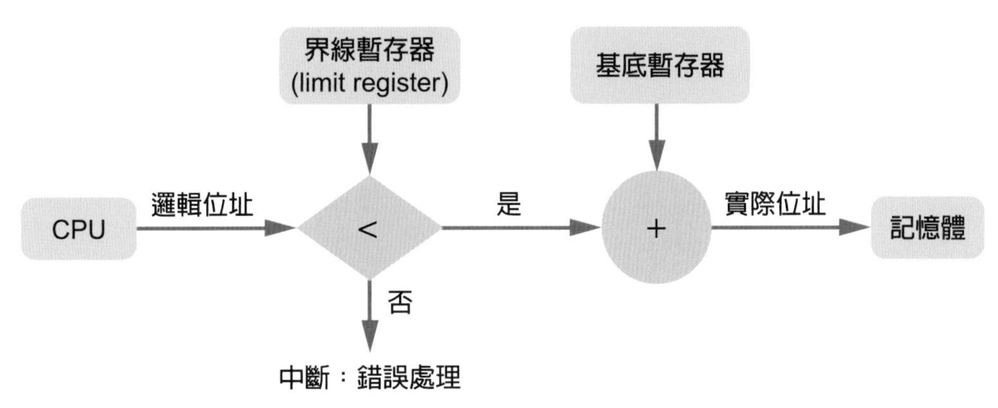


圖 4-15　利用界線暫存器和基底暫存器來提供記憶體保護

## 動態載入

前面談到的單一連續記憶體配置，程式和資料都必須在記憶體中存放以執行，如此一來，程序大小就會受限於記憶體的大小，**動態載入**（Dynamic Loading）則可以提供較大的彈性。動態載入是指**常式**（routine）只有在被呼叫的時候才會載入，也就是說，將所有的常式以可重定位載入的方式存放在磁碟空間內。主程式存放在記憶體中，執行的時候，如果需要呼叫其他常式時，首先查看是否已經存在記憶體內，如果不是的話，便呼叫重疊定位連結程式，將需要的程式或資料載入記憶體中，好讓程式能夠執行。

Dynamic Loading

## 覆蓋

動態配置可以讓我們更彈性的使用記憶體空間，**覆蓋**（Overlay）則是另一種能夠讓大小超過記憶體容量的程式執行的方法。所謂覆蓋是指最主要的部分會一直放在記憶體中，可是那些只有在特定時候才需要用到的指令或資料，就只有被用到的時候才會放在記憶體中，其他時候就被覆蓋掉，藉著舊的指令被覆蓋，新的指令才有空間存放。

舉個例子來看：假設一編譯器在處理程式時，第 1 次處理的時候要建立符號表，然後第 2 次處理的時候才能產生組合語言。假設第 1 次處理的程式碼有 80KB，第 2 次處理的程式碼有 70KB，所建立的符號表有 20KB，會被呼叫到的常式有 30KB，一共有 200KB。假設記憶體只有 150KB，如果我們用動態配置也不夠使用，因此採用覆蓋的技術。仔細分析一下上面的片段，除了符號表和常式會一直用到之外，第 1 次處理的程式碼跟第 2 次處理的程式碼分別獨立使用一次，因此我們的策略是第 1 次載入符號表、常式、第 1 次處理的程式碼、再加上覆蓋所使用到的覆蓋驅動程式（10KB），這樣一共是 140KB，第 1 次處理得以順利進行，執行完第 1 次的程式碼後，跳到重疊驅動程式，把第 2 次處理程式碼覆蓋在第 1 次處理程式碼的區塊上，然後控制權交給第 2 次處理程式碼，這樣一來，第 2 次的程式大小也只有 130KB，因此我們就可以順利完成兩次處理的工作（圖 4-16）。

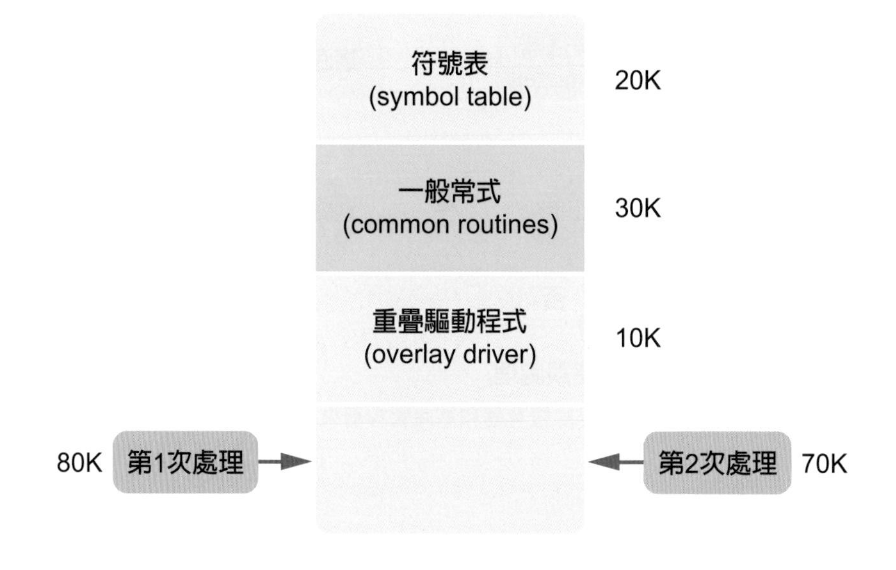


圖 4-16　利用覆蓋的方式使大小大於記憶體的程式得以執行

## 置換

由於程序可能在記憶體中被執行，然後被替換出來，因此程序可能會在記憶體與磁碟之間**置換**（swapping）備份儲存。舉個例子來說，在多元程式規劃系統中，如果我們使用依序循環排班方式來安排 CPU 的工作，則當時間間隔到時，記憶體管理程式便把剛剛結束的行程置換出去，然後換入別的程序（圖 4-17）。

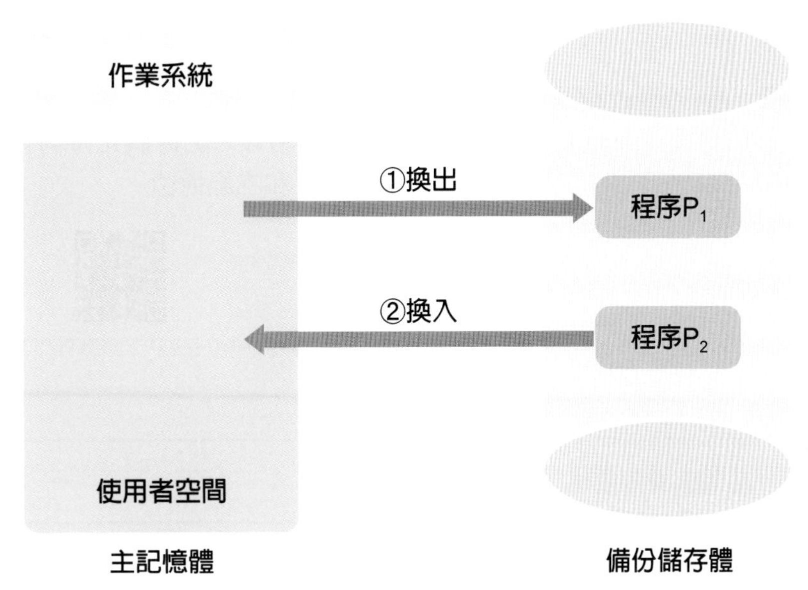


圖 4-17 利用磁碟當作備份的儲存體，用以置換兩個程序

這種方式還能搭配優先順序排班來使用，譬如說：當有較高優先順序的程序到來時，低優先順序的程序就先置換到磁碟去，等到高優先順序結束其執行時，低優先順序的程序再被置換進來。由於程序在記憶體上進進出出，因此有時置換也被稱作**轉進轉出**（roll-in-roll-out）方式。原則上，任一時間點應該都要有一程序在記憶體中被執行，圖 4-18 是置換方式中使用洋蔥皮演算法的例子：

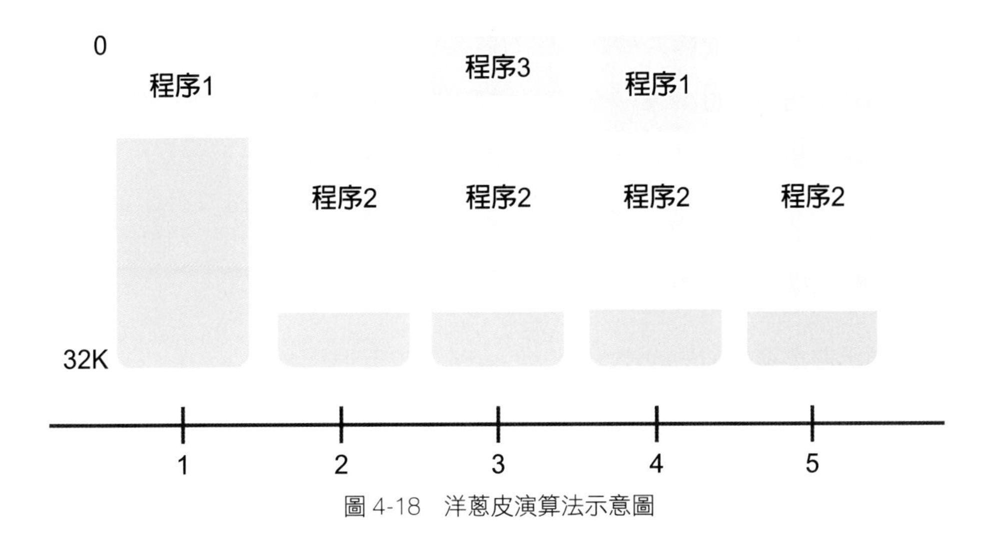


圖 4-18 洋蔥皮演算法示意圖

在第一時間，程序 1 被放入記憶體中，之後程序 2 進來，程序 1 被置換出記憶體，緊接著程序 3 進來，只需把程序 2 的一部分置換出去，之後程序 1 回來，把程序 3 的一部分換出，最後程序 2 回來繼續執行。

## 分頁

**記憶體分頁**（memory paging）是當前記憶體管理的重要機制，它將一個程序的記憶體需求分割成大小相同的頁面（page），以便更有效管理。另外，記憶體元件仍在變動中，**快閃記憶體**（flash memory）在某些特定裝置有潛力取代硬碟和主記憶體。

Memory paging

Memory management unit

Flash memory

# 4-5 | 檔案系統

對於使用者而言，最常接觸到作業系統的部分，就是檔案系統了。所謂檔案系統，是指負責存取和管理檔案資料的軟體。

對於使用者而言，檔案系統應該要具有操作簡單、安全可靠、能夠共享或是保密等特性；對於作業系統而言，則要能管好檔案使用空間，使存取更有效率等。檔案系統中，誠如我們所見，最重要的兩個部分就是檔案與目錄結構。

檔案中的資料是由建檔者去定義，可能是純文字檔案，或者是放原始程式碼，也可能是放報表之類的數字資料。檔案有幾個重要的屬性：

* **名稱：**符號式的檔名是給人辨識不同的檔案。
* **識別符號（identifier）：**獨一無二的標籤，用來標示檔案系統內的檔案，通常是以數字來表示，是給作業存取所用，並非給使用者辨識。
* **型態：**提供使用者有關這個檔案的類型，譬如說是一份 Word 文件，或是一份 C++ 原始程式碼。
* **位置：**標示出這個檔案所在的磁碟裝置及目錄位置。
* **大小：**顯示該檔案目前的大小。
* **時間日期：**顯示檔案建立日期、修改日期、最後開啟日期等資訊。

所有的檔案屬性等資訊都存在目錄結構中。目錄結構包含檔名和識別符號，識別符號再指到其他檔案屬性。一個檔案的屬性大概需要 1KB 來記錄。接下來我們看看檔案的基本操作：

* **建立檔案：**建立檔案這工作可分成兩個步驟，首先，必須在磁碟中找到空間存放這個檔案；接著，必須在目錄中增添一個新的檔案項目。

* **寫入檔案：**要寫檔時，必須做系統呼叫，給予參數設定，如欲寫入的檔案及寫入的資訊。在目錄中會儲存指標指到檔案結尾，寫檔的時候就依照指標目前的位置把新資料加在後頭，最後儲存最新的指標位置。
* **讀取檔案：**讀檔時，同樣需要系統呼叫，指定要讀的檔案及其所在的位置。目錄裡也存放指標指向下次將被讀的位置，如果有資料又被讀出，指標的位置就再進行更新。
* **刪除檔案：**要刪除檔案時，我們必須搜尋目錄以找到檔案所在的位置，然後將檔案所佔用的空間釋放出來，並將登記在目錄裡的檔案項目刪除掉。

除了檔案之外，我們還要理解與檔案息息相關的目錄結構。目錄結構必須支援以下的操作功能：

* **搜尋：**搜尋是目錄結構中很重要的操作功能，我們必須要能夠搜尋一個目錄以找出某個檔案的所在位置。由於檔案有不同的屬性，因此我們也可以根據某一屬性特色進行檔案的搜尋。
* **建檔：**當有新檔案被建立時，目錄必須要能夠為其增加一個檔案項目。
* **刪除檔案：**當檔案被刪除時，必須要把該檔案相關的資訊刪除。
* **更改檔名：**當檔案名稱被使用者改變時，目錄結構裡所記載的檔案資訊也必須一起改變。

目錄結構中，最簡單的就是單層目錄（圖 4-19），所有的檔案都裝在同一層目錄中，一目瞭然。在單層目錄的情況中，所有的使用者檔案都放在一起，一旦檔案數目變多了，就開始有困擾。舉例來說，假設我們要交修課的第一個作業報告，可能大多數的人都會取名為 hw1.doc，然後放在 homework 資料夾。但是同一個目錄裡並不能有兩個相同的檔案名稱，於是就開始改檔名使得檔名衝突情況不會發生。如果人數越來越多，取名的難度就越來越高，因此單層目錄雖然簡單卻不夠實用。

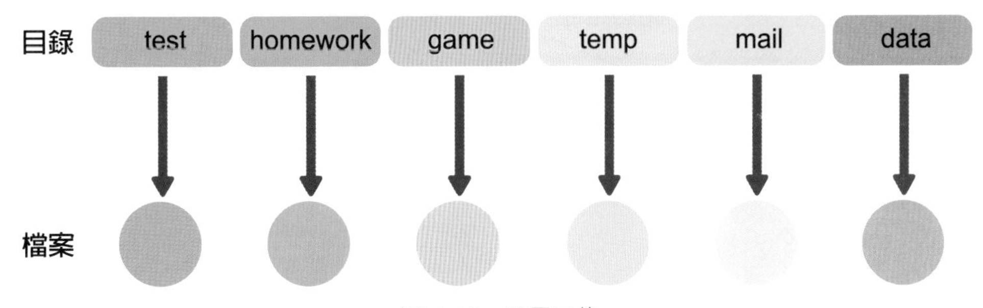


圖 4-19　單層目錄

使用雙層目錄（圖 4-20），可以改善上述的情況。最簡單的作法就是先為每一個使用者建立一個目錄夾，每個使用者的目錄夾裡的結構類似，但是只會顯示自己的檔案。當一個使用者想要開啟某個檔案的時候，只會搜尋他自己所屬的目錄夾裡，如此一來，不同的使用者就可以取相同的檔名而不互相影響。

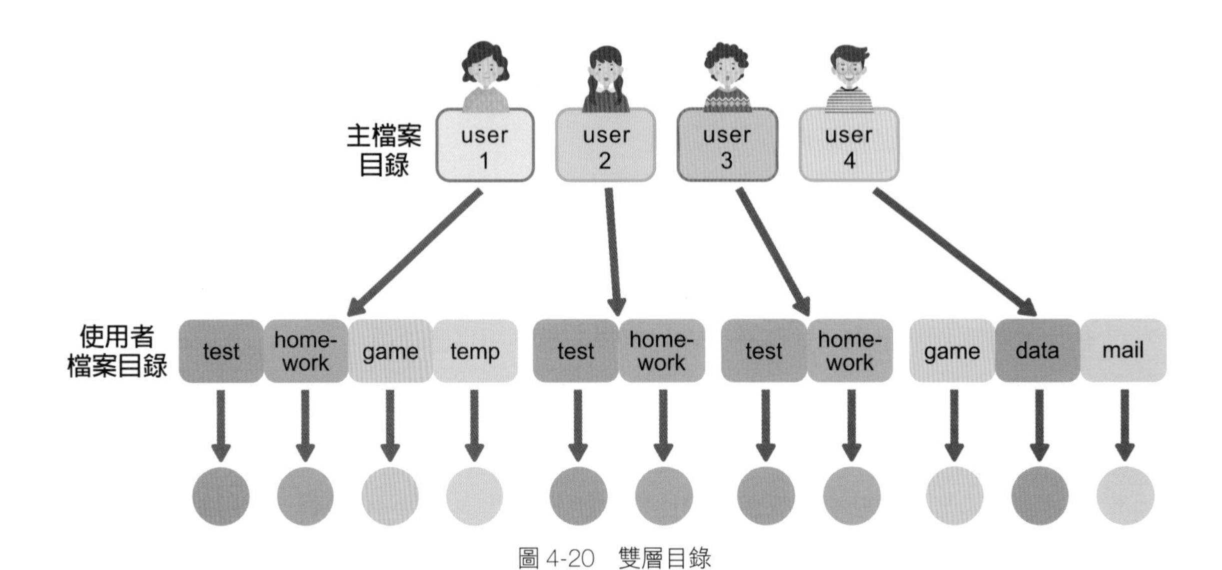


圖 4-20　雙層目錄

最後我們要來談絕對路徑和相對路徑。當使用者要開啟某個檔案的時候，如果給予系統的參數裡只有檔名，那麼系統會在**當前目錄**（current directory）中搜尋該檔案，找到就開啟，不然就給予錯誤訊息回應。可是如果使用者已知所要開啟的檔案不在當前目錄之下，那麼就必須給予該檔案的目錄資訊，也就是給予系統找到該檔案的路徑名稱。

路徑名稱可以分為絕對路徑和相對路徑。所謂絕對路徑是指由根部開始，一路指定目錄夾直到該檔案所在的目錄；相對路徑則是由當前目錄去定義要開啟的檔案所在的位置。舉個例子來看，假設我們有如圖 4-21 的目錄結構，並且當前目錄為 user1，則絕對路徑為 /user1/Homework/hw1.doc，相對路徑則為 Homework/hw1.doc（Windows 系列用的是倒斜線，如：Homework\hw1.doc）。

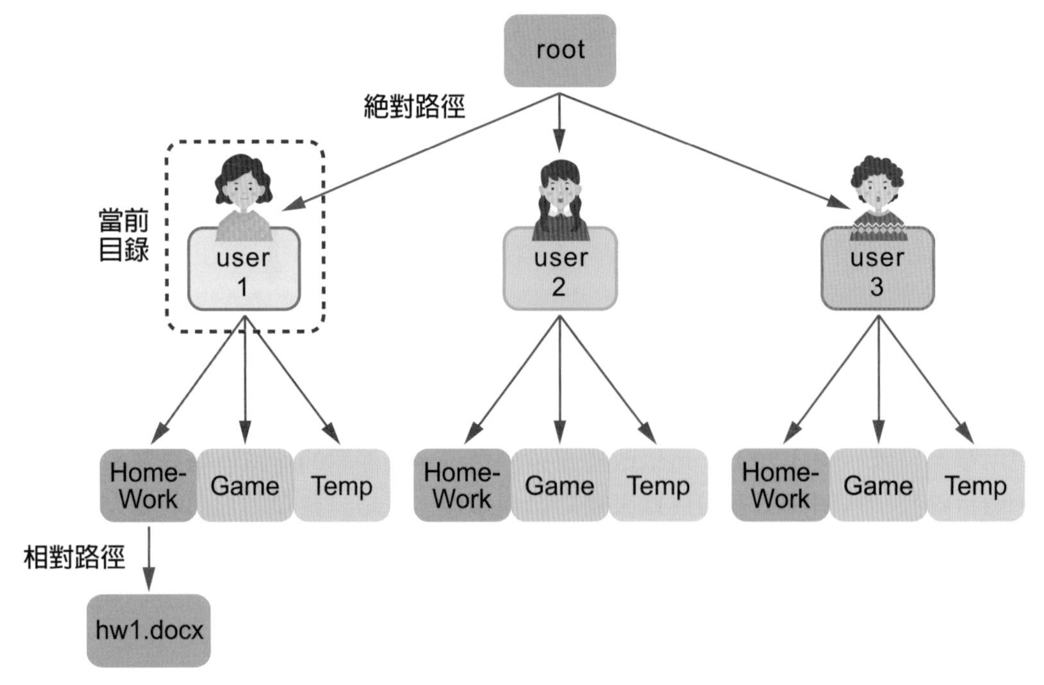


圖 4-21　絕對路徑與相對路徑

# 4-6 ｜ 熱門作業系統介紹

雖然目前看來，作業系統可說是微軟 Windows 的天下，可是隨著微軟的作風越來越強硬，有越來越多的國家鼓吹大家改使用開放原始碼的作業系統，此外，還有另外一批堅持用最漂亮的 Apple 電腦愛用族，使得 Mac OS 的市場佔有率也不可小觀。就讓我們來簡介這些熱門的作業系統。

## Linux

個人電腦發展以後，微軟始終佔著霸業，如果說誰曾經讓比爾蓋茲心驚驚半夜睡不著，恐怕就只有 Linux 的創始人托瓦茲（Linus Torvalds）一人吧。在**版權**（copyright）高度受到宣揚的世代，托瓦茲高喊著**反版權**（copyleft）[1]，認為軟體應該透過分享的概念，才能更快速的傳遍世界，讓更多人受惠。

1991 年，當時托瓦茲還在芬蘭大學唸書，他把發展尚未成熟的作業系統 Linux 0.02 版本（圖 4-22）放上學校的 FTP 站，並且到新聞群組去公告散佈這個消息。當時的一位大學生，就這樣造就了一番創舉。由於托瓦茲當時興起的念頭是想在 386 個人電腦上執行類似 Unix 的分時多工作業系統，加上當時現有的作業系統都不夠好用，於是他自己決定寫一個，結果受到廣大迴響，很多電腦高手都有同樣的需求。

圖 4-22　Linux 的象徵圖案

托瓦茲所採用的策略是史托曼（Richard Stallman）所提倡的**通用公共授權**（General Public License；GPL），讓每個人都可以在 GPL 的授權之下，免費使用 Linux 程式碼，或者修改。由於 Linux 的開放性，加上一大批知名的、不知名的電腦駭客、編程人員加入到開發過程中來，Linux 逐漸成長起來。

雖然當初 Linux 0.02 版本的功能有限，並且漏洞百出，但是托瓦茲還是勇敢的把它放上 FTP 網站，帶著拋磚引玉的想法，讓大家一起把 Linux 改變的更好。雖然有人擔心如果把原始碼公開出來，不就把作業系統的漏洞曝露出來了嗎？但是開放原始碼的社群則認為如果有漏洞，也可以透過在網路上曝露而讓高手很快地做出補救修正。就算有駭客故意放上植有後門的程式碼，也很快地就會被其他高手揪出。透過一群熱血的高手，整個 Linux 就能保持不斷地精進與最高安全性。

就技術上而言，Linux 有以下特點：

* 真正意義上的多工、多用戶作業系統。
* 支援數十種檔案系統格式。

1. Copyleft 一詞最早是 1976 年出現在一個名為 Palo Alto Tiny BASIC 的軟體宣言中。1985 年時，史托曼（Richard Stallman）提倡 GNU 宣言開始正式推廣開源軟體。而 Linux 作業系統核心在 1991 年推出時，採用的是限制商用的個人授權，而自 1992 年起就開始採用 GNU 宣言所倡儀的 GPL 授權（GNU Public License）。

* 提供了先進的網路支援。
* 採用先進的記憶體管理機制，更加有效地利用實體記憶體。
* 開放原始碼，用戶可以自己對系統進行改進。

如果你不想花錢買作業系統，害怕遇到 Windows 當機的藍色畫面，喜愛鑽研接觸作業系統的設定，Linux 應該會是一個很好的選擇。

## Mac

電影「阿甘正傳」中有一個很可愛的畫面：阿甘對著旁邊聽他說故事的人述說著他的朋友幫他投資蘋果園，沒想到這年頭蘋果園竟然如此賺錢。結果鏡頭帶到信箋上，看到的是蘋果電腦的標誌（圖 4-23）。觀眾不禁莞爾：投資蘋果電腦當然賺錢呀。

很多時候在影片中出現的桌上型電腦，幾乎都是蘋果電腦。理由之一除了廠商贊助之外，蘋果電腦的優美外型恐怕也是無法抵擋（圖 4-24）。除了外型優美之外，Mac OS 使用者介面（圖 4-25）也是美得令人驚艷。

圖 4-23　蘋果電腦的標誌

圖 4-24　蘋果電腦的造型

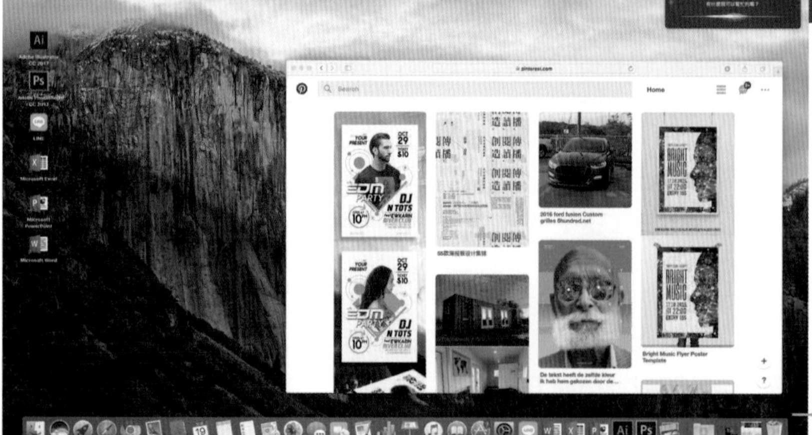

圖 4-25　Mac OS

Mac OS 除了穩定之外，最令人著稱的就是它的使用者介面。不論是按鈕、顯示圖示，或者是邊框的設計，都是經過精心設計，讓使用者擁有最賞心悅目的畫面。另外，Mac OS 開發團隊花許多人力資源在研究使用者介面的設計。所謂使用者介面的設計是指研究人類的行為與操作電腦之間的關係，讓使用者能夠盡可能方便地找到如何使用某功能，或者讓使用者很快捷地選取常用的軟體。此外，很多美術設計的部門都會使用 Mac OS，因其有較佳的設計軟體可供使用。

雖然 Mac OS 的畫面很漂亮，性能也很棒，然而這個世界上有很多是離不開 Windows 的人，卻又不甘心使用者介面不敵 Mac OS，因此很多人會上網下載佈景**主題**（theme），在 Windows 作業系統中，將使用者介面改的像 Mac OS 一樣漂亮，姑且就稱之為「偽 Mac」吧！

## Windows

談到 Windows，實在是不得不用霸業來形容。雖然很多人反微軟，反比爾蓋茲，然而同時，卻又不得不佩服比爾蓋茲獨到的眼光，咒罵比爾蓋茲如惡魔壟斷市場時，卻又不得不讚美他投入大量金錢於慈善醫療事業。整個 Windows 是個龐大的家族，如圖 4-26 所示。

很多人誤以為 Windows 源自於 90 年代，其實 1985 年就推出了 Windows 1.0 版本。在 Windows 之前，使用者用的是 MS-DOS 命令列模式，只能靠著在命令列中以文字模式操作電腦。有了 Windows 之後，使用者開始能用滑鼠來點選執行工作。此外，Windows 1.0 中就已經提供了目前還看得到的桌面應用程式，如時間、月曆、筆記本、小算盤等功能。

微軟自 1990 推出 Windows 3.0 後，除了新硬體的支援、效能上的提升，還提供了如程式管理員、檔案管理員、印表機管理等功能。另外**軟體開發工具**（Software Development Kit；SDK）的發行，也使得軟體工程師可以開發 Windows 作業系統上的各式應用。這使得 Windows 系統的普及率愈來愈高。而在使用者介面設計方面，從 Windows 95 出現所謂的「開始功能表」後，就一直延用至今。之後每間隔三至五年，微軟就會推出新版的 Windows 系統，以提升系統效能、強化系統安全、或是開發新的功能。時至今日已推出至 Windows 11。近期 Windows 系統的畫面截圖如圖 4-27 所示。

作業系統的競爭愈來愈激烈。隨著開放原始碼社群的活躍和 Linux 作業系統的普及，微軟在 Windows 10 系統中甚至推出了 WSL（Windows Subsystem for Linux）功能。簡而言之，就是在 Windows 作業系統中內建 Linux 作業系統的**核心**（kernel），使得原本只能在 Linux 系統中運作的程式，也可以不需要修改就可以直接搬到 Windows 上，透過 WSL 的機制運行。此外，Windows 的開發環境也對開放原始碼社群愈來愈友善。除了官方 github（https://github.com/microsoft）提供許多相關軟體的開源資訊，微軟提供的免費 Visual Studio Code 程式碼整合開發介面也頗受好評。種種改變也使得 Windows 系統在開源社群和伺服器市場更具有競爭力。

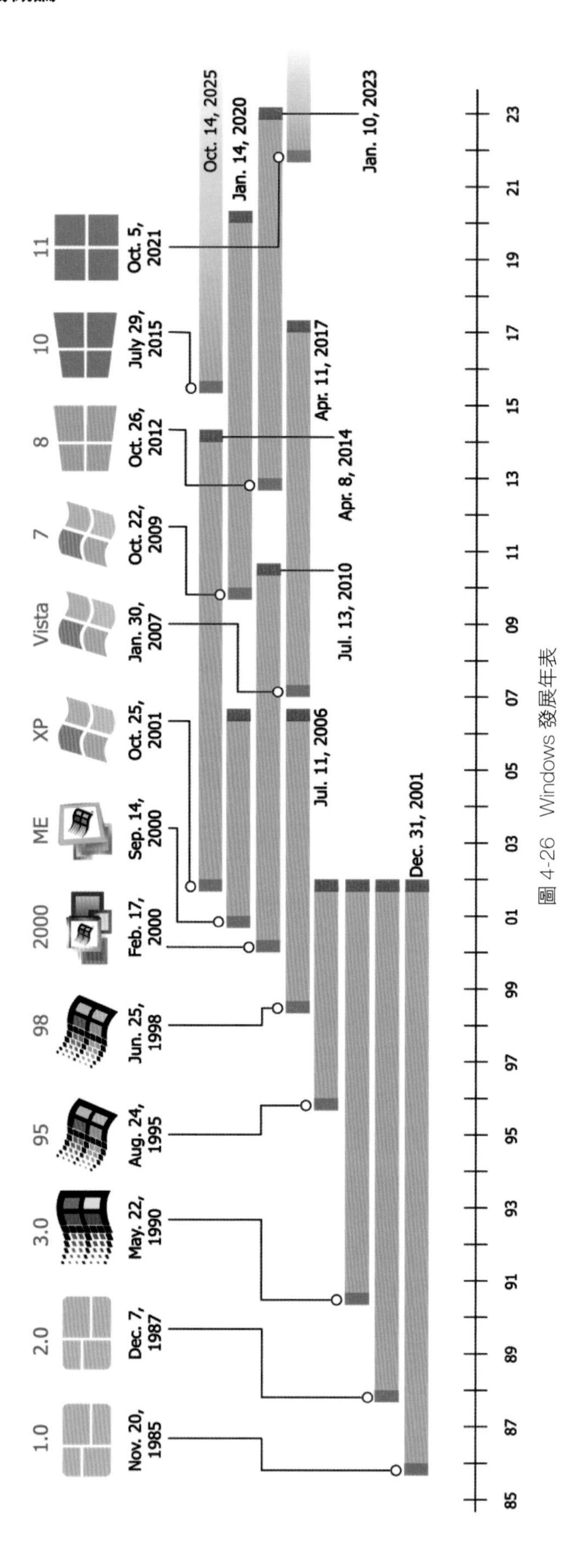


圖 4-26 Windows 發展年表

(a) Windows 7 的使用者介面

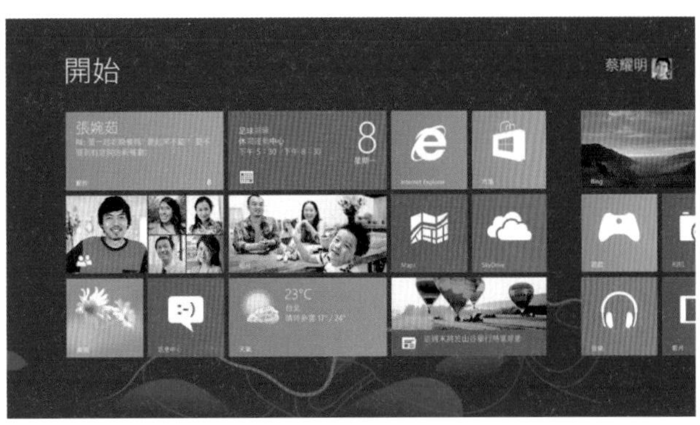


(b) Windows 8 的使用者介面

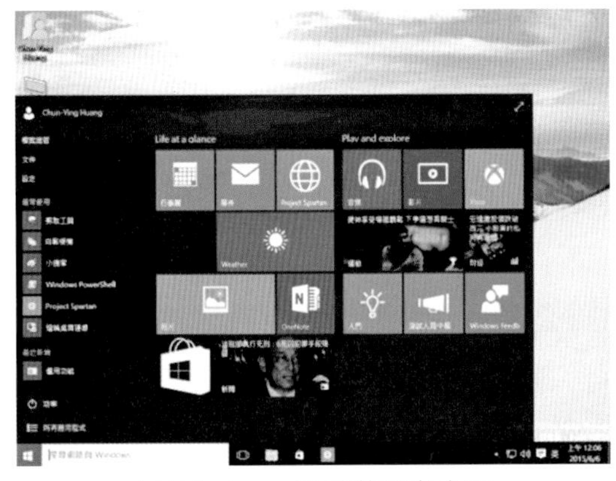


(c) Windows 10 的使用者介面

(d) Windows 11 的使用者介面

圖 4-27 近期 Windows 系統的使用者介面

2021 年 10 月，Windows 推出第 11 版作業系統。除了重新設計大幅修改的介面、強化觸控介面和行動設備的支援外，筆者認為三個令人玩味的有趣特色是 (1)Windows 終於徹底拋棄 Internet Explorer，僅保留與 Chrome 瀏覽器相同核心（Chromium）的 Edge 瀏覽器。(2)TPM 2.0 安全模組的導入使用，透過硬體安全機制，讓系統整體可以更為安全。以及 (3) 實作更完整的適用於 Linux 的 Windows 子系統（Windows Subsystem for Linux；WSL），內建可支援圖形介面的 Linux 核心和工具。

微軟 Windows 作業系統上最受歡迎且最不容易被取代的軟體大概就是他們自家的 Office 軟體。Office 軟體的成功也使得微軟 Windows 作業系統的普及率難以撼動。雖然開源社群或是其他的商業公司也有推出類似的軟體，如 OpenOffice、LibreOffice、EasyOffice 甚至 Apple 推出的 Pages 和 Keynote，都還沒辦法完全取代微軟的 Office 軟體。不過微軟的 Office 軟體還是以使用自訂的封閉格式為主。在開源文化和**開放文件格式**（Open Document Format；ODF）興起，以及其他作業系統使用者大幅成長的情況下，未來微軟要維持 Office 軟體和 Windows 作業系統霸主的地位可能還是得小心經營。

## 資訊專欄

Office 軟體自版本 2007 以來，最顯著的改變是使用者介面的設計，然而更值得一提的是，在預設情況下儲存 Word、Excel、PowerPoint 檔案時，會使用新的 XML 檔案格式，稱為 Microsoft Office Open XML Formats。Office XML 因為採用 ZIP 壓縮技術，因此能縮小各種 Office 2007 的檔案，並且也因為重新調整過檔案架構，因此檔案存取、檔案內容的管理都更有效率。此外，因為 Office XML 格式是開放標準，因此其他軟體開發商或開發者，都能開發出存取 Office XML 檔案格式的程式。

Office 2010 則是第一個同時有 32 位元及 64 位元版本的 Office。而隨著雲端服務的盛行，微軟更在 2011 年推出 Office 365 服務。提供一個和桌面版 Office 使用經驗類似的雲端服務。雲端版的操作介面，實作和桌面版本非常相近呢（如圖 4-28）！目前最新的 Office 版本是 Office 2019。

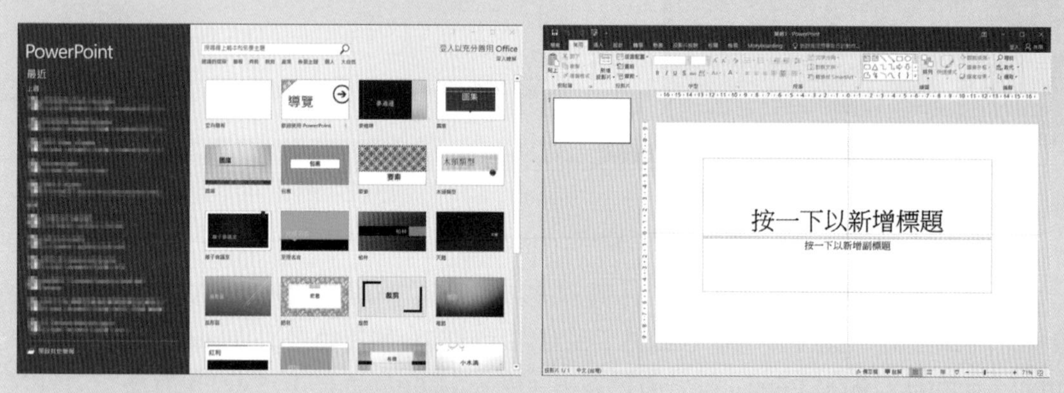


桌面版Power Point 2016

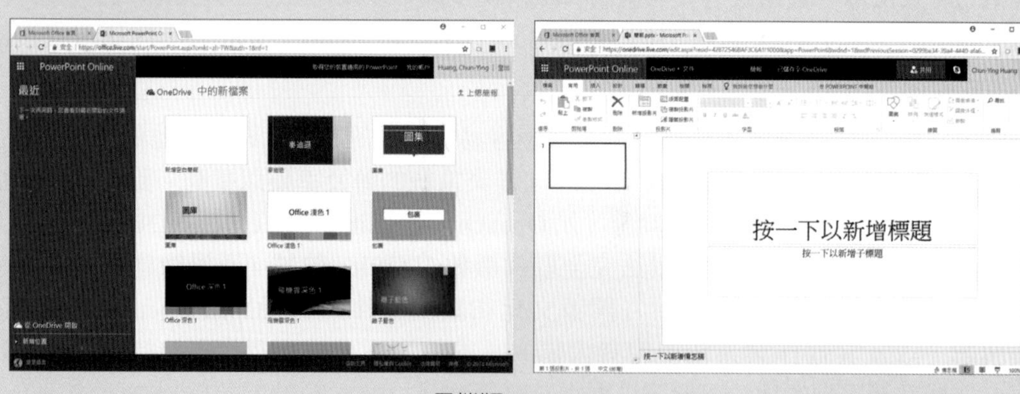


雲端版Office 365

圖 4-28 桌面版 Power Point 2016（上）；雲端版 Office 365（下）

# 4-7 | 行動裝置作業系統

行動裝置從早期的傳統手機演進到現在的智慧型手機和平板，其功能也愈來愈強大複雜。因此，現在的行動裝置上，大多也有搭配適合的作業系統。在這一節裡，我們將針對幾個常見的行動裝置作業系統做簡單的介紹，包括 Android、iOS、以及 ChromeOS。

## Android

在不久的幾年前，人們身上的會隨身攜帶的手持式裝置大概只有手機，而它的功能只能用來打電話和送簡訊。隨著科技的演進，手持式裝置的硬體規格和功能愈來愈強大，現代人可以不用再坐在桌子前面操作電腦，取而代之的是透過各式各樣手持行動裝置，在任何時間、任何地點，進行原本只能在個人電腦上進行的工作、教育以及娛樂等活動。而為了讓這些強大的手持式裝置得以運作順暢，這些裝置上面也必須要有足以支持複雜系統運作的作業系統。而 Android 就是一個專門為嵌入式和手持式裝置開放的作業系統之一（圖 4-29）。

圖 4-29　Android 的象徵圖案

### 資訊專欄

手機市場競爭其實是很殘酷的！手機要賣得好，常常得借助電信商的通路來推銷，所以使用電信商之名推出也不足為奇。而這一支由美國電信商 T-Mobile 推出的 G1，其實就是 HTC Dream 這一支手機。

Android 一開始是由一家叫做 Android 的公司自 2003 年起開始進行研發的作業系統。而這個作業系統是以像數位相機這樣的小型嵌入式系統為目標。2005 年，Google 買下了 Android 這一間公司，且仍然以 Android 為名稱，繼續進行相關的研發。2007 年 11 月 5 日，Google 對外正式宣佈將 Android 作業系統用於手機，同時也宣稱 Android 將會是一個免費且開放原始碼的作業系統。而第一個搭配 Android 作業系統 1.0 版的手機，也於 2008 年 9 月，以美國電信商 T-Mobile 之名推出型號為 G1 的手機 。自 2008 年起，Android 已經發佈了許多版本，而令人覺得有趣的是，自 Android 1.5 版本起，所有主要發行的 Android 作業統版本都有對應的甜點別名！ Android 發行 10 年後，Google 終於再也想不出新的甜點名字了（也可能是厭倦了，或是受到 iPhone X 的刺激）！所以當 Android 10 推出時，就非常直接了當地用了「Android 10」做為版本的名稱。表 4-1 列出的是 Android 的各個主要版本。而我們也可以看出，Android 其實是一個發展迅速，且改變劇烈的作業系統。隨著新版本的推出，其開發工具的 API 等級也一直提升。也因此，Android 軟體開發人員，也需要小心挑選開發工具的 API 等級，以支援最多的使用者。

表 4-1　Android 版本列表

| 版本 | 發行時間 | 別名 | API 等級 |
| --- | --- | --- | --- |
| Android 1.5 | 2009 年 4 月 | 紙杯蛋糕（cupcake） | 3 |
| Android 1.6 | 2009 年 9 月 | 甜甜圈（donut） | 4 |
| Android 2.0 | 2009 年 10 月 | 閃電泡芙（eclair） | 5 |
| Android 2.2 | 2010 年 6 月 | 霜凍優格（froyo） | 8 |
| Android 2.3 | 2010 年 12 月 | 薑餅（gingerbread） | 9 |
| Android 3.0 | 2011 年 2 月 | 蜂巢（honeycomb） | 11 |
| Android 4.0 | 2011 年 5 月 | 冰淇淋三明治（ice cream sandwich） | 14 |
| Android 4.1 | 2012 年 7 月 | 雷根糖（jelly bean） | 16 |
| Android 4.4 | 2013 年 10 月 | 奇巧（kit kat） | 19 |
| Android 5.0 | 2014 年 11 月 | 棒棒糖（lollipop） | 21 |
| Android 6.0 | 2015 年 10 月 | 棉花糖（Marshmallow） | 23 |
| Android 7.0 | 2016 年 8 月 | 牛軋糖（Nougat） | 24 |
| Android 8.0 | 2017 年 8 月 | 奧利奧（Oreo） | 26 |
| Android 9.0 | 2018 年 8 月 | 派（Pie） | 28 |
| Android 10.0 | 2019 年 9 月 | 10 | 29 |
| Android 11.0 | 2020 年 9 月 | 11 | 30 |
| Android 12.0 | 2021 年 10 月 | 12 | 31 |
| Android 13.0 | 2022 年 8 月 | 13 | 33 |
| Android 14.0 | 2023 年 10 月 | 14 | 34 |

Android 也是一個基於 Linux 核心開發的作業系統，但它和一般的 GNU/Linux 作業系統的差異很大。除了核心和一些基本的工具外，Android 系統裡使用的視窗圖形介面系統以及系統函式庫，都是特製非標準的函式庫。這個函式庫與大部份 POSIX 函式相容，但並不是完全相同。這也使得某一些 GNU/Linux 環境下的工具不易被移植到 Android 系統裡。此外，Android 的應用程式大都是使用 Java 程式語言編寫，而執行時是透過一個名為 Dalvik 的類 Java 虛擬機器（virtual machine）來執行。

Android 有一套自己的系統資源權限管理機制，且所有的程式執行都是在獨立的沙盒（sandbox）內執行。自 Android 4.4 版起，Google 更提出了 Android ART（Android Runtime），嘗試取代舊有效率較差的 Dalvik 執行環境，使用者可以自行選擇使用傳統的 Dalvik 或是新的 ART 執行環境。然而自 Android 5.0，ART 則成為內建且唯一的執行環境。雖然相較之下，Android 是個年輕的系統，但和當初最原始的 Android 系統比較起來，今日的 Android 作業系統幾乎把所有的重要系統元件都更新了一輪。

隨著版本的演進，Android 作業系統的功能愈來愈穩定完整，操作介面愈來愈美觀、且系統效率也愈來愈好。圖 4-30 展示的是幾個 Android 操作介面的畫面。而 Android 作業系統受觀迎的程度，若以目前的市佔率，據國際數據資訊（IDC）公司在 2024 年一月的預估，市場上售出的智慧型手機裡，有超過七成五的智慧型手機都是使用 Android 系統！（參考資料：https://www.idc.com/promo/smartphone-market-share/os）Android 作業系統可以說是目前最多人使用的智慧型手機作業系統。有興趣的讀者也可以統計看看，到底周遭的朋友們都是使用什麼樣的智慧型手機作業系統呢？

圖 4-30　Android 操作介面畫面

## 資訊專欄

根據網路公司在 2023 年 10 月的統計，在所有的 Android 使用者中，大約僅有 3.5% 的人還在用 Android 4.3（含）以下的版本。由於手機軟體發展迅速，使用者換手機的速度可能還跟不上廠商出新手機和新版軟體的速度。統計下來，使用 9.x (Pie)、10.x (Q)、11.x (Red Velvet Cake)、12.x (Snow Cone)、13.x (Tiramisu) 的使用者分佈大約分別是 10.5%、16.1%、21.6%、15.8% 和 22.1%。這個數據可以讓開發人員選擇應該針對哪一個版本進行開發，也可以讓使用者了解自己是不是落伍該升級手機了（誤）。您在使用的版本是哪一版呢？

（資料來源：https://www.composables.com/tools/distribution-chart）

# iOS

有部份的讀者可能是忠實的蘋果迷，而除了蘋果的桌上型和筆記型電腦外，另一個大受歡迎的產品就是蘋果的智慧型手機 iPhone 了！一般的蘋果電腦使用的作業系統是 Mac OS X，而 iPhone 手機上所使用的作業系統則是 iOS。雖然 Mac OS X 和 iOS 看起來外觀和介面有所不同，但其實它們的作業系統核心是同一套：都是基於 Darwin 核心所建構起來的作業系統。

iOS 最早的版本是在 2007 年發行的 iOS 1.0 版，它最早是用在第一代的 iPhone 手機和 iPod Touch 裝置上。而隨著新的蘋果手機的推出，蘋果電腦公司也不斷得更新他們的作業系統，目前已經到 17.x 系列的版本。就外觀上而言，iOS 作業系統一直以來都沒有太大的變化，如圖 4-31 所示。

和蘋果電腦一樣，iOS 作業系統同樣也只能在蘋果自家的智慧型手機上才能使用。不論軟硬體如何升級，iOS 也盡量保留給使用者相同的風格和操作習慣！

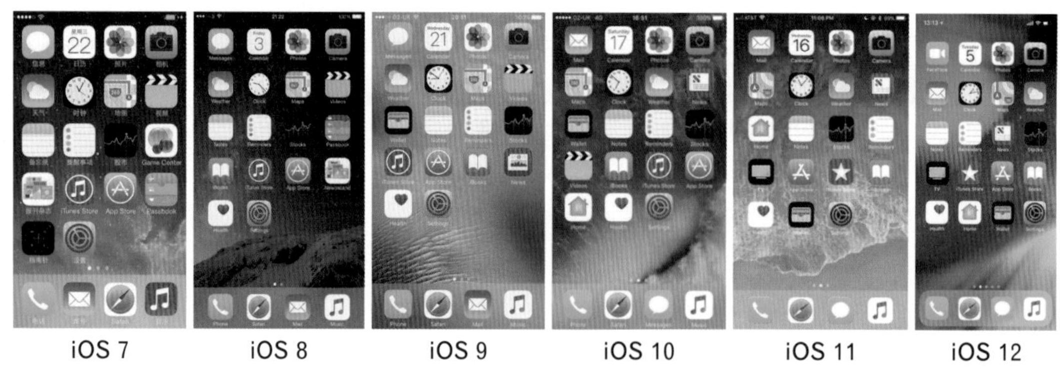


圖 4-31　iOS 作業系統主頁畫面截圖

使用者常常拿 Android 系統和蘋果公司的 iOS 系統來進行比較，這二個系統同樣都是給行動裝置如手機和平板使用的作業系統，然而這二個系統在理念上有很大的差異。相較之下，iOS 系統算是比較封閉的系統。雖然二者的官方網站都有提供「軟體市集」的服務（Google 的 Play 服務以及蘋果的 App Store 服務）供使用者下載和安裝各式各樣的應用程式。

iOS 是不允許使用者從第三方網站安裝未經蘋果公司檢驗的軟體的。同時，蘋果公司對於其軟體市集上架的軟體檢驗時間較長、標準也較為嚴格。雖然系統較為封閉，一般也認為 iOS 的環境可能是比較安全的。

最後，我們以表 4-2 比較二種最熱門的智慧型手機作業系統。當然青菜蘿蔔各有喜好，從使用者的角度來說，不論作業系統功能如何，還是自己用的開心最重要啦！

表 4-2 比較熱門的行動裝置作業系統：Google Android VS Apple iOS

| | Android | iOS |
|---|---|---|
| 系統本質 | 開放、多元、有彈性 | 簡潔、易用、穩定 |
| 系統核心 | Linux | OS X（Darwin） |
| 軟體開發語言 | C/C++/Java/Kotlin | C/C++/Objective-C/Swift |
| 系統客製化 | 容易 | 非常有限，除非越獄 |
| 可使用記憶卡 | 依裝置廠牌型號而有所不同 | 無法使用 |

## 資訊專欄 Kotlin

Kotlin 是 2011 年才出生的新興的程式語言，它可以生成同樣可在 Java 虛擬機上執行的程式。身為一個新興的程式語言，Kotlin 的理念是打造一個與 Java 相容、安全且簡潔的語言。然而，對 Google 而言，更重要的可能是 Kotlin 的使用授權是 Apache 2.0 授權，這表示使用 Kotlin 會比使用目前由 Oracle 公司持有的 Java 語言來得更為自由！讀者們是否記得 2010 年起，Google 和 Oracle 二大科技巨頭才因為 Java 語言侵權的問題打官司打了一場長達 8 年的曠世侵權之戰，Google 還輸了官司！這樣的判例也讓許多使用 Java 語言進行開發的公司也同樣心驚膽跳。這大概也是為了什麼 Google 官方自 2017 年起就大力推廣 Kotlin。其 Android Studio 開發環境，也立刻就導入了使用 Kotlin 進行開發的相關工具。更有人稱 Kotlin 可以說是 Android 界的 Swift 呢。

## 資訊專欄

「越獄」（jailbreak）這一詞在 iOS 作業系統上很常見。由於 iOS 的限制較多，駭客便嘗試破解作業系統，以取得更多系統權限，安裝客製化的軟體。而在 Android 系統上，雖然客製化已經非常容易了，但不滿足的使用者也會嘗試取得所謂的「root」系統管理員權限，以更進一步地控制自己的行動裝置。然而，讀者若對越獄或是取得「root」權限有興趣，可能得非常小心才行！首先，越獄程式通常來自不明的出處，越獄後安裝的第三方軟體可能藏有後門，另外，如果不小心沒有操作好的話，可能還會發生無法回復的破壞或是影響保固呢！

# ChromeOS

Chrome OS 是由 Google 針對上網裝置推出的輕型作業系統。Chrome OS 的系統核心是基於 Linux 核心發展的。而上層的應用程式都是以網頁應用程式的概念呈現，也就是可以透過 Google 的 Chrome 瀏覽器執行。Chrome OS 的理念就是：使用者不需要安裝任何應用程式，只要有網頁瀏覽器，所有的應用程式都可以在雲端裡執行。也因此，Chrome OS 其實沒辦法安裝一般的應用程式。而雲端上的應用程式（如 Google 的各式服務）在 Chrome OS 裡執行時，也包裝得好像就是本機的應用程式一樣。此外，使用者必須要有 Google 帳號，才得以登入和使用 Chrome OS。Chrome OS 的介面如圖 4-32 所示。

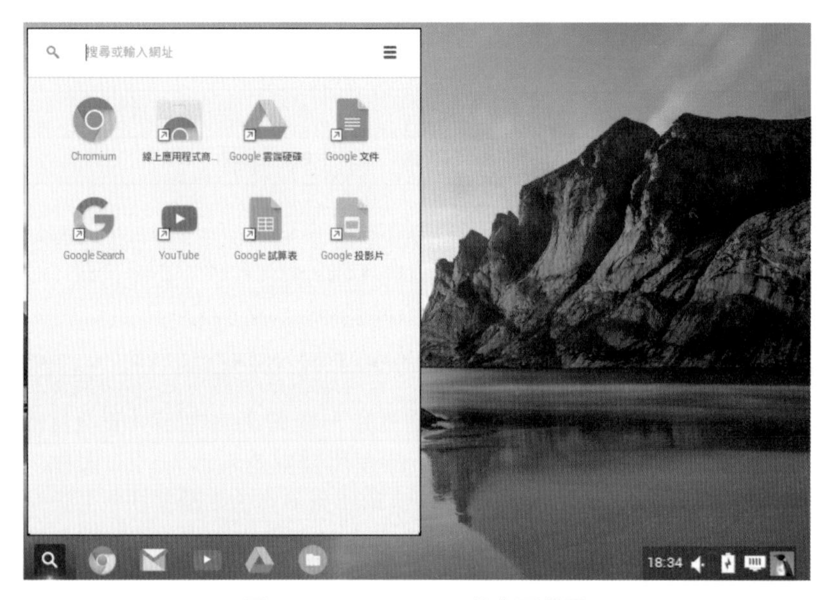


圖 4-32　Chrome OS 的桌面截圖

Chrome OS 最早的版本是在 2009 年 7 月發行。然而，使用者並沒有辦法自行下載安裝。Chrome OS 多半搭配特定的硬體發行，市面上販售的 Chrome Book 就是搭載 Chrome OS 的筆記型電腦。另外，Google 自行推出的 Chromecast[2] 也是使用精簡版的 Chrome OS 系統。2009 年 11 月，Google 把 Chrome OS 的原始碼釋出，也就是開放原始碼 Chromium OS 計畫的核心。由於是開放原始碼的計畫，任何人都可以把 Chromium OS 的程式碼下載回來，自行修改、編譯、執行和發佈。不過 Chromium OS 計畫本身主要是鎖定給開發人員使用。計畫本身並沒有提供安裝光碟。不過，網路上有許多熱心人士或是公司發行自製的 Chromium OS 安裝光碟映象檔。其中，發行 Ubuntu Linux 的 Canonical 公司就曾推出整合 Chrome OS 介面的 Ubuntu Linux 版本。這個名為 Chromixium OS 的計畫就有提供可安裝的光碟映象檔。不過由於部份軟體檔案授權的關係，目前這些基於 Chromium OS 的免費系統已經沒有在維護和提供下載。

2. Chromecast 是一個連接電視的嵌入式裝置。它本身有一些簡單的應用如觀看 YouTube 影片的功能。此外，也可以讓使用者可以把手機或電腦上的應用程式，透過 Chrome 瀏覽器轉播到電視螢幕。

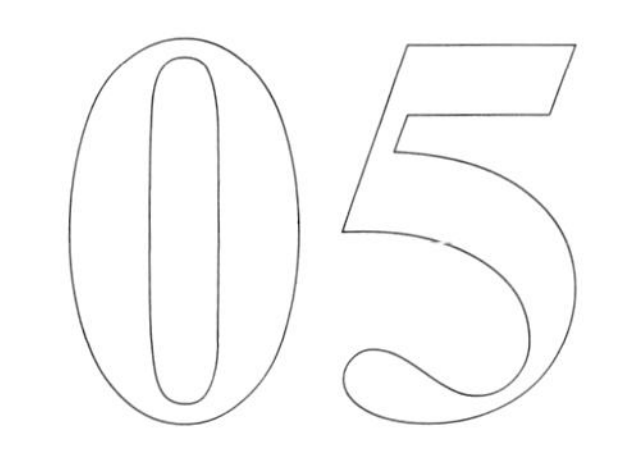

# 電腦網路

0 1 0 0 0 0 0 1 1 0 1 1 0 1 0 0 0 1 1 0 0 0 0 0 0 0 0 0 0 0 0 0

電腦網路是一個重要的資訊通訊系統，用於連接各種電腦和設備，實現資料傳輸和資訊共享。電腦網路線路連接架構包括匯流排、星狀、環狀和網格，每種架構都有其特定的優點和用途。

在電腦網路服務的架構方面，我們可以了解到主從式和同儕式服務，這些服務模式影響著資訊共享和資源管理的方式。此外，我們也需要了解電腦網路的規模，包括區域網路、都會網路和廣域網路，這些不同的網路規模適用於不同範圍的通訊需求。

電腦網路的傳輸媒介也是重要的，包括電話線、同軸電纜、雙絞線、光纖和電磁波等，這些媒介影響著資料傳輸的速度和穩定性。同時，我們還需要瞭解 OSI 與 TCP/IP 模型，以及模型中各層的功能，這些模型提供了理解網路通訊協議的基礎。

除此之外，還需認識常見的網路設備，如路由器、交換機、防火牆等，這些設備有助於管理和保護網路。最後，我們也需要瞭解電信網路和各種無線網路，包括 Wi-Fi、藍牙、RFID 和 NFC 等，這些無線技術為移動設備提供了便利的連接方式。

# 5-1 | 電腦網路的用途

電腦網路的用途，簡單來說，就是讓二個不同的裝置可以互相交換訊息。「上網」這件事對許多現代人來說，就像呼吸一樣，是生活中不可或缺的一部分。雖然看起來是一件再自然也不過的事情，但電腦網路的發展，可以回溯到 1960 年代[1]。全世界的研究人員投入快要一甲子時間，才讓網路有了現在的面貌。

早期的電腦網路主要用於軍事及研究，只用於單純的資料交換或是提供遠端操作。然而，隨著網路技術發展的成熟、基礎建設的普及、以及使用成本的低廉，網路的用戶也以爆炸性的速度成長。依據國際電信聯盟（International Telecommunication Union；ITU）在 2015 年所公佈的資料，全世界已經有超過 32 億上網人口，佔總人口數的 43%。除了軍事以及研究用途外，對一般大眾而言，還有許多其他常見的用途。當然，除了這裡所描述的幾類網路應用外，隨著網路技術還有人們的想像力，將來還有更多可能性！

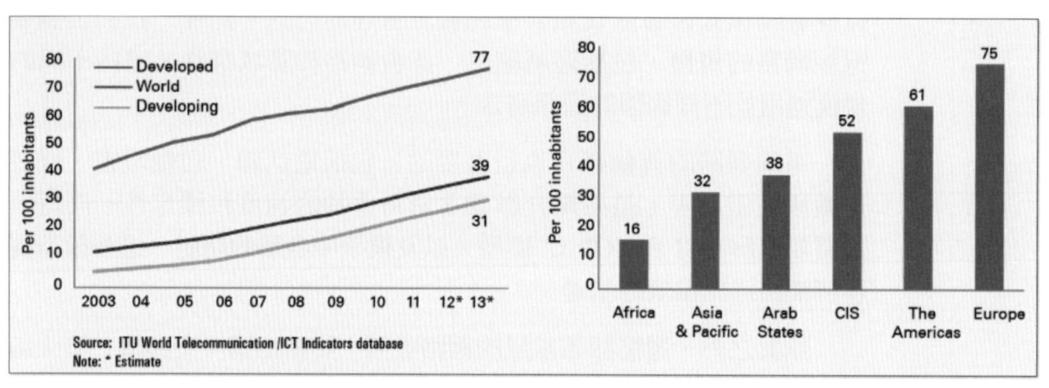


圖 5-1 上網人口比例（左）依經濟發展程度統計（右）依區域統計（資料來源：國際電信聯盟，The World 2013: ICT Facts and Figures）

## 訊息交換

訊息交換可以說是電腦網路發展的初衷之一。電腦網路最重要的特色就是**封包交換**（packet switching）。所有透過電腦網路傳輸的資料，都必須切割成較小的片段後，再以**封包**（packet）的型式包裝，然後再進行傳輸。

1. 如果討論「電腦網路」的歷史，其實早在 1950 年代，IBM 公司就透過通訊系統串連位於美國境內不同地點的超級電腦，建立 SAGE 系統，做為軍事防空用途。然而，網際網路的概念則是到 1960 年代，封包交換技術被提出後，才開始迅速發展。相關連結：
   - http://www-03.ibm.com/ibm/history/ibm100/us/en/icons/sage/
   - http://www.computerhistory.org/timeline/1958/

時至今日，利用網路進行的訊息交換機制十分的多元，包括電子郵件、網頁論壇、部落格、電子佈告欄（BBS）、社交網路（如 Facebook）、即時訊息（如 LINE、WeChat）與視訊電話（如 Skype 與 FaceTime）等等。配合行動上網裝置的流行，透過網路交換訊息方便、經濟又迅速。也因此，使得許多傳統電信服務（如電話、簡訊）的使用者，轉而使用網路上的訊息交換機制。

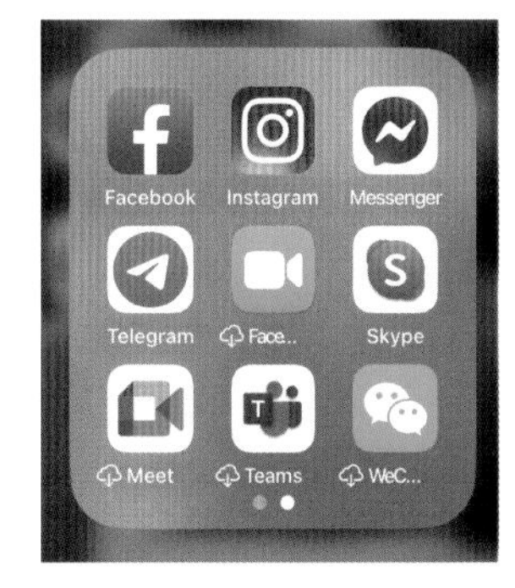

圖 5-2　常見的訊息交換機制應用程式

## 資源分享

資源分享也是電腦網路裡重要的應用。早期的分享以檔案交換為主， 透過如 Gopher、FTP 和網路磁碟（如 NFS 和網路芳鄰）等方式進行。而隨著技術的進步，幾乎所有的資源都可以透過網路來分享。像是網路印表機、網路掃描器、遠端桌面等。而軟體方面，近年來很夯的雲端服務，讓計算資源（如虛擬機器）和儲存空間（如雲端硬碟），都可以讓使用者透過網路與親朋好友分享所見所聞。

## 電子商務

透過網路做生意，也是現在網路上的重要用途之一。相信讀者多少都有線上購物的經驗。這種線上的商家販售產品給消費者的方式， 我們稱為 B2C（Business to Customer） 類型的電子商務，常見的購物網站如 eBay、Yahoo! 奇摩、PCHome 的商城都是屬於這種類型。除了 B2C 之外， 電子商務的類型還包括 B2B（Business to Business）、C2C（Consumer to Consumer 或是 Customer to Customer）、C2B（Consumer to Business）等等。分別指的是企業對企業、用戶對用戶、以及用戶對企業等不同的類型。完整的介紹請參閱第 15 章「電子商務」。

## 娛樂

雖然娛樂並不是電腦網路當初發展的目的，但現在娛樂已經是電腦網路上最廣泛的應用之一。使用者可以透過網路來分享照片、欣賞影片，或是進行線上遊戲。相較之下，這類多媒體的網路應用，尤其隨著使用者對於畫面品質的要求，其網路流量可是遠遠超過訊息交換或是資源分享的需求。娛樂的應用也可以說是促進網路頻寬以及傳輸品質進步最好的推手呢！

# 5-2 | 電腦網路的架構

要了解電腦網路的運作，首先最基本的就是了解電腦網路的架構。我們從三個不同的角度來認識電腦網路的架構。

## 依據網路線路連接的方式

裝置要透過網路來溝通，一般的作法就是透過電纜線把裝置連接起來。而網路的架構如果按照線路連接的方式來區分，常見的區分方式有匯流排、環狀、星狀以及網格四種。我們通常也把這些架構稱為**網路的拓樸**（network topology）。

### 匯流排

**匯流排**（bus）架構如圖 5-3 所示，所有的裝置都連接在同一條線上，且線路是由所有的裝置共享的。匯流排架構可以說是最簡單的一種網路連接方式。這種架構最主要的問題就是：當網路裡有二台（或以上）的裝置要同時傳送資料時，就會發生**碰撞**（collision）的情形。因此，在這樣的架構下，通常會需要一些機制來解決碰撞的情況，以盡量避免發生衝碰撞。舉例來說，**乙太網路**（Ethernet）的CSMA/CD（carrier sense multiple access with collision detection）機制，就是一種解決碰撞的方式。

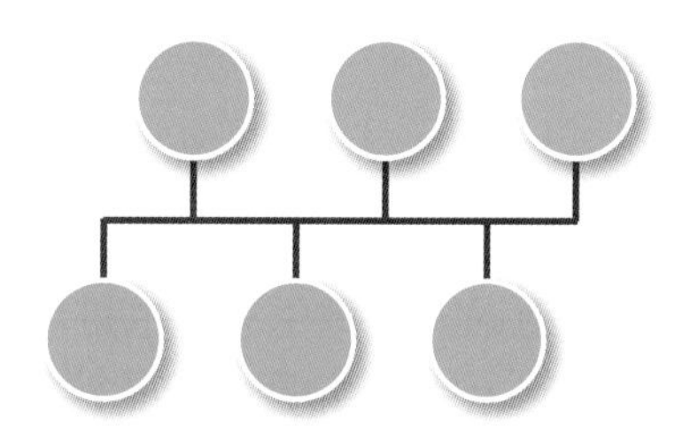

圖 5-3 電腦網路架構－匯流排 (bus) 連接方式

### 環狀

**環狀**（ring）的網路架構，顧名思義，就是指網路上的裝置連接成一個圓環的樣子，如圖 5-4 所示。在這種架構下，訊息傳送的方式通常是單向的。以圖 5-4 來說，訊息只能以順時鐘或是逆時鐘的方向傳送。因此，在這個架構之內，從任一裝置傳送訊息給另一個裝置的路徑都會是固定的。環狀的架構可以避免匯流排架構下的碰撞情況，所以當網路負載比較重時，會有比較好的傳輸效率。但是，如果這個環上的任一裝置故障時，可能會使得整個網路都無法正常動作。也因此，當網路故障時，由於無法立即確定故障發生的位置，要找出問題點可能會比較費時。

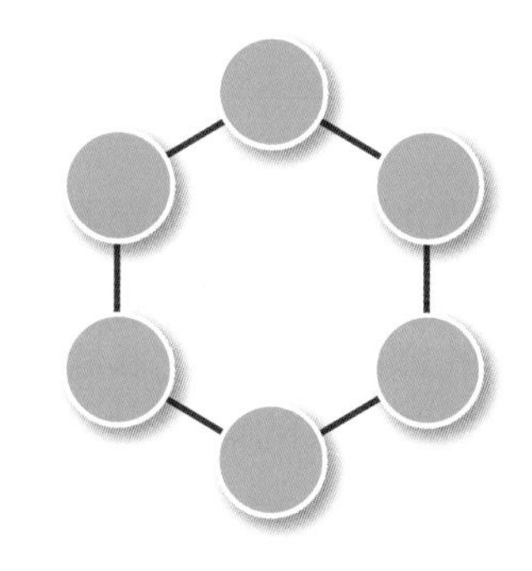

圖 5-4 電腦網路架構－環狀 (ring) 連接方式

### 星狀

**星狀**（star）架構是目前最常見的網路架構，如圖 5-5 所示。這個架構的特色就是網路連線的集中處有一個負責轉送訊息的角色。這個角色可能是一台電腦、一台**交換器**（switch）、或是一台**集線器**（hub）。所有上網的裝置都必須透過這個集中處的裝置來傳送訊息。這個架構的好處是效率佳。它可以降低碰撞發生的機率；同時訊息的傳送只需要經過集中處的裝置即可，不像環狀架構，訊息的傳送可能要經過多個裝置才能送達。當網路出現問題時，星狀結構比較容易除錯。然而，其缺點就是需要一個額外的集中處裝置；同時，當線路集中處的裝置出問題時，整個網路就會故障。

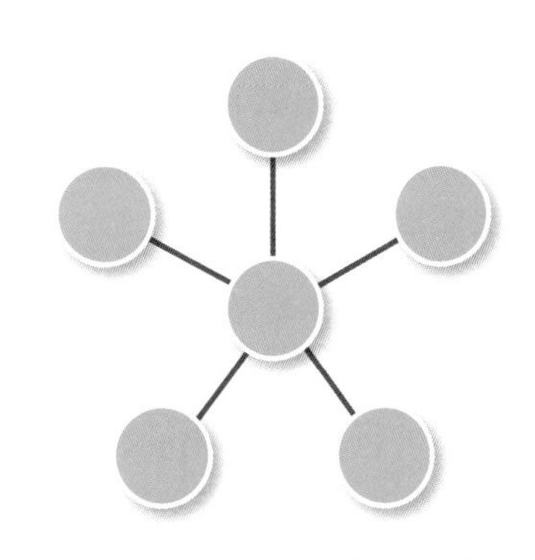

圖 5-5　電腦網路架構一星狀 (star) 連接方式

### 網格

**網格**（mesh）狀的網路架構是比較複雜的網路架構，如圖 5-6 所示。在這個架構裡，每一個裝置都要擔任資料轉送（relay）的角色。也就是說，在這樣的架構裡，所有的裝置必須要通力合作，才能順利的運作和傳送資料。這個架構通常應用在**網際網路**（Internet）或是**無線點對點傳輸網路**（Mobile Ad-hoc Networks；MANet）。網格的網路架構提供較大的彈性。當網路裝置發生故障時，可以透過改變**路由**（routing）的機制，讓網路得以繼續維持運作。然而，其缺點就是建置、管理和維運的成本和複雜度較高。

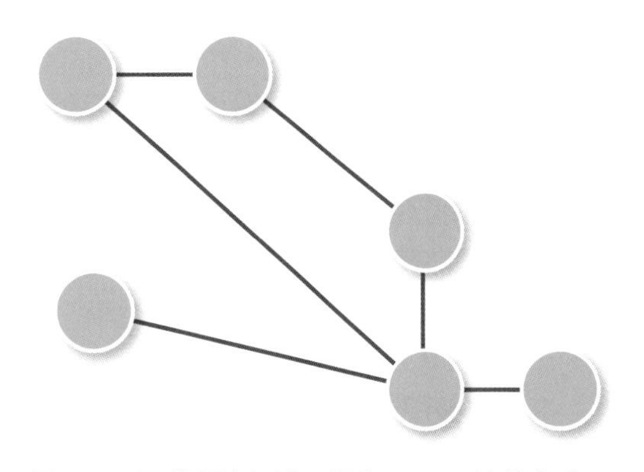

圖 5-6　電腦網路架構一網格 (mesh) 連接方式

## 依據網路資源及服務的提供者

網路服務的架構，如果按照資源及服務的提供者來區別，可以分為**主從式**（client-server）以及**同儕式**（peer-to-peer）二種。現有大部分的網路服務是以主從式架構為主。

### 主從式架構

主從式架構裡，**伺服器**（server） 端是主要提供資源及服務的角色；而**用戶**（client）端則是資源及服務的使用者。舉例來說，網頁或是雲端的服務，都是以主從式架構來運行。

### 同儕式架構

在同儕式架構裡，並沒有特別區分誰是伺服器端，誰是用戶端。所有裝置的地位基本上是相同的。每個裝置都同時扮演伺服器端及用戶端的角色。以同儕式網路分享軟體（如 BitTorrent 以及 PPStream）為例，每個裝置在進行下載時，也同時把本機裡已經擁有的部分上傳給其他需要的使用者。

這二種不同的架構有各自的優缺點。主從式架構的優點就是集中管理、維護容易；而缺點就是建置成本高，延展性較不佳。同儕式架構的優點就是延展性佳；但其缺點就是維護的複雜度較高，且當用戶數量較少時，服務可能容易中斷。

## 依據網路建置的規模

網路的架構如果依網路建置的規模來區分的話，規模由小到大可分為**區域網路**（Local Area Network；LAN）、**都會網路**（Metropolitan Area Network；MAN）、以及**廣域網路**（Wide Area Network；WAN）三種。

### 區域網路

區域網路通常的建置範圍可能是涵蓋一個房間、一間屋子、一棟建築物，甚至一座校園。

### 都會網路

都會網路建置的範圍通常是在同一個域市內的不同區域。比如說，建置一個網路將散佈在同一個都市內二棟不同建築物的網路連線起來。

### 廣域網路

廣域網路涵蓋的範圍最大。它可以涵蓋數個城市、數個國家、甚至全世界。這種大型規模的網路都可以稱為廣域網路。而我們平常使用的**網際網路**（Internet），也可以視為是廣域網路的一種。

# 5-3 ｜ 傳輸媒介

選擇好網路架構後，下一步便是選擇合適的傳輸媒介，實際將裝置連接起來。連接網路裝置有許多不同的傳輸媒介可以選擇。包括電話線、同軸電纜、雙絞線、光纖、電磁波等。本節將就常見的傳輸媒介加以說明及介紹。

## 電話線

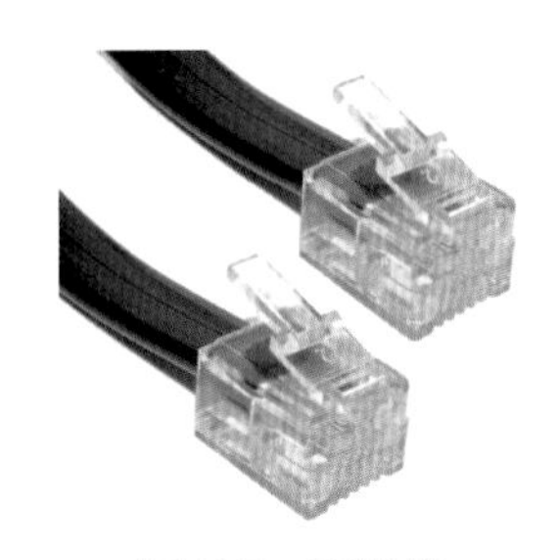

圖 5-7 電話線

電話線在電腦網路的發展裡，扮演了十分重要的角色。如圖 5-7 所示，電話線基本上就是由一般的銅線構成的。一條電話線裡最少有二芯，最多有四芯。也就是說，在塑膠的外皮裡，包覆了二條或是四條銅線。

電話線的接頭規格為 RJ-11。由於電話線路的建置十分普及，利用現成的電話線路連上網路，可以大幅降低建置大範圍網路的佈線成本。對於建置廣域網路十分具有成本上及時間上的優勢。

由於電話線路當初的設計並不是用來傳輸像網路資訊這樣的數位訊號，所以要使用電話線來傳送網路訊號，需要透過**數據機**（modem）來進行數位訊號與類比訊號的轉換。讀者如果使用 ADSL 的方式上網，有很大的機會就是透過 ADSL 數據機，利用電話線路連上網際網路。

然而，電話線路上網的限制不少。線路的品質和線路的長度都會影響網路的速率。一般而言，從電信機房到用戶端的線路長度最好低於 4 公里，比較能夠確保傳輸的品質。若距離愈長，則傳輸效率將會愈低落。

## 同軸電纜

同軸電纜（圖 5-8）可用於建置區域網路。一般有線電視所使用的傳輸線也是類似的同軸電纜線路。和有線電視網路的特性一樣，同軸電纜適用的架構是匯流排式網路架構。也就是說，透過同軸電纜連接起來的網路裝置是共享同一條線路的。因此，所有裝置可以使用的頻寬也是共享的。

同軸電纜可以以 10Mbps 或是 100Mbps 的網路速率進行傳輸。其線長最長可以到 500 公尺。雖然其線材成本較高（和接下來要介紹的雙絞線比較起來），但其可傳輸的距離也較長。同時，如果計畫要建置一個匯流排式的網路架構，使用同軸電纜也可以省下購買集線器（hub）的成本。

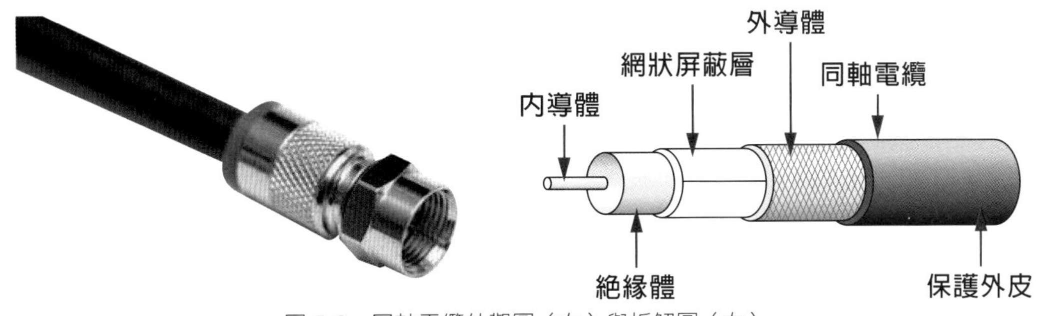


圖 5-8 同軸電纜外觀圖（左）與拆解圖（右）

## 雙絞線

雙絞線是一般建置區域網路最常使用的傳輸媒介。如圖 5-9 所示，它的外型有點像是加大加粗的電話線。在塑膠外皮下一共有 8 條（4 對）銅線，其接頭規格為 RJ-45。讀者如果仔細觀察圖 5-9（右）的話，可以發現，每一對銅線是以螺旋狀纏繞在一起的，這也是為什麼它叫作「雙絞線」的原因。雙絞線依其等級的不同，可以用來傳輸 10Mbps、100Mbps、1Gbps，甚至 10Gbps 的速率。其等級分級如表 5-1 所示。但其線長一般最多只能有 100 公尺。

圖 5-9　雙絞線的 RJ-45 接頭（左）外觀圖（中）和拆解圖（右）

表 5-1　雙絞線的等級與限制整理表

| 等級 | 限制 |
|---|---|
| Category 1 | 適用於電話訊號傳輸，不適用於網路訊號。 |
| Category 2 | 傳輸速率上限：4Mbps。 |
| Category 3 | 傳輸速率上限：10Mbps。 |
| Category 4 | 傳輸速率上限：16Mbps。 |
| Category 5 | 傳輸速率上限：100Mbps。 |
| Category 5e | 傳輸速率上限：1Gbps。 |
| Category 6 | 傳輸速率上限：10Gbps，線長需短於 55 公尺。 |
| Category 6a | 傳輸速率上限：10Gbps。 |

雙絞線通常用來建置匯流排或是星狀架構的區域網路，但不論是匯流排或是星狀架構，使用雙絞線將會需要一個線路集中處的裝置。這通常會是一台集線器或是一台交換器。如果是前者，那麼網路的執行效率將等同於匯流排的架構；如果是後者，那麼網路才得以享受到星狀架構的好處。詳細的差異請讀者參閱 5-5 節「常見的網路設備」的說明。每一對雙絞線都有標示顏色，而其顏色的順序亦有標準進行規範，如圖 5-10 所示。以 TIA-568B 為例，其順序由左至右為「白橙 (1)、橙 (2)、白綠 (3)、藍 (4)、白藍 (5)、綠 (6)、白棕 (7)、棕 (8)」。

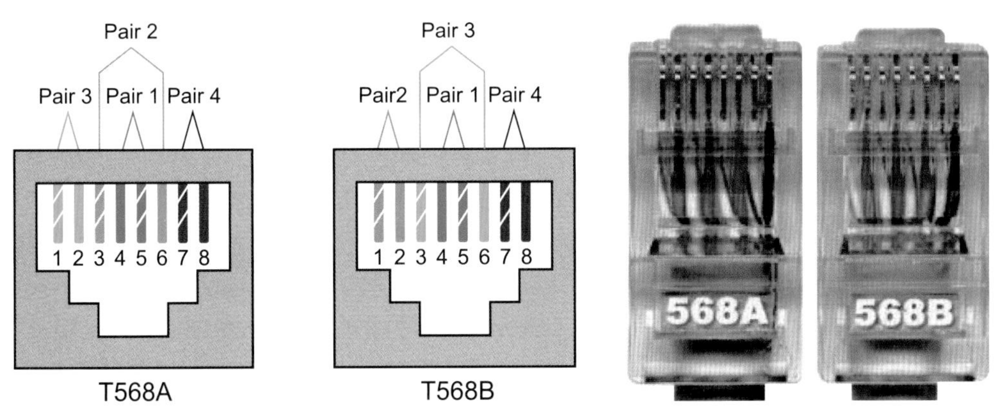


圖 5-10　雙絞線的顏色擺放順序 TIA-568A 標準（左 1）TIA-568B 標準（左 2）TIA-568A 標準 / 俯視圖（右 2）TIA-568B 標準 / 俯視圖（右 1）

一般正常的雙絞線，線頭的二端在壓製時應該要選擇一樣的標準。可以二邊都是 TIA-568A 或都是 TIA-568B。如果線頭二端選擇的是不同的標準，那麼壓製出來的線我們通常俗稱為「跳線」。雙絞線應是目前最普及的網路傳輸媒介。有興趣的讀者亦可以嘗試把手邊的網路線拿起來觀察，看看它是使用何種標準的花色壓製？是一般的雙絞線還是跳線？在進行網路線連接時，電腦連接到網路設備（如集線器或是交換器）應該要使用一般的雙絞線。而如果是想要嘗試二台電腦的網路孔直接對接時，則應該要使用跳線。

## 光纖

光纖是傳輸速度最快、距離最長的傳輸媒介。同時，光纖傳送的訊號不會受到電子設備或是微波的干擾。但不論是設備或是線材，它的成本也是最貴的。光纖通常是單向傳輸，所以通常是二條光纖組成一組雙向的傳輸線路。一般常見的光纖規格分為「單模」（single-mode）及「多模」（multi-mode）二大類。簡單地說，單模光纖的「頻寬距離乘積」遠大於多模光纖。所以如果是長距離的需求，我們會選擇單模的光纖線材和設備，如果是短距離的需求，那麼基於成本考量，我們可以考慮選擇多模的光線線材和設備。表 5-2 比較單模和多模多纖的差別。

表 5-2　單模光纖與多模多纖比較表

| | 單模 | 多模 |
|---|---|---|
| 傳輸速率 | 10Gbps~40Gbps | 10Mbps~10Gbps |
| 傳輸距離限制 | 數百公里 ~ 數千公里 | 100 公尺 ~2000 公尺 |
| 線徑 | 較細（8~10 毫米） | 較粗（50~100 毫米） |
| 成本 | 較高 | 較低 |

### 電磁波

前面介紹的幾個傳輸媒介都是使用實體線路進行傳輸。而透過電磁波，裝置之間可以不需要透過實體線路連接的方式進行傳播。這也是最方便的傳輸方式。電磁波的頻段是所有人共用的，算是公共財的一種。為了避免電磁波頻段遭到濫用或是互相干擾，大多數國家都有嚴格規範及調配無線設備的頻段使用範圍，需要由頻段的管理單位核發許可，才准予使用。以臺灣為例，比較生活化的頻段如一般公眾的行動電話通訊分配到的頻段是在 800MHz、900MHz 或 1800MHz 附近；計程車業者分配到的頻段在 140MHz 及 500Mhz；廣播電台分配到的是 526.5 ～ 1606.5KHz（AM）或是 88 ～ 108MHz（FM）。因為每個國家規畫使用的頻段有些出入，所以從國外購回的無線設備，如手機，回到臺灣後可能會無法使用。

電磁波頻段中有一些頻段是規畫出來給一般民眾或是設備使用的，如所謂的 ISM 頻段（industrial, science, and medical band）是供給工業、科學研究、或是醫療用途。這類的頻段就是不需要許可就可自由使用的。然而，每個國定訂定的 ISM 頻段可能也有所不同。以臺灣而言，ISM 頻段包括 13MHz、27MHz、40MHz、400MHz、480MHz、2.4GHz、5.8GHz 以及 24GHz 等。

由於大部分國家都把 2.4GHz 規畫為 ISM 頻段，因此，市面上很多無線電子設備，如無線網路、無線電話、藍牙、ZigBee 等，都是使用 2.4GHz 作為其通訊時使用的頻段。2.4GHz 這個頻道是最普及的 ISM 頻道，也因此，它也是最擁擠的頻道！除了網路通訊設備外，很多其他不是網路的設備也使用這個頻段，包括無線鍵盤、無線滑鼠、甚至是微波爐。所以，如果您在中午用餐時間發現無線上網不大順暢，搞不好是剛好有朋友正在旁邊微波加熱便當也說不定呢！

## 5-4 | OSI 與 TCP/IP 模型

電腦網路要可以運作的話，光有實體線路的連接還不夠！就好像我們要和外國人聊天，電話線接通後，雙方還得要說一樣的語言才有辦法溝通。網路上的二個裝置如果要可以順利地交換資料的話，就必須要讓二個裝置也講一樣的語言。在電腦網路的世界裡，裝置溝通的語言我們稱為「協定」（protocol）。

為了有效地把網路設備以及協定加以管理及分類，國際標準組織（International Organization for Standardization；ISO）訂定了 OSI 模型（Open System Interconnection Model），用以區分通訊系統及其使用的協定。OSI 模型一共有七層。由下至上分別為：1-實體層（physical layer）、2- 資料連結層（data link layer）、3- 網路層（network layer）、4-傳輸層（transport layer）、5- 交談層（session layer，也稱為會議層）、6- 表達層（presentation layer）、以及 7- 應用層（application layer）。如圖 5-11 所示。

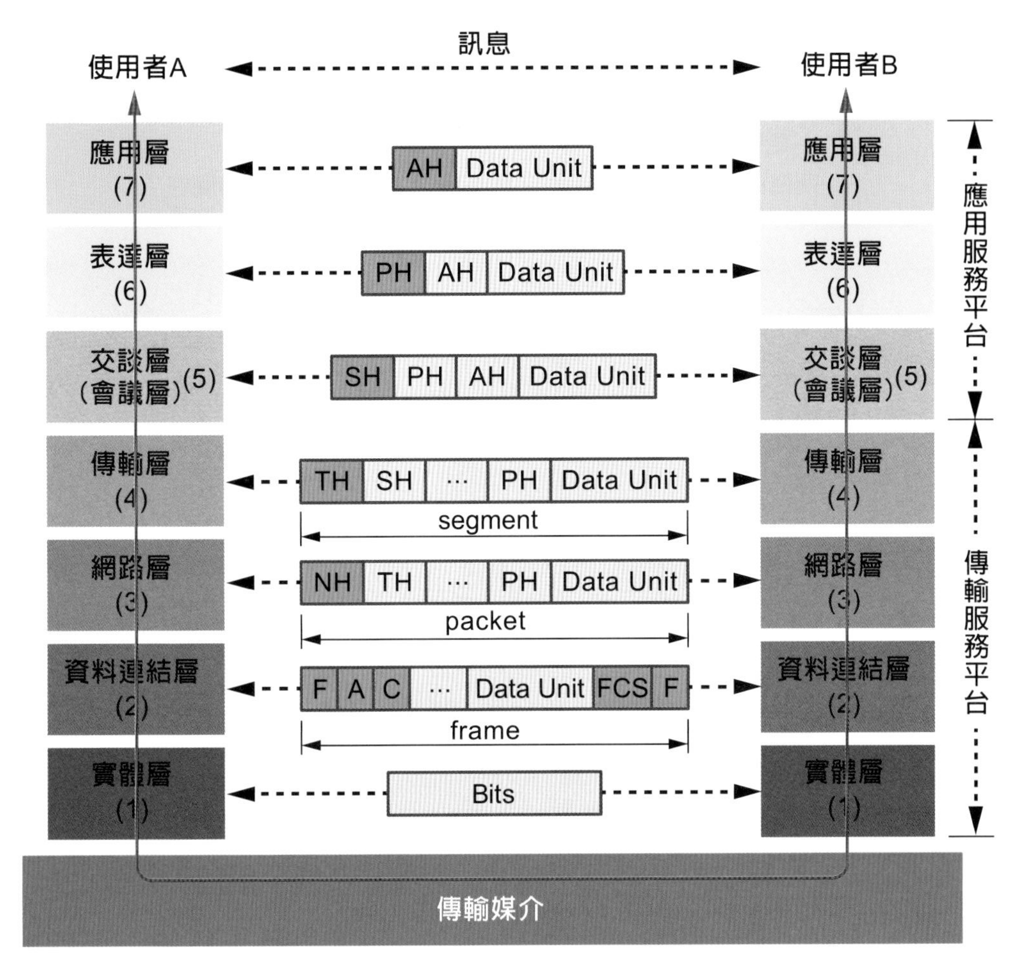


圖 5-11 OSI 模型

以即時通軟體（像是 LINE 或 Skype）為例。若使用者 A 欲傳送訊息給另一位網路上的使用者 B，表面上使用者 A 只需要輸入圖文訊息後再按下「傳送」鈕就可以送出。然而，網路資料的傳送，往往需要從高層開始，一路往下層將訊息經過層層的封裝後，最後才得以將封裝完成的訊息，透過實際的網路傳輸媒介進行傳送。而接收端在收到已封裝的網路訊息後，便從最下層開始往上，經過層層拆解，最後由負責的應用程式將圖文訊息呈現給使用者 B。

上述的過程就好像我們寄實體信件一樣。我們將文字寫在信紙上，用信封包裝好後，再拿到郵局寄出，收信人在收到信後，也必須將信封拆開後，才能讀到信紙上的文字，如圖 5-12 所示。

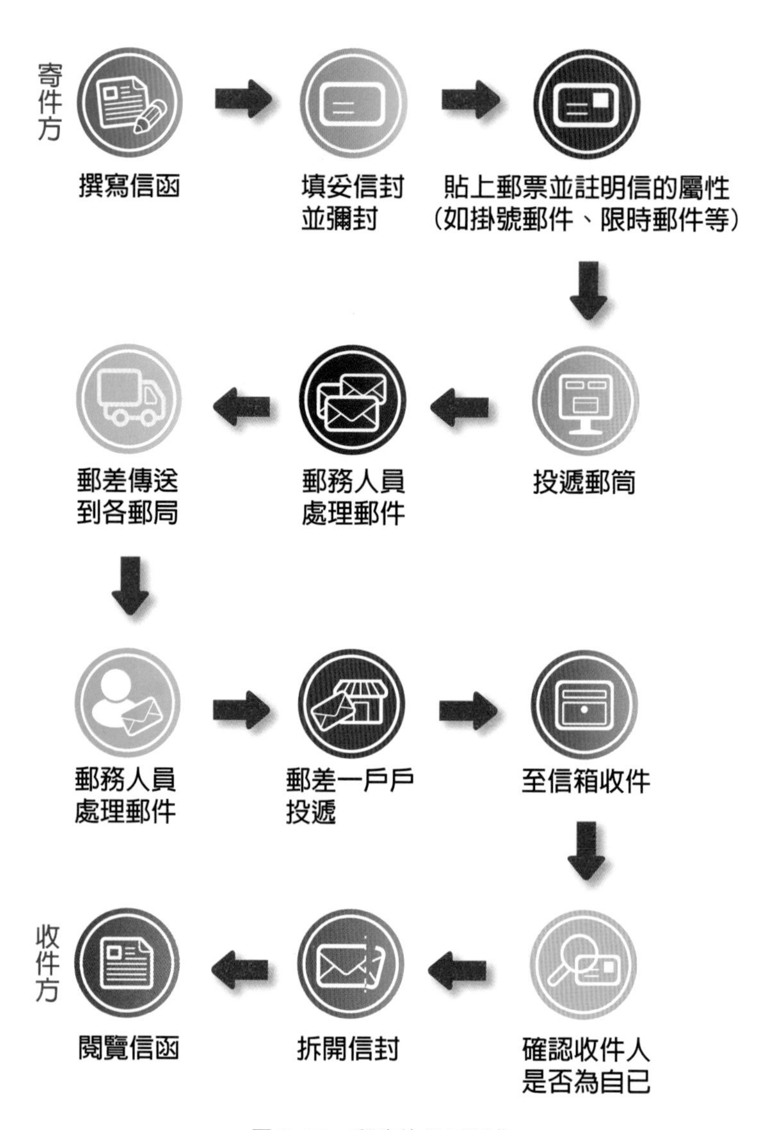


圖 5-12　郵務的分層運作

在 OSI 模型裡，我們寄出的訊息就好像包了七層信封的信件一樣。寄件人包了七層的信封，而收件人也需要依序將信封一一拆除，最後才能讀到信件的內容。

OSI 模型中的每一層都有不同的功能及用途，且每一層都有它專屬的**標頭**（header）。每一層「封裝」的動作，其實就是在訊息的前面或是後面加上該層所需的標頭及資訊。以寄實體信件為比喻的話，標頭就好像是信封，我們通常會在信封上寫上收件人地址和寄件人地址。而標頭的內容通常就會包含關於資料傳送方和接收方的資訊。此外，依據各層不同的功能性，在標頭裡可能還會帶有一些其他與網路相關的資訊。OSI 模型裡各層的功能及用途，將於後續章節由高層至低層依序介紹。

## 應用層

**應用層**（application layer）是與使用者最貼近的一層。與使用者最貼近的服務通訊協定都是定義在應用層。比如說，電子郵件（Email）、網路瀏覽（WWW）、網路電話（VoIP）、電子佈告欄（BBS）等等。應用層接收來自使用者的訊息，然後再交由表達層處理，或是接受來自表達層的資料，再呈現給使用者。

## 表達層

**表達層**（presentation layer）負責將使用者資訊以標準的方式處理，包括資料的格式、編碼等等。以網路視訊電話來說，使用者想要傳送的訊息可能包括聲音和影像，而表達層接收來自使用者的各種資訊後，便將資料轉換為合適的格式，並進行編碼、壓縮甚至加密等操作後，再將轉為標準格式的資訊交由下一層處理。同樣地，如果表達層收到來自下層（交談層）的資料，一樣做解碼、解壓縮和解密後，再交由上面的應用層處理。

## 交談層

**交談層**（session layer，也稱為會議層）主要負責進行「對話（session）」的建立、關閉以及維護。以網路視訊電話來說，要同時傳輸聲音和影像資料時，可以利用二個不同的虛擬通道來進行傳輸。而建立虛擬通道就是利用交談層的協定建立二個不同的「對話管道」。

分類於交談層的通訊協定包括 RPC（Remote Procedure Call），負責建立通道供執行不同的遠端函數、RTSP（Real-Time Streaming Protocol）負責建立通道傳輸不同類型的多媒體資料、以及 SSL（Secure Socket Layer）負責建立通道以傳輸加密後的資料。

## 傳輸層

**傳輸層**（transport layer）提供上層許多資料傳輸相關的服務，包括**多工**（multiplexing）、**流量控制**（flow control）、**壅塞控制**（congestion control）、**連接導向**（connection-oriented）及**無連接導向**（connectionless）連線、以及**可靠**（reliable）傳輸等等。常見的傳輸層通訊協定包括 TCP（transmission control protocol）及 UDP（user datagram protocol）。

傳輸層之上的各層並沒有明確地規範資料的傳輸單位。而在傳輸層，資料的傳輸常常是以**區段**（segment）或是**數據包**（datagram）為單位。因此，當傳輸層接收到來自上層的資料後，會將資料加以切割為數個區段或是數據包，再交由下層處理。一般而言，區段或是數據包的大小是可以由使用者自行決定。但為了傳輸效率的考量，其大小通常會配合網路層或是資料連結層進行最佳化的設定。

## 網路層

**網路層**（network layer）主要的功能是用來指定網路**位址**（addressing）、**資料切割**（fragmentation），以及決定網路**路由**（routing）。所有的網路主機都會需要一個網路位址來加以識別，而這個位址便是記錄在網路層裡。網路層的資料傳輸是以**封包**（packet）為單位，而封包的標頭裡必須包含其來源網路位址以及目的地網路位址。當網路層接收到來自上層的資料時，它也必須將資料進行**切割**（fragment），以符合底下資料連結層規範的可傳輸資料大小限制。

舉例來說，常見的 Ethernet 允許一個封包最多存放 1500 位元組的資料。假設我們要傳的資料是一個 32KB 的數據包，那麼這個數據包就必須裁切為大約 22 個封包，再交給下層傳送。而當接收到來自下層的封包時，網路層也必須視情況將封包資料重組後，才能傳送給上層處理。

網路層另一個重要的服務是路由。路由決定網路封包如何在網路上進行**轉送**（forward）。有了正確的路由，封包才得以順利地從來源主機跨過多個網路，最後傳送到另一端的目的地主機。網路層常見的協定包括 IPv4 以及 IPv6。

## 資料連結層

**資料連結層**（data link layer）主要用來處理二個實體線路直接連線，或是區域網路的網路裝置之間的資料傳遞。資料連結層的傳輸單位通常稱為**頁框**（frame）。這一層提供的服務包括將封包轉為**頁框**（framing）、**錯誤偵測或修正**（error detection or correction），以及**多重存取**（multiple access）等等。

常見的資料連結層協定有 ATM、Ethernet、IEEE 802.11 無線區域網路協定等等。資料連結層也有定義其網路位址，通常我們稱這個位址為**實體位址**（physical address）或是 MAC 位址（MAC address）。這個位址只能在區域網路內使用。

## 實體層

最下層的**實體層**（physical layer）則是將來自資料連結層的網路頁框轉換為數位訊號進行傳送的硬體。實體層可能透過 5-3 節所介紹的各種媒體進行傳輸。其訊號的傳送通常是以**位元**（bit）為單位。

雖然 OSI 模型訂定得十分理想與完善，但實務上要將所有的通訊協定按照 OSI 模型的各層來區別並不容易。有鑑於此，研究人員按照實務上協定設計及實作的情形，提出 TCP/IP 模型，以降低分類及管理通訊協定的複雜度。

雖然 TCP/IP 模型的目的並不是用來取代 OSI 模型，也沒有以相容於 OSI 模型作為考量，但我們常常會將這二個模型拿來加以對照及比較（圖 5-13）。

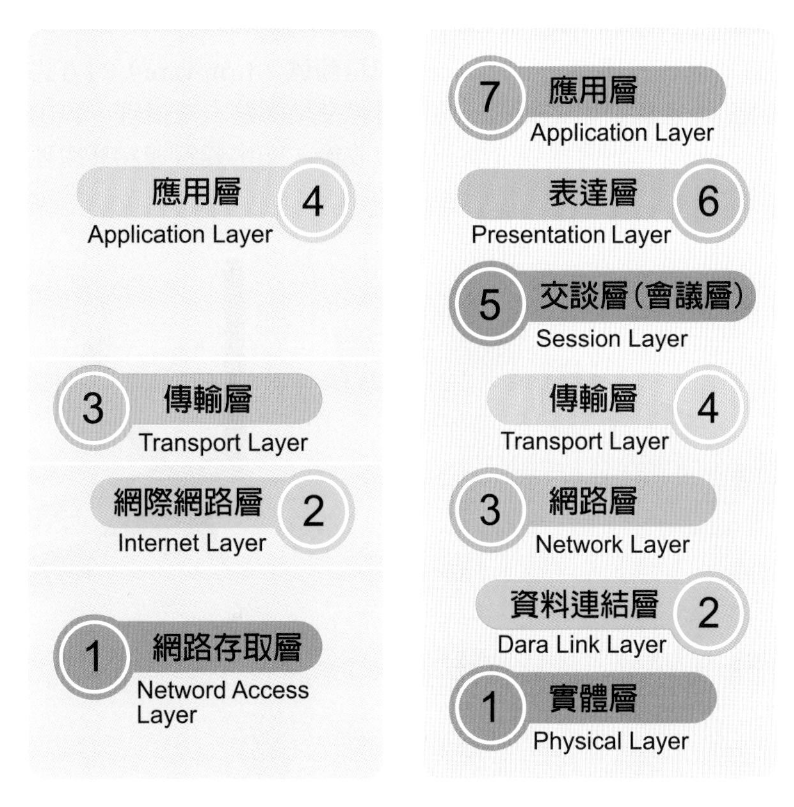


圖 5-13　常見的 TCP/IP 模型與 OSI 模型的對照方式

依照圖 5-13 所示 TCP/IP 模型一共只有四層，其中，應用層包含 OSI 模型裡定義的應用層、表達層以及交談層；傳輸層與 OSI 模型的傳輸層近似；**網際網路層**（Internet layer）則與 OSI 模型的網路層近似；而**網路存取層**（network access layer）則包含 OSI 模型的資料連結層以及實體層。由於目前網際網路上的通訊協定大多基於 TCP/IP 協定開發，TCP/IP 模型也是目前系統實作上採用較多的模型。

# 5-5 ｜ 常見的網路設備

本節介紹常見的網路設備。網路設備的分類通常是按照 OSI 模型進行分類。網路設備的分類往往取決於這個設備在處理網路封包時，會處理到 OSI 模型裡的第幾層的標頭和內容。

## 網路卡

**網路卡**（network interface card；NIC）是讓網路設備連上網路的基本裝置。網路卡屬於第二層（layer 2）的網路設備，每一個網路卡都會有它唯一的實體位址。而封包的收送都必須在第二層的標頭裡存放來源和目的地的實體位址。圖 5-14 展示有線網路及無線網路的介面卡。

資料連結層通常都是以**硬體**（hardware）或是**韌體**（firmware）的方式實作。在資料傳送時，作業系統通常透過驅動程式將第三層的封包交給網路卡來處理，再由實體傳輸媒介送出。而在資料接收時，實體的傳輸媒介將訊號接收後，交由資料連結層處理完畢，再上傳給作業系統的網路層處理。

圖 5-14　PCI 介面的 10/100 Mbps Ethernet 網路介面卡（左）、PCI 介面的 802.11G 無線網路卡（右）

## 中繼器

**中繼器**（repeater）的目的是將實體線路延長。許多網路傳輸媒介，不論是有線或是無線，都有傳輸距離的限制。中繼器可以作為一個增強訊號的設備，使得實體網路連線的距離得以延長。中繼器屬於第一層（layer 1）的網路設備。

## 集線器

**集線器**（hub）的目的就是把網路實體線路連接起來。它是屬於第一層（layer 1）的裝置。集線器的目的通常有二。其一是連接多台區域網路中的電腦；其二則是延長網路傳輸的範圍。以圖 5-15 展示的 4 埠集線器為例，由於集線器是屬於第一層的裝置，當網路訊號從某一個連接埠傳進來後，集線器會先將訊號複製三份，再從另外三個連接埠傳送出去。連接在集線器上的網路裝置就會像是接在同一條匯流排的情況。也因此，當有一台網路裝置在進行訊號傳送時，其他的網路裝置都不可以進行傳送，否則便會發生**碰撞**（collision）的情況，造成訊號傳送失敗。也因此，通常集線器的埠數都不會太多。

圖 5-15　具有 4 個連接埠的 Ethernet 集線器

## 橋接器

**橋接器**（bridge）的目的是將二個或多個不同的實體網路連接在一起。橋接器是屬於第二層（layer 2）的網路設備。透過橋接器連接在一起的網路不見得要是運作在相同的第二層協定，橋接器可以視情況將第二層協定進行轉換。讀者最常見的橋接器就是無線和有線網路的橋接器。在無線端我們通常是運行 IEEE 802.11 系列的第二層協定；而在有線端我們通常是運行 Ethernet 或是 IEEE 802.3 系列的第二層協定。

## 交換器

**交換器**（switch）的外觀和集線器的外觀並沒有太大的差別。圖 5-16 展示的是一個 24 埠的交換器。交換器屬於第二層（layer 2）的裝置。它除了可以做到和集線器一樣的基本功能，交換器還多了連接埠學習的功能（port learning）。由於交換器是第二層的裝置，它可以根據接收到封包的來源實體位址，來學習到哪一張網路介面卡接在哪一個連接埠之下。也因此，當交換器收到封包時，可以根據其目的實體位址，將封包只送給其相對應的連接埠。因為這樣的設計，即使有多個網路裝置同時透過交換器進行資料交換，其發生碰撞的機率也能大幅降低。

圖 5-16　CISCO WS-C2960-24TC-L 交換器

## 路由器

**路由器**（router）是屬於第三層（layer 3）的裝置，如圖 5-17 所示。它主要的目的就是依據封包網路層標頭的來源和目的位址，來決定封包如何做轉送。路由的規則可以是手動設定的靜態規則，也可以是自動學習的動態規則。路由器在接收到網路封包後，通常會依據網路層的目的地位址，查詢其現有**路由表**（routing table）規則的設定，來決定封包應該往哪一個網路轉送。有了路由器，我們才能把數個不同的網路連接起來，形成更大的網路，甚至是網際網路。

圖 5-17　CISCO 路由器

## 無線網路存取點

如圖5-18所示，**無線網路存取點**（wireless access point）屬於第二層（layer 2）網路設備。它就像我們前面介紹的橋接器一樣，可以將無線網路和有線網路，或是二個不同的無線網路連接在一起。有一些無線網路存取點除了單純的做橋接的功能外，還提供更多的功能。比如說，IP分享的功能便屬於第四層（layer 4）的功能；而應用程式防火牆便屬於第七層（layer 7）的功能。

圖 5-18　不同類型的無線網路存取點：單天線、多天線、隱藏式天線

# 5-6 ｜ 電信網路

電信網路也就是平常打市內電話、手機通話，或是手機上網所使用的網路。和電腦網路比較起來，傳統的電信網路的特色是以**線路交換**（circuit switching）為其基本的傳輸原理。和電腦網路的**封包交換**（packet switching）比較起來，線路交換和封包交換其實各有其優缺點，表5-3比較線路交換與封包交換技術的差異。然而，就目前發展的趨勢看來，封包交換技術比較受到青睞。接下來，本節將針對常見的電信網路做簡單的介紹。

表 5-3　線路交換與封包交換比較表

| | 線路交換（circuit switching） | 封包交換（packet switching） |
|---|---|---|
| 基本精神 | 每個用戶配置專屬傳輸線路 | 所有用戶共享相同線路 |
| 資料傳輸單位 | 無 | 封包 |
| 頻寬 | 每個用戶配有專屬頻寬 | 所有用戶共享可視網路使用情況調整分配 |
| 成本 | 較高 | 較低 |
| 可靠度 | 較高 | 較低 |
| 計費方式 | 依使用時間計費 | 依傳輸量計費 |
| 彈性 | 較低 | 較高 |

## POTS/PSTN

我們一般稱傳統的電話服務為 POTS（plain old telephone service）。其中，**公共交換電話網**（public switch telephone network）可以說是目前運作規模最大的網路之一。世界上大多數國家的市內電話都是透過公共交換電話網連接在一起。

公共交換電話網主要基於線路交換技術。因此，在通話前，網路必須透過通話設定（call setup），將發話端（打電話的人）和受話端（接電話的人）二端之間的線路都保留起來，雙方才能開始對話。

公共交換電話網雖然設計時以傳輸聲音的類比訊號為主，然而，透過數據機（modem），也可以將數位訊號轉換後，在公共交換電話網路內傳送。

## 第一代（1G）行動通訊網路

為了提供更方便的電話使用方式，第一代行動通訊網路大約於 1980 年代開始使用。其通訊主要是透過分割頻率的方式，以提供多人同時撥打電話（Frequency Division Multiple Access；FDMA）。這就好像廣播電台或是無線對講機一樣，不同的電台使用不同的頻率來傳送聲音；而使用相同頻率的使用者就可以收聽到相同的聲音。

然而，由於行動通訊網路的功率不如廣播電台那麼強，所以常常是按照訊號涵蓋範圍區分為**細胞群**（cell）。每個細胞群由基地台（base station）負責傳送和接收聲音。圖 5-19 為使用細胞群概念的示意圖，其中六角形的類似蜂巢狀的格子就是我們所謂的「細胞」；而使用者（圖中的汽車）透過哪一個基地台來上網，則取決於使用者所在的細胞格，以及負責基地台的訊號強度。第二、三、四代行動通訊網路也是以類似的概念來建置基地台。

第一代行動通訊網路透過無線微波的方式傳播聲音的類比訊號，因此很容易被附近的有心人士監聽或是干擾。常見的第一代行動通訊網路如美國的 AMPS（advanced mobile phone system）、以及英國的 TACS（total access communication system）。

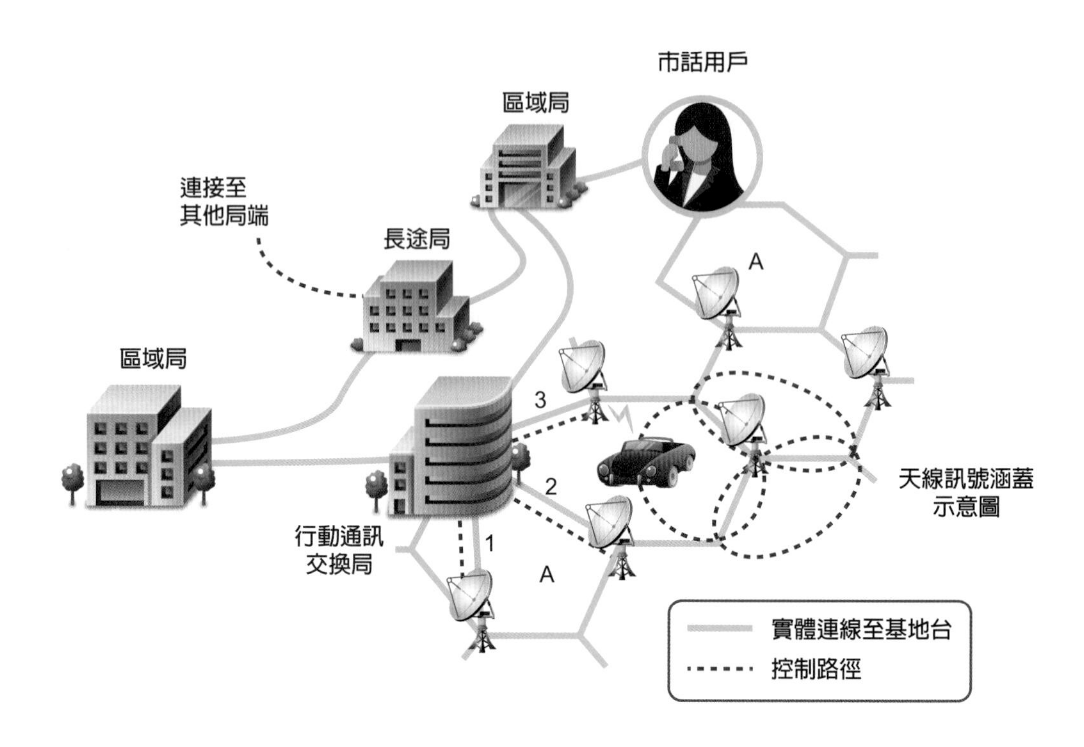


圖 5-19　細胞群概念示意圖

## 第二代（2G）行動通訊網路

為了改善類比傳輸的缺點，第二代行動通訊網路改採數位方式進行資料的傳輸。除了語音通話功能外，也提供簡訊 SMS（short message service）以及數據資料傳輸。但由於資料傳輸的速度緩慢，所以比較適合低量的網路應用，如電子郵件，或是簡化過的行動版網頁。在語音通話方面，2G 還是以線路交換的方式進行。而在數據資料傳輸方面，較後期的標準則是以封包交換的方式進行。

目前最常見的 2G 標準是由 3GPP（the 3rd generation partnership project）這個組織維護的 GSM（global system for mobile communications）標準。而其相關的資料傳輸協定包括 GPRS（general packet radio service，也有人稱其為 2.5G），以及 EDGE（enhanced data rates for GSM evolution，也有人稱其為 2.75G）。GPRS 理論上的下載速度最高可達 171Kbps；而 EDGE 理論上的最高下載速度可達 1.3Mbps[2]。但實際上的傳輸速度則受到傳輸距離、干擾、用戶數量等因素影響，而有不同的表現。

2. 參考資料：GPRS & EDGA，http://www.3gpp.org/technologies/keywords-acronyms/102-gprs-edge

## 第三代（3G）行動通訊網路

第三代行動通訊網路同樣是語音部分採線路交換；數據資料部分採封包交換的設計。然而，新的設計大幅提升行動數據傳輸的效能。原始版本的 3G UMTS（universal mobile telecommunications system）標準在數據資料傳輸部分提供上限為 384Kbps 的資料傳輸效率；而新的資料傳輸標準如 HSDPA（high speed downlink packet access）則提供下載 14.4Mbps、上傳 HSUDP（high speed uplink packet access）5.8Mbps、甚至 HSPA+（high speed packet access evolution）標準提供下載 21Mbps、上傳 11Mbps 的最大傳輸速率[3]。同樣的，實際傳輸速度仍會受到多種因素影響而有不同表現。第三代行動通訊網路的標準同樣是由 3GPP 組織訂定和維護。

## 第四代（4G）行動通訊網路

第四代行動通訊網路除了傳輸速度規格的提升外，最大的差異就是它捨棄了線路交換的機制。第四代行動通訊網路的標準，如 LTE（Long Term Evolution），訂定其最高傳輸速度的理論值為下載 300Mbps，以及上傳 75Mbps[4]（3GPP 第 8 版標準，訂於 2009 年）。雖然坊間常常稱 LTE 技術為 4G 技術。不過根據國際電信聯盟（International Telecommunication Union；ITU）所訂定的 IMT-Advanced（訂於 2008 年）標準，4G 技術的下載速度，在靜止時和高速行進時，應要分別達到 1Gbps 和 100Mbps 的速度。也因此，有人稱 LTE 為偽 4G（3.9G），或是稱其後繼者 LTE-Advanced 為真 4G（4G+）。不論是真假 4G，LTE 協定規範語音資料和數據資料都是透過封包交換的機制，在使用 IP（Internet protocol）封包的網路上進行傳送。因此，聲音資料的傳輸是透過 VoIP（voice over IP）技術，配合 QoS（quality of service）服務傳輸，以確保聲音傳送的品質。第四代行動通訊網路的標準同樣是由 3GPP 組織訂定和維護。

由於基地台建置標準和訊號涵蓋範圍的不同，新一代的行動網路裝置往往同時實作多種標準。除了第一代行動網路之外，支援 3G 的行動裝置往往也可以同時支援 2G，而支援 4G 的行動裝置往往也會支援 3G 及 2G 網路。如此一來，行動裝置可以依據各種不同網路的訊號強度，自動選擇合適的網路，進行語音通話或是數據傳送的服務。

電信網路的運作是有受到嚴格規範的。其傳輸功率以及使用的頻段，都必須經過相關政府單位的審查，才得以販售使用。

3. 參考資料：HSPA，http://www.3gpp.org/technologies/keywords-acronyms/99-hspa
4. 參考資料：LTE，http://www.3gpp.org/technologies/keywords-acronyms/98-lte

# 第五代（5G）行動通訊網路

國際電信聯盟（ITU）於 2015 年發佈了對第五代（5G）行動網路的願景和技術需求，並正式命名 5G 標準為 IMT-2020，開始進行相關的標準訂定，期許在 2020 年可以開始佈署。IMT-2020 對於 5G 網路應有的規格需求，已大幅超過現有的 4G 網路。它要求 5G 的規格應在靜止時最高可以達到 20Gbps 速度，而在移動時可以執到 1Gbps 的速度。關於 5G 和 4G LTE-Advanced 標準的關鍵差異，如圖 5-20 所示。為了滿足這個標準，經過多年的努力，3GPP 組織終於在 2019 年，公佈其第一個 5G 的標準文件（3GPP 第 15 版標準），正式邁入 5G 發展的第一階段。

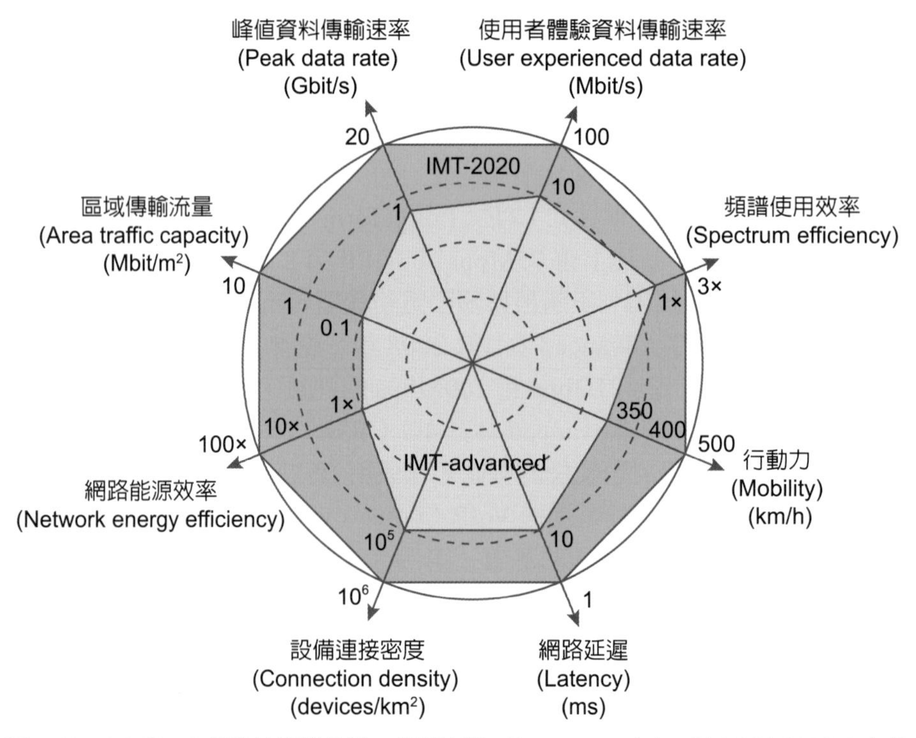


圖 5-20　5G 和 4G 標準的關鍵差異。資料來源：Recommendation ITU-R M.2083-0 文件

讀者可能會覺得好奇：我們真的需要 5G 的技術嗎？其實 5G 技術發展的重點，並不是只有一昧地提高傳輸速度。5G 的發展目標是為了提供更多元網路應用的基礎技術。其應用對象並不僅限於人與人之間的通訊，也包括機器與機器之間的通訊。因此，不論是需要大頻寬、需要同時和大量網路裝置進行通訊、需要高可靠度連線，或是需要超低延遲的應用，5G 標準都要可以有相對應的解決之道。為了滿足上述的需求，5G 的願景裡其實訂定了三種不同的應用情境，包括：

* **eMBB（Enhanced Mobile Broadband）**：提供大頻寬的資料傳輸能力，以滿足現有如大量多媒體資料的傳輸和應用。
* **URLLC（Ultra-reliable and low latency communications）**：提供高可靠度及低延遲的連線，以滿足如工業控制、遠端手術、智慧城市、運輸安全等應用。

* **MMTC（Massive machine type communications）**：提供低成本的通訊，以滿足大量機器（如 IoT 設備）之間的資料交換和同步。

5G 也針對不同的應用情境，給定了不同的規範，如圖 5-21 所示。不過由於 5G 目標十分遠大，要滿足 5G 的要求並不容易。在其標準還不完備的現階段，目前號稱的 5G 設備，可能以實作 LTE Advanced Pro[5]，也是所謂的 4.5G 或是 Pre 5G 協定，以嘗試滿足 eMBB 情境的需求，做為邁向 5G 的過渡作法。而目前發展中的 5G 通訊協定，也是所謂的 5G NR（New Radio）技術，各大電信通訊晶片廠商也將在近年陸續進行開發和推廣。目前電信商佈署的 5G 以 Non-Standalone（NSA）架構為主，讓 4G/5G 基地台可以共存，並非純正的 5G 架構。純正 5G 的 Standalone (SA) 架構，在一般用戶使用的電信網路可能還得要建置一陣子。不過 5G 專網部份則較有可能採用純正 5G SA 架構導入，也是電信商在努力推廣的部份。有興趣的讀著可以拭目以待！

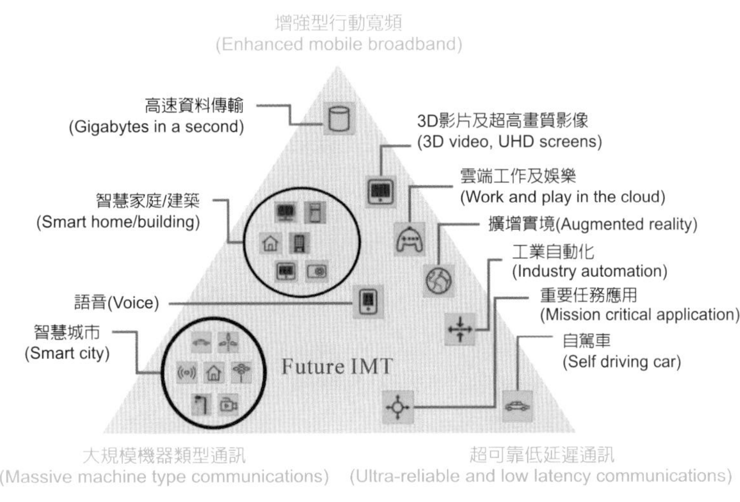


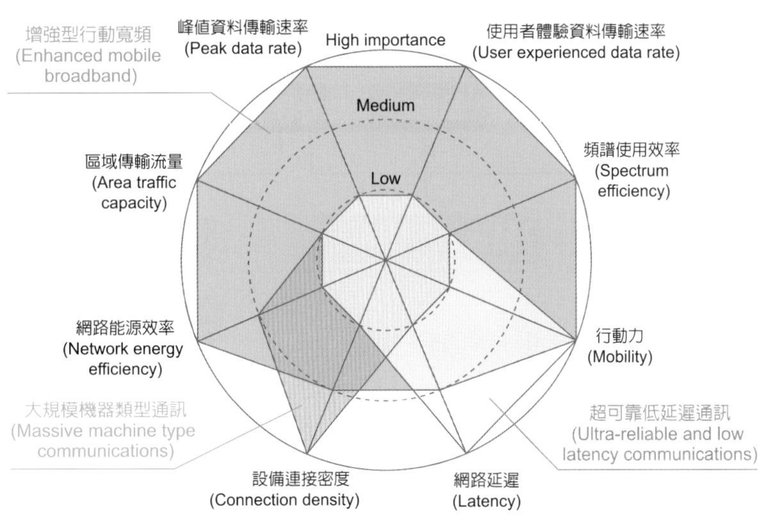


圖 5-21　5G 的應用情境（上）及其需求（下）。

資料來源：Recommendation ITU-R M.2083-0 文件

5. 它是 LTE 家族的協定之一。其理論最高速度可達 3Gbps。

# 電信網路的未來發展趨勢

不論是從技術研究或是從市場開發的角度，不斷地將技術向前推展是所有研究人員一貫的理念。即使現有的 5G 技術都還沒有完整佈署，研究人員已經開始著手在討論未來的網路通訊發展方向。媒體上常提到的熱門關鍵字包括 B5G（Beyond 5G）、6G、或是低軌道衛星通訊等。我們在這節也簡單地向讀者介紹這些熱門關鍵字的想法與概念。

## B5G 與 6G

目前並沒有正式的文件來規範和訂定新一代電信網路通訊的標準，因此媒體上常以「超越 5G」的 B5G（Beyond 5G）或是 6G 來稱呼下一代的通訊網路技術。現有 5G 網路設計的重點是針對不同的應用情境提供不同的技術組合，以滿足一般使用者或是機器之間的通訊。所以研究人員在討論下一代技術發展時，認為應該要提供比 5G 技術更大的涵蓋率以及更佳的效能。圖 5-22 展示的是在涵蓋率方面的願景。除了可以滿足一般在地面上的應用之外，所謂**無所不在的智慧行動社群**（Ubiquitous Intelligent Mobile Society）理念，希望未來的行動通訊網路可以將森林、海洋及沙漠等極端環境裡也可以提供需要的網路存取環境。

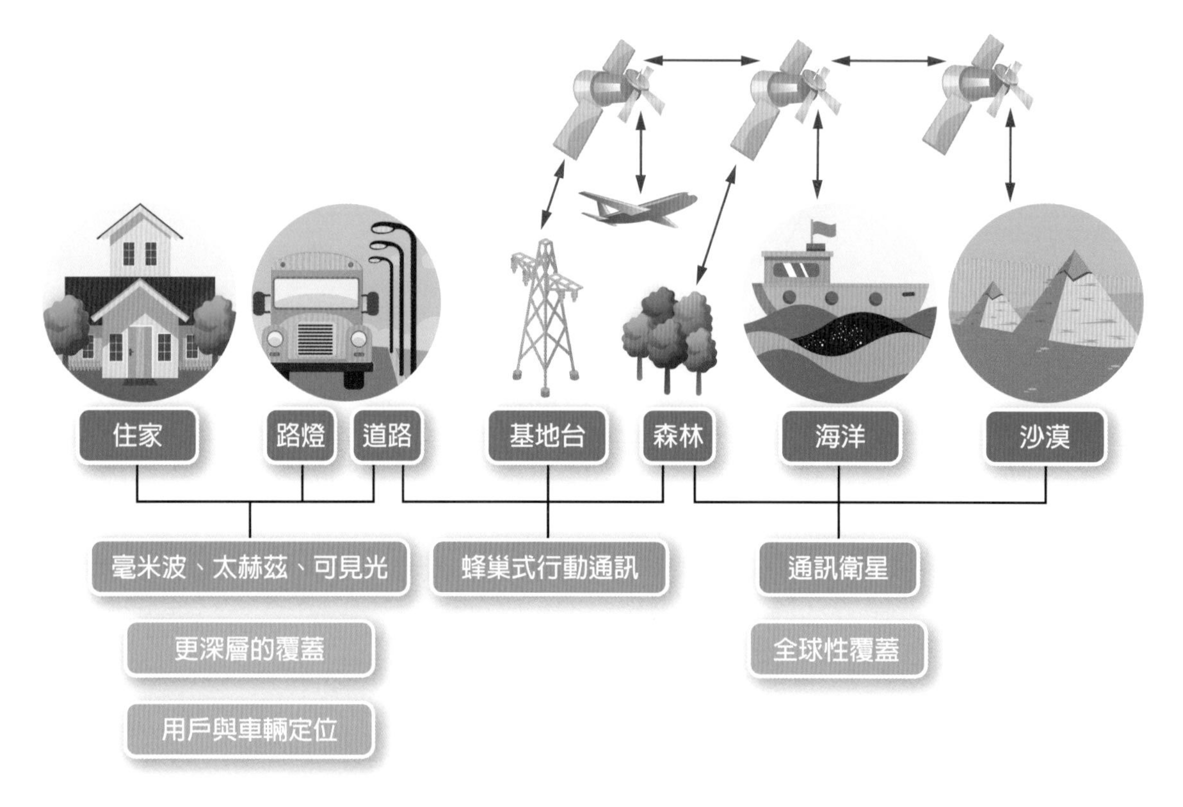


圖 5-22　6G 網路應該所涵蓋的範圍更為廣大
（資料來源：Chen et al, "Vision, Requirements, and Technology Trend of 6G: How to Tackle the Challenges of System Coverage, Capacity, User Data-Rate and Movement Speed," IEEE Wireless Communications, Volume: 27, Issue: 2, April 2020.）

除此之外，在通訊規格方面，研究人員也期許 6G 可以有更好的效能。不論是在頻寬、用戶的數量、移動的速度以及可靠度等。關於 5G 和 6G 的規格比較，讀者可以參考表 5-4。當然這些數字都只是大家的理想，在規格還沒正式定義出來之前，誰也不知道最終的規範會是什麼。但所謂有夢最美、希望相隨，有鑑於過去 3GPP 規範的發展在歷史上常常也是先畫出大餅後再來尋求可以達成目標的技術，相信在可預見的未來裡，瘋狂科學家們必定會找出通往 6G 技術的康莊大道。

表 5-4　研究人員對 6G 通訊標準的期望：與 5G 比較。

| 關鍵指標 | 6G | 5G |
|---|---|---|
| 最大頻寬 | >100 Gb/s | 10 Gb/s |
| 使用者頻寬 | >10 Gb/s | 1 GB/s |
| 連線密度 | >10 million/km$^2$ | 1 million/km$^2$ |
| 網路延遲 | <1ms | ms level |
| 行動力支援 | >1000 km/s | 350 km/s |
| 可靠度 | >99.999% | About 99.9% |

（資料來源：Chen et al, “Vision, Requirements, and Technology Trend of 6G: How to Tackle the Challenges of System Coverage, Capacity, User Data-Rate and Movement Speed,” IEEE Wireless Communications, Volume: 27, Issue: 2, April 2020.）

## 低軌道衛星

成為太空人是許多人童年的夢想。過去太空人都是由專業機構經過完整訓練後，基於任務需求才送上太空。不過隨著火箭技術的成熟，目前也已經有一般民眾上太空進行短程「旅遊」的案例，成功開啟了太空旅遊的可行性。雖然聽起來離大部份的讀者還是遙不可及，但對研究人員而言，將通訊或是研究設備送上太空，已經不再是遙不可及的夢想。

在 B5G 或是 6G 通訊的理想中，透過衛星進行通訊是達成廣大涵蓋率的關鍵做法。而隨著技術的發展，實務上送衛星上太空也愈來愈可行。統計資料（如圖 5-23 所示）指出，40 年前要將一公斤的衛星送上太空，需要約新台幣 250 萬元的費用。時至今日，平均起來發送一公斤的衛星上太空，只需大約新台幣 3 萬元的費用。當然用每公斤的平均費用來估算發射衛星的成本並不是很客觀的指標。但這些數據也反映了要上太空的成本已大幅降低，不會再有「別人都上太空了，我們還在殺豬公」的缺憾。而讓成本可以大幅降低的關鍵就在於近年來在低軌道衛星的運用以及火箭回收技術的進展。

關於低軌道的定義文獻上並沒有非常嚴格，但一般是指離地表至少 160 公里以上，且在 2000 公里以下的範圍。將衛星發射到這個範圍內，除了可以具有衛星的特性和功能外，其載具（火箭）也比較容易回收再利用，如此以大大降低發射的成本。據粉絲整理 SpaceX 的統計數據（如圖 5-24 所示），近年來第一截火箭的回收率已經將近 100%。不論是落海後再回收（Ocean）、回到發射站（RTLS）、或是由海面機器人回收（ASDS），光是靠回收第一截火箭的高成功率，就降低了 10 倍的發射成本。SpaceX 也估計，若第二截火箭也可以成功回收，甚至可以降低 100 倍的發射成本。

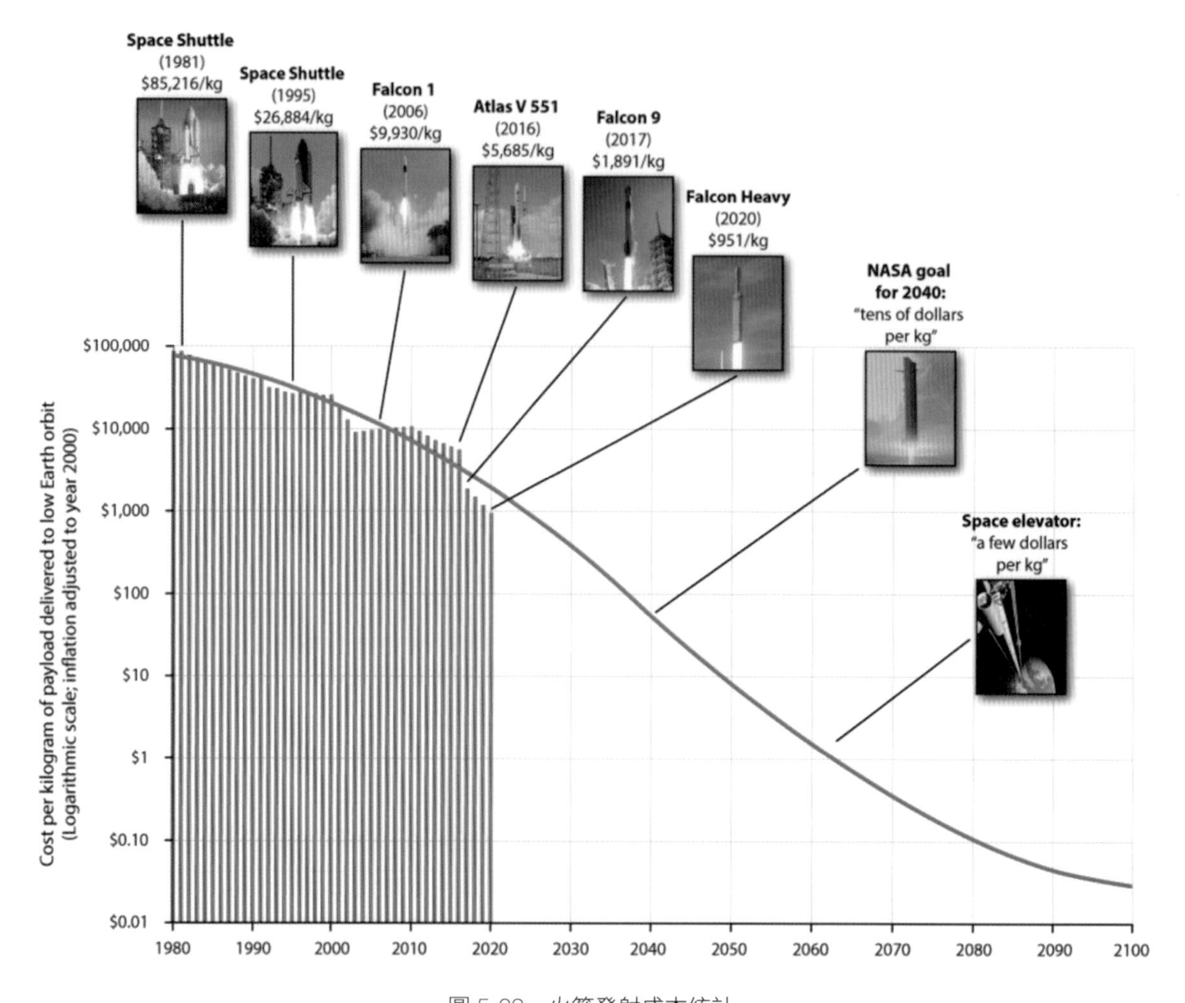


圖 5-23　火箭發射成本統計
(資料來源：FutureTimeLine：https://www.futuretimeline.net/data-trends/6.htm)

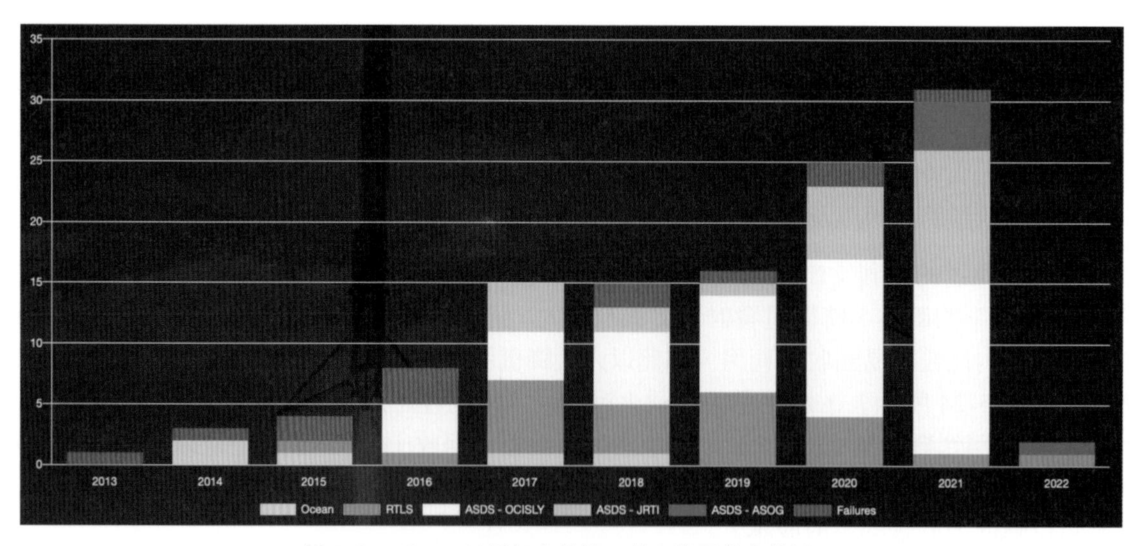


圖 5-24　SpaceX 近年來的第一截火箭回收率統計。
(資料來源：spacexstats.xyz 網站：https://www.spacexstats.xyz/#recovery-landing-history)

以無線通訊的角度而言，**低軌道衛星**（Low Earth Orbit Satellite）的運用實現了讓民營公司或是一般研究機構也可以輕鬆發射通訊衛星上太空的夢想。與中軌道（離地表超過 2,000 公里）和高軌道（離地表超過 35,000 公里）衛星比較起來，雖然低軌道衛星通訊可以涵蓋的面積範圍較小，需要發射較多顆上去才能達到相同的涵蓋面積，但其成本低廉且更重要的是通訊傳輸的來回時間（RTT）也較短，對於建構未來涵蓋大範圍通訊提供了可行性非常高的做法。也讓低軌道衛星未來的商機大好！唯一對這些事情不滿的大概只有天文學家。當他們拿起望遠鏡觀賞無垠的星空時，看到的可能都是一大堆惱人的低軌道衛星。

# 5-7 | 無線網路

除了有線網路和電信網路之外，另一個與人們生活息息相關的網路就是無線網路了。這一節要介紹的無線網路都是屬於區域網路規模的無線網路通訊方式。其傳輸範圍小至數公分；而大也只有至數百公尺的範圍。

無線網路設備通常使用的頻段是 5-3 節所介紹的 ISM 頻段。這個頻段主要供給工業、科學研究、或是醫療用途，在無需事先申請的情況下自由使用。本節將介紹常見的無線標準及設備。

## 802.11 標準

由電機電子工程師學會（Institute of Electrical and Electronics Engineers；IEEE）所訂定的 802.11 家族標準，也是我們俗稱無線網路所使用的標準。常見的標準包括 802.11b、802.11a、802.11g、802.11n、802.11ac、802.11ax 以及 802.11be，分別是俗稱的第一代至第七代無線網路標準。它們各為不同的傳輸方式、頻段、速率等標準。IEEE 802.11 家族標準的比較如表 5-5 所示。IEEE 802.11 家族標準都是屬於資料連結層（layer 2）的協定。

表 5-5 IEEE 802.11 家族標準比較表

| | 802.11a | 802.11b | 802.11g | 802.11n | 802.11ac | 802.11ax | 802.11be |
|---|---|---|---|---|---|---|---|
| 世代 | * | * | * | Wi-Fi 4 | Wi-Fi 5 | Wi-Fi 6 | Wi-Fi 7 |
| 發佈時間 | 1999 | 1999 | 2003 | 2009 | 2013 | 2019 | （預計 2024 年底） |
| 頻段 | 5GHz | 2.4GHz | 2.4GHz | 2.4/5GHz | 5GHz | 2.4/5GHz | 2.4/5/6GHz |
| 傳輸距離[6] | 120m | 140m | 140m | 250m | 250m | 120m | 120m |
| 傳輸速率[7] | 54Mbps | 11Mbps | 54Mbps | 72.2Mbps | 86.7Mbps | 143.4Mbps | ~180Mbps |
| 最大傳輸速率 | 54Mbps | 11Mbps | 54Mbps | 600Mbps | ~7Gbps | ~9.6Gbps | ~46Gbps |

* 802.11a/b/g 並未有正式的 Wi-Fi 世代編號

6. 「傳輸距離」是指無障礙物，且以最低的傳輸速率進行傳輸的距離。
7. 這裡的「傳輸速率」，是指頻寬為 20MHz，且僅使用單通道情況下的理論值上限。802.11n、802.11ac 及 802.11ax 的設計，允許使用較大的頻寬（40Mhz、80Mhz，甚至 160Mhz）並合併多通道的方式來提升效能。因此，市面上販售的存取點有時候標示具有高達 1750Mbps、3000Mbps、6000Mbps，甚至更高的傳輸速度，就是採用了多項技術合併提升速度。舉例來說，單通道的 802.11ac 的設備若使用 160MHz 頻寬來進行傳輸，其頻寬理論值最高可達 866.7Mbps。而同樣的設定若使用 802.11ax 技術，則最高可達 1200Mbps。若再搭配多通道傳輸，其速度幾乎可達線性的成長。

存取無線網路主要有二種不同的方式。一種為透過**基礎建設**（infrastructure）；而另一種為**直接對接**（ad hoc）。前者需要透過**存取點**（Access Point；AP）來使用無線網路；後者則是讓二個無線網路的使用者直接對傳。目前大部分無線網路使用者都是透過基礎建設的方式上網。而在直接對傳部分，近年來比較常見的技術如 WiFi Direct，也慢慢開始普及起來。

市面上的無線裝置大多數使用 2.4GHz 這一段頻段，也有少部分裝置是使用 5GHz 的頻段。因此，目前使用 5GHz 頻段的裝置較不易受到干擾。但由於高頻段訊號的波長較短，穿透力較差，其實際傳輸範圍會比較小，在建置存取點時，也會需要佈建得比較密集。而實際傳輸速率同樣會受到傳輸距離、干擾以及用戶數量等影響。

為了確保無線裝置之間的相容性，國際上生產無線網路裝置的廠商於 1999 年聯合起來，成立一個非營利組織－ Wi-Fi 聯盟（Wi-Fi alliance）。Wi-Fi 是 Wireless Fidelity 的簡寫。這個聯盟主要的任務在確保不同廠商基於相同標準所生產的無線區域網路裝置，可以正確地相互連線。通過 Wi-Fi 聯盟所認證的裝置，它們便發會發給通過認證（Wi-Fi certified）的標章；而通過認證的產品上，通常會標示相關圖案，如圖 5-25 所示。

圖 5-25　不同的 Wi-Fi 認證標章：未指定通過的認證種類（左）；通過 802.11a/b/g/n 認證的標章（右）

由於大多數通過認證的裝置都是基於 802.11 標準的無線區域網路產品，所以 Wi-Fi 這個詞，常常會被（誤）用為無線區域網路（wireless LAN）或是 802.11 的代名詞。

## 藍牙

**藍牙**（Bluetooth）是一個無線**個人區域網路**（Personal Area Network；PAN）。它最早是由瑞典的易利信（Ericsson）公司所提出。藍牙主要的目的是讓鄰近的周邊裝置可以透過無線的方式傳輸，取代如**並列埠**（parallel port）、**序列埠**（serial port）、USB（universal serial bus）等有線的低速周邊裝置連接線。因此，它具有傳輸距離短和頻寬低的特性。

藍牙最早於 1998 年提出，並使用 2.4GHz 的頻段。剛推出時，其傳輸頻寬僅 1Mbps。但這已經足以應付低速周邊裝置的需求。藍牙的規格 1.1 版於 2001 年起由 IEEE 組織維護，編號為 IEEE 802.15.1。隨著其普及與周邊應用的成熟，目前最新版的藍牙規格是 5.3 版（2021）。而自藍牙 4.0 版起，除了原始的藍牙規格之外，還多出來新興的低功耗藍牙（Bluetooth Low Energy；BLE）標準，讓更省電的藍牙設備可以應用在更多元的場景。

圖 5-26　常見的藍牙標示圖案

藍牙技術本身僅提供 1 至 3 Mbps 的傳輸速度。而傳輸距離的限制則依其功率，有 1、10、100 公尺三種不同的限制。藍牙 5.0 推出後，將其最大傳輸距離加長至 300 公尺。此外，藍牙版本 3.0 亦提供「+HS」機制，透過搭配 Wi-Fi 技術，以提升其傳輸速度。藍牙的標示圖示如圖 5-26。目前市面上常見的藍牙應用包括：點對點傳輸（模擬為網路卡或是傳輸線）、滑鼠、鍵盤、耳機、印表機、搖桿等周邊。而大多數新穎的行動裝置也都具備藍牙功能。

### 資訊專欄 藍牙生活應用

藍牙是與日常生活最密不可分的無線技術了！小至 AirTag、自拍棒、鍵盤滑鼠，大至耳機、手機、印表機甚至電腦，都可以用藍牙進行資料交換和傳輸。透過這樣的技術，可以真正實現無拘無束的無線生活。更有趣的是，市面上的藍牙耳機竟然還有分一般藍牙耳機和「真．無線藍牙」耳機，這麼讓人困惑的說法是怎麼回事呢？難道還有「偽．無線藍牙」耳機嗎？其實這些產品都是藍牙耳機，只不過一般所謂的「真．無線藍牙」耳機是指左右二邊的耳機之間沒有透過實體線路接起來的。即使是「真．無線藍牙」，產品之間所使用的技術還是有所區別。舉例來說，左右二邊耳機是獨立跟手機連線，或是由其中一邊耳機做為主機、另一邊做為副機，都是實務上可能會使用的設計。

## 無線射頻識別

**無線射頻識別**（Rdio Frequency Identification；RFID）是一種透過電磁訊號識別特定目標，讀寫相關數據的技術。大部分讀者可能聽過一維條碼（barcode）或是二維條碼（如 QR code），如圖 5-27 所示。透過一個讀取裝置（reader），條碼上的內容可以迅速地被讀取出來。最常見的應用就是在大賣場買東西結帳時，收費員可以迅速地讀取條碼，並即時計算出購買的總金額。而 RFID 簡單來說，就是無線版本的條碼。

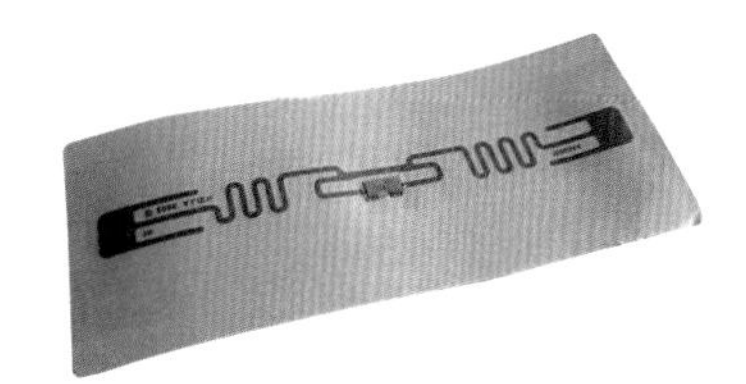

圖 5-27 一維條碼（左）、二維條碼（中）和 RFID 標籤（右）

和傳統的條碼比較起來，讀取裝置不需要對準 RFID 標籤就可以讀得到資訊，甚至有一些 RFID 的標籤可以允許在較遠的距離（數公分至數公尺不等）之下被讀取。除了基本的識別功能外，RFID 還可以提供包括資訊的儲存，以及計算能力等功能。

RFID 大致上可以分類為三種類型，即被動式、半被動式以及主動式。其分類主要是依據 RFID 的標籤是否需要安裝電池，以及其運作的時機。

* 被動式的 RFID 標籤只有在其天線接收到來自讀取裝置足夠強的訊號時才被驅動起來運作。其運作電源完全是依賴天線線圈，將電磁波轉換為電源。
* 半被動式的 RFID 標籤則是有安裝電池的標籤。它只有在接到來自讀取裝置的訊號時才進行運作。同時在運作時，可以利用電池的電力進行相關的計算或是回傳資訊。
* 主動式的 RFID 標籤除了安裝電池外，還會定時送出相關資訊給鄰近的裝置。

目前 RFID 的應用已經十分普及。除了應用在倉儲和物流外，日常生活中如悠遊卡、門禁卡、護照、航空行李托運、免鑰匙開車門系統等等，都是使用 RFID 的技術，帶給使用者更方便的生活經驗。

## 近場通訊

**近場通訊**（Near Field Communication；NFC）是一種短距離，非接觸式的點對點資料交換技術。NFC 應用的距離非常短（低於 20 公分），且傳輸速率非常低（約 424Kbps）。二個具有 NFC 功能的裝置，常常會需要靠在一起才有辦法做資料的交換。

NFC 的傳輸方式是基於**無線射頻識別**（RFID）的技術發展而來。因此，部分 RFID 的應用也可以考慮以 NFC 來取代。

NFC 的運作方式同樣可區分為被動式及主動式。被動式的運作方式可以在無電源供應的情況下使用。而主動式則需要由外部電源驅動。

和 RFID 不同的是，除了透過專用的讀取裝置外，NFC 支援以**點對點**（peer-to-peer）的方式來交換資料。也就是說，二個擁有 NFC 裝置的使用者可以直接透過 NFC 來交換資料。

目前內建 NFC 技術的裝置多為行動裝置。常見的 NFC 應用包括身分識別、門禁管理、電子門票、電子車票以及電子錢包。NFC 的標誌如圖 5-28 所示。

TM

圖 5-28 表示內建 NFC 裝置的標籤

## 資訊專欄 雲海星空爭霸戰

半個世紀以前，網路拓荒先驅利克萊德曾說：「若干年後，人們透過機器溝通，將比面對面更有效。」當前網路四通八達，秀才不出門，能辦天下事，充分印證了前輩的預言。

這些年來，由於設計圖經常以雲狀圖表示網路，因此雲或雲端已是計算機網路及網際網路的代名詞。網路的建置場域大致是遠端部署或就地部署，形式上有外部共享的公有雲、內部專有的私有雲、內外兼備的混合雲等，運算執行層次則包括遠方的雲端計算、分支的霧計算和本地的邊緣計算等。

我們的日常生活就像天線寶寶一樣，隨時隨地從雲端收發訊息，網路的重要性其實不亞於馬路。雲中自有黃金屋，乃兵家必爭之地，這也難怪全球十大科技巨擘，皆與這波網路服務風潮有重大關聯，就連新創公司也是如此。以雲端數據倉儲公司 Snowflake 為例，其業務主軸為雲端資料儲存及分析服務，上個月在紐約證交所甫上市即創下軟體公司首次公開發行最高募資紀錄。該公司正如其名，雪花誕生於雲端，象徵著活水源頭為網路，而片片六角雪花又各不相同，象徵著必須客製化虛擬倉儲以滿足個別客戶需求。

網戰並不侷限於地表雲層，戰場正逐步擴展到九霄雲外，這方向無論是資金或技術，都頗為挑戰。猶記廿年前銥計畫推動衛星行動電話，剛開始嚇嚇叫，可惜最後功敗垂成。近年來 SpaceX 和 OneWeb 陸續發射多枚通訊衛星，將提供可覆蓋全球的高速網際網路。OneWeb 於 2020 年三月時申請破產，重組後由英國政府及私人電商取得所有權，而 SpaceX 藉由回收火箭及單次搭載多枚衛星降低成本，其所構築的星鏈迄今已有近千枚衛星，未來幾年還有數萬枚即將升空，真是神乎其技。要留意的是，大量衛星的光害、太空垃圾與碰撞問題，必須妥善解決。

另一方面，自十年前國際太空站發送了首封推文，太陽系的網際網路已漸次推動中。星球之間由於距離遙遠，傳送時會延遲，再加上傳輸媒介可能中斷，因此採用儲存再傳遞的模式，以容許延遲及中斷錯誤。

十月中旬火星衝日，太陽、地球、火星恰成一直線，而早在七月時，希望號、天問一號和毅力號火星探測器就趁機發射，預計 2021 年二月抵達火星。人類存在地球多年後才誕生網路，而火星網路應在人類抵達前就已存在了。

雖然牛郎和織女可能永遠無法在鵲橋相會，但有朝一日雙星之間必能以網路相連，只是秋波來回一趟至少數十年，紅顏早成黃髮了。

趙老 於 2020 年 10 月

# 06 網際網路

0 1 0 0 0 0 0 1 1 0 1 1 0 1 0 0 0 1 1 0 0 0 0 0 0 0 0 0 0 0 0 0

網際網路，是全球最大的資訊通訊網絡，連接了世界各地的數十億個設備，為人們提供了無盡的資訊和服務。了解網際網路的歷史能夠幫助我們理解其發展過程和演變軌跡。在網際網路中，封包交換與線路交換是兩種不同的通訊方式，我們需要了解它們之間的差異以及在網際網路中的應用情況。

OSI 網路模型中的各層在網際網路存取的過程中都扮演了關鍵的角色。除了處理本地端連接的資料連結層之外，網路層的 IPv4 與 IPv6 位址是用於識別網際網路上設備的唯一標識。網路層負責資料的切割、組裝與路由，確保資料的正確傳輸和準確路徑選擇。傳輸層提供多工傳輸、連接導向與無連接導向服務、可靠傳輸、流量控制與壅塞控制等任務，確保了資料的正確性和穩定傳輸。應用層在網際網路中提供了各種服務和功能，實作如網頁瀏覽、電子郵件、文件傳輸等應用協定。

此外，對於使用網際網路的人們來說，瞭解基本的上網方式和網路設定是非常基本的。最後我們也介紹數個與網路模擬相關的工具，希望有興趣的讀者可以透過體驗網路實作和模擬器的即時回饋，更透徹的了解網路運作的原理和機制。

# 6-1 ｜ 網際網路

「**網路**（network）」和「**網際網路**（Internet）」是二個常常被搞混的名詞。這二個名詞的意義其實不大一樣。「網路」泛指把裝置與裝置連接起來，使其可以相互交換資料的連接方式。而「網際網路」則是把多個網路連接起來而形成的大型網路。也就是說，網際網路把全世界多個不同的網路，包括公司、機關、學校、各種組織所架設的網路全部連接在一起，如圖 6-1 所示。

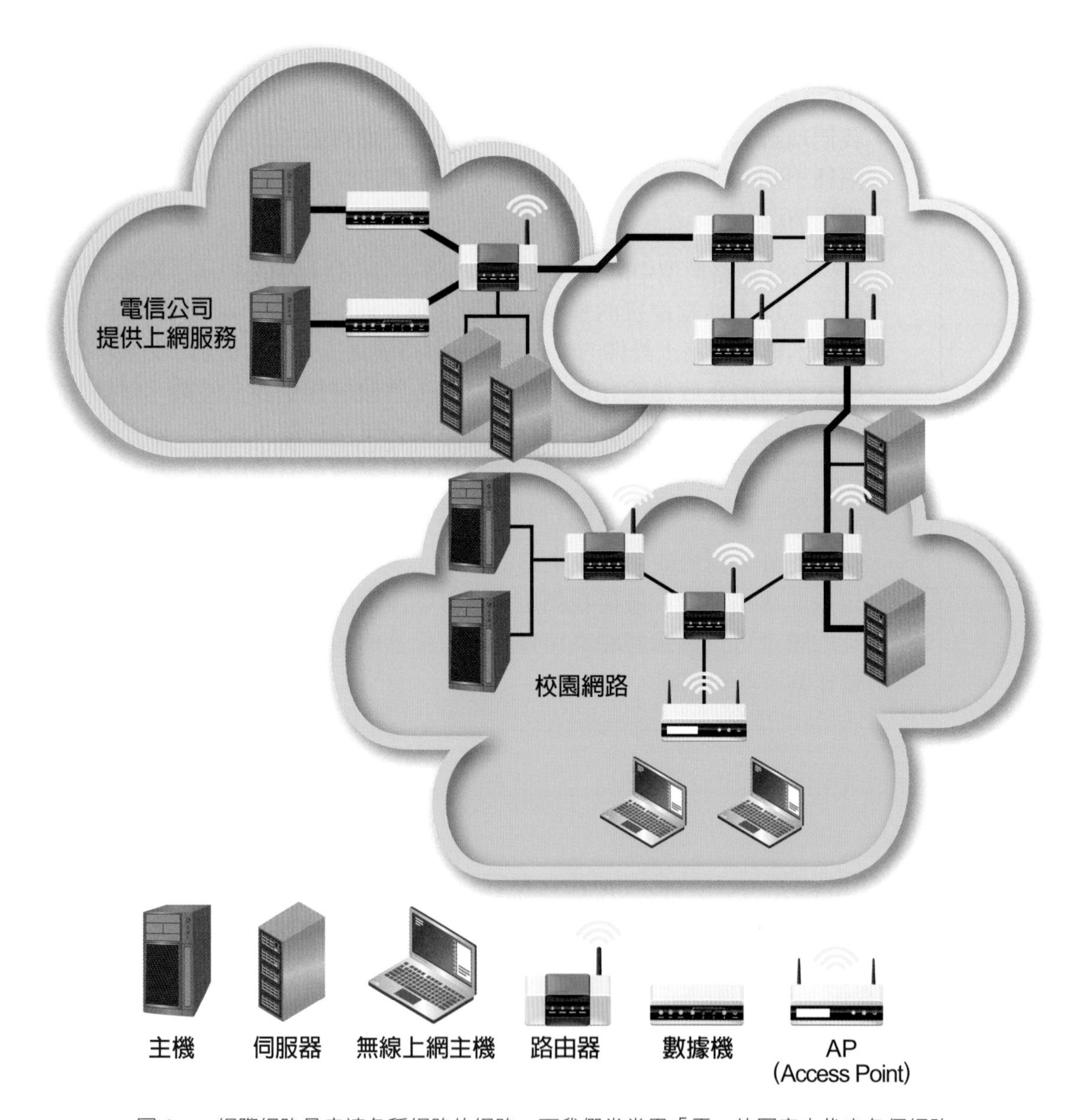


圖 6-1　網際網路是串連各種網路的網路，而我們常常用「雲」的圖案來代表各個網路

從硬體的觀點來看，網際網路透過有線或是無線的方式，把散落在世界各地的裝置連結起來。這些裝置包括一般的桌上型電腦、各種伺服器、手機、平板電腦，甚至家電等等。不論是什麼樣的裝置，我們都可以將其視為網路**主機**（host）或是**終端**（terminal）。而將這些終端連結起來的，就是各式各樣不同的網路傳輸媒介。就如圖 6-1 所示，裝置之間可以透過有線或是無線的方式連結在一起。

一般而言，網路使用者要連接上網際網路，必須透過**網際網路服務提供者**（Internet Service Provider；ISP）來連結。在臺灣，如中華電信及臺灣固網等，都是提供網際網路存取服務的 ISP 業者；而在校園裡，使用者可以透過教育部建置的臺灣學術網路（Taiwan Academic Network；TANet）存取網際網路。

網際網路的發展已經有好幾年的歷史，而支撐網際網路發展最重要的理論是 1961 年由學者 Leonard Kleinrock 所提出的**封包交換**（packet switching）理論。封包交換指的是把要傳送的一連串資料，切割為有大小上限的段落單位，再分別傳出。每一段資料在網路上以**封包**（packet）的形式傳送，如圖 6-2 所示。每個被傳送出去的封包可以透過不同的路線進行傳輸，而當封包抵達接收端時，可以再透過重新組合的方式，將各個資料段落合併為原始傳送出來的資料。Kleinrock 在論文裡證明出，透過封包進行資料傳輸的方式，比傳統**線路交換**（circuit switching）的方式來得更有效率！因此，網際網路目前都是以封包交換的方式來進行資料傳輸。

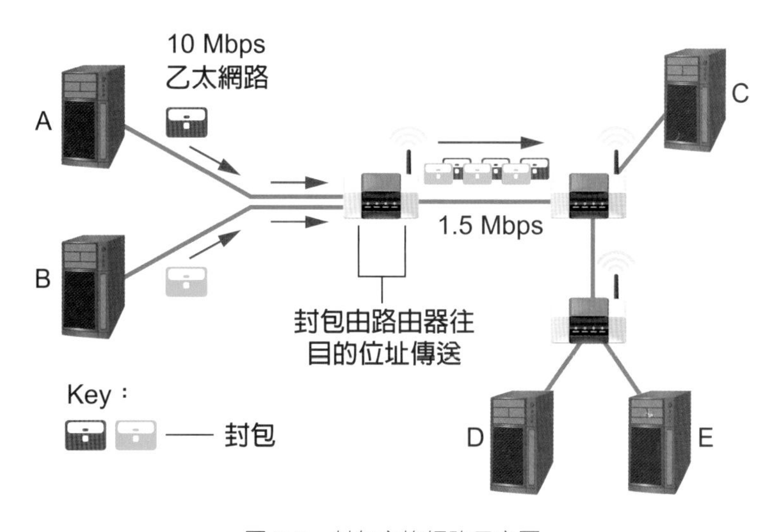


圖 6-2 封包交換網路示意圖

Internet 歷年來曾發生的大事如表 6-1 所示。自 1969 年 ARPANet 正式上線後，政府和研究單位便投入大量資源，進行相關技術和協定的研究和開發。除了 ARPANet 外，許多企業及組織也同時開發著各種私有的網路。

1973 年，Vint Cerf 博士設計出 TCP/IP 協定，而這個協定也成為後來大多數網路採用的連線標準，使得各種不同網路得以界接，也建構出規模更大的網際網路。

隨著 Internet 主機數和用戶數不斷的成長，上面提供的服務也愈來愈多樣化，包括終端機存取、電子郵件、檔案傳輸、網路遊戲、網頁、網路電話等等，服務的內容呈現多樣化。

1993 年，自第一個圖形化的 WWW 瀏覽器出現後，使用 HTML 標準呈現的網站就一直風行至今。時至今日，隨著上網裝置的普及，以及上網人口數爆炸性的成長，網際網路上的應用服務也愈趨多元。Internet 網際網路也成為現代人生活中不可或缺的必需品！

表 6-1 Internet 大事記

| 年份 | 事件 |
| --- | --- |
| 1961 | Leonard Kleinrock 提出封包交換的概念。 |
| 1963 | J.C.R Licklider 提出 ARPANet 的概念，這也是 Internet 最早的雛形。 |
| 1969 | ARPANet 正式啟用！連接四所美國大學及研究機構：UCLA、Stanford Research Institute (SRI)、UCSB、University of Utah。 |
| 1971 | Telnet、FTP、Email 等概念被提出。 |
| 1972 | Ray Tomlinson 修改 Email 程式開始使用 @ 符號。 |
| 1973 | ARPANET 與國際連線：透過挪威連線至英國的 University College of London。TCP/IP 被設計出來，這也成為將來網際網路 Internet 的標準。 |
| 1973 | TCP/IP 被設計出來，這也成為將來網際網路 Internet 的標準。 |
| 1976 | 英國女皇伊莉莎白二世送出她的第一封 Email。 |
| 1978 | 第一個線上多人遊戲 MUD（Multi-User Dungeon）文字介面版誕生。 |
| 1982 | 網際網路網域名稱（domain name）的概念被提出，大家再也不用記死板板的數字位址。 |
| 1988 | 第一隻網路病毒出現，大約攻擊了網路上 10% 的主機。 |
| 1989 | WWW 和 HTML 誕生。 |
| 1990 | ARPANet 完全終止營運！ |
| 1993 | Mosaic：第一個圖形化的 WWW 瀏覽器誕生。 |
| 1994 | Netscape：第一個商業化的 WWW 瀏覽器誕生。 |
| 1995 | VoIP 網路電話的概念被提出。 |
| 1996 | Internet2 誕生，其宗旨為改善 Internet，發展更好的網際網路。ICQ：最早的即時通軟體誕生。 |
| 1997 | 無線網路標準 IEEE 802.11 被提出。 |
| 1998 | Google 搜尋引擎網站成立。手機上網標準 GPRS 被提出。 |
| 1999 | 出現第一個點對點（peer-to-peer）檔案分享軟體 Napster。 |
| 2003 | 免費的網路通話服務 Skype 推出。 |
| 2004 | Facebook 社群網站成立。 |
| 2005 | YouTube 線上影音分享網站成立。 |
| 2006 | Twitter 成立。 |
| 2007 | Apple iPhone 手機以及 Google Android 手機正式推出。 |
| 2008 | Google 釋出 Chrome 瀏覽器；HTML5 誕生；Apple 線上應用程式商店開張。<br>基於分散式網路帳本的虛擬貨幣 bitcoin 比特幣問市。 |

表 6-1　Internet 大事記（續）

| 年份 | 事件 |
|---|---|
| 2009 | 微軟推出 Bing 搜尋引擎。 |
| 2010 | 第一次使用者以 10,000 比特幣買到二塊 pizza。 |
| 2011 | 微軟用 85 億美金買下 Skype，並整合旗下即時通軟體。全世界 Internet 使用人口超過 20 億。 |
| 2012 | Facebook 平均每月活躍使用者突破 10 億。世界 IPv6 啟動日訂為 6 月 6 日。 |
| 2013 | Apple 線上應用程式商店有超過 4 千萬的下載次數。Internet 上超過 50% 的流量由 Netflix 和 YouTube 供獻。 |
| 2014 | 許多大型企業遭到駭客入侵，包括 Sony、JP Morgan 與 eBay。 |
| 2015 | 美國有超過一半的成人在使用網路銀行。免費的安全憑證服務 Let's Encrypt 上線。 |
| 2016 | Let's Encrypt 發出超過 2 千萬張網路憑證。IPv6 建置率達到 10%。 |
| 2017 | 全球超過 150 個國家的使用者遭到 WannaCry 病毒勒索。Meltdown 和 Spectre 旁通道資料洩露攻擊迫使各大 CPU 製造商進行修補。 |
| 2018 | 歐盟 GDPR 正式生效，網路使用者隱私保護向前邁進一大步。 |
| 2019 | 第六代無線網路標準 Wi-Fi 6（802.11ax）正式發佈。 |
| 2020 | 新冠肺炎發威，現代上網人無不學會利用網路視訊軟體進行相關活動。 |
| 2021 | 全球超過一半的人口都有連上網路（約四十六億六千萬人）。 |
| 2022 | 馬斯克的 Starlink 公司發射了超過 1,900 顆衛星到天空上，提供透過衛星的寬頻傳輸服務。網路聊天不再找真人聊天，大家都找 ChatGPT 等自然語言模型。 |
| 2023 | 1 個比特幣要價曾經超過 100 萬台幣。2013 年吃掉的二塊 pizza 現在價值超過 100 億。 |

# 6-2 | 資料連結層

資料連結層和網際網路並沒有直接的關係，因為資料連結層通常是使用在區域網路裡的協定。資料連結層所使用的通訊協定往往是取決於使用者上網時所使用的網路介面。舉例來說，使用雙絞線進行連接的有線網路卡，其資料連結層常常是使用 IEEE 802.3 或是 Ethernet 協定；而使用無線網路卡存取網路的話，其資料連結層常常是使用 IEEE 802.11 協定。

每一個網路裝置都會有一個硬體編號加以識別，我們常稱其為 MAC（Media Access Control）位址或是實體位址。實體位址常常是 6 組 8-bits 數字以 16 進位的方式表示，每一組數字以「-」減號或是「:」冒號分隔。在 Windows 系統裡，我們可以使用「ipconfig/all」指令，列出系統裡所有的網路介面卡和其硬體位址，如圖 6-3 所示。圖中乙太網路卡的實體位址為 00-24-BE-D8-12-9F；而無線網路卡的實體位址則為 00-27-10-DD-94-F8。一般而言，實體位址的前三組數字為廠商的代號，而一家廠商可能有多個不同的代號。

網路上有許多網站提供透過實體位址查詢製造商的服務，如官方的組織識別代碼列表「IEEE-SA – Registration AuthorityOUI Public Listing（http://standards.ieee.org/develop/regauth/oui/public.html）」，以及坊間的「MACVendorLookup.com」，都可以將實體位址的前三組數字輸入，查詢其相對應的製造商。

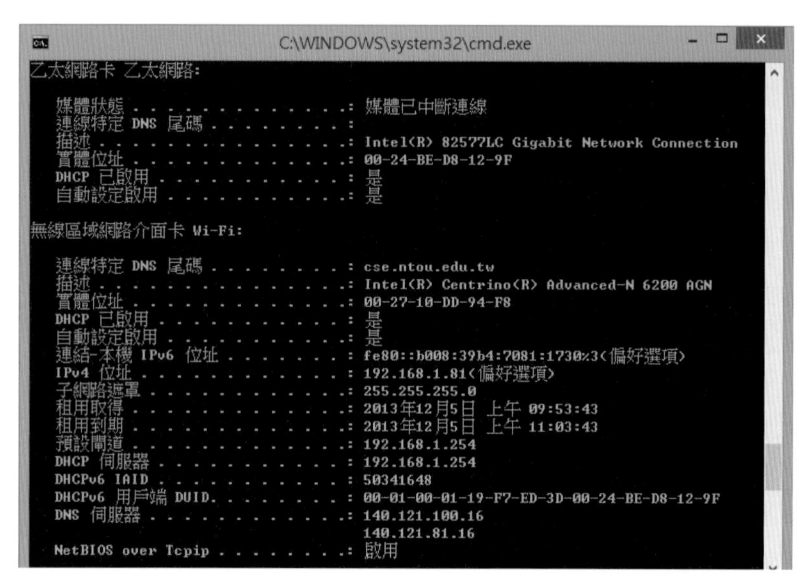


圖 6-3 在Windows 8.1下使用「ipconfig/all」顯示出來的部分網路卡資訊。圖中包含一張有線網路卡（乙太網路）以及一張無線網路卡的資訊

# 6-3 ｜ 網路層

網路層在網際網路裡扮演最重要的角色！上一個章節提到，網路層裡有幾個重要的功能，包括指定網路**位址**（addressing）、**資料切割**（fragmentation），以及決定**網路路由**（routing）。本章將針對這幾個部分加以說明。

## 網路位址

每一個連上網際網路的主機，都必須要有一個可以在網路上識別的位址。這個位址便是在網路層裡定義的，這也是網路層裡最基本的功能！目前Internet上常用的協定是IP（Internet Protocol）協定，有IPv4和IPv6二個常見的版本。其中，IPv4以一個32-bit的數字（或是4組8-bit的數字）來表示位址；而IPv6則是以一個128-bit的數字（或是8組16-bit的數字）來表示。目前大部分的裝置還是以使用IPv4為主，然而，由於地球上要連接Internet的裝置愈來愈多，IPv4可以提供的網路位址數量（最多為4,294,967,296個IP位址）已不敷使用，因此，研究人員和網路服務業者計畫將部分網路漸漸改用IPv6的網路位址。

IP 位址的分配及發放由 IANA（Internet Assigned Numbers Authority）這個單位進行管理。IANA 將 IPv4 位址加以分段，然後不同段落的位址管理權依據區域下放給不同的管理單位進行內部的分配。然而，自 2011 年起，陸續有許多區域的 IPv4 位址宣告用罄。也因此，讀者們可能會需要使用「IP 分享器」或是「NAT 技術」，甚至考慮使用 IPv6，以解決將來 IP 位址不足的問題。

先前提到，IP 位址可以加以分段，而分段的方式我們可以區分為二種：一種為依據特定段落（class）分段；而另一種則不依特定段落（classless）分段。以前者而言，我們可以依據 IPv4 的位址範圍，區分為 5 段（分別為 A、B、C、D、E），其分段方式如表 6-2 所示。其中，A、B、C 三段為一般用途；D 為**群播**（multicast）使用；而 E 則為保留區段。而在 A、B、C 三段裡，又取出數段 IP 位址作為私有網路使用的位址，如表 6-3 所示。這些位址並沒有辦法跨過 Internet 來作為識別，然而，任何人都可以在區域網路下，使用這些位址作為內部連線使用。這也是為什麼讀者們透過 IP 分享器取得的位址常常會是以 10 或是 192.168 開頭的位址。

表 6-2 傳統 IP 分段表示

| 類別 (Class) | 二進位表示法（32-bit） | 4 組 8-bit 數字表示法 | | |
|---|---|---|---|---|
| A | 0wwwwwww xxxxxxxx yyyyyyyy zzzzzzzz | 0.0.0.0 | ～ | 127.255.255.255 |
| B | 10wwwwww xxxxxxxx yyyyyyyy zzzzzzzz | 128.0.0.0 | ～ | 191.255.255.255 |
| C | 110wwwww xxxxxxxx yyyyyyyy zzzzzzzz | 192.0.0.0 | ～ | 223.255.255.255 |
| D | 1110wwww xxxxxxxx yyyyyyyy zzzzzzzz | 224.0.0.0 | ～ | 239.255.255.255 |
| E | 1111wwww xxxxxxxx yyyyyyyy zzzzzzzz | 240.0.0.0 | ～ | 255.255.255.255 |

表 6-3 私有 IP 位址列表

| 類別 | IP 範圍 | | | IP 個數 | 描述 |
|---|---|---|---|---|---|
| A | 10.0.0.0 | ～ | 10.255.255.255 | 16,777,216 | 1 個 classA 網路 |
| B | 172.16.0.0 | ～ | 172.31.255.255 | 1,048,576 | 16 個 classB 網路 |
| C | 192.168.0.0 | ～ | 192.168.255.255 | 65,536 | 256 個 classC 網路 |

IP 位址分段的目的除了管理之外，還有很重要的原因是要用來作為**路由**（routing）的依據。然而，由於使用 class A 到 E 來分段太過籠統，因此，實務上在進行網路 IP 位址分段時，通常是採取不依特定段落（classless）分段的方式。每一個網路段落會以**網路識別碼**（network ID）和**網路遮罩**（netmask）來定義。網路遮罩的數字和 IP 位址的數字格式、位元數和表示法相同。

常見的網路遮罩值如 255.255.0.0、255.255.255.128、255.255.255.0 等等。若以二進位來表示 IPv4 網路位址的網路遮罩，它是一組自 MSB 位元（最左邊的位元）起，帶有連續 n 個 bit-1，然後接著 32-n 個連續的 bit-0 的數值（n 為小於等於 32 的正整數）。

舉例來說，若n為8，那麼其表示的網路遮罩為11111111 00000000 00000000 00000000，或是以255.0.0.0表示。若n為12，那麼其表示的網路遮罩為11111111 1111000000000000 00000000，或是以255.240.0.0表示。而網路的識別碼則是取IP位址和網路遮罩做完AND位元運算後的結果。舉例來說，假設IP位址為192.168.1.234，網路遮罩n為24個位元，那麼其對應的網路識別碼則為192.168.1.0。其計算方式如範例1所示。

**範例 1**

＊ 透過IP位址與網路遮罩來計算出網路識別碼。

```
     11000000 10101000 00000001 11101010 (192.168.001.234)
AND) 11111111 11111111 11111111 00000000 (255.255.255.000)
     11000000 10101000 00000001 00000000 (192.168.001.000)
```

透過網路識別碼和網路遮罩，我們就可以定義出一個網路的大小。而為了簡寫網路識別碼和網路遮罩，我們常常以「/n」的方式來表示網路遮罩。讀者可以想像，當網路遮罩的長度n訂定出來後，在IPv4 32-bit的網路位址中，前面n個位元便用來作為網路識別；而後面32-n個位元則可用來分配這一段網路裡的位址。以範例1來說，我們可以使用192.168.1.0/24來表示一段網路位址：其網路識別碼為192.168.1.0、網路遮罩為255.255.255.0，而這段網路裡包含的IP位址範圍則自192.168.1.0至192.168.1.255，共256個網路位址（前面24個位元固定不可變；後面8位元可分配為網路位址）。

再舉另一個例子，假設網路位址區段的定義為192.168.255.0/27，那麼這個網路的識別碼為192.168.255.0、遮罩為255.255.255.224，包含的IP位址自192.168.255.0至192.168.255.31，共32個網路位址（前面27個位元固定不可變；後面5位元可分配為網路位址）。

不論分段出來的網路大小為何，一般來說，任一段網路裡的第一個IP位址和最後一個IP位址是無法使用的。第一個IP位址通常是用來作為網路識別碼；而最後一個IP則是用來作為該網路的廣播位址。

## 資料切割與組裝

網路層另一個基本的功能，就是網路封包的**切割**（fragmentation）與**組裝**（defragmentation）。先前提到，網際網路上的資料傳輸以封包為單位，而在不同網路裡，所定義的封包大小上限可能會有所不同。因此，在網路層進行資料傳輸時，必須依據網路的限制，視資料大小情形加以裁切。每一個封包裡除了存放傳輸內容外，還需要加上**標頭**（header）。標頭裡記錄網路層協定裡的許多資訊，包括協定的版本、封包大小、來源主機位址、目的地主機位址、夾帶的資料是否經過裁切、封包標頭檢查碼等資訊。而接收端收到這些資料後，會再依據標頭裡所夾帶的資訊，驗證封包標頭的正確性，並視情況進行內容的重組和還原。其流程如圖 6-4 所示。

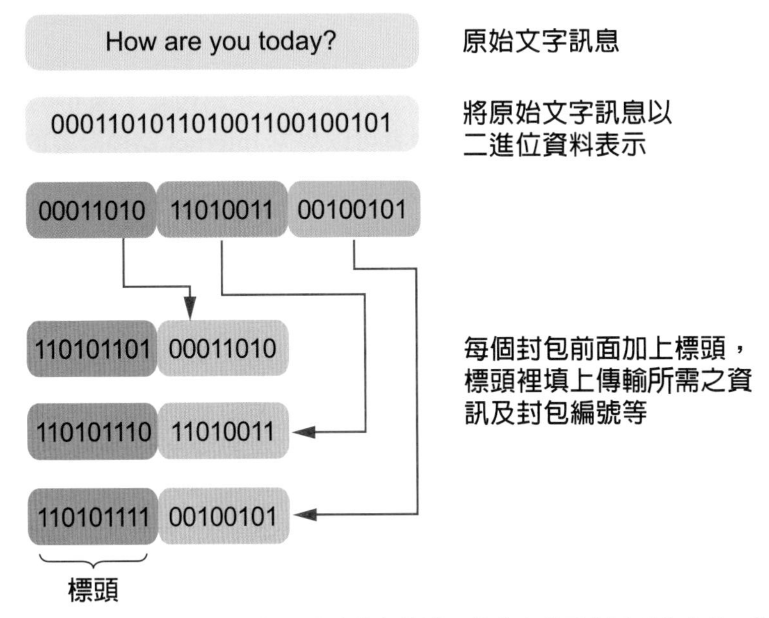


圖 6-4 資料切割成封包，每一個封包加上標頭後才進行傳送。接收方收到後再反向處理：移除標頭並進行重組

## 網路路由

**路由**（routing）可以說是網路層裡最重要的功能！網路封包由網路主機送出後，便由**路由器**（router）負責傳送。整個網際網路是由大小不一的路由器合力串接起來，如圖 6-5 所示。由於從發送端將訊息傳送至目的端的路徑可能有很多種，路由器會倚靠**路徑演算法**（routing algorithm），計算由發送端至目的端的最佳路徑。

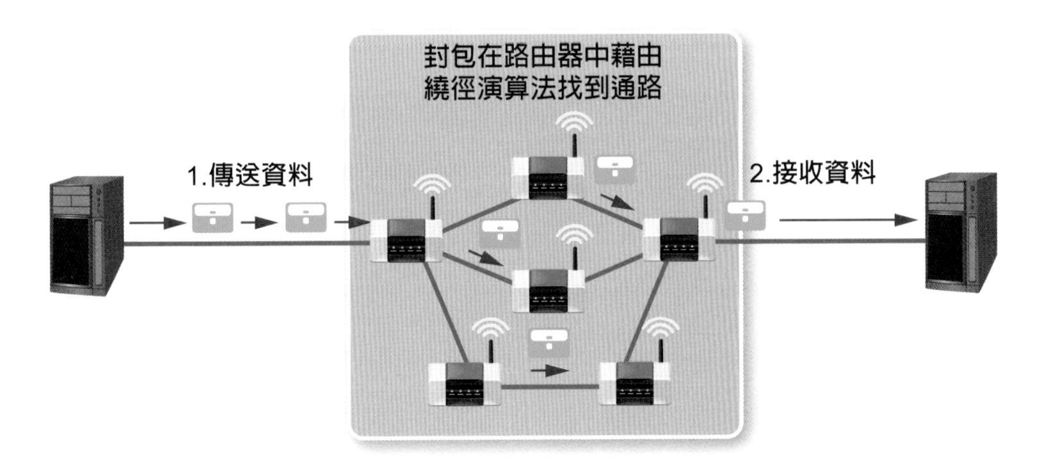


圖 6-5 資料從傳送端送出後，經過數個路由器，最後抵達接收端

由於網際網路上的路徑非常複雜，且線路可能隨時會因為管理策略的改變、網路壅塞，或是硬體故障，使得線路必須動態的調整。為了讓路由器之間可以正確的計算出適合的路徑，路由器之間往往透過**路由協定**（routing protocol）來交換彼此之間的網路狀態，以確保隨時都可以計算出最合適的路徑。

當然，實際上 Internet 上的路由器數量以及連接方式更為複雜。圖 6-6 展示的是 2013 年 IPv4 和 IPv6 骨幹網路路由器連接的情況，讀者可以想見 Internet 路徑計算的複雜度！

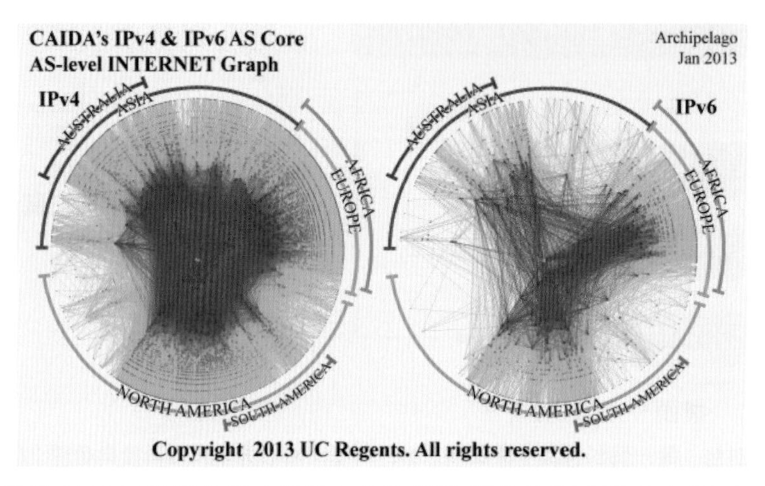


圖 6-6 CAIDA 機構於 2013 年量測的 IPv4 和 IPv6 骨幹網路連接情況（資料來源：http://www.caida.org/research/topology/as_core_network/）

如果要找出發送端和接收端之間所經過的路由器，我們可以透過「tracert」（Windows）或是「traceroute」（UNIX）指令，從其中一端進行路線的查詢，如圖 6-7 所示。不過讀者需要注意的是，即使是到同一個目的地，每一次查詢路徑可能會得到不完全相同的結果。此外，從發送端查詢到的路徑，和從接收端查到的路線也可能會有所不同。這是因為網際網路上並沒有保證單一方向走的路線是固定的，同時，也沒有保證二個相反方向（發送端至接收端、或是接收端至發送端）的資料傳送都使用相同的路徑。

```
[screen 0: bash]
$ traceroute -I google.com
traceroute: Warning: google.com has multiple addresses; using 74.125.31.101
traceroute to google.com (74.125.31.101), 30 hops max, 46 byte packets
 1  xdn42o254 (140.112.42.254)  0.681 ms  0.586 ms  0.537 ms
 2  140.112.1.81 (140.112.1.81)  0.437 ms  0.452 ms  0.401 ms
 3  140.112.0.222 (140.112.0.222)  0.648 ms  0.610 ms  1.002 ms
 4  140.112.0.186 (140.112.0.186)  0.794 ms  0.773 ms  0.731 ms
 5  140.112.0.198 (140.112.0.198)  0.961 ms  0.905 ms  0.988 ms
 6  140.112.0.34 (140.112.0.34)  1.133 ms  1.501 ms  1.241 ms
 7  72.14.196.229 (72.14.196.229)  26.676 ms  23.802 ms  22.075 ms
 8  209.85.243.26 (209.85.243.26)  21.880 ms  20.766 ms  21.468 ms
 9  209.85.250.103 (209.85.250.103)  23.480 ms  30.748 ms  28.992 ms
10  * * *
11  tb-in-f101.1e100.net (74.125.31.101)  7.953 ms  7.996 ms  7.444 ms
$
```

圖 6-7 在 Linux 系統上使用 traceroute 指令查詢封包傳送路徑上的路由器位址。其中出現「*」號的，表示路由器探測逾時，或是路由器不允許 / 不支援探測

# 6-4 ｜ 傳輸層

傳輸層在網際網路裡也扮演很重要的角色。我們可以透過網路層的 IP 位址找到網路上的指定主機。然而，不論是主從式或是同儕式的網路服務架構，同一台主機可能需要同時服務許多來自不同 IP 位址的網路使用者；而同一個使用者也可能同時使用多個不同 IP 位址主機上的服務；甚至一個使用者可能同時使用位於同一台主機上的多種服務。因此，除了透過 IP 位址外，我們需要使用另一種方式來識別網路主機上的服務和連線。而這件事情就是透過傳輸層的協定來達成。

傳輸層提供的服務包括**多工**（multiplexing）、**流量控制**（flow control）、**壅塞控制**（congestion control）、**連接導向**（connection-oriented）及**無連接導向**（connectionless）連線，以及**可靠**（reliable）傳輸等等。目前 Internet 上最常用的傳輸層協定是 TCP（transmission control protocol）和 UDP（user datagram protocol）。在這一節裡，我們將以 TCP 和 UDP 為核心，介紹傳輸層各種相關的功能。

## 多工

任意二個網路上的主機，都可以建立多組不同的網路連線以交換資料。為了識別網路連線，除了透過來源主機的網路 IP 位址和目的主機的網路 IP 位址之外，利用傳輸層協定，還可以透過**連接埠編號**（port number）來識別網路連線。文獻上常常以 5-tuple 來定義一條網路連線，其中包括本機 IP 位址、本機連接埠編號、外部主機 IP 位址、外部主機連接埠編號，以及傳輸層協定等 5 項資訊。

舉例來說，假設用戶端 140.121.1.1 嘗試連線到 Google 的主機 173.194.72.138，透過 Google 的網頁搜尋引擎查詢資料。那麼，對這個用戶端而言，它透過 TCP 協定建立的一條連線，其 5-tuple 可能為：

（140.121.1.1、56732、173.194.72.138、80、TCP）

5-tuple 裡只要有一個欄位不一樣，就表示為不同的連線。如果這個用戶端再同時建立另外二條不同的連線到 Google 的同一台主機上做二個不同的查詢，那麼這二條連線可能的 5-tuple 為：

（140.121.1.1、56733、173.194.72.138、80、TCP）

（140.121.1.1、56734、173.194.72.138、80、TCP）

TCP 和 UDP 協定所使用的連接埠編號是以 16-bit 表示的無號數（unsigned），其最大值為 65535。在一般的情況下，來源主機的連接埠編號是在建立連線時以亂數產生的。而目的地主機的連接埠編號則是依服務來決定。先前提到的 IANA（Internet Assigned Numbers Authority）組織亦訂定了服務的伺服器連接埠編號對照表。

表 6-4 顯示了其中幾個常用的服務連接埠編號。然而，伺服器所使用的連接埠對照表只是常用慣例，並不是強制性的。因此，服務提供者仍然可以視情況指定特定的連接埠編號給其服務使用。

表 6-4　常用的服務及伺服器連接埠編號對照表

| 服務名稱 | 慣用傳輸層協定 | 連接埠編號 | 用途說明 |
|---|---|---|---|
| ftp | TCP | 21 | 檔案傳輸 |
| ssh | TCP | 22 | 有加密的終端機操作 |
| telnet | TCP | 23 | 無加密的終端機操作，如 BBS |
| smtp | TCP | 25 | 發送 Email |
| domain | UDP | 53 | 查詢 IP 位址或網域名稱 |
| http | TCP | 80 | 網頁 |
| pop3 | TCP | 110 | 下載 Email |
| netbios | TCP 或 UDP | 137 ～ 139 | netbios（常用於網路上的芳鄰） |

我們在 Windows 或是 UNIX 系統下，都可以透過「netstat」指令來查詢目前主機上建立的網路連線狀態，如圖 6-8 所示。其中 IP 位址和連接埠編號是以「:」冒號區隔。

圖 6-8　在 Windows 用戶端下使用「netstat -na」指令查看主機上相關連線

## 連接導向與無連接導向

「TCP」與「UDP」是傳輸層中重要的傳輸協定，而這二者間最大的差別，就是**連接導向**（connection-oriented）和**無連接導向**（connectionless）的連線。TCP 建立的是一個連接導向的連線，也就是說，連線二端的機器，在開始傳送資料前，必須先透過一個設定連線的動作。這也就是所謂的「**三方交握**（three-way handshaking）」動作。

三方交握的過程中，可以讓連線二端的主機協調好一些基本的網路參數，如封包傳送所使用的序號（sequence number）、建議的資料區段大小、接收資料的緩衝區大小，以及額外支援的 TCP 選項等等。三方交握的動作完成後，TCP 才可以開始傳送資料；而三方交握過程中如果失敗了，那麼連線就無法建立。

相較之下，UDP 所建立的連線是屬於無連接導向的連線，在資料傳送前並不需要做任動作，只要知道資料接收端的 IP 位址和連接埠號，便可以直接把資料送過去。一般而言，如果我們需要較可靠的資料傳輸、流量控制、壅塞控制等較進階的傳輸層功能時，我們會選擇使用 TCP；而如果我們追求的是方便、快速和即時性的話，則可以選擇使用 UDP。

大部分的網路服務可能會以使用 TCP 為主，然而，像網域名稱的查詢（通常查詢的網域名稱服務主機距離較近、傳輸資料量少、不易出錯、且需要較快速的回應），或是傳送多媒體音訊或視訊資料（重視資料的即時性、傳輸的資料本身可以容忍少量的資料遺失或錯誤），那麼便會考慮使用 UDP 協定。

## 可靠傳輸（reliability）

傳輸層可以提供較可靠的網路資料傳輸。網際網路使用封包交換技術進行封包的傳送，而常見的錯誤包括封包內容錯誤以及封包遺失。封包內容錯誤可以透過錯誤檢查碼的方式來檢測。不論是使用 TCP 或是 UDP，這二個傳輸協定都可以透過錯誤檢查碼來驗證傳輸內容的正確性 1。然而，當發現內容有誤時，UDP 協定僅僅會將有問題的封包丟棄；而 TCP 協定會讓傳送端重新傳送含有錯誤的區段。此外，UDP 協定無法偵測封包遺失；而 TCP 封包則可以根據標頭裡記錄的封包序號偵測封包遺失，並重新傳送遺失的部分。

IP、TCP 以及 UDP 所使用的錯誤**檢查碼**（checksum）機制主要是使用加法和一補數法（1's complement）運算。這個錯誤檢查碼是一個 16-bit 的無號數，它的計算方式步驟如下：

1. 將標頭裡的錯誤檢查碼欄位值設定為 0。
2. 建立一個 32-bit **無號數**（unsigned）的變數 sum，並將其初始值設定為 0。
3. 將要計算錯誤檢查碼的範圍（標頭，或是標頭加上內容等等），切割為以 16-bit 為單位的無號數。
4. 將所有的無號數加總起來，並將結果儲存至 sum 變數內。
5. 若 sum 變數的值大於 65535，則將 sum 變數的值切割為二個 16-bit 的無號數，相加後再將結果存放入 sum 變數。
6. 重複步驟 5，直到 sum 變數的值小於或等於 65535。
7. 將 sum 變數較低的 16-bit 數值取一的補數後回傳。

計算出來的 sum 值即 TCP/IP 協定裡所使用的錯誤檢查碼。這個錯誤檢查碼會存入標頭一起傳送。而當接收端收到後，會使用相同的演算法進行計算。如果算出來的 sum 值為 0，那麼表示資料無誤；如果算出來的值不為 0，那麼表示傳輸的資料有誤。關於錯誤檢查碼的計算及驗證範例，請見範例 2。

### 範例 2

＊ 錯誤檢查碼的計算及驗證範例。

假設錯誤檢查碼要檢查的涵蓋範圍共 12-byte（包括位於第 3、4 個 byte 的儲存錯誤檢查碼欄位），資料內容以 16 進位表示，如下所示：

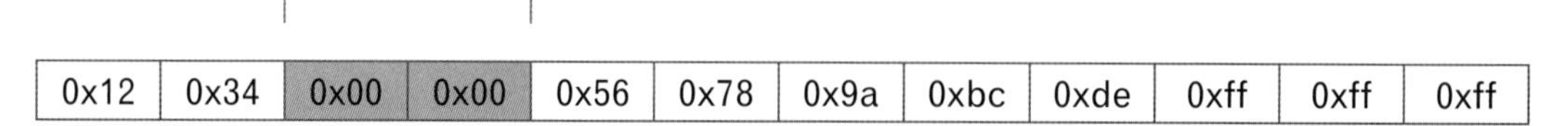


A. 計算檢查碼（檢查碼欄位需先歸零）：

sum = 0x1234 + 0x0000 + 0x5678 + 0x9abc + 0xdeff + 0xffff = 0x0002e266

sum = 0xe266 + 0x0002 = 0xe268

sum 的一補數 = 0x1d97

B. 將檢查碼填入後，進行傳送：

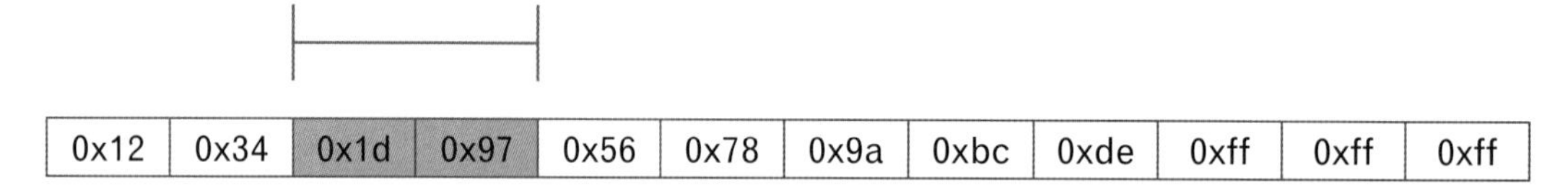


C. 接收端收到後，進行驗證：

sum = 0x1234 + 0x1d97 + 0x5678 + 0x9abc + 0xdeff + 0xffff = 0x0002fffd

sum = 0xfffd + 0x0002 = 0x0ffff

sum 的一補數 = 0x0000 （檢查無誤）

## 流量控制

**流量控制**（flow control）的目的，是讓傳送端盡量以符合網路及接收端能力的方式傳送，以避免發生接收端來不及處理的情況。一般而言，伺服器可能是配備大頻寬、多核心的高檔電腦；而用戶端可能只是平價的電腦、手機或是平板電腦。如果用戶端的主機能力較弱，每秒只能接收及處理 5 個封包；而伺服器硬是以每秒 10 個封包的速率傳送資料給用戶端，那麼用戶端就會發生來不及處理，使得多出來的封包必須被丟棄的情況。

為了讓資料的發送端可以依據用戶端的能力來傳送資料，所以才有流量控制的機制。UDP 並不具有流量控制的能力。而 TCP 讓網路二端的主機，可以互相交換其封包資料接收緩衝區的剩餘空間大小。如此，資料的傳送端就可以避免送出過多的資料。如圖 6-9 所示，流量控制可以讓接收端將其「尚未使用的緩衝區」大小告知資料的傳送端，如此便可以避免因為整個資料緩衝區被塞滿，使得封包必須被丟棄。

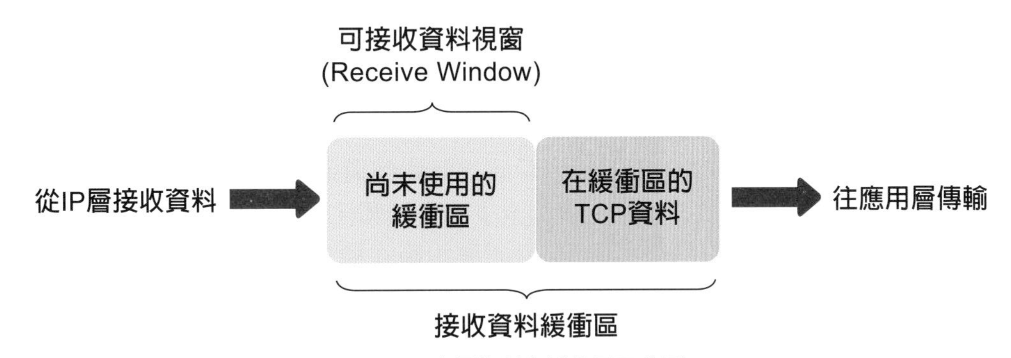


圖 6-9　流量控制之緩衝區示意圖

流量控制是很重要的，如果資料的傳送端送出過多的資料，讓接收端來不及接收及處理，那麼這些被丟棄的封包將會需要被重新傳送，反而造成更多頻寬的浪費！

## 壅塞控制

**壅塞控制**（congestion control）主要是當網路壅塞發生時，減緩網路壅塞情況的措施。由於網際網路使用封包交換機制，將資料轉換為封包後再交給路由器傳送。當網路流量升高、路由器的工作負擔大到無法負擔的時候，便會開始丟棄封包而發生**封包遺失**（packet loss）的情況。

網路壅塞就好比高速公路塞車一樣。為了避免壅塞的情況，政府可能採取匝道儀控，在交流道入口設置紅綠燈，避免一次有太多車子湧入。如果高速公路上的流量順暢，那麼紅燈的時間就可以短一點，讓車子可以快點進入高速公路。如果高速公路開始要塞車了，那麼紅燈的時間就長一點，讓車子不要那麼快進入高速公路。

而 TCP 也採取類似的機制。TCP 透過偵測封包遺失，來判斷是否發生網路壅塞的情況，而它也有幾個機制可以避免發生網路壅塞的情況。讀者可以想像，高速公路就好比是我們的頻寬；汽車就好比是封包。首先，在連線剛建立時，TCP 傳送端可以先用比較慢的速率傳送封包，比如每次只送 1 個封包。等到確認接收端可以正確接收時，再慢慢提升傳送的速率（每次多送幾個封包），直到一個比較穩定速率的狀態時（每次傳送 p 個封包，且不會發生封包遺失的情況），才停止提升速率。

當 TCP 發現封包開始遺失了（開始壅塞了），便會降低傳送封包的速率。舉例來說，假設某一條 TCP 連線一次送出 20 個封包到網路上，如果偵測到封包遺失的情況，它便將速率降低，比如降到每次只送 10 個封包，然後再視壅塞情況決定後續要不要再提升傳送的速率。

# 6-5 應用層

應用層就是最貼近網路使用者的各種不同應用程式所使用的通訊協定。現有的網路應用程式和協定包山包海，像是用來瀏覽網頁的**超文本傳輸協定**（Hyper-Text Transfer Protocol；HTTP）、傳輸檔案的**檔案傳輸協定**（File Transfer Protocol；FTP）、或是寄送 Email 使用的**簡易郵件傳輸協定**（Simple Mail Transfer Protocol；SMTP）等等。

應用層的傳輸協定主要定義伺服器和用戶端之間如何溝通。我們以寄 Email 的 SMTP 協定為例，如果要送出一封 Email，那麼用戶端至少要告知郵件伺服器，寄件者是誰、收件者是誰、信件的內容等等。這些資料如何傳送，必須要規範在標準文件裡，才可以讓撰寫郵件伺服器的程式設計師，和撰寫用戶端的程式設計師可以有所依循。用戶端實際在寄信時，操作的是已經將通訊協定包裝起來的用戶程端式。Email 的用戶程式如微軟的 Outlook、Mozilla 的 Thunderbird、或是 Google 的 Gmail 等等，如圖 6-10 所示，都已經把寄信的過程隱藏起來。使用者並沒有辦法看到實際上用戶端和伺服器之間的對話。當使用者執行「寄信」的動作時，Email 用戶端會與郵件伺服器端之間利用 SMTP 協定進行對話，以請求郵件伺服器協助將 Email 寄出，如圖 6-11 所示。

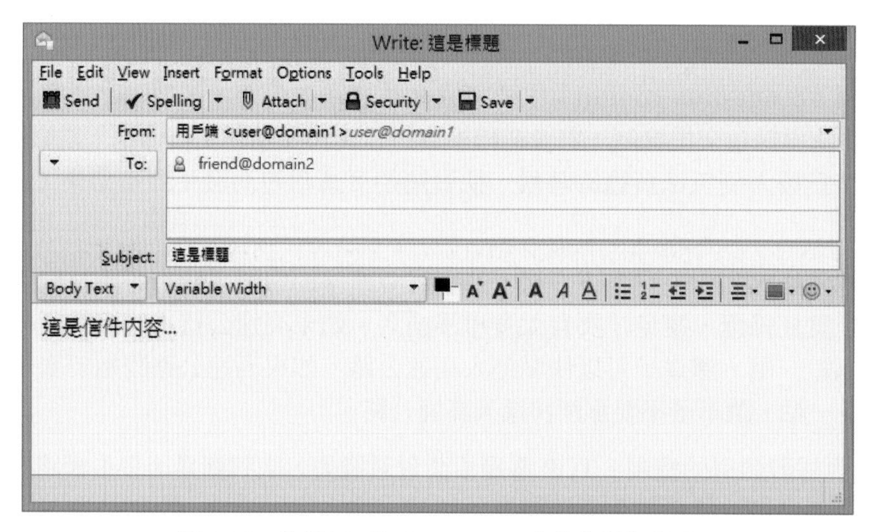


圖 6-10　使用 Mozilla Thunderbird 寄信的操作介面

關於網際網路上豐富的應用，我們將在本書後續章節介紹。而除了看得到的網路應用程式外，Internet 上有一個非常重要的應用層協定，那就是 DNS（domain name system）協定。

DNS 協定主要的目的是讓使用者在進行網路連線時，可以不用記憶 IP 位址，而只需要記憶較容易記住的網域名稱即可。讀者們可能已經習慣要連上 Google 的網站時，在瀏覽器的網址列輸入「google.com」就可以連上。然而，先前提到，網際網路上的主機都是以 IP 位址識別，那麼我們如何得知「google.com」的 IP 位址在哪裡呢？

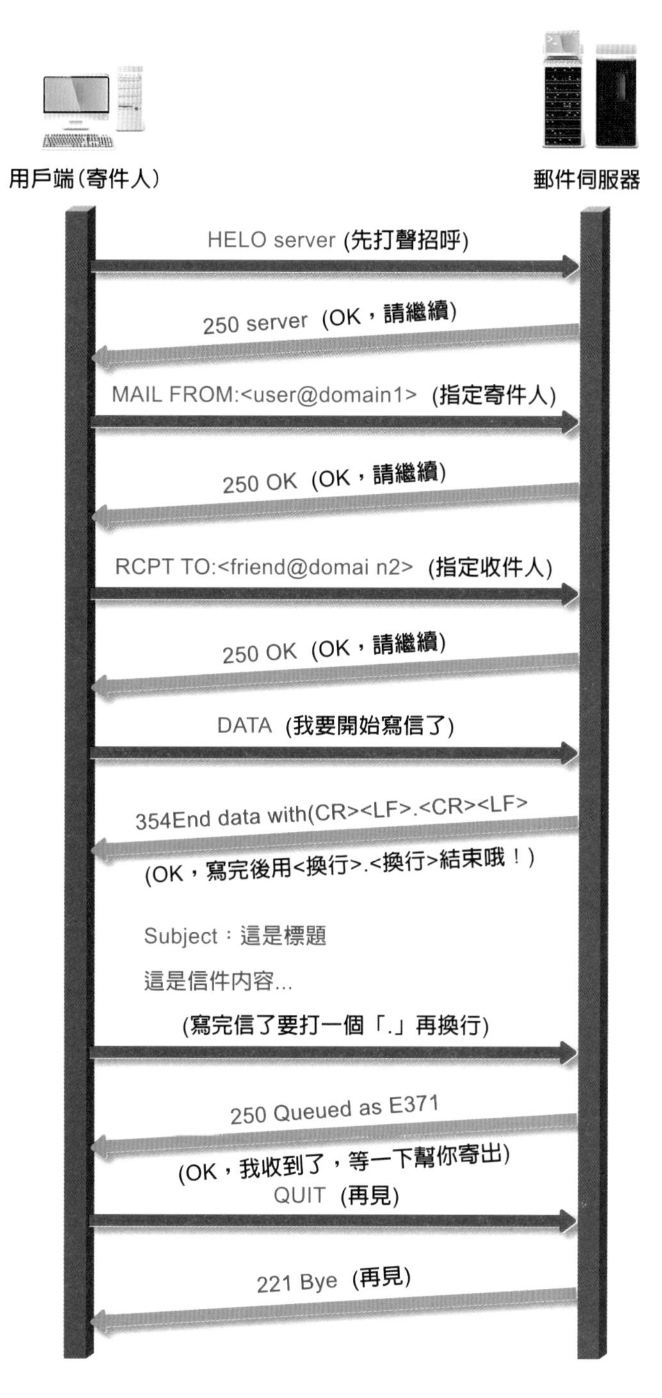


圖 6-11　一個使用 SMTP 寄送 Email 的範例

DNS 協定可以處理的其中一個重要工作，就可以將網域名稱（如「google.com」）對應到它的 IP 位址。透過利用 DNS 協定向 DNS 名稱伺服器查詢，我們可能得知「google.com」對應到的 IP 位址之一是 74.125.23.100。一旦取得 IP 位址後，應用程式便可以使用這個網路位址，連接上網際網路上的伺服器。

讀者們如果有興趣，亦可以在 Windows 或是 UNIX 系統上使用「nslookup」這個指令，來查詢網域名稱和 IP 位址的對應關係（如圖 6-12 所示）！

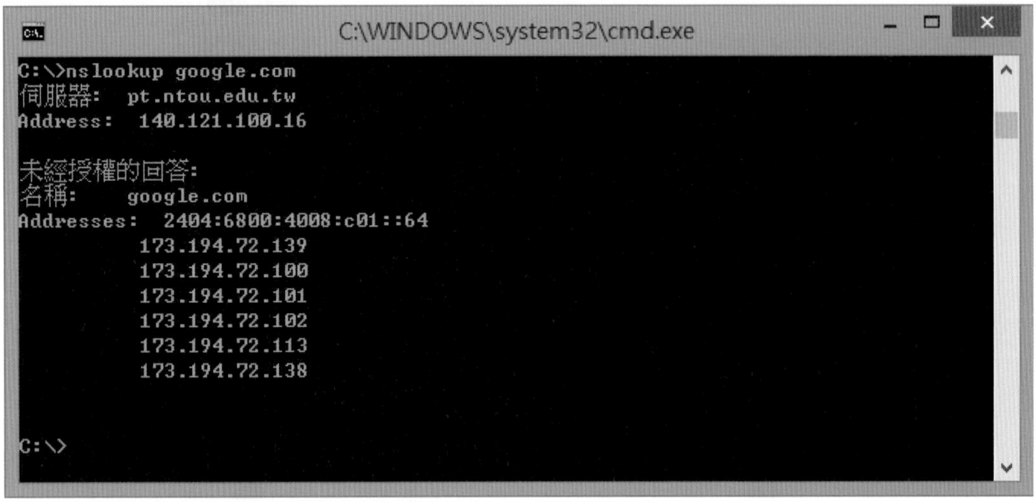

```
C:\WINDOWS\system32\cmd.exe
C:\>nslookup google.com
伺服器:  pt.ntou.edu.tw
Address:  140.121.100.16

未經授權的回答:
名稱:    google.com
Addresses:  2404:6800:4008:c01::64
          173.194.72.139
          173.194.72.100
          173.194.72.101
          173.194.72.102
          173.194.72.113
          173.194.72.138

C:\>
```

圖 6-12　使用「nslookup」指令透過 DNS 名稱伺服器查詢「google.com」所回傳的結果

# 6-6 ｜ 網際網路的基本設定和除錯方式

相信讀者現在對網路和網際網路的架構已經有一定的認識。而一個主機要連上網際網路，其基本的必要設定包括：

* IP 位址（IP address）
* 網路遮罩（netmask）
* 預設閘道器（default gateway）或是預設路由器（default router）
* 名稱伺服器（DNS server）

這些設定可以是手動設定，也可以是自動取得。在設定原則上，同一個網路下的每一台主機都必須使用不同的 IP 位址，不能發生衝突的情況。手動設定的方式如圖 6-13 及圖 6-14 所示，不同系統的設定其實大同小異。圖 6-13 為 Windows 的設定方式，而圖 6-14 為 Mac OS X 的設定方式。它們都有提供圖形化的操作介面來設定。而手動設定的內容值則必須向最近的網路管理單位詢問。

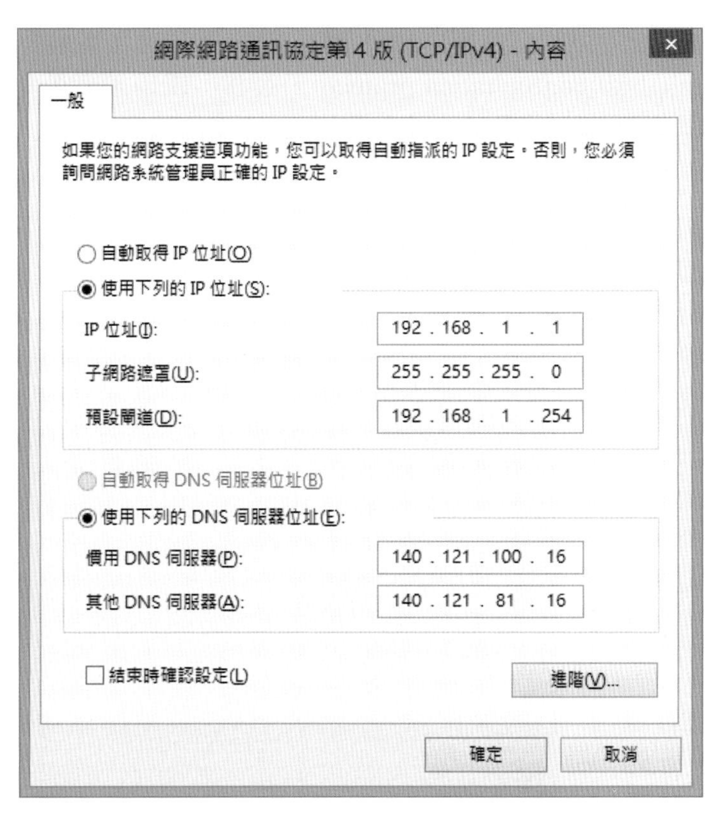


圖 6-13 Windows 的網路介面卡設定畫面（針對 TCP/IPv4 進行設定）。讀者在 Windows 8.1 可以透過「控制台」→「網路和網際網路」→「網路和共用中心」→「變更介面卡設定」，選擇網路介面卡，使用滑鼠右鍵選單選取「內容」，再檢視「網際網路通訊協定第 4 版（TCP/IPv4）」的內容設定

圖 6-14 Mac OS X 的網路介面卡設定畫面。讀者在 Mac OS X 可以在「系統偏好設定」→「網路」裡找到這個設定

此外，大多數的作業系統也有支援自動設定的方式。如果區域網路內有提供動態主機設定的 DHCP（dynamic host configuration protocol）服務；或是讀者若是透過 IP 分享器、ADSL 或是撥接上網，都可能以自動的方式來完成上述必要的設定。

設定完成並生效後，我們可以開啟任一網路應用程式（如瀏覽器）進行連線，以確認網路是否正常運作。網際網路的二端需要經過無數個網路軟體、硬體、線路及通訊協定共同合作，才能得以順利連接。其中只要任何一個環節出問題，都可能造成網路不通。當發生網路連接不上時，一般而言都是從近端開始進行檢測，確認內部網路無異後，才向外找尋可能的原因。以 Windows 為例，讀者可以按照下列方式依序檢查：

1. 使用「ipconfig」以及「netstat」指令，檢查基本設定是否無誤（如圖 6-15 及圖 6-16）。若設定有誤，則需更新設定後重新檢測。

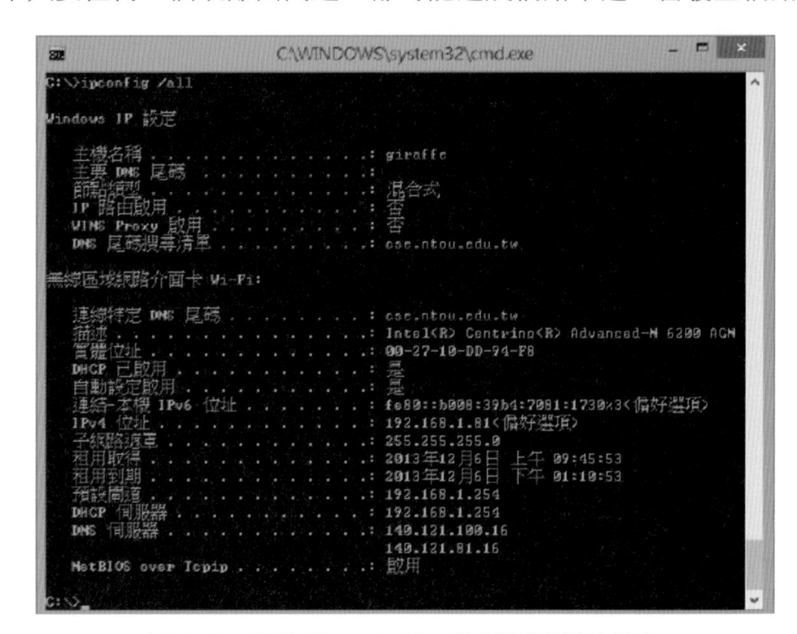


圖 6-15　使用「ipconfig/all」指令檢查網路卡設定

```
C:\WINDOWS\system32\cmd.exe
C:\>netstat -rn
===========================================================================
介面清單
 19...00 27 10 dd 94 f9 ......Microsoft 主控網路虛擬介面卡
  4...00 24 be d8 12 9f ......Intel(R) 82577LC Gigabit Network Connection
  3...00 27 10 dd 94 f8 ......Intel(R) Centrino(R) Advanced-N 6200 AGN
  1...........................Software Loopback Interface 1
  5...00 00 00 00 00 00 00 e0 Microsoft ISATAP Adapter
  6...00 00 00 00 00 00 00 e0 Teredo Tunneling Pseudo-Interface
===========================================================================

IPv4 路由表
===========================================================================
使用中的路由:
網路目的地              網路遮罩          閘道            介面      計量
          0.0.0.0          0.0.0.0    192.168.1.254    192.168.1.81     25
        127.0.0.0        255.0.0.0          在連結上         127.0.0.1    306
        127.0.0.1  255.255.255.255          在連結上         127.0.0.1    306
  127.255.255.255  255.255.255.255          在連結上         127.0.0.1    306
      192.168.1.0    255.255.255.0          在連結上      192.168.1.81    281
     192.168.1.81  255.255.255.255          在連結上      192.168.1.81    281
    192.168.1.255  255.255.255.255          在連結上      192.168.1.81    281
        224.0.0.0        240.0.0.0          在連結上         127.0.0.1    306
        224.0.0.0        240.0.0.0          在連結上      192.168.1.81    281
  255.255.255.255  255.255.255.255          在連結上         127.0.0.1    306
  255.255.255.255  255.255.255.255          在連結上      192.168.1.81    281
===========================================================================
持續路由:
  無
```

圖 6-16　使用「netstat-rn」指令檢查預設閘道器。網路目的地為「0.0.0.0」，後面的閘道是預設閘道（192.168.1.254）

2. 使用「ping」指令檢查本機與預設閘道器之間是否通訊無誤（如圖 6-17）。雖然大部分預設閘道器都允許透過 ping 來檢測，但仍然有少部分主機是不理會 ping 的檢測方式。在這個情況下，讀者也可以考慮在使用「ping」指令後緊接著使用「arp」指令[1]，從「資料連結層」來檢查本機與路由器之間的網路是否可正常連結（如圖 6-18）。

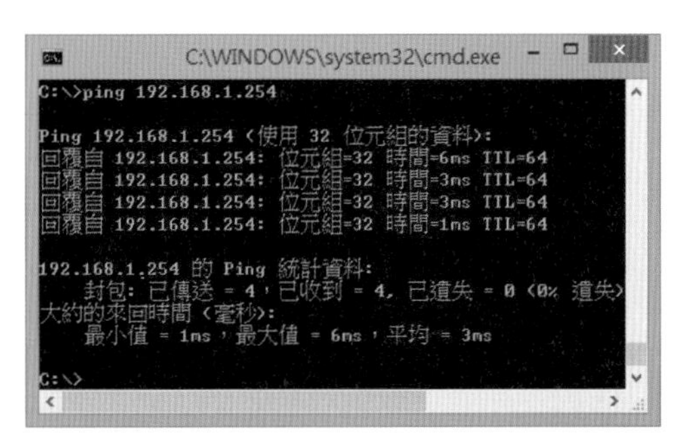


圖 6-17　使用「ping」指令檢查網路層連線狀態上圖：正常情況；下圖左和下圖右：異常情況

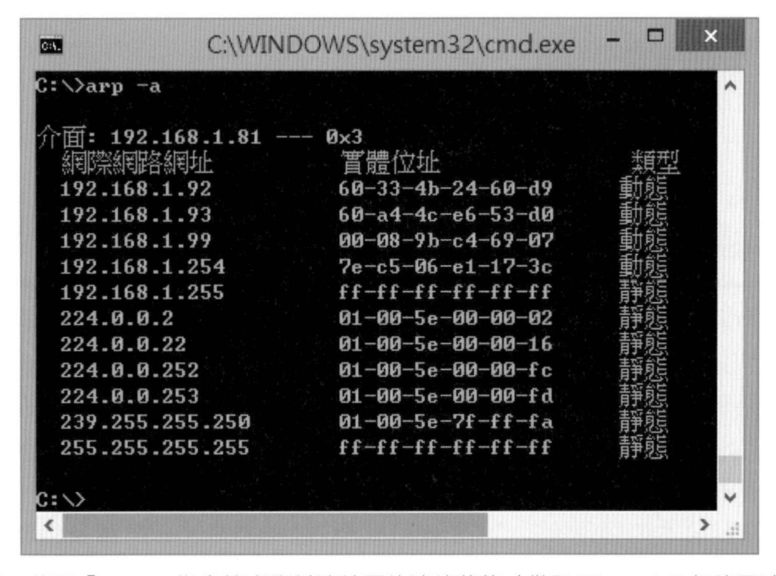


圖 6-18　使用「arp-a」指令檢查資料連結層的連線狀態（僅限 Ethernet 及無線區域網路）

1. 讀者對「arp」指令可能比較陌生。這個指令的用途是查詢記錄在本機裡的區域網路 IP 位址與網路卡實體位址的對應關係。

3. 使用「nslookup」指定，確認 DNS 名稱伺服器是否正常運作。正常的情況應該如圖 6-12 所示；而無法查詢到的情況則如圖 6-19 所示。然而，查詢不到網域名稱，也不見得一定是 DNS 名稱伺服器有問題。讀者可以多嘗試查詢幾個位於不同位址的網域名稱，以確認是否為本地的 DNS 伺服器有問題。

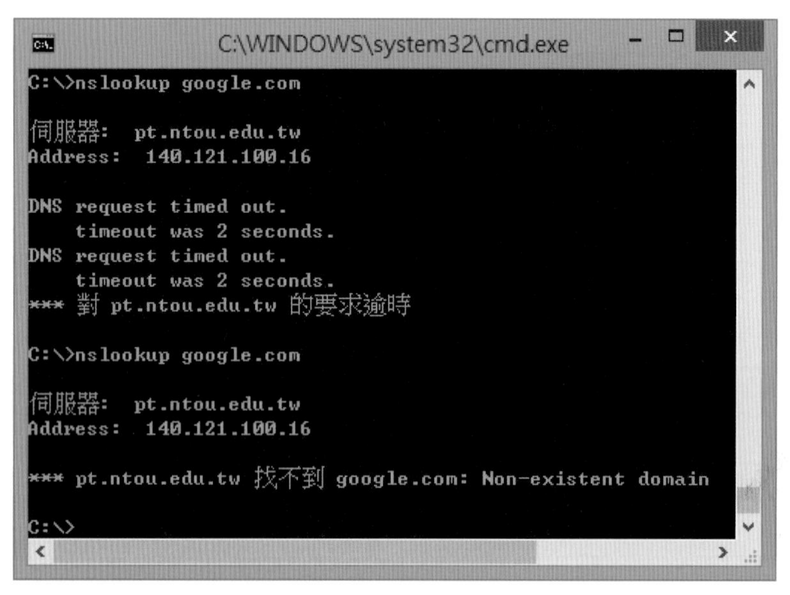


圖 6-19　使用「nslookup」指令查詢 DNS 名稱伺服器。圖中二次指令的執行結果都是失敗的情況

一般用戶端主機利用上述基本的檢查，應該足以判斷近端的問題；如果經過檢測後發現情況都無誤，但網路還是無法連線，那麼可能就需要請求網管人員的協助，檢查是否為防火牆，甚至是單位對外的網路連線等其他狀況。

## 6-7 ｜ 網路模擬

看完了第五章和第六章的介紹後，相信讀者們對於網路的概念可能已經有所了解，但對於實務上網路如何運作可能還沒辦法掌握全貌。如果要完全了解網路如何運作的，最好的方法就是實際動手搭建一個網路。然而採購和使用真實設備搭建網路既耗工又耗時，而且也需要充足的資金。因此，不論是在網路教學或是研究，許多情境下都是採用「網路模擬」的方式，讓老師、學生或是研究員，可以在沒有真實設備的情況下，建構出完整的網路，並在上面進行相關的實驗或測試。本節要跟大家介紹的就是網路模擬的概念、用途及相關工具的介紹。

網路模擬是一種模擬現實網路環境的技術，透過這種方式可以模擬建構出各種網路場景，以便進行測試、學習和研究。網路模擬可以針對不同的網路設備、拓撲結構、通訊協定和流量進行模擬。而使用者能夠在這個虛擬環境中進行各種操作。只要有一台電腦，不需要額外的真實網路設備，就可以完成各種情境的搭建、測試和觀察。

網路模擬可以通過軟體模擬器、硬體模擬器或是混合方式實作。軟體模擬器通常運行在一個主機上，通過虛擬化技術模擬出各種網路場景。我們在這個章節主要介紹以純軟體的方式模擬。而網路模擬有下列用途。

**1. 網路測試與調整**

網路模擬可以用於測試和調整網路應用和服務。通過模擬各種網路條件，如頻寬限制、傳輸延遲和封包遺失率，可以評估系統在不同網路環境下的性能表現，從而發現和解決潛在問題。

**2. 網路安全測試**

在網路安全相關領域，網路模擬可以用於測試系統的弱點和漏洞，模擬各種攻擊場景。安全專業人員可以在虛擬環境中進行實際測試，確保系統對不同類型的攻擊有足夠的防禦能力。

**3. 教育和培訓**

網路模擬在教育和培訓方面具有重要的應用價值。學生和 IT 專業人員可以在虛擬環境中實際操作、實驗和學習，模擬真實網路場景，提高實做能力和解決問題的能力。

**4. 研究和開發**

研究人員可以透過網路模擬研究新的網路技術和通訊協定，評估新方案的效能和可行性。開發人員也可以在虛擬環境中進行軟體開發和測試，節省硬體成本和提高效率。

透過網路模擬進行上述相關應用可以有效降低成本。而大多數的網路模擬軟體都能模擬出如路由器、交換器、防火牆等硬體。另外即使是使用軟體模擬，某一些網路模擬器的設計架構允許模擬環境與真實系統互動。比如說某一個模擬環境中的網路節點，是執行真正的 Linux 作業系統或服務。或是模擬環境中的網路，可以和真實的 Internet 相連接。

除了節省成本外，網路模擬相較於真實搭建網路而言可以更有效率和更安全。大部份網路模擬環境都提供了高度可客製化的環境，使用者可以根據需求自由調整網路參數，提高實驗和測試的效率。同時，虛擬環境也提供了方便的快照和還原功能，方便用戶隨時回溯到特定狀態。而在虛擬環境中進行測試和模擬，不會影響真實網路環境的安全性。安全測試可以在受控的虛擬環境中進行，降低對實際網路的潛在風險。接下來我們介紹幾個和網路模擬相關的工具，包括 Cisco Packet Tracer、GNS3、以及 Wireshark。順便一提，在網路學術研究裡常用的大型離散事件網路模擬器是 ns3（network simulator 3）。不過因為使用 ns3 需要由使用者透過程式介面去實作和控制，在本章就不另做介紹。

## 工具 #1：Cisco Packet Tracer

Cisco Packet Tracer 是一個由思科公司開發的網路模擬工具，它被廣泛用於網路工程和教育培訓。它支援多種網路設備的模擬，包括路由器、交換器、終端設備等，並提供豐富的實驗和模擬功能。這個工具是可以免費下載的。讀者只要去 Cisco 教育網站註冊一門免費的網路課程（比如說「Getting Started with Cisco Packet Tracer」），就可以免費下載[2]。

2. 至少到 2024 年初它都還是可以免費下載的。

Cisco Packet Tracer 提供下列功能：

* 線上學習
* 視覺化的網路呈現
* 支援不同的作業系統（Windows, Mac OS, Linux）
* 支援大部份的網路通訊協定
* 提供即時互動的操作經驗

Cisco Packet Tracer 唯一的缺點（也許也算不上是缺點）大概就是裡面模擬設備的全部都是 Cisco 自己家的設備。畢竟它是由 Cisco 開發且免費提供給相關課程使用的軟體。當然讀者們若有興趣取得 Cisco 相關證照，在實務操作學習的過程中，Cisco Packet Tracer 就是個不可或缺的重要工具。Cisco Packet Tracer 的範例網路如圖 6-20 所示。

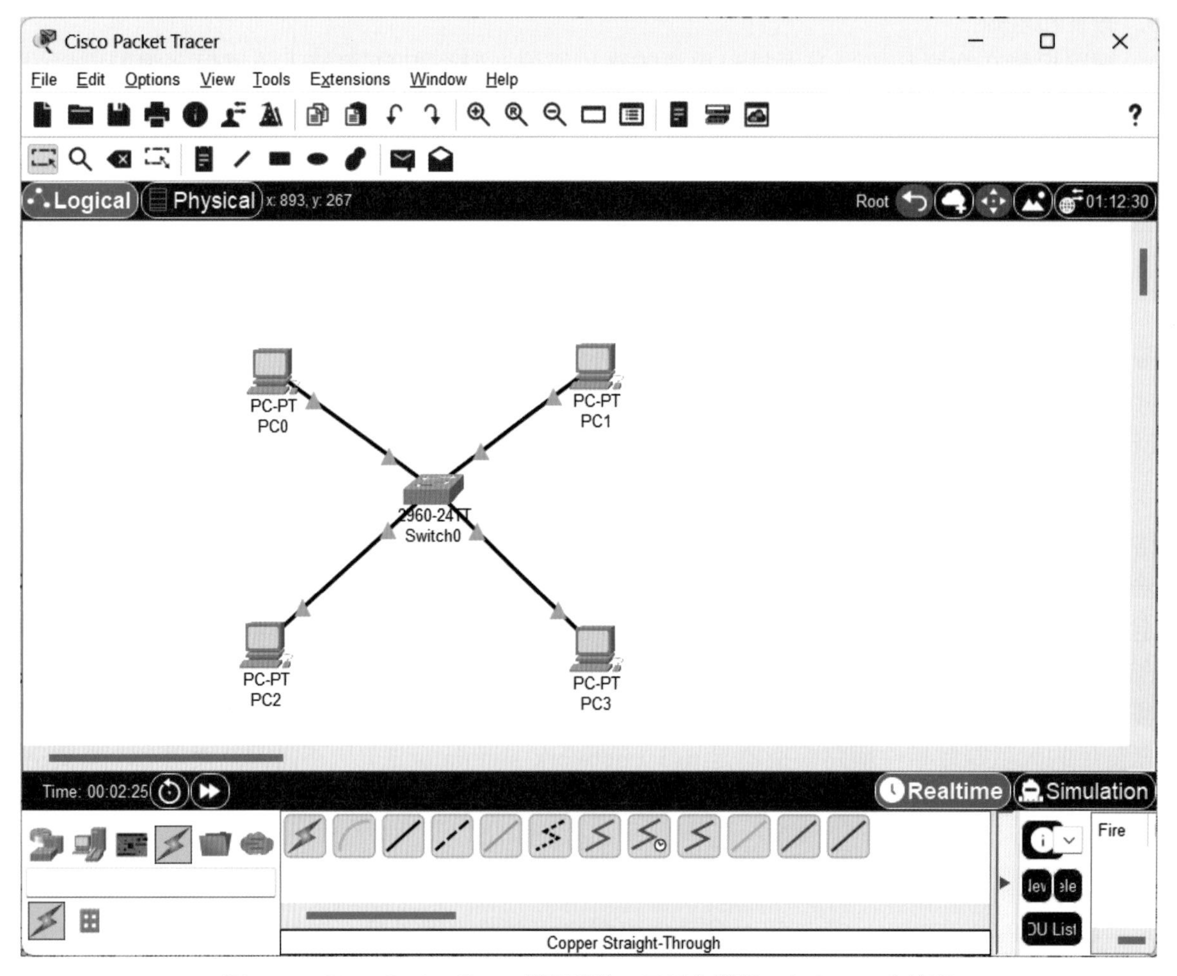


圖 6-20 Cisco Packet Tracer 範例網路：四個主機與一台 Switch 交換器

## 工具 #2：GNS3（Graphical Network Simulator）

GNS3 是一個開源的網路模擬器，它允許使用者在虛擬化環境中建立和測試複雜的網路拓撲。它支援虛擬機器和真實硬體的整合，同時提供方便的使用者介面。GNS3 提供的好處和功能和 Cisco Packet Tracer 大同小異。不過最大的差異大概是 GNS3 主要是以 Emulation 的運作模式。而 Cisco Packet Tracer 主要是以 Simulation 模式運作為主。雖然 Simulation 和 Emulation 中文都可以翻成「模擬」，但這二個字在資訊科學裡的意義是不大一樣的。Simulation 的模擬可以理解成是「假的模擬」。而 Emulation 的模擬可以理解成是「真的模擬」。以模擬路由器來說，Simulation 可以模擬出路由器節點的各式行為，但它的模擬方式並不是使用真實路由器的實作，而是由模擬軟體自行實作出接近真實設備的各式功能。而若以 Emulation 的方式進行路由器模擬，這樣的方式會需要將真實的路由器實作（如路由器的韌體），在模擬的硬體上執行。在網路模擬軟體中的各個設備，就像是一台一台在虛擬器（或實體機器）上執行的真實系統。文獻上也常常將 Emulation 翻譯成「仿真」，以和 Simulation 有所區別。

不像 Cisco Packet Tracer 內建許多不同的網路設備，GNS3 只有內建少數交換器和終端設備。其他的網路設備都要需要額外取得對應的映像檔才能模擬。舉例來說 GNS3 也可以使用 Emulation 模式來模擬 Cisco 路由器。但這麼一來使用都必需要先準備好路由器的映像檔案，才能進行模擬。另外需要特別注意的是，網路設備的韌體映像檔並不一定能夠免費取得或是合法授權使用。而模擬環境也不見得能夠順利執行任一網路設備的韌體。因此在使用 Emulation 模式時，使用者在匯入特定系統映像檔或是韌體時，應該要確認其合法性。

圖 6-21 展示的是利用 GNS3 模擬網路的範例。這個網路路有一台 8 埠的交換器（Switch 1）以及 4 台個人電腦。我們將交換器分割為二個 VLAN（Virtual LAN，虛擬區域網路），其中 PC1 和 PC2 放在 VLAN 1 中，而 PC3 和 PC4 放置在 VLAN 2 中。交換器的設定如圖 6-22 所示。將網路節點連接好，設定也完成後，我們便可以啟動這個網路。而從圖 6-21 右上角的介面可以看到，我們可以利用 telnet 軟體連接到各個主機的終端機。為了展示 VLAN 切割是有成功的，我們刻意將 PC1/PC3 的 IP 位址都設定為 10.1.1.1/24，而 PC2/PC4 都設定為 10.1.1.2/24。IP 設定的動作必需透過 telnet 連線到終端機內設定。而設定完成後，PC1 和 PC2 應該要可以互相 ping 得到彼此。而 PC3 和 PC4 也要可以互相 ping 得到彼此。我們可以利用 ARP 來查看 IP 與 MAC 網路卡號的對映，以驗證 PC2/PC4 所看到的 10.1.1.1 是否為正確的 PC1/PC3，如圖 6-23 所示。透過網路模擬軟體，我們就可以輕鬆的把網路架構搬進一台主機內完成，是不是很有趣呢？

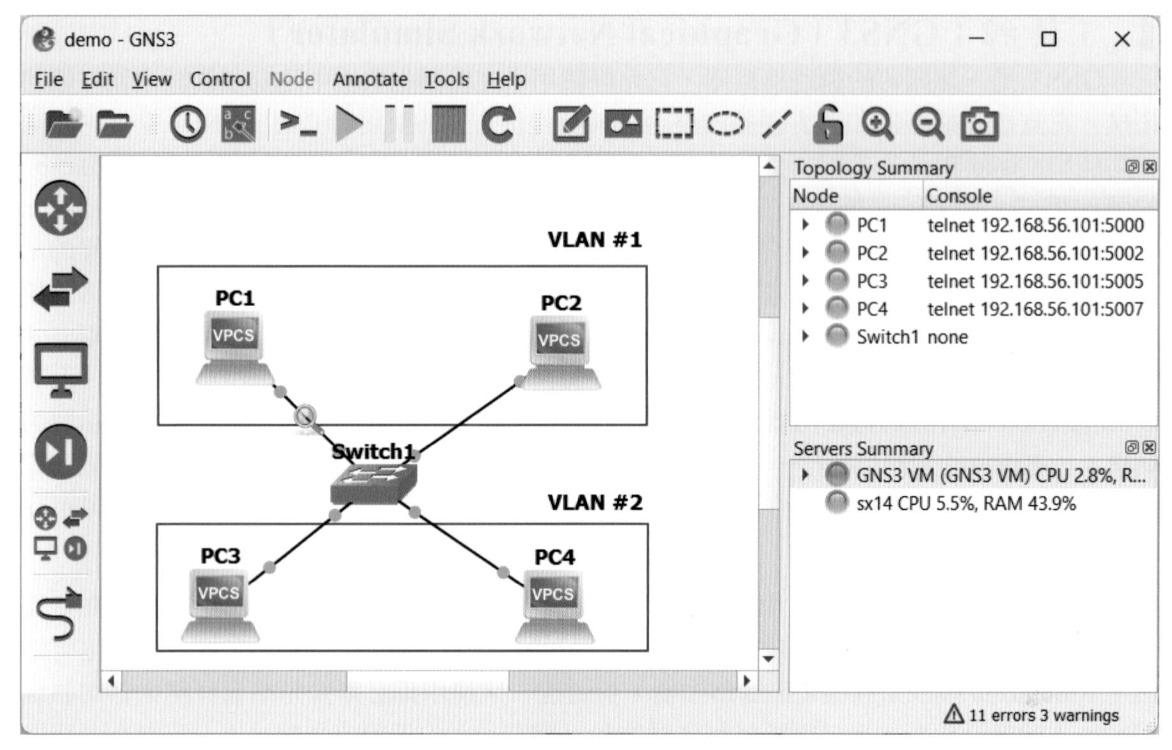


圖 6-21 GNS3 網路模擬範例

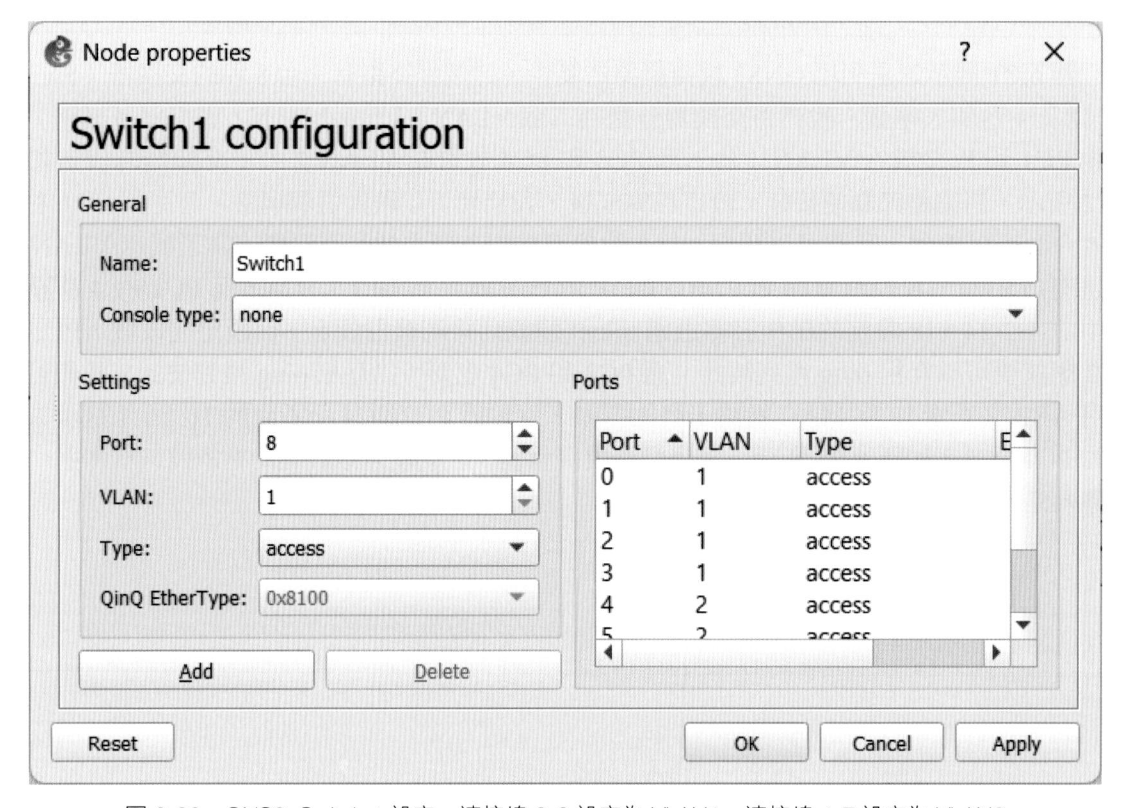


圖 6-22 GNS3: Switch 1 設定。連接埠 0-3 設定為 VLAN1，連接埠 4-7 設定為 VLAN2

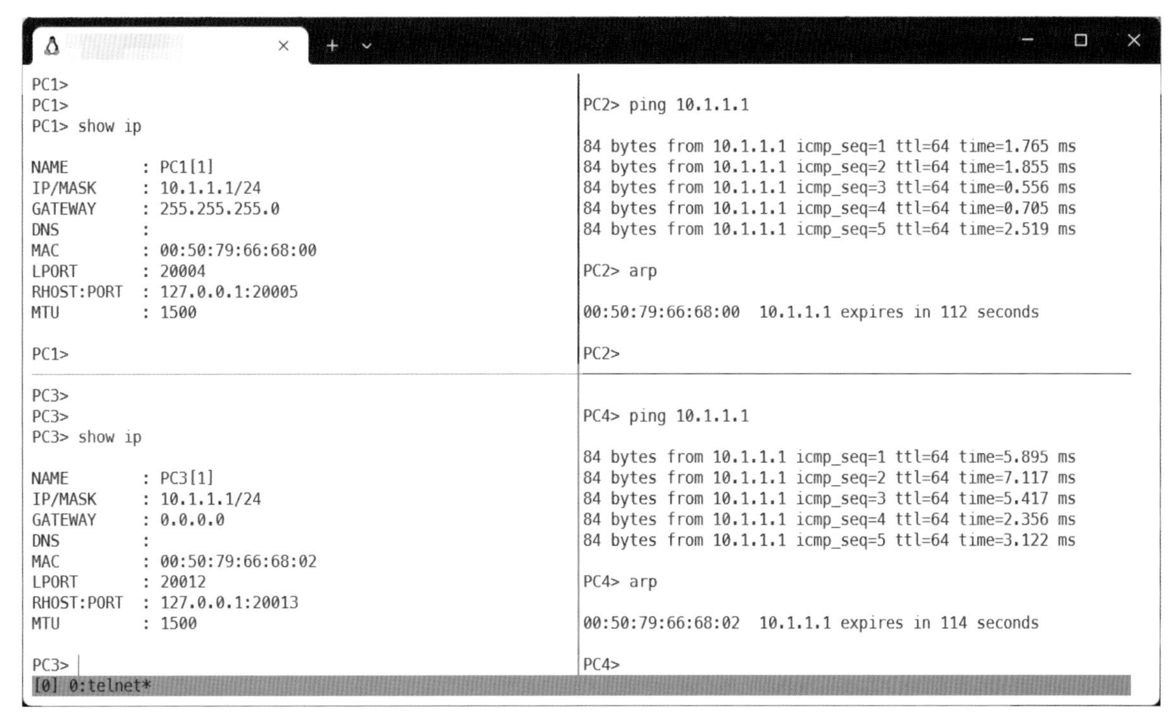


圖 6-23　四台模擬主機的終端機執行結果

## 工具 #3：Wireshark

Wireshark 是一個網路封包擷取和分析的工具，它同時也提供了豐富的封包解析工具，讓網路分析人員可以有效率地檢視和分析封包。除了可以對真實網路介面擷取封包外，Wireshark 也可以直接配合 Emulation 模式運行的模擬器，即時做封包擷取和分析的動作。我們以同一個 GNS3 的範例網路來說，我們可以任選一個網路連線，對該網路連線做封包監聽。圖 6-24 展示的是在 PC1 和 Switch1 之間傳輸的網路封包。當我們從 PC1 去 ping PC2 時，可以看到整個流程是由 PC1 先透個 ARP 協定廣播詢問 PC2 主機的 MAC 位址。而收到 ARP 回覆後，PC1 再送出 ICMP 封包來進行 ping 的動作。因此在圖中的 ARP 回應後，我們看來 5 次 ECHO Request 和 ECHO Response 的封包來回。

Wireshark 的封包分析功能讓使用者即使不了解封包格式，也可以輕鬆的從它簡單易用的介面之看到所有的細節。以圖 6-24 而言，我們可以將各個 Wireshark 可以識別出來的協定資訊展開，就可以清楚地看到各個相關協定的細節。圖 6-25 展示的是將第一個 ICMP Echo Request 的封包細節展開的結果。所有的資訊，包括 IP 層的來源 IP、目的 IP，以及 ICMP 層的 Type、Code，都可以直接從 Wireshark 的介面看出來，同時附上詳細的說明。如果針對各個被識別出來的欄位進行點選，Wireshark 甚至可以把該欄位對應到的封包位置標記出來。對於學習網路協定而言，是不可或缺的重要工具！

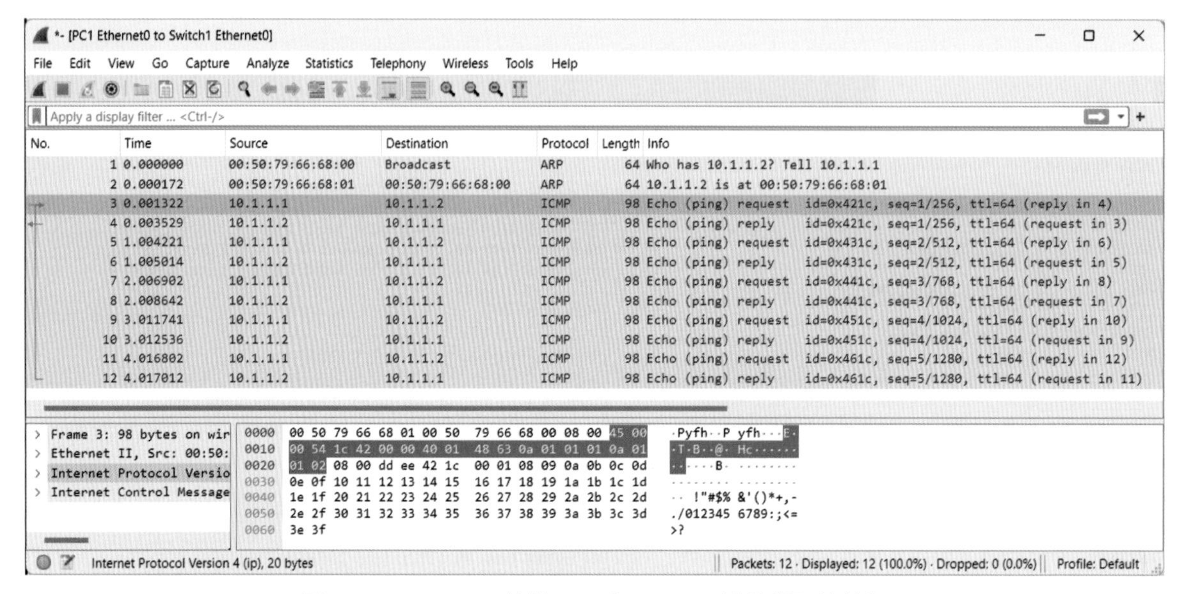


圖 6-24 Wireshark 針對 PC1 和 Switch1 連線擷取的封包

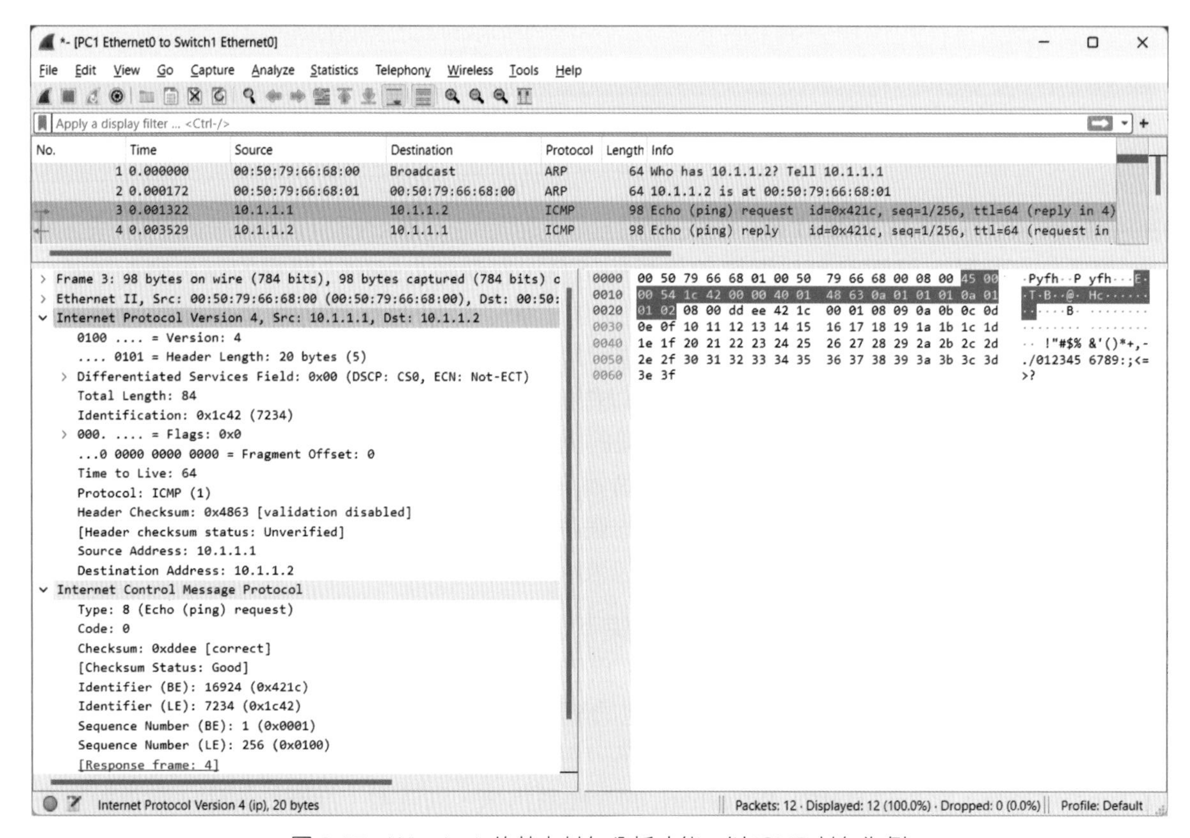


圖 6-25 Wireshark 的基本封包分析功能，以 ICMP 封包為例

網路模擬和封包分析都是常用的工具。他們廣泛應用於網路測試、安全測試、教育培訓和研究開發等領域。透過模擬虛擬環境，使用者可以方便地進行各種實驗和測試，提高工作效率，降低成本。而在學習網路方面，網路模擬工具更是提供了豐富的實作體驗和即時回饋，讓操作者可以更深入理解網路原理和技術。不同的網路模擬工具有著不同的特點，讀者可以根據實際需求選擇合適的工具，充分發揮其應用價值。

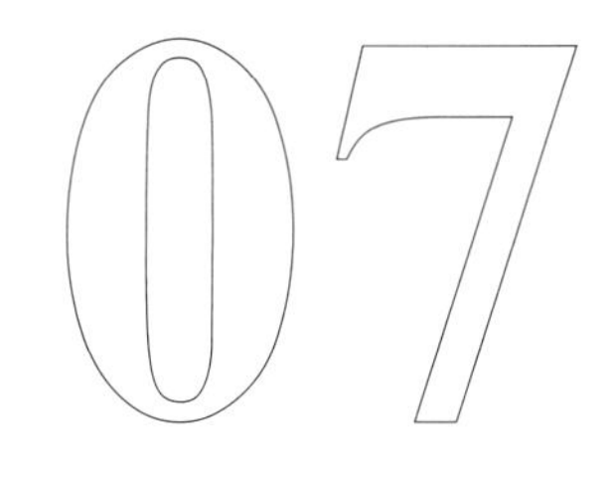

# 網路應用

0 1 0 0 0 0 0 1 1 0 1 1 0 1 0 0 0 1 1 0 0 0 0 0 0 0 0 0 0 0 0 0

在探索網路應用的世界時，首先需要了解電子郵件的基本運作原理以及不同種類的電子郵件服務，這將有助於我們有效地進行電子通訊。此外，我們也應該認識到電子佈告欄 BBS 的存在，以及它所具有的文字控制碼，這些能夠幫助我們製作出豐富多彩的文字內容。

在瞭解網頁架構時，需要清楚伺服器和客戶端在其中的作用和功能，這對於理解網頁的互動和傳輸至關重要。對於 URL 的組成成分，我們也需要熟悉，以便能夠正確地識別和訪問不同的網頁。同時，我們應該具備使用不同瀏覽器來瀏覽網頁的能力，這樣就能夠更靈活地探索網絡世界。

另外，我們也應該熟悉各種不同的 WWW 網路應用，包括搜尋引擎、即時通訊、網路遊戲、影音分享、社群網路和網路儲存等等，這些應用為我們提供了豐富多樣的網路體驗。最後，還應該學會如何使用基本的 HTML 標籤來製作網頁，這將有助於建立個性化和獨特的網頁內容。

# 7-1 電子郵件

電子郵件是網路的第一個殺手級應用程式。在網路還沒興盛時即如此。網際網路興盛後，仍然屬於最常被使用的應用程式之一，甚至好萊塢的文藝片「電子情書」，也讓劇情由電子郵件來鋪陳。由此可見，電子郵件的魅力不同凡響。

電子郵件由於寄送方便，並且能快速送達，也可以一次發函給所有通訊錄**郵件列表**（mailing list）上所有的聯絡人，所以廣被接受。隨著時代的演進，電子郵件的功能也與日俱增，除了早期的文字介面外，還要能夠讓電子郵件的背景有不同的圖案美工，並且要能夠**附加檔案**（attachment）傳送，甚至還能夠使用**數位簽章**（digital signature）。

電子郵件的運作主要有三大元素：**使用者代理人**（user agent）、**郵件伺服器**（mail server），以及傳送電子郵件所使用的**通訊協定**（communication protocol），包括寄信用的 SMTP（Simple Mail Transfer Protocol）協定、收信用的 POP3（Post Office Protocol 3），以及 IMAP（Internet Message Access Protocol）協定。

圖 7-1 展示的是整個 Internet 郵件系統架構的示意圖。網際網路上的 Email 格式是「使用者名稱 @ 網域名稱」。比如說「user1@gmail.com」，或是「user2@hotmail.com」。

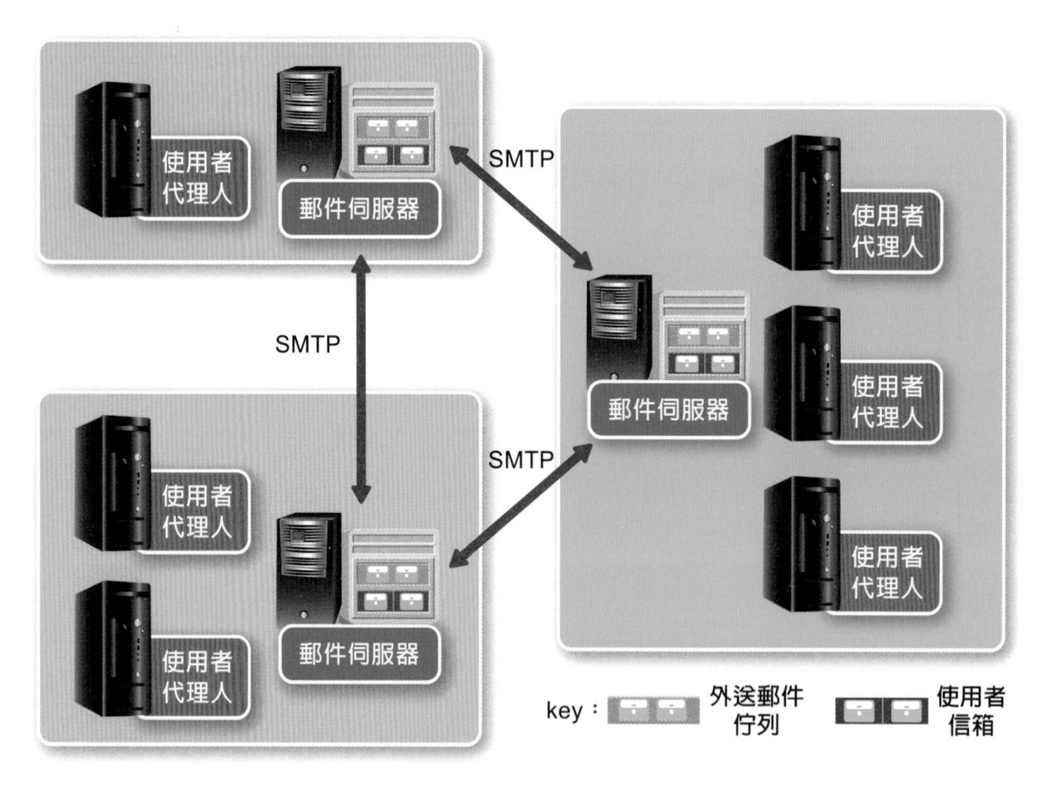


圖 7-1 電子郵件系統

所謂「使用者代理人」，指的就是收發信件所使用的軟體，像是 Windows 內建的 Windows Mail 郵件軟體、微軟 Office 的 Outlook 軟體，或是 Mozilla Thunderbird 等等。這些軟體可以讓使用者進行收信、讀信、寫信、寄信等操作。

至於「郵件伺服器」，讀者可以想像，每個網域名稱都有自己的郵件伺服器。而使用者收發信件都是透過自己 Email 網域的郵件伺服器。而如果信件是要寄信給其他網域的使用者，那麼郵件伺服器在收到來自使用者的請求後，會依據收件人的網域名稱，找出其對應的郵件伺服器，才進行傳送。而郵件伺服器之間也是透過 SMTP 協定來進行電子郵件的傳送。

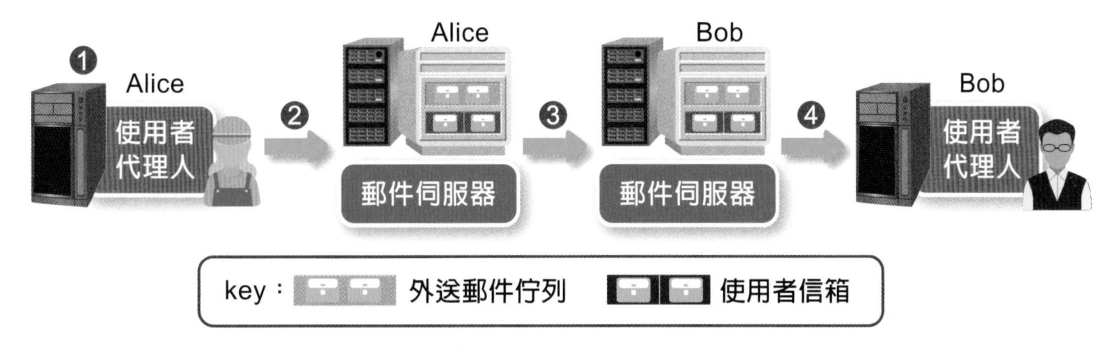


圖 7-2　Alice 傳送電子郵件給 Bob 的流程示意圖

圖 7-2 展示的則是傳遞一封電子郵件的流程。若使用者 Alice（alice@domain1）要寄信給 Bob（bob@domain2），那麼這整個流程是這樣子：

**步驟 1** 撰寫郵件：Alice 使用她喜歡的代理人程式來撰寫郵件。當然，在使用代理人程式時，必須要設定基本資料，像是帳號名稱、密碼、郵件伺服器、使用的傳輸協定（包括傳送信件以及收信）等等。

**步驟 2** 寄送信件：完成圖文並茂的信件後，Alice 按下「寄信」或是「傳送」按鈕，代理人程式便會將郵件送往本地（domain1）的郵件伺服器。而郵件伺服器就會將信件放入送信佇列（queue）中等待寄信。這個時候，代理人程式通常是透過 SMTP 協定，將郵件送給本地的郵件伺服器。

**步驟 3** 傳送信件：郵件伺服器會依據收信人的地址，查詢到對應的郵件伺服器，然後同樣使用 SMTP 協定，將郵件傳送到指定的郵件伺服器上。以本例而言，郵件伺服器會查詢 domain2 所屬的郵件伺服器位址，再將信件傳送過去。每一個使用者在其使用的郵件伺服器下會有一個「使用者信箱」（mailbox）。而當 domain2 的郵件伺服器收到傳送給 bob@domain2 的信件時，它會先檢查是否有 bob 這個使用者。確認無誤後才會收下信件，置於該使用者的信箱內。

**步驟 4** 收取信件：當 Bob 想要收信的時候，他會透過他選擇的代理人程式向郵件伺服器查詢自己的信箱是否收到新的郵件。通常這個動作是透過 POP3 或是 IMAP 協定來進行。若有新的信件，那麼代理人程式便會開始下載郵件，讓使用者可以在本機上閱讀和回覆信件。

由於電子郵件快速便利，現在已經成為商業上最重要的往來依據，超越了電話和傳真的使用，更別說是傳統的郵件服務。也因此，行銷公司常常蒐集使用者的電子郵件位址，整理後販售給有需要的商家，作為推銷產品的一種方式。雖然這樣可以讓商家快速地達到行銷的目的，但這也可能造成使用者的困擾。這一類不請自來的郵件，我們常稱為垃圾郵件（spam）。每天大量的垃圾郵件在網際網路上傳送，不但塞爆頻寬，更糟糕的是，它還得浪費使用者的寶貴時間來過濾不想閱讀的郵件內容，這實在是不符合經濟效益。雖然很多郵件伺服器都採取某些措施來防堵垃圾郵件，但為了避免太嚴格的過濾機制影響正常郵件的傳送，這些措施難免都會有漏網之魚。

電子郵件另一個困擾使用者的地方，就是帶有不良意圖的病毒或是詐騙信件。這一類的信件通常會透過傳送「附件檔案」，或是夾帶「網站連結」的方式散佈。收件人在沒有警覺的情況下，可能開啟了附件檔案，就觸發了夾帶在檔案裡的電腦病毒；或是點選了郵件裡來路不明的連結，而連上散佈病毒或是詐騙使用者帳號的網站。雖然這些帶有不良意圖的信件一樣也可以透過伺服器過濾的方式阻擋；但同樣的，也不是 100% 可以完全阻擋得了！所謂「好奇心可以殺死一隻貓」！使用者在使用電子郵件時，還是得提高警覺，收到來路不明的郵件附件或連結，不要因為好奇心而輕易開啟。

目前在網際網路上，有許多免費的電子郵件信箱可以申請，像是 Google、Microsoft、Yahoo! 等等，都提供使用者非常高容量的信箱。而為了讓使用者可以更方便地存取 Email，許多郵件伺服器，不論是私有的或是免費的，許多服務都提供可以透過瀏覽器存取的網頁 Web 介面，方便使用者存取信箱。讀者可以想像，本來我們需要在本機電腦上安裝代理人程式，有了 Web 收信介面後，只要是有安裝瀏覽器的裝置，不需要再安裝其他軟體，就可以直接使用電子郵件服務，非常方便！這麼一來，信件也不再需要下載到本機電腦中，可以直接在線上讀取，節省本機電腦的空間。此外，由於瀏覽器的普及率非常高，不論是一般的個人電腦，或是行動裝置上，大多有內建瀏覽器。因此，使用者只要可以存取網路，在任何地方、任何時間，都可以輕易存取電子郵件，如圖 7-3 所示。

圖 7-3　Google 提供的 Gmail 電子郵件服務（左）透過個人電腦上的瀏覽器看到的登入畫面，及透過手機上網看到的登入畫面（右）

## 資訊專欄　氾濫成災的垃圾詐騙訊息

在這訊息爆炸的時代，手機簡訊、社群媒體訊息和電子郵件等資訊，已如洪水氾濫成災，天天都是汛期。我們日理萬訊，從早到晚忙碌得像螞蟻一般，一刻也閒不下來。

讓人傷腦筋的是，這些訊息除了來自親友及公務的聯繫外，還有來自四面八方的各種雜訊：好康分享的活動資訊、廣告促銷、財經投資…其中絕大部分都是來路不明的垃圾詐騙訊息。接收者如何分辨可真煞費苦心，倘若一時分心，還可能就受騙上當。

垃圾詐騙訊息利用我們的貪嗔癡，將上鉤者的七情六慾，轉化成悽慘遭遇，大家都得當心。當我們收到主旨為「你中獎了」、「信用卡代辦」、「低利貸款」、「驗證你的雲端帳號」、「快遞待領通知」、「你有一筆退款」、「大筆遺產等待繼承」、「信用卡付款錯誤」、「不明消費發票」、「信箱已滿」等訊息時，一定要提高警覺，以免暴露個資和損失財物。

如今，不肖之徒可能透過駭入某些機構的資訊系統，掌握了我們的動態足跡，讓人防不勝防。他們可以針對剛剛發生的事件，適時寄出一則要求立即回應的訊息，接收者很可能在那種巧設情境下信以為真而上鉤。例如，當你在網路購物平台下單後，立即收到刷卡有誤的簡訊，會不會心慌點選歹徒設下的連結陷阱呢？又如，當你得知所搭乘的班機延誤時，若馬上收到該航空公司的補償簡訊，你是否會點選回饋連結呢？

垃圾詐騙訊息的另一種招式是運用文海戰術，在短時間內連發數十則，讓人砍到手軟！筆者前陣子在山區活動，有兩天無法使用電子郵件，回到平地時打開信箱，竟然有數百封信件等待處理。傻眼之際，也只好一封一封慢慢砍，最後留下真正需要讀取的信件不到廿封。其實，我們可以藉由系統偵測或自訂規則自動篩選垃圾郵件，但如果電子郵件收發系統防禦機制不佳，或自訂規則不夠縝密，許多垃圾郵件就成為出現在我們眼前的漏網之魚。

猶記若干年前，家家戶戶的信箱若不及時收信，往往被廣告傳單和信函所塞爆。因此，很多人都養成從信箱拿到廣告資料時，直接資源回收，這種習慣國內外皆然。日前紐約市政單位寄發問卷調查給廿多萬戶家庭，隨函附上五美元現鈔，以鼓勵大家填寫回覆。孰料，許多家戶收到後，竟然直接丟掉，誤將黃金變垃圾。

撰寫本文的同時，筆者又分心刪除了數十則垃圾詐騙訊息。這些沒事來敲門的訊渣，真叫人難以招架。我們也只能阿Q一下，將這些垃圾訊息視為替我們時時測試網路順暢度的小小黃金。同時，我們也可藉由日理萬訊的灑掃庭除，練就一番「物來則應，垃圾詐騙訊息直接刪除，一切過去不留」的豁達心胸。

趙老 於 2023 年 8 月

# 7-2 | 電子佈告欄

電子佈告欄這個名稱聽起來好像很陌生，但如果說到 BBS（Bulletin Board System）的話，可能大家就耳熟能詳了（圖 7-4）！

圖 7-4　BBS 的範例登入畫面。以臺灣的 ptt.cc 網站為例

BBS 最早是透過「終端機存取」的方式，提供讓使用者可以遠端登入系統，進行資料上下傳，或是閱讀、發表新聞和佈告，以及和同一個系統裡的使用者互動的服務。

早期的 BBS 是透過電話線來存取，建置 BBS 的「站長」可能設定多條電話線路，讓使用者透過數據機撥打進來，然後可以在系統裡進行互動。而通常 BBS 的系統都是採用文字介面的模式。隨著網際網路的盛行，使用 BBS 不再透過電話線了，取而代之的是 telnet 協定，或是安全的 ssh 協定。其介面還是以文字為主；然而，同時上線的使用者不再受到硬體電話線路數量的限制。只要程式的架構好、伺服器資源充足，就可以接受幾千人，甚至幾萬人同時上線。某種程度上，它也算是社群網站的一種。

雖然 BBS 以文字畫面呈現為主，但為了讓使用者有更佳的體驗，許多 BBS 站台都使用 ANSI 控制碼，讓畫面可以呈現更豐富、精緻、多元的內容。由於 BBS 的發展自電腦只有文字介面時就有了，因此，它的畫面大小也一直保持舊有的傳統寬度，可以放最多 80 個英文字元（或是 40 個中文字元）；高度最多可以放 25 列文字。在這個畫面裡，透過 ANSI 控制碼，我們可以做到如移動游標、清除畫面、捲動畫面，以及改變顏色等動作。ANSI 控制碼通常以 ESC 字元（16 進位的 0x1b，或是 10 進位的 27）加上「[」（left bracket，方框的左括號）開頭，然後以一個指令的英文字母（有分大小寫）作為結尾。為了方便呈現，通常我們以「^[」或是「*」符號代表 ESC 字元。然而，如何輸入 ESC 字元，往往因系統而異。以臺灣的 ptt.cc 站台為例，在編輯時可以按下 Ctrl-U 組合鍵，輸入 ESC 字元。

表 7-1 呈現的是幾個常見的 ANSI 控制碼。不同的控制碼有不同的用途，配合顏色和不同的文字符號，BBS 上就可以呈現；甚至以文字做成動畫，呈現給使用者。

表 7-1　常見的 ANSI 控制碼。其中「*」代表 ESC 字元；x 和 y 為數值常數

| ANSI 控制 | 用途 |
|---|---|
| *[yA | 將游標往上移 y 個單位。如果沒指定數值，預設值為 1。 |
| *[yB | 將游標往下移 y 個單位。如果沒指定數值，預設值為 1。 |
| *[xC | 將游標往右移 y 個單位。如果沒指定數值，預設值為 1。 |
| *[xD | 將游標往左移 y 個單位。如果沒指定數值，預設值為 1。 |
| *[y;xH | 將游標移至畫面上（y，x）的位置。其中，y 和 x 的最小值為 1；標準畫面最大值分別為 25 和 80。需注意的是，二個數值需用「；」號隔開，中間不能有空白。如果沒指定數值，其預設值為 1。 |
| *[xJ | 清除畫面，其中 x 值為清除的方式：<br>x=0（或未指定）：清除自游標後的所有內容。<br>x=1：清除自游標前的所有內容。<br>x=2：清除整個畫面。 |
| *[xm | 指定文字顏色。可以是多個數值的組合，每個數值以「；」號隔開。如果不指定數值，則預設值為 0。不同的數值意義如下：<br>0：清除所有顏色設定。<br>1：使用高亮度（強調）的文字顏色。<br>5：閃爍文字。<br>7：反白文字（交換文字和背景顏色）。<br>30 ～ 37：設定文字顏色。<br>40 ～ 47：設定背景顏色。<br>而前景背景的八種顏色依序為「黑、紅、綠、黃、藍、紫、靛、白」 |

了解了 ANSI 控制碼後，讀者便可以在 BBS 系統上自由創作了！如果要在畫面上繪製出二行彩色的「（紅）計（綠）算（黃）機（藍）概（紫）論（白）！」文字，我們可以使用下列控制碼：

```
*[31;47m                *[m
*[31;47m 計*[32m算*[33m機*[34m概*[35m論*m36m!  *[m
*[1;31;47m 計*[32m算*[33m機*[34m概*[35m論*[36m!  *[m
*[31;47m                *[m
```

而其效果如圖 7-5 所示。雖然 ANSI 控制碼的功能很多，但並不見得每一個 BBS 站台或是終端機都支援全部的控制碼。實際上，可運作的控制碼可能還是得視情況而定。

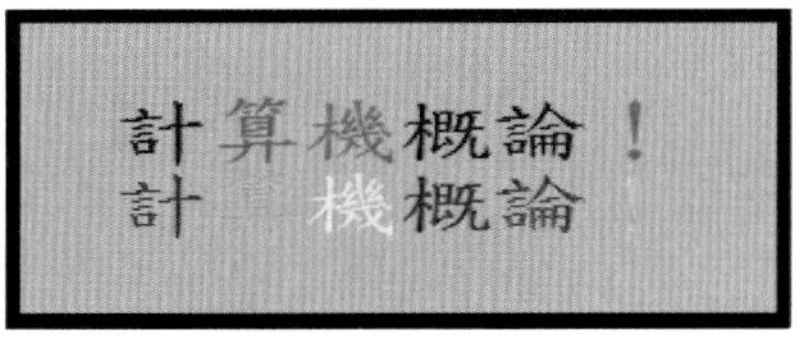

圖 7-5　用 ANSI 碼繪製的彩色版「計算機概論！」

# 7-3 ｜ 全球資訊網運作原理

網際網路約略從1990年代中期開始，普遍進入市井小民的生活中，其中一個很大的原因，是**全球資訊網**（World Wide Web；簡稱WWW或Web）的推出。因為WWW讓網際網路所傳輸的資料能夠圖文並茂，生動活潑，所以很多人對於「上網」的第一印象，就是使用全球資訊網的應用。在本節中，我們首先介紹WWW的運作原理，包括網頁的主從式架構（Web servers and clients）、網頁通訊協定HTTP（Hyper Text Transfer Protocol），以及網頁的瀏覽器（Web browser）等。

## 網頁的主從式架構

在全球資訊網的環境中，資料是以**網頁**（Web page）的方式建立而網頁的存取，則是基於典型的**主從式架構**（client-server architecture）。在此架構下，有一部網頁伺服器主機（Web server），該主機上安裝有**網頁伺服器軟體**（Web server software），如Apache或微軟的IIS，能夠接收網路上其他台電腦送過來的網頁請求，然後依照該請求，將網頁傳送過去（圖7-6）。

至於**網頁客戶端**（Web client），則是指任何可以上網的機器中，能夠接收並展示網頁的。通常指的是一般的電腦，但也可以是能夠上網的電冰箱、電視機，或者各種攜帶型的電器，如PDA。只要能夠與網頁伺服器溝通的，都能稱之為Web client。

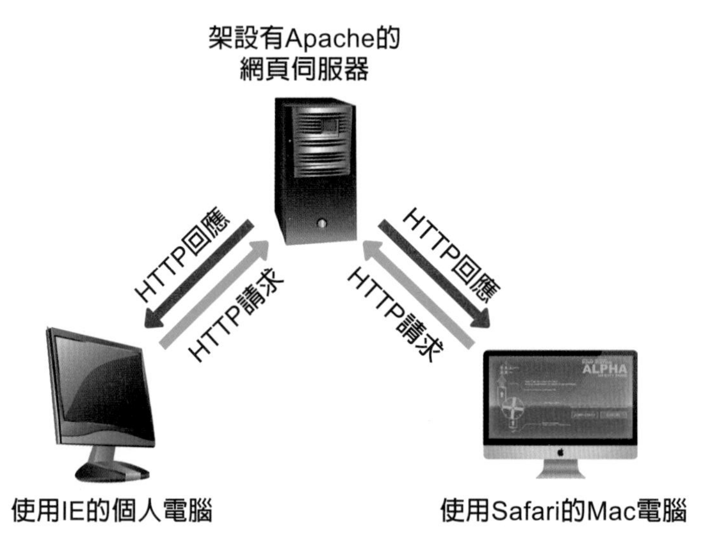


圖7-6　網頁的主從式架構示意圖

由於網頁生動活潑的呈現，所以現在很多網頁伺服器還會連接其他伺服器，以提供更多元的資料。舉例來說，一般公司的網頁伺服器可連結**資料庫伺服器**（database server），用來提供客戶資料、產品資訊，或者歷史新聞。各大入口網站，則會架設**郵件伺服器**（mail server），如7-1節所介紹。

另外，網頁伺服器還得提供一些更進階的功能，特別是網路安全相關的服務。譬如，如果該網頁涉及金錢上的交易問題，或者傳輸隱私資料，如住家地址、身分證字號等等，網頁伺服器就得提供**安全連線模式** SSL（Secure Sockets Layer），好讓連線使用者安心。另外，有些網站也會備有資料捕捉的功能，能夠記錄在什麼日期、什麼時間點、網路上的哪個位址請求連線，連線之後進入哪一個頁面、停留多久的時間，並整理成記錄檔（log），之後網站管理員就可針對記錄檔去分析使用者的行為，進一步改善網頁的設置，或者維護網站的安全。由於網路安全的部分本書另有專章詳細介紹，在此就不贅述。

## HTTP

如圖 7-6 所示，網頁伺服器和客戶端之間的聯繫是基於 HTTP（Hyper Text Transfer Protocol），而 HTTP 即是傳送網頁物件時所使用的通訊協定。在此請注意，此協定的前兩個英文字母「HT」，代表「hyper text」，這是因為網頁基本上是由超連結文字（hyper text）所構成。該格式的特性，是可以透過特定的**標籤**（tag）設定超連結，使文件之間可以相互連結。讀者熟悉的情境可能是：在網頁文件上看到特定關鍵字，如果關鍵字上有設定超連結，那麼點選該連結就可以將使用者導引到該超連結標籤所指定的網頁。

超連結除了可以設定在文字上，也可以設定在任何可以在網頁上呈現的物件，如圖片等。而超連結一律都是用 URL（uniform resource locator）來定址。舉例來說，臺灣 Yahoo! 網站首頁文件的超連結 URL 為「http://tw.yahoo.com/index.html」。透過此指令，網頁瀏覽器就會幫使用者向主機提出 HTTP 請求，然後進行網頁檔案的傳輸，再由瀏覽器顯示內容。

URL 字串中包括通訊協定（通常是 http，當使用者沒指定時，瀏覽器會自動補上）、主機名稱、檔案路徑及名稱等資訊，如圖 7-7 所示。因此，只要知道特定網路服務的超連結 URL，我們就可以將其輸入到瀏覽器的網址列，連接並使用該超連結所提供的服務與資源。

通訊協定 主機名稱 可省略的連接埠號 檔案路徑 檔案名稱

http:// www.abc.com :80 / product / list.html

圖 7-7 URL 的組成

針對 URL 中主機名稱的部分，我們可以利用網域名稱或是 IP 位址來指定。在第 6 章時，我們曾經提到，DNS 可以將網域名稱對應到它的 IP 位址，所以一般公司機關的主機，都會註冊容易記憶的名稱，使我們不需要背誦數字型態的 IP 位址。譬如說，我們要登入臺灣大學的首頁，我們只需輸入「http://www.ntu.edu.tw」，DNS 就會幫我們找到相對應的 IP 位址「140.112.8.130」，最後再依據網路位址去找到主機，以要求資料。

一般主機名稱都有一些規則可循。譬如，最前面都會使用「www」以便顯示是網頁伺服器；而結尾部分則顯示該機關的性質，舉例來說，「.com」對應到公司、「.edu」對應到學術機構、「.org」對應到非營利組織，而「.gov」則代表政府單位。我們把一些常見的型態列在表 7-2 中。

表 7-2　常見的主機名稱型態列表

| | | | |
|---|---|---|---|
| .com | 公司行號 | www.amazon.com | 亞馬遜網路書局 |
| .edu | 學術機構 | www.ntu.edu.tw | 臺灣大學 |
| .gov | 行政單位 | www.motc.gov.tw | 中華民國交通部 |
| .net | 電腦網路 | www.hinet.net | 中華電信 Hinet |
| .org | 組織基金會 | www.jtf.org.tw | 財團法人董氏基金會 |

## 網頁瀏覽器

如之前所述，HTTP 主要是以主從式的架構運作，而用戶端通常是透過**瀏覽器**（browser）查看網頁。也就是說，用戶端透過瀏覽器提供 URL，指定要存取的網頁伺服器主機，以及服務或是資源的路徑，使用 HTTP 協定連接上對應的網頁伺服器，等到瀏覽器收到伺服器的回應時，再依回應的情況，將內容正確地呈現給使用者。

在 1993 年以前，網路上所傳輸的資料，幾乎都是文字類型，直到第一個圖形化網頁瀏覽器 Mosaic 問世，使用者才能看到圖形化的資料呈現介面。1994 年，網景（Netscape）推出第一個商品化的瀏覽器 Navigator。

然而，自 1995 年微軟推出 Internet Explorer（IE）後（參見圖 7-8），由於 IE 是 Windows 作業系統內建的瀏覽器，它便迅速地併吞了網景的市場，成為最主要的瀏覽器。微軟已於 2022 年 6 月 15 日起就停止更新 InternetExplorer 瀏覽器，而自 2023 年 2 月 14 日起 IE 也不再能使用。全面轉向尊循 WWW 開發協定標準的 Edge 瀏覽器。而這個措施在 Windows 10（含）以上的作業系統更新 Edge 瀏覽器時，就會自動進行。

由於網景在市佔率上不敵 IE，1998 年，網景將其瀏覽器的原始碼公開釋出，並支援社群發展開放原始碼的網路瀏覽器。2003 年，Mozilla 基金會成立，並於 2004 年釋出 Firefox 1.0 瀏覽器。自此，瀏覽器和 WWW 技術便開始以更迅速的方式演進。而透過技術的標準化，也讓瀏覽器的環境不再是一家獨大，而轉變為百家爭鳴的多元市場。目前常用的瀏覽器，除了 IE 之外，還有 Chrome（參見圖 7-9）和 Safari（參見圖 7-10）。這些瀏覽器共同的特色都是在上方供使用者輸入網址，至於在功能和傳輸速度方面則各有差異。

圖 7-8　Windows 上的 Internet Explorer 瀏覽器

圖 7-9　Linux 上的 Chrome 瀏覽器

圖 7-10　Mac OS X 上的 Safari 瀏覽器

由於瀏覽器的便利性，它已經創造出一個通用的計算環境。也就是說，不論讀者是 Windows、蘋果、UNIX 甚至是手機系統的使用者，都可以透過瀏覽器這樣的平台，使用基於各種 WWW 技術所開發出來的應用。也因為使用者往往可以透過瀏覽器來操作平常網路上大多數的應用，更有廠商或是組織推出以瀏覽器應用為主的作業系統，如 Google 公司的 Chrome OS，以及 Mozilla 組織推出的 Firefox OS，如圖 7-11 所示。

圖 7-11　Firefox OS 系統介面：應用程式列表（左）；內建的瀏覽器（右）

# 7-4 ｜ WWW 相關應用

對於上網的第一印象，大多數的人想到的可能就是 WWW。也因為 WWW，才能讓網際網路所傳輸的資料能夠圖文並茂。WWW 網頁瀏覽也可以說是目前 Internet 上最多人使用的網路應用。接下來，我們就來看看哪一些服務可以透過 WWW 技術達成吧！

## 搜尋引擎

搜尋引擎大概是網路使用者最常用的服務之一。從前我們要查資料，立刻想到上圖書館，現在想要查資料，只要連上網路就行啦！但是，網路上的網站數量這麼多，資料這麼分散，查資料就像是大海撈針，要怎麼做才能找到想要查詢的資訊呢？這時候，我們就得使用「搜尋引擎」服務來幫助我們了。

搜尋引擎的使用方式很簡單：使用者輸入「關鍵字」，按下查詢後，搜尋引擎便依據關鍵字，找出與輸入的關鍵字最相關的網站出來。圖 7-12、圖 7-13、圖 7-14 展示的是幾個常用的搜尋引擎介面。讀者也可以感受到，不同業者提供的搜尋介面，風格差異是很大的！像 Google 和 Bing 的風格，就比較偏向簡潔的設計；而 Yahoo! 則是比較多元複雜的設計。

圖 7-12　Google 搜尋引擎介面

圖 7-13　微軟的 Bing 搜尋引擎介面

圖 7-14　Yahoo! 的搜尋引擎介面

搜尋引擎並不是找出越多頁面就越好。找出太多不相干的資訊，跟沒有找到東西，其實是差不多意思的。至於符合搜尋關鍵字的資料要按照什麼樣的順序呈現給使用者，那也是一門深奧的學問。各家搜尋引擎都有自己對於網頁內容與關鍵字之間的關係進行評分的演算法。到底哪一家的關鍵字搜尋可以做到快、狠、準，使用者可以多多試用，選擇符合自己口味的搜尋引擎。

當然，除了依賴搜尋引擎自行判斷外，使用者在輸入關鍵字時，也可以依據搜尋引擎提供的特別功能，調整查詢的關鍵字，以得到更精確的搜尋結果。

以 Google 為例的話，最基本的搜尋方式是輸入一連串的關鍵字。然而，如果有多個關鍵字時，可以用空格分開。如果限定要有特定關鍵字的話，可以在關鍵字前加上一個「+」號；如果要限定不要有某個關鍵字的話，可以在關鍵字前加上一個「-」號。如此，我們就可以縮小搜尋出來的結果範圍。

下次如果遇到初次見面的人，卻發現自己的底細被對方摸得一清二楚，先別急著慌張，也別急著猜忌他人是否雇用偵探刺探情報，很可能只是對方在見面之前，花不到一分鐘的時間搜尋了一下你的名字。這個我們日常上網的好幫手也是有可能會出賣自己，把自己透露在網站上的身家資料，讓人家一覽無遺呢！

## 即時通訊

讀者或許也有類似的經驗：使用電子郵件來連絡朋友雖然很方便，但好像沒那麼即時。郵件寄出去後，遲遲等不到回信的感覺，有時也令人感到不耐與焦急。直接打手機，雖然很即時，但如果事情不是那麼重要，想到要支出電話費用，好像也沒那麼必要。為了解決這樣的情境，於是就有「即時通訊」這種應用出現在網路上了。

最早的即時通訊軟體，可能是 1996 年由以一間以色列公司所開發的 ICQ（圖 7-15）。ICQ 是取英文 I Seek You（我找你）的諧音。ICQ 的每一個使用者以一組唯一的數字識別，就好像是電話號碼一樣。只要有對方的使用者代號數字，就可以進行即時訊息傳送、離線訊息、檔案交換，甚至進行遊戲互動等功能。

圖 7-15 ICQ

爾後，AOL（美國線上）和微軟也分別在 1997 年和 1999 年推出各自的即時通訊軟體：AIM 和 MSN（圖 7-16）。即時通訊軟體隨即進入百家爭鳴的時代。甚至因為使用者同時擁有多個不同系統上的即時通訊帳號，也出現了許多單一用戶端程式可以同時登入多個不同系統帳號的用戶端，如 Mac OS 上的 Adium、支援多種作業系統的 Pidgin，以及 Trillian 等等。

圖 7-16 MSN

隨著技術的演進，即時通訊軟體也愈來愈多元。除了需要下載安裝的版本外，也有許多業者提供 WWW 介面的即時通軟體。使用者不用安裝用戶端，就可以直接登入網站使用。而網路大亨如 Google 和 Facebook，也都有自己的 WWW 介面即時通訊機制。使用者毋需安裝額外程式，就可以直接透過瀏覽器傳遞訊息，甚至使用語音及視訊功能。此外，即時通訊軟體不僅可以傳文字和圖片，它們也漸漸侵蝕語音通話市場。像大家都熟悉的 Skype 和 Google Chat，除了一般即時通軟體的傳輸功能外，還支援語音和視訊通話。

近年來，隨著如手機、平板電腦之類行動裝置的普及，更有針對行動裝置推出的即時通訊軟體，如 Line、WhatsApp，以及 WeChat 等等（圖 7-17）。各有各的特色，像是 Line 的可愛貼圖、WhatsApp 的簡潔、WeChat 的語音留言訊息，都很受到使用者的歡迎！

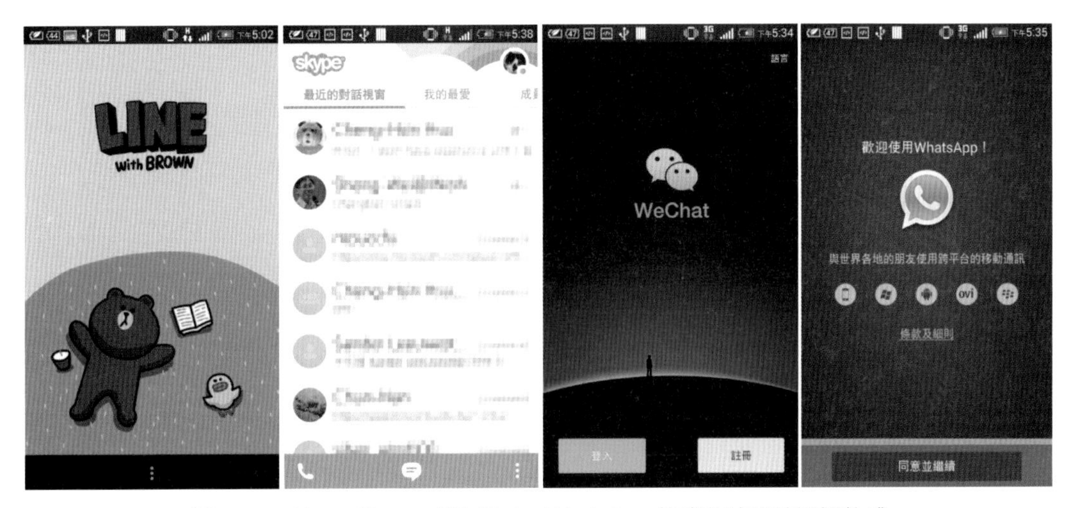


圖 7-17　Line、Skype、WeChat、WhatsApp 等流行的即時通訊軟體

## 網路遊戲

很多人上網可能是為了消磨時間，而消磨時間最輕鬆的方式之一，就是玩遊戲啦！早期的數位遊戲多半是單機版的個人遊戲，透過遊戲機或是個人電腦進行。然而，「獨樂樂不如眾樂樂」，玩遊戲當然要大家一起玩才好玩！

古時候，如果要多人一起玩遊戲，那麼就得把朋友請回家，然後擠在電視機或是電腦前面搶鍵盤或搖桿。而到了網路這麼發達的時代，大家就不用這麼辛苦了！要找人一起玩遊戲，不管是好朋友或是陌生人，上網就行了！而這也就是現在大家都熟知的網路遊戲。

早期的網路遊戲大多是在區域網路內進行。幾台電腦各自安裝遊戲程式，然後透過區域網路連接起來，不論是益智遊戲、即時戰略，或是第一人稱射擊，玩家們可以透過網路看到彼此，進行激烈的廝殺！隨著技術的進步，玩家更可以透過 TCP/IP 協定跨越 Internet，和地球彼端的玩家一同進行遊戲。遊戲玩家熟知的魔獸世界（World of Warcraft，WoW），或是英雄聯盟（League of Legends，LoL），都是屬於大規模的網路遊戲，或是稱為**線上遊戲**（online game）。

先前提到透過 WWW 技術，幾乎日常生活所有的網路應用都可以在 WWW 上實現。而線上遊戲也不例外。早期許多網路上的小遊戲透過 Flash 技術來實現。而隨著 WWW 標準的發展，利用較新穎的技術，如 HTML5（新的 HTML 標準）、WebSocket（允許 WWW 網頁建立一般的網路連線）、WebRTC（允許 WWW 用戶端之間直接通訊）、WebGL（在 WWW 網頁上呈現 3D 畫面）等等，再配合用戶端上的 JavaScript 語言，許多多媒體的應用都可以在僅僅使用瀏覽器、不安裝其他外掛插件（plug-in）的情況下實現。

圖 7-18~ 圖 7-22 展示了幾個利用上述技術實現的範例應用程式。當然，這些新的技術可能需要最新版、甚至開發中的瀏覽器才得以支援，讀者的瀏覽器不見得都可以運行。但隨著新技術的普及，有朝一日，用 WWW 技術在實現一切網路應用的世界已經愈來愈近了呢！

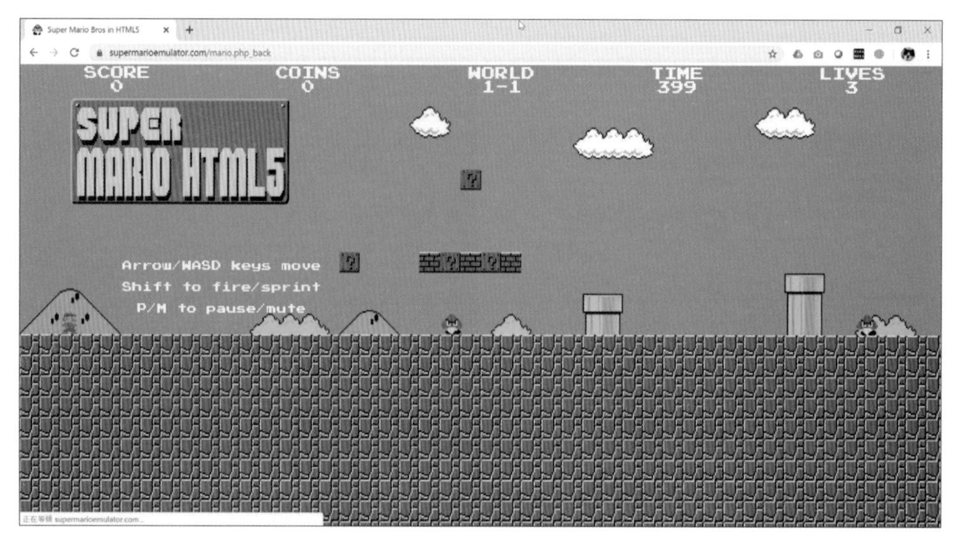


圖 7-18 用 HTML5 實現的經典版「超級瑪莉歐」遊戲。讀者可上網搜尋「super mario bros html5」，便可找到許多網路上的其他實作。( 參考網址 https://supermarioemulator.com/mario.php_back。)

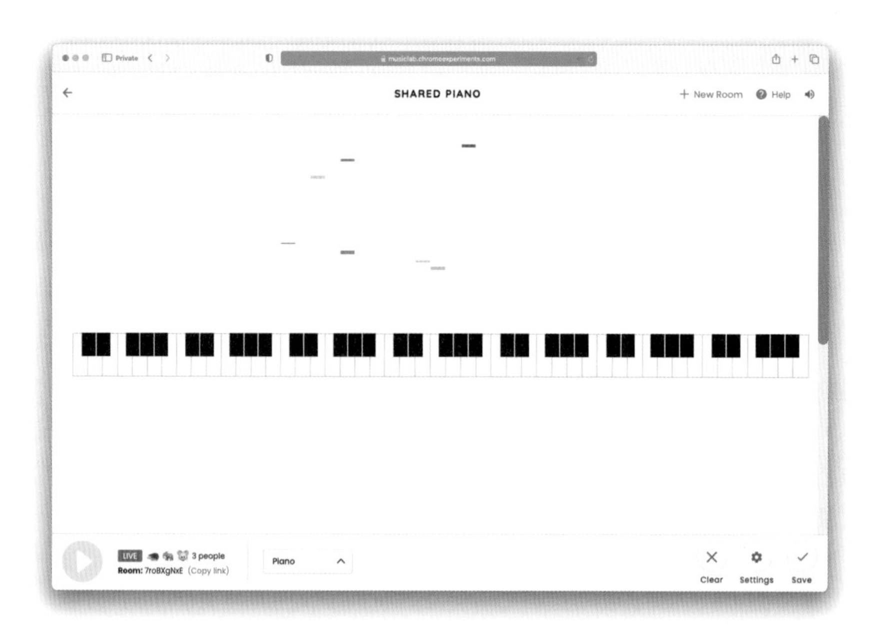


圖 7-19 Google 推出的 Shared Piano 遊戲。玩家可以透過瀏覽器共享鋼琴，進行有趣的「多手」聯彈（https://experiments.withgoogle.com/shared-piano）

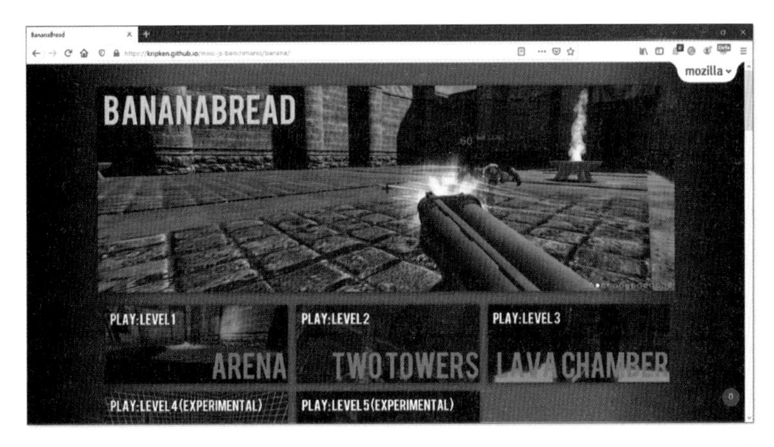

圖 7-20　Mozilla 上實做的第一人稱射擊多人線上遊戲。用 WebGL 技術也可以在瀏覽器裡實現 3D 遊戲（https://kripken.github.io/misc-js-benchmarks/banana/）。在全螢幕畫面下，幾乎感覺不到這是用瀏覽器做的遊戲

圖 7-21　用 JavaScript WebGL 函式庫實現類似 Minecraft 的場影展示（參考網址：https://threejs.org/examples/webgl_geometry_minecraft.html）更多在瀏覽器中運作的 3D 範例可以在 https://threejs.org/examples/ 這個網址中找到

圖 7-22 使用 WebRTC 實現的乒乓球對戰遊戲（https://experiments.withgoogle.com/cube-slam）。二個玩家可以使用各自的瀏覽器，進行對戰

## 影音分享

除了玩遊戲之外，看影片和聽音樂也是網路上重要的休閒娛樂之一。當然，網路使用者也不能錯過這麼重要的應用！古時候想要看影片，除了到電影院外，第二選擇就是到錄影帶或是 DVD 出租店去租片了。

而今日網路發展如此蓬勃、頻寬建設如此普及，再配合瀏覽器技術的成熟，網路使用者只要打開瀏覽器，網路上就有各式各樣的影音服務可供選擇。也因為這樣，現今網路上的流量也被大量的影音資料傳輸所佔據！

YouTube 大概是讀者最熟悉的影音服務網站之一了。YouTube 於 2005 年初成立。一開始，它提供網路使用者將自己拍攝的影片放置在其網站上，與朋友分享。2006 年底，YouTube 被 Google 收購，繼續以 YouTube 之名營運，其規模也愈做愈大。現在，除了朋友間分享的影片外，YouTube 上提供的影片也愈來愈多元。小至隨拍的影片、廣告片段、歌曲 MV；大至卡通、影集、電影以及線上直播的節目等等，都可能在 YouTube 網站上找到。

除了 YouTube 這一類主要由使用者提供的影音內容外，透過網路，觀賞由電視或電影廠商提供的影音服務也十分常見，如美國知名的網站 NETFLIX 以及 HULU，或是臺灣中華電信的 MOD 服務等等。這一類型的網路服務，讓使用者可以在線上訂閱想要看的影片或節目，然後再透過網路，將影片內容以串流的方式傳送給使用者。而觀賞影片的裝置也不再受限於電腦，只要可以連接網路、具有基本播放影音的裝置，使用者就可以透過電影、平板電腦、手機、機上盒、遊戲機，甚至直接使用電視，就可以連上這些服務觀賞影片。然而，由於影片授權的關係，這種類型的網站大多只有針對特定地區提供服務。比如說，NETFLIX 和 HULU（圖 7-23）初期主要是針對美國境內的使用者提供服務。NETFLIX 已經於 2016 年 1 月起開始提供服務給在臺灣的使用者。

圖 7-23　NETFLIX 和 HULU 的首頁

## 社群網路服務

所謂「在家靠父母、出外靠朋友」，可見交朋友、和朋友連絡感情，一直以來是多麼重要的一件事。而在網際網路的時代，交朋友的方式也受到網路技術進步而有了重大的改變！

相信讀者可能都有接觸過 Facebook，或是看過「社群網路」這部電影。Facebook 可能是目前網際網路上最大的社群網站。社群網路服務提供一個平台，讓使用者可以在這個平台裡，與其他的使用者建立關係（成為朋友），一起互動。

在社群網路的平台裡，使用者和使用者之間，可以進行各式各樣的互動，例如交談、視訊、玩遊戲等等。而透過社群網站，使用者也可以更容易地了解朋友們的近況。

當然，除了以聯絡感情為主的 Facebook 外，也有各式各樣不同訴求的社群網站。像是主打圖片分享的 Instagram、以建立工作關係網路為主的 Linked in、以即時消息分享為主的 X（原 twitter）、以及整理分享網上資訊的 Pinterest 等等（圖 7-24）。

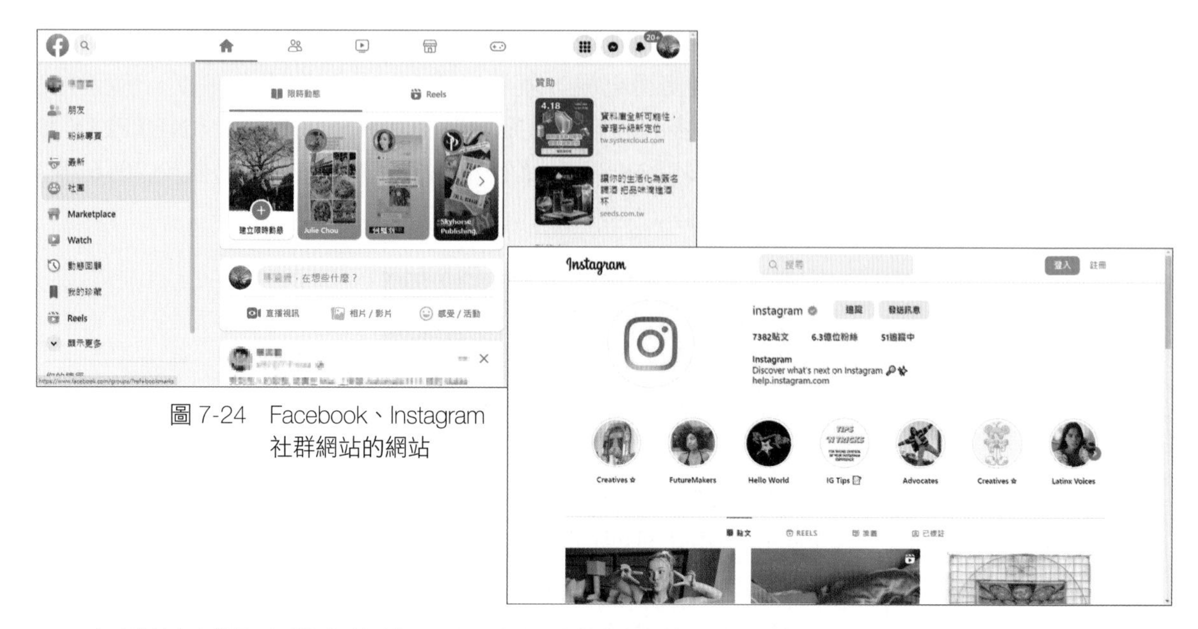


圖 7-24 Facebook、Instagram 社群網站的網站

如果使用者細心觀察的話，可以發現這些網路的內容，有許多都是由使用者提供的。這和傳統主要由伺服器架設人員提供內容的方式有所不同，而這也是所謂 Web 2.0 的最佳實踐。

Web 2.0 並不是一個規格或是技術標準，它是一種觀念。所謂 Web 2.0 指的是：網站上的內容主要是透過使用者參與而產生。將人與人之間的分享及互動，透過 WWW 技術呈現在網站上，以建立更豐富多元，以人為本的網站內容。當然，除了社群網路外，先前提到的許多網路服務，如 YouTube、或是讀者熟悉的 Wikipedia 百科全書、各式各樣的部落格，都是以 Web 2.0 這個觀念來設計的服務呢！

## 網路儲存

網路儲存也是現代使用者非常依賴的網路應用之一。備份資料一直以來都是一件十分困擾使用者的議題。燒成光碟片既不易保存，也有使用年限；備份在硬碟裡則是成本高昂。尤其如果使用者有多台裝置，除了保存和備份的問題外，要讓不同的裝置可以共享檔案，又更加麻煩了！而網路儲存，甚至今日讀者們熟悉的雲端儲存，就解決了上述的所有問題！

網路儲存的基本想法就是：檔案不要放在本機電腦裡，而是透過網路，將資料存放在網路上的某一台主機裡。早期可以透過**檔案傳輸協定**（File Transfer Protocol；FTP）來備份資料；或是使用像**網路檔案系統**（Network File System；NFS）以及**網路上的芳鄰**（network neighborhood）[1] 來直接存取網路主機上的檔案。我們也常稱這些以備份儲存為主要功能的主機為「檔案伺服器」。

1. 「網路上的芳鄰」是在 Windows 作業系統裡的稱呼。它底層使用的通訊協定其實是 SMB（server message block）或稱為 CIFS（common Internet file system）。

而在雲端運算流行的今日，許多網路服務提供者也提供所謂雲端儲存的服務。也就是說，使用者不需要自行架設檔案伺服器，只要申請一個免費或是付費的雲端網路儲存帳號，就可以把自己的檔案全部交給 Internet 上的雲端儲存服務保存。而這些雲端儲存服務除了自動備份資料外，也提供自動同步的功能。所以，同一位使用者的各種裝置，都可以使用同一個服務，看到相同的檔案。常見的雲端服務提供者有 Dropbox、Google Drive、Microsoft OneDrive（原本叫做 SkyDrive）等等。

當然，除了基本的儲存和同步功能外，雲端儲存還有許多其他的功能，如版本控管、線上檢視，甚至有一些雲端儲存服務還提供線上編輯功能。所以，使用者可以透過這種方式，與其他使用者同時在網路上一起進行文件的編輯和創作！雲端儲存通常都會有容量限制，而每一家的限制也有所不同，使用者可以依自己的喜好，選擇慣用的服務提供者。

# 7-5 ｜ 網頁製作

網頁是由**超文本標記語言**（Hyper Text Markup Language；HTML）所撰寫而成。所謂 Hyper Text，指的是超連結文字，它是一種文件格式，使得文件之間能夠相互連結。譬如說：我們在某一份文件上看到特定關鍵字，如果關鍵字上有超連結，就能夠帶我們跳到設定為該字的超連結頁面。或者是點選某個圖片，也能夠跳到另一個檔案。

除了超連結的功能，HTML 語言也定義了許多**標籤**（tag），以指示瀏覽器如何呈現頁面。早期微軟的 Office 系列軟體中，有 FrontPage 軟體供我們編撰網頁，但是配合 Office 2007 後，整個文件儲存格式的大幅更動，現在微軟已經不提供 FrontPage，而另行提供 Expression Web 軟體[2]，以便製作專業的網頁。但是，格式簡單的網頁，仍可在 Word 中先製作成一般文件，然後直接存成網頁格式。另一方面，Adobe 公司的 Dreamweaver 或是開放原始碼的 BlueGriffon 也是很多人愛用的專業網頁製作軟體。在本節中，我們不介紹特定的軟體，而直接介紹 HTML 語言中基本的標籤功能，如此，即便使用最基本的純文字編輯軟體，如 Windows 中的「記事本」，也可以製作出基本的網頁。

HTML 中大部分的標籤都必須成對，也就是指一個開始標籤必須對應到一個結束標籤。開始標籤的左右分別以「<」及「>」框起來。結束標籤則在「<」之後多加一個斜線，形成「</...>」。一般網頁會在最開頭寫著 <HTML>，用來宣告網頁的開始；然後中間是網頁的撰寫；最後再以 </HTML> 表示 HTML 檔案結束。值得注意的地方是，標籤中的字並不需要區分大小寫，可以全用大寫、小寫，或者兩者混用。

2. Expression Web 已於 2012 年後就未再更新。

以下我們介紹如何撰寫一個自我介紹網頁。首先，我們利用「記事本」或 Word 輸入如圖 7-25 的文字，然後將檔案儲存並命名為「bio-1.html」。請注意，副檔名「html」標示此份檔案的類型為網頁格式。

```
<!-- ====================================== -->
<!—2014/02  第一版自我介紹          -->
<!-- ====================================== -->
<HTML>
<HEAD>
<TITLE> 歡迎大家參觀李小花的自我介紹 </TITLE>
</HEAD>
<BODY>
大家好，我是李小花
</BODY>
</HTML>
```

圖 7-25　網頁檔案範例之一（bio-1.html）

將「bio-1.html」以瀏覽器開啟，即可看到如圖 7-26 的畫面，裡面只包含一行簡單的文字敘述。而這份文件中所使用的幾個標籤，其功能條列於表 7-3 內。

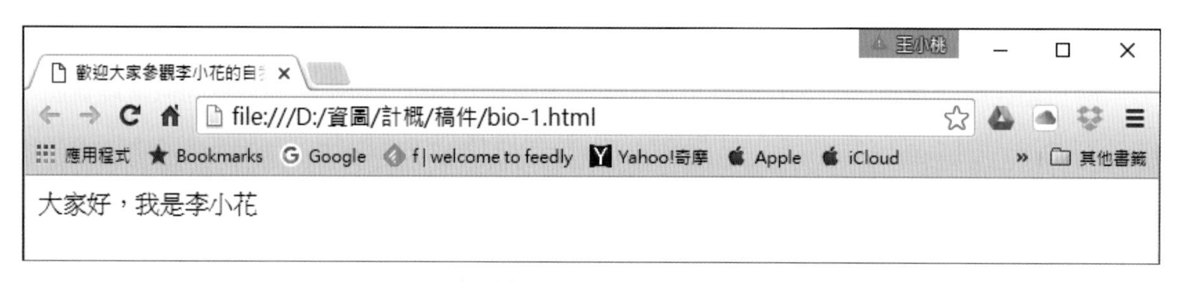


圖 7-26　由瀏覽器觀看第一版 HTML 文件頁面

表 7-3 文件 bio-1.html 中所使用到的標籤

| 標籤 | 功用 |
|---|---|
| <HTML>...</HTML> | 宣告此文件為 HTML，讓瀏覽器能夠判讀，並且在文件結尾處以 </HTML> 標註，宣告 HTML 文件結束。 |
| <HEAD>...</HEAD> | 標籤內的內容為 HTML 文件的檔頭，也就是檔頭內的內容不屬於 HTML 的文件本體，檔頭內放的是定義文件中需要特別處理的一些宣告，也有可能是 JavaScript 的原始碼。 |
| <TITLE>...</TITLE> | 說明 HTML 文件標題，使用瀏覽器觀看這份文件時，TITLE 標籤內的文字將呈現在瀏覽器最上方的標題欄內。 |
| <BODY>...</BODY> | 宣告文件的主體，也就是 HTML 文件的重點所在。 |
| <!-- ... --> | 註解標籤，用以表示註解標籤內之文字為註解之用，並不會呈現在瀏覽器上，通常是用來幫助自己或其他閱讀原始碼的人了解每一段落的功用所寫的說明。 |

接下來我們嘗試一些具有排版功能的標籤，以便讓整個網頁看起來更為漂亮。我們所要使用的標籤及其功能如表 7-4 所示：

表 7-4 文件 bio-2.html 中所使用到的標籤

| 標籤 | 功用 |
|---|---|
| <Hx>...</Hx> | 標題，x 是 1-6 的數字，用以表示不同的層次。 |
| <P>...</P> | 宣告一個段落的起訖，瀏覽器在閱覽時，會在段落結束後加一空白行。 |
| <BR> | 換行標籤，注意此標籤並不是成對使用。 |
| <I>...</I> | 斜體。 |
| <B>...</B> | 粗體。 |
| <U>...</U> | 文字加底線。 |
| <FONT SIZE=N COLOR=#VALUE>...</FONT> | 設定字體的大小及顏色，其中顏色的設定為調色的方式，以六個 16 進位的數字表示，順序為紅綠藍（RGB），因此正紅色就以 FF0000 表示、正綠為 00FF00、正藍為 0000FF，其他不同的顏色，就依照三色的比例分配去調配設定。 |
| <CENTER>...</CENTER> | 文字置中對齊。 |
| <MENU>...</MENU> | 選項清單。 |
| <LI> | 項目名稱，搭配 <MENU> 標籤使用，每一個項目名稱的開頭以 <LI> 標註。 |

使用表 7-4 的標籤，我們撰寫出如圖 7-27 的 HTML 範例，不過提醒大家的是，此範例只是為了呈現效果而套用標籤，整個 HTML 呈現的效果並不符合專業的排版原則。

```
<!-- ====================================== -->
<!-- 2014/02  第二版自我介紹        -->
<!-- ====================================== -->
<HTML>
<HEAD>
<TITLE> 歡迎大家參觀李小花的自我介紹 </TITLE>
</HEAD>
<BODY>
<CENTER>
<H1><FONT COLOR = #FF0000>~ 一個活潑可愛的女孩 ~</FONT></H1>
</CENTER>
<H2> 李小花的自我介紹 </H2>
<P>
<H3> 個人資料 </H3>
<B> 姓名 </B>: 李小花 <BR>
<B> 性別 </B>:<I> 女 </I><BR>
<B> 生日 </B>:<U>1987.1.1</U><BR>
<B> 學歷 </B>:
<MENU>
<LI> 新生幼稚園
<LI> 健康國小
<LI> 希望國中
<LI> 快樂高中
</MENU>
</P>
<P>
<H3> 留言 </H3>
我是一個很開朗活潑的女孩，很高興能跟大家認識，希望能和大家成為好朋友 <BR>
</P>
</BODY>
</HTML>
```

圖 7-27　網頁檔案範例之二（bio-2.html）

使用瀏覽器將「bio-2.html」開啟，即可看到如圖 7-28 的畫面。請注意「~一個活潑可愛的女孩~」這幾個字，由於「H1」標籤和「CENTER」標籤的效果，字體最大且放置於網頁中央，紅色字體則是透過 FONT 標籤所設定。

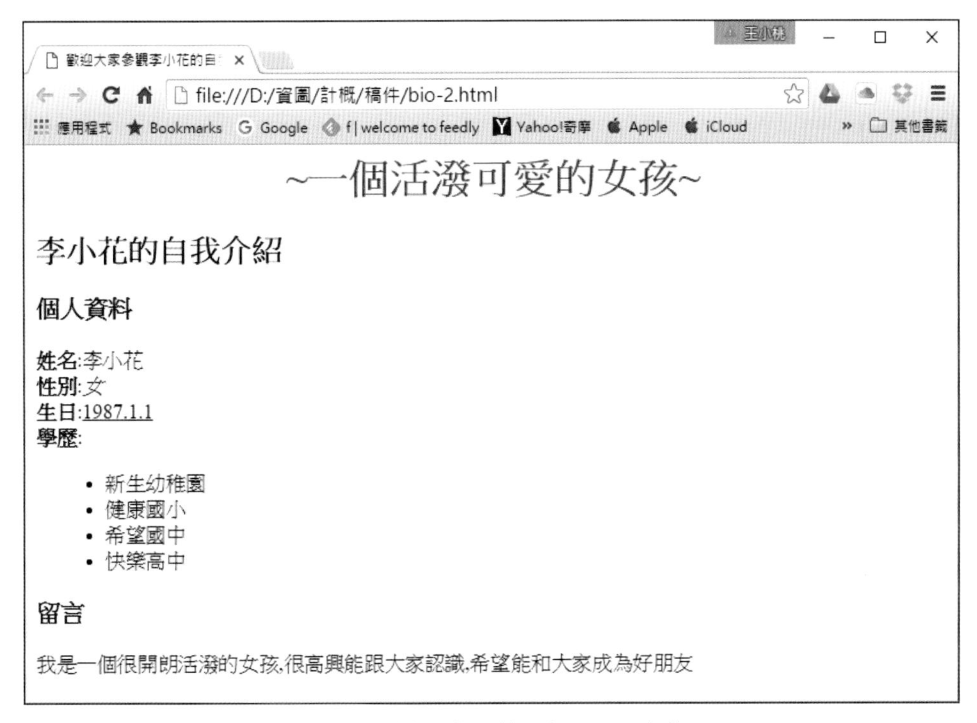


圖 7-28　由瀏覽器觀看第二版 HTML 文件頁面

接下來我們學習如何放入圖片以美化網頁。插入圖片所使用的是 <IMG> 這個標籤，<IMG> 只有開始標籤而沒有結束標籤，當瀏覽器讀到這個標籤時，會知道這是一張圖片，並且根據後面的屬性設定，完成圖片的展示。此標籤可以設定的屬性一共有七個，如表 7-5 所列：

表 7-5　標籤 <IMG> 的七個屬性

| 屬性 | 說明 |
|---|---|
| WIDTH | 設定圖片顯示時的寬度，以 pixel 為單位，WIDTH=200 表示設定圖片顯示時，寬度為 200 pixels，如果原本的圖片寬度超過設定值，則圖片會遭到壓縮。此屬性若不設定，則顯示時採用原始檔案的寬度。 |
| HEIGHT | 設定圖片的高度，與 WIDTH 屬性的概念相同。 |
| HSPACE | 設定圖形在瀏覽器中顯示的水平位置，同樣以 pixel 為單位，譬如 HSPACE=50，表示圖形左右兩邊各空出 50 pixels。預設為 0。 |
| VSPACE | 設定圖形在瀏覽器的垂直位置，概念與 HSPACE 相同。 |
| BORDER | 設定圖片外框的厚度，以 pixel 為單位，預設為 0。 |
| ALIGN | 圖片對齊方式，可設為 Top、Bottom、Middle、Right、Left 等。 |
| ALT | 當瀏覽器的圖片自動載入功能關閉時，將以 ALT 屬性內的文字取代圖片的顯示。 |

最後我們學習如何建立超連結。建立超連結可以使用錨（anchor）標籤 <A> 及 </A>，欲連結的超連結位址則寫在標籤內的 HREF 屬性當中。假設「快樂高中」網站的 URL 為「http://www.happyschool.edu.tw」，如果我們希望在「快樂高中」字樣上產生超連結，使得他人可以透過點選「快樂高中」字樣即連結到快樂高中的首頁，則我們可以在「快樂高中」這幾個字前後加入錨標籤，如下所示：

```
<A HREF="http://www.happyschool.edu.tw"> 快樂高中 </A>
```

修正 bio-2.html 加入圖片顯示和超連結的功能，完整的原始碼如圖 7-29 所示：

```
<!-- ====================================== -->
<!—2014/02  第三版自我介紹          -->
<!-- ====================================== -->
<HTML>
<HEAD>
<TITLE> 歡迎大家參觀李小花的自我介紹 </TITLE>
</HEAD>
<BODY>
<CENTER>
<H1><FONT COLOR = #FF0000>~ 一個活潑可愛的女孩 ~</FONT></H1>
</CENTER>
<H2> 李小花的自我介紹 </H2>
<IMG SRC="flower.jpg" ALIGN=RIGHT HEIGHT=200 WIDTH=200>
<P>
<H3> 個人資料 </H3>
<B> 姓名 </B>: 李小花 <BR>
<B> 性別 </B>:<I> 女 </I><BR>
<B> 生日 </B>:<U>1987.1.1</U><BR>
<B> 學歷 </B>:
<MENU>
<LI> 新生幼稚園
<LI> 健康國小
<LI> 希望國中
<LI><A HREF="http://www.happyschool.edu.tw"> 快樂高中 </A>
</MENU>
</P>
```

圖 7-29　網頁檔案範例之三（bio-3.html）

```
<P>
<H3> 留言 </H3>
我是一個很開朗活潑的女孩，很高興能跟大家認識，希望能和大家成為好朋友 <BR>
</P>
</BODY>
</HTML>
```

圖 7-29　網頁檔案範例之三（bio-3.html）（續）

以瀏覽器將「bio-3.html」開啟，則可看到如圖 7-30 的畫面。

圖 7-30　由瀏覽器觀看第三版 HTML 文件頁面

最後要提醒大家的是，其實我們在瀏覽器就可檢視網頁的原始碼。通常在瀏覽器的功能選項中點選「**檢視**（view）」，然後選擇「**原始檔**（source code）」，就可以看到該網頁是怎麼寫出來的。

網頁設計的方式隨著時代的演進，也有許多變革。在 HTML 新標準的推行之下，除了導入新的語法標籤之外，針對於網頁的內容和呈現方式也提供「分離式」的設計概念。所謂「分離式」的設計概念是將內容維持以 HTML 標籤的方式組成，而呈現方式則可以透過內含或是外部的 CSS（Cascading Style Sheets）樣版的方式描述。如此一來，同樣的網頁內容套上不同的 CSS 樣版，就可以有不同的呈現。讓網頁設計可以更有彈性！

我們同樣以 HTML 網頁檔案範例三（圖 7-29）為例，我們可以先針對該範例打造一個外部的CSS樣版，如圖7-31所示，並將其保存至檔案中（範例中的檔名為bio-3.css）。在圖7-31的範例中，我們透過 CSS 的語法可以指定 HTML 標籤各個不同的屬性（property）。如標籤所使用的字體（如微軟正黑體）、前景及背景顏色（如深灰色、藍色、紫色等）、物界裝飾（如外框和底線）、版面設計（如邊界大小）、甚至特殊效果（如圓邊和陰影）等等。CSS 的語法十分強大，有興趣的讀者可以參考 W3C 的相關標準文件（https://www.w3.org/Style/CSS/specs.en.html）。

```
body {
    width: 80%; margin-left: 10%;
    font-family: 微軟正黑體, Heiti TC, Hei;
    vertical-align: middle;
}

h1 {
    padding: 4pt 16pt; border: 1pt solid darkgray;
    background-color: lightgray;
}

h2 {    display: inline-block; }

h3 {    text-decoration: underline; color: blue; }

menu {  margin-left: 240px; }

img {
    float: left; margin-left: 16pt; margin-right: 24pt;
    margin-bottom: 200pt;
    box-shadow: 5px 5px 5px magenta;
    border-radius: 25px;
}
```

圖 7-31　針對網頁檔案範例三設計的範例 CSS 樣版（bio-3.css）

完成 CSS 樣版的設計後，接下來只要修改原本的網頁檔案範例三，在 <HEAD> 標籤後指定載入CSS樣版的語法，如圖7-32所示，瀏覽器就會載入放在指定路徑下的樣版。以圖7-32為例，我們要載入的是同一個目錄下，檔名為 bio-3.css 的樣版。而經過如圖 7-31 的樣版重新呈現後，便可以得到如圖 7-33 的輸出。

```
<HEAD>
<LINK REL="stylesheet" TYPE="text/css" HREF="bio-3.css"/>
<TITLE> 歡迎大家參觀李小花的自我介紹 </TITLE>
```

圖 7-32　在原始網頁檔案範例三中，新插入的載入樣版標籤（圖中紅字所示）。

圖 7-33 套上 CSS 樣版的結果，可以和圖 7-30 比較一下喔～

## 資訊專欄 線上課程的雲端漫步體驗

疫情期間，實體課程全面改為線上，發生了諸多不可思議的事件。

國外某大學的一門課程裡，有位修課學生在學期中不幸意外死亡，教授得知後感傷不已。更令教授難過的是，該生直到期末仍持續繳交作業，甚至連加分題也努力完成。調查顯示，該生將上課的帳號密碼都給了外包網站的槍手，付費後的履約保證就是包辦課程大小事，並取得優良的修業成績。

另有一所大學的某門課程裡，有位修課學生在學期中寫信向授課教授提問，不料竟收到一篇自動回覆的悼文，這才發現教授音容宛在，兩年前已亡故，讓該生嚇得目瞪口呆。為了使課程順利進行，該門課另外安排一位掛名教授，以及兩位批閱作業及試卷的助教。「老師不死，只是重播」，不知已故教授的鐘點費如何計算？修課學生只能透過靈媒與教授對談，學費是否應該打折？

怪事無處不在，說不定當下地球的某個角落，有位已故學生正在修習一位已故老師的課，大家屢見不鮮，或許就見怪不怪了。

最近有位學生告訴我，他的課程期末評量方式五花八門，包括線上分組報告、期限內上傳書面報告和試卷答案、線上限時作答等。為了防弊，線上考試另訂不少規範，有的要求顯示電腦網址的地理位置，有的要求開啟鏡頭並核對身分，有的大班課程開啟鏡頭後還會分組，再由各個助教監考。面對各式各樣的期末線上評量，不知莘莘學子是否都備有適足穩定的視訊設備、網路流量及應試空間呢？

無論如何，線上監考總如霧裡看花，終隔一層。為了避免鏡頭死角，有時還會要求鏡頭全景掃描，或者開啟多個鏡頭，從不同角度照見考生的一舉一動，但如此一來，考生將暴露大量的個人隱私。更具爭議的是使用線上監考軟體，它除了側錄考生電腦上的執行程序，也以人臉辨識技術驗明正身，並在考試進行時觀測考生眼神、臉部和肢體動作、周遭環境變化等，若有異常現象，再由軟體自動判讀是否作弊。

當線上監考軟體標注學生涉及舞弊時，到底該相信監考軟體，或是作答學生呢？實境關注的楚門世界，會不會演變成各說各話的羅生門情境呢？影像辨識軟體是否存在種族、性別、年齡等偏差呢？監考軟體蒐集的個資若管理不當，是否危及學生權益呢？

線上課程的利弊得失見仁見智，師生來去匆匆，足跡如幻似真，難免走過路過又錯過。但願未來師生能逐步在雲端裡，探索出彼此頻率相通的交流頻道。

趙老 於 2022 年 6 月

資訊專欄

跨越時空的魚雁往返

https://tinyurl.com/tc94f9h7

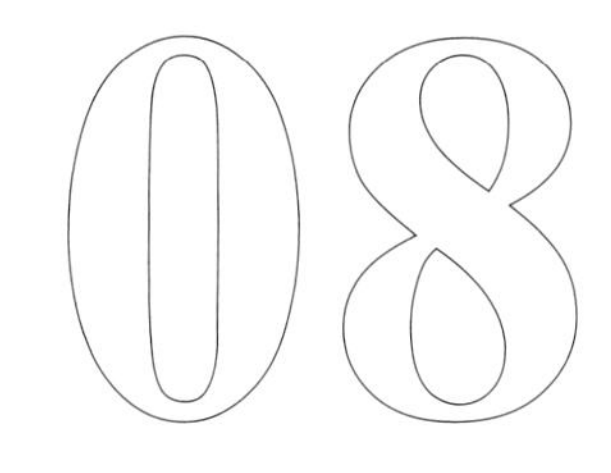




# 網路安全

0 1 0 0 0 0 0 1 1 0 1 1 0 1 0 0 0 1 1 0 0 0 0 0 0 0 0 0 0 0 0 0

網路安全是保障資訊系統及資料不受未經授權的存取或損害的一門重要領域。在學習網路安全時，我們首先需要了解 CIA 的基本原則，即機密性、完整性和可用性。這些原則指引著我們在保護資料和系統時應該考慮的重要因素。

加密是網路安全中的重要工具，我們需要了解加密和解密的基本概念，以及對稱式和非對稱式密碼系統之間的差異。對稱式密碼系統使用相同的密鑰進行加密和解密，而非對稱式密碼系統則使用不同的公鑰和私鑰進行操作。

在了解這些基本概念後，我們需要深入研究對稱式和非對稱式密碼系統的演算法設計，以及常見的對稱式和非對稱式演算法。這將有助於我們更好地理解如何實現安全的資料傳輸和儲存。

此外，我們還應該瞭解資料完整性的概念，以及如何使用數位簽章和非對稱式公開金鑰管理來確保資料的完整性和真實性。除了保護資料的安全性，我們還需要關注系統的可用性。這意味著我們需要識別並防止各種網路攻擊，並採取相應的防護措施，以確保系統能夠持續運行並提供服務。

# 8-1 | 資訊安全的基本原則

美國國家標準技術局（National Institute of Standards and Technology，NIST）在它們的電腦安全手冊文件中訂定，所謂的電腦安全必須針對資訊系統的資源提供**資料機密性**（confidentiality）、**資料完整性**（integrity）以及**系統可用性**（availability）的三種保護。而這也就是常見的 CIA 原則，也常常以圖 8-1 示意。所謂資料機密性旨在防止未經受權的第三者取得資料；資料完整性旨在避免資料遭到竄改；而系統可用性旨在確保資料可以可靠即時地取得。

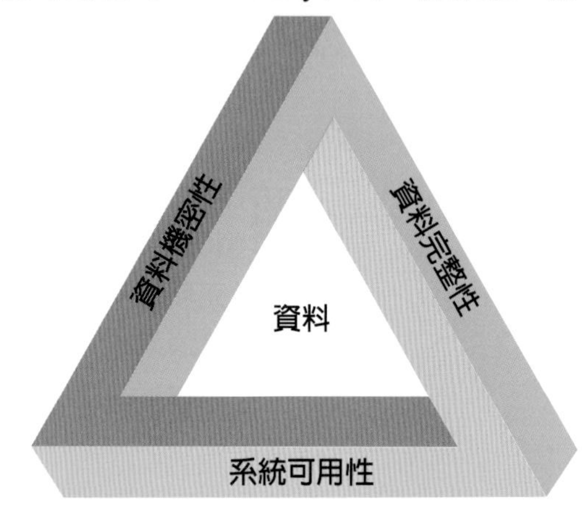

圖 8-1　常見的資訊安全需求原則的示意圖

雖然依據 CIA 原則所訂定的安全目標而建立的資訊安全建設已算完善，但研究人員常常認為光是這樣還不夠。除了這三個原則外，研究人員也提出了其他的需求像是**信賴性**（authenticity）以及**究責性**（accountability）。所謂信賴性是指資料本身或是資料的來源是可以被驗證的。而究責性則是確保資料的**不可否認性**（nonrepudiation）並提供可靠的紀錄。當資訊安全事件發生時，可以依據紀錄追溯出應負責的個體。在本章裡，我們將針對最基本的 CIA 原則進行說明。而就信賴性、究責性或是資安研究人員提出的其他原則，有興趣的讀者可以在資訊安全的專業書籍上得到更深入的說明。

# 8-2 | 資料機密性

資料機密性主要確保資料只有被授權的使用者可以取得。不論是存放在儲存媒介裡或是透過網路傳輸來交換資料。而要確保資料機密性通常是透過**加密**（encryption）的方式來進行。加密會把原本可以直接讀取的資料加以處理，轉換為另外一種無法直接讀懂的方式呈現。而只有知道**密碼**（password，或是 key）的使用者，才可以透過**解密**（decryption）的過程，取得原始的資料。讀者可以想象資料加密就好像是把東西鎖進箱子裡，只有擁有箱子「鑰匙」（密碼）的使用者，才可以把箱子打開，看到箱子裡的東西。如果不把箱子解鎖的話，那麼一般人只能看到箱子的外觀，看不到箱子裡面放的是什麼東西。

在網路安全的世界裡，資料加密可以分為二大類，一種是**對稱式金鑰**（symmetric key cryptography）的加解密演算法，而另一種則是**非對稱式金鑰**或是稱為**公開金鑰**（asymmetric key cryptography 或是 public key cryptography）的加解密演算法。簡單來說，這二者的差別是，對稱式金鑰的加解密演算法使用同一組密碼來進行資料的加密和解密；而非對稱式金鑰的加解密演算法使用二組不同的密碼，一組用來加密，而另一組用來解密。接下來，我們將針對這二種不同理念的密碼系統做簡單的介紹。

## 對稱式金鑰的加解密演算法

先前提到對稱式金鑰的加解密演算法在處理資料加密和解密時，是使用相同的密碼。在加密的過程中，我們常稱我們的原始資料為**本文**（plaintext），而加密出來的資料稱為**密文**（ciphertext）。而加密的演算法要做的工作就是將本文轉換為密文。其運作的流程概略上如圖 8-2 所示。

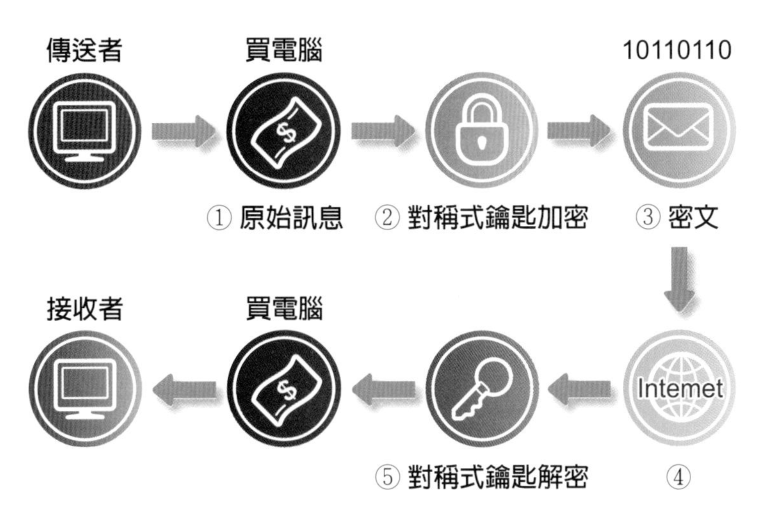


圖 8-2 對稱式加密流程示意圖

我們先從一個簡單的例子來說明。傳說過去凱撒（Caesar）大帝在南爭北討時，為了讓傳遞的訊息不被敵軍識破，採用了一個「向左移三個字母」的加密方法，如圖 8-3 所示。所以如「ATTACK AT DAWN」的訊息，經過加密後，就變為「XQQXZH XQ AXTK」。在這個例子裡，我們的目標是把原始訊息，或稱做**本文**（plaintext），加密為**密文**（ciphertext）。使用的演算法是「凱撒加密法」。而加密所使用的密碼，或是密鑰則是「-3」，也就是讓每個字每「往前位移三個文字」。凱撒加密法可以說是一個以「位移」（shift）為主的加密方法。

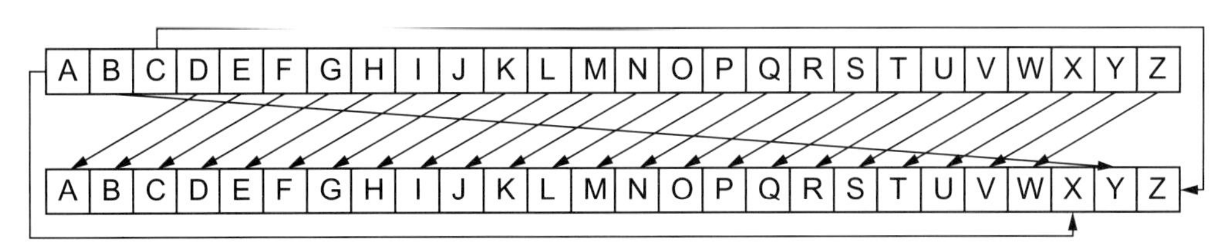


圖 8-3 凱撒加密法的示意圖

另一種常見的加密的方式是用**替換**（substitute）的方式進行。假設我們今天同樣要對英文字母進行加密，而加密的方式是透過一個對照表來進行，如表 8-1 所示。在這個例子裡，我們會將本文裡的每一個字母拿出來，進行查表後，將其轉換為密文。舉例來說，如果我們輸入的句子本文為「hi, this is alice.」。那麼進行查表加密後，便可以得到其密文為「fy, ofye ye tiysq.」。而如果要進行解密，那就是做相反的動作：當我們取得密文的英文字母時，同樣進行查表，便可以得知其對照的本文為何。在這個簡單的範例裡，我們所使用的「密碼」便是表 8-1 這個對照表。只有知道對照表的使用者，才可以透過解密的方式，將密文還原為本文。

表 8-1 一個簡單的英文字母加解密對照表

| 本文 | a | b | c | d | e | f | g | h | i |
|---|---|---|---|---|---|---|---|---|---|
| 密文 | t | p | s | w | q | z | a | f | y |
| 本文 | j | k | l | m | n | o | p | q | r |
| 密文 | l | c | i | g | b | k | d | u | v |
| 本文 | s | t | u | v | w | x | y | z | |
| 密文 | e | o | r | j | n | h | m | x | |

除了「位移」和「替換」之外。加密也可以透過數值運算來進行。舉例來說，假設我們今天要針對所有的 ASCII 字元資料進行加密，而採用的方式為透過位元 XOR 運算進行。那麼，當本文為「hi, this is alice.」，密碼的 10 進位數值為 171（相當於 16 進位表示法的 AB），透過 XOR 運算，我們可以得到密文為一連串看不懂的 ASCII 特別字元「├┬ çï■ ├┬┼ï┬┼ï╨╟┬ ╚╪à」，如表 8-2 所示。而如果要解密，則是將每一個**位元組**（byte）再以相同的密碼重複做 XOR（⊕）運算，即可從密文回復成本文的內容。

表 8-2 透過 XOR 運算進行加密的範例

| ASCII 本文 | h | i | , | | t | h | i | s | | i | s | | a | l | i | c | e | . |
|---|---|---|---|---|---|---|---|---|---|---|---|---|---|---|---|---|---|---|
| 16 進位值 | 68 | 69 | 2c | 20 | 74 | 68 | 69 | 73 | 20 | 69 | 73 | 20 | 61 | 6c | 69 | 63 | 65 | 2e |
| 加密（⊕ AB） | c3 | c2 | 87 | 8b | df | c3 | c2 | d8 | 8b | c2 | d8 | 8b | ca | c7 | c2 | c8 | ce | 85 |
| ASCII 密文 | ├ | ┬ | ç | ď | ■ | ├ | ┬ | ┼ | ď | ┬ | ┼ | ď | ╨ | ╟ | ┬ | ╚ | ╪ | ŕ |
| 16 進位值 | c3 | c2 | 87 | 8b | df | c3 | c2 | d8 | 8b | c2 | d8 | 8b | ca | c7 | c2 | c8 | ce | 85 |
| 解密（⊕ AB） | 68 | 69 | 2c | 20 | 74 | 68 | 69 | 73 | 20 | 69 | 73 | 20 | 61 | 6c | 69 | 63 | 65 | 2e |
| ASCII 本文 | h | i | , | | t | h | i | s | | i | s | | a | l | i | c | e | . |

上述三種都是非常簡單的對稱式金鑰加解密的方法，也可以用紙筆書寫的方式進行人工計算。這一類早期的演算法，我們在密碼學的研究裡稱它們為**古典密碼學**（classical cryptography）。然而，透過簡單的分析，有經驗的密碼學家可以輕易地進行密碼的破解。也因此，這些演算法都已經不會在現有的系統上使用。實務上，為了讓密碼系統更不易被破解，**現代密碼學**（modern cryptography）所提出的對稱式密碼的演算法常常透過多種不同方式的組合，包括位移、替換、查表、數值運算、或是排列組合等多回合的運算，來進行加解密演算法的設計。圖 8-4 呈現的是上一代資料加密標準 DES 演算法的示意圖。輸入的本文和密碼，透過數個回合的查表和排列組合等運算，最後才得以輸出密文。而搭配這一類型較複雜的加密演算法，其密碼也不會只是一個簡單的數字，取而代之的，是長達 56-bit、64-bit、128-bit、甚至 256-bit 長度的字串。

現代密碼學的對稱式加解密演算法又可區分為以區塊為單位加密（block cipher），或是以位元資料串流為單位加密（stream cipher）二種類型。以區塊為單位加密的演算法，顧名思義，就是在加密時，不論本文長度為何，都必須將本文先切割為固定單位大小後，再以資料區塊為單位進行加密。若本文長度不到一個加密單位的大小，則需要將其長度補足。切割的單位大小通常與給定的密碼長度有關。

常見的區塊對稱式加密演算法如 IDEA（international data encryption algorithm）、DES（data encryption standard）、AES（advanced encryption standard）、RC5，以及 Blowfish 等等。其中，AES 演算法是目前最常用的演算法，也是美國國家標準技術局自 2001 年起採用的加密標準[1]。相較之下，位元資料串流式的演算法，將本文視為一位元資料串流，並以位元（bit）為單位進行加密。常見的位元資料串流式的對稱式加密演算法如手機通訊時常用的 A5 演算法以及許多網路協定會使用的 RC4 演算法。

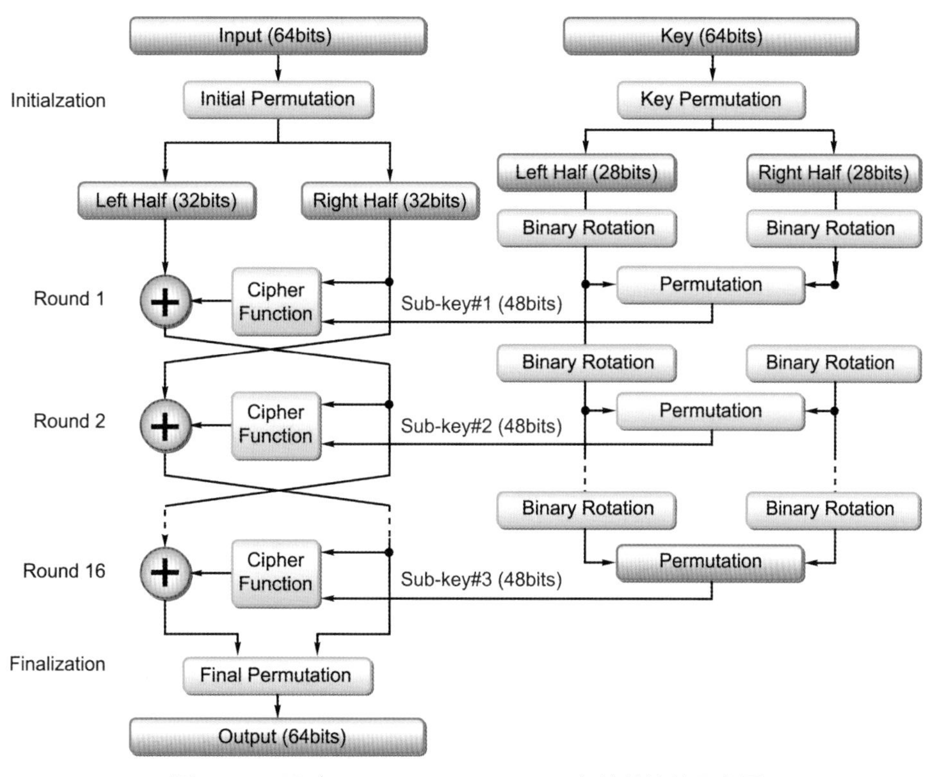


圖 8-4　DES（data encryption standard）演算法的示意圖

## 區塊對稱式加密演算法的運作模式

讀者從先前表 8-1 和表 8-2 的範例中可能會發現，相同的文字使用相同的密碼加密後，會得到相同的結果。這麼一來，有心人士只要搜集足夠多的密文，就很有可能可以直接從密文推知原本對應的本文為何。

1. AES 演算法是美國國家標準技術局自 2001 年起採用的資料加密標準。它取代的前輩，DES 演算法，可是自 1976 年起就成為標準，服務了將近 30 年呢！目前大多數密碼系統的實作裡仍然保有 DES 演算法可以使用，但為了安全性的考量，實務上已經建議不要再使用 DES 演算法了。

有鑑於此，除了加密演算法本身之外，如何正確地使用加密演算法也是十分重要的。而就區塊對稱式加密演算法而言，為了避免相同的本文使用相同的密碼以及演算法加密時，得到相同的密文，密碼學家更發展了區塊對稱式加密演算法的**運作模式**（mode of operations）。

配合區塊對稱式加密演算法，可以確保即使是使用相同演算法和密碼加密相同的本文，每一次加密也會得到不同的結果。目前已經有許多不同的運作模式可供選擇。常見的如 CBC（cipher-block chaining）、CFB（cipher feedback）、OFB（output feedback）、CTR（counter）、GCM（Galois/counter mode）等等。以 CBC 為例，如圖 8-5 所示。

除了加密演算法（ENC）、本文（P）、密碼（K）外，使用 CBC 還需要額外提供初始向量（IV，initial vector）。在進行加密時，本文會先裁切為固定區塊大小，然後從第一個區塊（$P_0$）開始，將 $P_0$ 與長度相同的 IV 進行 XOR 運算後，再使用加密演算法加密產生第一個密文區塊（$C_0$）。而之後的每一個本文區塊 $P_i$（i=1、2、3、…）則與密文區塊 $C_{i-1}$ 進行完 XOR 運算後，再進行加密運算產生相對應的密文區塊 Ci。透過像是 CBC 這樣的操作方式，即使加密完全相同的資料，也會產生非常不同的密文區塊資料。當然，對解密的使用者而言，除了知道加密演算法和密碼外，也需要知道加密時所選用的操作模式以及 IV 值，才可以正確地進行解密的動作。

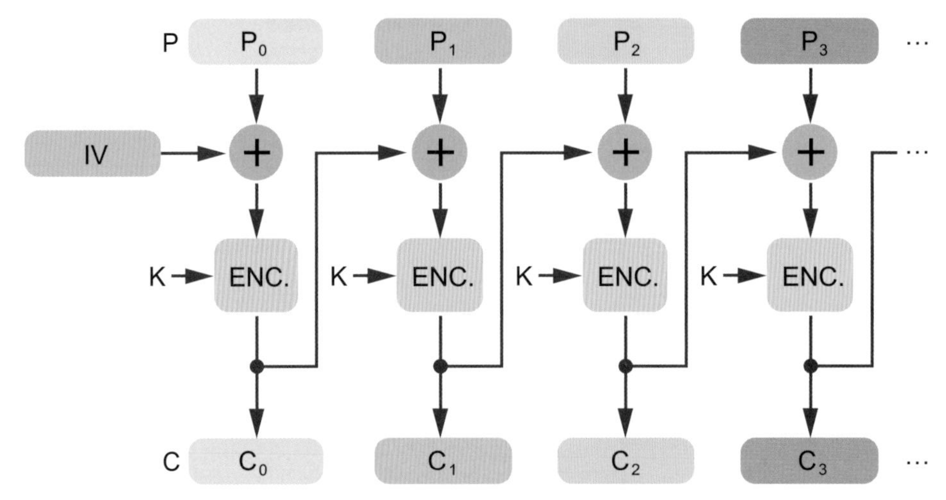


圖 8-5　CBC 運作模式的示意圖

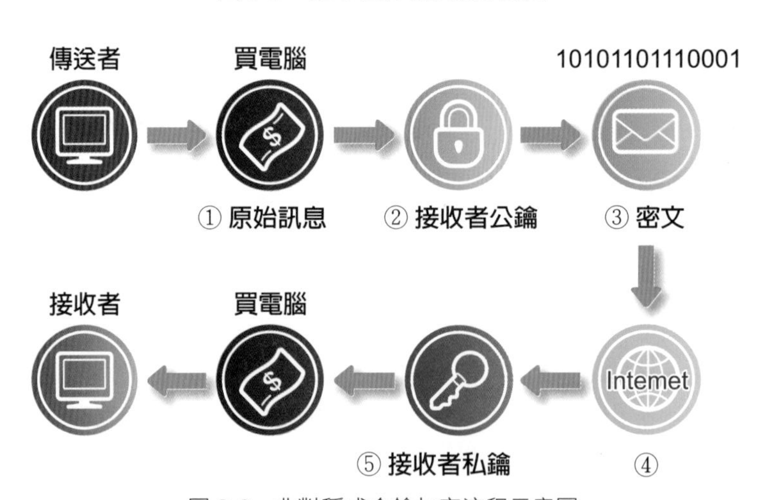


圖 8-6　非對稱式金鑰加密流程示意圖

## 非對稱式金鑰的加解密演算法

除了對稱式金鑰的加解密演算法外，另一種也非常重要的加解密演算法就是非對稱式金鑰的加解密演算法。非對稱式金鑰的加解密演算法也常稱為公開金鑰加解密演算法，它的特色就是會有一對（二組）不同的密碼。通常一組用來加密（我們稱其為公鑰），而另一組用來解密（我們稱其為私鑰）。其運作流程如圖 8-6 所示。圖 8-6 和圖 8-2 其實看起來很像，其唯一的差異是，在圖 8-2 中，我們加密和解密都是使用同一組密碼，且密碼不能洩露給無關的第三方。而在圖 8-6 中，加密是使用公鑰，而解密是使用私鑰。公鑰可以公開給全世界的人知道。但私鑰則只有訊息的接收者知道，也就是說，只有持有私鑰的人可以解開被加密的訊息。讀者可以想像一個情境：假設我們要舉辦一個數位作文比賽，為了安全起見，希望投稿的作品檔案利用一組密碼加密後，再透過各種方式將加密後的檔案傳送給主辦單位。經過加密的作品只有主辦單位可以解密，傳遞檔案的過程中，沒有人可以透過其加密使用的密碼來進行解密，也可以保證作品不會被他人盜用。若要達到這樣的目標，我們就可以使用非對稱式金鑰的加解密演算法來進行。

為了順利地進行上述安全的數位作文比賽。我們可以產生一對密碼 Ku 和 Kr。其中，Ku 和加密演算法可以公開提供給所有參加作文比賽的作者，而 Kr 只有主辦單位知道。所有的參賽者可以使用 Ku 這組密碼來進行加密。加密後的密文可以上傳、郵寄、或是透過第三者轉交，同時，所有知道 Ku 的使用者，並沒有辦法使用 Ku 來進行解密。當作品繳交期限過了之後，主辦單位就可以使用 Kr 這組密碼將作品進行解密，以讀取所有作品的本文，進行評分。分別使用二組不同的密碼來進行加密和解密，聽起來很神奇吧！而非對稱式金鑰的加解密演算法之所以也稱為公開金鑰演算法，就是因為通常其中一組密碼是可以公開給所有人知道的（如作文比賽範例中的 Ku）。因為這樣的特性，非對稱式金鑰的加解密演算法有許多有趣的應用，除了加密之外，還可以用來做數位簽章、密碼交換等等應用。而將這個觀念落實的研究人員（Rivest、Shamir、以及 Adleman），也在 2002 年拿到資訊界的最高榮譽杜林獎（Turing Award）呢。

非對稱式金鑰的加解密演算法的原理主要是基於數論的理論來發展的。在數學裡有一些很難求解，但（相對上）容易計算的問題，如因式分解和離散對數。以因式分解為例，如果我們知道二個不同的質數 p 和 q，假設其中 p 等於 15289，q 等於 25903。我們可以很容易地算出 p 乘以 q 的結果是 396030967。但反過來，如果只知道 p 乘以 q 的結果是 396030967，問 p 和 q 是多少？那麼就相對來講來得困難。尤其當 p 和 q 都是很大的質數時，那麼要從乘積回推 p 和 q 質數，會變成是一個非常困難的問題。目前最常用的非對稱式金鑰的加解密演算法 RSA，就是基於質數因數分解的困難度來設計的。而其挑選的質數可能是以 1024-bit 甚至 2048-bit 來表示的大數呢！過去網路上甚至還有因數分解的比賽，如果解題成功還能拿到獎金呢！（參考網址：http://www.emc.com/emc-plus/rsa-labs/historical/the-rsa-challenge-numbers.htm）。關於 RSA 是如何達成這樣的目的，有興趣的讀者可以參考本節最後一段的說明。

# 網路上常見的加解密演算法應用

網路上的資料如果沒有透過加密保護，那麼很可能被網路上的有心人士竊取。尤其讀者們可能都有在網路上購物的經驗。如果付款資料被竊取，那更可能造成財物上的損失。其實，日常生活中已經有許多應用是有經過加密保護的。其中最常見的應用就是安全的網頁瀏覽，也就是透過 HTTPS 協定進行資料的傳輸。

我們以 Windows 上常見的瀏覽器為例，如果今天觀看的網站有提供加密保護，那麼最基本的就是我們可以看到在網址列的地方會顯示一個「鎖」的圖樣，如圖 8-7 所示。另外，我們也可以注意到，網站所使用的通訊協定為「https」。

圖 8-7　瀏覽器進行安全瀏覽的圖示。Chrome（左）、Firefox（中）、Edge（右）

當然，出現「https」字樣和「鎖」的圖示，也不代表這個加密連線是沒有問題的。如果要確保網站的安全性，我們可以更進一步地點選「鎖」的圖示，檢視加密連線的安全性。如圖 8-8 和圖 8-9 所示。從圖 8-8 中，我們可以大約看出網站所使用的安全金鑰應該是沒有問題的，而其連線使用的加密協定是 TLS 1.3（稍後再做介紹）。而資料加密主要是透過使用 128-bit 密碼長度的 AES 演算法，配合 GCM 操作模式來加密。

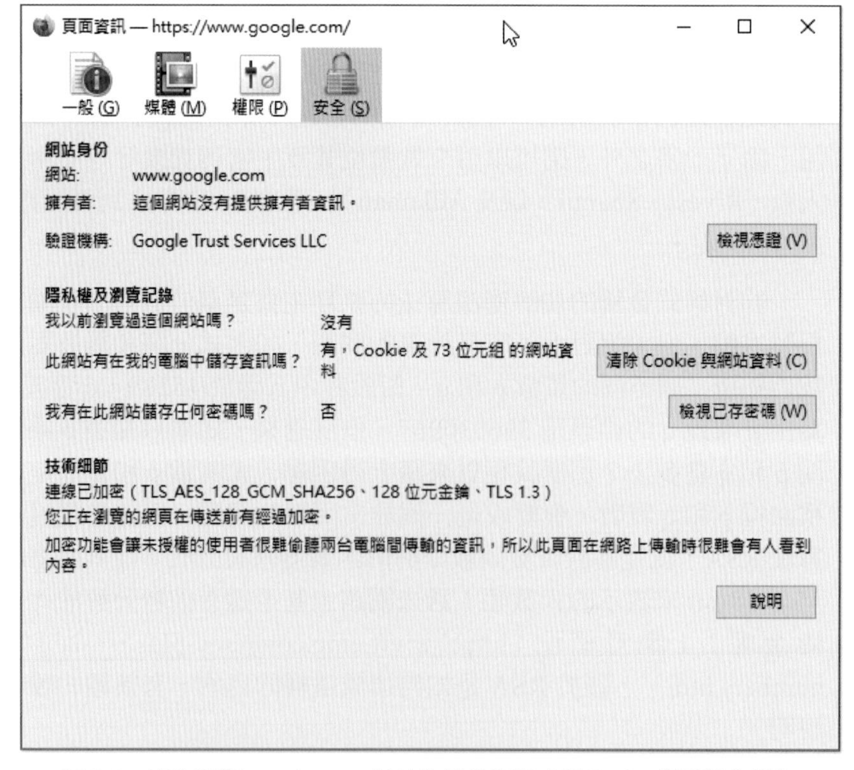


圖 8-8　安全瀏覽 google.com 網站的連線資訊（以 Firefox 瀏覽器為例）

圖 8-9 安全瀏覽 google.com 網站的憑證資訊（以 Windows 為例）

從圖 8-8 中，如果我們檢視 google.com 網站的**憑證**（certificate，用以證明網站所使用的公開金鑰的擁有者以及其背書者），我們可以看出網路連線的加密真的是使用由 Google 公司所提出，並由 GeoTrust 這家公司背書的金鑰。可以確保在這個網站進行安全瀏覽應該是沒有問題的。

## 非對稱式金鑰演算法的運作說明：RSA 與 Diffie-Hellman[2]

我們簡要的說明一下 RSA 這個非對稱式金鑰的加解密演算法是如何運作的。RSA 演算法主要是基於質因數分解的困難度。首先，我們要先產生 RSA 所需的二組密碼（金鑰）。它的作法如下：

1. 先選二個不相等的質數 p 和 q，並計算 $N = p \times q$。
2. 計算 $\phi(N) = (p-1) \times (q-1)$
3. 從 1 到 $\phi(N)$ 中挑選一個整數 e，e 必須和 $\phi(N)$ 互質。
4. 計算出 e 的乘法反元素 d。也就是說，$e \times d$ 除以 $\phi(N)$ 的餘數會等於 1。我們在數學上常表示為「$d \cdot e \equiv 1(\bmod \phi(N))$」。
5. 最後產生出來的二組金鑰分別為（e, N）以及（d, N）。

2. 此部分的內容較為艱深，讀者可依需求，選擇是否略過。

上述演算法的說明中，我們使用原始 RSA 方法所選用的 $\phi(N)$ 函數進行金鑰相關的計算。在這個過程中，$\phi(N)$ 是用來選取金鑰並計算其乘法反原素的主要依據。不過較新的文獻提出可以利用 $\lambda(N)$ 函數來取代 $\phi(N)$ 函數。$\lambda(N)$ 的定義為：

$$\lambda(N) = lcm(\lambda(p), \lambda(q)) = lcm(p-1, q-1)$$

其中 *lcm* 為求最小公倍數的函數。雖然使用 $\phi(N)$ 與 $\lambda(N)$ 在計算上都是正確的，使用 $\lambda(N)$ 進行金鑰的選擇，可以選出較小的金鑰。而在某一些密碼學要求標準，如 FIPS PUB 186-4 中，會要求選出的金鑰必須要小於 $\lambda(N)$。為了簡化展示，我們在範例中還是使用較簡單的 $\phi(N)$ 函數進行說明。

有了二組密碼之後，我們可以選其中一組為公開的密碼，如（e, N）；而另一組則為私密的密碼，如（d, N）。而在進行加密時，假設本文為 n，其加密方式為：

$n^e \equiv c(\text{mod N})$

即，計算 n 的 e 次方，然後求除以 N 的餘數為 c。這個計算並不困難。產生出來的密文 c 可以透過任何方式傳送出去；而資料的接收方，則可以透過下列方式，將密文 c 還原為本文 n：

$c^d \equiv n(\text{mod N})$

同樣的，計算 c 的 d 次方，然後求除以 N 的餘數，即為解密的結果 n。而如果要破解這樣的密碼系統，攻擊者如果只知道公開的部分，如（e, N），他必須要將 N 做因數分解後，才有辦法求得解密時所需要的 d。再次強調，由於 p 和 q 實務上是非常大的數字，如以 1024-bit 或是 2048-bit 表示的整數，若以 10 進位來表示是 30 到 60 位的數字。因此，要破解這樣的密碼往往會需要非常長的時間。

為了讓讀者更有感覺，我們可以舉二個簡單的 RSA 的例子。來試算看看了解 RSA 加解密的過程。

### 範例 1

＊（可以用人工的方式計算）：

假設我們選的 p 和 q 分別為 3 和 11。那我們可以求得 N=33；$\phi$(N)=20。而假設我們選的 e 為 3，則經過計算後，可以得到 d 的值為 7（3×7 mod 20 = 1）。如此，我們的二組密碼則為：加密的 Ku 為（3, 33），以及解密的 Kr 為（7, 33）。假設我們今天要加密的本文為 29，那麼利用 Ku 計算密文 c 為：

$c = 29^3 \text{ (mod 33)} = 2$

而進行解密時，當密文 c 為 2 時，進行解密則可以使用 Kr 計算，得到本文 n 為：

$n = 2^7 \text{ (mod 33)} = 29$

### 範例 2

＊（數字稍微大一點，可能需要撰寫程式才有辦法計算）

假設我們選的 p 和 q 分別為 7 和 11。那我們可以求得 N = 77；$\phi$(N) = 60。而假設我們選的 e 為 17，則經過計算後，可以得到 d 的值為 53（17×53 mod 60 = 1）。如此，我們的二組密碼則為：加密的 Ku 為（17, 77），以及解密的 Kr 為（53, 77）。假設我們今天要加密的本文為 45，那麼利用 Ku 計算密文 c 為：

$c = 45^{17} \pmod{77} = 12$

而進行解密時，當密文 c 為 12 時，進行解密則可以使用 Kr 計算，得到本文 n 為：

$n = 12^{53} \pmod{77} = 45$

當然，如果要以人工的方式計算，上述範例二的數值資料可能還是太大了。讀者可以想像，實際上的 RSA 在運作時，可能是用 30 到 60 位數的數值在進行運算呢！即使是使用電腦來進行運算，還是需要一些計算時間才能得到結果。因此，實務上我們通常不會使用像 RSA 這一類的非對稱式金鑰的加解密演算法來對大量的資料進行加解密，而只是針對相對少量的資料來進行處理，或是配合對稱式的加解密演算法，來處理較大量的資料。

除了 RSA 演算法之外，另一個也十分重要的非對稱式金鑰的加解密演算法，是由 Diffie 與 Hellman 二位學者提出的 Diffie-Hellman（DH）金鑰交換演算法。Diffie-Hellman 演算法想要解決的問題是：假設在一個公開的場合，有二個朋友想要透過對話的方式，讓雙方可以得到一組安全的密碼。這組密碼應該只有這二位進行對話的朋友可以得知，而同時在旁邊偷聽對話的第三者，沒有辦法從對話的內容中得知這組密碼。這聽起來是不是也很神奇呢？

Diffie-Hellman 的設計主要是基於**離散對數**（discrete logarithm）解題的困難度。簡單來說，如果知道 g、a 和 p 三個數值，我們要計算出 $g^a \pmod{p}$ 的值很容易。但反過來，如果只知道 g、p 和 $g^a \pmod{p}$ 的值，要得到 a 則是相對困難的一件事。在 Diffie-Hellman 的演算法中，基本上進行對話的雙方甲和乙，要各自挑選一個隨機數字，如 a 和 b。接下來，挑選合適的 g 和 p 的值之後，甲方可以提供 g、p 和 $g^a$ 的值。而知道 b 的乙方可以提供 $g^b$ 的值。而基於離散對數解題的困難度，聽到甲、乙二方對話的第三者，並沒有辦法透過 g、p、$g^a$ 或是 $g^b$ 這些資訊，來得到 a 或 b 的值。而對甲、乙雙方而言，知道 a 的甲方在收到 $g^b$ 後，可以計算 $(g^b)^a$；而知道 b 的乙方在得到 $g^a$ 後，可以計算 $(g^a)^b$。如此，甲、乙雙方就可以用 $g^{ab}$ 來作為只有雙方才算得出來的共用密碼。當然，讀者需要注意的是，g 和 p 的值的挑選是有限制的，並非所有的整數都可以任意挑選，而其挑選方式我們就不在本書中討論。

我們可以舉個例子來說明 Diffie-Hellman 演算法。假設甲、乙雙方講好，雙方選了 g=5；p=23。同時，甲方隨機選了 a=6；乙方隨機選了 b=15。接下來，甲方便可以公開告訴乙方 $g^a \pmod{p}$ 的值為 8；而乙方也可以公開告訴甲方 $g^b \pmod{p}$ 的值為 19。接下來，甲方便可以算出他們雙方共用的密碼為：

$$(g^b)^a \pmod{p} = 19^6 \pmod{23} = 2$$

而乙方也可以使用類似的方式，計算出其共用的密碼為：

$$(g^a)^b \pmod{p} = 8^{15} \pmod{23} = 2$$

實務上 Diffie-Hellman 演算法也是使用非常大的數值來進行運算。因此，無關的第三方是無法在短時間內利用電腦快速得破解甲乙雙方交換出來的密碼。當然，實務上利用這種方式交換出來的密碼也不會使用很久。常常是只用來加密一次就丟棄。如此一來，即使有心人士花費了很大的力氣破解成功了，破解出來的密碼也不再具有任何意義。雖然 Diffie-Hellman 演算法在使用上有一些限制，但這個演算法是目前許多新的密碼交換協定的基礎，更顯得這個演算法在密碼學研究上的重要性。

# 8-3 | 資料完整性

資料完整性主要是要驗證資料是否遭到竄改或破壞。我們可以回顧先前提到舉辦作文比賽的範例。如果參賽者繳交他的作品後，主辦單位要如何確認這個作品真的是由某一個參賽者繳交的？而參賽者又如何確認，在資料上傳的過程中，作品是否正確無誤地被收到，沒有被惡意人士進行內容的竄改，或是受到網路傳輸錯誤的影響？這時候，我們就可以依賴保護資料完整性的機制來進行保護。在這個小節裡，我們將要討論二種保護資料完整性的機制。一種是**密碼學的雜湊函數**（cryptographic hash function）；而另一種則是透過公開金鑰系統實現的**數位簽章**（digital signature）機制。

## 密碼學的雜湊函數

保護資料完整性，最基本的方式就是使用**密碼學的雜湊函數**（cryptographic hash function）。密碼學上的雜湊函數可以將任一長度的字串資料，進行運算後，得到一個長度固定的雜湊值。常見的雜湊函數如 MD5（message digest 5）、SHA-1（secure hash algorithm 1）、SHA-256（secure hash algorithm 2 with 256-bit digest sizes）等，分別會產生長度固定為 128-bit、160-bit，以及 256-bit 的雜湊值。

除了長度固定之外，密碼學的雜湊函數還有一個特性就是，即使資料只有非常小的差異，透過雜湊函數計算出來的結果也會是天差地遠。如圖 8-10 所示，不論字串長短、修改幅度（把 v 改成 u、把 ve 交換成 ev、或是把 v 刪除），SHA-1 演算法的輸出都是固定 160-bit 長的結果。

也因為這樣的特性，使用雜湊函數，我們可以很容易的驗證資料有沒有被竄改：使用者在上傳文件之前，可以先使用密碼學的雜湊函數，計算上傳文件檔案的雜湊值。而上傳後，請接收端也使用同樣的方式計算出雜湊值。二相比較後，就可以確認上傳的文件與本機上的文件是否相同。

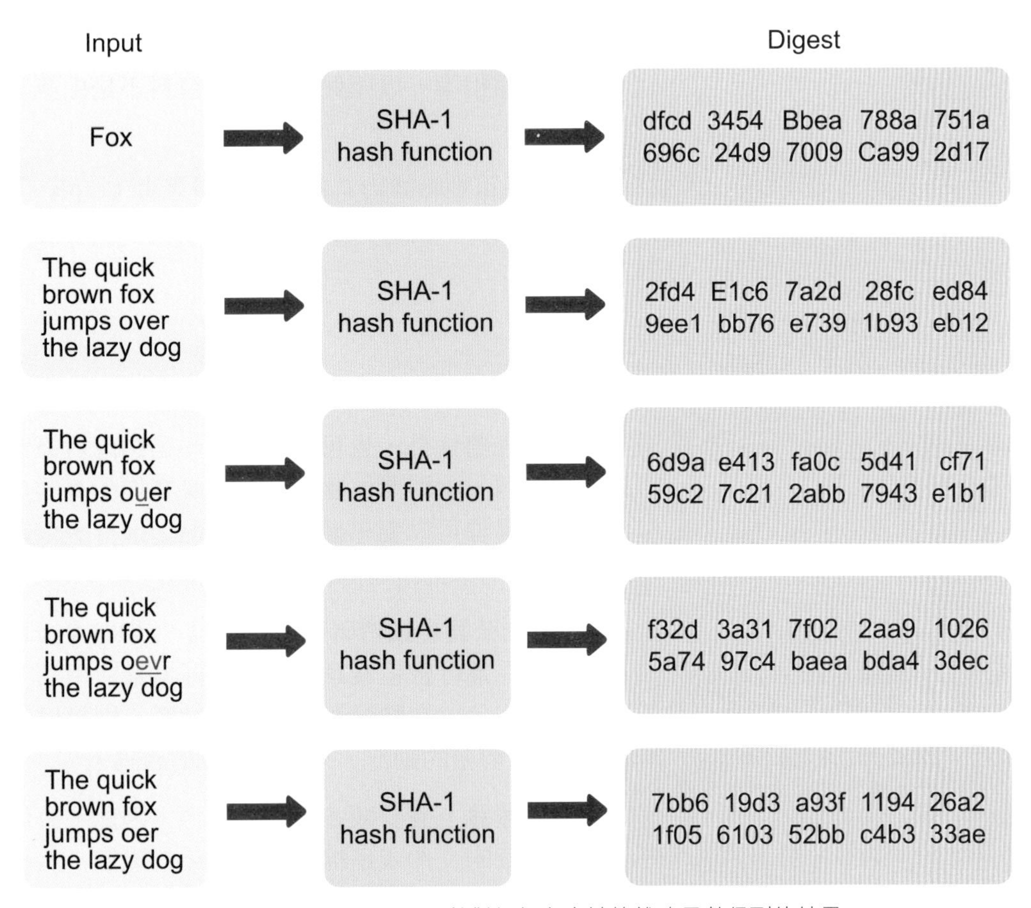


圖 8-10　利用 SHA-1 函數對相似字串計算雜湊函數得到的結果

當然，除了雜湊值在細小變化下可以產生的巨大差異外，雜湊函數還有另外二個很重要的特性，就是它是單向函數，且不易發生**碰撞**（collision）。所謂單向函數是指：我們可以很容易地利用輸入值計算出其相對應的雜湊值，但反過來是無法進行的。也就是說，如果知道雜湊函數 h()、輸入 x 和雜湊值 y=h(x)，我們是無法找到一個函數 h'()，可以計算並還原出原始的資料 x=h'(y)。而不易發生碰撞的意思是，已知某一輸入 x 和其相對應的雜湊值 y=h(x)，我們很難再找出另一個不同的輸入 x'，可以使用相同的演算法計算出相同的雜湊值，使得 h(x)=h(x')=y。一般而言，如果雜湊函數輸出的長度愈長，發生碰撞的機率會愈低。也因此，新的雜湊函數除了演算法本身的改進之外，其輸出的雜湊值長度似乎也有愈來愈長的趨勢。

雜湊函數除了直接使用之外，也可以搭配密碼一起使用。密碼學家也常常用這種方式來實現所謂的**訊息驗證碼**（Message Authentication Code；MAC），或稱這種方式為 HMAC（hashed MAC）。訊息驗證碼的目的是要確保資料是由認可的資料傳輸方送出，而不是由其他第三者偽造的。它的作法通常是將訊息和一組密碼一起進行雜湊的運算後，再將訊息和雜湊值一同送出。假設密碼 c 只有資料的傳送方和接收方知道，那麼在進行資料傳送時，可以將傳送的資料 m 和密碼 c 接在一起，進行運算後再一同傳送。假設雜湊函數為 h()，那麼傳送

方可以計算 y=h(m || c) 後，傳送｛m, y｝；而接收方在收到 m 和 y 後，可以利用已知的 c 自行計算其雜湊值 z=h(m || c)，並比較 y 和 z 是否相等，以確保接收到的資料不是由第三者偽造出來的假資料。

當然，這只是一個最簡單的方式，為了避免這種驗證方式遭受到資料重用（replay）等攻擊，只靠共享的密碼還是不夠安全的。通常還會需要配合只使用一次的亂數，或者是時間戳記，以提供更安全的驗證機制。

## 數位簽章

數位簽章的技術除了可以確保數位資料的完整性外，也可以確認資料是由進行簽章的使用者所發行。以先前的線上作文比賽的範例而言，主辦單位要如何確認參賽作品真的是由某一位特定的作者所為？為了確認這件事，主辦單位可以要求參賽者在作品上進行數位簽章，除了可以確認參賽作品內容沒有遭到竄改外，也可以同時確認作品的作者為何。

數位簽章的技術，目前也是使用非對稱式的公開金鑰密碼系統來實現。以 RSA 演算法來實作數位簽章為例，其動作剛好與加密相反！在進行數位簽章時，我們通常是使用私密的金鑰來進行簽章（即利用私密金鑰進行加密的動作）。在驗證簽章的正確性時，則是以簽章人公開在網路上的公開金鑰（即利用公開金鑰進行解密的動作）來進行簽章的確認。

我們先前提到，公開金鑰的密碼系統，在運算上需要較多的計算資源。因此，數位簽章通常也會搭配雜湊函數來使用：先將要進行簽章的文件或是檔案進行雜湊的運算，然後再對雜湊值進行簽章的動作。如此，在進行運算時，只需要針對大約 128-bit 至 512-bit 的資料進行處理，可以有效提升簽章的效率。

同樣的，除了 RSA 之外，還有其他的數位簽章演算法如 DSA、ECDSA、或是 ElGamal 等等。數位簽章的應用與讀者們的日常生活也十分貼近。舉例來說，在傳送 Email 時，我們可以透過數位簽章的方式來確認信件的發送人。讀者可能聽過所謂的 PGP（pretty good privacy），這是一個基於非對稱式加解密演算法來設計的安全資料交換方式。我們也可以說，PGP 是一種「數位信封」的技術。利用 PGP，我們可以將檔案或是文件，以安全的方式進行加密和簽章的動作。

在資料加密部分，PGP 的理念是：加密資料使用的對稱式演算法密碼只用一次，而這個一次性的密碼則是透過公開金鑰的演算法進行安全的傳遞。如圖 8-11 所示。在每一次進行加密之前，PGP 會隨機產生一把所謂的**會議金鑰**（Session Key），利用對稱式演算法來加密要保護的本文資料。而這把「會議金鑰」會使用資料接收端加密用的公開金鑰進行加密，然後再將「密文」和加密後的 Session Key 一併傳給資料的接收端。

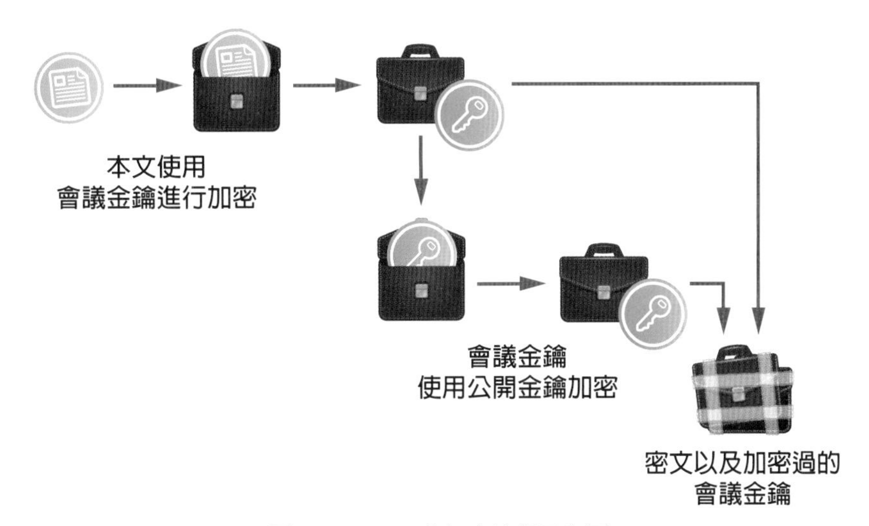


圖 8-11 PGP 的加密流程示意圖

而在解密時，資料接收端可以先用自己解密用的私密金鑰，將「會議金鑰」先解密出來，然後再使用「會議金鑰」配合對稱式的解密演算法，將密文還原為本文。如圖 8-12 所示。

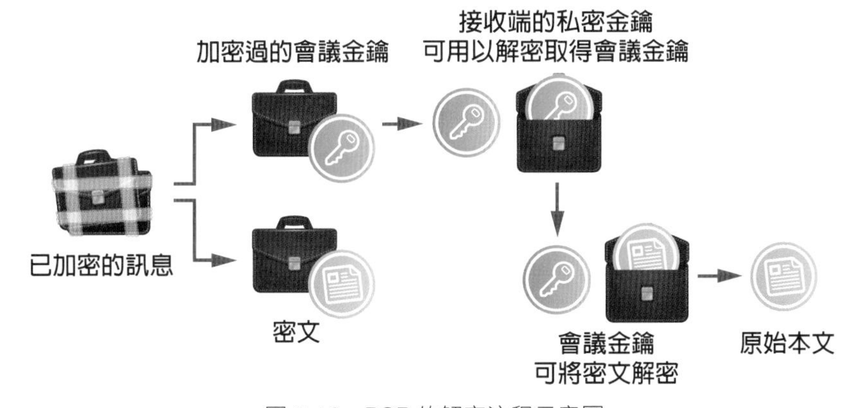


圖 8-12 PGP 的解密流程示意圖

而在數位簽章部分，PGP 的作法就和一開始介紹 RSA 數位簽章的作法相同：先將本文的雜湊值計算出來後，再使用資料傳送端的簽章用私密金鑰，進行簽章的動作。資料傳送時，訊息本文會和簽章資訊一併傳送，如圖 8-13 所示。而在驗證時，接收端可以使用發送端的簽章用公開金鑰，將簽章資訊先解密出來，然後再與訊息本文的雜湊值做比對，即可驗證本文的簽章是否正確核對無誤。

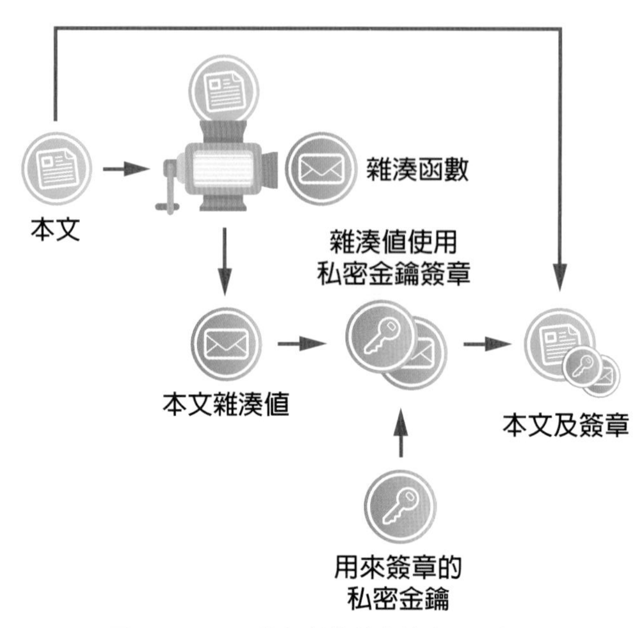


圖 8-13 PGP 進行數位簽章的流程示意圖

PGP 技術上雖然是很成熟，但實際推行在 Email 的成效，在國內目前還不是太普及。然而，除了應用在訊息傳送外，另一個大多數讀者都會接觸到的數位簽章相關應用，就是電腦或是手機上的軟體安裝。事實上，大多數 Linux 系統或是智慧型手機作業系統上的軟體，如果要透過官方的軟體市集來安裝的話，這些軟體都必須經過其開發者進行數位簽章後，才能直接在一般使用者的系統上進行安裝。雖然使用者在操作時可能感受不到，但其實這些系統在背後都會使用類似PGP的概念，針對軟體進行數位簽章的驗證，以確保軟體的來源無誤呢！

## 公開金鑰的管理

不論是加解密或是數位簽章，只要利用非對稱式的加解密演算法，就會需要用到公開金鑰。因此，公開金鑰是否可以信賴，也是十分重要的：我們必須要確保我們使用的公開金鑰，真的是屬於我們要進行安全對話的對象。而為了要做到這件事，密碼學的研究人員提出了二種不同的公開金鑰信任管理方式。簡單來說，就是集中式的管理和分散式的管理方式。集中式管理一般的網頁安全瀏覽所使用的公開金鑰，大多是採用集中式的管理。也就是說，網站上所使用的公開金鑰，是經過公認的機構認證的。這也就是我們常聽到的**公開金鑰基礎建設**（Public Key Infrastructure；PKI），由受信任的第三方認證機構（Certificate Authority；CA）進行維護。

認證機構主要的任務，是確保公開金鑰和使用單位的關聯性，並產生**憑證**（certificate）證明這個關係。假設 Google 公司計畫要使用公開金鑰提供網站安全連線的服務。為了讓所有的使用者可以確保他們看到網站上宣稱的 Google 公開金鑰真的是屬於 Google 公司的，不是由其他人偽冒的。Google 公司可以先向認證機構進行註冊，將其網域名稱（如 google.com）以及其公開金鑰的資訊，向認證機構登記。註冊登記通常是需要付費的。而登記完成後，認證機構會使用其私密金鑰，對這項登記資訊進行數位簽章，並將簽章過後的憑證提供給 Google 公司。日後，任何人在使用 Google 的公開金鑰時，便可以一併檢查由認證機構所提供的憑證，確認 Google 網站上使用的公開金鑰的確是屬於 Google 公司無誤。當然，使用者的電腦裡必須事先記錄市場上認可的認證機構的簽章用公開金鑰，如此才得以使用這些認證機構的公開金鑰進行憑證資訊的檢查及確認。

大部分的作業系統或是網路軟體裡，都有內建數個世界上知名的認證機構的公開金鑰，以用來驗證其他在網路上取得的公開金鑰和憑證。圖 8-14 展示的是 Edge 瀏覽器內建的認證機構列表。而憑證除了應用在網站之外，臺灣在推動的自然人憑證，或是線上買賣股票的網路憑證，也是基於公開金鑰和憑證機制的常見應用之一。

圖 8-14　Microsoft Edge 瀏覽器內建的認證機構列表

## 分散式管理

除了集中式的管理外，另一種模式則是分散式的管理。分散式的管理方式，主要是應用於像 PGP 這種模式：一個使用者可以自行決定他相信哪些人的金鑰是正確無誤的，而這些受信賴的使用者，可以再為其他使用者的金鑰進行簽章背書，讓公開金鑰可以透過這種層層背書的關係，最後得到確認。這也是所謂公開金鑰的**信賴網**（web of trust）。

假設有甲、乙、丙三個使用者。如果甲認為乙的公開金鑰無誤，而乙曾經為丙的公開金鑰進行簽章背書，那麼甲就可以透過乙的公開金鑰，來驗證丙的公開金鑰也是正確無誤。透過這種方式，甲可能不需要認識太多人，就可以透過這種方式來驗證網路上使用公開金鑰的其他使用者。

讀者可能聽過所謂的**小世界理論**（small world theory）或是**六度分隔理論**（six degrees of separation）。這些理論大意上主張說：只要透過 6 或 7 層的人際網路，一個人就可以認識到全世界的人類。在這個假設之下，使用者其實不需要經過太多層的背書，可能就可以對全世界所有個人的公開金鑰進行驗證。

但相較之下，這種透過其他使用者背書進行公開金鑰的認證方式還是較有風險的。同時，如果這信賴網的涵蓋範圍不夠大，那麼很多情況下的公開金鑰可能都是無法驗證的。

# 8-4 ｜ 系統可用性

系統可用性確保的是：資訊系統在需要存取時，可以正確無誤的被找到。造成系統可用性降低的原因有很多種。其中的原因之一是來自外部的攻擊。當網路系統被攻擊時，不論是網路連線，或是系統軟體受到攻擊，輕微的話可能只是影響網路傳輸的速度，嚴重的話，可能系統完全無法存取網路所提供的服務。

除了透過網路之外，系統本身的穩定度也會影響系統可用性。如果網路系統程式有**臭蟲**（bug），或是硬體發生故障，也會降低系統的可用性。

如果要避免網路攻擊影響系統可用性，大多要用適當的攻擊防護手段，來避免系統可用性受到影響。而如果要處理系統本身可能發生的問題，那麼軟體部分就是要避免**臭蟲**（bug）的發生。這可以透過軟體安全性，或是程式碼檢測（如果可以存取程式碼的話），來避免臭蟲的發生。而如果是要處理硬體問題的話，那麼通常我們可以透過備援系統，提供所謂的**高可用性**（high availability）。

所謂高可用性的作法是：除了原本的系統外，還另外建置了額外到多個功能相同的系統。當原本的系統發生故障時，不論是軟體或是硬體，都可以透過備援系統的介入，讓系統可以繼續維持運行。

而一個網路系統要正常運作，需要許多元件通力合作才得以實現，包括網路連線、伺服器本身、儲存裝置等等。所以，如果要達到高可用性，這些元件可能都需要建置二份（或以上）：亦即，有二組網路連線的路線、二台伺服器、二套儲存設備等等。當然，光是有二份系統還不夠。網路服務系統必須要可以判斷是否發生可用性降低的情況（連線速度異常或是系統當機）。當異常發生時，再即時啟動備援機制，讓備援機制可以順利接手，繼續提供服務，也讓系統的管理人員可以進行檢測和維修的工作。

我們以開放源碼的 DRBD（distributed replicated block device）計畫為例[3]。這個計畫提供一個儲存裝置備援的機制，讀者可以想像，資料儲存在有備援系統的網路硬碟裡。當使用者透過其中一台網路硬體系統寫入資料時，後端的二個系統會自動將資料同步寫入到另一台相同功能的網路儲存裝置裡。因此，當其中一個系統當機時，網路硬碟的儲存服務還是可以透過另外一台系統繼續提供服務。而二個系統之間則是透過所謂「心跳」（heartbeat）機制，互相偵測另一個系統是否還在正常運作中。簡單的說，心跳機制就是讓二台主機之間定期交換一個特定的探測訊息。如果其中一方發現另一個系統沒有回應時，就可以判斷系統異常而啟動備援，接手工作的機制。

3. http://www.drbd.org/

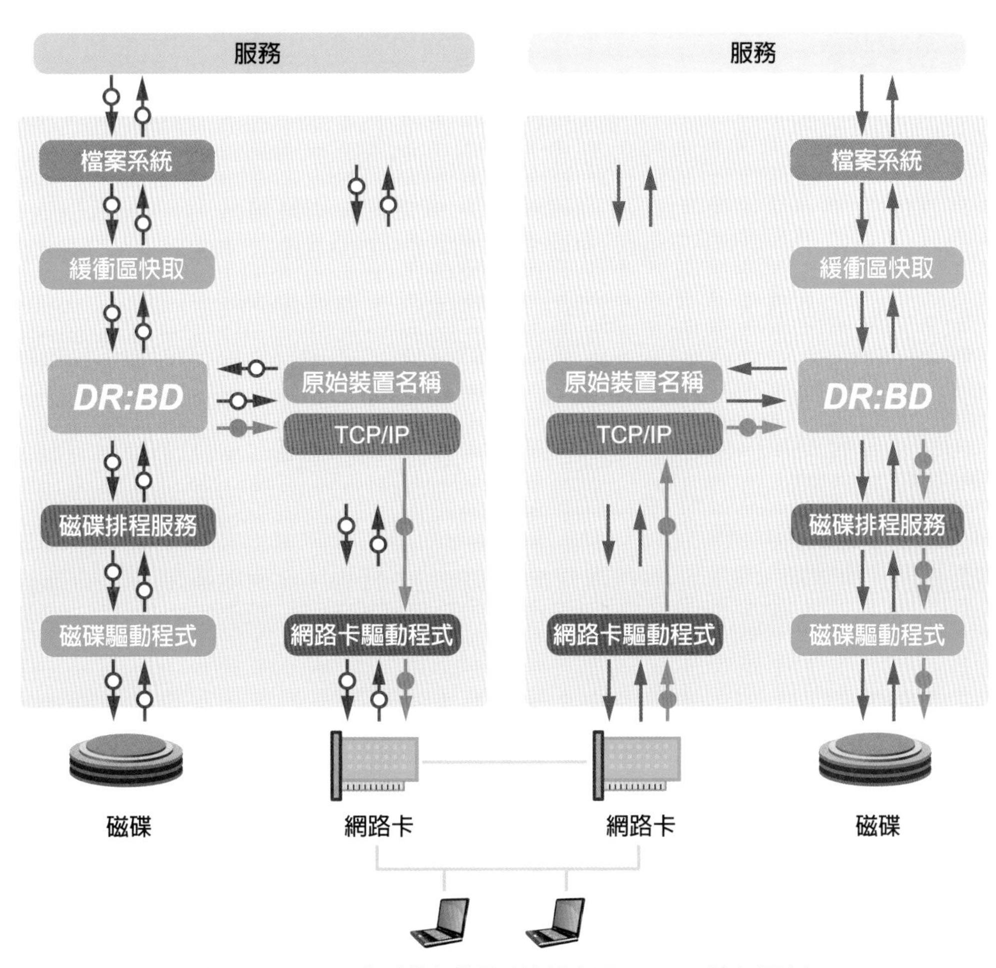


圖 8-15　DRBD 的系統架構圖（資料來源：DRBD 計畫網站）

# 8-5 ｜ 網路攻擊

網路上的攻擊五花八門，其最終目的可能是取得未經授權的存取，或是中斷網路服務的正常運作。網路攻擊不見得是針對企業發動的，一般的個人用戶也有可能受到網路上其他惡意使用者的攻擊。讀者在新聞報導或是電子媒體上，有時會聽到傳說中的「駭客」做出破壞他人電腦資料，或是攻擊某個知名服務的新聞。然而，駭客這個詞其實有些誤用。在電腦的世界裡，有二種類型的人，做著相似的事情，有著相似的名稱，但卻有好壞不同的差別。

廣義地說，所謂**駭客**（hacker）是指對某個技術特別投入的玩家，這些人通常是武功精湛、能力高強的一群人，因此，駭客這個字詞在某些電腦玩家心目中是帶有讚美意味的。而如果使用這些技術來進行破壞、攻擊其他網路主機、甚至進行網路犯罪的話，那麼比較精準的用字應該是cracker（有人稱為「怪客」）這個字。雖然報章媒體並沒有特別區分這二個字的差別，或者一律都是稱之為駭客，但這二個字其實是有不同意境的。在本節裡，我們將討論有哪一些常見的網路攻擊。

## 阻斷服務攻擊

網路攻擊最普通的手法，就是**阻斷服務攻擊**（denial of service）。阻斷服務攻擊的型式有很多種。其中一種就是阻斷網路連線的能力。在發動攻擊時，攻擊者製造大量的網路流量，傳送給被攻擊的目標，讓目標無法進行網路連線，或是提供網路服務。網路的頻寬一定是有限的！讀者可以想像，如果我們向網路服務業者租用了一個 5 Mbps 下載頻寬的上網服務。

假設今天有一個惡意人士，不知是為了什麼意圖，一直向我們的主機傳送大量（可能超過 5 Mbps）的無用資料。雖然我們的電腦不會將資料收下來處理，但這些網路流量卻已經紮紮實實地把可用的頻寬都用光了。這麼一來，正常用途的網路應用反而無法利用這些頻寬正常運作。當然，會受到這一類攻擊的通常是比較知名的企業網路。一般個人用戶可能較不易遭受這類攻擊。

我們可以舉一個簡單的例子。以 ping 這個指令而言，這個指令可以傳送探測封包給網路上任一個已知 IP 的電腦主機。它的運作方式就像肉包子打狗，然而差異是，如果機器活著，就會有回應，如果機器當掉了，就不會有回應[4]。圖 8-16 展示的是有回應的 ping 指令執行結果。

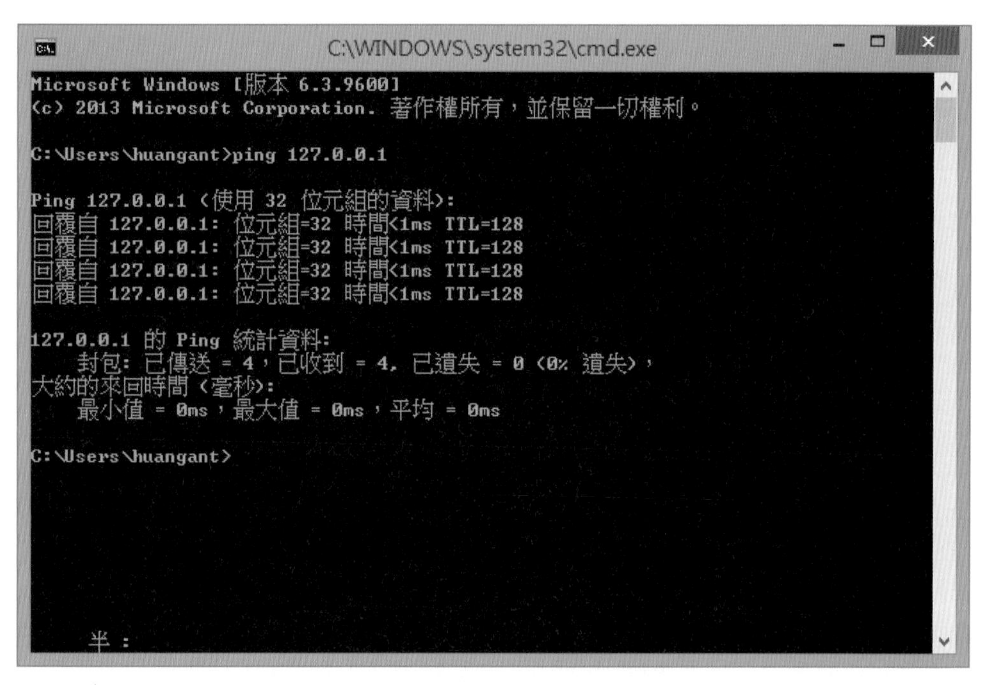


圖 8-16　ping 指令的執行結果。用 ping 指令探測本機 IP 127.0.0.1

雖然 ping 所使用的網路協定可以用來協助網路除錯，然而，它也可能被駭客用來攻擊。某一些作業系統的 ping 指令可以指定 ping 網路封包大小和頻率，甚至駭客也可以自行實作網路程式來傳送 ping 封包。如果持續以每秒傳送 100 個 1500-bytes 的 ping 封包，那麼就可能佔用大約 1.1Mbps 的頻寬。

4. 然而，現在很多網路主機為了避免被 ping 之類的封包探測，即使沒有當機，也會選擇完全不理會 ping 封包。

當然，只用一台電腦送 ping 封包可能還不足以構成攻擊。在某些情況下，駭客會嘗試找一大群的電腦一起合力向同一個目標攻擊。如此集結眾人之力，就可能把大型企業網站的頻寬給耗盡。

那種找一大群電腦一起發動攻擊的，我們稱其為**分散式服務阻斷攻擊**（Distributed Denial of Service；DDoS）。相較之下，其攻擊規模更大、更難防範。這樣的攻擊雖然不會導致主機資料損毀或外洩，卻可以使得網路主機因為網路癱瘓而無法提供服務。如此一來，不僅業績上有所損失，在名譽方面的傷害更是巨大。過去，許多知名的大企業如 eBay、微軟等，都曾經因為這一類的攻擊而使得服務暫停。

當然，要發動阻斷服務攻擊也不見得要用 ping。透過其他基於 TCP 或是 UDP 的應用服務協定，也能達到同樣的效果。更嚴重的是，由於網際網路協定（IP）的設計，在來源位址上的驗證十分薄弱，許多阻斷服務攻擊所使用的網路來源 IP 都是假造的。這也使得攻擊變得更加難以抵擋。

### 資訊專欄 DDoS

DDoS 是一個容易進行且不易防範的攻擊，也常常成為駭客來威脅企業的手段。除了從網路層協定下手外，所有可連網的裝置，包括瀏覽器、手機、嵌入式系統等等，一但有安全的漏洞，都可能被駭客利用做為發送 DDoS 攻擊的打手之一。身為一般的資訊設備使用者，讀者們應該要培養資訊安全意識，不要隨意點擊附件和連結、避免使用來路不明的軟體、並且定期更新應用和系統軟體。

參考新聞：「Akamai 因應 300 Gb 級 DDoS 攻防經驗談，http://www.ithome.com.tw/news/94947」、「史無前例！46 萬支中國手機發動 DDoS 洪水攻擊、http://www.ithome.com.tw/news/99013」、「Imperva：駭客以監視器攝影機組成殭屍網路，發動 DDoS 攻擊，http://www.ithome.com.tw/news/99503」

## 主機入侵

除了透過消耗頻寬外，另一種更惡意的攻擊方式就是主機入侵。主機入侵的目的有很多，但通常不會是好事！主機入侵通常是利用系統上的漏洞，入侵後再嘗試取得未經授權的權限。有些駭客可能是為了好玩或是想要出名，在入侵網路主機後，做一些像是「置換首頁」（web defacement）的動作。這些駭客在入侵網站的主機後，便把它們的首頁換成自己的圖示和口號，如圖 8-17 所示。當然，置換首頁有時候不見得只是為了好玩，而是有其他惡意目的。比如說，在 2001 年時，韓國電腦玩家就因為不滿日本教育單位意圖否認過去犯錯的歷史行徑，憤而破壞該單位的網頁，或是在臺海兩岸關係緊張時，也曾發生過兩岸駭客相互較勁，破壞對方網站的情事。

圖 8-17　幾個網站「置換首頁」的範例畫面。駭客們好像比較喜歡黑色底的介面呢！

除了更換頁面外，現在的駭客入侵主機，可能還有經濟犯罪的目的。入侵之後，駭客可能在網站上隱藏**釣魚**（phishing）網站。當然，這個不是用來釣魚，而是要來詐騙網路上缺乏安全意識的使用者。釣魚網站是由駭客精心製作，假冒其他知名網站，以騙取使用者輸入個人資料如帳號、密碼、信用卡號等隱私資料的網頁。它們的網站可能會做得和使用者平常使用的網站一模一樣。如果使用者沒有察覺的話，被駭客誘導到釣魚網站，一不小心資料可能就會被駭客竊取盜用。

除了網路釣魚外，駭客一旦入侵網路主機後，更可以大方瀏覽存放在伺服器上的任何資料。尤其是當被入侵的網站如果是提供線上購物服務的網路主機，系統裡的客戶姓名、連絡方式，甚至信用卡等資料，可能都會被駭客竊取，而被用作盜刷或是電話詐騙的用途。

入侵主機的技術本身並不具有惡意，端看技術的使用者如何使用。有些大型企業為了確保自己建置的網路服務足夠安全，甚至會聘請駭客針對企業所推出的服務或產品嘗試進行入侵。確保系統漏洞可以提早發現，及早處理。

當然，也有像是在做公益的駭客：他們嘗試攻擊系統，並把發現到的漏洞公佈出來，或是通知被入侵的對象。雖然他們相信，把系統漏洞找出來，並公諸於世，可能可以使網路系統的世界變得更美好，或是讓自己得到讚美。但如果未經授權就從事這樣的行為，可能還是有法律上的風險。

## 電腦病毒

除了知名網站會被入侵外，個人電腦也同樣有風險！早期資訊不夠普及時，筆者曾聽到有人憂心地說：「小孩子說家裡的電腦中毒了，那會傳染給人嗎？要不要離遠一點？」在資訊發達的今天，聽起來特別令人覺得莞爾，可是也反應出，電腦病毒令人聞之色變。帶有惡意的程式碼夾帶各式各樣令人害怕的威脅，包括**病毒**（virus）、**蠕蟲**（worm）、**特洛伊木馬**（Trojan horse）等等。

所謂的「電腦病毒」，其實是一段電腦程式，它會嘗試進行「自我複製」以及「感染其他檔案或主機」的動作。電腦病毒的危險程度不一，有一些只是會簡單地顯示出惡作劇的訊息，嚇嚇使用者，但也有些會惡意破壞系統裡的磁碟檔案資料，甚至讓系統損壞無法運作。但不管是哪一種病毒，都與我們在生物學裡所定義的病毒完全無關，不會傳染給人類。傳統的病毒可能是**巨集病毒**（macro virus）或是**檔案型病毒**（file-infecting virus）。

## 巨集型病毒

巨集型病毒可能藏在可以夾帶巨集的文件檔案裡。像是微軟的 Word、Excel、PowerPoint 等軟體。這些軟體為了提供使用者更大的彈性，允許使用者撰寫「巨集」，也就是類似程式碼的執行片段，並和文件一同開啟。然而，有心人士就利用這種方式，撰寫惡意的巨集，進行散播和破壞的行為。像在西元 2000 年時流行的「ILOVEYOU」（也有人稱為 love letter）病毒，就是以巨集的方式撰寫和散佈的。使用者甚至不用自己開啟，只要使用支援巨集的收信軟體，就可能因為收到電子郵件而被感染。

## 檔案型病毒

檔案型的病毒則是寄生在像是副檔名為 com 或是 exe 的可執行檔裡。當執行檔被執行時，夾帶在正常軟體裡的病毒程式便會被觸發。這一類型的病毒有時也會透過感染其他的執行檔來散播自己。

在這裡，我們就得再宣傳一下使用正版軟體的重要性。有許多駭客，就是看準使用者可能會因為貪小便宜，在網路上尋找「破解版」或是「序號產生器」這一類的軟體，而將檔案型病毒寄生在這一類型的軟體裡。如此一來，使用者一旦執行網路上找回來的不明程式，很有可能就中招了！

## 蠕蟲

另一類有趣的惡意程式是**蠕蟲**（worm）。蠕蟲的特色是，它可以透過網路的方式將自己散佈出去。在西元 2003 年時，一個名為 Blaster 的網路蠕蟲，透過 Windows 2000 和 Windows XP 系統上，「網路上的芳鄰」程式的漏洞，入侵並散佈。讀者可以想像，Windows XP 在當時是多麼普及的作業系統，而網路上的芳鄰又是系統上一定會使用的服務。因此，Blaster 蠕蟲透過在網路上進行掃描的方式，尋找可以入侵的電腦，然後入侵並散播自己。在那時候，只要電腦上的漏洞沒有更新，接上網路，很快就會被其他受感染的機器找到並入侵。除了主機受到入侵外，這些受感染的機器在網路上積極地尋找受害者，也為網路帶來了不小的負擔。如果同一個單位內有多台機器受感染的話，甚至可能影響區域網路的正常運作。

## 特洛伊木馬程式

至於特洛伊木馬程式，則與一般的電腦病毒目的不同。它主要並不是要複製自己來感染其他系統。特洛伊木馬的名稱源自於古希臘詩人荷馬所撰寫的伊利亞特（Iliad），它是《木馬屠城記》裡記載著的希臘軍隊用來攻破特洛伊城的那隻大木馬。故事中，希臘人將大木馬獻給他們的敵人，而大批的士兵就是透過躲在木馬裡，順利地入侵特洛伊城！在電腦病毒的世界裡，特洛伊木馬也是如此。

它先透過某種管道進入使用者的電腦，等到使用者執行時，便偷偷地開啟一個後門。表面上看起來好像沒有惡意，但駭客可以透過埋設在特洛伊木馬裡的惡意程式，進行竊取帳號、密碼、郵件、資料，甚至遠端遙控使用者的電腦。更甚者，近年來流行的**殭屍網路**（botnet），就是駭客利用特洛伊木馬的概念，將遠端遙控的程式大量地安裝到使用者的個人電腦裡，然後再透過集中式或是分散式發派指令的方式，讓網路上的木馬大軍，為這個駭客進行各式各樣的惡意行為。如此一來，駭客要寄送大量的垃圾郵件、發動分散式阻斷服務攻擊、進行大規模的資料搜集，或是進行網路釣魚，都變得更加容易！

## 網路監聽

網路安全中還有很重要的一個議題，就是網路監聽。如果我們傳輸的資料沒有經過加密就在網路上傳送，有可能會遭到惡意人士的監聽。尤其是，我們使用的網路服務，如登入網路系統、收取電子郵件、線上購物等，如果沒有加密的話，那麼重要的個人資訊就會赤裸裸地呈現在監聽者眼前，如圖 8-18 所示。因此，在資料傳輸時，應該使用提供機密性相關的技術進行加密，建立安全的連線。

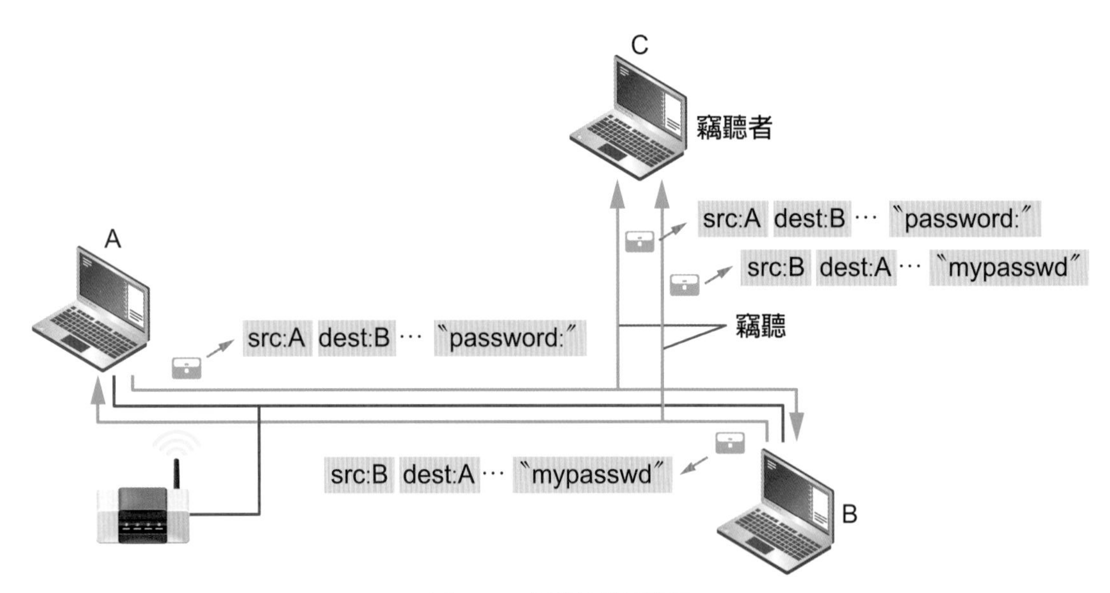


圖 8-18　網路監聽示意圖

加密的連線技術已經非常普及了。如 telnet 協定可以改用 ssh 協定，許多網路應用協定都可以透過利用 SSL（secure sockets layer）或是 TLS（transport layer security）協定，讓原本未加密的協定可以容易地變安全。

我們在下一個子章節裡會再針對這個部分做說明。此外，密碼的設定也很重要。密碼太短容易被破解，太長的話又不容易記憶，或是容易輸入錯誤。許多網路服務也逐漸要求使用者要使用較為複雜的密碼：密碼裡必須包括大小寫英文字母、數字，以及符號等等的組合。如此，才不會輕易地被像是「字典攻擊」的方式暴力破解。

### 資訊專欄　勒索軟體肆虐 莫作待宰肥羊

身處數位時代，當我們從事網路活動時，隨時都得提防網路暗黑勢力的滲透與侵擾。畢竟敵暗我明，明槍易躲，暗箭難防，即使極具規模的公私機構，面對炮火猛烈的網路攻擊有時也難逃一劫。

全球銀行總資產排名第一的中國工商銀行在紐約的分行，本月上旬因為 LockBit 勒索軟體攻擊，使得電腦交易系統癱瘓，並被索取贖金。該分行緊急阻隔受駭系統，改採人工交易及繞道交易應變，以免災情蔓延到其他主機。不過，由於某些債券交易無法即時清算，竟連帶導致規模高達廿六兆美元的美國公債市場暫時中斷交易。此一金融失序事件，讓人再次見證網路攻擊的殺傷力道足以牽一髮而動全身。

類似的網路勒索軟體攻擊事件層出不窮，例如七月時，日本名古屋港口因運協電腦系統遭受勒索軟體攻擊，使得貨櫃裝卸停擺兩天。又如本月十日，澳洲雪梨、墨爾本、布里斯本、費里曼圖的港口，因杜拜環球港務澳洲分公司遭到駭客攻擊而停止岸邊作業數日，冷藏貨櫃的醫療用品與龍蝦和牛被凍結在港口動彈不得。如今，我國科技大廠與醫療機構等關鍵設施，也常常是勒索軟體鎖定的攻擊對象，可說是四面楚歌，八方受敵，大家必須全面戒備。

LockBit 是惡名昭彰的網路犯罪集團，不僅運用其所開發的勒索軟體攻擊各大企業，同時也以租用抽成方式提供客戶勒索軟體服務。它們通常採用雙重施壓敲詐策略，一方面將受駭系統的檔案資料加密鎖住，讓系統所有者無法讀取；另一方面，它也威脅要將受駭者的系統機密資料外洩，讓世界所有人皆可讀取。

LockBit 宣稱這次網路攻擊已取得贖金，而中國工商銀行則未表態，究竟真相如何，恐怕不得而知。其實，支付贖金未必能解決當下燃眉之急，反而可能讓苦主被鎖定為不斷勒索痛宰的肥羊，更何況付錢給歹徒等於是變相支助勒索軟體服務，未來將衍生更多受害者。因此，就算無路可走，也要壯士斷腕設定停損，切莫隨歹徒起舞而讓惡勢力坐大。值得慶幸的是，雖然近年來網路攻擊事件增多，但支付贖金的比例已呈現逐年下降的趨勢。祈願未來能持續下降，一旦支付贖金的比例歸零，網路勒索軟體組織就難為無米之炊了。

然而，不甚樂觀的是，網路資源四通八達，勒索軟體組織的攻擊代價愈來愈低，而公私機構的防禦代價卻愈來愈高，這是一場不對稱的網路攻防戰爭。不僅如此，電腦系統受駭後的修復曠日廢時，正如同「傷筋動骨一瞬間，傷筋動骨一百天」，瞬間傷害需要百日療養，種種艱辛只有過來人冷暖自知。

我們不禁要問，在未來的網路攻防戰事中，是否存在無堅不摧的奪命矛頭？抑或有無尖能摧的保命盾牌？無論如何，當我們在網路匍匐前進時，還是先把鋼盔戴上吧！

趙老 於 2023 年 11 月

# 8-6 | 網路防護

網路上的攻擊無所不在，而隨著技術的進步，攻擊的花樣也愈來愈多。使用者必須要養成良好的資訊安全素養，才能避免自己成為駭客眼中的肥羊。在本節裡，我們要介紹幾個基本的網路防護相關技術。

## 防毒軟體

為了避免中毒，最簡單的方式就是不要上網，但這也是最不實際的方式。而大部分的使用者，會考慮安裝防毒軟體。目前市面上的防毒軟體很多，如微軟推出的 Windows Defender，或是 Microsoft Security Essentials、臺灣本土的 PC-cillin、國外的 BitDefender、Norton、Kaspersky 以及 ESET。受歡迎的免費防毒軟體如 Avira、AVAST!、以及 AVG 等等。圖 8-19 展示的是微軟系統內建的防毒軟體。

圖 8-19　微軟 Windows 10 內建的 Windows Defender 防毒軟體

電腦病毒的盛行，也造就了防毒軟體的百家爭鳴。防毒軟體的目的，就是避免電腦主機遭受病毒的感染。它的運作原理基本上就是攔截作業系統裡關於檔案的操作。在檔案被存取時，可以即時地掃描檔案裡是否帶有病毒，如果發現病毒，那麼檔案的操作就會被中斷，並提醒使用者。當然，防毒軟體也不是百分之百保證不會中毒。不正確的使用防毒軟體，或是任意執行來路不明的檔案，仍然會把電腦曝露在危險的環境中。

防毒軟體的運作主要有二種方式：一種是依賴病毒定義檔；而另一種是所謂「啟發式」（heuristic）的偵測，也就是按照應用程式的行為模式判定。

所謂病毒定義檔，就是將每一個認識的病毒的**二進位程式碼**（binary code）片段擷取出來，存放在一個資料庫裡。而在檢查病毒時，便可以使用字串比對的方式，查看檔案裡是否有符合病毒定義檔裡的病毒碼。當然，這個掃描檔案、比對病毒碼資料庫的動作，必須要十分準確和快速，否則就會造成誤判，或是降低電腦的效能。同時，這種方式也只能找出已知的病毒。也因此，我們會常常需要更新防毒軟體的病毒碼，以確保防毒軟體可以找出最新的病毒。

而使用啟發式的偵測方式，其作法就不大一樣。啟發式的偵測方式主要依據軟體的行為來判斷其是否為病毒。舉個簡單的例子來說，病毒可能常常會有改寫其他程式或是系統資料的行為。如果發現某一個程式在執行的過程中有這樣的行為，那麼防毒軟體可能就會警告使用者這種情況。當然，使用啟發式的偵測規則及方式也有千百種。而這種方式的好處就是，可以偵測出新品種的病毒。但這些規則也可能會有誤將正常的軟體判定為病毒的情況（誤判）；或是將病毒判斷為正常軟體的情況（漏判）。如何在偵測率、誤判率和漏判率之間取得平衡，那就是展示各家掃毒軟體硬底子功夫的商業機密呢！當然，市面上的防毒軟體通常會同時採取二種方式，以提升其整體的表現。

也許讀者會好奇，為什麼會有電腦病毒的產生？理由自然有千百種。譬如說是為了表達抗議；或者是特殊的宗教信仰狂熱人士；或者是單純為了好玩惡作劇；也可能是為了攻擊他人的成就感。甚至也有人認為，可能是防毒軟體公司寫出來的，好讓電腦使用者購買防毒軟體。對於這樣的說法，當然是無憑無據，而防毒軟體公司也會跳出來嚴正否認，不過卻不失為另類思考的一個臆測。不論如何，養成良好的軟體使用習慣，同時定期更新作業系統及應用程式，才能盡量避免電腦成為病毒的溫床。

## SSL 與 TLS

SSL（secure sockets layer）和 TLS（transport layer security）是一種安全協定。它們的目的，是提供網際網路上的應用層網路協定，一個建立安全連線的機制。SSL 較早被提出（正式公開發表於 1995 年）；而 TLS（於 1999 年被提出）則是 SSL 的後繼者。SSL 的好處是，它與利用它的上層應用程式協定是無關的。上層的應用程式協定可以幾乎用**透通**（transparent）的方式，建立安全的網路連線。

除了網路協定本身之外，SSL 以及 TLS 的開發人員也提供了一個非常便於使用的**程式設計介面**（application programming interface；API）。程式設計師可以很容易地修改網路程式，以使用 SSL 或是 TLS 提供的安全的功能。甚至也有不需要修改任何程式，就可以提供現有應用程式伺服器 SSL 或是 TLS 連線功能的網路程式，如 stunnel[5]。

5. https://www.stunnel.org/

SSL/TLS 建立安全連線的方式有利用前面提到的對稱式加解密演算法、非對稱式加解密演算法、區塊操作模式，以及雜湊函數等密碼學的功能。以 SSL 為例，它的運作方式大致上如下所述：

1. 由用戶端發送一個「Client-Hello」訊息給伺服器，並說明用戶端可以支援的各種演算法、壓縮方式，以及支援的 SSL/TLS 版本。
2. 伺服器回應「Server-Hello」訊息，以告訴用戶端伺服器所選擇的連線加密用參數，包括接下來要使用的演算法、壓縮方式，以及 SSL/TLS 版本。
3. 雙方溝通並選擇安全連線所需的參數後，便可以開始交換憑證、驗證憑證、並透過選好的公開金鑰演算法，協商並以加密的方式傳送後續連線要使用的對稱式加解密演算法的密鑰。
4. 最後的連線再使用對稱式加解密演算法，進行安全連線的資料傳輸。

整個運作流程的示意圖如圖 8-20 所示。

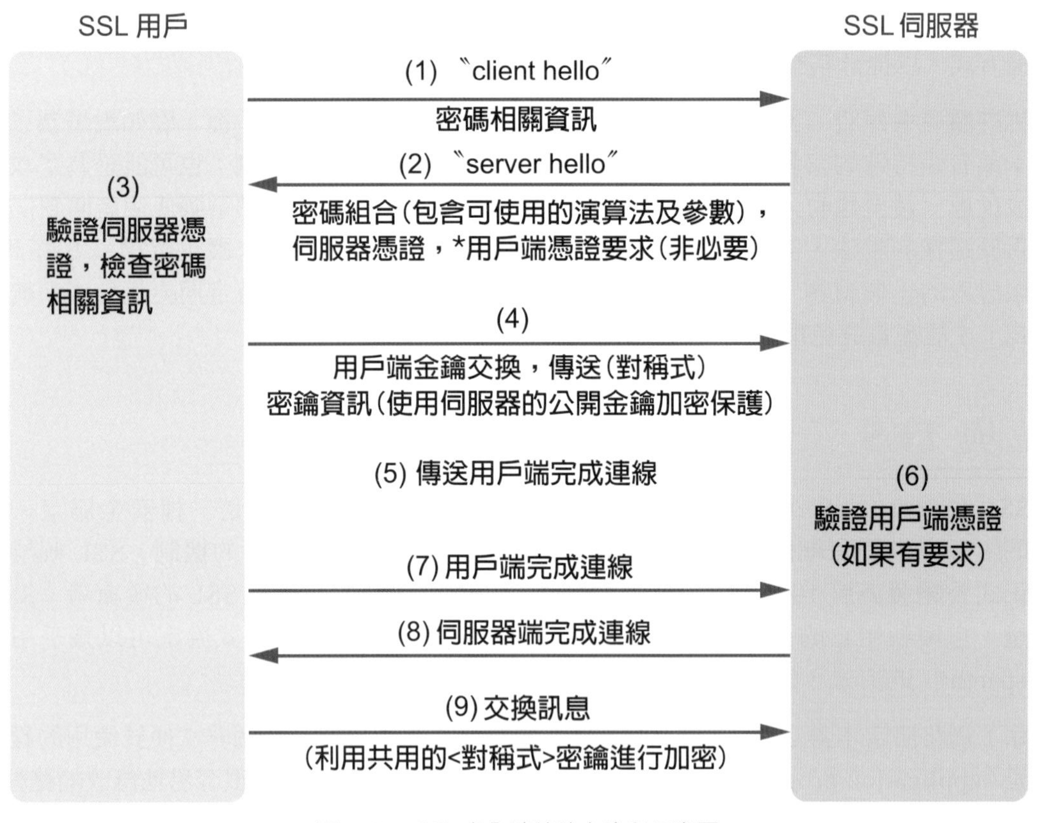


圖 8-20　SSL 安全連線建立流程示意圖

目前已經有許多應用程式協定都利用 SSL/TLS 提供安全的服務。如先前提到的網頁瀏覽（透過 https），或是寄送電子郵件（利用 smtps）、下載電子郵件（透過 pop3s 或是 imaps）等等。而支援 SSL/TLS 協定的用戶端也已經非常普及。

使用者平常使用的個人電腦或是手機上的瀏覽器或是應用程式，都已經內建 SSL/TLS 的功能。如果為了保險起見，使用者只需要在建立安全連線時，驗證憑證的內容是否與存取的網站相符合，便可以確保連線是否與正確的對象建立！

## 防火牆與入侵偵測系統

我們常常使用防火牆與入侵偵測系統來避免網路型的攻擊。防火牆上面往往會針對網路封包設定各式各樣的規則。它的工作就是將每一個經過它的網路封包，比對其是否符合規則，並按規則設定的動作處理封包。而動作可能讓封包通過、將封包丟棄，或是修改封包內容等等。防火牆的規則可以依據不同的 OSI 網路階層資訊進行設定。所以它可以是針對 Layer 2（如針對來源或目的的網路卡號設定）、Layer 3（針對來源或目的的 IP 位址設定）、Layer 4（針對來源或目的連接埠號，或是傳輸協定設定）等等。甚至也有可以針對 Layer 7，針對應用層內的各式資訊設定防火牆的規則等。

防火牆通常會架設在**區域網路**（LAN）和**廣域網路**（WAN）之間，如圖 8-21 所示。因此，所有往來網際網路的流量都可以進行檢測。有了防火牆，外來網際網路的攻擊流量就可以被阻擋下來。

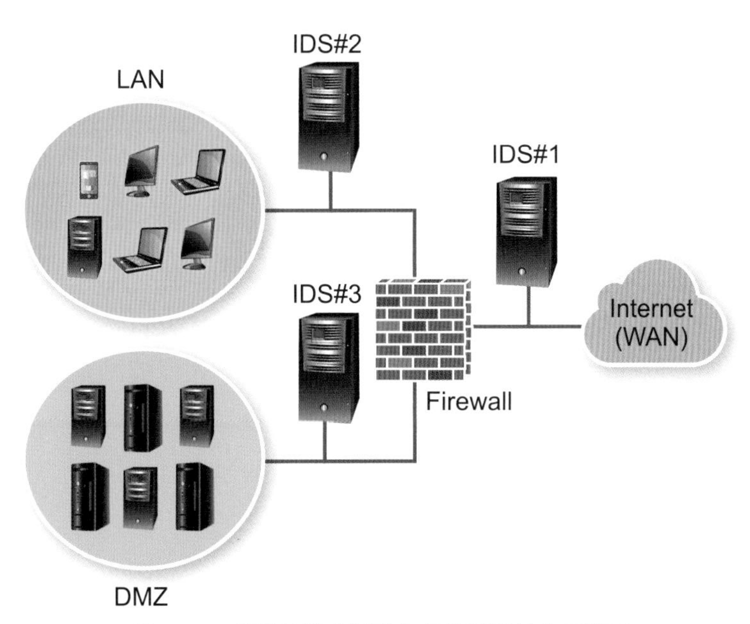


圖 8-21 常見的防火牆及入侵偵測系統的架構圖

除了 WAN 和 LAN 之外，某一些防火牆也提供「非軍事區」DMZ（demilitarized zone）的功能。通常我們會將企業網路裡，用戶端的電腦或是內部伺服器放在 LAN 區域裡，而對外服務的伺服器放置在 DMZ 裡。因為對外的伺服器通常會服務外來的使用者，因此，防火牆針對 DMZ 那一區設定的檢測規則會較為寬鬆。萬一伺服器不幸被駭客入侵，為了避免駭客透過對外伺服器入侵到企業內部，因此特別設立 DMZ 區域。

即使 DMZ 的對外伺服器被入侵了，也不會影響到 LAN 的使用者和伺服器。舉例來說，在防火牆上，我們可以設定像下列的規則：

1. 允許 LAN 的主機透過任何協定建立新連線至任意位置。
2. 允許 DMZ 的主機透過任何協定建立新連線至 WAN。
3. 允許 WAN 的主機透過 TCP 連接埠 80 建立新連線至 DMZ（瀏覽網頁）。
4. 允許所有已建立的連線通過防火牆。
5. 禁止其他未定義的所有網路連線。

如此便可以在 DMZ 裡提供網頁伺服器的服務，並避免 WAN 或 DMZ 的主機主動入侵到 LAN 裡面來。

相較於防火牆，**入侵偵測系統**（Intrusion Detection System；IDS）提供更完整的網路封包檢查功能。入侵偵測系統常常以監看的方式進行。也就是說，它本身並不會阻擋網路流量，而是監看網路流量裡是否有惡意的攻擊行為。當有入侵行為發生時，它可以保存相關紀錄，甚至即時通知網路管理人員進行處理。

入侵偵測系統可以擺放的位置十分有彈性。它可以放在防火牆裡面或是外面都可以。放在外面的話，可以監看到比較多的攻擊行為，但系統負擔比較重。而放在裡面的話，可以看到穿過防火牆的可能攻擊表 8-3，系統負擔則比較輕。在進行檢測時，入侵偵測系統通常會模擬主機的行為，將網路封包嘗試進行重組，還原完整的網路傳輸內容，並在 OSI 第 7 層進行內容檢測。因此，入侵偵測系統往往可以檢測出較複雜的攻擊行為。

除了以監看的方式使用，有一些入侵偵測系統也可以佈署在像防火牆的位置，對可疑的網路流量直接進行阻擋。但除了效率問題外（檢測時間較長），由於入侵偵測系統和防毒軟體一樣，可以透過病毒碼（特徵碼）或是透過行為分析的方式進行偵測。因此，入侵偵測系統也可能會有誤判和漏判的問題。因此，大部分的情況下，入侵偵測系統還是以監測的方式運行，以免誤判率阻擋了正常的網路連線。

## 無線網路安全

無線網路是大多數行動裝置都會使用的上網方式。其安全問題在現在無線網路愈來愈普及的時代，應該要更加重視！

和有線網路比較起來，無線網路的訊號是在開放空間之傳送，因此更容易受到監聽的問題。讀者可能都會在家裡透過無線網路上網。如何做好安全的控管，避免自家的網路遭到濫用，甚至成為駭客的跳板，便是十分重要的議題。

無線網路的安全通常是透過加密和認證來進行。如果是家用網路的話，通常的作法就是設定一組**存取點**[6]（accesspoint；AP）的 SSID（service set identification）和密碼。

6. 除了存取點（AP）之外，市面上買得到設備的常常是稱為「無線 IP 分享器」、「無線基地台」或是「無線路由器」。

SSID 的用途僅僅是用來識別無線網路存取點。而使用者為自己的存取點設定好 SSID 和密碼後，便可以在手機、平板電腦或是筆記型電腦上選擇 SSID，輸入密碼後進行連線。這一組密碼通常是所有的無線網路使用者共用的。

表 8-3　無線網路 IEEE 802.11 相關安全協定摘要表

| 標準 | 認證方式 | 加密方式 | 金鑰長度 | 說明 |
|---|---|---|---|---|
| IEEE 802.1x | 增強型認證 | 無 | 無 | 僅提供認證功能 |
| WEP | 無 | RC | 440-bit 或 104-bit | 較不安全，建議不要使用 |
| WPA-Personal( 或 WPA-PSK) | 無 | TKIP | 128-bit 或 256-bit | 較佳的安全認證功能，適用於個人網路 |
| WPA-Enterprise | 802.1x | TKIP | 128-bit 或 256-bit | 較佳的安全認證功能，適用於中大型企業網路 |
| WPA2-Personal( 或 WPA2-PSK) | 無 | TKIP 或 AES | 128-bit 或 256-bit | 較佳的安全認證功能，適用於個人網路 |
| WPA2-Enterprise | 802.1x | TKIP 或 AES | 128-bit 或 256-bit | 較佳的安全認證功能，適用於中大型企業網路 |
| WPA3-Personal | 無 | AES | 128-bit 或 256-bit | 使用 SAE 取代 PSK。 |
| WPA3-Enterprise | 802.1x | AES | 192-bit 或 256-bit | 適用於企業網路。可相容於 WPA2-Enterprise。 |

當然，無線網路也有好幾種不同的加密方式。早期的設備使用 WEP（wired equivalent privacy）協定進行加密。WEP 主要使用 RC4 對稱式加密演算法和 CRC-32 檢查碼演算法來設計。它允許使用者設定長度為 5 個字（40-bit 的金鑰）或是 13 個字（104-bit 的金鑰）的密碼。雖然 WEP 希望可以提供和有線網路相當的保護，但因為其實作上的缺陷，攻擊者在網路裡只要監聽的時間夠長、搜集的加密流量夠多，就可以對密碼進行破解。因此，研究人員後來也提出新的安全標準，WPA（Wi-Fi protected access）、WPA2 和 WPA3（即 WPA 的第二版和第三版），來提升無線網路的安全[7]。

WPA 和 WPA2 提供二種不同的密碼設定方式。一種是和 WEP 一樣，讓使用者設定一組共用的密碼，而這組密碼的長度可以是 8 到 63 個字元。這種方式我們稱其為 WPA-PSK（pre-shared key，事先共用密碼），或是 WPA-Personal（個人型）。而另一種方式則是企業型，即 WPA-Enterprise。WPA 企業型主要是透過 802.1x 協定進行驗證，以取代事先設定的共同密碼。每個使用者可以使用不同的帳號密碼，甚至不同的驗證方式登入，也因此，它可以在確認使用者身分（輸入的帳號密碼無誤、或是透過憑證進行驗證無誤）後，才讓使用者存取無線網路。WPA3 的目的是在儘量相容於 WPA2 的情況下，提升 WPA2 的安全性。因此，個人型原本的 PSK 設計已經由新的 SAE（Simultaneous Authentication of Equals，也稱為 Dragonfly Key Exchange）取代，而其企業型的設計也將加密金鑰最短長度由 128 bits 提升為 192 bits。通常 Personal 個人型模式使用於個人或是小型的辦公室；而 Enterprise 企業型模式由於具備使用者認證功能，通常是應用於中大型的網路或是企業裡。

7. 2017 年底時，第一次有研究人員指出 WPA2 亦可以在某些條件下可以被破解。但現階段讀者還不用太緊張。這個破解方式主要是因為現有的部份 WPA2 實作上具有缺陷。只要透過軟體更新或升級，就可以修補這樣的缺陷，進而確保 WPA2 的安全。有興趣的讀者可以參考連結 https://www.krackattacks.com/。

當然，除了無線網路存取點本身支援的認證方式外，許多無線網路也會再透過無線網路入口網站（英文稱為 captive portal）提供網路存取的認證控管。讀者可能有這樣的經驗：無線網路使用時不需要設定密碼，直接選了 SSID 就可連上。而在開始存取網際網路之前，必須先透過瀏覽器，連上一個特製的網站，並輸入帳號密碼後，才得以存取網際網路。雖然不如 WPA-Enterprise 那麼方便，但如果要同時提供認證和加密功能，透過 WEP 或是 WPA 配合無線網路入口網站，在實務上也是一種常見的作法。提供無線網路加密和認證的方式有許多種，不論如何，如果計畫要建置無線網路，那麼一定得要選擇一個足夠安全的認證機制。才能確保無線網路不會遭到濫用。

## 資訊專欄 草木皆兵的零信任安全模式

在護城河及多道城牆的防禦工事下，君士坦丁堡曾經是堅不可摧的神話。然而，正如一條鐵鍊的強度取決於它最脆弱的部份，當鄂圖曼帝國攻打君士坦丁堡時，其城牆仍有必須修建補強的區段及防範圍堵的城門，再加上攻城火炮的助威，神話終究還是破滅了。

如今，護城河及城牆不再能保家衛國，而在「條條大路通自家」的數位世界裡，網路駭客花招百出，任何網路流量都是潛在威脅，防火牆的防禦工事已不足以阻隔本機網路與外界網路。

這也難怪近年來國內大廠因資安漏洞而資料外流的事件時有所聞，不僅要應付駭客天價的贖金勒索，還得彌補客戶機密外洩所影響的商譽及業績。尤其在新品發表會前夕前讓亮點提前曝光，其所造成的衝擊傷害更不容小覷。面對無法無天的網路劫匪，科技重鎮的寶島難道就任人宰割嗎？資訊安全已然是國安範疇極為重要的一環。

2021 年 4 月中旬，美國總統拜登針對俄羅斯的惡意網路活動實施了經濟制裁，包括六家支援俄羅斯情報單位網攻技術的科技公司。拜登政府也推出了新穎的資安課程，協助政策制定者深入理解資安事件的政策面及技術面。

有鑑於防火牆不足以抵禦外侮，近年來包括美國國防部等機構已逐步採用零信任的網路安全模式，更嚴謹管控蕭牆內外的網路活動。零信任安全模式的原則是「永不信任，一律驗證」，認定沒有網路、裝置、應用程式、使用者和管理者是絕對安全的，必須透過層層關卡的驗證與加密，以保全網路內的系統和資料。

無論是從遠端或在地請求連結的裝置，必須在雙向充分認證後才接通。考量系統癱瘓及資料外流的風險，各個系統及資料的使用權限必須明確規範。在通過系統驗證後，使用者取得任務需要的最低權限，僅可在設定時段裡執行，並留下所有操作及存取紀錄。同時，還要有自動偵測異常狀況的監控機制，可適時揪出外來駭客及內部害馬，以免事態擴大，覆水難收。

試想，擁有公司機密或民眾個資的資訊系統，倘若有人濫用職權惡意竊取資料，或刻意刺探他人隱私，這類的不肖行徑難道不必管控嗎？另一方面，零信任安全模式固然強化了安全機制，但難免因層層關卡帶來不便，而且全面監控組織內外的網路交流，也要留意不能違反基本人權。

可惜的是，網路空間本該是開放、自由及可信賴的，但天下何曾太平過！當我們行走數位江湖時，還是先練就金鐘罩或鐵布衫吧。

趙老 於 2021 年 4 月

# 8-7 | 區塊鏈

## 概念

近年來隨著加密貨幣的興起，區塊鏈也成為全世界關注的密碼學應用技術之一。區塊鏈本身的設計概念其實十分單純。其主要的目的是要保護具有相依性的紀錄不被有心人士竄改。一般雜湊函數只能對單一文件或資料進行資料完整性的保護。而透過「鏈結」的概念，更可以進一步提供文件或是資料發生時間或是順序上的保障。在這個需求之下，我們將需要受保護的紀錄（或是亦稱為區塊）按照關聯性串在一起，並利用**雜湊**（hash）函數對鏈結上相鄰的資料進行資料完整性的驗證，以確保所有被鏈結起來的資料在內容及發生順序都是正確無誤的。概念上聽起來好像很抽象，讓我們用幾個具體的例子來做說明。

文獻記載早期有上述需求的應用是要設計一個「時戳服務」。這個服務可以針對文件發出具公信力且驗證不被竄改的**時戳**（timestamp）。假設某一個行政單位產出的公文，我們都要為文件打上一個時間戳記，且證明這個時間戳記是正確無誤且沒有被竄改的。在 1991 年的時候，Harber 和 Stornetta 二位學者便提出使用鏈結的方式來設計這樣的服務，如圖 8-22 所示。每當有文件需要打上時間標記時，只要向時戳服務提出申請，那麼時戳服務就可以針對文件和時間紀錄產生雜湊值，並加入鏈結中，文件、時間和雜湊值都會被保留起來。由於新加入的文件紀錄在計算雜湊值時，也必須納入最近一筆文件紀錄的雜湊值進行串接，在這個串接起來的鏈結裡，只要有任何一筆資料被修改，被修改紀錄之後的所有雜湊值都會是錯誤的。

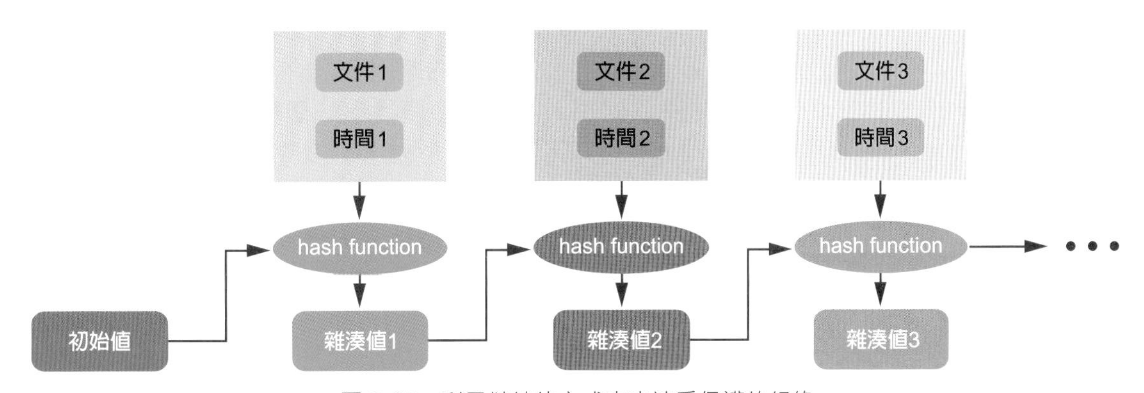


圖 8-22 利用鏈結的方式來串連受保護的紀錄

一般所謂的「區塊」就是指上述鏈結裡的一筆紀錄，包括文件、時間和雜湊值。而透過雜湊值把這些區塊串起來就是大家耳熟能詳的區塊鏈。雖然在上述範例鏈結裡保存的是文件和其時間，區塊鏈裡可以保存的不僅僅是文件。我們可以把文件替換成任何其他型式的資料，比如說交易紀錄、病歷紀錄、物品所有權的紀錄等等。而為了讓每一個區塊的大小不會太大，實作上也常以資料的雜湊值來取代。所以不管要保存在鍊裡的資料是什麼，都可以透過雜湊函數轉換為用以識別該項資料，長度固定的雜湊值。

## 分散式的區塊鏈

在實作區塊鏈時，我們可以選擇用集中式或是分散式的方式實作。所謂集中式的實作是指將整個區塊鏈的資訊集中，由一個特定的單位或組織進行保存。需要新增紀錄到這個鏈結時，都由這個特定的單位來進行。若以圖 8-22 的情境為例，如果以集中式的方式實作，讀者可以想像這個時戳服務就像是一個網路上的伺服器。伺服器必須由一個具有公信力的單位或是組織負責維護和運作。所有需要打上時戳的文件都交由這個伺服器處理。使用者也得相信負責運作這個服務的單位或是組織不會有任何造假或是偽冒的行為。

一般俗稱的區塊鏈都是指分散式的區塊鏈。雖然集中式的實作方式簡單且容易管理，但其相對會有單一節點故障的問題，以及必須透過具有公信力的單位運行的限制。因此研究人員也提出分散式區塊鏈的設計。

所謂分散式的設計就是將整個鏈結的資料散佈存放在所有網路上的用戶身上，讓每個用戶身上都有一份相同且完整的鏈結資料。但是網路上這麼多用戶，如何確認哪一份鏈結資料才是正確的呢？為了解決這個問題，研究人員提出二個關鍵的必要條件。其一是，網路上最長的鏈結（也就是裡面有最多紀錄的那一份）才是正確的鏈結。其二是，要把紀錄放進鏈結裡，必須通過一定程度的驗證，才能把紀錄放進鏈結裡。如此一來，就不是隨便任一使用者都可以把紀錄任意放入鏈結裡。任何放入鏈結裡的資料都必須透過一個（冗長的）驗證程序。將資料成功放進去後，也必須再廣播通知網路裡的所有用戶，讓大家可以更新其手上的鏈結，確保網路上的用戶都有這個成功新加入區塊的資料。

那麼這個驗證程序如何進行呢？在分散式區塊鏈裡，大家最熟悉的驗證方式就是 PoW（Proof-of-Work）方法。這個方法也是一個密碼學演算法的應用。若給定一個要新增到鏈結裡的區塊資料以字串 X 表示。那麼在驗證程序中，我們必須要找出一個數值 k，計算雜湊值 V = hash(X, k)，並使 V 值的前面 n 位數的值為 0（以 16 進位表示）。假設我們給定 n = 5，那麼上述流程可以用如圖 8-23 所示的 Python3 程式碼來實作。圖中我們以 SHA-256 做為雜湊函數 SHA-256 輸出的數值若以 16 進位表示，一共有 64 位數。範例程式計算時將字串 X 和轉為字串的整數 k 相接後，再做為雜湊函數的輸入。透過不斷遞增 k 值，我們的目標是要確保計算出來的 V 值，其前 5 位數皆為 0。當我們找出第一個可以使雜湊函數輸出的 V 值符合條件的 k 值時，即可停止搜尋。

```
import hashlib

def pow(X, n = 5):
    k = 1
    while True:
        V = hashlib.sha256((X+str(k)).encode()).hexdigest()
        if V[:n] == '0'*n: break
        k = k + 1
    return (k, V)
```

圖 8-23 Proof-of-Work 實作範例（Python3 語言）

有興趣的讀者可以試試執行範例程式碼。當使用 n = 5 時，大部份的電腦可能不用多久就可以跑出結果。但若 n = 6 或是更大的數值時，那麼就可以明顯地感受到需要等待一段時間。實務上 PoW 在使用時常常會選擇較大的數字，以增加完成驗證程序的時間複雜度。而 PoW 計算出來的 k 值，也需要保存在區塊中。可以通過 PoW 驗證的 k 值我們也稱為 nonce，也就是 number used only once 的簡寫。

## 比特幣

區塊鏈之所以受到大家重視，大概就是因為比特幣（bitcoin/BTC）的出現吧！比特幣是分散式區塊鏈，也是加密貨幣的代表應用。比特幣在區塊裡保存的是經過處理的交易資料。交易資料是透過公開金鑰的機制來進行簽章，這裡就不特別說明。而簽章後的交易資料則是以一個叫做 Merkle tree 的樹狀結構計算雜湊值後保存在區塊裡。有興趣的讀者可以再去了解 Merkle tree 的設計。而當新的紀錄要加進比特幣所使用的鏈結時，其 Proof-of-Work（PoW）會需要找出所謂的 nonce 值，使得「最後一個區塊的雜湊值、新交易資料 Merkle tree 的雜湊值、以及 nonce」三項資訊的雜湊值結果 V 的前 n 位數為 0。比特幣使用的雜湊演算法是 SHA-256。而其 PoW 難度在一開始設定為 n = 8。在比特幣的設計裡，隨著新的紀錄不斷地被加到區塊鏈裡，PoW 的難度也會漸漸地提升（提高 n 值）。整個比特幣的運作流程簡介如下：

1. 新的交易廣播給所有的節點知道。
2. 節點將收到的交易搜集好，準備放入一個新的區塊。
3. 針對新的區塊，每個節點開始進行 Proof-of-Work 的驗證。
4. 一但完成 PoW，完成 PoW 的節點將這個區塊的結果廣播給網路中的其他節點。
5. 收到通知的節點可以驗證區塊中的交易內容和 PoW 結果是否正確，並接受它。
6. 一但新的區塊通過驗證並被接受，節點們重複這個流程來接受新的交易和產生新的區塊。

在比特幣的設計裡，每一個新產生的區塊裡，都會有一筆初始交易紀錄，也就是給定一筆固定的比特幣費用給完成 PoW 驗證的節點。這也是為什麼這些在幫忙驗證解出 PoW 的節點們會被稱為是在「挖礦」的「礦工」。而隨著 n 值的增加，這也會使得「挖礦」的難度愈來愈高。這也是為什麼許多人覺得「挖礦」是一件非常不環保的事情—大量的資源投入驗證雜湊值的運算是一件非常耗時且耗能的工作。

在比特幣一開始運作時，每新增一個區塊，「礦工」的獎勵是可以得到 50 BTC。而這個區塊鏈的長度每增加 210,000 個區塊，其獎勵的金額就會減半。因此挖出世界上前 210,000 個區塊的礦工們，每一個區塊都可以得到 50 BTC 的獎勵。而挖出第 210,001 至 420,000 個區塊的礦工們，每一個區塊則可以得到 25 BTC 的獎勵，依此類推。也因為這樣，比特幣是一個發行量有限的貨幣。其上限為 2,100 萬 BTC。一但「挖完」就不會再有新的比特幣出現。

而自比特幣問世至今（2022 年 1 月），已經有約 1,900 萬個比特幣被挖出來了！現在才想要靠「挖比特幣」致富的讀者們可能要失望了。一但全數的比特幣都被挖完後，未來礦工們大概只能靠交易抽成的方式取得回饋。不過新興的加密貨幣很多，有興趣的讀者還是可以好好發掘一下新興的潛力貨幣！

**資訊專欄**

FTX 殞落
凸顯弊幣必斃

https://tinyurl.com/nhhas3ce

## 資訊專欄　加密貨幣平台的群眾募資力量

1787 年制定的美國憲法，初版共印行五百份，其中一份在 2021 年 11 月 18 日晚上的紐約蘇富比拍賣會上，以四千三百二十萬美元的落槌價售出，創下歷史文件的拍賣新天價。

競標者之一 ConstitutionDAO，以市值次高的加密貨幣以太幣為本，藉由群眾募資方式 DAO，短短幾天就募集到相當於四千六百萬美元的以太幣。DAO 的全名為 Decentralized Autonomous Organization（去中心化的自主性組織），透過區塊鏈技術所製作的共用帳本，可追蹤每一筆交易，其智慧合約所訂定的操作規則與治理方法，讓參與者能集資購買，並共享所有權。

此次募資訴求「將憲法回歸到全民手上」，觸動不少網民心弦，共計有一萬七千餘位贊助者，讓世人見識到加密貨幣平台群眾募資的爆發力。出資中位數大約兩百美元，有幾位出手闊綽的大戶，更有可觀的初次開戶小資族。

不過在拍賣會上，叫價四千萬美元後，ConstitutionDAO 就停止競標，最後功敗垂成，並未得標。四千萬美元的上限是扣除運送費、典藏費、保險費後算出來的，而群眾募資的公開資訊，隱約中外洩了可能的出價上限，其實已犯了兵家大忌，故當叫價超過上限後，只能拱手讓人。當然，在商言商，這些敲鑼打鼓的運作，不能排除是另類的商業炒作。

理想上，DAO 能讓參與者共同治理，故無需至高無上的中心管理者，但它真能做到民有，民治，民享嗎？以此次未能得標的募款而言，它的後續處理並不簡單。一個方式是扣除運算工本費後，歸還給贊助者，募資平台毫髮無傷，但有些小額贊助者可能血本無歸。若不退款的話，還有競標其他歷史文件或捐給慈善機構等選項，該如何投票決定呢？

另外，安全性也不容忽視。猶記五年前以 DAO 運作模式成立的創投公司 The DAO，彼時募得一億五千萬美元，瞬間就被駭走五千萬美元。雖然最後追回失款，但其所暴露的安全危機實應引以為戒。

仔細端詳這份十八世紀末的美國憲法版本，看到華盛頓總統名字是 Waſhington，字裡的 s 寫法是稱為「長 s」的變體 ∫，很像字母 f。我才恍然大悟，原來累積總和 ∫（sum）的積分，其符號 ∫ 取用 sum 的字首 s，寫法乃源自於 ∫。由於 ∫ 和 f 極易混淆，且一個 s 兩種寫法對打字印刷負擔不小，故十九世紀後的英文，就漸漸看不到延續數百年的變體 ∫。

時代的巨輪不斷演進，過去如此，現在這樣，未來還會繼續。

趙老 於 2021 年 11 月

# 8-8 ｜ 後量子密碼學

密碼學可以說是資訊安全的基礎，但是現在主流使用的密碼系統及演算法，會不會發生有一天突然全部都被破解的時候呢？雖然過去研究人員常常透過增加金鑰 / 密鑰的長度來增加被破解的困難度（就像大多數的系統會建議密碼至少要 16 個字元以上的數字、英文字母和符號的組合），然而當「量子電腦」一詞出現時，現代密碼學的研究人員就開始緊張起來了。

1994 年，研究人員 Peter W. Shor 提出一個利用量子電腦進行因式分解和離散對數求解的演算法（Shor's Algorithm）。讀者們可能還有印象，前面提到目前最常用的 RSA 和 Diffie-Hellman 演算法的設計就是基於因式分解和離散對數求解的困難度來設計的！這麼一來這些密碼系統是否就變得不安全了呢？研究人員指出，若我們想要在 8 小時內破解一組利用 RSA 金鑰長度為 2048-bit 加密的資料，我們需要一台有 2 千萬個 qubit[8] 的量子電腦。然而，以目前技術而言，除了 IBM 在 2022 年提出的 Osprey 系統宣稱有 433 個 qubits 外，2023 年 Atom Computing 宣稱他們已實作出有 1180 qubits 的量子電腦。雖然這個數字距離實務上破解現代密碼學演算法所需的量子位元數還有一段距離，但密碼學家已經意識到，該是要設計新的演算法來抵抗量子電腦的攻擊。

雖然要實現運用量子電腦進行破密還有一段時間，但對於極機密資料而言，有心人士可能會想辦法先把資料側錄保存下來，等到技術成熟時再來做破解和解密的動作。如果量子電腦的技術提前發展成熟，這些被側錄下來的機密資料就會因此被提早揭露。因此，開發新的演算法、進行實作、並推廣和替換現有的密碼機制，就變得刻不容緩。

抵抗量子電腦攻擊的想法可以分為二大派。其中一派就是以**量子密碼學**（Quantum Cryptography；QC）的方式來進行抵抗。也就是類似「以子之矛、攻子之盾」的概念。如果攻擊者使用量子密碼進行攻擊，那麼防禦者也使用基於量子電腦設計的演算法來應對。而目前比較常見的研究是在**量子密鑰分發**（Quantum Key Distribution；QKD）領域。也就是使用量子電腦來生成和交換金鑰。量子密鑰分發並不限於用在量子電腦上，透過量子密鑰分發生成的金鑰也可以使用在現代密碼學的演算法上。而使用量子密碼學在資料的運算和保存都會需要量子相關的硬體，這使得佈署上的困難度大幅提高。相較之外，另一派抵抗量子破密攻擊的研究人員則主張透過傳統數學的方式，來設計抵抗量子電腦攻擊的演算法，這也是所謂的**後量子密碼學**（Post-Quantum Cryptography；PQC）的理念：希望在不依靠量子電腦的情況下，也可以設計抵抗量子電腦破解密碼的方法。而美國國家安全局（NSA）在 2020 年 10 月時表示，他們比較看好 PQC 而非 QKD/QC，主要原因是基於量子計算或是量子密鑰分發會有一些應用上的問題和限制，包括解決方式不完整、需要特殊硬體、增加控管風險、難以保全和驗證、以及可能的阻斷服務攻擊等。再加上美國國家標準技術局（NIST）自 2016 年起就開始在徵選 PQC 演算法的標準，這也使用 PQC 的研究在資訊界成為主流。

8. 相較於一般傳統電腦使用 bit 做為資料的保存和運算的基本單位，量子電腦使用的運算單位為 qubit。

截止 2024 年 3 月為止，NIST 的標準草稿預計採用 CRYSTAL-Dilithium 和 SPHINCS+ 演算法做為主要的數位簽章演算法，以及 FALCON 做為額外替代的數位簽章演算法。而**金鑰封裝**（Key Encapsulation Mechanism；KEM）演算法部份則選擇 CRYSTAL-KYBER 演算法。「金鑰封裝」這個名詞對讀者而言可能有點陌生。不過我們在先前介紹 RSA 演算法時，提到一般的實務應用並不會直接使用像 RSA 這種非對稱式演算法對大量資料進行加密，而只使用非對稱式演算法來安全的傳輸對稱式演算法（比如說 AES）的加密金鑰後，再使用對稱式演算法進行加密。而「金鑰封裝」演算法的目的就是透過公開金鑰系統來進行密鑰交換。而在設計概念上，除了 SPHINCS+ 是基於雜湊演算法進行設計，其他的演算法都是基於 Lattice 的數學問題進行設計。Lattice 是代數學裡一個重要的理論，對於研究密碼設計有興趣的同學，可以好好修習線性代數以及 Lattice 理論。

# 8-9 ｜ 資訊倫理

資訊與通訊技術的快速發展，給生活上帶來了許多的便利，拉近了人與人之間的距離，但也衍生了許多「資訊倫理」相關的議題。所謂「人不犯我，我不犯人」，身為一個現代的文明人，除了利用資安技術自我防護外，更重要的是要培養良好的資訊倫理和網路禮節，才能遠離資安的威脅。Richard O. Mason 於 1986 年提出了**資訊倫理**（Information Ethics）的研究，其中以**資訊隱私權**（Privacy）、**資訊正確權**（Accuracy）、**資訊財產權**（Property），以及**資訊存取權**（Access）這四個議題最受重視，也就是俗稱的 PAPA 模型（PAPA model）。針對這幾個議題，我們分別說明如下：

## 資訊隱私權

網路的便利使得資訊的交換與流通十分容易，因此必須規範個人擁有隱私的權利及防止侵犯別人隱私，以確保資訊在傳播過程中能保護個人隱私而不受侵犯。

## 資訊正確權

網路上的資訊垂手可得，難以分辨這些資訊是否正確，因此資訊提供者需負起確保提供正確資訊的責任，而資訊使用者則擁有使用正確資訊的權利。

## 資訊財產權

資訊的再製和分享他人成果是相當容易的，所以應維護資訊或軟體製造者之所有權，並立法規範不法盜用者之法律責任，以保護他人的智慧成果。

## 資訊存取權

是指每個人都可以擁有以合法管道存取資訊的權利。例如：合法付費下載電子書閱讀；依創用 CC 授權標章原則，合法且合理使用他人作品等。

除了上述的議題外，今日的資訊倫理還包含了提高使用者的倫理道德或社會使命感、建立正確價值觀、建立自律自重的守法美德等。這些議題可參考美國電腦倫理協會 （Computer Ethics Institute）於 1992 年提出的電腦倫理的十大戒律（Ten Commandments of Computer Ethics），包括：

* 不可使用電腦傷害他人。
* 不可干擾他人的電腦工作。
* 不可窺探他人的電腦檔案。
* 不可使用電腦偷竊。
* 不可使用電腦作假見證。
* 不可複製或使用盜版軟體。
* 未經授權或適度補償，不可使用他人的電腦資源。
* 不可侵佔他人的智慧結晶。
* 設計程式或系統時，必須衡量其對社會的影響。
* 使用電腦時，必須保持對他人的體諒與尊重。

除了資訊倫理之外，網路禮節也是同樣的重要。網路禮節是指網路世界中的禮儀規範，主要是在使用的過程中，使用者彼此間的互動禮儀。網路上的發言常常具有匿名的特性，這可能讓藏在螢幕後面說話的使用者肆無顧忌的進行批評。然而，良好的網路禮節表示尊重對方，展現自己使用網路的負責態度，以及避免帶給對方使用網路的不便及無意間產生的誤解。而網路上應有的禮儀原則，與現實生活中無異，除了尊重別人之外，也要對自己所寫的東西負責。尊重他人，保護自己、遵守規範，只有所有的網路使用者都有相同的共識，才能營造一個安全無害的網路使用環境。

## 資訊專欄 資訊科技產品的倫理十誡

十誡是基督徒奉行的信仰法則，數千年來，儘管時空環境變遷，但十誡仍舊放諸四海皆準。大約卅年前，美國電腦倫理協會制定了電腦倫理的十誡，規範了電腦使用者的基本倫理。雖然歷經了一波又一波的資訊科技革命浪潮，但這些電腦戒律如今回頭檢視，仍像暮鼓晨鐘般發人深省。

一、**不可使用電腦傷害他人。**不能以電腦砸人，也不能運用電腦做出危害人類的事情，例如操控殺人武器、製造病毒或詆毀名譽等。

二、**不可干擾他人的電腦工作。**近年來勒索軟體愈來愈囂張，它常在人們疏於防範時趁虛而入，鎖住受害者的電腦或檔案，影響其正常工作。受害者即使繳納贖金，也未必能取回對電腦的控制權。

三、**不可窺探他人的電腦檔案。**個人電腦上的文件檔案及郵件訊息，就如同個人的住家或信件，屬於不容侵犯的私領域。

四、**不可使用電腦偷竊。**不能利用系統或網路上的漏洞，以電腦竊取機密資料，或盜領不義之財。

五、**不可使用電腦作假見證。**電腦以假亂真的功力愈來愈厲害，例如深偽軟體所變造的影音資訊，極度混淆視聽，肉眼幾乎看不出破綻；又如網軍捏造假消息帶風向，試圖誤導民意走向。一場場正邪雙方的對抗，不知結局是「道高一尺，魔高一丈」呢？還是「邪不勝正」呢？

六、**不可複製或使用盜版軟體。**軟體如同藝術創作，著作權應受到保護。盜版軟體還可能被植入惡意病毒或後門程式，對資安的威脅不容小覷。

七、**未經授權或適度補償，不可使用他人的電腦資源。**非法入侵他人電腦，盜用其運算及儲存資源，是極不可取的盜匪行徑。

八、**不可侵佔他人的智慧結晶。**在這數位匯流時代，切莫貪圖一時之便，將他人的數位作品複製貼上，移花接木後據為己有。

九、**設計程式或系統時，必須衡量其對社會的影響。**無論是比特幣的「挖礦」，或奇亞幣的「種田」，近年來耗費了巨量資源，甚至還造成運算晶片及硬碟缺貨，令人扼腕。

十、**使用電腦時，必須保持對他人的體諒與尊重。**無論是網路上的霸凌、騷擾、羞辱、謾罵，或是眾志成城的人肉搜索，都可能對他人身心造成無可彌補的傷害。

如果將上述倫理十誡中的電腦，代之以人人隨身的智慧型手機，這十條戒律依然適用可行。

科技來自人性，科技也終將回歸人性。當大家使用資訊科技產品時，請恪守「思無邪，再思而言，三思而後行」的心法，共同營造一個祥和有序的人間社會。

趙老

# 程式語言

0 1 0 0 0 0 0 1 1 0 1 1 0 1 0 0 0 1 1 0 0 0 0 0 0 0 0 0 0 0 0 0

一部電腦就外觀而言，只是很多硬體的組合，如中央處理器、記憶體、硬碟等。但是如何指揮這些硬體，提供我們所需要的功能，就必須有適當的溝通工具，這工具就是程式語言（programming language）。在本章中，我們將對程式語言的功能做一概略的介紹。首先，我們先回顧一下程式語言發展的歷史，並對幾個比較具影響力或代表性的程式語言做一說明，在接下來的幾節則介紹程式語言的重要組成元素。我們會先簡介在程式中可定義的資料型態，接著介紹一些常用的程式指令，最後會針對程序及參數做一討論。

本章的學習重點，主要在於了解如何寫出一個基本的 C 程式，其中包含適當地定義變數的資料型態，學習將指令組合成你所希望達到的功能，及如何定義和呼叫程序。

# 9-1 | 程式語言發展史

就電腦的硬體構造而言，電腦只能接受由 0 與 1 組成的**機器語言**（machine language）。具體來說，每個 CPU 開發者會制定該 CPU 可執行的指令，每個指令都有其對應的二進位 01 組成的代碼。在一開始沒有其他程式語言存在的時期，程式員直接使用 CPU 指令代碼來編撰程式，編撰完成後透過工具將這些代碼直接存放到主記憶體中，讓 CPU 開始執行此程式，這些 CPU 的代碼就是機器語言。但是用代碼來寫程式，除了格式複雜之外，寫出來的程式也很難讓人閱讀理解與除錯，因此後來 CPU 開發者在制定 CPU 指令時，也同時制定了每個指令的**助憶符**（mnemonic）及簡單的語法，使得程式的撰寫、理解、與除錯更加容易，這些助憶符及其指令語法就構成所謂的**組合語言**（assembly language）。譬如相加之指令以機器語言表示為 01011010，而在組合語言則以 ADD 來表示。以組合語言撰寫出來的程式，必須透過**組譯器**（assembler），轉換成機器語言，才能為中央處理器接受。

雖然透過組合語言，使用者已經比較易於撰寫程式，但是組合語言仍然有幾個缺點：

1. 由於組合語言是直接反應機器語言的指令，必須根據每個中央處理器的特性來設計，所以不同規格的電腦就各自有自己的組合語言，如此造成程式設計師學習上的困難，且寫出來的程式也只能在特定電腦上執行。
2. 組合語言只具備有簡單的指令，所以寫出來的程式通常不具結構性，程式冗長且難以閱讀，也就是我們雖然能夠理解各個指令的意義，但是整個程式所欲達到的功能卻不易理解。

基於這樣的理由，通常將組合語言稱作**低階語言**（low level language），表示組合語言寫出來的程式**可讀性**（readability）很低，同時這也是**高階語言**（high level language）被發展設計出來的原因。大家較為熟悉的高階語言如 C 語言，這些語言寫出來的程式，比起組合語言寫出來的程式，更容易為一般人所理解，所以日後也容易維護和修改。另一方面，高階語言和機器的特性並沒有很密切的對應，所以較具有**可攜性**（portability），也就是一個在個人電腦上面撰寫的 C 程式，如果只使用標準的 C 函數而非特殊軟體專用的功能，是很容易就可適用於硬體規格不同的 Sun 工作站。

不過也由於高階語言寫出來的程式與機器語言有相當大的距離，所以程式寫完之後還要經過**編譯**（compile）的步驟才能執行。整個編譯的過程如圖 9-1 所示，首先**原始程式碼**（source code）必須送給編譯器，以分析出最小單位的字義結構，也就是進行**字義分析**（lexical analysis），接著再看看寫出來的指令結構是否符合該語言的語法，也就是進行**語法分析**（syntax analysis）。另外可以的話，會進一步試著找出最有效率的機器語言命令，也就是進行所謂的**最佳化**（optimization），最後產生適合該機器的**目的碼**（object code）。之後，我們就可執行該目的碼，同時給予適當的輸入，而得到最後的輸出。

圖 9-1　高階程式編譯和執行流程

另外一種程式執行的方式，則是透過**直譯器**（interpreter），也就是讀入程式碼後立即執行。其好處是可省略編譯的步驟，但由於同時也少掉了將可執行碼進行最佳化的過程，所以程式執行時的速度一般較慢。

在高階程式語言的發展過程中，各式各樣的程式語言，因應不同的理念與需求而被設計出來。在圖 9-2 中，標示在不同年代所推出的重要程式語言，同時利用箭頭指出程式語言之間的前後影響性。

> **IT 小貼士**
>
> Language is the dress of thought.
>
> -- Samuel Johnson
>
> 在電腦軟體王國裡，它的「城市語言」就是「程式語言」。
>
> -- 趙老

我們可看到第一個誕生的高階程式語言是 1957 年推出的 FORTRAN，該語言要求變數有固定型態，並採用編譯的執行方式，影響了大多數後續的程式語言。另一方面，稍晚一點而於 1958 年推出的 LISP，程式的變數並不需要有固定型態，並採用直譯的執行方式，也是有其擁護者。由於兩種做法各有其優缺點，一些 1990 年代之後推出的程式語言，甚至結合兩類語言的特性。在本章的下面幾節，我們將會進一步介紹，幾個較具代表性的高階語言。

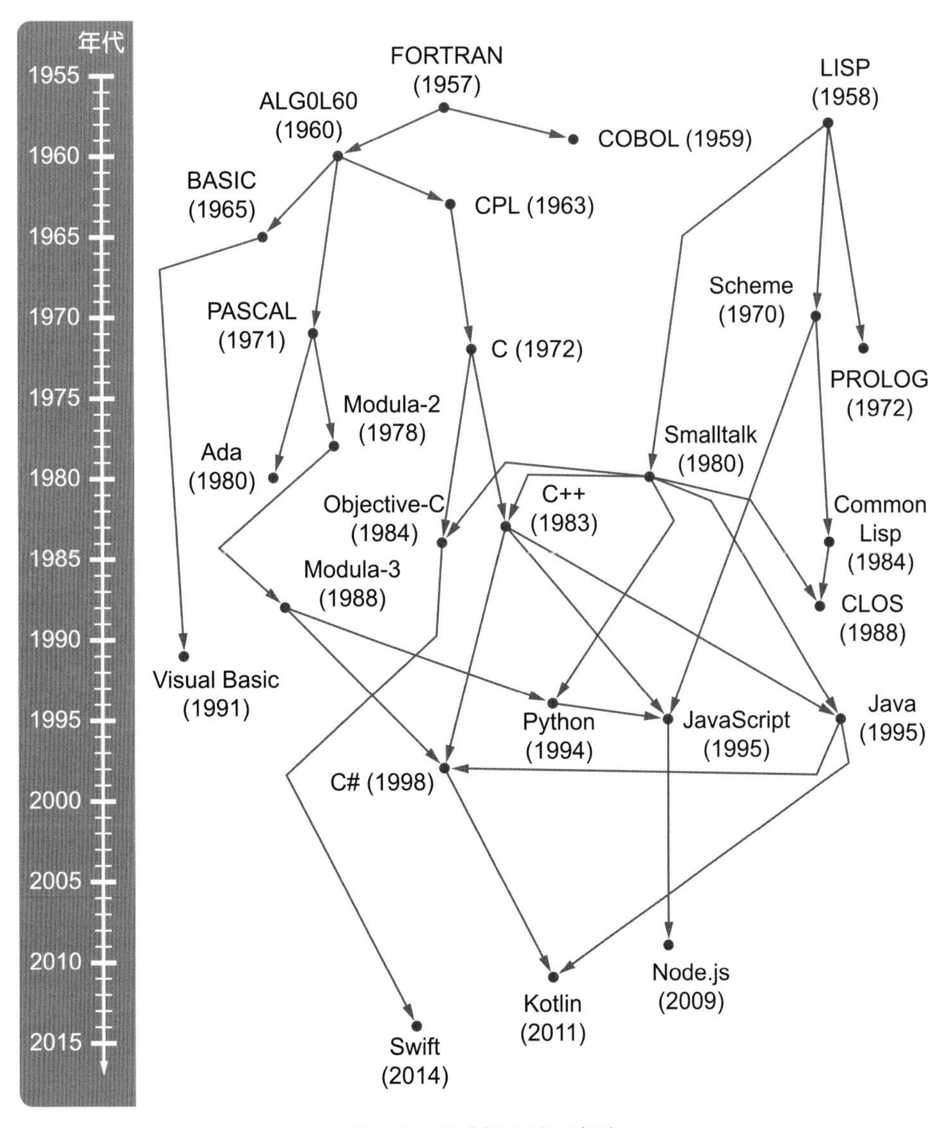


圖 9-2 程式語言發展年表

# FORTRAN

第一個高階語言是 IBM 公司於 1957 年左右推出來的 FORTRAN（FORmula TRANslation language），中文翻譯成「福傳語言」。該語言當初是針對工程方面所需要的複雜科學計算所設計的，因此其程式敘述類似數學的式子，易懂易學，到目前仍然有不少工程數學或數值分析的程式及套裝軟體是利用 FORTRAN 所書寫的，可說是科學計算的主流，尤其是需要大量計算的物理、氣象領域。由於是第一個發展出來的高階語言，仍留有許多組合語言的痕跡，在書寫上彈性較少，結構也較不明顯。不過隨著時代的演進，該語言也不斷擴充，目前 ISO 定義的 Fortran 穩定版本為 Fortran 2018，而 Intel 推出的 Intel Fortran Compiler（之前稱作 Intel Visual Fortran），則是市面上常用的套裝軟體。

以下這個 FORTRAN 程式片段，可以讓使用者輸入 5 對數字，然後把該數字和平均值印出來，其中第一行的數字 7 對應到第五行的數字 7，用以表示迴圈的範圍：

```
      DO 7, LOOP = 1, 5
        READ *, X, Y
        AVG = (X + Y) / 2.0
        PRINT *, X, Y, AVG
7       CONTINUE
      END
```

# LISP

相對於由商業巨人 IBM 推出來的 FORTRAN，LISP（LISt Processing）則是由美國學術重鎮麻省理工學院（MIT）的教授 John McCarthy 於 1958 年所推出的。LISP 並不強調數值運算的效率，反而提供很具彈性的符號表示與運算表示式，所以適合做**符號運算**（symbolic computation），因此在人工智慧的應用上特別重要。COMMON LISP 是目前最通用的版本，之後也擴充了 CLOS（Common Lisp Object System），提供物件導向的程式結構。

下面的 LISP 範例，前 3 行首先定義一個函數叫作 `length`，該函數計算一個**串列**（list）內包含幾個元素。接著在第 4 行呼叫該函數，並且輸入串列（`I love computers`），則會回傳 3。

```
(defun length (x)
    (cond ((null x) 0)
          (t (+ 1 (length (cdr x))))))
(length  '(I love computers))
      3
```

## COBOL

FORTRAN 是工業用的程式語言，COBOL（COmmon Business Oriented Language）則是專為商業資料處理而設計的語言，當時是由美國國防部推動成立的資料系統語言組織 CODASYL（COnference of DAta SYstem Language）編定，而於 1959 年發表。相對於之前的語言，COBOL 提供便利的檔案描述與處理，整個程式的結構，也特別重視資料的定義，適於描述不同類型的商業資料。目前仍然有一些早期開發的商業系統，繼續使用 COBOL，特別是銀行界。

下列的 COBOL 範例，以階層式的方式定義員工的相關資料。其中 `EMPLOYEE` 稱作集體項，包含階層號碼和資料名稱；其餘的為基本項，除了階層號碼和資料名稱，還包含資料格式定義，譬如 `X` 符號代表文數字資料型態。至於 `FILLER` 主要是用來填補不用或不會參考到的位置，在程式中不會用到。

```
01    EMPLOYEE-RECORD
    05  EMPLOYEE-NUMBER           PIC 9(5)
    05  EMPLOYEE-NAME             PIC X(30)
    05  BIRTH-DATE
        10  BIRTH-MONTH           PIC 99
        10  FILLER                PIC X
        10  BIRTH-DAY             PIC 99
    05  DATE-HIRED
        10  MONTH-HIRED           PIC 99
        10  FILLER                PIC X
        10  DAY-HIRED             PIC 99
```

## BASIC

早期的程式語言大多是設計給大型主機所用，但是隨著個人電腦的盛行，另一種簡單易學的程式語言也因此而生，那就是於 1965 年推出的 BASIC（Beginner's All purpose Symbolic Instruction Code）。早期個人電腦還在使用 DOS 作業系統的時候，裡面就附有 QBASIC 的開發環境，所以當時很多人第一個接觸的程式語言就是 BASIC。之後微軟也以該語言為基礎，於 1991 年推出 VISUAL BASIC（簡稱 VB），為 BASIC 語言提供了視覺化的簡易開發環境。但是 BASIC 並不是一個嚴謹的程式語言，用它來開發稍大一點的系統其實並不恰當，所以目前以 BASIC 為主的商用程式語言版本只剩 VB。

以下的 BASIC 範例，會計算從 1 加到 10 的總和，其中 `Dim` 表示後面要宣告變數，但是並不需要明確指出變數 `i` 和 `sum` 的資料型態。所以 BASIC 的好處是簡單易學，缺點則是不夠嚴謹。

```
Dim i, sum

sum = 0
For i = 1 To 10
    sum = sum + i
Next i
```

## PASCAL

自從位於美國的 IBM 推出 FORTRAN 之後，歐洲大陸也推出了更具結構化的 ALGOL 語言，而其中最重要的子孫則是於 1971 年推出的 PASCAL，該語言的名稱是紀念 17 世紀重要的法國數學家 BLAISE PASCAL。PASCAL 已經具有完備的資料型態和結構化的控制結構，所以語言更有效率也更易於使用。由於其程式可讀性高，所以常為教科書教導初學者所用。在商業產品中，目前較為人所知的是物件化的 PASCAL 語言，由 Borland 公司的 Delphi 產品所支援。

下列的範例定義了一個 PASCAL 的函數叫作 gcd，該函數會根據兩個參數 m 和 n，計算它們的最大公因數，然後將該值回傳給呼叫此函數的式子。

```
function  gcd (m, n : integer) : integer;
    var
       remainder : integer;
    begin
       while n <> 0 do
       begin
          remainder := m mod n;
          m := n;
          n := remainder;
       end;
       gcd := m
    end;
```

## C

在 PASCAL 推出的同期，美國 AT&T 貝爾實驗室，為了設計 UNIX 系統，而於 1972 年研發出 C 語言。C 語言和 PASCAL 類似，同樣具有高階的結構化敘述，但是為了因應作業系統控制硬體的需求，也具備了類似低階語言的控制硬體能力。由於其強大的功能，在資訊工業興盛的臺灣，幾乎是電資學院以及理工科系學生必修的重要語言。在以下的章節中，我們將以 C 語言的語法作為範例，來講解程式語言的結構和功能。

## PROLOG

PROLOG（PROgramming LOGic）是**邏輯化程式設計**（logic programming）的代表，1972 年於法國所推出，當時的目的是為了自然語言處理的需求所發展出來，之後常用於設計邏輯推論、專家系統等，和 LISP 同樣是人工智慧領域重要的程式設計工具。

我們利用下列的範例，解釋邏輯化程式設計的概念。首先，我們先給定兩個**事實**（facts），說明 tom 的父親和母親是誰。接著，我們再定義只要是**父親**（father）或**母親**（mother），就是**父母**（parent）。然後我們可以利用這些事實和法則來詢問系統。第一個問題是想要確認 mary 是不是 tom 的父母，答案是肯定的；第二個問題則詢問 john 是誰的父母，而得到的回覆是 tom。

```
Facts
    mother (mary, tom).
    father (john, tom).
Rules
    parent (X, Y) :- mother (X, Y).
    parent (X, Y) :- father (X, Y).
Queries
    ?- parent (mary, tom).
       yes
    ?- parent (john, X).
       X = tom
```

## ADA

ADA 是由美國國防部於 1980 年代主導所設計出來的程式語言，此語言的名稱是紀念世界上第一位程式設計員 Ada Byron。當初此語言的目的是希望結合所有語言的特性，成為一個具有最強大功能的程式語言，但是也由於其語言過於複雜，造成推廣上的困難，目前所知的應用不多。

## C++

第一個具有代表性的**物件導向程式語言**（object-oriented programming language）其實是 1980 年左右推出的 Smalltalk，其語言的特性強調物件的設計、**訊息**（message）的傳送，比傳統的結構化語言更具模組化的觀念，所以也更易於維護。C++ 則是將物件導向的概念融入 C 語言而成，換句話說，C 語言可以看作是 C++ 的子集合。由於 C 語言被廣泛的使用，於 1983 年面世，且於 1985 年正式發布商業化版本的 C++，也成為當時最重要的物件導向程式語言，甚至在很多方面比 C 語言更受歡迎。

在下列的 C++ 範例中，我們定義了一個**類別**（class）叫作 stack。在類別中，我們除了可以定義資料（data member）外，還可以定義此類別的行為（function member）。以類別 stack 為例，變數 top 和 components 是用以記載此 stack 的相關資料，而函數 stack、pop、push 則會根據定義好的程式碼執行特定動作。這種把資料和行為一起定義的特性，稱作**封裝**（encapsulation）。

另外，在類別中比較特殊的是，可以指定某個資料或函數的**可使用範圍**（accessibility）。若是定義為**公開的**（public），則類別外部的程式碼可使用該資料或函數，如 stack、pop 和 push；若是定義為**私自的**（private），則只有定義在類別內部的程式碼可使用該資料或函數，如 top 和 components。如此控管對資料的安全性和完整性更有保障。

```
class stack {
    private:
        int top;
        char components[50];

    public:
        stack( )    {top = 0};
        char pop( ) {
            top = top - 1;
            return components[top+1];
        }
        void push (char c) {
            top = top + 1;
            components[top] = c;
        }
};
```

## Python

Python 的創始者為荷蘭籍的電腦工程師吉多・范羅蘇姆（Guido van Rossum），相較於大部分程式語言設計初期，專利權隸屬於公司，他則是採用**開源**（open source）的開發模式，於 1991 年釋出原始碼，並於 1994 年正式發行 Python1.0 版。Python 本身設計為可擴充的，並不把所有的特性和功能置於語言的核心，而是提供豐富的 API 和工具整合其他模組。同時，基於開源的特性，有強大的**社群**（community）群策群力擴充其功能，所以此程式語言簡單但強大。目前很多人使用 Python 整合其他語言撰寫的程式，特別在撰寫 AI 相關的應用時，由於需要運用如機器學習等不同功能的演算法，此語言幾乎是程式設計師的最愛。

Python 的指令跟 C 語言相當類似，但彈性的資料型態卻近似 Lisp。在下面的 Python 範例中，第一行指定變數 `sentence` 為一個包含 3 個字串的串列。第二行呼叫的 `len` 函數與之前 Lisp 範例內的 `length` 函數功能一樣，可以得到串列內的元素個數。第四行的 mixed 串列則刻意讓第三個元素為一個數字，而非字串。雖然這樣的表示法在如 C 之類的程式語言不被允許，但 Python 卻可順利執行。所以，對應第三行和第六行的兩個 print 指令，此程式共會輸出兩個 `3`。由於 Python 簡單易學，具有高度的可讀性與彈性，所以也常常作為初學者入門的程式語言。

```
sentence = ['I', 'love', 'computers']
NoWord = len(sentence)
print(NoWord)
mixed = ['I', 'love', 100]
NoToken = len(mixed)
print(NoToken)
```

## Java

Java 是美國 Sun 公司於 1995 年正式發表的一個重要程式語言，由於該公司被併購之故，現在此語言則隸屬於甲骨文公司。Java 和 C++ 一樣具備有物件導向的特性，但是比 C++ 更容易學習，所以曾經一度是物件導向概念的主要教學語言。但是此語言更前瞻的特性，是提供了跨平台的功能，也就是一個相同的程式，可以在不同的作業環境下執行，所以廣泛的應用於企業級的網路程式開發和行動裝置開發。下面列出的 Java 範例，如同之前的 C++ 範例一般，定義了一個類別叫作 `stack`。

```
public class stack
{
    private int top;
    private char[] components = new char[50];
    public stack() { top = 0;}
    public char pop( ) {
       top = top - 1;
       return components[top+1];
    }
    public void push(char c) {
       top = top + 1;
       components[top] = c;
    }
}
```

## JavaScript 和 ASP.NET

隨著全球資訊網的盛行，不論是個人或公司，都紛紛將眾多資料以網頁的方式放在網站上供人瀏覽。但是，一開始推出的 HTML 標註語言，基本上只能將固定的資料做適當的排版和呈現。為了進行網頁功能的擴充，於 1995 年推出的 JavaScript，讓程式碼可以直接編寫在網頁標記中，以便於程式設計師可以於網頁中組裝圖片和外掛程式、或在瀏覽器執行動畫或檢查使用者輸入的函數等等。

雖然 JavaScript 迅速被所有的瀏覽器支援，但是 JavaScript 一開始並沒有在伺服器執行的功能，也就是無法即時地從後端的資料庫中抓取資料來動態地形成網頁。為了達到此需求，基於 JavaScript 的原始碼，而於 2009 年推出的 Node.js，讓原本就熟悉前端開發工具的程式設計師，可以快速地進入後端開發的領域。目前 JavaScript 已經是開發 Web 應用程式的重要工具。

另一方面，擁有 IIS 網站伺服器的微軟公司，在這方面也沒有缺席。一開始提供的 ASP 語言（Active Server Page），由於簡單易學，受到相當多人的歡迎。接下來進一步提出一系列以「.NET」為名稱的解決方案，其中包含的 ASP.NET 開發平台，大幅度地改善了原先 ASP 的缺點，將程式分成 HTML 和 Script 不同的區塊，以便於撰寫和除錯，並具有物件導向語言的特性。為了提高撰寫程式的彈性，針對 Script 的部分，ASP.NET 支援多種不同的程式語言，特別值得一提的是於 1998 年新設計的 C# 語言。該語言是基於 C 語言所發展出來的，所以很受到一般受過 C 程式語言訓練的工程師的歡迎。

## Kotlin 和 Swift

除了 Web 應用程式的開發，隨著智慧型手機等行動裝置的盛行，相關的程式語言也紛紛問世。針對智慧型手機的第一把交椅，也就是 Apple 公司的產品，一開始程式設計師使用的開發工具是可執行於 iOS 平台，於 1984 年推出的 Objective-C。之後由 Apple 公司推動，而於 2014 年正式發表的 Swift，則是優於 Objective-C 語言，更加的快速、現代、安全以及具互動性。

至於智慧型手機的另一個平台，也就是 Android，一開始程式設計師是使用 Java 來開發應用程式，但擁有該程式語言的甲骨文公司曾經與開發 Android 平台的 Google 發生商業授權的爭議。而誕生於 2011 年的 Kotlin，適時地解決了此問題。該語言的主要特色是與 Java 的標準函式庫和執行環境相容，所以可於 Android 平台上執行，但又沒有如同 Java 一般的專利問題。所以 Swift 和 Kotlin 這兩種程式語言，可以說是目前在手機上開發 APP 時，兩大平台各自最受歡迎的主流語言。

以上我們根據程式語言發展的年代，介紹了一些較具代表性的程式語言，在表 9-1 中，我們則根據程式語言的特性，將這些語言加以分類。其中，早期的程式語言大多隸屬於**程序式**（procedural）語言，包含了 BASIC、C 等語言。使用這些語言所撰寫而成的程式，基本上是由特定的指令組合起來，並且可以利用所定義的程序來進行流程控制。我們在之後的章節中，將以 C 語言為範例做更深入的介紹。

之後推出的程式語言則大多支援**物件導向**（object-oriented）的特性，它強調**封裝**（encapsulation）的概念，也就是把資料和行為直接定義在物件上，使得日後程式的維護更加方便。由於定義好的物件也可被其他程式所**再度利用**（reuse），所以很多大型的軟體計畫都採用物件導向的觀念。至於**函數式**（functional）的程式語言，如 LISP，和**邏輯式**（logical）的程式語言，如 PROLOG，雖然在商業上和工業上較少被使用，但因為其程式簡潔且易於表示邏輯推理，在學界建立雛形時仍然是選項之一。

表 9-1 程式語言依照特性分類

| 種類 | 程式語言 | 特性 |
|---|---|---|
| 程序式 | FORTRAN、COBOL、BASIC、PASCAL、C、ADA | 程式由一連串有順序性的指令組成，相關的指令可定義為程序 |
| 物件導向式 | C++、Python、Java、JavaScript、ASP.NET、Kotlin、Swift | 以具有封裝特性的物件為程式的核心 |
| 函數式 | LISP | 程式視為由運算式組成的函數 |
| 邏輯式 | PROLOG | 提供邏輯判斷的寫法 |

# 9-2 資料型態

當我們要利用某個程式語言撰寫一個應用系統的時候，我們必須要將處理的對象，以該程式語言提供的資料型態，適當的定義在程式中。譬如說，我們要表示月和日組合起來的日期，如：2 月 1 日，我們可以使用字串表示成「0201」，或是利用整數「32」，來表示是 1 年的第 32 天，有的語言甚至直接提供日期型態。

一般來講，高階程式語言都會提供以數字和字串為基礎的資料型態。數字而言，多分為整數（int）、長整數（long int）、浮點數（float）、雙精準數（double）等，這些型態的差別在於可表示數值資料的大小範圍。文字方面，有的只能定義一個字元（char），有的則直接可定義較長的字串（string）。當我們為一個變數宣告好其資料型態之後，系統就知道應該為該變數保留多少記憶體的空間，而空間的大小會決定該型態可表示的數值範圍。表 9-2 顯示 C 所支援的資料型態，所需的空間和資料範圍會因為機器的規格而有所不同，此表是以 64 位元的電腦為例，C 語言的 long int 至少是 32bits，也可能是 64bits。

表 9-2　C 的資料型態

| 資料型態 | 所需空間 | 資料範圍 |
|---|---|---|
| char | 8 bits | ASCII |
| int | 32 bits | -2147483648 ~ 2147483647 |
| short int | 16 bits | -32768 ~ 32767 |
| long int | 32 bits | -2147483648 ~ 2147483647 |
| float | 32 bits | 3.4E-38 ~ 3.4E+38 |
| double | 64 bits | 1.7E-308 ~ 1.7E+308 |

另一方面，為一個變數宣告好資料型態之後，編譯器就會檢查該變數在程式任何地方出現的時候，是不是使用恰當。舉例來說，假設我們宣告 x 是一個字元的資料型態，那麼我們將符號 a 指定給 x 就是恰當的，但是我們將 x 乘以 100 就是沒有意義的。基於這些好處，很多高階語言如 PASCAL 和 C 語言，都要求在使用一個變數前，必須先宣告它的資料型態。

除了數字和字串之外，程式語言還提供較複雜的資料型態，以下的討論將以 C 為範例。

## 陣列

當我們有一系列相同型態的資料想要處理，如全班 50 個同學的數學成績，我們就可以使用**陣列**（array）的資料型態。以下宣告一個包含 50 個整數的陣列：

```
int score[50];
```

此時，此陣列的名稱為 `score`，陣列裡的每個資料為整數（int）型態，而陣列第一個位置為 `score[0]`，第二個位置為 `score[1]`，依序一直到 `score[49]`，這是因為 C 語言預設以註標 `0` 來表示陣列的第一個元素。定義了陣列之後，我們就很容易從這個序列中取出一個特定的資料。假設這個陣列是以學生的學號依序建立的，那當我們要取出學號 5 的同學的成績，我們就可以寫 `score[4]`，而學號 20 的同學的成績，則可以利用 `score[19]` 取出。

## 結構

當我們有一些相關資料，想要聚集成一個單元一起處理，我們可以使用**結構**（structure）的資料型態。譬如說，針對一個同學，我們想要表示他的姓名、系別、年級等 3 種資料，我們可以宣告如下：

```
struct student {
    char(6) name;
    char(10) major;
    int year;
};
```

在這裡，此結構的名稱為 `student`，其中欄位 `name` 的資料型態為 6 個字元（char），欄位 `major` 的資料型態為 10 個字元，欄位 `year` 的資料型態為整數。假設我們之後再宣告變數 `x` 的資料型態為 `student` 結構，如下所示：

```
struct student x;
```

則以後我們可以利用小數點加上欄位名稱，來指出變數 `x` 其中的某一個成分，如 `x.name`、`x.major` 和 `x.year`。這種表示式可以代表該成分在記憶體的位置，也可回傳該成分目前的值。

## 指標

**指標**（pointer）是一種很特殊的資料型態，它記錄的是某個資料在記憶體的位置，也就是它提供了**非直接存取**（indirect accessing）的功能。那麼為什麼我們不直接處理該資料，而要透過指標呢？通常有以下兩個理由：

## 為了效率性的考量

指標記錄一個記憶體的位置，所以其所需的空間是固定的，通常就是一個字元的大小。假設每一個顧客資料，都是用複雜的結構表示，而每個結構大小為 100 位元，若是希望對所有的顧客資料做處理，像是依照購買金額排序，則在記憶體內我們必須搬動很多個 100 位元大小的顧客結構。另一方面，若使用指標為代理人，則在記憶體內我們只須搬動 1 個字元大小的指標，則程式執行的效率會有顯著的改善。

## 我們不能確定資料的大小

假設我們要記錄所有顧客的資料，其中一個方法是使用陣列，但是宣告陣列時必須很明確的告知陣列內元素的個數，如 50 或 100，以便系統在記憶體裡預留空間。假設我們宣告陣列大小為 100，但是只來了 10 個顧客，則有 90 個元素的空間被浪費了；但是若宣告為 50，但是卻來了 60 個顧客，則事先預留的空間則不夠，造成很大的問題。

以下我們介紹如何利用指標來表示大小會變化的資料。一般的作法，是將每筆資料用一個節點（node）表示，然後利用指標將節點串連起來，稱作**鏈結串列**（linked list）。假設現在要處理的資料是整數型態，則節點的定義如下所示：

```
struct node
{
    int data;
    struct node *next;
};
```

在此，符號 * 表示後面接的變數字串記錄了位址，也就是說，next 代表了記憶體中的一塊空間，而該空間存放的資料型態是 node。圖 9-3 是一個鏈結串列的示意圖，第一個節點裡的資料是整數 3，它指到下一個節點，其資料是整數 5，依此類推。如果我們要再新增資料，我們只需要建立一個新的節點，然後接到這個鏈結串列即可。若是原先的資料不需要了，我們也可以將該節點移除，然後把指標重新指定，並不需要做太大的改變。

圖 9-3　鏈結串列的示意圖

# 9-3 | 程式指令

就如同我們說中文或英文時，必須遵循固定的文法，要寫出一個合理的程式，也必須根據該程式語言提供的指令，組合出正確的程式出來。在本節中，我們會介紹一些常用的指令，除了仍然使用 C 語言作為範例，由於 Python 語言簡單易學，且目前的應用很廣，所以我們也會同時利用 Python 的範例，作為對照說明之用。

為了清楚的表示邏輯結構和步驟間的關聯，我們常常會使用**流程圖**（flow chart）來輔助說明。流程圖裡有幾個不同的符號，分別有其意義，其中用以表示**決策**（decision）的運算式是用菱形框表示，用以表示**計算**（computation）的敘述式是用長方框表示，**輸入**（input）和**輸出**（output）有時會以特定**機件**（device）有關的形狀來表示。相關的符號如圖 9-4 所示，在之後的討論裡，我們也會以這些符號來表示對應的流程圖。

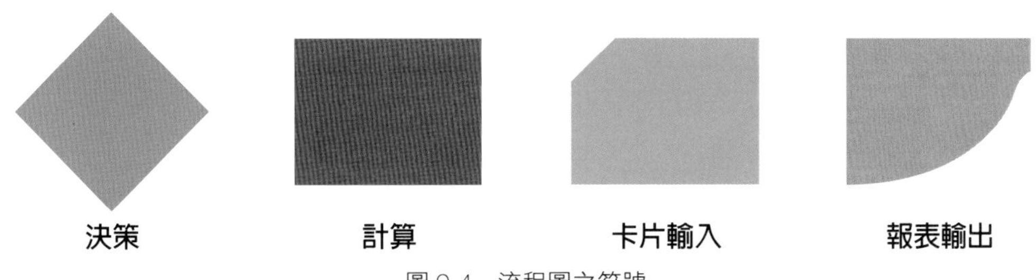


圖 9-4　流程圖之符號

## 比較：if

`if` 指令提供了邏輯判斷式。如果 `if` 後面接的條件式被判斷為真，則程式會繼續執行緊跟在後的運算式；如果 `if` 後面接的條件式被判斷為不真，且程式設計師提供了其他運算式在 `else` 之後，則程式會改而執行該運算式，否則就不會有任何動作。在下面的這個範例中，當變數 `i` 的值大於 0 時，會將變數 `x` 的值設定為 `10`，否則將變數 `y` 的值設定為 `5`。

| C | Python |
|---|---|
| `if (i > 0)`<br>`    x = 10;`<br>`else`<br>`    y = 5;` | `if (i > 0):`<br>`        x = 10`<br>`else:`<br>`        y = 5` |

我們比較 Python 和 C 的寫法。Python 在 `if` 的條件式和 `else` 的關鍵字之後，必須以冒號（:）結束。而之後屬於同一個層級的指令，則使用相同的縮排區隔，預設是內縮 4 個空格（字元空間）。另外，在 Python 的程式裡，只要可以清楚地分辨出每個敘述（譬如利用換行），就不用在最後加上分號（;）。但是在 C 裡面，除了關鍵字之外的敘述，如指定、函數呼叫、變數宣告等，都必須以分號作為結尾。至於在 C 程式裡的敘述是否要縮排，則沒有強制規定，只是大多數的程式設計師習慣上仍然會使用些許縮排，以增加程式的結構感。

下面這個範例，與上例的差別，在於變數 i 的值小於或等於 0 時，並不會再進一步執行任何命令，因為我們並沒有提供 else 子句。

| C | Python |
|---|---|
| if (i > 0)<br>    x = 10; | if (i > 0):<br>        x = 10 |

我們將這兩個範例以流程圖表示，如圖 9-5(a) 和圖 9-5(b)。其中寫在 if 之後的邏輯判斷式，會表示在菱形符號中，然後利用標示為「是」和「否」兩條線，分別指到不同的運算。為了清楚的表示整個結構，我們會分別利用兩個小圓圈，作為一個虛擬的開始和虛擬的結束。在這裡我們可以看到，在圖 9-5(a) 中，判斷式「i >0」不論是否符合，都會有一個對應的運算；但是在圖 9-5(b) 中，一旦判斷式不符合，則沒有任何的運算，整個結構直接結束，進入下一個命令。

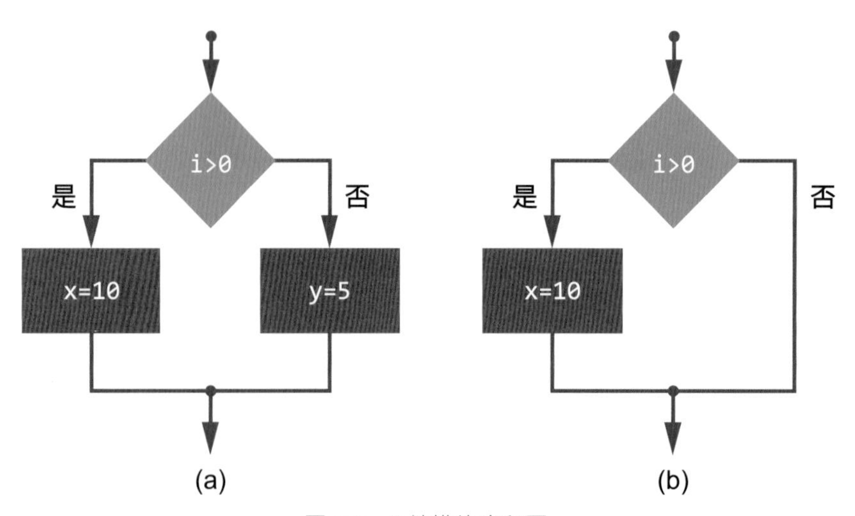


圖 9-5　if 結構的流程圖

下例顯示了巢狀 if（nested if）的寫法，也就是我們可以在一個 if 敘述裡面，再放入另一個 if 敘述。以此例而言，當變數 i 的值被判斷為正之後，我們需要再確定變數 a 的值大於變數 b 的值，才會指定變數 x 為 10。值得注意的是，變數 y 的值會被指定為 5，是在當變數 i 的值為「正」，且變數 a 的值「不大於」變數 b 的值的情況下。

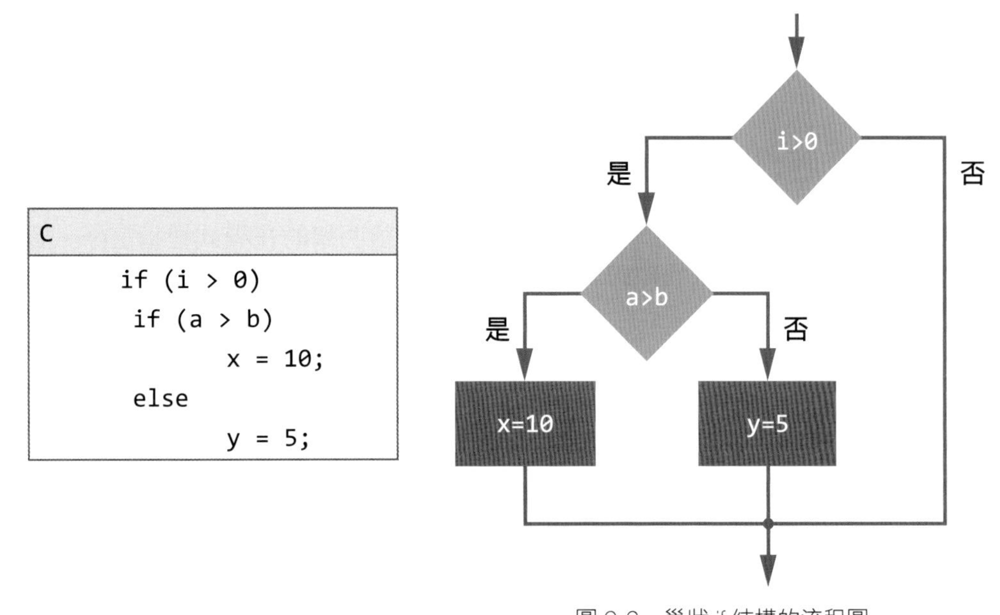


圖 9-6 巢狀 if 結構的流程圖

相對應的流程圖如圖 9-6 所示，在這裡可以清楚地看出來，一旦判斷式 `i > 0` 不符合，則整個結構沒有任何其他運算，直接結束；但是若判斷式 `i > 0` 為真，則還要再做另一個判斷，亦即是否 `a > b`，才會決定相對應的動作。

## 固定次數的迴圈：for

利用 `for` 指令，我們可以事先指定好迴圈的執行次數。在下面這個 Python 範例中，我們首先透過 `range(1, 6)` 這個函數，產生從整數 1 到整數 5（6-1）的連續整數數列。其次，利用 `in` 這個指令，程式會依序從之後的序列裡取出每個元素，指派給之前的變數 `i`。所以，經由這個方式，我們可以將迴圈的執行次數控制為 5 次。同時，在此範例中，在執行每次迴圈時，我們都會將該次變數 `i` 的值累加到變數 `x` 中，所以其值在迴圈結束後，會等於整數 1 加到整數 5 的和，也就是 15。

注意到，若在此範例中，省略 range 函數的第一個參數，產生的數列則會從 0 開始，也就是形成整數 0 到整數 5 共 6 個整數的數列。雖然變數 `x` 的值沒有改變，不過實際上迴圈卻執行了 6 次。

Python

```
x = 0
for i in range(1, 6):
        x = x + i
```

在此我們沒有列出對應的 C 程式，是因為在 C 程式語言裡，並沒有定義固定次數的迴圈指令。而在 C 程式裡面的 `for` 指令，是設計成不同的用法，我們會在下面提到。

## 不固定次數的迴圈：while

所謂的不固定次數，就是迴圈的執行次數，並沒有很明確的在程式裡指定好。至於迴圈要執行幾次，則是利用一個特定的邏輯判斷式來控制。在 C 和 Python 裡都提供了相對應的指令，以下我們使用範例加以說明。

在第一個範例裡，我們可以看到，`while` 後面是接一個邏輯判斷式，也就是 `i < 6`。若是這個邏輯判斷式為真，則程式會進入此迴圈，執行定義於內的指令，更改變數 `x` 和變數 `i` 的值。在此例中，變數 `i` 一方面控制迴圈的執行次數，一方面把值累加到變數 `x` 上，所以等迴圈結束後，變數 `x` 的值會等於整數 1 加到整數 5 的和，為 15。

| C | Python |
| --- | --- |
| i = 1;<br>x = 0;<br>while ( i < 6)<br>{<br>    x = x + i;<br>    i = i + 1;<br>} | i = 1<br>x = 0<br>while (i < 6):<br>        x = x + i<br>        i = i + 1 |

由於進入迴圈之後，我們要先後執行兩個命令，所以在 C 裡面，必須在它們的前後以左大括弧 `{` 和右大括弧 `}` 標示範圍，這樣被包起來的敘述稱作**複合敘述**（compound statement），它可以被視作是一個擁有很多「小」指令的一個「大」指令。反之，如之前的範例，由於在迴圈內只有執行一個命令，所以不需要此二括弧。在這裡我們再次比較 Python 和 C 的寫法，Python 同樣在 `while` 的條件判斷式之後必須加上冒號 `:`，而複合敘述則是以相同層級的縮排來表示。

為了清楚地表示此迴圈代表的邏輯結構和執行順序，我們也將對應的流程圖表示在圖 9-7 中。首先，我們先指定好變數 `i` 和變數 `x` 的值。接著，我們進入邏輯判斷式，若是判斷式不成立，則程式會直接跳出此結構；若是判斷式成立，則會再回到之前邏輯判斷式的位置，根據最新的變數值再重複進行判斷。這裡我們可以看到，若是沒有適當的改變變數值，使得邏輯判斷式的真假值改變，則會再度進入迴圈，甚至造成無窮迴圈的情況，這是撰寫程式時需要特別注意的地方。

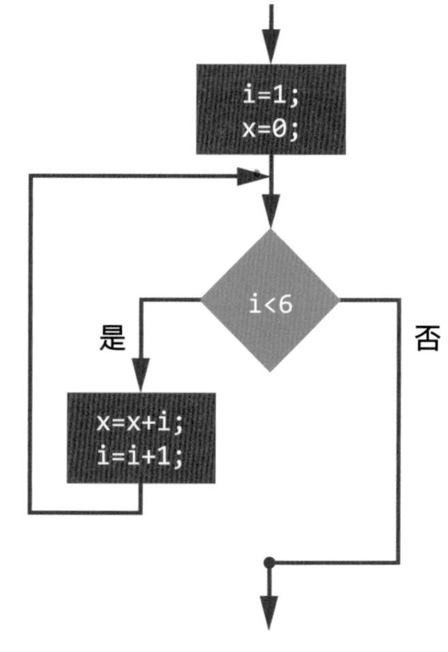


圖 9-7 while 迴圈的流程圖

另一種迴圈的寫法，則是不先做判斷，而是直接執行命令，等到執行完再做邏輯式的判斷。當判斷式為真的時候，程式會回去繼續執行迴圈內的指令。Python 並沒有提供此類寫法，而在 C 裡面，則是利用關鍵字 `do` 和 `while` 來實作此功能。在下例中，程式同樣會執行迴圈 5 次，並讓變數 `x` 的值為整數 1 加到整數 5 的和。我們將對應的流程圖列在圖 9-8 中，供讀者參考。

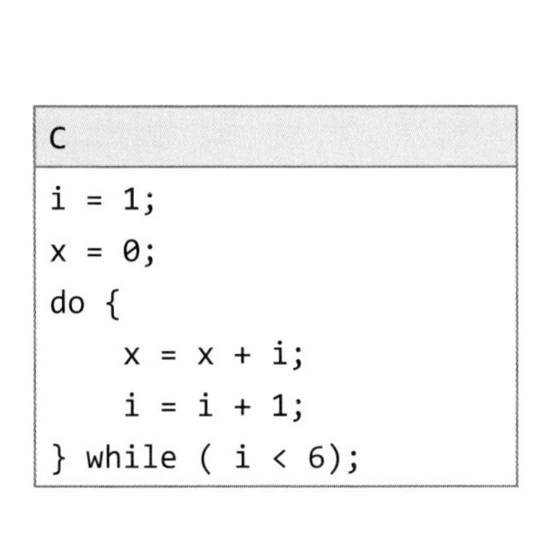

```
C
i = 1;
x = 0;
do {
    x = x + i;
    i = i + 1;
} while ( i < 6);
```

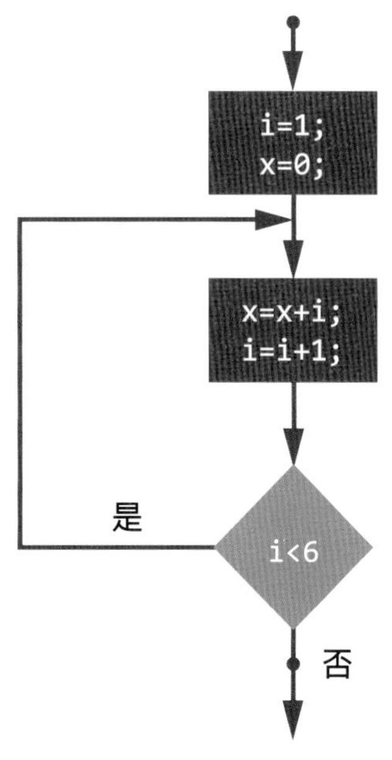


圖 9-8　do-while 迴圈的流程圖

## 不固定次數的迴圈：for

最後我們說明一下在 C 語言裡面 `for` 指令的使用法，它其實可以看作是濃縮版的 `while` 寫法。`for` 指令後面接著的式子分三部分：第一是在執行迴圈之前，所需要先給定的初始值設定；第二是進入或留在迴圈的條件，有如 `while` 指令後面接著的判斷式；第三是在每當要執行下一次迴圈之前，所需要執行的式子。我們在下面列出對應於之前 `while` 寫法的 `for` 的寫法：

```
while
    i = 1; x = 0;
    while ( i < 6)
    {
        x = x + i;
        i = i + 1;
    }
```

```
for
    x = 0;
    for (i=1; i<6; i=i+1)
    {
        x = x + i;
    }
```

由於控制迴圈執行次數的是變數 `i`，所以我們可以將該變數的初始值、留在迴圈的條件、和每次迴圈更改的方式，都直接列在 `for` 指令的後面，如此可以更清楚分辨出迴圈內執行的內容，和迴圈執行的次數。

# 9-4 | 程序定義和使用

由於在一個**程式**（program）中，我們可能會寫出冗長而難以理解的命令，所以大部分的程式語言都提供了**程序**（procedure）或**函數**（function）的定義。基本上，一個程序對應到一段程式碼，稱作**程序本體**（body），然後也指定一個對應的名稱，稱作**程序名稱**（name）。等到定義完程序之後，我們只要利用該名稱呼叫該程序（procedure call），對應的程式碼就會執行。以下我們以 C 語言作為範例，介紹程序的定義和呼叫方式。

程序在定義時，必須提供下列資訊：

* 程序名稱
* 程序本體，含變數宣告和命令敘述
* 正式參數（formal parameter）宣告
* 程序回傳的資料型態

在下例中，我們定義一個程序叫作 square，該程序定義了一個整數參數 x，還有一個局部變數 y，參數 x 的平方值會被計算出來然後回傳給呼叫者。

```
int square (int x)
{
    int y;

    y = x * x;
    return (y);
}
```

在下例中，我們將定義一個沒有回傳值的程序。記得我們在第 9-2 節中，曾經定義了結構 node，用以建構出一個鏈結串列。我們把該結構再一次列在下面：

```
struct node
{
    int data;
    struct node *next;
};
```

假設有兩個鏈結串列 p 和 q，我們希望將 p 串列的第一個 node，變成 q 串列的第一個 node，則對應的程式定義如下：

```
void changehead (struct node *p, struct node *q)
{
    struct node *temp;

    temp = p;
    p = p ->next;
    temp->next = q;
    q = temp;
}
```

我們可以從上述程式定義中觀察到：

- **程序名稱：**changehead。
- **正式參數：**兩個資料型態為指到結構 node 的指標參數，分別叫作 p 和 q。
- **局部變數：**一個資料型態為指到結構 node 的指標變數，叫作 temp。
- **程序本體：**將 p 串列的第一個節點移除，然後加入到 q 串列的第一個節點前，其 4 個步驟如圖 9-9 所示。
- **回傳值：**並無回傳值，在 C 語言裡是以 void 表示之。

程序 square 和程序 changehead 的最大差別，在於前者有回傳值，而後者沒有。在 PASCAL 裡，有回傳值的程序稱作**函數**（function），為了方便起見，我們也一律稱有回傳值的 C 程序為函數。值得注意的是，通常我們是在一個運算式裡呼叫一個函數。譬如在下面的程式碼中，先呼叫函數 square 以計算 5 的平方，然後將函數回傳的值乘以 10 之後，再將其值指定給變數 x。

```
x = square(5) * 10;
```

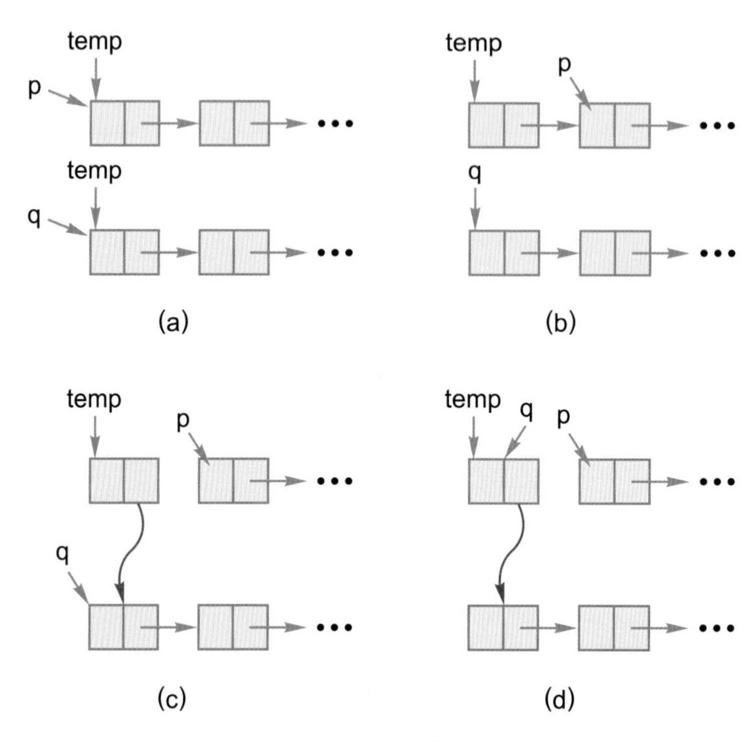


圖 9-9　程序 changehead 的執行步驟示意圖

至於一般沒有回傳值的程序，就如同一般命令的被呼叫，如同下例所示。

```
p->data = 3;
q->data = 5;
changehead(p,q);
```

瞭解了程序的定義和呼叫方式之後，我們再針對局部變數和參數傳遞的方式做進一步的說明。

## 全域變數 VS. 局部變數

在撰寫一個程式時，我們必須定義變數用來記錄不同的資料。但是根據變數可被使用的範圍，我們可以將變數分為兩類：

* **全域變數（global variable）**：能被全部的程式碼使用到。
* **局部變數（local variable）**：只能被一部分程式碼使用到，通常定義在程序中。

以下面這個 C 程式的範例來說明：

```
int a;
void proc(int b)
{
    a = 3;
    b = 5;
}
main( )
{
    int c;

    a = 7;
    c = 9;
    proc(11);
}
```

在 C 程式裡，定義在每個程序裡的變數，稱作**局部變數**（local variable），只有該程序可以使用該變數。譬如，變數 c 為程序 main 的局部變數，若是程序 proc 使用了變數 c，則為不合法的使用。至於定義在整個程式碼的最前端，就沒有隸屬於哪一個程序，所以任何程序都可以使用它，這樣的變數稱作**全域變數**（global variabe）。在本範例中，變數 a 即為全域變數，所以程序 main 和程序 proc 都可以使用它。首先程序 main 先將它的值定義為 7，接著呼叫程序 proc，將其值重新定義為 3，所以最後變數 a 的值會是 3。

## 以值傳遞 VS. 以位址傳遞

在本小節的一開始，我們提到在定義程序時，必須定義**正式參數**（formal parameter），同時宣告該參數的資料型態。定義完之後，我們在呼叫該程序時，所提供的符合正式參數資料型態的參數，就稱作**真實參數**（actual parameter）。

我們利用之前定義過的函數 square 作為範例。該函數定義了一個正式參數 x，其型態為整數，如下所列：

```
int square (int x)
{
    int y ;

    y = x * x;
    return (y);
}
```

在下列的運算式裡呼叫該函數時，所提供的真實參數為 5：

```
z = square(5) * 10;
```

在這裡的問題，就是我們如何把真實參數 5，傳給正式參數 x，以便進行運算？

在 C 程式裡的作法，就是**以值傳遞**（passed by value）。換句話說，我們會把真實參數的「值」算出來，然後再傳給正式參數。所以，我們也可以提供一個運算式，作為真實參數。在下例中，我們會先算出 5+3 的值之後，再將其傳給正式參數 x：

```
z = square(5+3) * 10;
```

以值傳遞是一個最方便也最常見的方式，但是它仍然有它的限制，就是沒有辦法改變真實參數的值。假設我們希望寫一個程序，把兩個整數值對調，我們寫出來的程序可能如下所示：

```
void donothing(int x, int y)
{
    int temp;

    temp = x;
    x = y;
    y = temp;
}
```

然後我們在主程式裡，呼叫程序 donothing 幫我們交換變數 a 和 b 的值，如下所示：

```
main ( )
{
    int a, b;

    a = 3;
    b = 5;
    donothing(a, b);
}
```

則執行的狀況如下：

```
1. x = 3
2. y = 5
3. temp = 3
4. x = 5
5. y = 3
```

也就是說，在程序裡面，參數 x 和 y 的值的確被調換了，但是對真實參數 a 和 b 卻產生不了任何影響。所以，正確的寫法，應該是利用**以位址傳遞**（passed by reference）的觀念，也就是把真實參數在記憶體的位址傳給正式參數，讓程序裡的運算直接作用在真實參數上。下面列出 C 語言的寫法：

```
void swap (int *x, int *y)
{
    int temp;

    temp = *x;
    *x = *y;
    *y = temp;
}
```

至於在呼叫的時候，則必須明確地把位址傳過去：

```
main ( )
{
    int a, b;

    a = 3;
    b = 5;
    swap(&a, &b);
}
```

則執行的狀況如下：

```
1. x = &a
2. y = &b
3. temp = *x(a) = 3
4. *x(a) = *y(b) = 5
5. *y(b) = temp = 3
```

注意到在第 4 步裡，雖然在程序裡表面上是作用在正式參數 x，但因為正式參數 x 和真實參數 a，其實是指到在記憶體裡的同一塊空間，所以等於是作用在真實參數 a 上面。第 5 步也是同樣的效果。所以如此一來，就達到了改變真實參數的目的。

## 資訊專欄 從機器碼到機器自動編碼

目前盛行的電腦以二進位代碼表示指令和資料，各個 0 或 1 就稱為一個位元，而執行檔乃一長串的位元組合。每種機型都有各自獨特的機器碼指令集，通常會將每四個位元合併成一個十六進位數，以利閱讀與撰寫，直到載入電腦時再轉為 0 與 1。

如果我們要電腦執行特定任務，就透過程式實現運算邏輯流程，這就如同食譜的烹調步驟一般。雖然我們可直接以機器碼設計程式，但因機器碼的數字編碼相當生硬乾澀，使得撰寫過程極為繁瑣且容易出錯，於是乎更接近人類思維的高階程式語言應運而生，如 C/C++、Java、Python、Swift 等。高階語言所撰寫的程式，可透過直譯或編譯的方式轉換成機器碼，以便在特定的機器上執行。

如今，程式設計能力已逐漸成為斜槓世代的必備技能之一。初學者從練習階段牙牙學語，到實務應用能琅琅上口，其間必然經歷了無數次的挑戰與磨練，包括熟諳開發者平台、掌握程式語言的語法及語意、培養程式偵錯技巧、建構完善測試資料等。在這過程中，更重要的是要提升自己的解題素養，讓所設計的程式能更快速精準完成任務。

值得留意的是，程式設計斜槓已不再為人們所專有，可自動撰寫程式的人工智慧軟體已日漸嶄露頭角，如 AlphaCode、CodeWhisperer、OpenAI Codex、GitHub Copilot 等。

2022 年二月，AlphaCode 在參加十場 Codeforces 網站所舉辦線上程式競賽後證實，它大約排名在五千多位參賽者的中間位置，展現了不落人後的程式解題能力。根據 Codeforces 的估算，彼時 AlphaCode 的等級分大約是 1300，已強過新手（Newbie），算是學徒（Pupil）等級。雖然離專家（Specialist）的門檻 1400 已很近，但離該網站第一好手 tourist 的等級分 3912 仍相去甚遠。

GitHub 是網路最大的程式碼代管服務平台，登錄了超過八千萬名的程式開發者，以及兩億個程式碼倉儲。今年六月，GitHub Copilot 推出付費機制，讓程式設計者能與它搭檔，加速開發速度。在撰寫程式的過程中，它會依據需求自動建議合適的程式碼，讓程式設計者省下不少開發時間。

然而，十月中旬有位美國教授發現， GitHub Copilot 將他所撰寫的程式碼整碗捧去給使用者，如此行徑不僅有違反著作權之虞，也將陷無辜的使用者於不義。唉！天下程式一大抄，沒想到不只人抄人，到最後就連機器也抄人。

無論如何，自動撰寫程式軟體終將成為人類的得力助手。自電腦問世以來，從機器碼到機器自動編碼，我們共同見證了人類層層疊加的智慧結晶。

趙老 於 2022 年 10 月

# 資料結構

0 1 0 0 0 0 0 1 1 0 1 1 0 1 0 0 0 1 1 0 0 0 0 0 0 0 0 0 0 0 0 0

在撰寫程式時，我們必須把資料適當的表示出來，在第 9 章時，我們已經大致介紹了幾種程式語言提供的基本資料型態，但是為了更精確表示資料本身的特性，有許多更複雜的資料結構（data structure）被提出來。在本章中，我們將介紹幾種被廣泛使用的資料結構。首先，我們將對陣列的應用做一探討；然後，詳細說明如何利用指標建立鏈結序列；接著在隨後的章節中，將介紹幾種很受程式設計師喜愛的進階資料結構，包含堆疊（stack）、佇列（queue）和樹狀結構（tree）。

本章的學習重點，在於能夠了解並清楚分辨不同資料結構彼此之間的差異和特性，譬如，堆疊和佇列有何不同、陣列和指標又有何差異，然後學習適當地在應用程式中宣告並使用這些資料結構。

# 10-1 | 陣列

在第 9-2 節中曾經提到，我們可以使用陣列來記錄全班同學的數學成績。現在假設班上只有 5 名同學，學號分別是 1 號到 5 號，且數學成績是整數，我們在 C 裡面可以如下宣告一個整數陣列叫作 score，來儲存這些資料。

```
int score[5];
```

若是這些同學的成績分別是 80、70、60、90、95，則可以用下列的 C 指令將其指定到陣列裡面，注意到學號 1 的同學以註標 0 表示，學號 2 的同學以註標 1 表示，依此類推。

```
score[0] = 80;
score[1] = 70;
score[2] = 60;
score[3] = 90;
score[4] = 95;
```

在一般的程式語言裡，陣列的**邏輯順序**（logical order）和**實體順序**（physical order）是一樣的，也就是在記憶體裡，註標小的會排在註標大的之前。這個成績陣列在記憶體裡的示意圖表示如下：

| score[0] | score[1] | score[2] | score[3] | score[4] |
|---|---|---|---|---|
| 80 | 70 | 60 | 90 | 95 |

這樣的儲存方式，是為了可以很快的決定某一個註標在記憶體的位置。假設一個整數的大小是 4 bytes，而 score[0] 在記憶體的位置是 start，則任何一個註標 x 的**位置**（position），都可以用下面這個公式算出來：

```
position(x) = start + x*4
```

舉例來說，score[2] 的位置是 start+8。如此一來，在程式執行的時候，使用者要求任一個註標的資料時，都可以利用此公式很快的計算得到。

一般程式語言也允許定義更複雜的陣列**資料結構**（data structure）。假設班上這 5 位同學，我們不僅要記錄其數學成績，還要記錄其英文成績，也就是這些同學的成績資料如表 10-1 所示：

表 10-1 同學的數學和英文成績

| | 學號 1 | 學號 2 | 學號 3 | 學號 4 | 學號 5 |
|---|---|---|---|---|---|
| 數學成績 | 80 | 70 | 60 | 90 | 95 |
| 英文成績 | 65 | 75 | 85 | 81 | 74 |

則我們可以宣告一個二維陣列如下：

```
int scores[2][5];
```

然後，所有同學的數學成績可以記錄在 scores 二維陣列的第一列，英文成績可以記錄在 scores 二維陣列的第二列。如此一來，若我們要取出學號 2 號同學的數學成績，則表示式為 scores[0][1]；若我們要取出學號 5 號同學的英文成績，則表示式為 scores[1][4]。綜合而言，每個同學這兩科成績的對應註標如表 10-2 所示：

表 10-2 二維陣列的註標對應

| | 學號 1 | 學號 2 | 學號 3 | 學號 4 | 學號 5 |
|---|---|---|---|---|---|
| 數學成績 | scores[0][0] | scores[0][1] | scores[0][2] | scores[0][3] | scores[0][4] |
| 英文成績 | scores[1][0] | scores[1][1] | scores[1][2] | scores[1][3] | scores[1][4] |

問題是，如此宣告出來的多維陣列，是不是會造成程式執行的時候，存取任一個註標資料的困難？答案是否定的。通常系統在記憶體裡記錄多維陣列的方法，是先從第一列開始，把所有元素連續記錄在記憶體裡，然後接著記錄第二列，其示意圖如下：

| 第一列 | | | | | 第二列 | | | | |
|---|---|---|---|---|---|---|---|---|---|
| [0][0] | [0][1] | [0][2] | [0][3] | [0][4] | [1][0] | [1][1] | [1][2] | [1][3] | [1][4] |
| 80 | 70 | 60 | 90 | 95 | 65 | 75 | 85 | 81 | 74 |

因為在 C 程式語言裡，一列或一行可表示幾個元素，必須在宣告陣列時事先宣告好，這裡所謂的**元素**（element），是指每一筆儲存在陣列裡的資料。所以根據這些訊息，我們可以利用下列公式，事先推算出每一個註標在記憶體裡的位置。

```
position(x, y) = start + x* 列大小 + y* 元素大小
```

以此二維陣列來說，一列表示 5 個元素，一個元素是一個整數的大小，也就是 4 bytes，所以公式可以進一步化簡為：

```
position(x, y) = start + (5x + y)* 元素大小
               = start + (5x + y)*4
```

根據此公式，scores[0][1] 在記憶體的位置，可算出為 `start + 4`；而 scores[1][3] 在記憶體的位置，則為 `start + 32`，也就是所有註標的位置都可以透過此公式很快的決定。

另外，在 C 語言裡，是先存放好第一「列」的元素，接著再存放第二「列」，依此類推，這樣的方式叫作**以列為主**（row major）。至於有的程式語言，如 FORTRAN，則採用**以欄為主**（column major），也就是先存放好第一「欄」的元素，接著再存放第二「欄」，依此類推。我們可以觀察到，「以欄為主」的記憶體存放位置的公式，會和「以列為主」的記憶體存放位置的公式不同，其公式如下所列：

```
position(x, y) = start + x* 元素大小 + y* 欄大小
```

以二維陣列 scores 為例，公式會如下所示：

```
position(x, y) = start + (x + 2y)* 元素大小
               = start + (x + 2y)*4
```

所以，scores[0][1] 在記憶體的位置，會是 `start + 8`，而非之前的 `start + 4`；至於 scores[1][3] 在記憶體的位置，則會變成 `start + 28`。

## 10-2 │ 鏈結串列

在第 9-2 節中，我們已經介紹了指標結構，它記錄資料在記憶體的位置，而提供了非直接存取的功能。我們也提到可以利用指標建立鏈結串列，來表示不確定大小或會動態增減的資料。在這節中，我們更詳細的介紹相關的 C 程式指令，以達到鏈結串列建立和處理的功能。

鏈結串列是由一個個節點所組成的，我們繼續使用在第 9-2 節的範例，其節點的資料型態宣告如下：

```
struct node
{
    int data;
    struct node *next;
};
```

我們可以根據此資料型態宣告一個指標變數 front，用來指到一個鏈結串列的起始節點。

```
struct node *front;
```

根據 C 語言的語法，若在宣告一個變數時前面加上符號「*」，則該變數就是指標變數，換句話說，變數 front 記錄的值會是起始節點在記憶體裡的位置。之後，我們可以利用運算式「*front」指到該節點，而「*front.data」則會傳回該節點在 data 欄位的值。以圖 10-1 的鏈結串列為例，「*front.data」的值為 3。另一種寫法是利用箭頭 ->，也就是「front->data」。另外注意的是，null 在 C 語言具有特殊意義，代表了「空指標」，通常用來表示一個串列的結束。

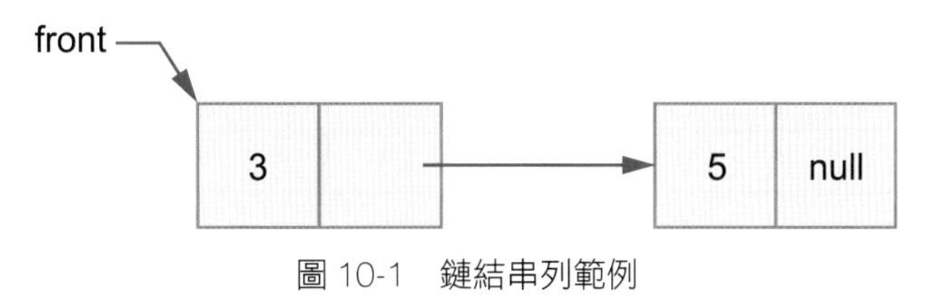


圖 10-1 鏈結串列範例

假設我們現在要把一個新的節點加入到鏈結串列的起點，我們可以定義一個程序叫作 insert 如下：

```
void insert(struct node *p, int new_item)
{
    struct node *temp = malloc(sizeof (struct  node));

    temp->data = new_item;
    temp->next = p;
    p = temp;
};
```

假設我們呼叫此程序，在圖 10-1 的鏈結串列的前端，加入一個新的節點，其值為 7，也就是執行 insert(front, 7)。則程式的執行步驟如下：

步驟 1 利用 malloc 函數建立一個新的節點，並利用局部變數 temp 指到該節點；

步驟 2 把數值 7 指定給節點 temp 的欄位 data；

步驟 3 把節點 temp 的欄位 next 設定如正式參數 p 的值，也就是將節點 temp 的欄位 next 指到 p 所指到的節點。注意到，由於正式參數 p 會對應到真實參數 front，所以新的節點會指到串列的第一個節點；

步驟 4 最後將參數 p（也就是 front），指到新建立的節點。

程式結束執行之後的鏈結串列如圖 10-2 所示。

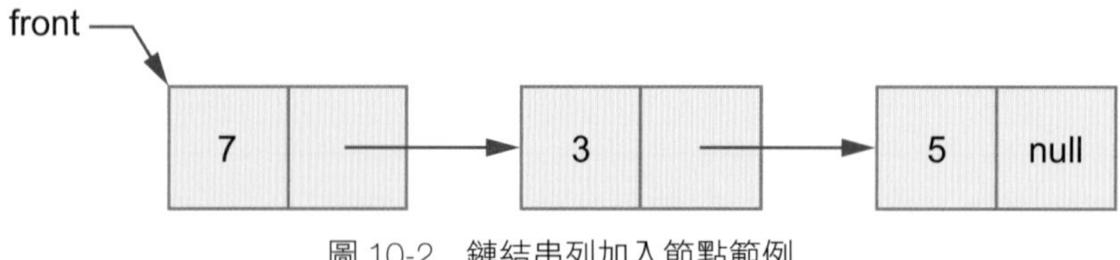


圖 10-2 鏈結串列加入節點範例

另外值得注意的是，鏈結串列和陣列有一點很大的不同，就是鏈結串列的邏輯順序和實體順序並不一定相同。也就是，當我們利用函數 malloc 向系統要一塊記憶體的空間時，系統會根據當時記憶體哪裡有空位，而把位址回傳給你，也許會在目前節點的前方，或是後方。下面顯示圖 10-2 鏈結串列的可能實體順序，其中編號 L1、L2、L3 等，代表記憶體的實體位置。

| 第二個節點 | | 第一個節點 | | 第三個節點 | |
|---|---|---|---|---|---|
| 3 | L5 | 7 | L1 | 5 | null |
| L1 | L2 | L3 | L4 | L5 | L6 |

在這裡我們可以看到，節點內容值為 3 的節點，即使在邏輯順序上是排在內容值為 7 的節點後面，但是在記憶體的實體順序上，則可能是排在其前面。所以，在第 10-1 節中，我們可以推算出陣列裡元素的位置公式，而很快的知道陣列裡任一註標的位置；但是另一方面，要取出鏈結串列的某一個節點，只能依循事先建立好的指標，一一探訪中間經過的節點。以下的 C 程式，把一個鏈結串列內所有節點的內容值依照邏輯順序列出來：

```
void print_linked_list(struct node *p)
{
    printf( "The linked list contains the following  number:" );
    while (p != NULL)
    {
       printf( "%d" ,p->data);
       p = p-> next;
    }
}
```

另外，在第 9-4 節中，我們曾經介紹程序 changehead，該程式會把第一個參數 p 指到的鏈結串列的起始節點，變成第二個參數 q 指到的鏈結串列的起始節點。我們把該程序再度列舉如下：

```
void changehead (struct node *p, struct node *q)
{
    struct node *temp;

    temp = p;
    p = p ->next;
    temp->next = q;
    q = temp;
}
```

此程式的執行步驟如下：

**步驟 1** 將局部變數 temp 指到第一個鏈結串列的起始節點；

**步驟 2** 將參數 p 指到第一個鏈結串列的第二個節點；

**步驟 3** 將節點 temp 的欄位 next 指到 q 所指到的節點，也就是第二個鏈結串列的起始節點；由於在第一個步驟，temp 已經指到第一個鏈結串列的起始節點，所以此一步驟會把兩個串列的鏈結建立起來；

**步驟 4** 最後將參數 q 指到變數 temp 指到的節點。所以，現在第二個鏈結串列的起始節點，會是原本第一個鏈結串列的起始節點。

讀者可以參考圖 9-9 的示意圖，就會對指標的功能更加瞭解。另外讀者也可以將此程序和之前的程序 insert 對照來看，以明瞭對鏈結串列的不同處理過程。

# 10-3 | 堆疊和佇列

在 C 程式語言裡，並沒有直接提供**堆疊**（stack）和**佇列**（queue）的資料型態，使用者可視需求利用陣列或指標（鏈結串列）將它實作出來。

## 堆疊

**堆疊**（stack）的概念，是處理一序列資料的時候，採用「後進先出」、「先進後出」的順序。以圖 10-3 為例，假設現在要在一個狹長的網球桶裡，依序放入編號 1 號到編號 5 號的網球，很明顯的，最早放進去的 1 號球會在球桶的最下方，而最後放進去的 5 號球會在球桶的最上方。當我們要用球的時候，由於該球桶的開口固定在上面，所以首先拿到的是球桶最上方的 5 號球，接著是 4 號球，最後才會拿到 1 號球。

我們可以利用陣列來實作堆疊。假設我們預先知道只有 10 個整數要處理，我們可以如下宣告一個一維整數陣列來存放這些元素：

```
int stack[10];
```

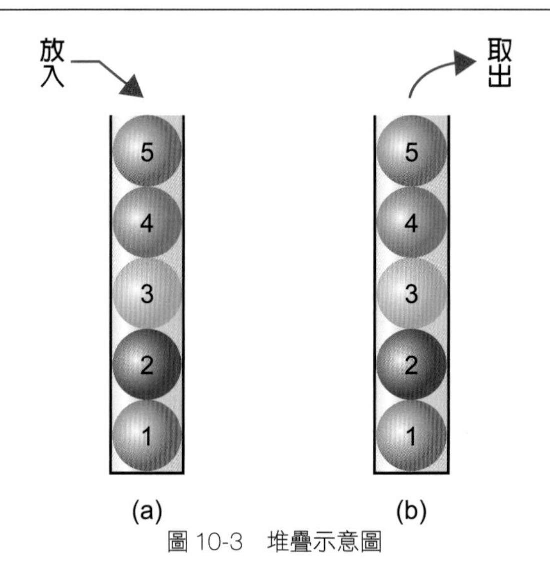


圖 10-3　堆疊示意圖

重點在於如何針對此陣列撰寫對應的程式，以實作「後進先出」和「先進後出」的想法。也就是，必須適當的定義如何將資料放入堆疊，再如何將資料從堆疊取出，才能造成「後進先出」和「先進後出」的效果。為了達到此目的，我們還要記錄其他相關資訊。首先，為了知道目前堆疊內元素的個數，我們定義一個整數變數 `top`，對應到最上層元素的註標，一開始設為 `-1`，以表示空堆疊。

```
int top = -1;
```

接著，我們定義將資料放入堆疊的程序 `push` 如下。注意到，我們會先增加變數 `top`，也就是後放進去的元素會放在註標比較大的位置，而同時 `top` 會代表最後一個元素在陣列的註標：

```
void push (int data){
    top = top + 1;
    stack[top] = data;
}
```

然後，要將資料從堆疊取出的話，直接回傳陣列在 top 註標存放的資料即可；同時，我們要更改變數 top 的值，以表示堆疊內的元素減少。相關的函數 pop 定義如下：

```
int pop( ){
    top = top -1;
    return stack[top+1];
}
```

比較嚴謹的程序，會在執行程序 push 的時候，先判斷堆疊是否還有空位置；而在執行程序 pop 的時候，先判斷堆疊內是否有資料。此點我們留給讀者作為練習題。

比較嚴謹的程序，會在執行程序 push 的時候，先判斷堆疊是否還有空位置；而在執行程序 pop 的時候，先判斷堆疊內是否有資料。此點我們留給讀者作為練習題。

## 佇列

**佇列**（queue）這種資料結構的操作方式和堆疊相反。佇列的概念，是處理一序列資料的時候，採用「先進先出」、「後進後出」的順序。假設現在在一個狹長的巷道裡，編號 1 號到編號 5 號的車子依序駛入，然後因為紅燈而停了下來，很明顯的，編號 1 號的車子會在最前面，最靠近燈號，其次為編號 2 號的車子，依此類推。等到綠燈的時候，首先開出巷道的會是等在最前面的 1 號車，接著是 2 號車，最後才會是 5 號車。進入佇列和出來佇列的示意圖如圖 10-4 所示。

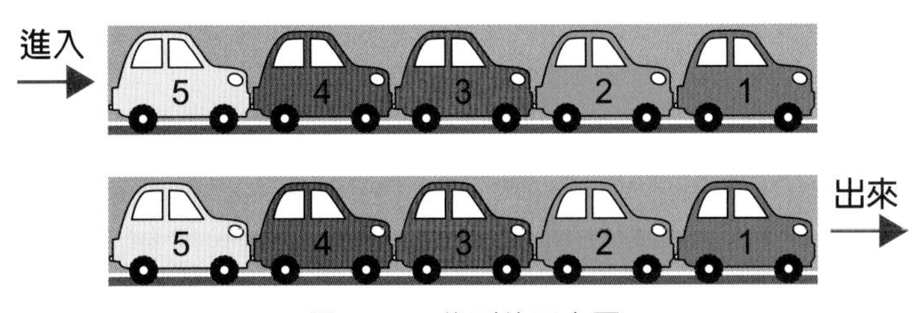


圖 10-4　佇列的示意圖

我們同樣利用陣列來實作佇列。假設我們預先知道只有 10 個整數要處理，我們可以宣告如下：

```
int queue[10];
```

以下我們提出相關的定義，說明如何將資料放入佇列，再將資料從佇列取出，以實作「先進先出」和「後進後出」的想法。為了適當的指出目前佇列內元素的個數，我們必須定義兩個整數變數 front 和 rear，它們可用來對應到最前面和最後面元素的註標，一開始設為 -1。

```
int  front = -1;
     rear = -1;
```

接著，我們定義將資料放入佇列的程序 put，注意到我們更改的是最後面元素的註標，也就是變數 rear 會對應到佇列最後面元素的註標：

```
void put (int data){
    rear = rear + 1;
    queue[rear] = data;
}
```

然後，要將資料從佇列取出的時候，根據的變數是 front，因為它對應到最前面元素前一個位置的註標，相關的函數 get 如下：

```
int get( ){
    front = front +1;
    return queue[front];
}
```

同樣，要判斷佇列內是否還有空位置，或者佇列內是否有資料，仍然是留給讀者作為練習題。

## 環狀佇列

觀察佇列的相關程序，我們可以看到 front 和 rear 對應的註標會一直增加。在前例中，我們宣告的陣列大小為 10，所以當我們加入 10 個數字後，儘管我們已經又拿出 5 個數字，也就是陣列裡還有 5 個空間，還是無法再加入任何數字，因為已經超過了陣列合理註標的上限。所以，為了有效的利用空間，「環狀佇列」的資料結構被提了出來。為了在以下便於說明，我們假設陣列裡只能存放 6 個數字，然後 front 和 rear 這兩個變數，分別表示陣列的最前面和最後面註標，兩個的初始值都設定為 0。

```
int queue[6];
    front = 0;
    rear = 0;
```

要將資料放入環狀佇列之前，首先必須先決定放入的位置，所根據的是對應陣列最後面的註標變數 rear。由於可以再度回到之前曾被使用過，但是現在已經是空的位置，所以我們使用運算子 %，然後根據其計算所得的餘數來決定下一個要加入資料的註標位置。

```
rear = (rear + 1)%6;
```

至於要將資料取出時，所根據的是對應陣列最前面的註標變數 front，我們同樣需要利用運算子 % 取得其註標的位置，如下列公式所決定：

```
front = (front + 1)%6;
```

接下來我們說明如何利用 front 和 rear 這兩個變數的值，來判斷環狀佇列裡現在是滿的（full）還是空的（empty）。由於一開始當環狀佇列還沒存放任何東西的時候，front 和 rear 這兩個變數都設為 0，所以很直覺地可以推論出當 front 和 rear 這兩個變數的值相同時，佇列是空的，如下式所列：

```
front == rear
```

但是佇列何時是滿的，就不是很容易判斷，下面我們用圖 10-5 來說明，其中佇列的名稱簡寫為 Q。

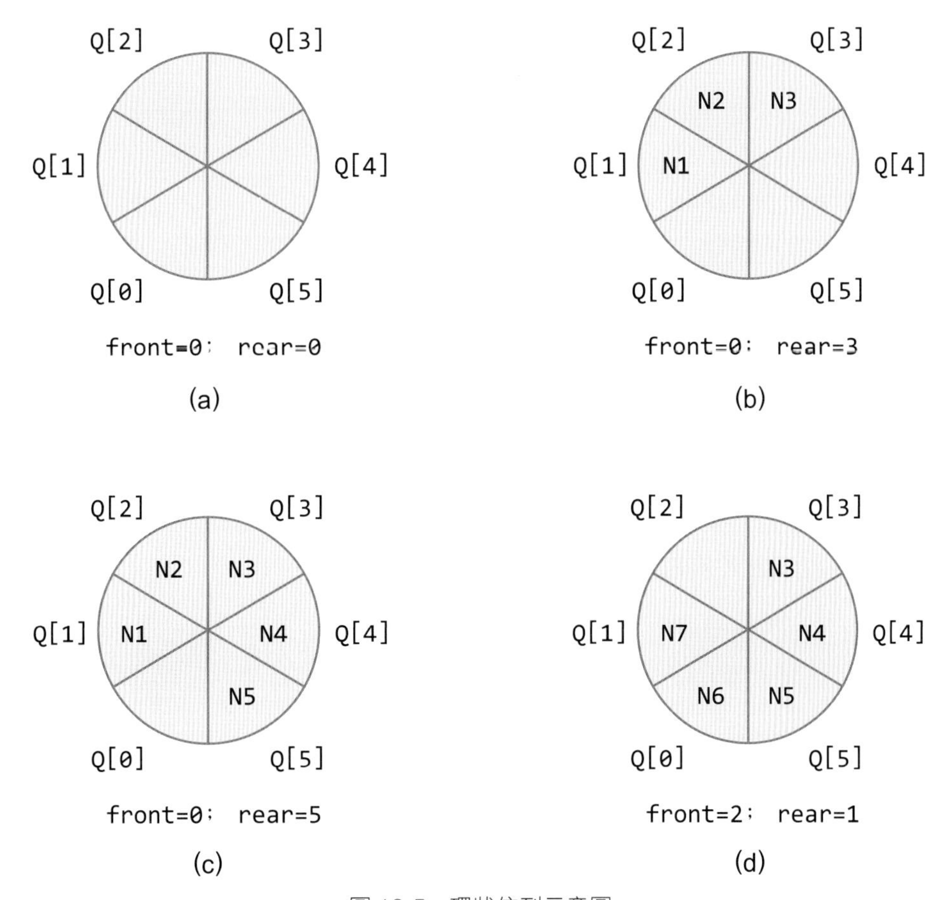


圖 10-5　環狀佇列示意圖

一開始在圖 10-5(a) 中，佇列是空的，然後 front 和 rear 這兩個變數的值都為 0。之後如同一般的佇列，元素會加入佇列的尾端，所以當我們加入了數字 N1、N2 和 N3 之後，rear 的值會變為 3，如圖 10-5(b) 所示。照理來說，佇列內還剩下 3 個位置，似乎還可以再加入 3 個數字，但是當我們加入 N4、N5，此時的 rear 變數值為 5，如圖 10-5(c) 所示。若我們要繼續加入 N6，則根據之前的公式去計算陣列的註標，我們會得到下面的結果。

```
rear = (rear + 1)%6 = (5 + 1)%6 =0;
```

也就是 rear 的值計算為 0。若是我們真的將 N6 加入 Q[0] 的話，等到之後我們要去此環狀佇列取資料時，由於 front 和 rear 的值此時皆為 0，根據之前的判斷式，會判斷此佇列為空佇列，也就是儘管佇列是滿的，卻會被誤判成空的。所以，環狀佇列一個很重要的性質是，當我們宣告環狀佇列裡有 6 個空間時，我們最多只能表示 5 個元素。我們繼續對此環狀佇列處理：取出 N1 和 N2，使得 front 的變數值變成 2；再加入 N6 和 N7，使得 rear 的變數值變成 1。此時佇列仍然是滿的，如圖 10-5(d) 所示。所以我們可以推論出，當 rear 在 front 順時針方向的後一位時，佇列是滿的，也就是如下式所列：

```
(rear+1)%6 == front
```

根據以上的討論，我們將資料加入環狀佇列的程序 put 定義如下：

```
void put (int data){
    rear = (rear + 1)%6;
    if (front == rear)
    {
        printf( “Queue is full” );
        return;
    }
    queue[rear] = data;
}
```

然後，將資料從環狀佇列取出的函數 get，如下所列：

```
int get( ){
    if (front == rear)
    {
       printf( "Queue is empty" );
       return;
    }
    front = (front +1)%6;
    return queue[front];
}
```

# 10-4 ｜ 樹狀結構

樹（tree）在資訊科學裡是一種很重要的技巧，有很多專門的課程在教導樹的定義和應用。在此節中，我們會介紹樹的基本定義和對應的程式。

在大自然裡的樹木，是由底下的**樹根**（root）往上長出茂密的**枝葉**（leaf）；在資訊科學裡的樹有類似的定義，只是是反過來由樹根往下長出葉子，圖 10-6 就是一個樹的例子。我們可以觀察到樹是由節點（node）和邊（edge）所構成，而樹中的節點又可細分為三種：

* **外部節點（external node）**：又稱作葉節點，位於樹的最下層，如編號 E、F、H 等的節點。
* **內部節點（internal node）**：不是外部的節點，如編號 C、I、G 等的節點。
* **根節點（root node）**：位於最上層的節點，如編號 L 的節點。

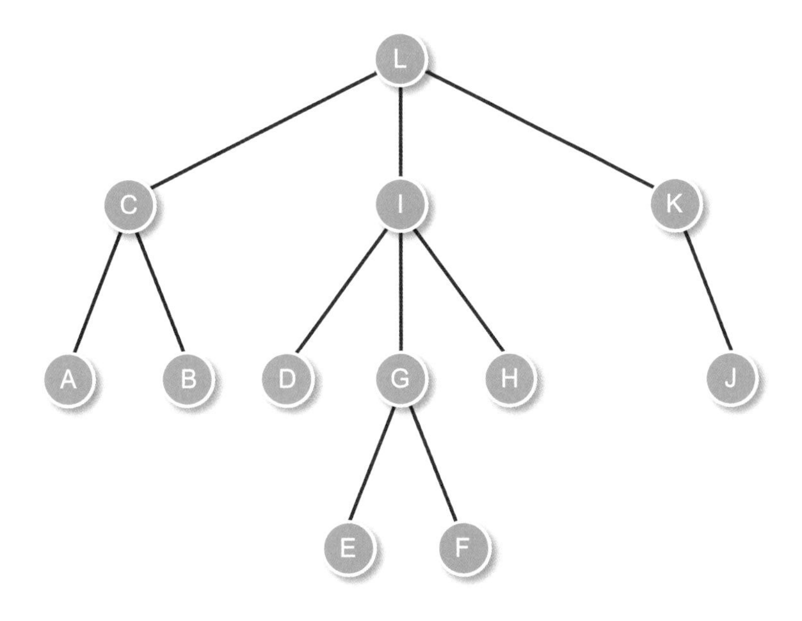


圖 10-6　樹的範例

和一般也是由點和邊的圖形比起來，樹具有下列特殊性質：

* 只有唯一一個根節點。
* 樹中沒有迴圈（loop），也就是任一節點循著邊往下走的話，不可能走回自己。
* 任兩點只有唯一路徑。譬如說，節點 E 要走到節點 I 的話，一定會經過節點 G，而沒有其他方法；另一個例子，從節點 J 要走到節點 C 的話，也一定會經過節點 K 和節點 L。

接下來我們介紹一些有關樹的常見定義。

## 樹的高度

樹的**高度**（height）此為從根節點到樹中所有葉節點的最長可能路徑。以圖 10-6 為例，圖中共有 7 個葉節點，而我們可以看到從根節點 L 到葉節點 E 或 F 的路徑長度為 3（也就是途中經過 3 條樹邊），比起根節點到其他葉節點的長度都還長，所以這棵樹的高度為 3。

## 樹的階層

樹的**階層**（level）代表任何一個節點，距離根節點的距離。我們可以看到，根節點 L 的階層為 0，內部節點 I 的階層為 1，至於在第 2 階層的節點，包含 A、B、D、G、H、J 等節點。

## 祖先節點和父節點

若是考慮某 1 個節點，和該節點往上走到根節點的那一條唯一路徑，則在該路徑上的所有節點（不包含自己），都是該節點的**祖先節點**（ancestor node）。以圖 10-6 的節點 F 為例，它的祖先節點有 G、I、L 三個節點。我們可以觀察到，祖先節點包含它的**父節點**（parent node）G，也就是最靠近該節點的祖先節點。

## 子孫節點和子節點

考慮某 1 個節點，和該節點往下走到葉節點的所有可能路徑。那麼，在這些路徑上的所有節點（不包含自己），都是該節點的**子孫節點**（descendant node）。以圖 10-6 的節點 I 為例，它的子孫節點有 D、G、E、F、H 等節點。我們也可以觀察到，節點 I 的子孫節點包含它的三個**子節點**（child node）D、G、H，也就是最靠近該節點的子孫節點。

瞭解了有關樹的一般相關定義後，接下來我們介紹一個特殊且具有很多應用的樹，叫作**二元樹**（binary tree）。所謂的二元樹，就是每一個節點最多只有 2 個子節點（可能沒有子節點，或是只有 1 個），如圖 10-7 所示。該圖顯示的樹，也稱作**運算樹**（expression tree），是將一個算數運算式以樹狀結構表示，其中**運算子**（operator）為父節點，**運算元**（operand）為子節點。至於圖 10-6 的樹不是二元樹，因為我們可以看見節點 I 有三個子節點。

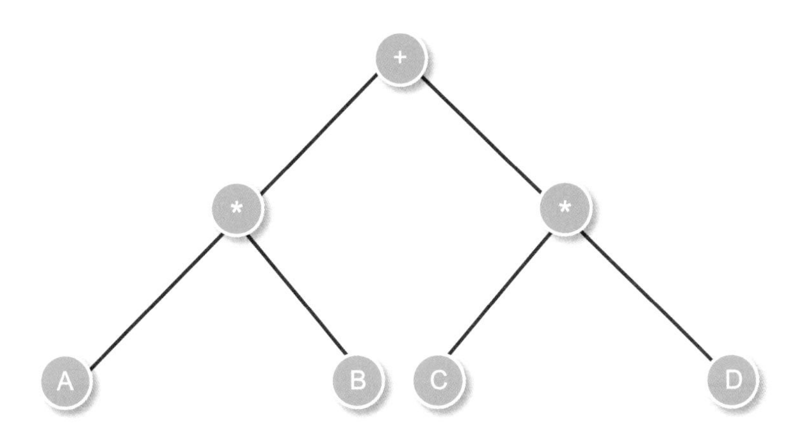


圖 10-7 二元樹範例－運算樹

針對二元樹的每一個節點，位於左邊的子節點，稱為**左子節點**（left child node）；若是以該左子節點為根節點，則所對應的樹稱為**左子樹**（left subtree）。相同的，我們稱位於右邊的子節點為**右子節點**（right child node），而對應的子樹稱作**右子樹**（right subtree）。以圖 10-7 二元樹的根節點為例，其左子樹和右子樹描繪於圖 10-8 中。

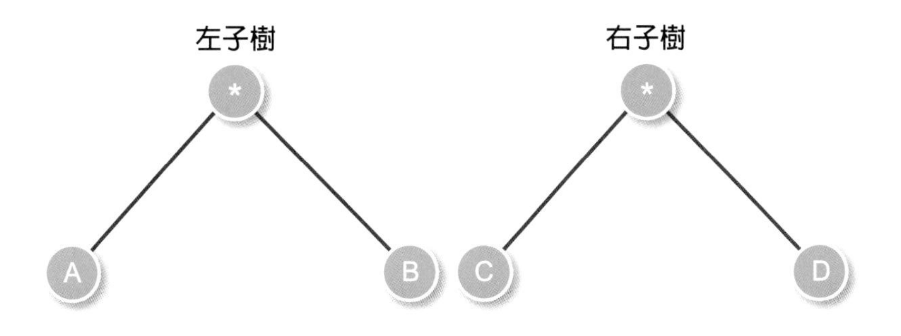


圖 10-8 左子樹和右子樹

接下來我們說明如何實作二元樹，首先定義樹中每一個節點的資料型態，假設每一個節點存放一個字元：

```
struct node
{
    char data;
    struct node *left;
    struct node *right;
};
```

由於每一個節點最多有兩個子節點，我們將左子節點（或左子樹）以指標 `left` 表示，而將右子節點（或右子樹）以指標 `right` 表示，以此將一棵二元樹建立起來。圖 10-7 的二元樹，實作的結果將如圖 10-9 所示。注意：若是只有一個子節點或沒有子節點的話，就以空指標 `null` 表示。若是將該圖與前面第 10-2 節的鏈結串列做比較，我們可以看出來，二元樹的每個節點定義了兩個指標，可看作是較複雜的鏈結串列。

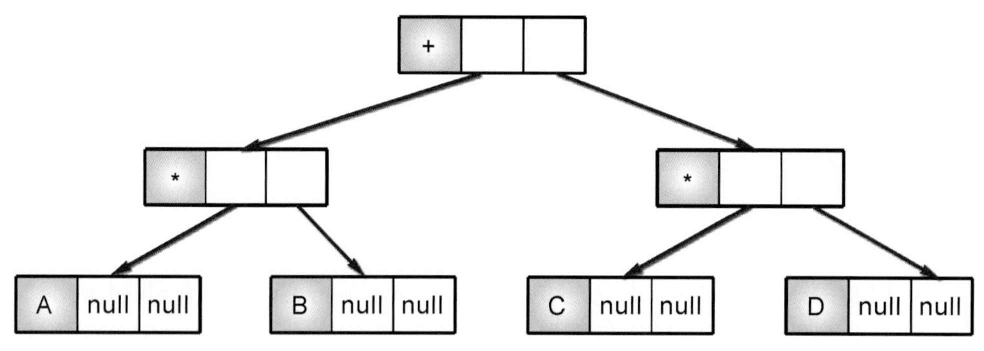


圖 10-9　二元樹的實作示意圖

將二元樹建立起來之後，一個最常見而基本的運算，就是把整棵樹走一遍，也就是**探訪**（traverse）所有的節點。二元樹的三種探訪順序如下：

* **前序法（preorder）**：先探訪父節點、再探訪左子節點、最後探訪右子節點。
* **中序法（inorder）**：先探訪左子節點、再探訪父節點、最後探訪右子節點。
* **後序法（postorder）**：先探訪左子節點、再探訪右子節點、最後探訪父節點。

若是我們將圖 10-7 分別以這三種探訪順序走一遍，則正好會得到三種不同的運算式表示法。其中，**前序法**（preorder）為先表示運算子，再表示運算元；**中序法**（inorder）為先表示第一個運算元，接著是運算子，最後再表示第二個運算元；**後序法**（postorder）會先表示兩個運算元，最後再表示運算子。我們將圖 10-7 的運算樹分別以這三種探訪順序得到的結果列在下面：

* **前序法（preorder）**：+*AB*CD
* **中序法（inorder）**：A*B+C*D
* **後序法（postorder）**：AB*CD*+

以下我們說明這三種探訪順序的演算法。值得注意的是，這些程序都應用到**遞迴**（recursive）的觀念，所以我們在此稍微解釋一下。所謂的遞迴程序，就是在程序的本體中，又呼叫到自己本身。我們以大家耳熟能詳的**階乘函數**（factorial function）為例，在下列的第一式中，我們定義 0 的階乘為 1；至於在第二式中，我們利用 n-1 的階乘來計算 n 的階乘，這就是遞迴的觀念：

```
fact(0) = 1;
fact(n) = n*fact(n-1);  (if n >= 1)
```

在處理樹的演算法中，我們常使用到遞迴的觀念，是因為樹中的每一個節點都有相同的特性，而且前面處理的結果，會影響到後面，就如同階乘函數一般。以下我們分別列出三種探訪的 C 程序，供讀者比較。這三個程序會在探訪節點的時候，同時將該節點表示的字元列出來：

第一個是前序法的程序 preorder，我們先將參數 p 對應的節點，也就是父節點的資料先列印出來，接著再遞迴呼叫此程序處理左子節點；等到進入遞迴呼叫時，此左子節點會再度被視作是根節點，然後左子樹會依照一樣的方式被處理。等到左子節點對應的整棵樹都列印出來之後，該遞迴呼叫結束處理，也就是回到最原始的狀態，此時程式會接著繼續進行下一個遞迴呼叫，也就是「preorder(p->right)」，以處理右子節點（或右子樹）。完整的程序如下所列：

```
void preorder(struct node *p)
{
    if (p != NULL)
    {
       printf( "%c" ,p->data);
       preorder(p->left);
       preorder(p->right);
    }
}
```

第二個是中序法的程序 inorder，與前序法不同的是，我們直接遞迴呼叫此程序處理左子節點；等到左子樹都列印出來之後，再列印原先參數 p 對應的節點，也就是父節點，最後再處理右子節點（右子樹）：

```
void inorder(struct node *p)
{
    if (p != NULL)
    {
       inorder(p->left);
       printf( "%c" ,p->data);
       inorder(p->right);
    }
}
```

最後一個是後序法的程序 postorder，我們先進行兩個遞迴呼叫，將左子樹和右子樹的資料都列印出來，最後再處理參數 p 對應的節點，也就是父節點：

```
void postorder(struct node *p)
{
    if (p != NULL)
    {
       postorder(p->left);
       postorder(p->right);
       printf( "%c" ,p->data);
    }
}
```

## 資訊專欄 手機末三碼的巧思與妙用

不知你是否曾經電話訂餐後，到餐廳時卻忘了取餐編號呢？一時想不清是六號、八號，還是十七號？試想如果這編號與自己相關，即使一時忘記，但只要店家提示一下，是不是就能馬上回想起來呢？

為避免消費者忘了編號，當今很多餐廳都以消費者的手機門號末三碼當作取餐編號。若取餐時忘了編號，消費者還能根據自己的電話號碼推算取餐編號。當然，若連自己電話號碼都會忘記的人士，恐怕也會忘了去取餐吧！

「手機門號末三碼」的概念，相當於「將手機門號除以一千後得到的餘數」，可算是一種雜湊函數（hash function）的運算。雜湊函數可將輸入資料，經過某些運算後，轉化為一個雜湊值。例如，「姓名筆畫」就是一種雜湊函數，「王大明」的姓名筆畫雜湊值為十五，筆者姓名的雜湊值為卅三。

取餐時難免會碰到與他人手機末三碼相同的情況，這時店家就會再問訂餐時間和訂餐內容等資訊，以解決末三碼衝突問題。店家會在意的是同時段內，出現末三碼相同的機率有多高？回答這問題前，讓我們先談談「生日問題」（birthday problem），亦即隨機找一些人，至少有兩人生日相同的機率有多高？其實，只要能算出大家生日都不相同的機率，我們就能推算至少有兩人生日相同的機率。

令人驚訝的是，當人數達廿三人時，至少有兩人生日相同的機率就已過半；當人數達五十人時，其機率就超過九成七；當人數達六十人時，其機率甚至遠遠超過九成九。回想起來，在我們就學階段時，同班同學裡出現生日相同的情況雖然看來很湊巧，但其實並不罕見，原來就是這個道理。

手機末三碼從000到999共一千個數，比三百六十六個生日數目還多。因此，在同時段內，訂餐顧客人數須達卅八人時，才會有過半機率出現相同的末三碼。如果只取手機末兩碼，這時僅有一百個可能的數字，比生日數目還少，使得只要超過十二人，就會有過半機率出現相同的末兩碼，故生意興旺的店家鮮少採用手機末兩碼。

那麼，如果取手機末四碼呢？這時共有一萬個數，要超過一百一十八人，才會有過半機率出現相同的末四碼。雖然衝突機率較末三碼更低，但四碼在口述及比對上較費工，故多數店家在取捨間仍以末三碼為主。其實，若要完全不衝突，可取整支電話號碼，但這時除更費工外，還有個資外洩的疑慮。

如今，當我們到超商取貨時，手機末三碼也是常用的關鍵字。然而，超商堆放的包裹數量往往盈千累百，很容易就出現末三碼相同的情況。因此，除了手機末三碼外，往往通常還要報上姓氏，才能順利取得包裹。付款前，請仔細檢視包裹的收發訊息及樣態，以免誤拿同姓氏及同末三碼的包裹，或者更慘的是，拿到詐騙集團寄來的詐財空包！

趙老 於 2023 年 7 月

# 11 演算法

0 1 0 0 0 0 0 1 1 0 1 1 0 1 0 0 0 1 1 0 0 0 0 0 0 0 0 0 0 0 0 0

演算法就是計算機方法，是設計適合計算機執行的方法，如同神農氏遍嘗百藥的精神一般，計算機科學家針對任何疑難雜症的計算問題，總會設法找出最好的解決方法，只是不必以身試毒，而是讓數位計算機代為受罪罷了。

本章介紹演算法的基本概念，並以範例介紹幾個基本演算法，希望透過這些示範，讓讀者體會到演算法多采多姿的世界。我們從介紹找最大數和最小數的幾種找法及其效能談起，看看不同的演算法在效率上有何差異。

排序是電腦經常用到的演算法，資料一旦排序之後，後續尋找便能快速進行。但排序的演算法效率差別很大，當資料量變大時，演算法的好壞將影響執行所需時間甚鉅。我們在此討論了幾個基本的排序方法：選擇排序法、插入排序法、泡沫排序法及快速排序法。

玩過樂高的人一定知道，如果把所有零件亂亂地放成一堆，則每次找零件都要耗費許多時間；若將零件依形狀、大小稍稍歸類，則找起零件就快很多。這裡介紹的二元搜尋法之運作道理也是一樣，如果先有個排序好的數列，則搜尋起來就有效率多了。

為使讀者對演算法有更精細深入的了解，我們也介紹較為複雜的動態規劃技巧，雖然它對初學者較為陌生，但透過範例介紹，有心者應能有所體會。是不是所有的數位計算問題，都能找到有效的解答呢？我們在本章的最後一節探討計算世界所遭遇的難題。

演算法就是計算機方法，是設計適合計算機執行的方法，如同神農氏遍嘗百藥的精神一般，計算機科學家針對任何疑難雜症的計算問題，總設法找出最好的解決方法，只是不必以身試毒，而是讓數位計算機代為受罪罷了。記得趙老唸研究所時，有一次輪到他報告，他開宗明義就說，很多計算機科學家終其一生，追求的就是「良方」（好的計算機方法），這時大家突然一陣爆笑，他在五里霧中恍然領悟到，原來他有一位學妹「趙良方」，正好也在聽眾席，害他臉紅到腳跟啊！

在我們的數位世界裡，每一份數位資料的處理，最終都化成某種程度的計算問題，而好的演算法正是數位計算的靈魂。日益精進的數位處理器，配上精雕細琢的演算法，將是構築未來數位世界很重要的兩把刷子。

兩千多年前，當阿基米德在澡盆洗澡時，突然跳出來大叫「我發現了」，他發現了浮力原理；四百多年前，當牛頓坐在老家院子的蘋果樹下，苦思如何解釋月球環繞地球的物理定律時，正巧看到一顆蘋果掉落地面，使他理解到地心引力的作用力，從而推導出著名的牛頓運動定律，奠定了今日「古典物理」的基礎。

這也讓人想起了卡通片的「北海小英雄」小威，他總是在關鍵時刻突然靈機一動，有個好想法，很快地就將難題解決了。

靈感通常來自於長時期的苦思，面對各式各樣的數位計算難題，計算機科學家總設法提出最有效率的解決方法，而在構思過程中，常常是困難重重，直到整個想法釀得夠醇，靈感自然湧現，難題也就迎刃而解了。

演算法常需要好的設計與分析，有時也需要腦筋急轉彎，才能找到好解答。就讓我們從林容任同學提供的幾個例子，先來個腦筋急轉彎吧！

### 資訊專欄

**128 金幣問題是某一年的資管所口試題目：已知 128 金幣中有一假金幣（假的較輕），請問用天平最少秤幾次可以得知那一個是假金幣？**

最龜速的作法是將兩個金幣分放兩邊秤，若有一個較輕，則其為所求，否則兩個都是標準的金幣，再用這個標準金幣去和其餘的 126 個金幣一一相秤，直到碰到比較輕的那個為止。最糟情況須秤幾次呢？如果假金幣正好是最後一個，我們總共可能要秤 127 次呢！

稍微不龜速的作法是將金幣兩兩對秤，共有 128/2 = 64 個配對，這樣最多只要秤 64 次。

有沒有比較聰明一點的作法呢？讀者也許會想到我們的二進位法，然後提出這樣的作法：將 128 個金幣平均分成兩堆，每堆 64 個，分別放在天平的兩邊，比較輕的那一堆一定包含那個假金幣；我們將比較輕的那一堆的 64 個再平均分成兩堆，每堆 32 個，分別放在天平的兩邊，比較輕的那一堆一定包含那個假金幣；再將比較輕的那一堆的 32 個平均分成兩堆，每堆 16

個，...。直到剩兩個金幣的時候，只要再秤一次即可。所以這樣總共要秤幾次呢？128、64、32、16、8、4、2，共 7 次，也就是$\lceil \log_2 128 \rceil = 7$次。

還可以更快嗎？如果每次都盡可能平分成三堆，一定至少有兩堆金幣個數相同，把那相同個數的兩堆拿來秤，如果有一堆比較輕，那一堆一定包含那個假金幣，否則金幣就在沒秤的那一堆，再把包含假金幣的那堆依同樣作法盡可能平分成三堆做下去，...。128 金幣平均分成三堆，三堆個數分別為 43、43、42，把那 43 個的兩堆拿來秤，如果一樣重，則假金幣在 42 個的那堆，否則比較輕的就包含假金幣，此時我們的問題大小已從 128 降到 42 或 43，比剛剛分兩堆的策略只降到 64 有效多了，所以這樣總共要秤幾次呢？最糟情況是：128、43、15、5、2，共 5 次，也就是$\lceil \log_3 128 \rceil = 5$次。

**地獄與天堂問題：有一路口站著兩個人，其中一位一定會老實回答問題，而另一位則必定說謊，但我們不知道誰是那位老實者。在他們背後有兩條路可走，其中一條通往地獄，一條通往天堂，請問如何只問其中一人一個問題，就可以確定通往天堂之路呢？**

如果我們傻呼呼地問其中一位：「往天堂的路怎麼走？」那注定有一半的機會要下地獄，因為我們不知那位仁兄（或仁妹）是不是老實者啊！

比較技巧的方式是問任何一位：「請問你的另一位伙伴的天堂之路怎麼走？」如果恰好問到說謊者，他會問老實者，老實者回答天堂之路，但說謊者必說謊，故會回答往地獄之路；若恰問到老實者，他就會問說謊者，說謊者會回答地獄之路，而老實者會誠實回答說謊者所指示的地獄之路。所以在這種問法之下，不管問到誰都會得到往地獄的方向，選擇另一條路即是正確的天堂之路！

**十個聰明的囚犯問題是情報局的考試題目：有十個聰明的囚犯關在一起，頭上都戴有紅或白的帽子，他們可以看到別人帽子的顏色，但不知道自己帽子的顏色，而且他們都知道至少有一人以上戴紅帽，但實際情況他們並不清楚。假設實際上是有兩位戴紅帽，八位戴白帽，典獄長每天都會問這十人自己頭上是戴哪一種顏色的帽子，只有確定正確的時候才可以回答，並獲得自由，請問他們最快幾天後可以離開監獄呢？**

答案是：第二天兩位戴紅帽的離開，第三天剩下的八位都離開！

為什麼？因為大家都很聰明，若沒把握絕不回答，因此當第一天大家環顧別人所帶帽子的顏色，戴白色帽子的人可看到兩人戴紅帽，七人戴白帽；而戴紅色帽子的人可看到一人戴紅帽，八人為白帽。所以第一天大家都不能確定自己帽子的顏色，但第二天時大家發現彼此都沒離開，戴紅帽的人馬上就警覺到自己頭上應是紅帽，因為如果是白帽的話，他所看到的那位唯一戴紅帽的應會看到全部皆為白色帽子，因此戴紅帽的兩位都聰明地說，我們是戴紅帽的，所以順利出獄了。等到第三天，只剩八個戴白帽的，他們發現戴紅帽的已可正確回答，所以就推斷自己是戴白帽的，因此也順利出獄了。

# 11-1 ｜ 最大數及最小數找法

給定 $n$ 個數，在幾次比較之下，我們可以找出最大的數呢？在此我們敘述兩種不同的作法。

## 作法 1 － 逐一比較法

從第一個數看起，記錄到目前為止最大的數，循序往後面的數看去，如果接下來的數比所記錄的最大數更大，則取代之，直到最後一個數，則所記錄的數即為最大數。

### 範例 1

＊ 請使用逐一比較法，找出 16、77、25、85、12、8、36 及 52 裡的最大數。

如圖 11-1，一開始 16 是紀錄上最大的數，等看到 77 時，77 比 16 大，所以將所記錄的數改成 77；接著是 25，但 25 比 77 小，所以不更改紀錄；接著是 85，它比 77 大，所以最大數改成 85，之後 85 持續為最大數，一直到最後，因此，最大數為 85。

作法 1 從八個數中找出最大數，共需多少次的比較呢？前面兩個數需要一次，之後每個數都需一次比較，所以共用了 7 次比較。同理可推，給定 $n$ 個數，作法 1 需用 $n$-1 次比較找出最大數。

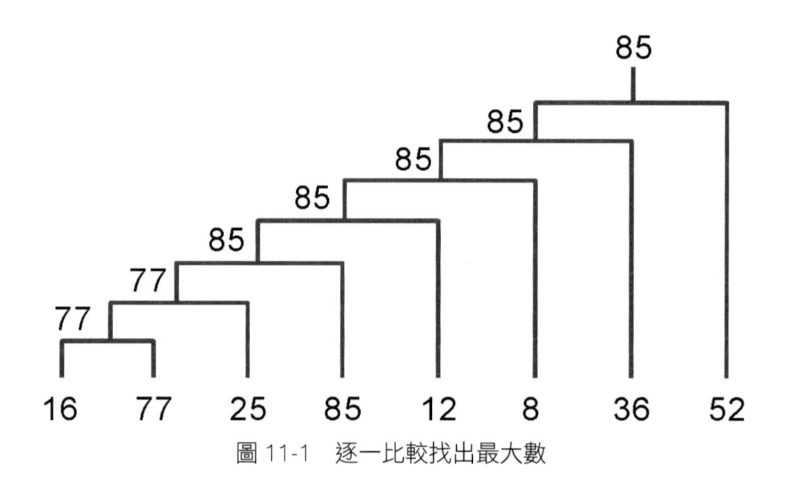


圖 11-1　逐一比較找出最大數

# 作法 2 － 兩兩比較法

## 範例 2

＊ 請使用兩兩比較法，找出 16、77、25、85、12、8、36 及 52 裡的最大數。

兩兩比較，將比較大的數再用同樣作法兩兩比較，直到最後勝出的數即為最大。如圖 11-2，第一輪勝出的數為 77、85、12 及 52，第二輪勝出的數為 85 及 52，第三輪勝出的數為 85，此數即為最大數。

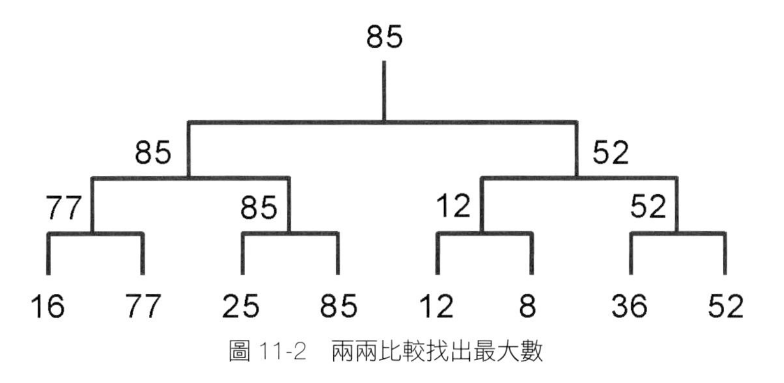


圖 11-2 兩兩比較找出最大數

作法 2 從八個數中找出最大數，共需多少次的比較呢？第一輪需要 4 次比較、第二輪 2 次、第三輪 1 次，總共 7 次，和作法 1 次數相同。假設 $n$ 是 2 的整數次方，給定 $n$ 個數，第一輪需要 $n/2$、第二輪 $n/2^2$、第三輪 $n/2^3$、...，所以共需 $n/2 + n/2^2 + n/2^3 + ... + 1 = n\text{-}1$，和作法 1 次數相同！

讀者要問：從 $n$ 個數中找出最大數，最少要用 $n$-1 次比較嗎？是的！這證明比較繁瑣，不在這裡贅述，很關鍵的觀察是「除了最大數外，其他的數（共有 $n$-1 個）至少要輸在某一次的比較中」，因此，從 $n$ 個數中找出最大數，最少要用 $n$-1 次比較。

## 範例 3

＊ 請找出 16、77、25、85、12、8、36 及 52 裡的最大數及最小數。

先看看圖 11-1 作法 1，我們以 7 次比較找出最大數，再從最大數 85 外的其他 7 個數（16、77、25、12、8、36 及 52）中，以 6 次比較找出最小數 8，這樣共用了 7+6=13 次比較，是否有更少次數的比較方式呢？

現在請回頭再看看剛剛圖 11-2 的作法 2，我們以 7 次比較找出最大數，要找最小數，只要考慮第一輪輸掉的那些數即可，也就是 16、25、8 及 36 這四個數，因此只要再用 3 次比較即可找出最小數 8，這樣共用了 7+3=10 次比較。

因此，假設 $n$ 是 2 的整數次方，如果我們的問題是從 $n$ 個數中找出最大數及最小數，要用多少次比較呢？我們可用作法 1 以 $n$-1 次比較找出最大數，再以 $n$-2 次比較，從除了最大數之外的 $n$-1 個數中，找出最小數，這樣的作法共需 $(n-1)+(n-2) = 2n-3$ 次比較。

我們也可用作法 2 以 $n$-1 次比較找出最大數，再以 $n/2-1$ 次比較，從第一輪輸掉的 $n/2$ 個數中，找出最小數，這樣的作法共需 $(n-1)+(n/2-1) = 3n/2-2$ 次比較，我們可以證明這是最少的比較次數。

### 範例 4

* 請找出 16、77、25、85、12、8、36 及 52 裡的最大數及第二大數。

在作法 1 中，我們以 7 次比較找出最大數，再從最大數 85 外的其他 7 個數（16、77、25、12、8、36 及 52）中，以 6 次比較找出其中的最大數 77（也就是全部的第二大數），這樣共用了 7+6=13 次比較，是否有更少次數的比較方式呢？

在作法 2 中，我們以 7 次比較找出最大數，要找第二大數，只要考慮曾輸給最大數的那些數即可，也就是 52、77 及 25 這三個數，因此只要再用 2 次比較即可找出第二大數 77，這樣共用了 7+2=9 次比較。

因此，假設 $n$ 是 2 的整數次方，如果我們的問題是從 $n$ 個數中找出最大數及第二大數，要用多少次比較呢？以作法 1 進行，我們需要 $(n-1)+(n-2) = 2n-3$ 次比較。若以作法 2 進行，只有 $\log_2 n$ 個數曾輸給最大數，因此，總共需要 $(n-1)+(\log_2 n-1) = n+\log_2 n-2$ 次比較，我們可以證明這是最少的比較次數（但這證明已超出計算機概論的範圍，因此我們在此略去）。

下回看溫布頓網球賽時，當決賽勝出者 $x$ 獲得冠軍時，我們千萬不能輕易接受在決賽輸給 $x$ 的就是亞軍，雖然他不幸在決賽落敗，但其實他是最幸運的，因為他直到決賽才碰到冠軍 $x$，能拿到亞軍已偷笑！真正的亞軍應從曾在 64 強中輸給 $x$ 的那 6 位選手中再做決鬥挑出，不過如果賽事這樣進行，可能會沒完沒了，因為真正的第三名、第四名、……，又是誰呢？

# 11-2 ｜ 排序

排序問題：給定 $n$ 個數，請將它們由小排到大。排序是電腦經常用到的演算法，資料一旦排序之後，後續尋找便能快速進行。但排序的演算法效率差別很大，當資料量變大時，演算法的好壞將影響執行所需時間甚鉅。

以前趙老曾在科學園區的一家電腦公司工讀，那時候，有位工作人員專門為公司寫資料處理的電腦程式。有一次，她寫了一個程式處理公司的人事資料，可是每一回她要執行該程式的時候，總要佔用電腦整天的時間。於是，趙老就好奇地問她，為什麼要這麼久的電腦執行時間？她說，她要將很多筆人事資料按不同歸類由小到大排序。再問，妳是如何排序的呢？她說所用的方法是這樣的：先從所有資料裡挑出最小的排在第一個，再從剩餘的資料中挑出最小的排在第二個，以此類推，直到沒有剩餘為止。

沒錯，這方法真的可以將資料由小排到大，但當資料量大的時候，它就顯得效率不夠好了。想想看，如果我們要排序的資料有 1000 筆，決定第一個最小的要 999 次的比較，決定剩餘 999 筆最小的需要 998 次的比較，……，所以總共約需 999+998+997+...+1 次的比較，這大約和 999 的平方成一個比例。當筆數一多時，這種平方的成長也是頗嚇人的！

趙老介紹她用一個很有名的排序方法，稱為快速排序法。這方法是這樣進行的：先任選一個資料，將比這資料小的都放在它的前面，比這資料大的放在它後面。然後，針對資料比較小及資料比較大的那兩部分，我們也都使用同樣方法來排序，以此類推。到最後，我們的資料也是由小排到大。這方法平均而言，所做的比較次數會和總筆數乘上總筆數的二基底對數成正比，這將遠低於原來方法所需的比較次數。她接受了我的建議，改寫後的電腦程式只需五分鐘，就解決了原來需要一天時間執行的任務。

在本節裡，我們將簡介四種簡單的排序法：**選擇排序法**（selection sort）、**插入排序法**（insertion sort）、**泡沫排序法**（bubble sort）及**快速排序法**（quick sort），讀者若對這方面課題有進一步的興趣，可延伸閱讀演算法專門書籍。

## 選擇排序法

**選擇排序法**（selection sort）將數列切成兩部分：已排序數列及未排序數列，每次從未排序的數列中挑出最小的數，將它移到未排序數列的最前面，這個數不會小於已排序數列的任何數，而且也不會大於未排序數列的任何數，因此它已就定位了，所以可以將它歸入已排序數列，整個關鍵動作如圖 11-3 所示。

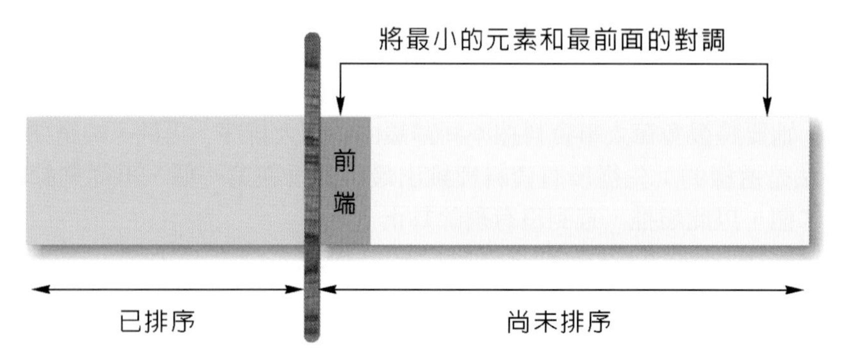


圖 11-3　選擇排序法將未排序數列的最小數移到序列前端

它的摘要步驟如下：

**步驟 1** 一開始整個數列歸類為未排序；

**步驟 2** 從未排序的數中，挑選出最小的數，和未排序數列中的第一個位置元素互調，並將該最小的數歸類到已排序的數列中；

**步驟 3** 重複步驟 2，直到所有的數都歸到已排序數列中。

給定數列 16、77、25、85、12、8、36，圖 11-4 解說了選擇排序法如何將該數列由小排到大。一開始，全部數列都算是未排序數列，其中以 8 最小，所以它和第一個位置的 16 互換，造成已排序數列中有 8，而未排序數列中有 77、25、85、12、16、36，其中以 12 最小，所以它和第一個位置的 77 互換，造成已排序數列中有 8、12，而未排序數列中有 25、85、77、16、36，其中以 16 最小，所以它和第一個位置的 25 互換，注意在此時 16 換到未排序數列的最前面，它不比已排序數列的數小，也不比未排序數列的數大，因此它移到了自己的定位，可歸到已排序數列，如此這般循序做下去，我們就可得到最終的排序結果：8、12、16、25、36、77、85。

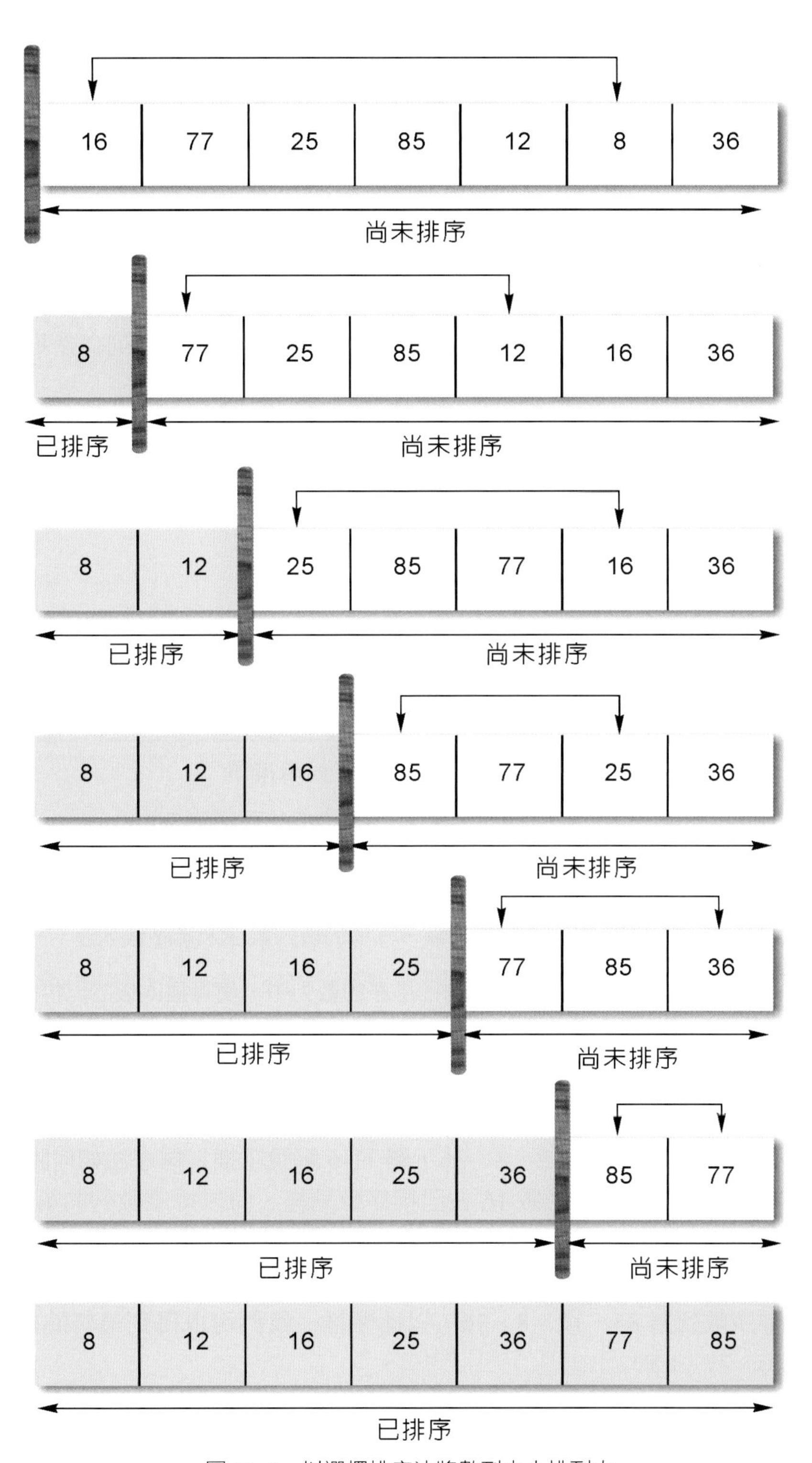


圖 11-4 以選擇排序法將數列由小排到大

若給定 $n$ 個數，用選擇排序法大約要做多少次的比較呢？一開始，我們要從 $n$ 個數中找出最小數，需要 $n$-1 次的比較，然後再從剩下的 $n$-1 個數中找出最小數，需要 $n$-2 次的比較，......，所以總共需要 $(n-1)+(n-2)+(n-3)+...+1 = n(n-1)/2$ 次比較，和 $n^2$ 的成長速率成正比。

## 插入排序法

**插入排序法**（insertion sort）將數列切成兩部分：已排序數列及未排序數列，每次將未排序數列中的第一個數，插入到已排序數列中，使得插入後的已排序數列仍然維持由小排到大的性質，整個關鍵動作如圖 11-5 所示。

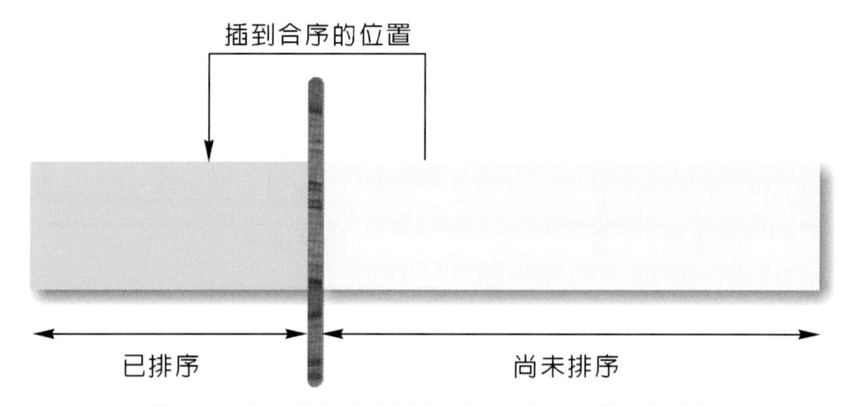


圖 11-5　插入排序法將未排序數合序插入已排序數列中

它的摘要步驟如下：

**步驟 1** 一開始只有第一個數在已排序數列裡，其他的數歸類在未排序數列裡；

**步驟 2** 將未排序數列的第一個數，插入到已排序的數列中，使得插入後的已排序數列仍然維持由小排到大的性質；

**步驟 3** 重複步驟 2，直到所有的數都歸到已排序數列中。

給定數列 16、77、25、85、12、8、36，圖 11-6 解說了插入排序法如何將該數列由小排到大。一開始，只有第一個位置的數 16 在已排序數列裡，而未排序數列的第一個數為 77，將它插入已排序數列，因為 77 最大，所以放在後面，此時已排序數列為 16、77，而未排序數列為 25、85、12、8、36，再將第一個數 25 插入到已排序數列裡，得已排序數列為 16、25、77，且未排序數列為 85、12、8、36，以此類推，我們可以得到最終的排序結果：8、12、16、25、36、77、85。

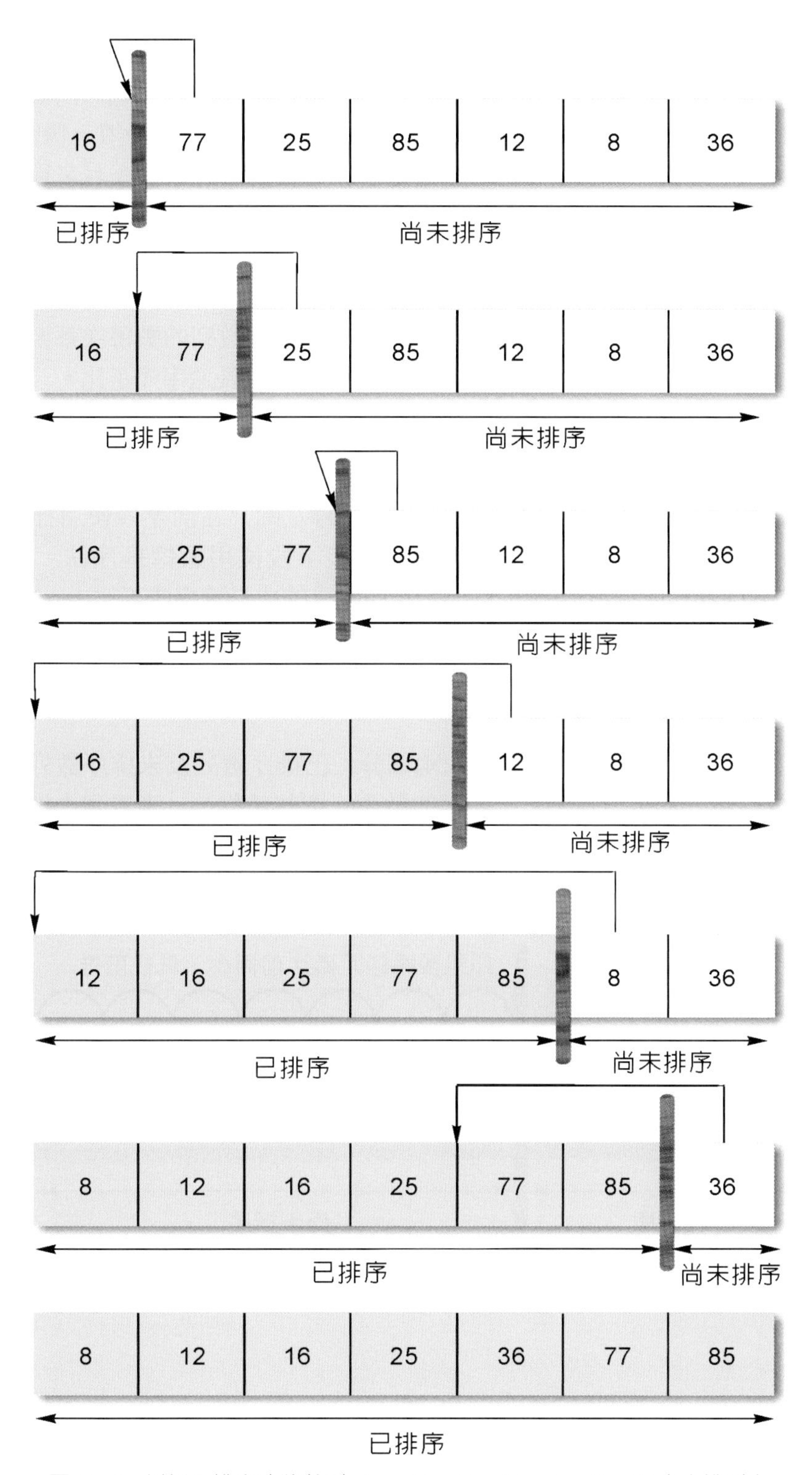


圖 11-6 以插入排序法將數列 16、77、25、85、12、8、36 由小排到大

若給定 $n$ 個數，用插入排序法大約要做多少次的比較呢？一開始，已排序數列的數只有一個，因此我們只要 1 次比較即可，等到已排序數列的數漸漸多了，我們所需的比較次數逐漸增加，但讀者可由我們稍後介紹的**二元搜尋法**（binary search）知道，在 $n$ 個已排序的數中，找尋一個數最合序的位置（也就是在那個位置之前的數都沒有比較大，且之後的數都沒有比較小），只要 $\log_2 n$ 個比較即可，因此我們最多也不會用超過 $n\log_2 n$ 個比較。然而這裡的問題是：當你找到一個數合序的位置時，你必須去移動該數插入後，在已排序數列中該位置之後的數都要往後移動一個位置，這樣最慘的情況下，代價可不小。假設給定的數列是由大排到小，則每次都插到已排序數列的最左邊，等於所有已排序數列的數每次都要移動位置，所以總共需 $1+2+3+...+(n-2)+(n-1)=n(n-1)/2$ 次移動，和 $n^2$ 的成長速率成正比。

細心的讀者可能會想到，排序前半段的時候，已排序數列比較短，所以插入排序法比較有效率，到了後半段，未排序數列比較短，選擇排序法就會比較有效。我們是不是可以綜合這兩種排序法而找到更有效率的方法呢？答案是肯定的，在前半段使用插入排序法，最慘情況共需 $1+2+3+...+n/2=(1+n/2)n/4$ 次移動；在後半段使用選擇排序法，共需 $n/2+(n/2-1)+...+1=(1+n/2)n/4$ 次比較。可惜的是，這總和仍與 $n^2$ 的成長速率成正比。

## 泡沫排序法

**泡沫排序法**（bubble sort）將數列切成兩部分：已排序數列及未排序數列，每次從未排序數列中的最後一個數看起，如果它比前面的數小，則往前移，一直看到未排序數列的第一個數為止，在這過程裡，未排序數列最小的數會像泡沫一樣，浮到最前面，這過程和選擇排序法類似，整個關鍵動作如圖 11-7 所示。

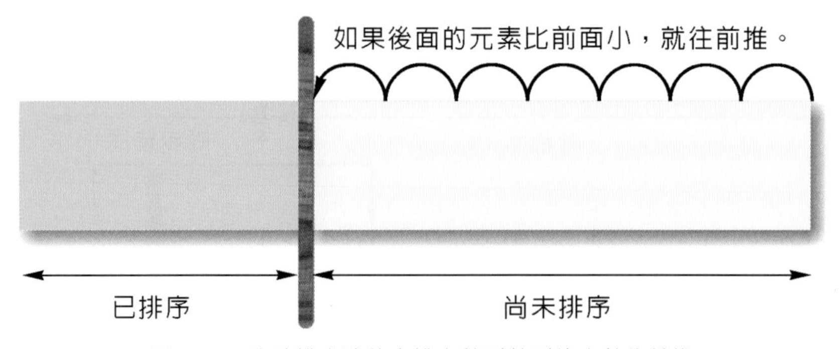


圖 11-7　泡沫排序法將未排序數列數列的小數往前推

它的摘要步驟如下：

步驟 1 一開始整個數列歸類為未排序；

步驟 2 從未排序數列的最後一個數開始看起，如果後面的數比前面小，就往前推，在這過程中，最小的數會被推到未排序數列中的第一個位置，將該最小的數歸類到已排序的數列中；

步驟 3 重複步驟 2，直到沒有往前推的動作為止。

給定數列 16、77、25、85、12、8、36，圖 11-8 解說了泡沫排序法如何將該數列由小排到大。一開始，全部數列都算是未排序數列，我們從最後一個數 36 看起，它沒比 8 小，所以不做任何動作，接著看到 8，它比前面的 12 小，所以往前推，又比 85 小，再往前推，一直被推到最前面，造成已排序數列中有 8，而未排序數列中有 16、77、25、85、12、36；再從最後一個數 36 看起，它沒比 12 小，所以不做任何動作，接著看到 12，它比前面的 85 小，所以往前推，又比 25 小，再往前推，一直被推到最前面，造成已排序數列中有 8、12，而未排序數列中有 16、77、25、85、36；再從最後一個數 36 看起，它比前面 85 小，所以往前推，但推完後它比前面 25 大，所以就停住，再看 25，它比前面的 77 小，所以往前推，但推完後它比前面 16 大，造成已排序數列中有 8、12、16，而未排序數列中有 25、77、36、85；再從最後一個數 85 看起，它沒比 36 小，所以不做任何動作，接著看到 36，它比前面的 77 小，所以往前推，但推完後它比前面 25 大，所以就停住，造成已排序數列中有 8、12、16、25，而未排序數列中有 36、77、85；再從最後一個數 85 看起，我們發現這一次從 85 一直看到 36，都沒有往前推的動作，表示在未排序數列中，每個數都不比前面的數小，亦即它也已排序，因此我們得到最終的排序結果：8、12、16、25、36、77、85。

給定 $n$ 個數，泡沫排序法大約要做多少次的比較呢？這不容易回答，因為這會和未排序數列何時才會出現沒有往前推的動作有關，在一般情況下，由於小的數總是往前衝，大的數會往後退，在幾回合之下，未排序數列很可能就已沒有往前推的動作了，所以通常泡沫排序法效率應該會比選擇排序法好。但當給定的數列是由大排到小時，此時每次往前推的只有最小的那個數，泡沫排序法的效能也就和選擇排序法沒多大差別了。

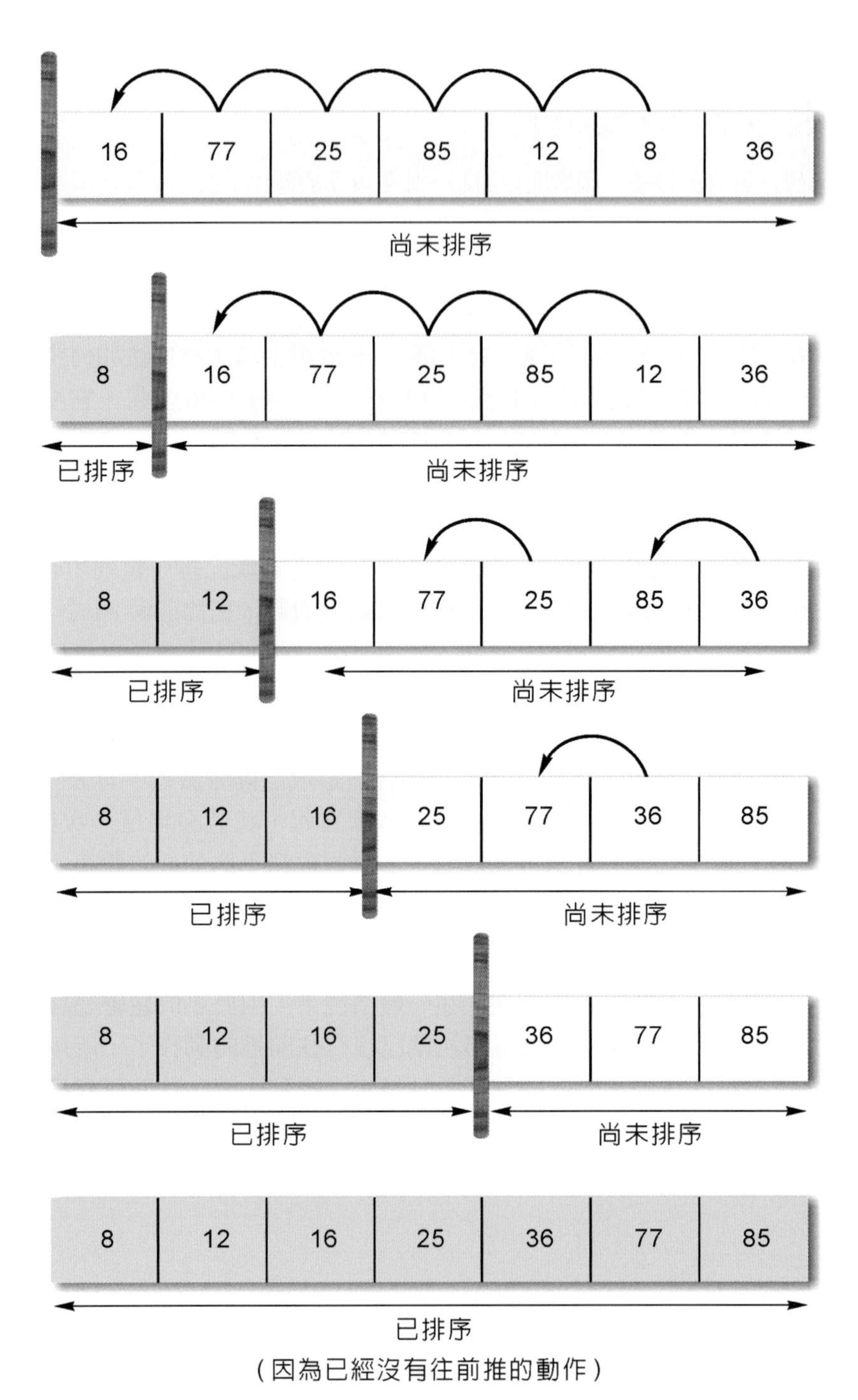


圖 11-8　以泡沫排序法將數列 16、7、25、85、12、8、36 由小排到大

## 快速排序法

**快速排序法**（quick sort）的概念比較複雜，在此我們並不深入討論細節，僅就整個方向略加敘述，希望讀者能有所體會。它的作法是先取一個數，通常是最前面的那個數，決定這個數該在的位置，等這個數就定位後，比它小的數會在該數的前面，而比它大的數會在該數的後面，我們再將同樣招數套在前面那一堆以及後面那一堆，等到大家都就定位後，整個數列也已排序了。

給定數列 16、77、25、85、12、8、36，圖 11-9 解說了快速排序法如何將該數列由小排到大。我們先決定 16 應該在哪個位置，作法上需要一些技巧，但概念是這樣的，我們分別從數列的前面和後面往中間看起，從前面過來的會停在比 16 大的地方，因為我們希望將比 16 大的數都往後移，因此停在 77；從後面過來的，會停在比 16 小的地方，因為我們希望將比 16 小的都往前移，因此停在 8；此時，將 77 和 8 互調。接著再往中間邁進，因此我們又互調了 25 和 12，最後我們得到 16、8、12、85、25、77、36，再把 16 和 12 互調，得到 12、8、16、85、25、77、36（圖 11-9），此時 16 已就定位，剩下的任務就是把 12、8 及 85、25、77、36 這兩個子數列排好，如何排呢？我們再套用同樣的招式將這兩個子數列一一解決。

快速排序法通常執行起來，比前面的方法要快許多，如果運氣好的話，每次就定位的數正好把數列切成兩個大小差不多的子數列，這樣的話，子數列的大小每次縮小一半，等到子數列被切到只剩一個數，問題自然就解決了。假設 $n$ 是 2 的整數次方，如果一個數列長度為 $n$，每次若被切為一半，要切幾次子數列長度才會變成 1 呢？仔細算一下可得到所切的次數大約為 $\log_2 n$，精細的計算可證明快速排序法所用比較次數的平均和 $n\log_2 n$ 的常數倍成正比。

當然我們也可列出很糟情況的例子，假設輸入的數列正好已由小排到大，或由大排到小，則我們每次都切在最邊緣，這樣要拖好久好久才會將子數列切到長度變成 1，細算可得它將和 $n^2$ 的成長速率成正比。

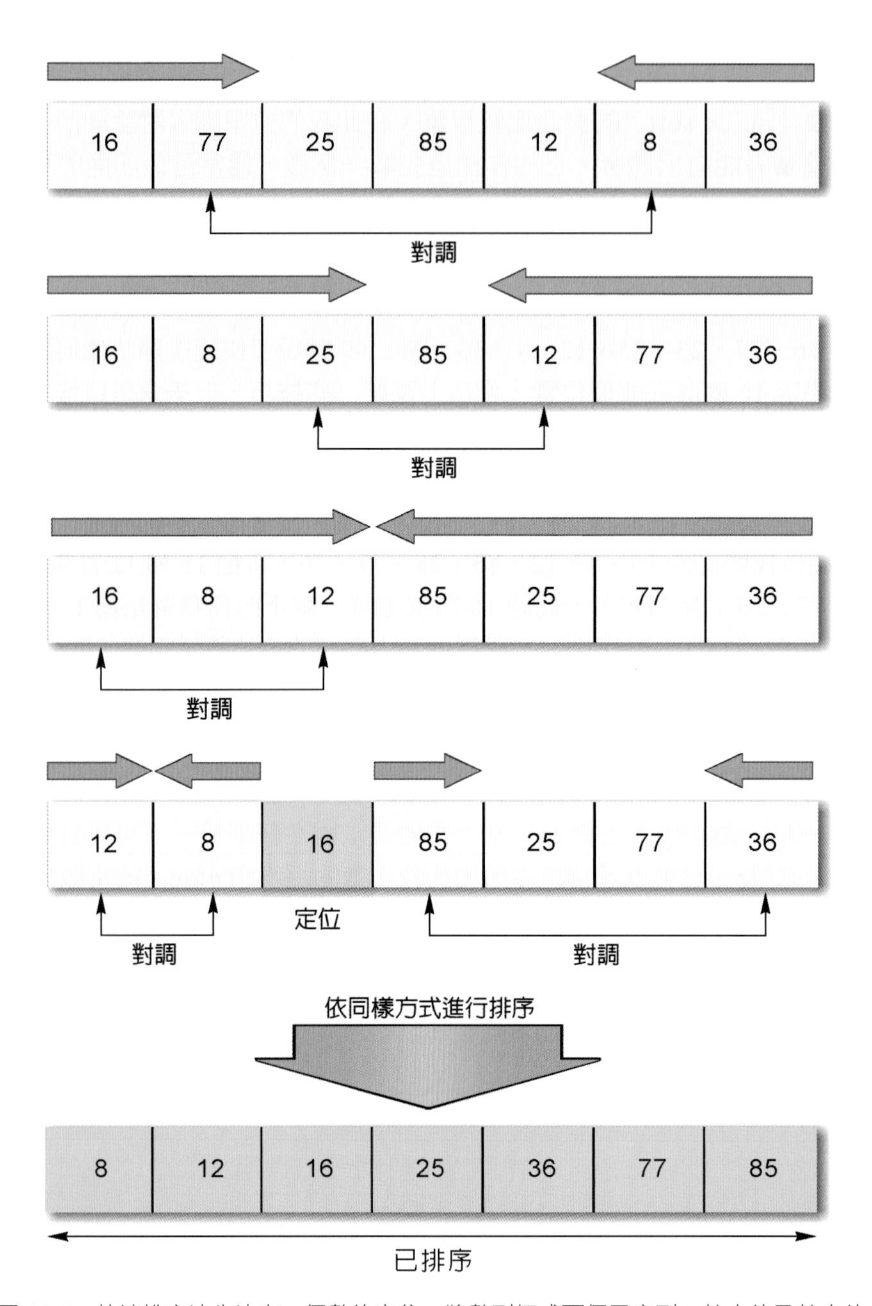


圖 11-9　快速排序法先決定一個數的定位，將數列切成兩個子序列：較小的及較大的

# 11-3 | 二元搜尋法

給定一個數列，搜尋問題問的是某個數是否在裡面？例如：給定一個數列 16、77、25、85、12、8、36、52，請問 5 在不在裡面？我們逐一比對後發現 5 並不在裡面，所以回答 5 不在這數列裡。請問 12 在不在裡面呢？我們一一看過去，發現第五個位置有 12，因此回答 12 在這數列裡。這種逐一比較搜尋的方法稱為**循序搜尋法**（sequential search），在數列很短的時候，還撐得過去，但當數列很長的時候，每次搜尋都要一一比對，則效率就差了。

玩過樂高（lego）的同學一定知道，如果我們把所有零件亂亂的放成一堆，則每次找一個零件都要耗費許多時間，但如果將零件依形狀、大小稍稍歸類，則找起零件來就快很多，**二元搜尋法**（binary search）的運作道理也是一樣，如果我們先有個排序好的數列，則搜尋起來就有效多了。

先將數列排序得到排序後的結果為：8、12、16、25、36、52、77、85，請問 5 在不在裡面？我們先比較 5 和數列中間的數 25，發現 5 比 25 小，所以若數列中有 5，一定在前面的子數列 8、12、16 中；再比較 5 和中間的數 12，發現 5 仍比 12 小，所以若數列中有 5，一定在前面的子數列 8 中；這時只剩一個數了，而 5 又不等於 8，因此我們回答 5 不在這數列裡。請問 12 在不在裡面呢？我們先比較 12 和數列中間的數 25，發現 12 比 25 小，所以若數列中有 12，一定在前面的子數列 8、12、16 中；再比較 12 和中間的數 12，發現 12 就在這裡，因此回答 12 在這數列裡。

給定一個排序好的數列，二元搜尋法的步驟如下（實作時須注意儲存數列的陣列是從 0 的位置算起，或是從 1 的位置算起。）：

**步驟 1** mid ←原排序數列的中間數；

**步驟 2** 將所要搜尋的數與 mid 相比；

**步驟 3** 如果搜尋的數與 mid 相等，則我們已找到，回答該數在數列裡；

**步驟 4** 如果目前子數列只剩一個數（此時搜尋的數與 mid 不等），則回答該數不在數列裡；

**步驟 5** 如果搜尋的數小於 mid，則只要考慮前半的子數列，mid ←前面子數列的中間數，回到步驟 2；

**步驟 6** 如果搜尋的數大於 mid，則只要考慮後半的子數列，mid ←後面子數列的中間數，回到步驟 2；

圖 11-10 描繪了這個基本動作，我們發現二元搜尋法每比較一次，問題大小就至少減半。

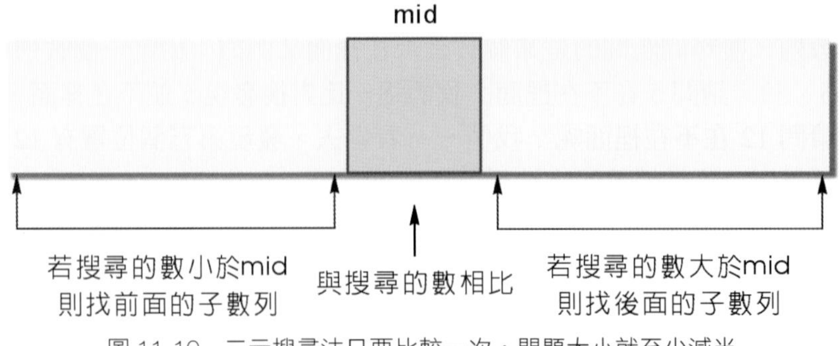


圖 11-10　二元搜尋法只要比較一次，問題大小就至少減半

假設我們的數列有 $2^{30}$ 個數，也就是大約十億個數，若該數列已排序，我們以二元搜尋法找某數是否在裡面，最多需要幾次比較呢？先比一次中間數，我們所須考慮的子數列個數就從 $2^{30}$ 減半成為 $2^{29}$，再一次比較，所須考慮的子數列個數最多為 $2^{28}$，...，經過 30 次比較後，子數列最多只剩 $2^{0}$ 個，此時再一次比較就可確認某數是否在裡面，因此，二元搜尋法最多只要 31 次比較，就可判斷某數是否在一個有十億個數的數列裡，很神奇吧！同樣推理，我們也可知道，若已排序的數列長度為 $n$，則二元搜尋法的最多比較次數大約為 $\log_2 n$。

現在大家用 google 時，都會驚嘆，它怎麼這麼神奇，能那麼快就從數以億計的網頁中找到我們所要的資料。實際上，google 經年累月從各網站蒐集資料，然後歸類排序，一旦這些資料排序後，找起來是很快的！我們剛剛不就看到十億個數字中找一個數，只要 31 次比較，電腦不到千分之一秒就可做到了！當然 google 的歸類排序及搜尋比這裡介紹的複雜多了，要不然阿狗阿貓也能寫得出 google 搜尋引擎！

## 11-4 ｜ 動態規劃技巧

現在讓我們詳細介紹一個常用到的演算法設計技巧，稱為**動態規劃技巧**（dynamic programming），希望讀者對演算法有更精細深入的了解。動態規劃技巧對初學者雖然較難，然而它是演算法核心技巧之一，因此非常值得有心精進演算法的學員花些時間了解。

Dynamic programming 的 programming 在此並不是程式設計的意思，而是代表一種「列表式」的運算。在正式介紹動態規劃技巧之前，我們先從一個簡單的例子來感受列表式的計算為何有時可較有效率地求得我們所要的結果。

**費氏數**（Fibonacci number）可用下列的**遞迴關係**（recurrence）來描述：

$F_0 = 0$

$F_1 = 1$

$F_i = F_{i-1} + F_{i-2}$ for $i \geq 2$

如果想知道 $F_{20}$ 的值是多少，有人可能會以程式語言中的**遞迴呼叫**（recursive call）這麼做：先試著去求得 $F_{19}$，然後再設法求 $F_{18}$，最後再將兩個加起來。而要如何求得 $F_{19}$ 呢？這還不簡單嗎？將 $F_{18}$ 及 $F_{17}$ 算出來就可以了呀！ Wait a minute ！ $F_{18}$ 不是已經算過了嗎？為何現在又要重算了呢？實際上，以遞迴呼叫來處理這樣的問題，重算的次數還真嚇人呢！（讀者們可先算算看光是 $F_{10}$ 就需要多少次的遞迴呼叫。）

但如果我們以列表式方法逐一從 $F_0$、$F_1$、$F_2$ 等往 $F_{20}$ 算去，你會發現在 20 次運算之內我們就能算出 $F_{20}$ 的值：

| $F_0$ | $F_1$ | $F_2$ | $F_3$ | $F_4$ | $F_5$ | … |
|---|---|---|---|---|---|---|
| 0 | 1 | 1 | 2 | 3 | 5 | … |

列表式方法最大的作用就是避免**重複計算**（recomputation），現在讓我們回過頭來看看什麼是**動態規劃技巧**（dynamic programming）。基本上，動態規劃技巧有三個主要部分：**遞迴關係**（recurrence relation）、**列表式運算**（tabular computation）及**路徑迴溯**（traceback）。我們以**最長共同子序列**（Longest Common Subsequence；LCS）問題為例來談談這些特性。首先我們先解釋什麼是**子序列**（subsequence），所謂子序列就是將一個序列中的一些（可能是零個）字元去掉所得到的序列，例如：pred、sdn、predent 等都是“president”的子序列。給定兩序列，最長共同子序列（LCS）問題是決定一個子序列，使得 (1) 該子序列是這兩序列的子序列；(2) 它的長度是最長的。當然最長共同子序列不一定是唯一，我們現在來探討如何找出其中一個最長的子序列，讀者們應能將此方法擴充為找出所有最長共同子序列的方法：

序列一：president

序列二：providence

它的一個 LCS 為 priden

又例如：

序列一：algorithm

序列二：alignment

它的一個 LCS 為 algm

給定兩序列$A = a_1a_2...a_m$及$B = b_1b_2...b_n$，令$len(i, j)$表示$a_1a_2...a_i$與$b_1b_2...b_j$的LCS之長度，則下列遞迴關係可用來計算$len(i, j)$：

$$len(i,j)=\begin{cases} 0 & \text{if } i = 0 \text{ or } j = 0 \\ len(i-1,j-1)+1 & \text{if } i,j>0 \text{ and } a_i = b_j \\ \max(len(i,j-1),len(i-1,j)) & \text{if } i,j>0 \text{ and } a_i \neq b_j \end{cases}$$

若要以白話文來解釋上面的遞迴關係，我們可以說：當某個序列是空序列時，LCS 的長度為 0；當$a_i = b_j$時，我們將$a_1a_2...a_{i-1}$及$b_1b_2...b_{j-1}$的 LCS 長度再加上 1 即可（因為最後的字元相同，可使 LCS 的長度增加 1。）；當$a_i \neq b_j$時，這兩個字元不可能配對來貢獻給 LCS，所以我們取$a_1a_2...a_i$與$b_1b_2...b_{j-1}$的 LCS 或$a_1a_2...a_{i-1}$與$b_1b_2...b_j$的 LCS 等這兩者中較長的一個作為目前 LCS 的長度。值得注意的是：$len(m,n)$為$A = a_1a_2...a_m$及$B = b_1b_2...b_n$這兩個序列的 LCS 之長度。

我們可直接用程式語言中的**遞迴呼叫**（recursive call）來計算$len(i,j)$，但這需要 exponential time（那是很長很長的時間）；而我們若以動態規劃技巧來計算$len(i,j)$，則在與$m \times n$成常數正比的時間內，就能算出$len(m,n)$。現在讓我們以**虛擬碼**（pseudo code）寫成的程序 LCS-Length（圖 11-11）來說明如何用**列表式運算**（tabular computation）來算出序列 A 與序列 B 的 LCS 長度，在計算過程中，我們也記錄了最佳長度的貢獻者，以便稍後能藉由路徑回溯（traceback）找出 LCS。

```
procedure LCS-Length(A, B)
1. for i ← 0 to m do  len(i,0) = 0
2. for j ← 1 to n do  len(0, j)= 0
3. for i ← 1 to m do
4.       for j ← 1 to n do
5.             if a_i = b_j then  [ len(i, j) = len(i-1, j-1)+1
                                  [ prev(i, j) = "↖"
6.                   else if len(i-1, j) ≥ len(i, j-1)
7.                          then [ len(i, j) = len(i-1, j)
                                 [ prev(i, j) = "↑"
8.                          else [ len(i, j) = len(i, j-1)
                                 [ prev(i, j) = "←"
9. return len and prev
```

圖 11-11　LCS-Length 計算序列 A 及序列 B 的 LCS 之長度，並記錄最佳值的由來

在 LCS-Length 中，我們依序由小的 $i$ 和 $j$ 算起（這是一種 bottom-up 的算法），並以 prev 陣列來記錄最大值的由來。在談到如何藉由 prev 陣列做路徑迴溯前，先讓我們用一個例題來進一步說明 LCS-Length。

假設兩序列為 president 及 providence，圖 11-12 描述了 LCS-Length 的運算過程。

| i \ j | 0 | 1 p | 2 r | 3 o | 4 v | 5 i | 6 d | 7 e | 8 n | 9 c | 10 e |
|---|---|---|---|---|---|---|---|---|---|---|---|
| 0 | 0 | 0 | 0 | 0 | 0 | 0 | 0 | 0 | 0 | 0 | 0 |
| 1 p | 0 | 1 ↖ | 1 ← | 1 ← | 1 ← | 1 ← | 1 ← | 1 ← | 1 ← | 1 ← | 1 ← |
| 2 r | 0 | 1 ↑ | 2 ↖ | 2 ← | 2 ← | 2 ← | 2 ← | 2 ← | 2 ← | 2 ← | 2 ← |
| 3 e | 0 | 1 ↑ | 2 ↑ | 2 ↑ | 2 ↑ | 2 ↑ | 2 ↑ | 3 ↖ | 3 ← | 3 ← | 3 ↖ |
| 4 s | 0 | 1 ↑ | 2 ↑ | 2 ↑ | 2 ↑ | 2 ↑ | 2 ↑ | 3 ↑ | 3 ↑ | 3 ↑ | 3 ↑ |
| 5 i | 0 | 1 ↑ | 2 ↑ | 2 ↑ | 2 ↑ | 3 ↖ | 3 ← | 3 ↑ | 3 ↑ | 3 ↑ | 3 ↑ |
| 6 d | 0 | 1 ↑ | 2 ↑ | 2 ↑ | 2 ↑ | 3 ↑ | 4 ↖ | 4 ← | 4 ← | 4 ← | 4 ← |
| 7 e | 0 | 1 ↑ | 2 ↑ | 2 ↑ | 2 ↑ | 3 ↑ | 4 ↑ | 5 ↖ | 5 ← | 5 ← | 5 ↖ |
| 8 n | 0 | 1 ↑ | 2 ↑ | 2 ↑ | 2 ↑ | 3 ↑ | 4 ↑ | 5 ↑ | 6 ↖ | 6 ← | 6 ← |
| 9 t | 0 | 1 ↑ | 2 ↑ | 2 ↑ | 2 ↑ | 3 ↑ | 4 ↑ | 5 ↑ | 6 ↑ | 6 ↑ | 6 ↑ |

11-12　LCS-Length 計算 president 與 providence 的 LCS

最後，我們來看看如何藉由**路徑回溯**（traceback）將最長共同子序列（LCS）建構出來。基本上，我們從 $(m,n)$ 沿著 prev 所記錄的箭頭方向回溯，每當我們碰到斜角箭頭時，表示那個位置 $a_i = b_j$，且它也是 LCS 的一部分，所以我們在往前回溯結束後（我們的回溯過程直到邊界為止），還得將這個字符印出。圖 11-13 的程序 Output-LCS 說明了整個回溯過程，起始呼叫為 Output-LCS($A$, $prev$, $m$, $n$)。

**procedure** *Output-LCS(A, prev, i, j)*

*1* **if** $i = 0$ **or** $j = 0$ **then return**

*2* **if** *prev(i, j)*= “↖” **then** $\begin{bmatrix} Output-LCS(A, prev, i-1, j-1) \\ \text{print} \quad a_i \end{bmatrix}$

*3* **else if** *prev(i, j)*= “↑” **then** *Output-LCS(A, prev, i-1, j)*

*4* **else** *Output-LCS(A, prev, i, j-1)*

圖 11-13　Output-LCS 程序可將整個 LCS 回溯出來

我們現在以剛剛的例子來看看 Output-LCS 是如何運作的，圖 11-14 說明了整個過程，並輸出 priden 為 LCS 序列。

| i \ j | 0 | 1<br>p | 2<br>r | 3<br>o | 4<br>v | 5<br>i | 6<br>d | 7<br>e | 8<br>n | 9<br>c | 10<br>e |
|---|---|---|---|---|---|---|---|---|---|---|---|
| 0 | 0 | 0 | 0 | 0 | 0 | 0 | 0 | 0 | 0 | 0 | 0 |
| 1 p | 0 | 1 ↖ | 1 ← | 1 ← | 1 ← | 1 ← | 1 ← | 1 ← | 1 ← | 1 ← | 1 ← |
| 2 r | 0 | 1 ↑ | 2 ↖ | 2 ← | 2 ← | 2 ← | 2 ← | 2 ← | 2 ← | 2 ← | 2 ← |
| 3 e | 0 | 1 ↑ | 2 ↑ | 2 ↑ | 2 ↑ | 2 ↑ | 2 ↑ | 3 ↖ | 3 ← | 3 ← | 3 ↖ |
| 4 s | 0 | 1 ↑ | 2 ↑ | 2 ↑ | 2 ↑ | 2 ↑ | 2 ↑ | 3 ↑ | 3 ↑ | 3 ↑ | 3 ↑ |
| 5 i | 0 | 1 ↑ | 2 ↑ | 2 ↑ | 2 ↑ | 3 ↖ | 3 ← | 3 ↑ | 3 ↑ | 3 ↑ | 3 ↑ |
| 6 d | 0 | 1 ↑ | 2 ↑ | 2 ↑ | 2 ↑ | 3 ↑ | 4 ↖ | 4 ← | 4 ← | 4 ← | 4 ← |
| 7 e | 0 | 1 ↑ | 2 ↑ | 2 ↑ | 2 ↑ | 3 ↑ | 4 ↑ | 5 ↖ | 5 ← | 5 ← | 5 ↖ |
| 8 n | 0 | 1 ↑ | 2 ↑ | 2 ↑ | 2 ↑ | 3 ↑ | 4 ↑ | 5 ↑ | 6 ↖ | 6 ← | 6 ← |
| 9 t | 0 | 1 ↑ | 2 ↑ | 2 ↑ | 2 ↑ | 3 ↑ | 4 ↑ | 5 ↑ | 6 ↑ | 6 ↑ | 6 ↑ |

圖 11-14　Output-LCS 的回溯路線序，深色陰影（priden）為 LCS 所在

# 11-5 ｜ 計算難題

是不是所有的數位計算問題，我們都能找到有效的解答呢？

牛頓曾說：「假如我曾經看得更遠，那是因為站在巨人的肩膀上。」在前輩的耕耘下，有些問題已證明是無解的，例如：判斷程式是否會停的問題（**停機問題** halting problem，最後一章會做簡介）就可證明是無法解答的。而在可解的數位計算問題裡，很多都已依它的計算時間及記憶空間複雜度的難易做歸類了，這方面的歸類林林總總，非常高深莫測，最有名的歸類要算是 NP-Complete 問題了。

如果老闆交代您一個數位計算問題，您苦思多日仍無有效率的解法，您可以試著證明這問題是 NP-Complete，然後告訴老闆說，即使全世界最厲害的電腦學家，也沒有這個問題的有效解法。是的，所有 NP-Complete 問題，目前都沒有有效的精確解法，而且只要有一個找

到有效解法，那所有 NP-Complete 問題都有有效解法了。至今已有數以萬計的問題被證明為 NP-Complete，雖然大家幾乎都認為這類型的問題並不存在有效解法，但到現在都沒有人可以證明。下面這兩個問題「旅行推銷員問題」和「小偷背包問題」，看似簡單，但都已證明是 NP-Complete。

在數位計算世界裡，有個很有名的問題稱為**旅行推銷員問題**：有一個推銷員，要到各個城市去推銷產品，他希望能找到一個最短的旅遊途徑，訪問每一個城市，而且每個城市只拜訪一次，然後回到最初出發的城市。如果只有幾個城市要訪問，我們很快就可以找出一個最短的旅遊途徑，但如果有很多很多城市要訪問時，那就會難倒目前所有的數位計算機了。這問題的關鍵在於：當我們要拜訪很多城市時，可能的拜訪順序組合是天文數字，而我們至今又沒有好的方法，可以快速決定最短的旅遊途徑。

還有一個問題，稱為**小偷背包問題**：有個小偷，光顧一家超級市場，他帶了一個背包來裝所偷的東西，假設他的背包最多只能裝三十公斤，而超市內的每樣東西有它的重量及價值，小偷背包問題是要找出最佳的偷法，使得背包內所裝的贓物總價值最高，且總重量又不超過三十公斤。這樣的一個問題居然也是難題！如果小偷用數位計算機來替他決定最好的偷法，在他得到答案前，可能早就被繩之以法了。

不僅如此，我們還可證明小偷背包問題和旅行推銷員問題的精確解法難度是一樣的，也就是說，只要其中有一個存在有效率的精確解法，另一個也會存在有效率的精確解法。實際上，在數位計算世界裡，已有數以萬計的問題被證明為和旅行推銷員問題同樣難度，真是不可思議吧！

面對這一類型難題，我們是否真的束手無策呢？

十幾年前，如果您證明某一個問題是屬於這一類型的問題，那可算是一篇精采的博士論文。可是，現在如果您找到了新的難題，那還不夠，您還必須提出好的近似解法（在有效率的時間內，找到和最佳解答差不多的近似答案），才稱得上是水準之作。

很有意思的是，雖然我們說小偷背包問題和旅行推銷員問題的精確解法一樣難，但它們的近似解法卻南轅北轍。我們可以證明，旅行推銷員問題不太可能存在好的近似解法，而小偷背包問題卻已有很好的近似解法，這也難怪很少有小偷在超市當場被抓包囉。

高難度的數位計算問題，是演算法專家最重要的食糧，各式各樣的難題雖然令人費盡心思，但它的滋味就如同山珍海味。如果沒有問題傷腦筋，那才真是傷腦筋的問題呢！

## 資訊專欄 萬年 π 的千年探索

三月十四日早上收到實驗室畢業生來函，邀約大家在他回台時一起去踏青。當日適逢西方情人節滿月的東亞白色情人節，也是聯合國教科文組織明定的國際數學日。熱愛數學的他開場白就「祝老師圓周率日快樂」，反映其對圓周率 π（3.141592653589793238462643383279 5028841971…）的熱愛。

圓周率 π 乃圓周除以直徑的比率，可用來計算圓形的周長和面積、圓球的表面積和體積等。無論是我們落腳的地球，或是口袋內的銅板，乃至於天上的太陽、月亮和星星，π 無所不在，俯拾皆是。

兩千多年前，阿基米德證明 π 介於 223 / 71 和 22 / 7 之間，可以精準到小數第二位（3.14）。一千五百多年前，祖沖之提出「密率，圓徑一百一十三，圓周三百五十五。約率，圓徑七，周二十二。」亦即 π 介於 355 / 113 和 22 / 7 之間，可以精準到小數第六位（3.141592）。《隋書·律曆上》還記載祖沖之「更開密法，以圓徑一億為一丈，圓周盈數三丈一尺四寸一分五釐九毫二秒七忽，朒數三丈一尺四寸一分五釐九毫二秒六忽，正數在盈朒二限之間。」精準度可達小數第七位（3.1415926），此一世界紀錄保持了將近一千年。

十八世紀初，梅欽推導出可快速收斂到 π 的級數，人們首次能精算 π 到小數第一百位。二戰結束後，賴特維斯納運用世上第一部通用電子數位電腦 ENIAC 精算 π 到小數第兩千多位。二〇二二年三月，Google 工程師岩尾運用雲端計算，創下精算 π 到小數第一百兆位的里程碑。

π 是無理數，它的小數部分注定是無限且不循環的，再算下去絕對沒完沒了，而且就目前科學計算需求而言，幾十位數精準度的 π 已綽綽有餘，那麼為何還要繼續算下去呢？

當探險家馬洛里被問到為何想要攀登聖母峰時，他回覆「因為它就在那裡」，或許這也是人們持續探索 π 的原因。此外，π 的位數計算提供了當代電腦軟硬體運算力的較勁平台，其實就在今年圓周率日前夕，上述 π 的第一百兆位世界紀錄，已被另一研究團隊推進到第一百零五兆位。再者，精算 π 的歷程也孕育了諸多匠心獨具的方法，而從它所呈現的計算結果可觀察到 π 的小數裡，0 到 9 各數字出現的隨機程度，讓人們能更深入理解 π 的無理奧秘。

記得在高中校刊曾讀過一則逍遙遊笑話：

「無聊：π = 3.14159265358979323846264338327950288841871.....

太無聊：其中第十九位和第二十位顛倒了。

窮極無聊：其實沒有顛倒。」

該則笑話看似無聊透頂，但仔細核對後，發現還可再補上一句：「超級窮極無聊：第三十八位數字應從 8 改為 9。」

回顧第一段所列小數位數精確到四十位的 π，那是筆者撰稿當下默寫出來的。筆者最快可在五點七秒內背誦到第四十位數，但這相較於世界官方紀錄保持人米納以大約十小時背誦到第七萬位數，或非官方紀錄保持人原口以大約十六小時背誦到第十萬位數，著實微乎其微呀！

趙老 於 2024 年 3 月

# 軟體工程

0 1 0 0 0 0 0 1 1 0 1 1 0 1 0 0 0 1 1 0 0 0 0 0 0 0 0 0 0 0 0 0

各位接觸資訊科學也有一陣子了，相信大家或多或少都寫過程式。可能是數行程式碼，用來熟悉語言及環境，在螢幕上列印出“Hello World!”也可能是數十行程式碼，練習著將演算法實作出來，譬如說是找出費伯納西（Fibonacci）數列，或者找出河內塔的解法，當然也可能是數百行的程式碼，像是寫出小時候常玩的圈圈叉叉遊戲（tic-tac-toe）。在這種數行到數百行的程式規模中，相信大家已經有些惱人的經驗，譬如抓不到惱人的 bug，或者當下就說不清自己寫出來程式的流程，也可能是過了幾個月已經完全不能理解自己當初到底在做什麼？怎麼會這裡將變數加 1，隔個兩行又扣 1 ？

然而上述的窘境都還只是發生在校園環境內練習寫程式的情狀，真實發生在業界的又是另一種光景。程式的行數不再只是數百行，小一點的是數千行，大型一點的程式是成千上萬行，使用者不再只是幫大家測試作業跑得正不正確的助教，而是普羅大眾。使用者會怎麼使用程式，使用者會怎麼玩到變當機，這些都考驗著軟體的測試與品質保證。

本章節將先從小規模的程式撰寫到開發大型計劃來討論近年來受到高度重視的軟體工程議題，並且於最後談論軟體產業中普遍採用的標準－統一模型語言（Unified Modeling Language；UML）。

# 12-1 ｜ 寫程式

當我們開始接觸資訊科學，我們就開始在計算機程式課程中學習寫程式，我們學習變數的宣告，學習輸入輸出，學習使用迴圈，當然也學習編譯程式。我們被教導如何寫好程式，可是卻很少被教導如何將程式寫得好。筆者雖非撰寫程式魔人，可是在魔人環伺的情況中待了幾年，多多少少也觀摩出一點心得可跟大家分享。

很多人對於撰寫程式非常有興趣，總是想著如何以更簡短更省工的方式達到功能，並且在逐步減少程式碼行數中得到最大的成就感。這樣的態度固然令人欽佩，然而並不適宜走火入魔。在撰寫程式的經驗越來越多之後，很多人開始同意寫程式的最高準則就是 K.I.S.S.，這四個字代表的意思是 Keep It Simple and Stupid。似乎有一種武功高深到一定的境界之後開始尋求反璞歸真的簡單。

所謂 **K.I.S.S. 準則**是說：寫程式的時候，盡量讓程式碼看起來非常簡單而易懂，不必為了省幾行程式碼而過度用一些花俏的招數。理由很簡單，我們來回顧一下過往的經驗即可明瞭。各位現在所寫的程式通常是為了繳交作業催生而出。很有可能在死期（deadline，繳交期限）之前困擾於始終有一點點小 bug，**追蹤**（trace）老半天之後發現，某一變數的值不知怎麼就是比該有的值多 1，為了能夠在死期前趕緊繳交作業，並且能讓助教測試時跑出正確的答案，決定不擇手段地天外飛來一筆將變數減 1，暴力法之下解決了擾人小蟲，終於鬆了一口氣，趁著還剩幾分鐘快速把程式碼寄出去，安全達陣，這是第一種情況。另一種情況是用功認真的同學，為了使自己的程式功力能夠日益精進，於是向程式魔人討教，參考（請注意！並不是抄襲唷！）程式魔人撰寫程式的風格及方法，學習程式魔人如何解析問題及如何解決問題。稍微吸收之後，就歡欣鼓舞地有樣學樣寫出非常精簡又漂亮的程式碼，感動程式碼就像藝術品的精湛之餘，輕輕鬆鬆早點寄出作業。之後自信地認為這次作業一定會得高分，並且相信自己已經完全搞懂魔人的精闢，開心地把程式碼關掉以為自己都會了。

可是這樣寫完就寄出，寄出就等著看分數的情況僅限於寫作業，在業界軟體的發展，並不是只此瀟灑走一回，相反地，通常得是三番五次的拿出來修改，甚至修改的時間距離上一次撰寫可能已經數月。很不幸的是，人的記憶力往往沒有自己想像的可靠，一段時間後回頭看自己寫的程式碼，不是疑惑怎麼突然一時興起變數 -1，就是苦惱當初簡短的幾行程式碼如此鬼斧神工難以理解，造成改版的時候陷入不知從何下手的苦惱。因此 K.I.S.S 法則中最重要的就是要維持程式碼簡單又乾淨，也就是讓程式碼擁有良好的**可讀性**（readability），不僅是讓自己幾個月後還能夠理解程式碼在做些什麼，同時也要能讓他人輕易地了解自己寫的程式碼。畢竟在業界的軟體發展中，很有可能隨著程式開發工程師的來來去去，而使得現任的人接手他人所寫的程式碼，或者程式碼交由別人改版或**除錯**（debug）。

## 資訊專欄 河內塔

河內塔（Tower of Hanoi）問題於 1883 年由一位法國數學家在報章上刊載出，成為一個動動腦問題。它有一個不可考的神秘傳說，源自古印度神廟中的一段故事。據說在古印度有一神廟是宇宙的中心，神廟內插有三條木柱，其中一個木柱由下到上套有共 64 個由大到小依序直徑遞減的環型金屬片。天神指示僧侶們要想辦法把這 64 個環型金屬片從原本的木柱移動到另一個木柱上面。移動時必須一次只能動一個金屬片，並且所有的過程中，不論金屬片暫套在哪個木柱上，都得遵循下面的金屬片直徑得比在上面的金屬片直徑大的原則。直到僧侶們把 64 個金屬片都完整搬運到另一個木柱之後，西方極樂世界將到來。

這是一般人樂於鬥智的動動腦問題，也是學習演算法時很重要的一個演算法課題。一次搬運 64 個似乎太難想像了，我們就先拿 3 個金屬片為例子搬搬看。

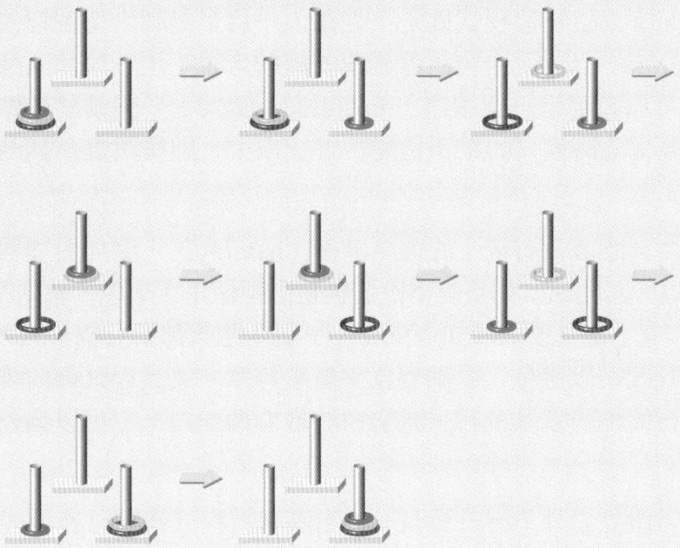

維持良好的可讀性包括變數名稱應該取得妥當，有些人草率地將變數命名為 a、b、c 這一類，或者是 `temp1`、`temp2` 等等，雖然在寫程式的當下較省功夫，不必花心思為變數取一個好名稱，可是日後再讀取該段程式碼時，勢必得花心思回想到底 `temp1` 所代表的意義是什麼？又為何要將 `temp2` 的值給 `temp1` ？舉最簡單的 C 程式碼例子如下：

```
int function1 (int temp1)
int temp2;
    if (temp1 == 1 || temp1 ==2) temp2 = 1;
    else temp2 = function1 (temp1 - 2) + function1 (temp2 - 1);
    return temp2;
```

上面的程式碼，各位可以一眼即辨出這個函式在做什麼事情嗎？如果我們把它取上比較好的名字，並且加以有條理的排版，改寫為如下的情況呢？

```
int fibonacci (int n)
{
    int ans;
    if (n == 1 || n == 2)
       ans = 1;
    else
       ans = fibonacci (n - 2) + fibonacci (n - 1);
    return (ans);
}
```

互相比較起來，下面這一段程式碼是不是讓人一目了然呢？這個程式很清楚的將函式標明清楚，取名為 fibonacci，至少告訴看到程式碼的人說：這一段函式與費伯納西有關，再進一步看的時候，可以看到是一個**遞迴**（recursive）函式，一開頭就先標明終止的條件就是當 $n$ 為 1 或者是 $n$ 為 2 的時候，如果不是屬於終止條件，則按照費伯納西數列的定義，令 $a_n = a_{n-2} + a_{n-1}$ 運算。

程式碼的撰寫中，應該要有統一的**命名準則**（naming），譬如說變數名稱是否以大寫開頭？函數名稱是否以大寫開頭？如果有變數名稱是由兩個單字串成，譬如說某一點的 $x$ 座標，是要取成 positionX 呢？還是要取成 position_x ？這些應該都要有統一的準則，尤其是當多人合寫程式時，更應該統一以避免程式碼看起來雜亂無章。並且程式碼的排版也應該順著程式的語意而來，該換行的地方就該換行，該空白的地方就空白，也可以讓程式讀起來比較輕鬆不擁擠。

除了程式碼的可讀性之外，另外還有一大重點在於程式碼的**可靠性**（reliability），一個好的程式員所撰寫的程式應該是要能夠很可靠，禁得起使用者各種出奇不意的使用操練。當撰寫大型程式的時候，每撰寫一小片段的程式就應該寫一些測試確保其有良好的可靠性，然後再繼續發展程式。這樣的作法雖然囉嗦，可是可以盡可能確保每一小片段能不出錯。否則整個程式整合運作時，一旦程式直接當機，麻煩可就大了。因為程式碼長的不得了，也不知道程式當在哪一個區塊，要慢慢檢測出錯誤發生在哪裡是得花一番功夫的。理解可靠性的重要之後，我們再回過頭來檢視上面那段程式碼。仔細瞧瞧，會驚呼上面那樣的寫法其實是非常不可靠的程式碼。你已經看出問題出在哪裡了嗎？當我們把 $n$ 以 5、7、8 等等的正整數代進去都可以讓函式正常運作，可是如果不小心使得 $n$ 的值為 0，甚至是負數，會發生什麼慘劇呢？答案是這個函式將不停的遞迴下去呼叫，直到程式當掉為止。因此，最簡單的方法就是加入判斷句，避免 $n$ 為負數的情況之下還遞迴呼叫，並且在螢幕上顯示出訊息，告訴使用者 $n$ 的值應該要大於 0。於是我們再將程式碼改寫如下：

```
int fibonacci (int n)
{
    int ans;
        if (n < 1){
                printf ("n > 0 is needed\n");
                return -1;
        }
    if (n == 1 || n == 2)
        ans = 1;
    else
        ans = fibonacci (n - 2) + fibonacci (n - 1);
    return (ans);
}
```

如此一來，我們就能夠避免輸入為負數時可能造成的錯誤。然而實際上這樣還是不夠完善，譬如說，如果輸入是字母或者符號呢？因此寫程式的時候應該要小心考慮各種情況以增加程式的可靠性，隨著練習越多，就會越有經驗知道如何寫出可靠性高的程式碼，在此就不一一描述該如何補強。

除了可讀性及可靠性之外，寫程式還該注意的地方是**註解**（comment）的撰寫。程式碼寫好之後，經由**編譯器**（compiler）、**組譯器**（assembler）譯為機器看的**機器碼**（machine code）（圖 12-1），而註解的地方則是寫給程式撰寫員看的，不是寫給機器看的。編譯器會忽略掉註解的地方進行編譯。在 C 語言中，註解是以 /*...*/ 表示，在 /* 及 */ 中間的文字會被編譯器忽略。如果是單行的註解，則以 // 表示，在 // 後面的文字編譯器將忽略。

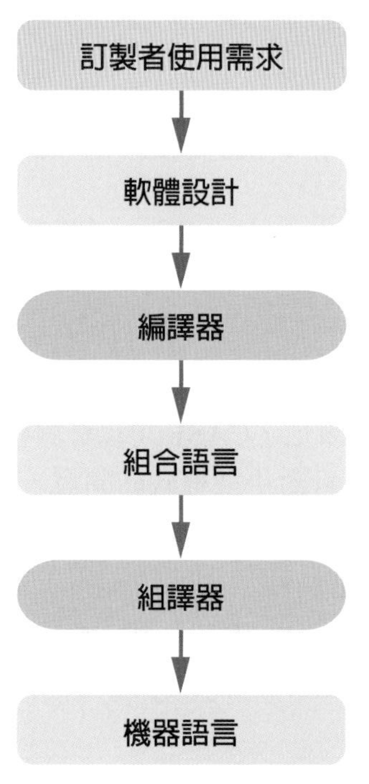


圖 12-1 軟體的轉譯步驟

寫給程式撰寫員看的註解中，不外乎是在程式碼的開頭註明這份程式碼的功能說明，或者使用什麼特殊的演算法，撰寫的日期、改版的日期，版本的標示以及撰寫的程式開發人員為誰等等的資訊，或者是在函式之前用文字說明某一個函式的功能、變數的使用說明，或者是在程式語意較不顯著的地方用以補強說明，好使日後自己或他人還能很快地理解整個程式。有些時候我們所撰寫的函式不只是自己使用，也可能是發展供他人使用的函式，或者自己定義出一些**類別**（class）可供他人使用，在這種情況下，只要撰寫註解的方式合乎註解的特殊規定，就可以經由指令直接產生 API（Application Programming Interface）的說明文件[1]。

我們就把前面的程式碼加上註解如下：

```
/ *
  * Computes the nth Fibonacci number
  * Fibonacci number：an = an-2 + an-1 （n>0，if
    n =1 or n =2，an = 1）
  * Version：1.4
  * Date： 2004/10/20
  * Author：Mary Lin
  */
int fibonacci （int n）
{
    int ans;
    if （n < 1）{
       printf（"n > 0 is needed\n"）;
       return -1;                              //means invalid input
       }
    if （n == 1 || n == 2）              //the terminal condition
       ans = 1;                                //a1 = 1, a2 = 1
    else
       ans = fibonacci（n - 2） + fibonacci（n - 1）;   //an=an-2+an-1
    return （ans）;
}
```

要把程式寫好其實需要練習與學習，有很多的技巧與方式有待大家去琢磨。有些技巧是需要靠智慧去學習，而有些制式的項目則可以靠**電腦輔助軟體工程**（Computer-Aided Software Engineering；CASE）來幫忙，CASE 可以針對程式碼的設計、程式碼的撰寫風格、所撰寫出的程式碼效能進行測試。針對小型程式的開發，本章節就先介紹到這邊，緊接著我們要討論大型程式的開發。

1. Java 的 API 文件可參考：https://docs.oracle.com/en/java/javase/11/docs/api/

# 12-2 ｜ 軟體開發生命週期

平常我們寫小程式，可能是看了作業規範之後，信手拈來就開始進行程式碼撰寫。然而，當我們進行較大型的程式開發時，就無法如此隨心所欲。為了使整個程式碼擁有較好的架構，我們會先花一些時間考量如何規劃。至於商用軟體的發展，整個過程就更為複雜了。

軟體的開發過程是從零到有之後循環不已，直到該軟體被淘汰。**軟體開發生命週期**（software development life cycle）中有幾個階段：需求分析、設計、編碼、測試、維護。這些階段的內涵在後面一點的地方我們再來詳述。現在我們要以高階的層面來理解軟體開發生命週期循環的方式。一般說來分成兩種，一種是**瀑布式模型**（waterfall model），一種是**螺旋式模型**（spiral model）。

## 瀑布式模型

瀑布式模型是指軟體開發流程從需求分析、設計、編碼、測試、維護採用線性進行（圖 12-2）。也就是先整體分析客戶需求，接著進行設計，擬了架構之後進行程式碼開發，開發完成之後進行測試，最後上線並維護系統。這樣的方法主要問題在於發掘可能性風險的時間點太晚。直到產品測試完畢之後才與客戶進行展示，這樣做是非常冒險的。很多時候客戶能描述出他的需求，可是卻無法形容能夠滿足需求的成品樣貌為何。直到最後看到成品時，第一種情況是感覺雖然所需求的功能都達到了，但是這並不是他真正所想要的；第二種情況則是客戶與專案負責人對於需求的溝通上一開始就發生誤解，實作出來的成品不符合客戶的要求，因此只好重新再來一次。

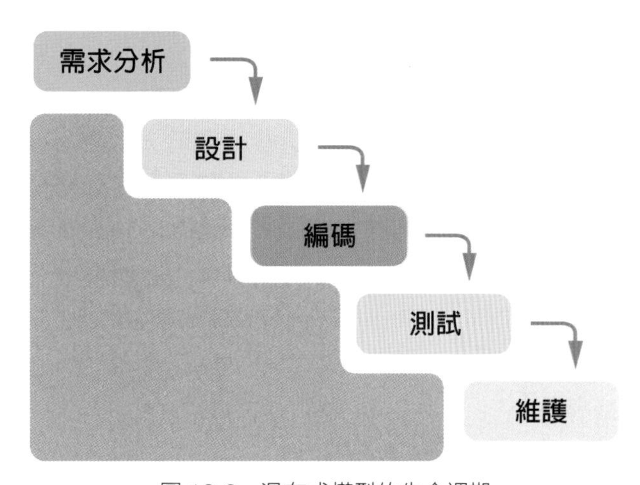


圖 12-2　瀑布式模型的生命週期

然而，根據研究數據顯示，越晚發現缺失就得花上越多的成本來彌補，因此最後可能會因為成本太高而導致放棄專案進行。不過這樣的發展模型可以適用於商用軟體的研發，因為線性流程無須往返，所費時間成本較低，並且公司內部本身對產品的樣貌無誤解。當然，也可以用在不同版本的演進中，每一版本的開發就是一趟瀑布式模型流程，並且由於公司對該產品的開發技術已熟悉，因此能順利地完成開發，每走完一趟就能再向市場提出新的版本。

## 螺旋式模型

螺旋式的模型則是不停地反覆與漸增，螺旋式模型的「螺旋」是帶有慢慢擴張成長的意思（圖 12-3），它的關鍵在於先進行一點點分析，然後設計一點點，接著實作一點點，測試完成之後就進行評估，與客戶共同討論是否偏離了客戶的需求。在整個發展的最初期就企圖盡可能地找到問題所在，以降低開發的風險。完成最小規模的發展，並且通過測試檢驗強化軟體的可靠度，如果評估過後確認無誤，則再把規模擴大一些，進一步發展下去。螺旋式模型的精神在於站穩一小步之後，再基於之前步伐的經驗邁出紮實的下一步。每一次的新流程都會以過往流程的經驗為參考而進一步開發實作。

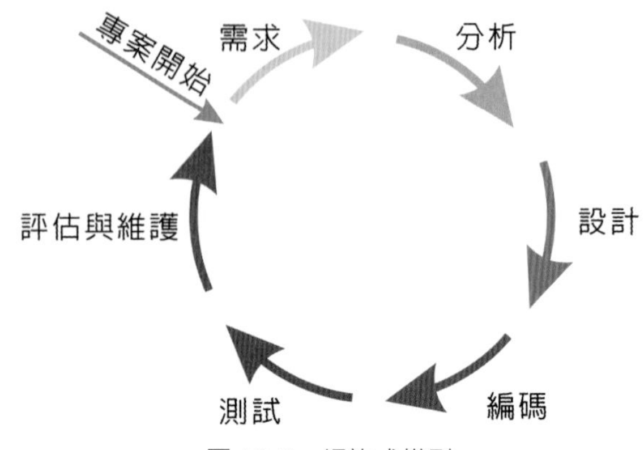

圖 12-3 螺旋式模型

透過不停地往覆螺旋式前進的過程，每一步都可以充分掌握住使用者的需求，強化與使用者的互動，並且即時給予回應，就算是不得已需要更改需求，也能夠在早期就著手進行替換，使殺傷力降到最低。這樣的開發方式雖然較為繁複，但是多付出一些成本總是比衝到最後一刻才赫然發現完全跑錯方向值得。螺旋式的開發方式也可以用在開發不熟悉的領域。譬如假設我們對於網路程式開發不熟悉，可是卻要寫一個即時傳訊軟體，我們最好就採用螺旋式模型，一開始先理解如何透過 socket 傳遞訊息，如何透過 socket 接收訊息。等到我們能夠掌握如何一對一往來訊息之後，再進而跨出下一步嘗試如何一對多進行，最後才是完成多對多交談的版本（圖 12-4）。

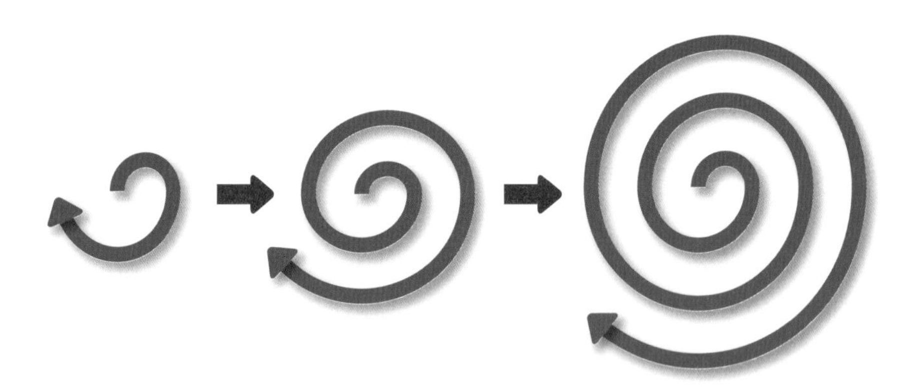
圖 12-4 採用螺旋式模型發展，規模從小型擴展到大型

接下來我們就要探討生命週期中每個階段的內涵。筆者以曾經參與過的 e-learning 輔助系統為背景，用二維的角度來討論，討論隨著時間的推進所該進行的事情，也討論什麼樣角色的人物負責什麼樣的任務（圖 12-5）。

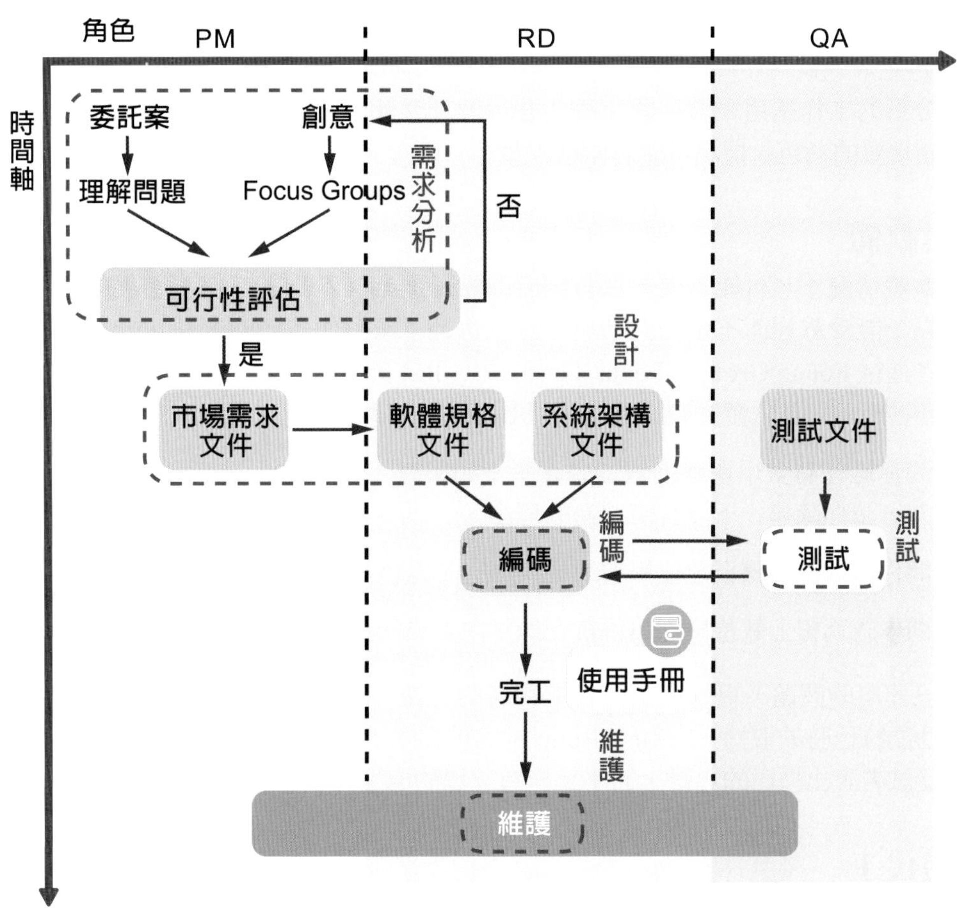


圖 12-5　軟體開發的過程及角色分工

假設一個開發團隊共有五人，其中分別是一位專案管理人（Project Manager；PM），三位程式開發人員（Research and Development；RD）及一位測試工程師（Quality Assurance；QA）（圖 12-6）。

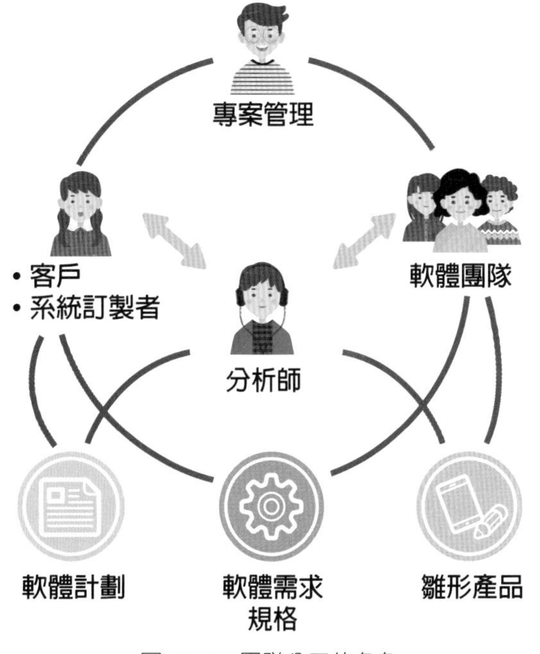


圖 12-6　團隊分工的角色

# 需求分析

需求分析的工作是用來發掘問題的所在以及評估解決方案的程序。在這個階段，專案管理人扮演極重要的角色。情況可能有兩種類型：

## 商業軟體

商用軟體情況下，可能是從一個有創意的點子開始，看到了一個可發展的產品。為了確認這樣的點子能受歡迎而不是閉門造車，並且也為了了解使用者的想法，於是公司召集一群一般使用者進行 Focus Group。Focus Group 中，PM 針對該軟體的特性準備一些問題，藉由受試者的回答整理出該軟體應有的功能。以 e-learning 軟體為例，可能詢問的問題包括：

* 請問你過往有使用過線上數位學習嗎？如果有，能談談線上數位學習的好處嗎？如果沒有，請你陳述一下沒有使用過的理由。
* 請問你個人認為線上數位學習的效果如何？是否能夠保持專心？
* 請問你認為線上數位學習與傳統在課堂內教學的最大差異在哪邊？

透過一連串的問題，可以理解一般使用者的心聲、行為習慣，以及軟體的需求，也幫助設計產品功能特色時的取捨。Focus Group 中的重點除了設計出好的問題之外，主持人應該謹記是導引受試者說出自己的心聲，而不是持有立場的導引受試者發聲。

## 軟體代工

在軟體代工的情況，軟體的發展是客戶有需求，所以找尋軟體代工幫助。再以 e-learning 為例，可能是學校有計畫想要導入線上數位學習，或者是電子書包的應用，因此與軟體代工業者接洽。PM 必須負責與客戶代表溝通，理解客戶的需求，排除造成矛盾的設計，並且充分與客戶解釋溝通。

在 PM 理解需求與規劃設計之後，此時 RD 就一起參與進行可行性評估，可行性評估包括技術上是否可行、成本是否能負荷、是否符合市場需求等等議題。如果結論為可行，則 PM 開始撰寫**市場需求文件**（Market Requirement Document；MRD），否則退回原點重新思量。PM 必須要有好的整合歸納分析能力，在 MRD 中要條列出所開發的產品特性、開發此產品的想法及目標、使用者使用該產品的**場景腳本**（user story）、瞄準的顧客群為何、開發的需求、市場競爭力等等。有了這份文件，可以讓上層決定是否要撥出時間人力等資源投入開發。

# 設計

有了 MRD 之後，RD 群開始撰寫軟體**規格文件**（functional specification）。根據 MRD 中所闡述的產品特性，RD 具體地寫下整個系統如何運作，包含**使用者介面**（user interface）的設計、有哪些按鈕、功能列表中有哪些選項、如何操作才能執行功能。軟體功能文件所表述的是邏輯上的架構，以 e-learning 為例，描述的可能是使用者登入系統的畫面，登入後有什麼功能可以選用，每個功能該按哪幾個按鈕、輸入什麼，才可以達到功能。

除了描述邏輯上操作的軟體規格文件之外，RD 們還得討論出整個系統架構，撰寫出**系統架構文件**（system architecture specification），在 e-learning 的例子中，必須決定系統的運作架構。譬如說假設要做到同學們能夠相互交談，則我們至少就可以想到兩種系統設計方式，一種是採用中央處理方式（圖 12-7 左），也就是有一個伺服器來處理所有的資訊，Alice 要丟訊息給全班時，是 Alice 將訊息傳給主機，然後主機掌握住班上同學的所在網路位址，再廣播給班上的同學。第二種方式是直接傳送方式（圖 12-7 右），也就是 Alice 必須要知道班上所有同學的網路位址，然後傳遞訊息的時候，就直接由 Alice 發送訊息給大家。不同的系統架構就有不同的實作方式，RD 工程師們必須要能夠分析不同架構的開發成本、運作效能等因素，最後決定出最好的版本，定案寫在系統架構文件中供開發時期的指南。在此同時，QA 也要開始根據所撰寫出的軟體規格文件而寫出**測試文件**（test plan），內文寫出測試的模組、測試的項目、如何測試等計劃。

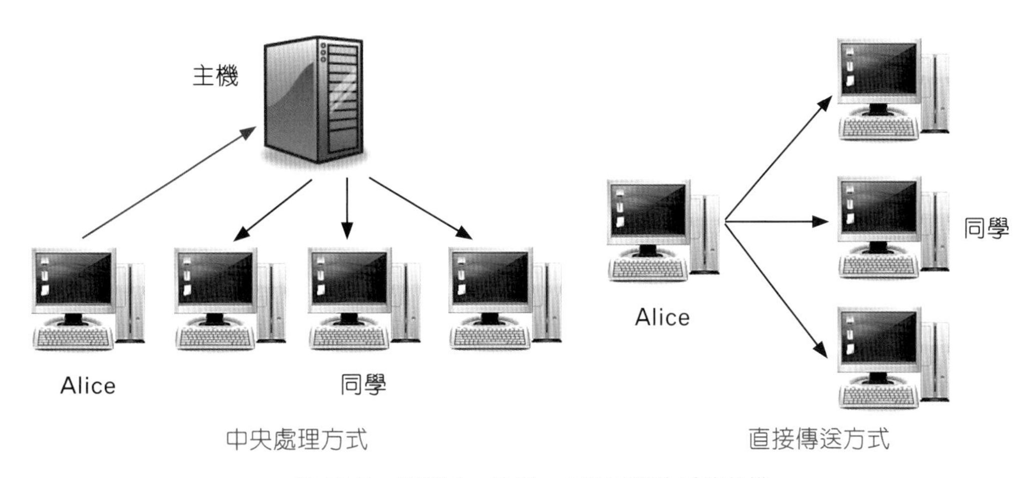


圖 12-7　針對同一功能，兩種可能的系統架構

# 編碼

有了軟體規格文件及系統架構文件之後，RD 們就開始根據這兩份文件設計資料結構、程式架構，進而開始進行編碼的工作。編碼設計的方式有兩種：

## 由上而下

**由上而下方式**（Top-Down Approach）有點像是 Divide and Conquer 的想法，把整個系統想清楚之後，切割成一個個的子系統，然後子系統完工之後再拼湊回來。以 e-learning 為例，由上而下是先定好這個系統要有什麼功能，譬如分割成「上線名單顯示」、「共用白板討論」、「問與答機制」、「共同討論」。然後 RD 工程師先架設骨幹，之後分頭開始完成每一塊的功能，最後再把這些「肉」整合回「骨」之上，就算完工。這樣的進行方式比較適合整個系統架構已經明確了解，不會再有大變動時，較易成功。用在寫小程式時，就像是有些人喜歡先把所有的架構給定好，宣告設計完所有的資料結構，然後也把程式模組化完畢，把所有的函式都宣告好。等到這些骨幹架構都定了之後，再開始完成函式的實作、邏輯流程的設計。

### 由下而上

**由下而上方式**（Bottom-Up Approach）則是先針對每個需求各自開發，開發完畢之後，再把所有的元件整合起來，在開發的時候，無法看見最後的架構。這有點像是我們小時候玩樂高蓋一個家園，我們可能想到什麼就先弄什麼，可能是先把房子周圍的籬笆蓋上，然後開始設計房子的長相，安插了房門窗戶之後，再設計庭院上放的信箱，最後再來設計花園。在蓋的時候，我們可能沒有完整地想過要蓋成什麼樣子，只知道要蓋房子，其他一切隨著興之所至而完成。也有點像是蓋金字塔的時候，我們不可能一開始就拉起骨幹然後再把石頭填上去，而是採用慢慢把石頭從地面堆砌起的方式**向上完成**（bottom-up）。這樣的方式適合應用在當系統的完成風貌還不夠清楚時，或者系統的規格隨著發展需求可能不停改變時，由於我們不能在一開始就清楚架設整個骨幹，因此採用 bottom-up 的方式先針對已知的需求設計好，最後再把所有的元件兜起來。用在寫小程式的例子中，就像寫程式是一開始就直接下筆，需要用到什麼資料結構再回去宣告，每寫完一個小函式就先測試一下，邊設計邏輯的流程邊撰寫需要呼叫的函式，最後走完整個流程，程式大概也就完工了。

## 測試

測試是軟體發展中做到**軟體品質保證**（quality assurance）最重要的一環。雖然程式開發人員在撰寫程式的時候，會進行除錯好讓程式能夠運作。但是，RD 在測試的時候幾乎都是一維的思考，譬如要開啟一個檔案，就先選功能列表，然後按開啟。可是軟體交到使用者手上，使用者的行為模式很難預測，不小心亂按幾個按鈕之後才開啟檔案，是否能夠順利開檔就考驗著 RD 寫出來的程式是否夠可靠；或者當程式使用很久之後是否還能順利運作而不會常常當掉。軟體品質的保證要考慮到正確性、操作複雜度、執行效率、錯誤容忍度、壓力測試（針對系統測試其負荷量，譬如可承受多少人同時上線使用）、安全性等等議題。這些就得交由 QA 如糾察隊一般使用 RD 交予的程式，根據測試文件進行測試。越成熟的軟體公司，QA 與 RD 的比例會越趨近於 1：1，像是微軟就是這樣的例子。然而，發展中的公司，由於必須投入大量的人力資源開發，因此 QA 的數量就會比 RD 還少。測試也可分成以下兩種方式。

### 白箱測試

白箱測試名為「白箱」是指程式碼就像是個箱子，在白箱測試的時候，QA 工程師已經知道整個箱子的內容，也就是清楚程式的流程（圖 12-8），根據程式的流程，每一條路徑都走過一遭，確定功能是否能正常運作。

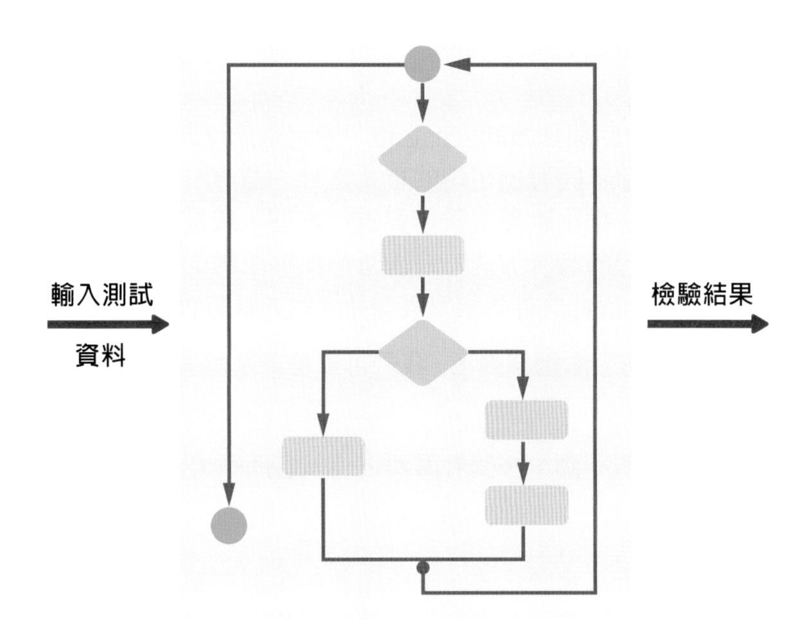


圖 12-8　白箱測試中，QA 根據程式的流程進行測試

## 黑箱測試

而黑箱測試則是指 QA 工程師不理會程式的邏輯流程，把程式碼當成一個黑箱子（圖 12-9），以功能為依歸，猜測程式碼可能會在哪個環節發生錯誤，而抓出漏洞所在。黑箱測試就比較像是一般使用者的行為，使用者不知道 RD 怎麼設計這個程式，只知道有哪些功能可以用，就依照自己的想法使用，可能會成功，也可能會發現程式的漏洞。

圖 12-9　黑箱測試中，QA 把程式當作黑箱，不管內部如何運作，只管是否能正常運作

這兩種測試方式由於使用的方法跟精神不同，因此可以抓出不同的錯誤，所以是互補的方法。測試中如果發現仍有問題，必須將問題記錄下來，呈報給 RD，告訴 RD 哪一個程式碼版本在什麼樣的情況之下會發生怎樣的錯誤。為了使 RD 與 QA 都不做白工，已發現的錯誤必須進行錯誤管理，譬如說是使用 Bugzilla 軟體（https://bugzilla.org）來進行錯誤的發佈、指出錯誤的嚴重性、更正、審核，同時也可以讓 PM 理解目前專案發展的進度。

## 維護

程式碼在 RD 與 QA 中來回翻修檢測校正之後，等到產品穩定下來，就可以交貨或壓片，然而軟體流程並不止於此。除了開發出可用的程式之外，還應該撰寫出使用者手冊、管理者手冊等文件才算完整。並且在推出軟體之後還要進行維護。或是根據使用者的反應作為下一版軟體的變更目標，評估軟體的設計方式，或是幫助採買軟體的客戶維護系統運作。由於程式開發時很可能是人來人往，因此文件的撰寫與保持，對於軟體維護的重要性自是不在話下。

理解了以上所闡述的各個生命週期內涵，我們可以釐清幾個普遍容易對軟體發生的誤解。

**狀況一**

＊ 軟體跟硬體除了一個看不到，一個看得到之外，有什麼大差別嗎？

＊ **說明：**

軟體跟硬體除了成品是否有實體之外，本質上與生命週期都有很大的差別。硬體生產的關卡在生產線上，廠房大小，能夠負荷多少生產線都是關鍵因素；而軟體的生產關鍵則在於開發設計時期，整個軟體的成本也幾乎都耗在開發上面，一旦完成之後，就只剩下壓片製成光碟，其成本比起硬體生產可說是極為低廉。此外，硬體的生命週期也與軟體大不相同。硬體的品質效能失誤率呈現一凹曲線，稱之為**浴盆形曲線**（bathtub curve）（圖 12-10），在初期由於設計及製造上的缺點導致失誤率較高，經由不斷的改良之後，能夠達到穩定的水平狀態而量產上市，然而經過使用者長期使用之後，因為硬體元件耗損折舊，失誤率再度上升，直到完全損壞。

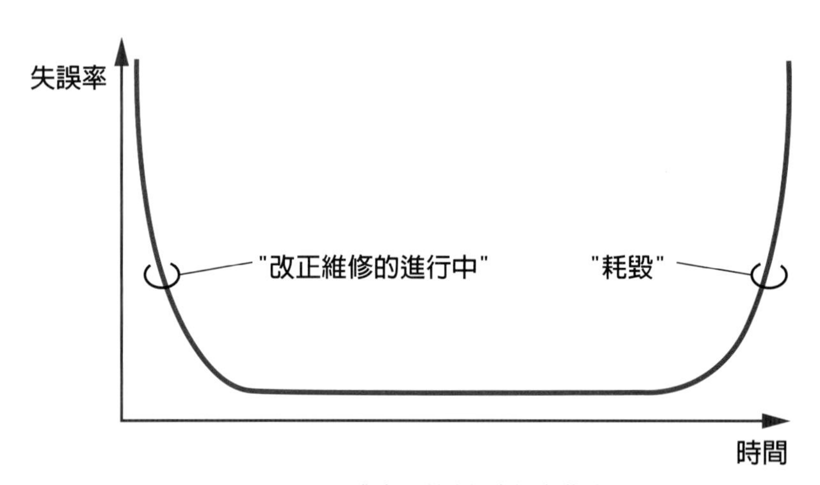


圖 12-10　硬體的品質效能失誤率曲線

然而軟體卻不會折舊，因此軟體的品質效能失誤率曲線可說是大不相同（圖 12-11），程式開發早期時，由於程式中有許多設計不夠完善的地方未被一一揪出，因此很容易使用一下就當掉，隨著不斷的修改程式而使得效能逐趨穩定，最後就壓片販售，同一版本的效能將維持相同的水準，直到軟體作廢為止。不過，上面描述的是理想中的情況。理想與現實總是有一大段差距，現實情況中，軟體會不停地被修改，每一次修改雖可以解決之前版本的一些錯誤，可是也可能因為程式碼的更動而引發更多的錯誤，再經過修改之後才能使效能回穩。然而，軟體會不停地修改，直到最後整個程式碼可能因為經過多人多年的變動，早已失去原本架構設計的模樣，雜亂無章至難以理解的境界，最後變成開發新的版本比維護改進舊有版本的成本更低，於是舊版本就被放棄了（圖 12-12）。

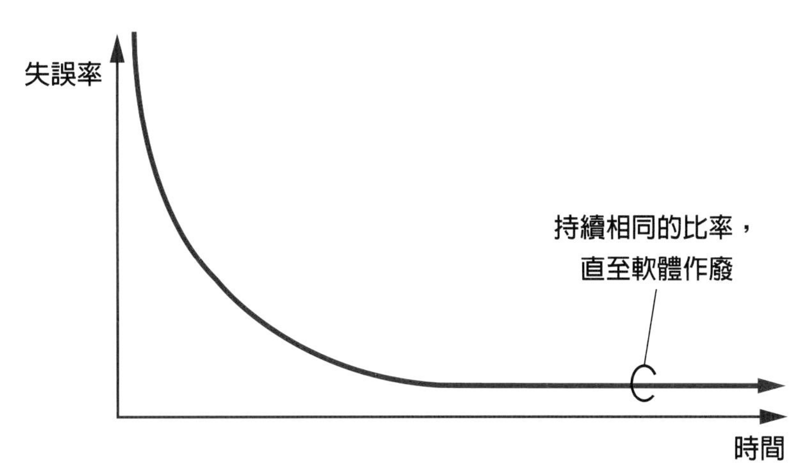


圖 12-11　理想中的軟體品質效能失誤率曲線

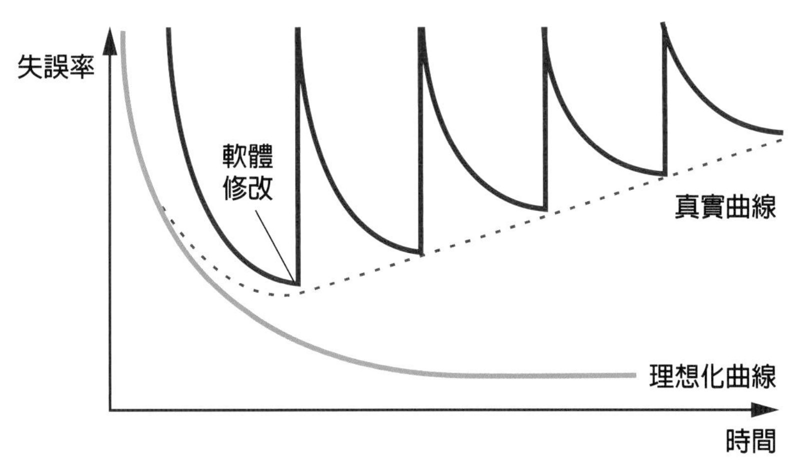


圖 12-12　現實情況的軟體效能失誤率曲線

**狀況二 ▶**

＊ 假如軟體開發時進度落後了，再多加幾個人手不就可以了事嗎？

＊ **說明：**

軟體的開發與硬體開發大不相同。硬體開發時，如果工廠突然有大量訂單需要交貨，多開啟幾個生產線運作，產能就能明顯成長。可是軟體的開發並不像是製造業那樣機械性的程序，甚至有此一說：「對於進度落後的軟體專案，如果再加人手進去參與，只會讓進度更落後。」乍聽之下似乎十分矛盾，其實卻十分合情合理，因為新人加入團隊之後，必須要花時間熟悉整個專案的架構內容、理解目前的情況，於是原本的開發團隊得停滯下來抽出時間與新人重新融合，所以整個進度反而變慢了。

狀況三 ▶

＊ 軟體開發的方式為什麼需要更改或變動呢？難道程式設計會不同嗎？

＊ **說明：**

雖然都是進行軟體開發，可是隨著需求、品質及策略之不同，都應有不同的開發方式。商業軟體競爭是非常激烈的，並且軟體市場的特點是贏者壟斷（Winner Takes All），也就是說通常第一名的佔有 60% 左右的市場，第二、三名共佔有 30%，剩下的 10% 分給其他知名度低的廠商。因此，如何搶得先機非常重要，譬如微軟這幾年來推行 Tablet PC，針對 Tablet PC 發展專屬的作業系統，雖然系統還不算是非常的完善、系統的效能也不算極佳，然而為了搶奪先機，就不能追求完美，得積極地先打出頭陣佔有市場，其他不夠完善的地方再推出二版改善。然而譬如針對桌上型電腦的作業系統，微軟就持保守的態度，最新一代的作業系統每每預計某年就要發表，卻因為種種因素而不斷延遲，微軟在這方面的策略可以較保守的理由自是因為已經擁有絕對優勢的市場佔有率。商業上的策略有積極跟保守操作，因此軟體發展中自是有不同的方式來應變。

狀況四 ▶

＊ 只要能夠展示出一套能運作的軟體，即能稱該專案成功，從此買賣雙方貨銀兩訖。

＊ **說明：**

一個完整而成功的軟體專案，包含著許多企劃、規格、程式碼、測試規格、說明文件、使用者手冊等等（圖 12-13），能夠運作的軟體只是其中的一環而已。

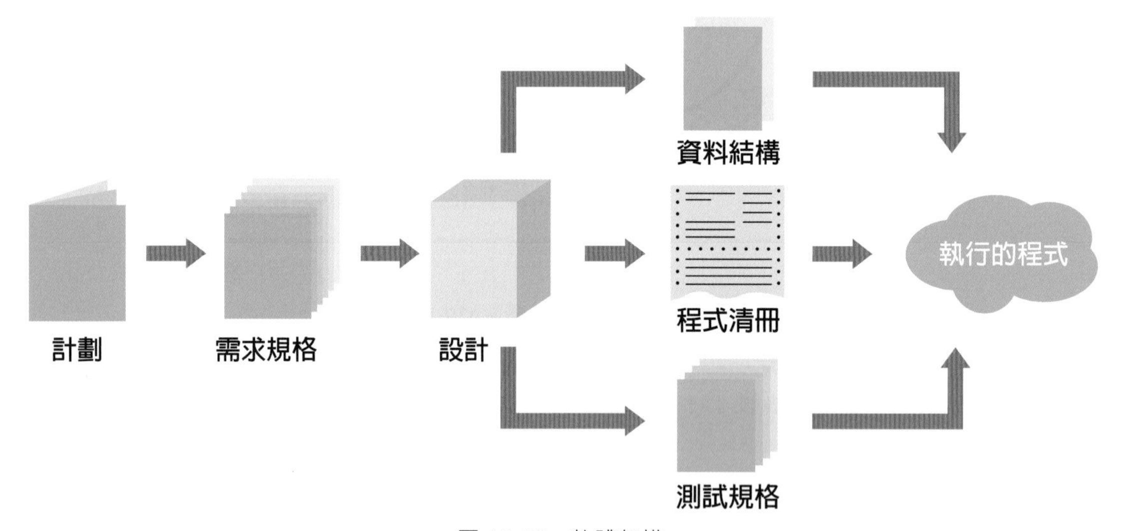


圖 12-13　軟體架構

並且在軟體專案中，軟體的開發固然非常重要，然而實際上線之後能否順利運作，大部分還是取決於維護的好壞。這是很多採買軟體方所忽略的重要環節。筆者曾經參與**數位學習**（e-learning）輔助工具的發展，在與期望採用該系統的校方接洽中發現維護的重要性被嚴重忽略了。買方看到軟體已能展示，能夠順利運作，就認為大功告成了。實際上，能夠**展示**（demo）與能夠使用可能相差十萬八千里。展示的時候，由於是程式開發人員進行展示，因此程式開發人員自己可以避免讓程式當掉，程式開發人員會盡可能小心地讓展示順利；然而真正上線後，使用者的行為是無法預期的，使用者很可能會亂按按鍵、使用者很可能不按牌理出牌，這是第一個要注意的地方。再來是，就算程式已開發成熟，還是不能採用貨銀兩訖的方式，因為系統的運作是需要維護的，不管是效能維護，管理維護或者是安全維護。因此要委外開發的軟體，就要做好心理準備，除了開發的成本之外，仍要付出維護的成本。如果只願意付出開發的成本而不願支付維護成本，很可能發生整個系統無法運作，最後連所付出的開發成本都浪費掉了。

# 12-3 | 軟體品質認證

軟體產業蓬勃發展之後，軟體工作室便如雨後春筍般成立。組成的成員可能是一個功力深厚的工程師帶領剛畢業的學弟妹們，也可能是一群平凡而踏實的工程師，當然也可能是一整群天才型的程式開發人員。寫程式的功力固然重要，然而軟體開發絕對不是把程式開發完就了結，開發出來的產品品質等問題都是很重要的議題。我們首先得確認一下自己對軟體的認知是否正確。50 年代時，人們認為軟體就是程式，直到 70 年代的時候，軟體的定義逐漸被改觀，人們開始認為軟體是由程式及開發它、使用它、維護它所需的一切文件共同組成。這樣的觀點傳達出人們開始重視文件在軟體研發使用中的重要性，並且認為文件本身是軟體的組成份子之一。1983 年時，IEEE 明確地給軟體下了定義：

> 軟體是計算機程式、程序、規則，以及任何相關的文件以及在執行上所必須要用到的資料。
>
> "Software includes computer programs, procedures, rules, and any associated documentation pertaining to the operation of a computer system"
>
> IEEE Standard Dictionary of Electrical and Electronics Terms, Third Edition

我們可以清楚地理解到，軟體並不是寫寫程式能跑能用就了事。完善的軟體開發必須考量到軟體程序、開發時間控管、文件與程式都符合標準等等。為了保障軟體產品的品質，80 年代中期，美國聯邦政府提出對軟體承包商的軟體發展能力進行評估的要求，委託卡內基美濃大學（Carnegie-Mellon University）軟體工程研究所（Software Engineering Institute；SEI）進行研究，在 Mitre 公司的協助之下，於 1987 年發佈了**能力成熟度框架**（capability maturity framework），以及一套**成熟度問卷**（maturity questionnaire）。這兩份文件提供了軟體過程評估及軟體能力評估，在當時提供美國軍方採買軟體時評估提供商的軟體品質。

在 1991 年，SEI 進一步將能力成熟度框架發展為**軟體能力成熟度模型**（software capability maturity model），並且發佈最早期的 CMM 1.0 版本。之後陸續又推出軟體工程、系統工程、及軟體採購等模型，並且於 2000 年底發表 CMMI（Capability Maturity Model Integration），成了目前軟體品質認證的主流。也許各位會好奇，CMMI 與常聽到的 ISO

9000 認證差別在哪裡？基本上來說，CMMI 的精神致力於軟體發展過程的管理及工程能力的提昇與評估，CMMI 可說是針對軟體開發及服務所訂出的標準；而 ISO 9000 的適用範圍則是廣域的。

CMMI 強調軟體發展的成熟度，積極地闡明如何提高效能及改進過程；而 ISO 則是消極地描述可接受的最低標準。CMMI 2.0 版本於 2018 年推出，相關資訊可參見 https://cmmiinstitute.com/cmmi。

軟體品質有了認證的依歸之後，對於軟體公司或是採買軟體方都是一項保障。有了 CMMI，即使是新成立的工作室，也可因為通過認證的檢測而建立起信譽；同樣的，採買方在採購時，也能夠檢視對方是否擁有認證而盡可能保障買方的權益及買到的產品品質。接下來我們就深入了解 CMMI 的分級以及每一等級所規定及檢測的標準。

CMMI 分成五個等級，從第一級（level 1）到第五級。基本上每間軟體公司一開始就是屬於第一級，一級只要提出申請即可列入，不需經過審查，不過不要高興的太早，各位理解到一級是什麼樣的情況之後，就知道列在第一級並不是太光彩的事情。級數越高表示公司越成熟，到了第四級就可以達到量化的管理，而第五級則是可以預防缺失的發生。下面我們就列出各個等級的情況及應該達到的目標。（圖 12-14）

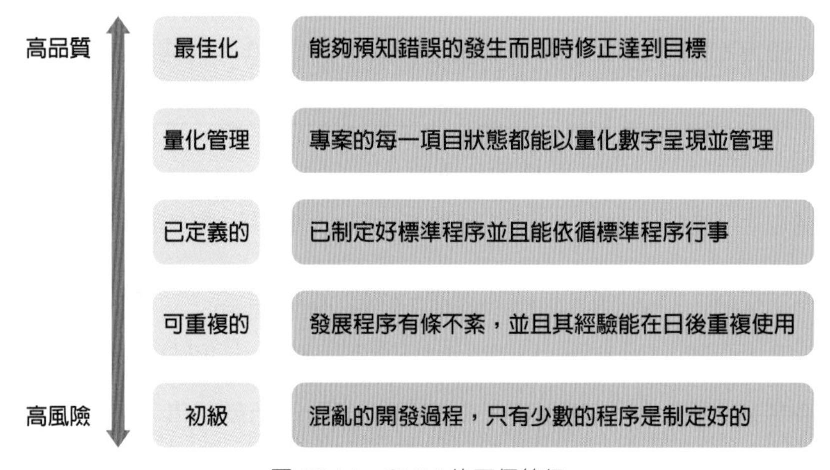


圖 12-14　CMMI 的五個等級

## 第一級：初級（Initial）

* 軟體發展的過程是散亂的，有的時候甚至會陷入混亂（chaotic）的情況。
* 發展過程中只有少數的程序（process）是被定義好而執行的。
* 整個開發的成敗關鍵取決於少數精英的奮鬥及其突出的表現，並非仰賴團隊合作而成。
* 所有的開發經驗對於之後的開發並沒有留下可利用的價值。

## 第二級：可重複的（Repeatable）

* 已經擁有最基本的需求管理，撰寫出專案企劃書，能夠監控專案的發展，並且能夠針對成本、時間、功能進行量化的測量及分析。
* 針對發展的過程及出產的成品，能夠給予品質保證（Quality Assurance；QA）。能夠監控發展過程的需求。
* 所有的程序都能夠事先計劃，再執行，能夠量化測量執行情況，並且一切能在掌控之下。
* 在計劃中的進度檢視日期到來時，能夠看到工作的進度。
* 擁有簽章同意文件，相關主管在審視合格之後必須加以簽章負責。
* 產品能夠符合開發之初所訂下的規格標準及目標。
* 基本的開發原則能夠在日後遇到相似的專案時再度拿出來使用。

## 第三級：已定義的（Defined）

* 軟體發展中所有的程序，包含開發及管理等都已建檔文件化、標準化。
* 所有的程序都有其特殊意義並且確實被眾人了解。
* 能以團隊的方式進行開發，並且能夠進行開發風險管理。
* 組織內有訓練，並且能夠針對做出的決定進行分析及評估。
* 組織能夠發展出自己的一套標準程序，並且隨著時間的演進而修改。
* 所有項目的開發和維護都遵循標準程序而進行。
* 組織的標準程序能夠跨部門的一致執行。
* 所有的專案都必須經由簽章核准之後才能夠進行。

## 第四級：量化管理（Quantitatively Managed）

* 能夠量化管理專案的進行。
* 能夠理解開發程序的好壞，量化測量產品的品質。

## 第五級：最佳化（Optimizing）

* 建立回饋機制，透過將過往開發經驗定量後，檢討並能衍生出創新的方法進行專案開發。
* 能夠明確指出開發過程的缺陷問題發生在哪兒。
* 定期檢討開發過程，並且根據成果檢討修改商業計劃。

CMMI 中，除了第一級之外，每一級都有該級的基本精神及訴求。第二級是把重點放在建立基本的項目管理控制，這些項目包含需求管理、軟體專案企劃、軟體專案的跟蹤和監督、軟體轉包委外管理、軟體品質保證和軟體組態管理。第三級的訴求則是著眼於專案以及組織本身。整個組織必須能夠鋪陳好實行軟體工程的環境，使得軟體的開發及管理有一致性。第四級則強調到達不論是軟體開發或者開發管理等各項目，都能量化來呈現出情況的境界。第五級則是表達出要整個組織及企劃案都能不停地審視產生出創新想法，不斷檢討過往的缺失以避免未來失敗的發生。

推行 CMMI 軟體認證的好處在於提供軟體公司提高管理能力，提供自我評估的方式，提高生產力和品質，並且透過認證的保障，提升軟體公司的國際競爭力。而對於需要委外製作軟體的單位而言，透過 CMMI 則是可以理解軟體公司的開發能力及管理能力，甚至了解該公司是否能夠提供完善的上線維護服務，進而評估委外的風險。

臺灣自認為是資訊王國，然而，精準地說，其實應該是資訊硬體王國，軟體的發展在臺灣還不成氣候。很多公司積極導入 CMMI 認證，並且有些公司確實也因為導入 CMMI 後，得到跨國大廠牌的信任而多接到一些案子。然而，由於 CMMI 認證標準之嚴苛，僅有少數幾家公司能夠得到 CMMI 第二級認證，第三級以上更是少之又少。目前世界上軟體代工最著名的國家是印度及中國。在印度，幾乎每家軟體公司都有得到 CMMI 一級以上的認證，並且由於工資便宜，工程師訓練札實而嚴謹，並且語言溝通上零障礙而廣受歡迎。

然而，不同的國情、不同的公司針對軟體品質的保證，應該採用不同的作法。針對軟體公司，我們可以粗淺地分成兩類型：一類型是自己開發商品，將商品盒裝上架，公司自己負責行銷產品，譬如說是賣作業系統的微軟、賣防毒軟體的趨勢科技。這類型的公司就是將產品掛著自己的品牌名稱去行銷，因此 CMMI 的認證幫助並不大，銷路的好壞是取決於市場的反應，使用者只在意使用的軟體是否實用並且操作方便，開發過程中是否依循軟體工程的規劃對一般使用者而言並不重要。另一類型的公司則是我們上面提到的軟體代工，這類型的公司若能取得 CMMI 的認證則能有顯著的加分效果。譬如說花旗銀行想要開發一套幫助客戶理財的軟體，由於花旗銀行本身並不是開發軟體的高手，所以可能委外開發，這個時候 CMMI 認證就能派上用場，有了認證就能在第一時間打敗沒有認證的公司，很快地就能夠得到大客戶的信任而接到專案。

因此我們可以看到，軟體公司有兩大類型的訴求，行銷自己產品的公司追求的是創意，產品是否熱賣端看是否能夠切中使用者的需求，進而打敗目前市場上已有的軟體，能夠讓使用者心服口服放棄慣用的軟體，或者是安裝新的軟體使用前所未有的服務。而至於幫人代工的軟體公司則著重於能夠與客戶妥善的溝通，完全理解客戶的需求，包括產品特性的需求及工作進度時辰上的需求，開發過程講究要能有條不紊，文件得完整無缺詳細說明，所有的事情都能井然有序地依照計畫時間完成上線，並且在上線之後提供諮詢及維護系統的服務。對於後者這樣的情況，推動 CMMI 是合情合理的，因為兩者所強調的是不謀而合。而前者的狀況則應導入其他不同訴求的軟體認證標準，才能夠發揮最大好處。

我們從最開始理解軟體發展的生命週期，然後理解了 CMMI 軟體認證，看來看去，好像覺得軟體工程並不是什麼高深的學問，讀起來也不會艱澀難懂、談的道理好像都是普通人都具有的常識。的確是這樣沒錯，然而軟體工程之難並不是在學習之上，而是在於實作時如何嚴守軟體工程的規範，如何細心地寫下一本本的文件，如何耐心地維護每一個版本的文件說明。筆者曾聽聞在軟體業界有資深經歷的人士談及軟體工程，下了精闢又簡短的四個字來給予註解：「說到做到」。產業的發展可能是面對客戶的要求改來改去，或者敵對公司突然提前推出商品引爆市場，在十分不確定、隨時都有可能發生變動的情況下，「說到做到」便是軟體工程實務中最難的地方了。

# 12-4 | UML

在本章的最後，我們介紹以物件導向的方式，進行軟體的分析和設計。在前節中，我們提到軟體開發生命週期，基本上包含了數個階段：需求分析、設計、編碼、測試、維護。而其中最具代表性的開發流程，就是 1970 年代末期提出的瀑布式模型。該模型提出的進行流程是線性的，也就是從需求分析開始依序進行每一階段，為了能夠順利的從前階段進入到後階段，需要大量的文件加以輔助和說明。

瀑布式模型是傳統**結構化**（structured）設計的代表，它提供了詳細的準則，供程式設計師進行軟體的發展。但是經過了數十年，結構化設計也開始顯露出它的不足。其中最大的缺點，就是無法替軟體維護所需要的龐大花費帶來有效的解決方案。就如圖 12-15 所示，在整個軟體開發週期中，其實維護所需要的花費常常佔到整體的六、七成左右。這是因為當一個軟體具有繼續使用的價值時，會不斷投入人力和經費去進行軟體的維護，或是修正之前沒發現的小錯誤，或是因應時空的改變導致對軟體功能需求的改變。結果，維護的費用會比起一開始開發設計的費用更高出許多。而隨著軟體越來越複雜和龐大，這種情況也越來越嚴重。

有鑑於此，物件的觀念在 1980 年代末期開始受到重視，而比較成熟的物件導向模式則在 1990 年代被提出。物件的好處，在於提供良好的模組化觀念，把相關資料的處理程序都定義在一起（也就是直接定義在物件上）。如此一來，若是日後要維護的時候，我們可以很輕易的找出要修改的地方，而不會淹沒在龐大的程式碼中。另外，我們修改的地方，也會被侷限在局部的程式碼中，比較不會發生因為修改舊的錯誤，而產生新錯誤的問題。

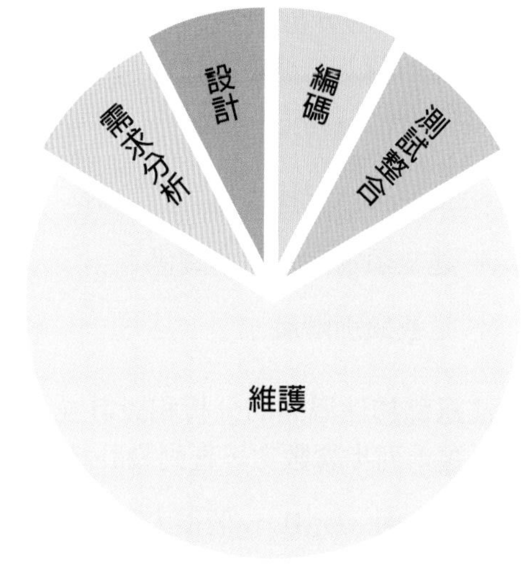


圖 12-15 軟體生命週期中各階段花費的相對比例

在 1990 年代初期，比較受歡迎的物件導向設計方法，有 OMT（Object Modeling Technique）和 Booch's technique 這兩種。經過多年之後，這兩種方法終於被統合，連同一些新的改進方法，於 1997 年正式推出 UML（Unified Modeling Language）1.0 版。自從 UML 推出之後，受到廣大的重視，很多軟體公司都開始採用 UML 來協助進行物件導向的設計，市面上也可以看到相當多專門的書籍。在此我們僅做簡單介紹，讓讀者有個初步的瞭解。

首先，所謂的**物件導向**（object-oriented），就是以**物件**（object）為中心。物件的觀念，在第 9-1 節介紹 C++ 的時候曾經大致說明過，我們在這節稍微補充物件的其他性質。基本上，一個物件有下列特性：

* **屬性（attribute）**：定義物件的資料部分，或稱為物件的資料成員（data member）。
* **方法（method）**：定義物件的行為部分，或稱為物件的函數成員（function member）。
* **封裝（encapsulation）**：將物件行為和資料一起直接定義在物件上。

所謂的「類別」，可看作是物件的集合，所以有時我們也稱物件為類別的**實例**（instance）。譬如，我們可以定義「學生」為類別，而學號「B9201」的王雅蕙同學就是其中的一個物件，或稱實例。

當我們為一個應用程式分析資料時，往往會定義出很多類別，為了更進一步表示類別之間的關係，我們可以定義**類別階層**（class hierarchy）。在類別階層中，比較大的集合稱作**上類別**（super class），而它的部分集合稱作**下類別**（sub class）。譬如說，如果我們以「學生」類別代表整個學校的學生，若我們在其中希望針對資訊工程系的學生特別記錄相關資料，我們可以再定義一個「資工系學生」類別。由於資工系學生具有學生的所有特性，在類別階層中，我們就可以表示學生類別為「上類別」，資工系學生為「下類別」，而「資工系學生類別」裡的物件，直接具有「學生類別」定義的所有屬性和方法，這種性質稱作**繼承**（inheritance）。

**物件導向的分析**（Object-Oriented Analysis；OOA）和**物件導向的設計**（Object-Oriented Design；OOD），基本上包含下列步驟：

* 定義使用情況
* 從使用情況找出可能的類別
* 建立類別間的基本關係
* 定義類別階層
* 找出每個類別的屬性
* 列出和屬性有關的方法
* 指出類別或物件如何相關
* 建立行為模式

注意到物件導向的分析和設計並不是如瀑布式模式的線性過程，而是在必要的時候，會遞迴重複上列步驟數次，直到設計結果滿意為止。

另一方面，UML 一個很大特色，就是提供了很多圖形化的工具，以下列舉幾個作為代表：

* **類別圖（class diagram）**：描述系統中有哪些類別，及類別內的資料和方法。
* **使用情況圖（use case diagram）**：顯示使用者和系統之間的互動，特別是使用者執行系統時會進行的過程。
* **活動圖（activity diagram）**：描述系統內各個元件間工作執行的流程。
* **實作圖（implementation diagram）**：顯示系統架構內所設計的軟體元件和硬體元件，以及元件之間的互動。

以下我們以圖書館系統，來簡單的說明利用 UML 進行物件導向分析和設計的過程。

一開始，在描述使用情況時，我們可以利用圖形來表示。在圖 12-16 中，我們描繪圖書館的「已註冊讀者」這種**角色**（role）的使用者，和圖書館系統之間可能進行的互動，也就是他可能執行的系統功能，包含了「修改密碼」、「館藏資料查詢」、「借閱紀錄查詢」、「預約書籍」、「借閱書籍」等這幾類。另外，UML 也提供了所謂的**情節描述**（scenario）功能，也就是將一種可能使用系統的情形，從頭到尾一步步的用文字描述出來，類似寫電影的劇本一般。

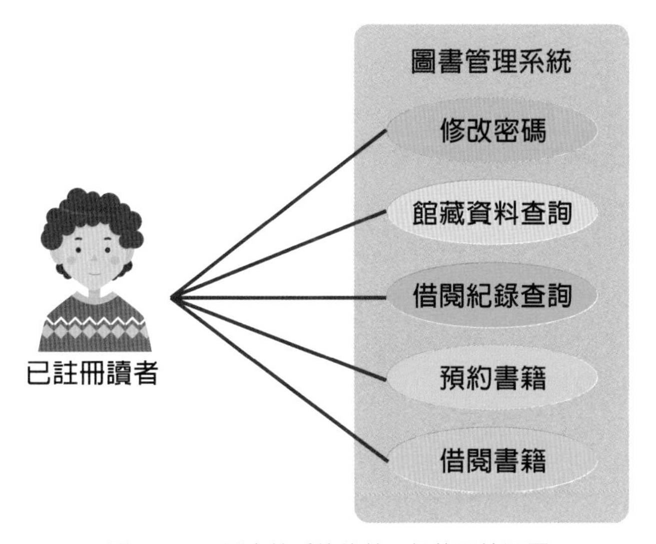

圖 12-16 圖書館系統的某一個使用情況圖

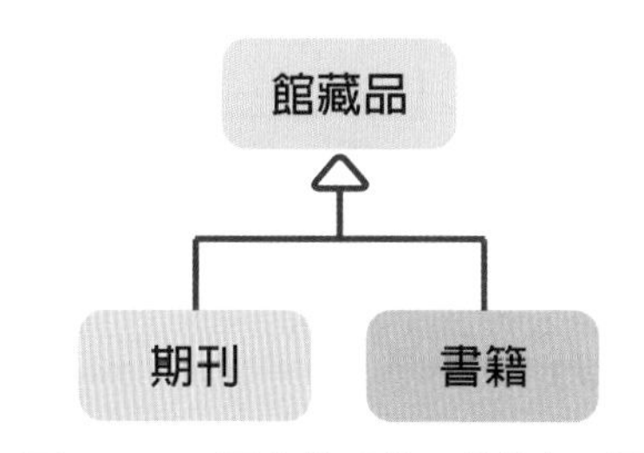

圖 12-17 圖書館系統可能的類別圖

若是將各類使用情況都詳細的列舉出來後，我們可以從這些文字敘述和圖形找出可能的類別。尋找的原則是：這些類別必須能夠將與系統有關的所有資訊都表達出來。譬如說，我們可以定義「館藏品」這個類別，來表示圖書館中所有收藏的紙本或印刷品；另外定義「書籍」，來表示一般可流通供讀者借閱的書本；而「期刊」則為定期出刊，限制在館內閱讀的印刷品。等到找出一些候選的類別後，我們再定義他們的屬性、方法，並歸納出類別階層等。在圖 12-17 的**類別圖**（class diagram）中，表示了系統中的三個類別及其構成的階層圖，在此，我們只標示了類別的名稱，還沒有定義其屬性和方法。不過，透過一個三角形的符號，我們將「館藏品」定為「上類別」，然後「書籍」和「期刊」為其兩種下類別。除了表示階層之外，也可以在類別圖中表示類別之間的關係，像是一個「已註冊讀者」可以借閱 10 本「書籍」這樣的數量關係。

以上偏重資料的分析，接下來則是探討系統運作的機制。在圖 12-18 中，我們描繪系統管理員在執行「新增使用者」這項功能時的「活動圖」。根據該圖，我們可以看到，當使用者輸入其資料後，系統會先檢查他的 ID，如果 ID 存在，則告知重複的訊息，並且不執行新增的動作；如果 ID 不存在，系統會判斷資料的完整性，再決定是執行新增的動作，或是再度回到「輸入使用者資料」的狀態。

除了活動圖之外，另一種很常見的是**狀態圖**（state diagram）。它和活動圖的差別，在於針對某一類別，描繪它可能的行為和被使用的情況，所產生的狀態改變。

透過這些行為和動態的分析，我們會再遞迴回去修改類別圖，將每個類別適當的**方法**（method）定義好，以確定這些功能會被適當的類別**實踐**（implement）出來。經過來來回回的分析，才會完成最後系統的物件設計。

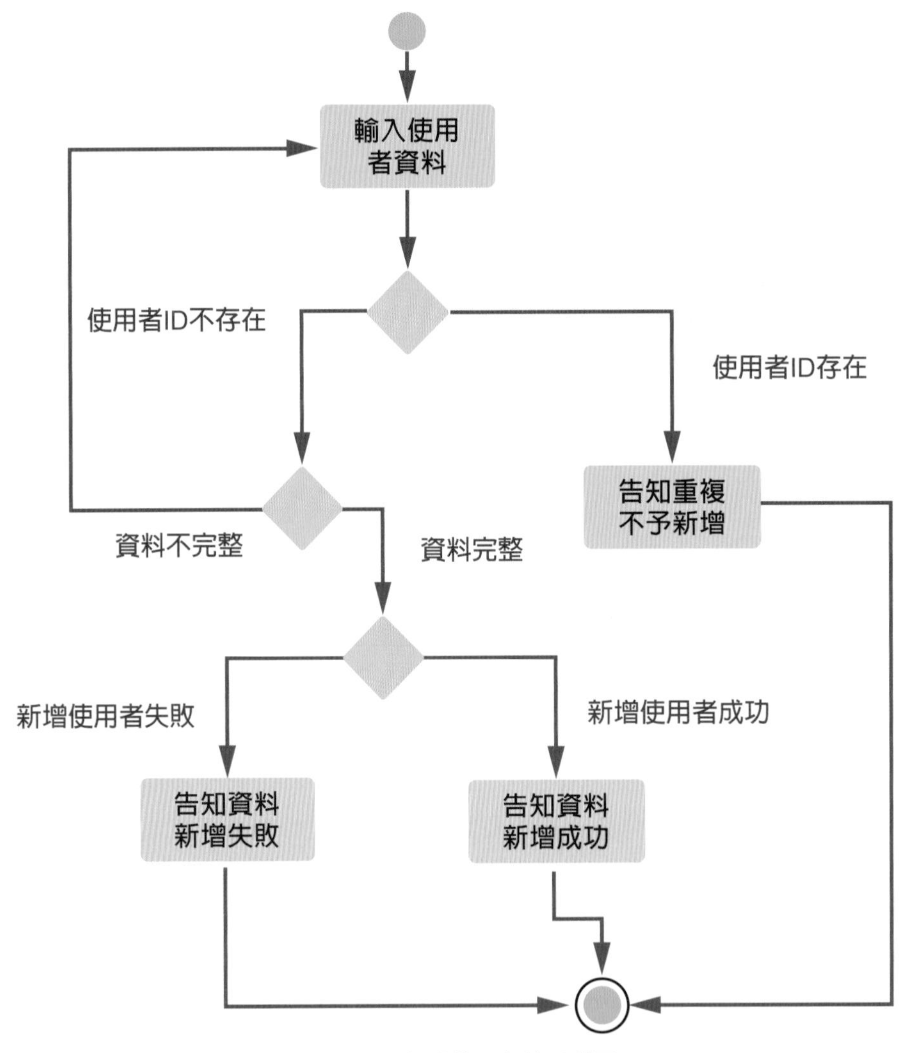


圖 12-18　新增使用者的活動圖

# 13 資料庫

0 1 0 0 0 0 0 1 1 0 1 1 0 1 0 0 0 1 1 0 0 0 0 0 0 0 0 0 0 0 0 0

在這個資訊爆炸的時代，正確且有效的資料管理已經受到大家的重視，所以資料庫的應用也是無所不在。首先，我們介紹資料庫系統的架構和基本功能；接著，我們說明關聯式資料模式的理論和查詢語言 SQL；最後，由於全球資訊網的盛行，我們也會稍微提一下目前有廣泛應用的 XML，以便讓讀者瞭解一種新型態的資料庫模式。

# 13-1 | 資料庫管理系統簡介

資料管理已經是目前各個企業和機構最重要的課題之一。舉例來說，銀行必須記錄每個客戶的存款金額及提款紀錄；航空公司必須管理每架班機的飛行時刻表與乘客訂位紀錄；學校則必須記錄學生的學籍資料和選課成績等。由於資料量龐大，透過電話傳真等人工書面處理，不僅耗時費力，更容易發生人為疏失。所以，將資料數位化並輔以電腦處理，已經是時勢所趨。

建立數位化的資料處理系統，雖然可利用一般程式語言提供的檔案管理功能，但是當資料量與日俱增之後，就會面臨到下列問題。

## 資料的重複與不一致

以學校來說，教務處需要記錄學生的地址以寄發成績單，學務處也需要記錄學生的地址，以寄發兵役通知或其他需要通知監護人的訊息。若是兩個單位各自開發自己的應用系統，也各自建立檔案維護學生地址資料，則該資料在學校裡被重複儲存。當學生搬家時，就有可能只改了一個單位的資料，而忘了或不知道也需要到另一個單位改資料，造成學校內有兩份不一樣的地址資料，難以判斷何者為真。

## 資料難以存取

隨著資訊科技的進步，應用系統常會使用不同的程式語言來開發。早期常用的是 COBOL，後來則是 C 語言，但是近年來 JAVA 語言也很受到歡迎（請參考第 9 章的介紹）。這些程式語言不僅語法不同，檔案的格式與建立方式也不同。假設學校 10 年前開發了一套人事系統，現在希望利用原來的架構，繼續開發新的薪資計算系統，但卻可能發現不知如何使用新的程式語言去讀取舊的檔案格式資料，而造成開發上的困難。

## 資料的限制難以修改

一般程式語言所提供的檔案功能，都只允許程式設計師描述檔案內每筆**紀錄**（record）由哪些資料格式所組成，及資料大小。假設課務組在輸入老師的授課時數時，想限定至少要輸入 9 小時，否則顯示錯誤或不允許輸入，則此功能必須寫死在程式碼裡。若 5 年後，老師的授課時數下限由 9 小時改成 6 小時，則程式設計師必須從眾多程式碼中，找出對應的限制式，把「9」改成「6」，這是一件很辛苦的工作。要是當時使用的程式語言已經過時，則帶來的問題更大。

這些問題的產生，是因為一般程式語言是所謂的「功能」導向，重點在於寫出正確且結構化的「程式碼」，達到使用者所希望的功能，但是卻缺乏對整個系統所使用「資料」的分析工具。

另一方面，當資料日漸複雜，使用者越來越多，在系統方面也會面臨到很多問題。以下我們提出一些常見的問題，並討論資料庫系統的作法。

## 資料異動（transaction）的一致性

當我們利用 ATM 做跨行轉帳時，雖然就使用者看來，是一個簡單的動作，但是影響到的卻是來自兩個銀行的兩個帳戶。假設我們從 A 銀行的帳戶轉帳 1 萬元到 B 銀行的帳戶，裡面其實包含兩個動作：(1) 從 A 銀行的帳戶扣款 1 萬元；(2) 將 B 銀行的帳戶增加 1 萬元。若做完第一個扣款動作之後，系統因為停電或其他原因突然故障，而沒有繼續執行第 2 個動作，等到系統恢復正常執行後，若不對這兩個帳戶給予特別的處理，則使用者一定會加以抗議，因為他的總錢數變少了，也就是資料庫的「一致性」不再存在。一般資料庫系統的作法會**復原**（recover）第 1 個動作的結果，也就是把 1 萬元再還給 A 銀行的帳戶。

## 併行存取資料的錯誤

大型資料庫通常會有很多使用者同時存取，如同航空公司的訂位系統，一般可透過很多個旅行社進行交易。假設甲先生從臺北的旅行社，要求在 1 月 1 日臺北到舊金山的航次訂位；而乙小姐透過高雄的旅行社，要求在同一航班上訂位。如果兩人訂位時，第 10 排座位 A 是空位，若是不加以控管，則可能兩人會正好都訂到該位置。一般資料庫系統的作法，是利用**鎖定**（lock）的機制，允許大家可以同時讀取資料，但是碰到寫入的動作時，同一時間則允許只有一個人進行。

## 安全控管的困難

資料庫系統裡常常整合來自不同單位的資料，譬如學校的系統可能整合人事薪資資料，以及學生的成績資料。在目前資訊安全很重要的時代，我們希望限定各個單位的人，只看到其負責的部分，譬如限定人事室的職員只看到人事資料，會計室只看到薪資資料，教務處只看到成績資料。這方面的控管若是都利用程式碼來限制，既困難又不容易修改。但是在目前的資料庫系統，都可直接指定每個使用者或每個群組所能看到的資料，在使用權限的設定和修改方面都相當方便。

基於以上的討論，專門的資料庫軟體應運而生。一般資料庫管理系統的架構大致如圖 13-1 所示，其中包含的幾個成分分述如下。

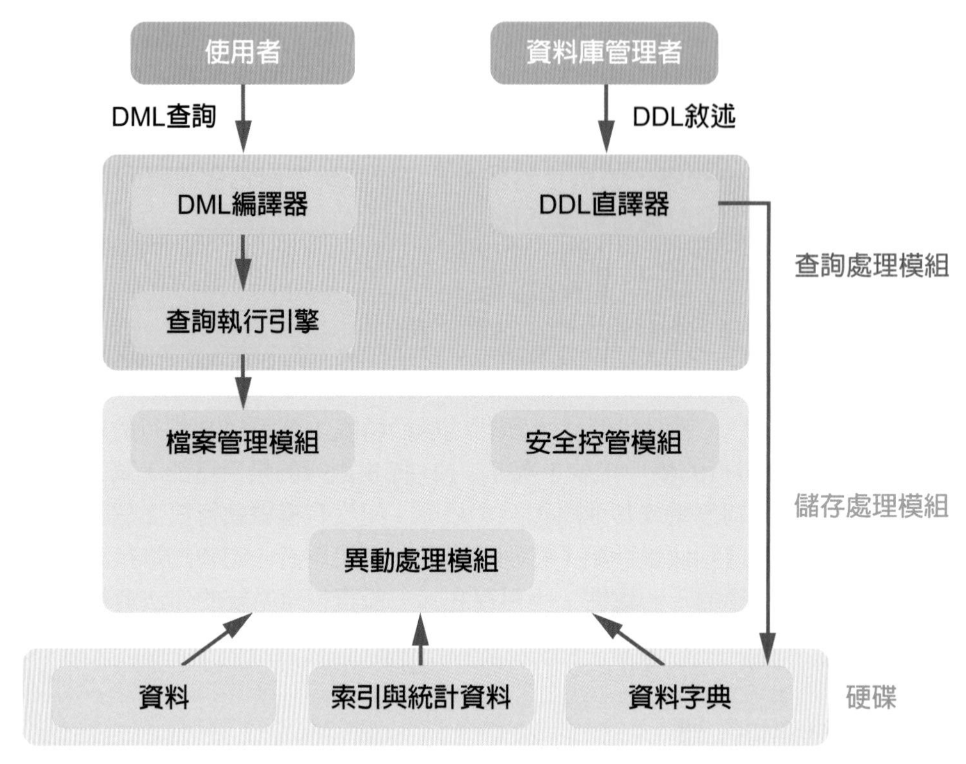


圖 13-1　資料庫系統架構

## 查詢處理模組

所謂的「查詢語言」，可看作是使用者和資料庫系統之間的溝通橋樑，其中又可細分為**資料定義語言**（Data Definition Language；DDL），和**資料處理語言**（Data Manipulation Language；DML）。目前通用的查詢語言為 SQL（Structured Query Language），在第 13-2 節會詳細說明。**查詢處理模組**（query processor）的功用，主要是接受使用者下達的查詢句，利用「編譯器」將其解析之後，透過「查詢執行引擎」選擇最有效率的執行方式，再交給「儲存處理模組」將資料取出。

## 儲存處理模組

由於資料庫的資料是以檔案的方式存放在硬碟中，所以**儲存處理模組**（storage manager）會先呼叫「檔案管理模組」，找出資料存放的檔案；同時，在執行的過程中「安全控管模組」會檢查使用者的權限，避免惡意的資料破壞；而「異動處理模組」會確定整個資料庫內容的一致性和正確性。

另外在圖 13-1 中，我們除了標示出一般的使用者外，還特別標示出**資料庫管理者**（DataBase Administrator；DBA）。在圖中，我們可以看到一般使用者是下達 DML 查詢句，以便對資料做查詢等處理；而資料庫管理者，則是下達 DDL 敘述句，來定義資料庫內建立的資料型態和關係。之所以需要特別的資料庫管理者，是因為資料庫系統相當龐大，所以需要具有專門技術且瞭解整個系統的人，來負責管理。大體來說，資料庫管理者的職責至少包含了下列幾項：

1. 決定哪些資料包含在資料庫內，且設定資料彼此之間的關聯。
2. 設計資料存放在硬碟裡面的架構。
3. 建立使用者帳號。
4. 執行安全的控管。
5. 週期性的資料維護，譬如：將資料備份、確定硬碟空間是否足夠、監控系統的效能並做適當的調整。

通常每個資料庫軟體公司都會提供訓練資料庫管理者的課程，考試通過者並頒發認證資格證書，以確定其有足夠的專門知識來管理整個軟體系統。

## IT 專家 Edgar F. Codd

在資訊領域的發展過程中，有很多傑出的科學家，提出重要的理論和發現，對資訊科學或工程的發展產生了莫大的影響。而在這其中，Edgar F. Codd 可說是相當特殊的一位，因為不僅他的學術成就受到肯定，使得他獲頒 ACM Turing Award；另一方面，他提出的關聯式資料模式，更造成了極大的商業利益。雖然 Codd 已於 2003 年過世，但是直到現在仍有深遠的影響。

Edgar F. Codd

Codd 於 1923 年出生於英國，在牛津大學取得數學和化學學位。25 歲時到美國，於 IBM 從事程式設計的工作。中間曾經搬到加拿大，之後又回到美國，到了 1965 年在密西根大學取得博士學位。畢業後 Codd 加入 IBM 在矽谷的實驗室，他發現當時的資料庫管理系統，大量仰賴指標將資料串接起來，毫無理論和章法，所以他就基於數學邏輯的理論基礎，於 1970 年創造了關聯式模式。但是，由於當時 IBM 內部絕大部分還是支持傳統的資料模式，直到數年後公司才開始重視 Codd 的想法，而於 1981 年設計出相關的查詢語言 SQL，並於 1983 年實作出關聯式資料庫系統 DB2。至於 Larry Ellison 創辦的 Oracle 公司，則是依據關聯式模式建造出第一個商業用的資料庫軟體系統，而成為一個相當成功且賺錢的公司。

Codd 一輩子喜愛數學，思慮也比常人更加深入。據他的太太兼工作伙伴 Sharon Weinberg 提到，Codd 常常工作的時候，盯著螢幕一動也不動的思考，她都不禁擔心的提醒他別忘了呼吸，因為 Codd 工作起來就忘了一切。另一方面，在現實生活中的 Codd 也充滿了想像力，他在自家後院裡建造出複雜的迷宮，好讓他的小孩子使用學步車。

# 13-2 ｜ 關聯式資料模式和查詢語言

為了將真實世界的資料以資料庫軟體表示，我們需要適當的資料表示工具，稱作**資料模式**（data model）。最早被提出來的為**網路模式**（network data model）和**階層模式**（hierarchical data model），但是最具影響力的卻是 1970 年由 Codd 提出的**關聯式模式**（relational data model）。目前市面上大多數商用的資料庫軟體都是建構於關聯式模式之上，所以我們將在本節中仔細地介紹它。

關聯式資料庫主要是由很多**關聯**（relation）所組成，一個關聯就如同一個表格，由「列」和「欄」所構成，在本章中我們會將「關聯」和「表格」這兩個用詞視為相同。一個學生（student）關聯如表 13-1 所示，其中第一列代表了這個關聯所要表示的資料特性，稱作屬性（attribute），而每一個屬性各自對應到一欄。在此關聯中，每個學生我們希望記錄他的系別、年級、學號、姓名、地址、監護人、成績排名等屬性。其餘的每一列則代表了這個關聯集合裡的某一筆資料，稱作資料列（tuple），我們在每一列的前面加註編號以方便日後的說明。

表 13-1　學生（student）關聯

| | 系別 | 年級 | 學號 | 姓名 | 地址 | 監護人 | 排名 |
|---|---|---|---|---|---|---|---|
| 1 | 資工系 | 4 | B9901 | 王雅蕙 | 臺北市 | 王爸爸 | 1 |
| 2 | 資工系 | 4 | B9902 | 劉維新 | 臺中市 | 劉大新 | 11 |
| 3 | 資工系 | 4 | B9903 | 張自強 | 高雄市 | 張善良 | 21 |
| 4 | 電機系 | 4 | B9904 | 施小龍 | 臺北市 | 施大龍 | 7 |
| 5 | 電機系 | 4 | B9905 | 林正當 | 臺中市 | 林正正 | 2 |
| 6 | 電機系 | 4 | B9906 | 鄭順利 | 高雄市 | 鄭大順 | 15 |
| 7 | 資工系 | 4 | B9907 | 林紹興 | 臺北市 | 林爸爸 | 13 |
| 8 | 資工系 | 4 | B9908 | 洪志堅 | 臺北市 | 洪媽媽 | 6 |
| 9 | 資工系 | 4 | B9909 | 陳柏豪 | 臺北市 | 陳阿姨 | 30 |
| 10 | 資工系 | 4 | B9910 | 張建設 | 高雄市 | 張成功 | 4 |

舉例來說，編號 1 的那一列，表示了某個特定學生，其系別為「資工系」、年級為「4」、學號為「B9901」、姓名為「王雅蕙」、地址為「台北市」、監護人為「王爸爸」、排名為「1」等等；至於編號 2 的那一列，則表示了另一個姓名為「劉維新」的學生的相關資料。

將資料建立好之後，我們必須透過特殊的語言將資料查詢出來，此類語言稱作**查詢語言**（query language），而標準的關聯式查詢語言稱作 SQL（Structured Query Language），以下簡介其語法。

一個 SQL 查詢句主要是由三個部分所構成，分別稱作 SELECT 子句、FROM 子句和 WHERE 子句。其中，SELECT 子句列舉欲顯示給使用者的屬性、所參考到的關聯表示在 FROM 子句、而資料列的選擇條件則寫在 WHERE 子句。換句話說，我們根據 FROM 子句，找出會使用到的關聯；再根據 WHERE 子句的條件式，挑出該關聯裡符合限制的資料列；最後依據 SELECT 子句，將這些資料列的特定屬性輸出給使用者。

以表 13-1 的學生關聯為例，假設我們要輸出學號「B9901」同學的地址與監護人，則所對應的 SQL 查詢句如下所示：

```
查詢句 1
SELECT 地址, 監護人
FROM student
WHERE 學號 = 'B9901'
```

在查詢句 1 當中，我們將要使用到的關聯表格 student 列在 FROM 子句；至於 WHERE 子句的限制式，則是為了限定學號，所以根據表格 13-1，編號 1 的資料列會被挑選出來；接著根據 SELECT 子句，我們將該筆資料列在「地址」和「監護人」屬性欄位的值輸出，所得則為表 13-2。

表 13-2 查詢句 1 的輸出

| 地址 | 監護人 |
| --- | --- |
| 臺北市 | 王爸爸 |

SQL 語言允許很多種類的條件式表示在 WHERE 子句裡，其中可利用不同的**算數運算子**（arithmetic operator），如「>」、「<」等；或使用**邏輯運算子**（logical operator），如「and」、「or」、「not」等。下面這個查詢句是選出所有在系上排名前 10 名的同學學號和姓名，這裡我們使用「<」這個算數運算子：

```
查詢句 2
SELECT 學號, 姓名
FROM student
WHERE 排名 <=10
```

由於很多筆資料列在「排名」欄位的值小於 10，所以符合條件的共有 5 筆，也就是表 13-1 中的第 1、4、5、8、10 筆資料列。從這些資料列中選出「學號」和「姓名」欄位，則所得的結果如表 13-3 所示。

表 13-3　查詢句 2 的輸出

| 學號 | 姓名 |
|---|---|
| B9901 | 王雅蕙 |
| B9904 | 施小龍 |
| B9905 | 林正當 |
| B9908 | 洪志堅 |
| B9910 | 張建設 |

若是使用者只希望針對「資工系」的學生查出排名前 10 名的同學，則所對應的 SQL 查詢句在 WHERE 子句裡，必須利用「and」連接詞，來要求兩個限制條件都成立，所對應的 SQL 查詢句如下：

```
查詢句 3
SELECT 學號 , 姓名
FROM student
WHERE 排名 <=10 and 系別 =  '資工系'
```

此查詢句的輸出結果則會只包含 3 筆資料列，分別對應到學號「B9901」、「B9908」、「B9910」的同學。

以上討論的情況是只有針對一個關聯，但是資料庫系統裡通常會建立很多不同的表格，管理不同類型的資料。表 13-4 中的成績（enroll）關聯，是記錄學生修課的成績。

表 13-4　成績（enroll）關聯

| | 學號 | 課程 | 作業 | 期中考 | 期末考 | 總成績 |
|---|---|---|---|---|---|---|
| 1 | B9901 | 資料庫 | 65 | 90 | 73 | 80 |
| 2 | B9901 | 程式語言 | 0 | 33 | 49 | 40 |
| 3 | B9902 | 程式語言 | 84 | 48 | 36 | 70 |
| 4 | B9904 | 資料庫 | 71 | 51 | 38 | 60 |
| 5 | B9904 | 程式語言 | 53 | 68 | 78 | 71 |
| 6 | B9905 | 作業系統 | 59 | 41 | 79 | 65 |

在成績關聯裡，每位同學是以其學號作代表，如果想要以姓名為基準，知道每個同學修習了哪幾門課，就必須同時參考到學生（student）關聯和成績（enroll）關聯。一個常見的錯誤，是直接把兩個關聯寫在 FROM 子句裡，而不加以限制，也就是如同下面這個查詢句；這裡我們在 SELECT 子句裡使用「*」這個符號，是希望輸出這些資料列的所有屬性：

```
SELECT *
FROM student, enroll
```

這個查詢句所產生的輸出，是學生關聯的 10 筆資料列，和成績關聯裡的 6 筆資料列所有可能的組合，也就是會產生出 60（10×6）筆資料列。在表 13-5 中我們只列舉了 60 筆中的 12 筆作為範例，其中有些省略掉的欄位以「...」表示。在這裡我們可以觀察到許多不合理或無意義的資料列，譬如說，前 6 筆資料列都代表了「王雅蕙」同學，但是在第 3 筆到第 6 筆資料列中，卻發現該同學在「student. 學號」的欄位值，和「enroll. 學號」的欄位值，並不相同，也就是一個同學出現兩個不同的學號。同樣的情況，針對「劉維新」同學，也可在第 7、8、10、11、12 筆資料列觀察到。

表 13-5　學生表格和成績表格直接組合的部分結果

| | ... | student. 學號 | 姓名 | enroll. 學號 | 課程 | ... |
|---|---|---|---|---|---|---|
| 1 | ... | B9901 | 王雅蕙 | B9901 | 資料庫 | ... |
| 2 | ... | B9901 | 王雅蕙 | B9901 | 程式語言 | ... |
| 3 | ... | B9901 | 王雅蕙 | B9902 | 程式語言 | ... |
| 4 | ... | B9901 | 王雅蕙 | B9904 | 資料庫 | ... |
| 5 | ... | B9901 | 王雅蕙 | B9904 | 程式語言 | ... |
| 6 | ... | B9901 | 王雅蕙 | B9905 | 作業系統 | ... |
| 7 | ... | B9902 | 劉維新 | B9901 | 資料庫 | ... |
| 8 | ... | B9902 | 劉維新 | B9901 | 程式語言 | ... |
| 9 | ... | B9902 | 劉維新 | B9902 | 程式語言 | ... |
| 10 | ... | B9902 | 劉維新 | B9904 | 資料庫 | ... |
| 11 | ... | B9902 | 劉維新 | B9904 | 程式語言 | ... |
| 12 | ... | B9902 | 劉維新 | B9905 | 作業系統 | ... |

所以正確的 SQL 寫法，是將這兩個表格，以適當的屬性串連起來，我們稱作兩個表格的**連結**（join）。以此例而言，學生關聯裡記錄了每個學生的基本資料，包含了「學號」等；而成績關聯裡，每個選課紀錄裡，也是以「學號」來代表修課的學生，所以我們可以使用兩個表格共同的「學號」屬性，作為連結的基礎。兩個表格的連結是以 WHERE 子句裡的一個「相等」限制式來表示，如同下面所列的 SQL 查詢句：

```
查詢句 4
SELECT 姓名 , student.學號 , 課程
FROM student, enroll
WHERE student.學號 = enroll.學號
```

在此查詢句中，針對連結後的結果，我們只需要「姓名」、「學號」和「課程」三個屬性，則所輸出的資料如表 13-6 所示。

表 13-6　查詢句 4 的輸出

| 姓名 | student. 學號 | 課程 |
|---|---|---|
| 王雅蕙 | B9901 | 資料庫 |
| 王雅蕙 | B9901 | 程式語言 |
| 劉維新 | B9902 | 程式語言 |
| 施小龍 | B9904 | 資料庫 |
| 施小龍 | B9904 | 程式語言 |
| 林正當 | B9905 | 作業系統 |

值得注意的是：將兩個表格連結之後，所產生的資料列可能比原先表格的資料列多，也可能比原先表格的資料列少。以學生表格為例，每位同學只以一筆資料列表示，但是連結後，有的同學，如「王雅蕙」，會產生出兩筆資料列；而另一方面，學號「B9903」的「王自強」同學，由於在成績表格中沒有任何紀錄，所以在表 13-6 中並沒有對應的資料列。但是以成績關聯為例，連接之後的資料列個數會正好和原先的資料列個數相同，這是因為成績關聯的每一筆資料列利用學號值到學生關聯尋找對應的資料列時，會正好找到一個學生資料列來組合。

以下我們再探討一個常見的 SQL 寫法，也就是先從一個表格挑選特定資料列，再到另一個表格抓取對應的相關資料。下面這個 SQL 句子會只取出「王雅蕙」同學所修習的課程，也就是表 13-6 中的前兩筆資料列。注意到 WHERE 子句裡，以「and」連結的限制式，前後的順序並沒有關係：

```
查詢句 5
SELECT 姓名 , 課程
FROM  student, enroll
WHERE student.學號 = enroll.學號 and 姓名 = '王雅蕙'
```

我們也可以同時對兩個關聯下達限制式。下面這個 SQL 句子會取出「王雅蕙」同學修習「資料庫」這門課的成績：

```
查詢句 6
SELECT 姓名, 課程, 作業, 期中考, 期末考, 總成績
FROM  student, enroll
WHERE student.學號 = enroll.學號 and
      姓名 = '王雅蕙' and
      課程 = '資料庫'
```

所得到的結果如表 13-7 所示：

表 13-7 查詢句 6 的輸出

| 姓名 | 課程 | 作業 | 期中考 | 期末考 | 總成績 |
|---|---|---|---|---|---|
| 王雅蕙 | 資料庫 | 65 | 90 | 73 | 80 |

在查詢句 5 和查詢句 6 中，由於「學號」欄位在 student 關聯和 enroll 關聯裡都被定義，所以我們在該欄位之前，利用符號「.」加註來源表格，以避免產生混淆，其餘的欄位則加註與否皆可。

另外，觀察查詢句 5 和查詢句 6，可發現在 WHERE 子句中的限制式大致分做兩類，一種是用以連結兩個表格，另一種則是用以限制特定欄位的內容。為了可以做明確的區隔，我們也可以將前一種限制式寫在 FROM 子句中。在講述其寫法之前，我們先說明以下兩種不同的連結型態：

* **內部連結（inner join）**：兩個表格都必須有相同的屬性值，對應的資料列才可以配對輸出
* **左外部連結（left outer join）**：除了符合相同屬性值的資料列可配對輸出之外，左邊表格的所有資料列也都必須輸出

以我們的兩個範例表格為例，進行內部連接的操作之後，所得的結果類似於表 13-6，差別只在於兩方表格的欄位皆須輸出。另一方面，假設學生表格為左方表格，成績表格為右方表格，在進行左外部連接的操作後，結果則會如表 13-8 所示。在該表中的最左邊，我們明確標示了該筆輸出資料列，是源自於輸入表格的第幾筆資料列。

舉例來說，第二列的標示為「1-2」，表示它是經由學生表格的第一列和成績表格的第二列配對輸出，我們也可觀察到前六筆輸出正是此二表格執行內部連結的結果。不過，由於左外部連結的運算，會強制學生表格的所有資料列都必須輸出，所以即使學號「B9903」並未在成績表格中出現，該筆資料列仍然會顯示於查詢結果中，只是對應成績表格的欄位值會以系統特有的 *null* 值來表示。

所以，使用左外部連結的時機，就在於我們希望執行完連結運算後，仍然可以保留左方表格的所有資料，而不會受到右方表格內容的影響。

表 13-8 學生表格和成績表格執行左外部連結之後的結果

| | ... | Student. 學號 | 姓名 | Enroll. 學號 | 課程 | ... |
|---|---|---|---|---|---|---|
| 1-1 | ... | B9901 | 王雅蕙 | B9901 | 資料庫 | ... |
| 1-2 | ... | B9901 | 王雅蕙 | B9901 | 程式語言 | ... |
| 2-3 | ... | B9902 | 劉維新 | B9902 | 程式語言 | ... |
| 4-4 | ... | B9904 | 施小龍 | B9904 | 資料庫 | ... |
| 4-5 | ... | B9904 | 施小龍 | B9904 | 程式語言 | ... |
| 5-6 | ... | B9902 | 林正當 | B9905 | 作業系統 | ... |
| 3-0 | ... | B9903 | 張自強 | *null* | *null* | ... |
| 6-0 | ... | B9906 | 鄭順利 | *null* | *null* | ... |
| 7-0 | ... | B9907 | 林紹興 | *null* | *null* | ... |
| 8-0 | ... | B9908 | 洪志堅 | *null* | *null* | ... |
| 9-0 | ... | B9909 | 陳柏豪 | *null* | *null* | ... |
| 10-0 | ... | B9910 | 張建設 | *null* | *null* | ... |

接下來我們介紹正式的語法。一個完整的連結語句必須先指示是內部或外部連結型態，接著再列出兩個表格以何屬性進行連結。以查詢句 5 為例，對應內部連結的寫法如下所示，在此，關鍵字「ON」後面的條件式「student. 學號＝ enroll. 學號」，強制只有兩個表格中「學號」屬性值相同的資料列，才可配對輸出：

```
查詢句 5-1
SELECT 姓名 , student. 學號 , 課程
FROM student INNER JOIN enroll ON student. 學號 = enroll. 學號
WHERE 姓名 = '王雅蕙'
```

至於查詢句 5 對應左外部連結的寫法則如下所示，差別只在於以「LEFT OUTER JOIN」取代「INNER JOIN」：

```
查詢句 5-2
SELECT 姓名 , student. 學號 , 課程
FROM student LEFT OUTER JOIN enroll ON student. 學號 = enroll. 學號
WHERE 姓名 = '王雅蕙'
```

上述的說明以左外部連結的寫法為例，至於 SQL 查詢語言中亦提供**右外部連結**（right outer join）等類似的寫法，於此就不多加贅述。

不過由於進行兩個表格的連結運算時，十之八九是利用它們之間具有相同名稱的屬性，所以較為精簡的**自然連接**（natural join）寫法也很受歡迎。同樣以查詢句 5 為例，對應的寫法如下：

```
查詢句 5-3
SELECT 姓名, 學號, 課程
FROM student NATURAL JOIN enroll
WHERE 姓名= '王雅蕙'
```

這種寫法會要求兩個表格間所有名稱相同的欄位，其值都必須相同，才能配對輸出，且相同名稱的欄位就只會保留一個。其寫法雖然精簡，但使用上必須特別謹慎小心。

以上所介紹的只是 SQL 內選取資料的部分，也就是 DML 的部分。接下來，我們將說明 SQL DDL 的語法，它提供了建立資料表**綱要**（schema）的功能。在定義一個關聯的綱要時，我們除了提供此關聯和所有屬性的名稱，每個屬性的資料型態及資料大小，都必須加以指定。對應表 13-1 的學生表格定義如下：

```
create table student(
    系別     char(6),
    年級     char(1),
    學號     char(5),
    姓名     varchar(10),
    地址     varchar(20),
    監護人   varchar(10),
    排名     integer
)
```

我們可以看到，學生關聯共包含了 7 個欄位：系別、年級、學號、姓名、地址、監護人、排名。在關聯式資料模式中，資料型態以字串和數字為主。數字分為整數和實數等，和一般程式語言提供的型態類似；而字串型態則可分為 `char` 和 `varchar` 兩種。這兩種字串型態的差別，在於前者會使用所有宣告的空間；而後者則只會使用到輸入資料大小的空間。舉例來說，我們指定「系別」欄位的型態為 `char(6)`，如果你只輸入 5 個字母的話，則系統會自動幫你補一個空白，讓每個系別的欄位值都正好佔據 6 位元組的空間。另外，我們將「地址」欄位的資料型態定義為 `varchar(20)`，這樣的話，使用者最多可以輸入 20 個字母，但是若輸入 15 個字母的話，系統只使用 15 個位元組的空間。值得注意的是：一個中文字需使用兩個位元組的空間。

另外，在定義表格時，我們還可以進一步指定表格內資料的限制，最常見的限制是**主鍵**（primary key）和**外來鍵**（foreign key）的限制。以下介紹這兩種限制的用途和定義方式。

「主鍵」是定義在某一個表格上，它可以由一個屬性或多個屬性所構成，這個（或這些）屬性能成為主鍵的條件，是在任何情況下，它們的屬性值在整個表格裡都不會重複。以表 13-1 為例，「地址」屬性不能成為主鍵，這是因為可能會有很多個學生住在相同的地址，如同我們看到「臺北市」出現了 5 次。另一方面，可能有很多個屬性都可以成為主鍵，像是「姓名」或「學號」，它們的屬性值在每筆資料列都不同，這時我們可以選擇一個合理且比較通用的屬性。由於考慮到雖然情況不見得常常發生，但是未來可能會有同名同姓的同學，所以我們選擇「學號」為學生表格的主鍵。

「外來鍵」雖然也是定義在某一個表格上，但它卻表示了和另一個表格之間的「從屬」關係。舉例來說，在表 13-1 的學生表格裡，和在表 13-4 的成績表格內，都表示了「學號」屬性。注意到該屬性在學生表格是主鍵，在成績表格內卻不是主鍵，這是因為一個學生可以修習多門課，所以學號的屬性值在成績表格會重複，如「B9901」和「B9904」都出現了兩次。雖然如此，我們卻希望在表 13-4 中所有的學號，都曾經在表 13-1 的學生表格中出現過。會產生這樣的需求，是因為學生表格內的資料是學生一入學就輸入的，也就是一個學生在學生表格裡記錄了學號，才表示已經報到入學，之後他才可以開始選課，在成績表格內留下紀錄。所以，如果有一個學號出現在表 13-4 中，卻沒有出現在表 13-1 中，可能表示有人為輸入錯誤，或者行政上有疏失，這都是我們希望避免的。所以，我們可以利用外來鍵來強制這種資料建立的先後關係。

我們將定義了主鍵和外來鍵的學生表格和成績表格列舉在下面。

```
create table student(
    系別    char(6),
    年級    char(1),
    學號    char(5),
    姓名    varchar(10),
    地址    varchar(20),
    監護人  varchar(10),
    排名    integer,
    primary key( 學號 )
)

create table enroll(
    學號    char(5),
    課程    varchar(10),
    作業    integer,
    期中考  integer,
    期末考  integer,
    總成績  integer,
    primary key( 學號 , 課程 ),
    foreign key( 學號 ) references student
)
```

簡言之，「主鍵」限制了某些屬性值在同一個表格不可重複，其「唯一」的特性方便我們用來取出一筆特定的資料列，在資料表格定義中是用到 `primary key` 這個關鍵詞。「外來鍵」則是限制了兩個表格建立資料時的先後關係，在資料表格定義中是用到 `foreign key` 和 `references` 這兩個關鍵詞。注意到在成績表格中，主鍵包含了「學號」和「課程」兩個屬性，也就是，一個主鍵可以包含多個屬性。

## 資訊專欄 SQL Server 簡介

隨著資料庫軟體日漸受到歡迎與重視，以作業系統起家的微軟公司，正式於 1993 年，首度推出在 Windows NT 上運行的 SQL Server。該軟體剛問世時，一般企業還是持保留態度，不確定該資料庫伺服器是否能安全且有效率地處理大量的資料。但是，如同大家所熟悉的 Office 和 Windows 系統，SQL Server 提供了易於操作的圖形式介面，再加上微軟公司推出低價策略，所以 SQL Server 逐漸被市場所接受，日後也不斷地推陳出新。

雖然 SQL Server 在中小型資料庫市場的佔有率已經居於領先的地位，但是若要處理大量的資料（如 MegaByte 甚至 TeraByte 以上），一般人仍然比較信賴甲骨文公司（Oracle）的產品。為了打入大型資料庫的市場，微軟公司於 2008 年推出了 SQL Server 2008。此版本除了多方面地強化之前既有的功能，特別針對底層的資料管理提出大幅改善。首先，該版本支援企業級的管理（Enterprise Manageability），資料庫管理者可利用原則管理（Policy-based Management），針對多台伺服器以群組方式直接套用管理規則，以大幅減少管理成本。而在效能（Performance）方面，利用先進的 Replication 機制、分散式資料切割（Distributed Partition View）、平行索引運算（Parallel Index Operations）等技術，可達到企業異地資料的最佳效能。至於在高可用性（Availability）方面，此版本強化資料庫鏡像（Database Mirroring）功能，並且新增分頁檔自動修復功能，避免資料庫因錯誤分頁檔而無法運作的狀況產生。而在商業智慧的強化方面，新提供的 Reporting Services 功能，不僅提供更多圖形化且活潑的呈現方式，也可以協助企業連結不同的資料庫軟體（如 Oracle）等，以做成整合的報表。

接下來，SQL Server 2012，除了繼續強化上述的功能，提出所謂 AlwaysOn 的架構，另外也針對巨量資料（Big Data）與雲端計算（Cloud Computing）的挑戰提出對應的解決方案，包含提升資料倉儲的延伸性（scalability）、整合 Hadoop 的平行計算能力、處理更多型態的資料（如空間資料）等。至於 SQL Server 2016，則大量提升記憶體內部效能，提出 In-memory OLTP、In-Memory ColumnStore 等，另外為了強化資料的安全性，也使用 Always Encrypted 的技術。而 SQL Server 2019 所擴充的其中一個亮點，就是提供建立資料湖泊（Data Lake）的功能，客戶可以透過 Kubernetes（K8S）建立大數據叢集（Big Data Cluster），並搭配 Azure Data Studio 具來管理、部署和查詢該環境中 Linux 版的 SQL Server。SQL Server 2022 則進一步強化其雲端功能，藉由與 Azure 的緊密連結，使用者可以簡單地建立災難備援，或者將資料推送到 Azure 執行資料分析等工作。

### 資訊專欄 Oracle 簡介

甲骨文公司（Oracle company）於 1977 年由 Lawrence J. Ellison（亦為現任總裁）與其他兩位同仁在美國加州合資成立。當時，IBM 的 Codd 研究員剛發表關聯式資料模式的論文不久，該公司便很有眼光地利用其理論，建立出可實地運行的資料庫軟體，稱作 Oracle。

Oracle 資料庫軟體在資料庫技術的研究上，一直具有領先的地位，除了專注於資料庫伺服器的核心技術，到了 21 世紀，Oracle 公司開始併購其他專長於建立資料庫應用的公司，如 PeopleSoft、BEA 等，然後擴充其原產品的功能，以符合企業內部建立與管理應用程式的完整需求。其代表性的產品就是於 2009 年發表的 Oracle Fusion Middleware 11g。到了 2009 年，Oracle 甚至成功地併購了以硬體及作業系統專長的昇陽公司（Sun company），使得 Oracle 公司已經從一個單純的資料庫軟體製造者，蛻變為一個軟硬體全方位發展的公司。

至於 2013 年推出的 Oracle 12c，由最後附加的英文單字“c”，就知道是針對雲端所設計。其推出的新型架構，可簡化資料庫整合到雲的過程，讓客戶無需更改其應用，即可將多個資料庫整合成一個進行管理。接下來的 Oracle 18c，號稱世界上第一個自主性雲端系統（autonomous database cloud），可減低人為管理的錯誤。

於 2019 年推出的 Oracle 19c，內建多種機器學習演算法和模型，讓客戶可直接於該軟體中訓練 AI 模型，不必辛苦搬移資料。而最新版的 Oracle 資料庫 21c，進一步提供諸多創新功能，包含原生 JSON 二進位資料類型、超高性能圖形處理、簡易機器學習模型開發的 AutoML、以及不可變區塊鏈以防 SQL 表篡改等等。

綜觀上述發展的走向，可發現甲骨文公司的目標，不僅僅是希望資料庫能滿足多模型、多負載和多用戶的需求，也期望能讓開發人員高效率地開發新應用。其展現的旺盛企圖心，再再印證了該公司的確是資料庫領域的佼佼者啊！

## 13-3 | 實體關係模式和正規化

以表格為基礎的關聯式資料模式，由於對應的軟體在效率和安全等方面的傑出表現，在商業上取得了巨大的成功。但是就如同程式語言和軟體工程領域所面臨的問題一樣，以物件為基礎的設計觀點才是最直覺的方法。所以，於 1976 年由美籍華人陳教授（Professor Peter Chen）所提出的**實體關係模式**（Entity Relationship model；ER model），就正好彌補了關聯式資料模式在資料設計上的不足之處。另外，搭配實體關係模式的**實體關係圖**（Entity Relationship diagram；ER diagram），以一目了然的圖形呈現設計之後的結果，更成為系統設計者和系統使用者最佳的溝通橋樑。所以，在實務上，設計資料庫應用系統時經常遵循以下步驟進行：

* 利用使用者訪談、文件分析等，了解使用者的資料需求；
* 將上述需求以實體關係圖呈現，此步驟通常稱為**觀念建模**（conceptual modeling）；
* 將上述的實體關係圖轉換成合理的**關聯綱要**（relational schema），此步驟又稱作**邏輯建模**（conceptual modeling）或邏輯設計；
* 最後根據軟體的特性，規劃實體層的設計如建立索引等以強化效率，此步驟又稱作**實體建模**（physical modeling）或實體設計。

接下來，我們就進一步介紹，在上述步驟中扮演重要角色的實體關係模式和實體關係圖。

首先，何謂**實體**（entity）呢？望文生義，實體就是一個實際存在的物體，如一個學生、一位老師等。注意到，這裡所謂的實際存在，並不是指可以直接觸碰到，相反的，帶有抽象概念的某個節日、一筆交易，都可以算做是一個實體。不過，在系統中要如何辨別不同的實體呢？這時候就要依賴每個實體的**屬性**（attribute）。屬性也可以看做是應用系統中需要處理的實體特性。舉例來說，在教務系統中，我們需要知道學生的系別、年級、學號等，這些都可以表示成學生實體的屬性。在實體關係圖中，我們會把同一類的實體，定義為一個**實體集合**（entity set），以矩形表示，並將其名稱註明於矩形框中。至於該實體的每一個屬性，則以橢圓形表示，並將其橢圓形框連線至對應的矩形框。在圖 13-2 中，我們設計了一個學生實體，包含了 4 個屬性。注意到，學號屬性下多了一條底線，用以表示該屬性是此實體集合的**主鍵**（primary key），也就是在整個學生實體集合中，沒有兩個學生的學號會相同，換句話說，學號屬性值具有唯一性，可以辨識出特定的學生實體。

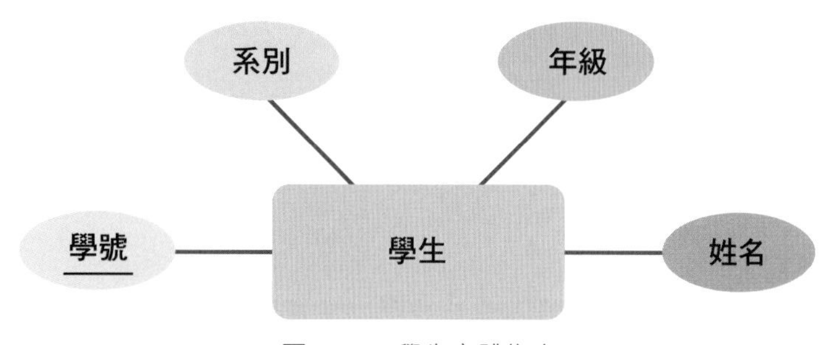


圖 13-2 學生實體集合

若是某些資訊，是用來表示不同實體之間的連結，則可用**關係**（relationship）來表示。舉例來說，我們想要表達小明同學選修了資料庫系統這門課，則我們可以表示成「小明」實體和「資料庫課程」實體之間具有「選修」這個關係。廣義上來看，則可說「學生」實體集合和「課程」實體集合之間具有「選修」這個**關係集合**（relationship set）。在實體關係圖中，**關係集合**（entity set）以菱形表示，並連線到構成此關係的實體集合上。注意到，關係集合也可以定義屬性，來進一步描述跟此關係相關的特性或資訊。譬如，在選修關係上，我們可能希望記錄學生的修課成績。綜合上述所言，在圖 13-3 中，我們描繪了「學生」實體集合、「課程」實體集合、「選修」關係集合及其相關屬性。

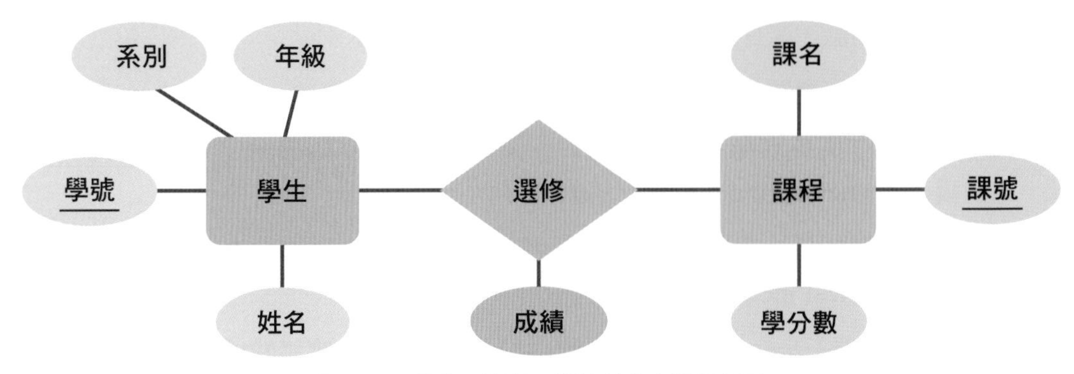


圖 13-3　學生、課程、選修等之實體關係圖

不過實體關係圖主要用於設計階段，以釐清系統中所要處理的資料和其間的關係和限制。由於表示法過於複雜，並沒有對應的軟體可以直接將其實做出來。所以如上所述，接下來進行邏輯建模時，會將實體關係圖轉換成關聯綱要。轉換方式大致如下所列：

* 每個實體集合對應到一個關聯，其屬性對應到關聯的欄位，而實體集合的主鍵即為關聯的主鍵
* 每個關係集合對應到一個關聯，除了將其本身定義的屬性對應到關聯的欄位外，還要將其所連結的實體集合的主鍵一併涵蓋進來

對應圖 13-3 轉換出來的關聯綱要如圖 13-4 所示。不過，實體關係圖還提供了其他限制和實體種類的表示法，所以上述轉法只針對較為簡單的實體關係圖。完整的實體關係圖表示法和對應轉法，請有興趣的讀者參閱專門的書籍。

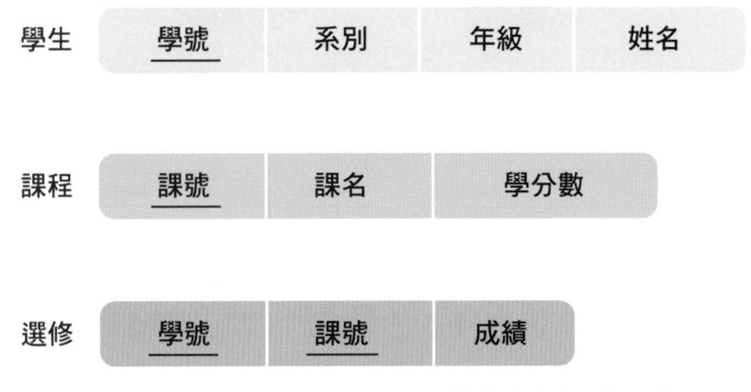


圖 13-4　對應圖 13-3 的實體關係圖所轉換出來的三個關聯綱要

雖然實體關係圖可以協助關聯式資料庫綱要的設計，但是我們仍然需要一個清楚的準則來評估一個關聯式綱要的好壞，這時候我們就需要**正規式**（normal form）。正規式定義了一個好的關聯綱要所需要的特性，而**正規化**（normalization）則是指將某個關聯轉換成符合正規式的過程，以下我們做進一步的說明。

表 13-9 學生綜合表格

| | 學號 | 姓名 | 系別 | 年級 | 系主任 | 課程 | 成績 |
|---|---|---|---|---|---|---|---|
| 1 | B9901 | 王雅蕙 | 資工系 | 4 | 李天祥 | 資料庫 | 80 |
| 2 | B9901 | 王雅蕙 | 資工系 | 4 | 李天祥 | 程式語言 | 40 |
| 3 | B9902 | 劉維新 | 資工系 | 4 | 李天祥 | 程式語言 | 70 |
| 4 | B9904 | 施小龍 | 電機系 | 4 | 鄭板橋 | 資料庫 | 60 |
| 5 | B9904 | 施小龍 | 電機系 | 4 | 鄭板橋 | 程式語言 | 71 |
| 6 | B9905 | 林正當 | 電機系 | 4 | 鄭板橋 | 作業系統 | 65 |

為了舉例說明，我們將所有和學生有關的資訊皆彙集於同一個關聯中，稱作「學生綜合表格」，部分欄位及其內容如表 13-9 所示。乍看之下，此表格並沒有甚麼問題，甚至要查詢學生的任何資料時，都只要針對此一表格撰寫查詢句，似乎使用上更為容易。然而，若深入探究，在系統的長期運作上卻會面臨某些問題。舉例來說，假設學號「B9901」的同學改名成「王美美」，但是維護系統的人員只改了第一列的資料，而沒有修改到第二列的資料。如此會導致日後查詢「B9901」學號的同學時，同時出現「王雅蕙」和「王美美」兩個姓名，而無從確認哪一個名字最正確。此現象稱為**修改異常**（modification anomaly）。

所以定義資料庫綱要時，不只要包含所有需要處理的屬性，以符合使用者的查詢需求，更必須思考如何將所有的屬性分配到不同的關聯中，以避免因長期使用導致資料庫的內容錯亂。直覺地來說，我們常將關係比較密切的屬性放在同一個關聯中。但是，何謂「關係密切」呢？有學者提出**函數相依**（functional dependency）這個觀念來正式定義屬性間的關係。觀察表 13-9 中的「學號」和「系別」這兩個欄位。我們可發現到，當指定「學號」的屬性值為 B9901 時，「系別」的屬性值會固定為資工系，如第一列和第二列所示。同樣的現象也可在其他學號的屬性值觀察到。所以我們稱系別屬性「函數相依」於學號屬性，或稱學號「決定」（determine）系別，此關係可用箭頭表示為：學號 → 系別。由於在大學中，每個同學的學號是獨特的，也就是一個學號值代表一個特定的同學，對應到唯一的系別、年級、姓名等，所以我們可以得到以下函數相依式，編號為 F1：

**F1: { 學號 } → { 姓名 , 系別 , 年級 , 系主任 }**

但是為何單獨「學號」這個屬性無法決定「課程」和「成績」呢？因為一個同學會選修很多門課，所以我們可以看到當指定「學號」為 B9901 時，「成績」並非固定為同一個值，如第一列為「80」，而第二列為「40」，我們必須進一步指定「課程」為「資料庫」或「程式語言」，才能確定成績為何。所以對應的函數相依式如下所列：

**F2: { 學號 , 課程 } → { 成績 }**

雖然上面兩個函數相依式已經涵蓋了所有屬性，但是並非涵蓋了其間所有的關係。請觀察「系別」和「系主任」這兩個欄位，我們可以發現到當「系別」屬性值固定為「資工系」時，則「系主任」屬性值則固定為「李天祥」，如第一列至第三列所示。同理也可以在第四至第六列觀察到電機系有同樣的現象，這是因為一個系只有一個系主任。所以對應的函數相依式如下所列：

**F3: { 系別 } → { 系主任 }**

也由於表 13-9 的屬性之間包含了複雜的函數相依關係，資料重複嚴重，所導致的修改異常現象易於發生，並不是一個好的設計。所以，「Boyce-Codd 正規式」（Boyce-Codd normal form），簡稱 BCNF，被學者提出來而且常被系統設計師採用。注意到其中的 Codd 就是提出關聯式模式的學者。BCNF 的定義簡述如下：

*若一個關聯綱要 R，其屬性間所有的函數相依式，箭頭的左方都是超級鍵（superkey），則稱 R 滿足 BCNF。*

上述定義中提到的超級鍵和第 13-2 節所提到主鍵，非常類似，也就是其屬性值在整個表格內都不會重複，差別只在於其組成的屬性可以比較寬鬆。以表 13-9 為例，我們可以觀察到 { 學號 , 課程 } 為一組主鍵，而超級鍵則有好幾組，如 { 學號 , 課程 }、{ 學號 , 姓名 , 課程 } 等等。原始定義採用超級鍵是考量所有可能的狀況，實務上通常考慮主鍵即可。我們以主鍵去判斷上述三個函數相依式，可發現只有 F2 的左式是主鍵，其餘 F1 和 F3 的左式都不是，所以學生綜合表格並不符合 BCNF。為了方便說明如何針對學生綜合表格進行正規化，我們把該表格以及其中的屬性表示如下：

**R ( 學號 , 姓名 , 系別 , 年級 , 系主任 , 課程 , 成績 )**

既然 F1 的左式並非主鍵，表示很多屬性與學號密切相關，但與主鍵的關係薄弱，所以我們必須進行分解（decomposition）的動作，將它們另立門戶於另一個關聯中，也就是將 R 分解成下述的 R1 和 R2：

**R1 ( 學號 , 姓名 , 系別 , 年級 , 系主任 )**

**R2 ( 學號 , 課程 , 成績 )**

注意到 R1 包含了 F1 中所有的屬性，而 R2 則除了 R 中剩餘的屬性之外，還包含 F1 中左式的學號屬性，這是為了分解 R 後仍然能夠順利連結 R1 和 R2 以得到原始表格中學生的所有相關資料。通常初學者面臨的問題，是分解的動作何時結束？基本準則就是直到每一個表格都符合 BCNF，而判斷的方式則是根據一開始定義好的 F1 至 F3。首先判斷 R2，其三個屬性之間的關係如 F2 所示。我們可以觀察到該表格符合 BCNF，不需要進一步的分解。至於 R1 屬性間的關係如 F1 和 F3 所示，我們可以觀察到該表格並不符合 BCNF，而其原因出在 F3，所以我們根據 F3 進一步分解 R1 成為下述的 R3 和 R4：

**R3 ( 系別 , 系主任 )**

**R4 ( 學號 , 姓名 , 系別 , 年級 )**

由於 R3 和 R4 都已經符合 BCNF，所以不需要再分解任何表格，而取代學生綜合表格的所有綱要定義則如下所示：

**R2 ( 學號 , 課程 , 成績 )**

**R3 ( 系別 , 系主任 )**

**R4 ( 學號 , 姓名 , 系別 , 年級 )**

根據此三個新的綱要，重新分配表13-9的內容，則如圖13-5所示。與原始的表13-9相比，我們可以發現三個表格中都不再有資料重複的現象。舉例來說，資工系的系主任為李天祥這個事實，就只出現一次而非原先的三次。但另一方面，原先只有一個定義七個屬性的表格，如今則變成三個小表格。由於箇中的優劣見仁見智，所以還有其他也相當常見的正規式如**第三正規式**（Third normal form；3NF）等。由於其定義較為繁瑣，歡迎對此有興趣的讀者參考專門的書籍。

| 學號 | 姓名 | 系別 | 年級 |
|---|---|---|---|
| B9901 | 王雅蕙 | 資工系 | 4 |
| B9902 | 劉維新 | 資工系 | 4 |
| B9904 | 施小龍 | 電機系 | 4 |
| B9905 | 林正當 | 電機系 | 4 |

| 系別 | 系主任 |
|---|---|
| 資工系 | 李天祥 |
| 電機系 | 鄭板橋 |

| 學號 | 課程 | 成績 |
|---|---|---|
| B9901 | 資料庫 | 80 |
| B9901 | 程式語言 | 40 |
| B9902 | 程式語言 | 70 |
| B9904 | 資料庫 | 60 |
| B9904 | 程式語言 | 71 |
| B9905 | 作業系統 | 65 |

圖13-5 分解學生綜合表格之後，符合BCNF之三個表格的內容

# 13-4 ｜ 資料庫與大數據

由於關聯式資料庫的成功，很多企業都放心地將重要的資料數位化，建立成一個個資料庫管理系統。但是，一個大型甚至跨國的企業，需要整合分散在各地、或是以不同軟體所建立的資料庫，才能一窺整個企業的全貌，進一步協助管理者進行決策分析。舉例來說，一家連鎖超商，若要決定某項物品進貨的數量或調整其售價，必須根據該貨品在各個分店銷售的狀況，甚至分析影響銷售的原因，才能做出正確的決定。所以，**資料倉儲**（Data Warehouse）的技術，也就應運而生。

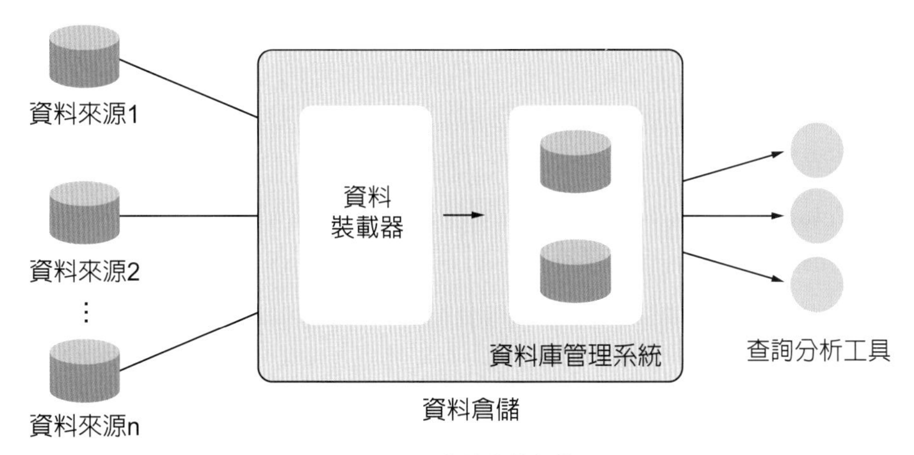


圖13-6 資料倉儲架構

一個資料倉儲的架構如圖 13-6 所示。其中的**資料裝載器**（Data Loader），蒐集不同來源的資料，將其整合後存放於一個獨立於其他資料來源的資料庫系統，這個過程通常簡稱為「提取 - 轉換 - 裝載」（Extract-Transform-Load；ETL）。之所以特別強調轉換過程的必要性，是因為各個資料來源，可能會使用不同的表格名稱、欄位名稱、資料型態等等，來表達相同的資料。譬如，要表示貨品編號，每個系統使用的欄位名稱可能分別為 ID 或 No，而資料型態則可能分別是數字或字串。所以，在建立資料倉儲時，需要先行定義一個共同的**綱要**（schema），然後各個資料來源根據該綱要，各自定義其資料對應的方式，以便進行資料轉換並將所有資料整合於同一個系統中。

另外，在資料倉儲中之所以需要建立一個獨立的資料庫系統，是因為若要進行資料分析，常常需要保留歷史資料，而相對而言，一般的資料庫管理系統通常只會記錄目前的資料。舉例來說，一家便利商店日常使用的系統，只會記錄一罐牛奶目前的價錢，以便向顧客收費。但是，在資料倉儲裡，會記錄該項物品之前的價錢和銷售的情形，以便分析兩者之間的關聯，作為未來定價以及進貨量的依據。由於支援的功能不同，所以通常分開建置，以免影響彼此的效能。

接下來說明圖 13-6 架構右方的查詢分析工具。同樣以超商為例，管理階層可能希望計算牛奶的每一種口味（如巧克力、草莓等）或容量（200 毫升、1 公升等），所對應的牛奶銷售量，以分析彼此之間的相關性。支援此項需求的相關技術稱作**線上分析處理**（Online Analytical Processing；OLAP）。此技術特別強調「線上」，是由於影響銷售量的因素可能很多，且倉儲中的資料量龐大，若非經過特殊的設計，可能需要很長的計算時間。所以，資料倉儲的架構，不只希望能提供適當地查詢語言和工具，供公司的管理階層可以自由地依其需要，觀看各因素對銷售量的影響，更重要的是希望數據可以迅速地被計算出來，提供即時的分析結果。

隨著資訊分析相關技術的演進，科學家們除了希望可以快速計算數據，更期望可以做到推算規則、將資料分類等更進一步的功能，也就是進行所謂的**資料探勘**（Data Mining；DM），這部分就留待下一節再仔細的介紹。

上述的技術源自於傳統的關聯式資料庫，其處理的資料具有一定的結構，且大多侷限於一個企業內。但自從全球資訊網興起之後，資料量增加的速度不僅遠勝於以往，且各種類型的資料也如雨後春筍般相繼出現，因此造就了**大數據**（Big Data）領域的興起。大數據又稱為巨量資料，通常具有以下幾個特質，簡稱為 3V：

* **巨量（Volume）**：資料量超過傳統資料庫所能處理的 GB（Gigabyte）範圍，而達到 TB（Terabyte）甚至更高等級。常見的資料來源除了全球資訊網外，還可能來自於不停偵測和蒐集資料的感測器（sensor）等。

* **高速（Velocity）**：資料持續且快速地加入於系統中，上述提到的全球資訊網和感測器所獲得的資料，都具有此類特色。

* **多元（Variety）**：相較於傳統資料庫處理的結構化資料，全球資訊網上常見的非結構化文字資料，甚至各類型的多媒體資料等，都成為系統欲處理的對象。

雖然大數據帶來了新的希望，但同樣也帶來了以下挑戰：

* **真實度（Veracity）**：網路上常常允許匿名發表，所傳遞的訊息到底是否為真、是否遭到竄改等，都需要加以評估。另一方面，感測器所蒐集的資料，也有可能缺漏、錯誤等等。所以，大數據不能照單全收，而需要加以整理並確認其是否可靠，才能進行下一階段的分析。
* **價值度（Value）**：網路上的資料五花八門，而各類型的資料更是爆炸性的成長，到底何者才是值得拿來分析的重要資料，需要專業的審慎評估。

上述五點通稱為大數據的 5V。而如何針對大數據進行資料分析，近年來科學家已經提出各種技術，特別是其中所謂的**深度學習**（deep learning），有非常亮眼的成績，讀者可參考第 15-6 節的相關說明。以下，則介紹近來用來儲存大數據的 NoSQL 類資料庫軟體。

傳統上，若使用關聯式資料庫軟體建立系統，我們必須先分析企業內各種資料的相關性，以定義適合的關聯和欄位，並利用 SQL 查詢句撰寫所需的功能。但是此行之有年的嚴謹過程，雖然確保系統內資料的正確性，但面對變化多端的大數據，卻顯得缺乏足夠的彈性而不符合所求。所以，NoSQL（Not Only SQL）類資料庫軟體，也就應運而生。此類軟體包含一開始由 Google 公司開發的 BigTable 和 Facebook 公司開發的 Cassandra 等，以及近年來相當具有人氣的 MongoDB 等。以下就以 MongoDB 為例，簡要說明此類軟體的特性。

MongoDB 採用文件導向的概念，而將資料以 JSON（JavaScript Object Notation）格式儲存，一個 JSON 物件如圖 13-7 所示：

```
1  {
2     "ID": "1",
3      "name": {
4             "firstname: "Albert",
5             "lastname: "Chang"
6      },
7      "deptname": "Computer",
8      "children": [
9              { "firstname": "Mary", "lastname": "Chang" },
10             { "firstname": "Tom", "lastname": "Chang" }
11     ]
12 }
```

圖 13-7 JSON 物件範例

JSON 物件採用的是鍵 - 值對（key-value）的表示法。舉例來說，第二列表示了 `ID` 鍵的值為 `1`。另外，JSON 也允許巢狀結構，以第 3-6 列為例，`name` 鍵的值為另一個物件，其中又包含了 `firstname` 和 `lastname` 兩個鍵。此外，使用者可以自由地在一個 JSON 物件中任意加入所需要的鍵 - 值對組。譬如，針對另外一個教授，我們想要表達其計畫資料，我們就可以替其增加一個名為 `Project` 的鍵，然後在其對應的值記錄其執行的計劃編號。

若將圖 13-7 與表 13-1 的一筆資料列比較，可觀察到前者利用鍵 - 值對的表示法，可以讓每一個 JSON 物件有所差別，而後者的每一筆資料列則格式皆固定。由於 JSON 的資料表示法具有很大的彈性，相對的，MongoDB 的指令也就與 SQL 有所不同。以下就簡要的說明幾個代表性指令。

* db.createCollection(“faculty”)：假設我們想建立很多如圖 13-7 的 JSON 物件於系統中，我們可以先使用此指令建立一個名為 `faculty` 的集合（collection）。集合的概念與關連大略相同。
* db.faculty.insert({“id”:“2”, “deptname”:“EE”})：利用此指令，我們可建立一個編號為 2 且在電機系服務的教授於 `faculty` 的集合中。
* db.faculty.findOne({“id”:“1”})：此指令找出第一個符合此鍵 - 值對的物件。由於 MongoDB 的資料為具有順序性的文件格式，所以其指令可以指定只找出第一筆或是輸出全部。

以上簡述 MongoDB 的資料表示法和查詢方法，而為了迎合大數據的特殊需求，該軟體在其他面向也存在著與關聯式資料庫極大的差異。建議有興趣的讀者參閱 MongoDB 的專門書籍，才能一窺其全貌。

## 13-5 | 資料探勘

在本章的前幾節裡，我們說明了資料庫系統的基本觀念，也介紹了資料倉儲的架構。而隨著所蒐集和建立的資料越來越多，科學家們就希望能夠從這些大量的**未處理資料**（raw data）中，挖掘出有建設性的**資訊**（information），這就是**資料探勘**（Data Mining；DM）的想法。

資料探勘的技術在 90 年代末期被提出來，當時有一個很有名的實例，就是「啤酒」和「尿片」的故事。通常我們認為在一個家庭裡，是先生去買啤酒，太太去買尿片。但是，世界最大的零售商—美國的沃爾瑪（Wal-Mart）公司，利用資料探勘的技術後，卻發現在美國啤酒和尿片常常一起被購買。後來經過進一步的調查，才發現是當先生為了在家裡看美式足球，而出門去商店買啤酒時，太太常常會託他順便買尿片。發現了這個關係之後，沃爾瑪（Wal-Mart）公司就把這兩項貨品擺在附近，由於顧客覺得購買方便，而造成這兩項產品的銷售率都成長 3 成以上。

不過資料探勘的應用並不僅是限於如何擺設貨品，企業還可以利用在**客戶關係管理**（Customer Relationship Management；CRM）上，以下試舉幾個可能的應用與好處：

* 了解客戶的滿意度，與客戶建立良好的互動。
* 精確的掌握顧客消費習性，主動傳遞資訊給客戶。
* 根據使用者的使用行為，事先偵察出不合理的使用狀況。
* 分析潛藏的客戶群，或針對特定消費行為的顧客群做促銷。

由上面的討論，我們不難理解，面對**大數據**（Big Data）的日益成長，企業無不希望在這廣泛及複雜的資料中，找出有助於訂定經營策略的資訊。全球知名市場研究機構 Gartner 就認為，大數據在許多方面將為企業帶來更高的商業價值，譬如將大數據轉化為決策、發現新的商業見解、商業的最佳化，以及促進創新等。在下面的兩個小節中，我們先討論資訊探勘所能產生的資訊總類，再探討如何進行資訊探勘。

## 資料探勘產生的資訊類別

資料探勘所能產生的資訊類別其實有很多種，以下我們就討論幾個常見的種類並舉例說明：

### 關聯規則（association rule）

如上例啤酒和尿片的故事，即隸屬於此類，我們可以把此密切相關的兩個貨品，以下面這個規則表示，意思是「若買啤酒則買尿片」：

啤酒 => 尿片

通常此類規則必須伴隨**支持度**（support）和**信心度**（confidence）的數值，前者代表此二貨品在整體購買物品中是否經常出現，後者表示此二貨品的相關度有多高。兩者的數值都必須夠大，也就是使用者經常購買且非常相關的物品，才值得特別重視。

### 分類（classification）

一個信用卡公司，要如何決定給一個申請者白金卡或是普卡，甚至是多少信用額度，必須考量該申請者的還款能力，但是對於一個新的申請者，我們又如何決定呢？分類器的好處，就是可以根據既有的資料和一些特性，建立出一些分類法則，以推測一個新的狀況屬於哪一類。在下面的式子中，我們表達的分類規則如下：若申請者年收入超過一百萬，則信用非常好，可以核發白金卡；若年收入少於六十萬，則信用等級普通，只核發普卡；其餘的則核發金卡：

申請者的年收入 >100 萬 => 申請者的信用度 = 極佳；

申請者的年收入介於 100 萬和 60 萬間 => 申請者的信用度 = 好；

申請者的年收入 <60 萬 => 申請者的信用度 = 普通；

### 分群

**分群**（clustering）是把一群具有相同或類似特性的物件分做同一群。在網路書店的範例中，我們可以根據使用者的購買行為，將其喜好分類成偵探推理類、文藝愛情小說類等等，若有同類型的新書進貨，就可以主動發信通知以提高其購買意願。此類技術也常使用在空間資料上，譬如說，我們可以把每一次犯罪的地點記錄下來，然後經由分群的效果，即可得知犯罪率特別高的一個個區域，然後這些區域就可以加派警力去特別巡邏。

## 如何進行資料探勘

這幾年來，資料探勘的研究已經受到相當大的重視。除了早期用人工智慧的技術尋找資料的相關性，其他包含統計等數值分析的技術也被人提出來。所以要能夠從資料中確實找到有用的資料，必須具備專門的技術，包含資料檢視、資料準備、建模，到模型評估與部署等等。一般來說，進行資料探勘需要以下幾個步驟：

### 資料管理與準備

我們要利用正確而具足夠代表性的資料，才能找出確實的資訊。資料來源可能是直接使用企業中原先建立的資料表，但是通常必須重新架構資料以符合資料探勘演算法的要求。除此之外，raw data 中一些不合理的資料也必須先處理轉化或移除。

### 建立模型以分析資料

此步驟是選擇適合的機械學習演算法或統計分析方法來分析資料，如上所述，是要進行資料的分群、還是尋找合理的關聯規則，必須先決定好。對於複雜的模型還必須決定參數值的設定等諸多步驟，才能開始執行運算。對於運算後的結果若不符所求還必須調整後再度分析。

### 輸出結果

將分析後的數據以圖形呈現，以便讓使用者一目了然，同時也需要輸出報表以方便和別人開會討論。

目前已經有很多商業軟體提供資料探勘的功能，譬如原本專長統計分析的 SAS 推出 Enterprise Miner，IBM 的 SPSS 也強調圖形式的呈現和拖曳式的操作方式（如圖 13-8 所示），至於很多原本用來管理資料的軟體如 SQL Server 或 Oracle 也內建有相關的功能。相信在不久的未來，資料探勘的應用將會越來越廣泛。

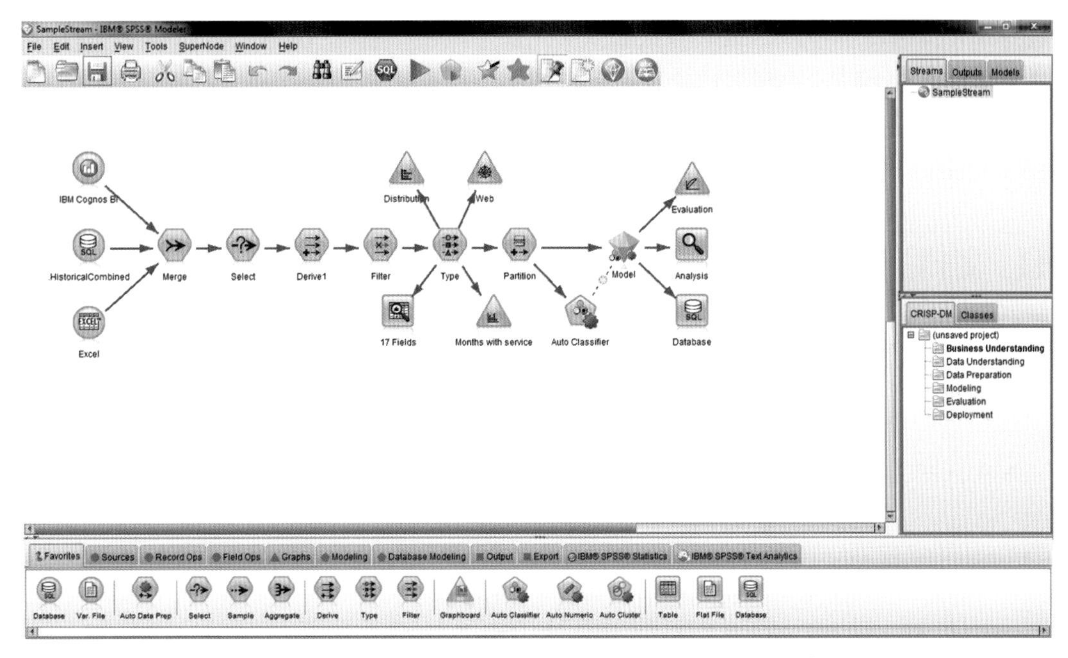


圖 13-8　IBM SPSS 的操作畫面（資料來源：wikipedia）

# 13-6 ｜ XML 簡介

**全球資訊網**（World-Wide-Web；簡稱 WWW 或 Web）已經可以說是全世界資訊分享的主要方式，因為它在無遠弗屆的廣域網路環境中，提供一種便利且簡單的方式去存取資料，所以相當多的企業已經將其產品廣告或可分享的資料放在網際網路上。WWW 上所接受的資料型態是符合 HTML 格式的文件，但是原本 HTML 是設計為顯示資料之用，以便將文件內容呈現在使用者面前，所以內含許多控制輸出的**標籤**（tag），如 <table>、<font>、<ol>、<li>…等，而不是表示資訊的內容及它的結構，其缺乏對資訊意涵的描述，所以不利於自動化的資訊傳遞與交流。

針對於此，所謂的可延伸式**標記語言**（Extensible Markup Language；XML）， 已成為最近 Web 上相當受到重視的格式。XML 是由 W3C 制定的一個有關於描述資訊的**上層語言**（meta language），其 1.0 版於 1998 年 2 月正式推出。XML 的目的為定義一個描述資料之標準，允許使用者可以自由地定義標籤，以適當的結構來描述所要傳輸的資料。XML 規格將資料與使用者介面分離，所以易於達到自動化處理的目的。另外，XML 對於各類型資料（如物件、文章、圖形、文字檔、二元檔等）都能標註，且以文字為基礎來表示資料，不僅容易在異質系統之間傳遞交流，且能穿過防火牆，便於在不同企業間進行資料交換。所以，已經有相當多組織，將其資料表示標準化，以 XML 格式表示，作為在 Web 上資料共享的主要依據。

從 XML 提出至今，幾家重要的軟體廠商，如 Oracle、HP、IBM、Microsoft 等，皆全力的投入研發，並配合 W3C 的規格，不斷地推出新的產品與應用，所以 XML 的重要性絕對是不可忽視。由於 XML 只提供了表示資料的方式，必須配合 W3C 另外定義的輔助技術來處理 XML 資料，所以，以下就概略介紹 XML 相關的基礎技術與規格。

## XML 文件結構

一個 XML 文件的範例如圖 13-9 所示，它表示了三本書籍的資料，每一本書則分別描述了書名、作者、出版廠商、出版日期等訊息。由範例中，我們可看出 XML 文件利用適當的標註，來提供資料的結構及與語意有關的資訊。特別注意的是：該文件只表示「資料」，並無指定「顯示介面」。

```
L1  <Books amount="3">
L2          <Book>
L3              <Title>Essential XML</Title>
L4              <Authors>
L5                 <Author>Box</Author>
L6                 <Author>Skonnard</Author>
L7                 <Author>Lam</Author>
L8              </Authors>
L9              <Publisher>AW</Publisher>
L10             <Date year="2000" month="7"/>
L11         </Book>
L12         <Book>
L13             <Title> 計算機概論 </Title>
L14             <Authors>
L15                <Author> 趙坤茂 </Author >
L16                <Author> 張雅惠 </Author>
L17                <Author> 黃寶萱 </Author >
L18             </Authors>
L19             <Publisher> 全華 </Publisher>
L20             <Date year="2004" month="7"/>
L21         </Book>
L22         <Book>
L23             <Title>Spanning Trees and Optimization Problems</Title>
L24             <Authors>
L25                <Author> 吳邦一 </Author>
L26                <Author> 趙坤茂 </Author>
L27             </Authors>
L28             <Publisher>Chapman & Hall/CRC Press, USA. </Publisher>
L29             <Date year="2004" month="1"/>
L30         </Book>
L31 </Books>
```

圖 13-9 XML 文件範例

以下利用此範例進一步說明 XML 文件的架構。XML 可說是由一個個**元素**（element）所組成的。所謂的元素，就是由一個**開始標籤**（start-tag）到對應的**結束標籤**（end-tag）為止，包含其中的所有內容。譬如，從 L2 行的開始標籤 `<Book>` 到 L11 行的 `</Book>` 為止，表示了一個Book元素。元素中可以包含其他元素，稱作子元素。譬如，該Book元素有四個子元素：Title、Authors、Publisher、Date。XML 要求文件必須**格式正確**（well-formed），也就是每個 XML 文件中只能有一個在最外層的**根元素**（root element），如 L1-L31 行的 `Books` 元素；同時，每個元素的開始標籤與結束標籤須成對，標籤之間不可交錯，即所有元素的排列必須為嚴謹的巢狀結構。元素可包含**屬性**（attribute），所有的屬性之值必須加上單引號或雙引號，如 L10 行的 `Date` 元素包含一個屬性 `year`，其值為 `2000`。

## 文件物件模型

**文件物件模型**（Document Object Model；DOM），是 W3C 定義來描述 XML 文件的架構，同時規範存取 XML 資料的介面，然後各家廠商可以根據該標準介面，自行提供實作的細節。

DOM 的基本觀念，就是將 XML 檔案分解成個別的元素、屬性等，然後以它們為節點，表示成一個**有順序的標籤樹**（ordered label tree）。舉例來說，圖 13-9 的 XML 文件，所對應的 DOM 樹的結構，就如同圖 13-10 所示。

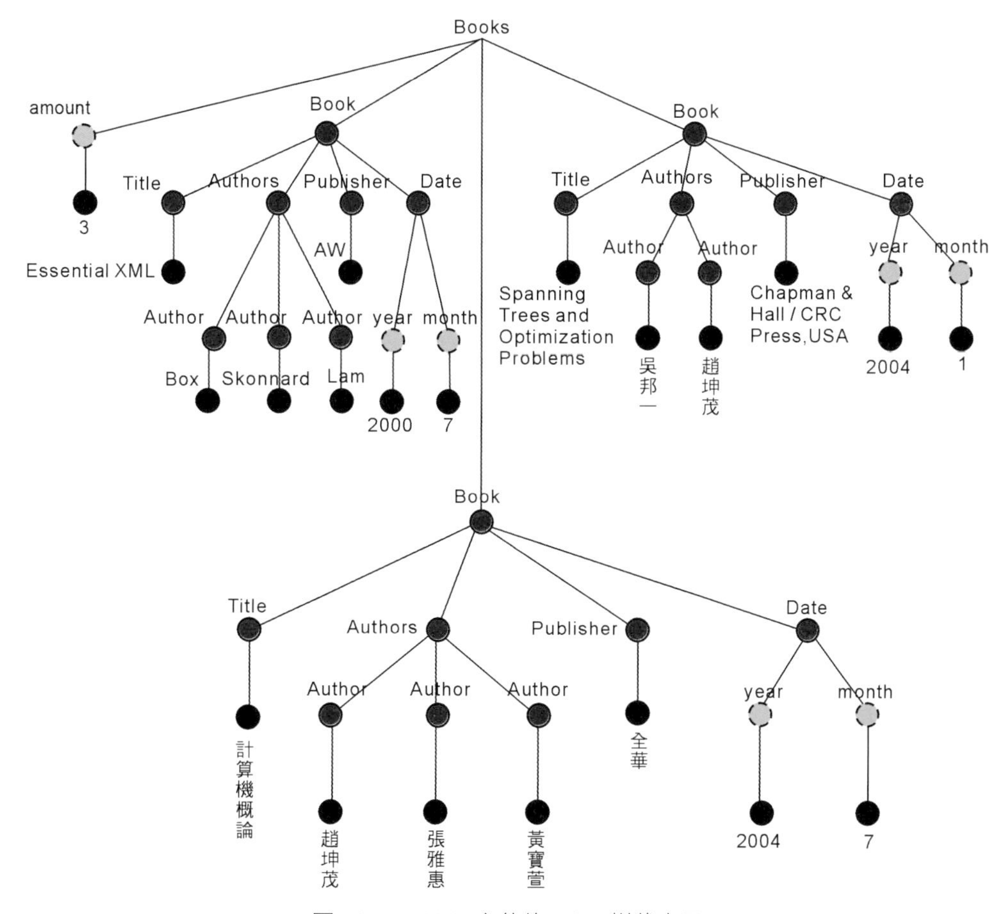

圖 13-10　XML 文件的 DOM 樹狀表示

## 文件型態定義

相較於結構化的關聯式資料庫，XML 提供了一種**半結構化**（semi-structured）表示資料的方式。舉例來說，關聯式資料庫的每筆資料都必須具有固定個數的欄位，但是 XML 資料內某一個元素可以出現一次以上。這些資料定義規格，可以利用 W3C 所頒訂的**文件型態定義**（Document Type Definition；DTD）來描述。該定義可規範特定 XML 文件的格式，也就是將每一個元素可以包含哪些子元素或屬性、各元素出現的順序等，清楚地加以定義和規範。圖 13-11 的 DTD 文件，定義了在圖 13-9 的 XML 文件裡可出現的標籤結構。

```
L1  <?xml version="1.0" encoding="Big5"?>
L2  <!ELEMENT Books (Book*)>
L3  <!ATTLIST Books amount NMTOKEN "1">
L4  <!ELEMENT Book (Title, Authors, Publisher, Date)>
L5  <!ELEMENT Title (#PCDATA)>
L6  <!ELEMENT Authors (Author*)>
L7  <!ELEMENT Publisher (#PCDATA)>
L8  <!ELEMENT Date EMPTY>
L9  <!ATTLIST Date year #CDATA #REQUIRED month #CDATA #REQUIRED>
L10 <!ELEMENT Author (#PCDATA)>
```

圖 13-11　DTD 範例

我們以圖 13-11 的範例，來說明如何定義一份 DTD 文件。在 DTD 文件中，ELEMENT 標籤之後定義的是元素的名稱，接著用小括號括起來的，是該元素的「內容模型」，也就是在對應的 XML 文件中可以出現的內容。譬如，在 L4 行的定義，規定了 `Book` 這個元素可包含 `Title`、`Authors` 等四個子元素。至於 L3 行的 `NMTOKEN` 則是規範屬性值內不能包含空白。

在 L5 行中進一步註明 `Title` 元素存放的資料為 `#PCDATA`（Parsable Character Data），該字串為預先定義的標記，代表可解析的文字資料。`ATTLIST` 標籤則是用以宣告元素的屬性，包含了屬性名稱、屬性類別及預設行為的描述，若屬性不只一個時，可以用這三個部分為一個單位一直重複下去。譬如，L9 行定義了 `Date` 這個元素具有 `year` 和 `month` 這二個屬性。其中，`year` 屬性的類別為 `#CDATA`，表示該屬性值為一般文字；預設行為的描述為 `#REQUIRED`，表示該屬性值一定要存在。

特別注意的是：DTD 允許類似 regular expression 的符號，如 L2 行的星號 * 代表 Books 元素裡可包含多個 Book 子元素。

## XPath 標準

XPath 是節點位置語言，用來取出位於特定位置的 XML 元素。我們直接參照圖 13-10 的樹狀結構，可以更清楚地瞭解 XPath 的寫法。

在 XPath 中，我們必須指定如何從一個節點走到下一個節點，最常見的是把從根元素到該節點的完整路徑寫出來，如 /Books/Book/Title。該 XPath 敘述式，會從圖 13-9 中回傳下列三個元素：

```
<Title>Essential XML</Title>
<Title> 計算機概論 </Title>
<Title>Spanning Trees and Optimization Problems</Title>
```

有時我們不是很確定元素在樹裡的確切位置，則我們可以在節點間使用 // 符號。在 XPath 的標準中，/ 代表元素間具有父子關係，而 // 則代表元素間具有祖孫關係。譬如，假設我們不確定 Title 元素的完整路徑，我們可以下 //Title 或 /Books//Title，其回傳的元素會跟上式 /Books/Book/Title 相同。

另外，我們可以利用萬用字元，取出不限定名稱的所有元素，如 /Books/Book/*。我們也可針對某個節點的內容加以限制。譬如，/Books/Book[//Author= "趙坤茂" ]/Title，會回傳所有「趙坤茂」寫的書本的標題。XPath 標準裡也提供許多函數以便使用者下達複雜的限制式，譬如表示式 //*[count(Book)=3]，則會指出擁有三個 Book 子元素的所有元素。

# 14 人工智慧

0 1 0 0 0 0 0 1 1 0 1 1 0 1 0 0 0 1 1 0 0 0 0 0 0 0 0 0 0 0 0 0

或許讀者曾經欣賞過由大導演史蒂芬司匹柏所拍攝，於 2001 年上映的電影《A.I. 人工智慧》（A.I. Artificial Intelligence）。電影裏頭出現的諸位機器人角色，其說話與行為能力與真實人類其實相差不遠。近年來，很多原本只會出現在好萊塢科幻電影裡的情節，已經慢慢地成為日常生活中可見的事實。其實，人工智慧原本就並非只存在於幻想中，而是資訊科學中一個很重要的領域。

本章介紹人工智慧的沿革以及人工智慧的相關運用，包含電腦視覺、圖像識別、感測網路、物聯網、智慧電網、專家系統、電腦下棋、自然語言處理等課題。

# 14-1 ｜ 人工智慧的沿革

什麼是**人工智慧**（Artificial Intelligence；AI）呢？顧名思義，就是「人工」形成的「智慧」。一般就生物學的角度，人類是具有智慧的最高等生物，而電腦則只是一個服從命令的機器。人工智慧的研究，就是希望使電腦系統也具有人類的知識、學習、推理的能力，以便電腦可以自行判斷來解決不同的問題。人工智慧此領域的發展，可以追溯到第二次世界大戰的末期。當時為了解決一些軍事上和情報上的問題，科學家們開始研究發展具有智慧的機器。到了 1960 年代，一些重要的理論和技術先後被提出來，才逐漸形成一股研究的熱潮。

在人工智慧的領域中，有兩位研究先驅我們不可不知。首先，歐洲的學者杜林（Alan Turing）曾於 1950 年提出如何決定電腦是否會「思考」的方法。他跳脫了哲學層次的說法，而是以模擬遊戲來進行，這個稱為**杜林試驗**（Turing test）的方法是這樣進行的：有兩個人和一部電腦，其中一個人扮演質詢者的角色，另一個人和電腦待在與質詢者不同的房間。質詢者可以問他們各式各樣的問題，但他並不知道誰是電腦以及誰是另一個人，如果在一連串問題之後，電腦讓質詢者誤以為它是另一個人，它就算通過杜林試驗，就某個角度看，它是會思考的（圖 14-1）。杜林有關這個測試的論文，被視為人工智慧研究領域的基石。至於「人工智慧」這個名詞，則是由當時任職麻省理工學院的約翰麥卡錫教授於西元 1956 年正式提出，之後麥卡錫教授轉任史丹福大學成立相關實驗室，所以這兩個大學在人工智慧的研究一直位於領先地位。

圖 14-1　杜林試驗

進行人工智慧技術的研究，基本上是先觀察人類的行為模式，特別是人類因問題和事物所引起的刺激和反應，以及因此所引發的推理、解決問題、學習、判斷及思考決策等過程；接著，透過程式設計模擬該過程，使得電腦能夠應付更複雜的問題。我們針對其中重要的技術與應用進行討論，最近很熱門的機器學習則於 14-2 節專門介紹。

## 資訊專欄　AI 成為年度熱門字詞

劍橋詞典（Cambridge Dictionary）選出的年度字詞為 hallucinate（產生幻覺），該字詞同時也是 Dictionary.com 網站，由電腦自動選出的年度字詞。幻覺不再為人類和動物所專有，機器人的聯想力有時也會有秀逗的時刻。在生成式 AI 橫空問世後，聊天機器人回答的圖文輔助了許多日常工作，然而它憑空虛構的幻想力也讓其回應有時如幻似真，讓根本不存在的錯誤訊息讀起來像真的一樣，讀者不可不察。

劍橋詞典（Cambridge Dictionary）選出的年度字詞為 hallucinate（產生幻覺），該字詞同時也是 Dictionary.com 網站，由電腦自動選出的年度字詞。幻覺不再為人類和動物所專有，機器人的聯想力有時也會有秀逗的時刻。在生成式 AI 橫空問世後，聊天機器人回答的圖文輔助了許多日常工作，然而它憑空虛構的幻想力也讓其回應有時如幻似真，讓根本不存在的錯誤訊息讀起來像真的一樣，讀者不可不察。

柯林斯詞典（Collins Dictionary）選出的年度字詞為 AI（人工智慧），顯示模擬人類心智功能的電腦程式已深入人間，此刻正蓄勢待發，未來必將帶來下一波科技革命。

韋氏詞典（Merriam-Webster Dictionary）選出的年度字詞為 authentic（真正的），該字詞有非假冒或非仿造的意涵，反映了 AI 似已模糊了真實與虛假的界線。該字詞的另外一層意義是「真誠的」，呼應了著名創作歌手泰勒絲（Taylor Swift）時代巡迴演唱會（The Eras Tour）的狂潮，鼓舞大家勇於尋求真誠的聲音與真實的自我。

經濟日報選出的「2024 經濟關鍵字」為「智」，除了反映人工智慧對各行各業的影響外，也期盼地緣政治的衝突能以天工智慧化解。

無論過去一年大家過得好不好，讓我們都以虔誠謙卑的心，迎向璀璨美好的新年！

趙老 於 2024 年 1 月

## 知識表示（Knowledge Representation）

所謂「知識就是力量」，要使電腦具有人類的行為能力，就必須把知識適當的表示在電腦裡。但是在現實社會裡，知識可能是模稜兩可或是有例外的，所以，有很多的研究是討論如何將複雜的相關訊息表示於電腦系統中。在此類研究中，比較著名的是**語意網**（semantic network）的表示法。它基本上是一個圖形的架構，把知識或概念（concept）表示為點，而點之間互相連結的線則用來表示其關係（semantic relation）。在圖 14-2 的範例中，我們表示了一群生物的關係，譬如哺乳動物（mammal）是一個（is an）動物（animal），而魚（fish）生活在（lives in）水中（water）等等。

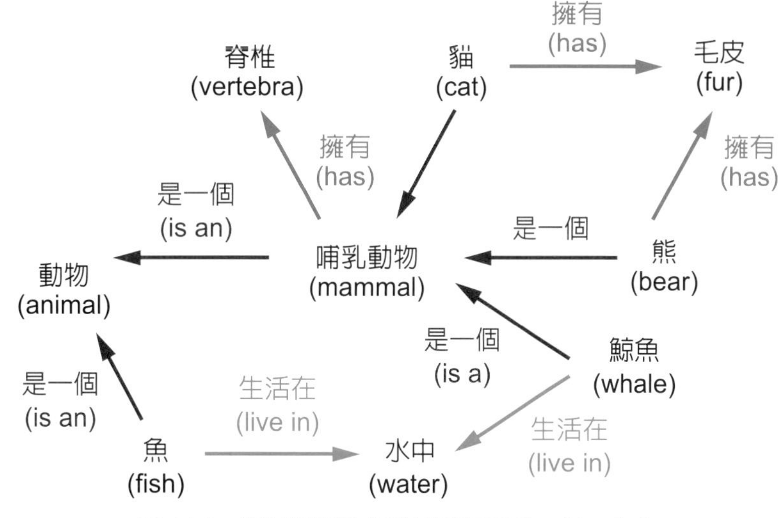


圖 14-2　語意網範例（原始資料來源為 wikipedia）

## 邏輯系統（Logic-based System）

人類進行複雜事實的歸納及推理等活動，在電腦系統裡常被描述成一條條的規則，或合稱**生產系統**（production system），而**邏輯**（logic）是一個常被使用的技巧。邏輯可以很清楚地表示因果關係，像是「若下雨，則撐傘」。但是為了符合現實社會裡不是絕對只有真（ture）偽（false）兩種情況，更複雜的邏輯系統也被討論。

## 經驗法則搜尋

當我們的生產系統或邏輯規則很多時，要找尋一條合乎限制的規則，往往會花費很多時間。所以，一個常見的技巧就是運用**經驗法則**（heuristic）來加快搜尋的速度。所謂的經驗法則，就是並不是永遠成立，但是在絕大部分情況下都是成立的。像是我們要尋找第一名的同學，我們可以全部同學一一去找。但是若知道同學已經分成「認真讀書」和「不認真讀書」這兩個部分集合，經驗法則會告訴我們先去「認真讀書」的部分集合裡面找，也許很快就會找到，但是也有可能正好一個不認真讀書的同學是第一名。

## 相關的程式語言

傳統的人工智慧技術，如知識表示和邏輯推理等，都需要利用文字或符號，也就是仰賴**符號處理**（symbol manipulation），所以早期有學者推出數種適合符號處理的程式語言，如 LISP 和 PROLOG 語言，其相關範例可以參考第 9 章。不過近年來由於人工智慧的技術大幅成長，所以其他語言如 Python、R 等，也常常被使用。特別是利用 Python 語言配合 Google 公司開發的 TensorFlow 軟體庫，應該是近年來撰寫機器學習程式者的最愛。

## 智慧型系統和專家系統

實作人工智慧的理論，所建立出具有推理判斷能力的電腦系統，通稱為**智慧型系統**（intelligent system）。其中一類具有特殊能力的系統，我們常將其稱為**專家系統**（expert system）。所謂的專家，就是具有處理特定問題能力的人，譬如說醫生。醫生在診療一個病人時，通常會先觀察病人表現出來的症狀，或者是做一些檢驗，然後根據所有得到的訊息，以及其所學的專業知識或臨床經驗，去判斷該病人所得到的疾病為何，然後進一步決定如何治療。傳統建立專家系統的做法，是將醫生判斷的過程寫成一條條的**法則**（rule），再輔以龐大的知識庫以進行推理。目前深度學習的技術則是被廣泛利用於此領域，譬如協助判讀 X 光片、根據症狀計算出病人得到某種疾病的機率等等，這些都成為輔助醫生做出診斷的利器。

## 電腦下棋

人類下棋通常是根據目前棋盤上棋子的排列，再預測未來對方會如何下棋子，來決定現在要下哪一步棋。越是高段的棋手，想的步數越多，思考也越縝密。而電腦下棋的程式，就是模擬人類決斷的過程寫出來的智慧型系統。之前 IBM 一部很有名的電腦「深藍」，曾打敗過當時世界排名第一的西洋棋大師，而近年來最引人矚目的當數圍棋軟體 AlphaGo。

AlphaGo 於 2016 年打敗棋力九段的韓國棋王李世乭之後，再度強化其深度學習的模式，然後於 2017 年打敗排名世界第一的柯潔，自此宣告再無人類敵手。所以，我們不得不承認，電腦除了在數值運算方面比人類計算的更準確更快速，也慢慢地在其他領域超越人類的表現。

**資訊專欄**

從零開始的新 AlphaGo

https://tinyurl.com/283k8f48

## 資訊專欄　回歸純粹本性的才藝競技

西洋棋特級大師卡爾森（Magnus Carlsen）自二〇一一年七月稱霸棋壇後，迄今已坐穩世界盟主超過十一年。卡爾森曾在二〇一四年和二〇一九年兩度創下人類史上最高的西洋棋等級分二八八二，今年九月的等級分為二八六一，世界排名第一。

儘管卡爾森的等級分無人能敵，但若與電腦西洋棋王鱈魚（Stockfish）的等級分三五三五相比，可說是小巫見大巫，甚至還輸給排名一百的電腦西洋棋軟體。如今人與電腦對弈，簡直是以卵擊石，完全不堪一擊。更何況電腦的演化速度遠超過人腦，故人機鬥智的大勢翻轉，不像「三十年河東，三十年河西」般風水輪流轉，而像「大江東流」般一去不復返。

人腦與電腦的棋力落差，使得棋手利用電腦作弊的情事時有所聞，即使最頂級的賽事也難倖免於外。當棋手知道下一步移動的棋子和座標時，下棋只是舉手之勞，所以無論是實體競賽，或是線上比賽，都很難阻斷如此簡單暗號的傳遞。倘若棋手的棋風丕變，或者棋力激增，就不免令人滋生疑竇。

九月初，在聖路易斯實體舉辦的西洋棋賽事，棋王卡爾森與新銳尼曼（Hans Niemann）對弈時慘遭滑鐵盧，終止連續五十三場不敗的紀錄。勝敗雖是兵家常事，但棋王落敗後卻直接棄賽，並在推特引用一位足球教練在賽事不公時的視訊聲明：「我寧願不說，若說了就有大麻煩。」暗諷尼曼有舞弊嫌疑，可能的推測是尼曼身上藏有震動器，藉以收到電腦的棋步指導，不過一切仍是真相未白的羅生門。

九月下旬的線上賽事，棋王在預賽階段再次遭逢尼曼，沒想到棋王只下一步棋就關掉視訊，直接放棄該回合的點數，震驚棋壇。此舉顯然有失風度，但在非常時期也反映了棋王沉默的抗議。後來棋王挺進最後四強，尼曼在半準決賽時遭到淘汰，棋迷暫時看不到兩人再次對決的戲劇場面。

如今電腦琴棋書畫樣樣精通，早晚都會衝擊到人類的才藝競技與市場機制。例如八月底時，一幅由電腦軟體自動繪製的畫作，在科羅拉多州博覽會的數位藝術類別勇奪首獎，引發競賽作品送件規範的熱議。另一方面，當普羅大眾皆能以電腦軟體自動繪製高素質畫作時，傳統藝廊該如何因應呢？

趙老 於 2022 年 9 月

## 資訊擷取

**資訊擷取**（Information Retrieval；IR）其實是一個和傳統資料庫研究一樣悠久的領域，差別在於此領域主要處理的對象是大量的文件，而非一般資料庫所處理的文數值資料。由於人類書寫的文件，並不具有嚴謹的綱要定義和結構。所以，此領域所提供的查詢方式基本上是以關鍵字為主，然後根據公式計算文件與該關鍵字的相關性，再將分數較高的文件輸出。

近年來由於全球資訊網的興起，資訊擷取再度成為熱門的領域。這是因為全球資訊網上支援的 HTML 文件，並沒有如同傳統資料庫般的固定結構，所以搜尋引擎一開始主要也是基於傳統的 IR 技術，根據使用者輸入的關鍵字，找尋相關的網頁。不過後來也針對 HTML 裡的特定表示法，如**超連結**（Hyperlink）等，進行進一步的分析，以提供與關鍵字最相關或最熱門的網頁。Yahoo! 和 Google 一開始創業成功，都是因為在這方面提出了傲視群雄的技術。

## 自然語言處理

我們在本書的前面章節曾經介紹過程式語言，它是和機器溝通的語言，而所謂的**自然語言**（natural language），則是人類之間溝通所使用的語言。有關自然語言處理的研究之一，是希望電腦能夠瞭解人類所說的話，直接知道執行什麼命令，而不需要輾轉透過程式語言。而此領域另一個重要應用，則是進行**機器翻譯**（machine translation），譬如把一篇英文論文自動翻譯成一篇中文論文，反之亦然。目前很多瀏覽器都利用此技術，讓使用者在瀏覽網頁時，可自行選擇採用何種語言呈現網頁內容。另一方面，聊天機器人也是此類技術的應用。幾年前，Apple 公司生產的智慧手機，內含的 Siri 軟體，因為能聽懂人類部份的問題而受到大家的歡迎。而最近最熱門的軟體非 ChatGPT 莫屬。它不僅能相當正確地理解一般人以自然語言表達的問題，而其相當自然的回覆也令人驚豔。有關 ChatGPT 使用的技術和原理，在下一節會做進一步的說明。

這些年來，人工智慧技術突飛猛進，不僅在很多方面進展神速，更是跨入各式各樣的領域。譬如，常常被媒體大肆報導的各類機器人，如鴻海的 Pepper、華碩的 Zenbo 等，就可以說是綜合機械、控制、人工智慧等等技術的結晶。很多人擔心，長此以往，我們所製造的各種智慧型系統，特別是具備人工智慧的機器人，會不會功高震主，取代我們人類呢？就目前的技術而言，由於人工智慧都是針對特定問題加以訓練或設計，所以暫時不用擔心會取代整個人類。但是隨著技術日趨成熟，很多專家已經提出警告，越來越多的工作機會可能會消失。譬如，勞力密集的工作由機器人執行，遵循固定規則的如會計工作、透過經驗累積的如股市分析，則可能經由電腦程式就能得到極佳的效果。所以如何利用人工智慧而不被其取代，應該是身為人類的我們，不得不時時警惕自己的課題啊！

**資訊專欄**

允文允武的聊天機器人

https://tinyurl.com/3zm454u2

跨越語言鴻溝的通譯神機

https://tinyurl.com/bdzc8wd3

# 14-2 | 機器學習和深度學習

相較於邏輯系統利用很多規則明確指示機器如何運作，**機器學習**（Machine Learning）則是採用統計的概念讓機器進行學習。基本上的做法，是先針對特定的問題選用適當的演算法或模式，然後利用資料對機器加以訓練，以調整其模式中的係數或權重。學習方式通常可分為以下幾種：

* **監督式學習（supervised learning）**：此類學習方式，必須針對每一筆輸入資料給予正確的答案或標籤（label），以便機器在學習的過程中能判斷誤差並進一步改善之。我們以第 13-5 節中所討論的「分類」為例，在進行信用卡等級「分類」時，所輸入的訓練資料，除了包含申請者的收入等特徵，還必須同時輸入該申請者的類別標籤為極佳或普通等，所以屬於監督式學習。

* **非監督式學習（unsupervised learning）**：此類學習方式，並沒有事先給予正確答案，而是設計特定的演算法來判斷程式何時應該終止，並嘗試擷取有用的資訊。以第 13-5 節中所討論的「分群」為例，我們並不需要事先將所輸入的資料指定為哪一群，而是根據所採用的演算法，譬如 k-means 演算法，將具有類似特徵的資料分成數群，所以屬於非監督式學習。

* **增強式學習（reinforcement learning）**：當我們在欣賞海豚表演時，可以發現，當海豚做出正確完美的跳躍動作後，訓練師會給與食物獎勵。所謂的增強學習，就是當機器做出良好的判斷時，我們會給與獎勵或正向回饋，下次機器面臨同樣的狀況時，就傾向於做出同樣的判斷或反應。

在機器學習中近年來最為人知的技術，當屬仿照人類神經系統的**類神經網路**（Artificial Neural Network；NN 或 ANN），其基本架構如圖 14-3 中之左圖所示，以下簡要說明之：

* 圖中的圓圈，對應到人類神經系統中的神經元，其中輸入層為接受刺激的神經元、輸出層可看作是系統的反應，而隱藏層則不與外部有直接接觸，其功能為對資料進行處理或轉換。

* 圓圈之間的連線對應到人類神經系統中傳遞訊號的突觸，在此架構中會賦予每個連線一個權重（weight），用以代表各神經元的重要性。

神經網路架構中還有一個很特殊的成分，稱作**激發函數**（activation function）。其作用是，在決定是否讓某個神經元將訊號傳遞下去時，不只根據前一層的神經元和權重所計算出來的總數值，還必須將該值和特定的門檻值比較，才能決定輸出為何。如此一來，若某個神經元接受到的刺激很小，則可以直接忽略它，把輸出設為 0，也就是不再繼續傳遞訊號。另一方面，若某個神經元受到極大的刺激，也可以將其輸出的上限設定為 1，如此就不會讓單一神經元操控了整個系統的表現。所以，透過適當的激發函數，可以更精準地捕捉大自然中輸入與輸出間，常常具有的非線性關係。

類神經網路的架構雖然很早被提出，但由於計算耗時且效果不彰而沉寂了一時。到了西元 2000 年左右，**深度學習**（deep learning）的概念提出後，這個領域又重新活躍了起來。深度學習通常指的是類神經網路中間有相當多的隱藏層，如圖 14-3 中之右圖所示。雖然加入更多隱藏層需要更複雜的運算，但此難題適時地被具有大量平行計算能力的 GPU（Graphics Processing Unit；圖形處理器）所解決。所以在如此天時地利、軟硬體巧妙搭配之下，深度學習的架構在很多領域達到極佳的效果。以下我們就介紹幾個最具代表性的類神經網路架構。

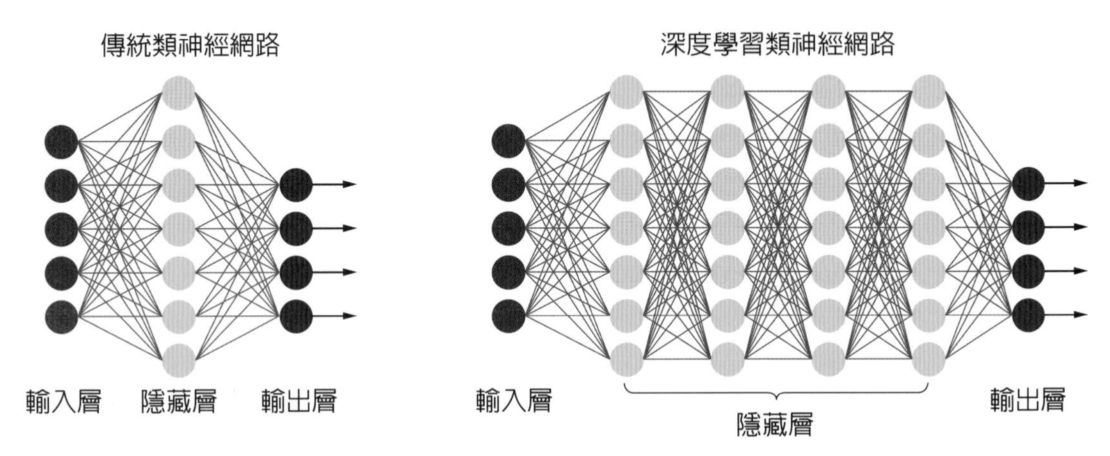


圖 14-3　（左圖）傳統類神經網路（右圖）深度學習類神經網路

## CNN

深度學習中第一個明星架構當屬**卷積神經網路**（Convolutional Neural Network；CNN）。該架構在電腦視覺方面，精準辨識物體的能力有時更勝於人類。以下我們介紹 CNN 中的兩個重要模組，分別是**卷積層**（convolutional layer）和**池化層**（pooling layer）。

大家或許有經驗，在茫茫人海中，你可以瞬間找到你熟識的朋友，憑藉的可能是某個最重要的特徵，如深邃的眼睛。所以，在讓機器判讀一張照片時，我們可以針對重要的特徵（feature）設計對應的過濾器（filter），利用卷積運算把該特徵凸顯出來。若我們將輸入的影像檔看作是一個比較大的二維矩陣，過濾器或稱核心（kernel）則是一個比較小的矩陣。卷積運算基本上就是針對兩個矩陣重複「移動」、「對齊」、「計算乘積和」的步驟，直到過濾器和影像的最後一格對齊為止。

我們以圖 14-4 來說明卷積計算的過程。於圖 14-4(a) 中，我們依序顯示了一個 $2 \times 2$ 的過濾器，和一個 $3 \times 3$ 的影像檔，此二者經過卷積運算會得到另一個 $2 \times 2$ 的結果矩陣，而其內 4 個值的計算過程分別展示如下。首先，在圖 14-4(b) 中，我們將過濾器對齊影像檔的左上角，然後將對應位置的元素相乘，最後相加起來，所得的數字 53 放在結果矩陣的左上位置。接下來，我們將過濾器沿著橫向移動一步（stride 值為 1），要進行運算的兩個矩陣如圖 14-4(c) 的左側所示。同樣將對應位置的元素相乘再相加之後，所得到的數字 50 則放在結果矩陣的右上位置。

由於橫向位置已經對齊到影像檔的最後一格，我們接著處理縱向方向。將過濾器由原始位置往下移動一步，計算過程如圖 14-4(d) 所示，所得的數字 30 放在結果矩陣的左下位置。由該位置再往右移動一步，計算後得到的數值 32 放在結果矩陣的右下位置，計算過程如圖 14-4(e) 所示。由於已抵達影像檔的邊界，所以就可以停止運算了。

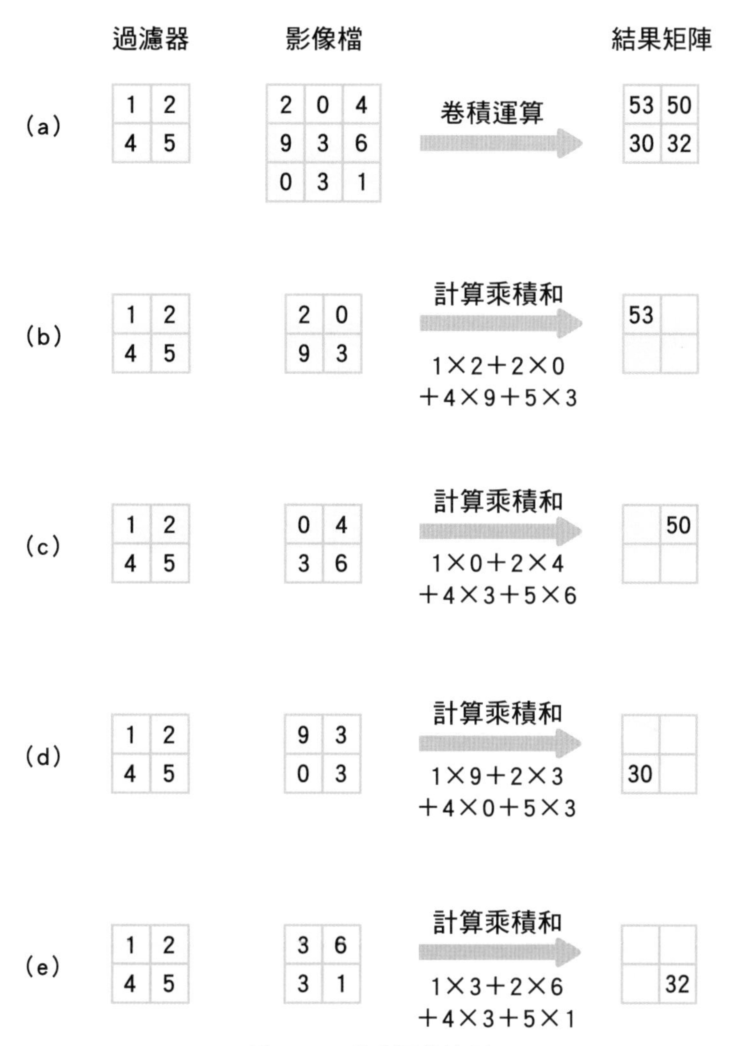

圖 14-4　卷積運算範例

接下來我們介紹 CNN 中的**池化層**（pooling layer）。卷積層提供了提取特徵的功能，但是一方面我們不見得需要每個值都鉅細靡遺地留下來，二方面也不希望某個數值過大而難以控制。所以，透過池化層，我們可將矩陣分成數個大小相同的區塊，然後每個區塊推算出一個數值作為代表即可。常見的做法為**平均池化**（average pooling）和**最大池化**（maximum pooling）。在圖 14-5(a) 中，我們顯示了一個 4 × 4 的原始矩陣。若我們將其區分為 4 個 2 × 2 的矩陣，則圖 14-5(b) 顯示了最大池化的結果，而圖 14-5(c) 則顯示了平均池化的結果。

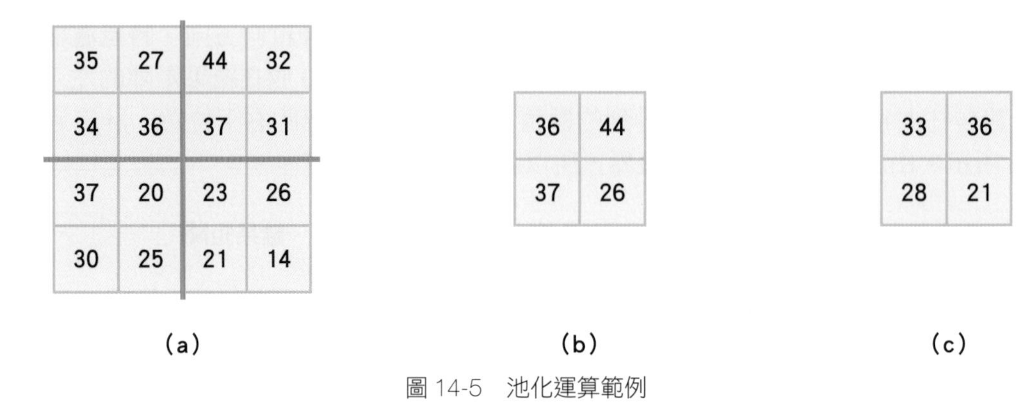


圖 14-5 池化運算範例

一個 CNN 的完整架構範例如圖 14-6 所示，我們可以將輸入的矩陣視需要進行多次的卷積和池化運算，若要保留全部數值，也可以只卷積不池化。最後通常會接上一層或者多層的**全連接層**（fully-connected layer），利用彼此互相連接的神經元，進行最後的權重學習，然後輸出成我們想要的格式，譬如分類結果或預測數值等。

圖 14-6 完整的 CNN 架構範例

## RNN

CNN 針對單一圖片的辨識獲得極佳的成果，但是，有時候人類會根據前面的經驗和記憶進行判斷，也就是決策過程具有連續性。對應此人類行為的設計則為**遞歸神經網路**（Recurrent Neural Network；RNN），它也被稱作是一種具有記憶功能的網路。圖 14-7 左側顯示其基本架構。簡言之，在第 $t$ 次時，輸入是 $x_t$，同時考慮來自前一次（$t$-$1$ 次）執行時產生的隱藏狀態（hidden state）$h_{t-1}$，一起作用之後才輸出結果 $y_t$。其展開的形式則如圖 14-7 右側所示。以第二次執行為例，輸入為 $x_2$，來自前一次執行所產生的隱藏狀態為 $h_1$，共同作用之後輸出結果 $y_2$ 和隱藏狀態 $h_2$，依此類推。

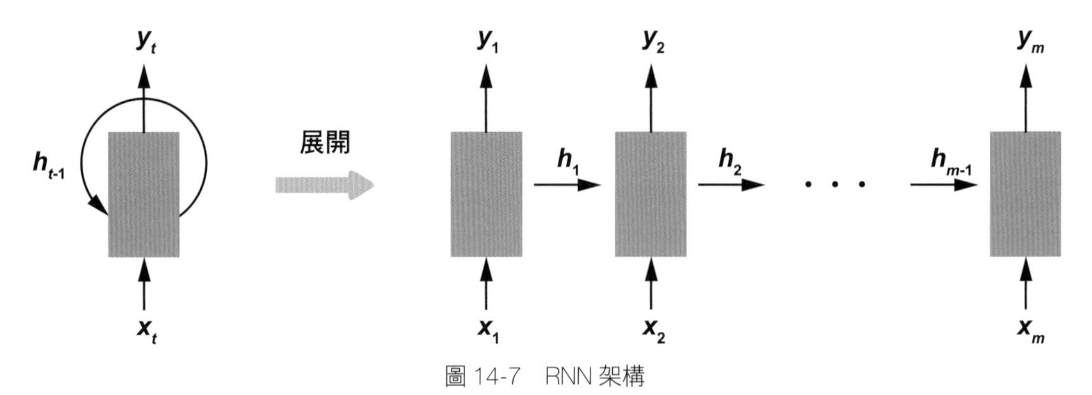


圖 14-7 RNN 架構

RNN 的架構特色就是每一次執行時都會考慮前面的狀況，所以常被用於處理時間序列，或是自然語言處理。前者像是利用每 10 分鐘量測到的雨量來預測接下來是否會淹水，後者則像是利用前後文來理解一個句子的意思。後續提出的架構如**長短期記憶**（Long Short-Term Memory；LSTM）和**門控循環單元**（Gated Recurrent Unit；GRU），進一步利用更多的**控制閥**（gate），來決定記憶的儲存和使用，可改善 RNN 的記憶儲存問題或加快執行速度，是目前較多人使用的模式。

## 生成式 AI

上述的 CNN 和 RNN 模型是模擬人類進行判斷的方式，另一類的研究則是模擬人類創作的過程，希望設計出具有創作能力的機器學習模型，這一類人工智慧技術統稱為**生成式 AI**（Generative AI）。此類的研究並非希望機器完全模仿所給與的訓練資料，而是期許機器能夠自行產生出具有訓練資料特色的作品。

第一個頗受注意的架構為**生成對抗網路**（Generative Adversarial Network；GAN），其最吸睛的應用就是可用來產生精美的圖片，如漫畫中的美少女。如圖 14-8 所示，生成對抗網路主要包含兩個部分：**生成網路**（generative network）或稱**生成器**（generator）、**判別網路**（discriminating network）或稱**判別器**（discriminator）。首先，我們從真實圖片的數據空間（data space）中隨機抽取數據點（data point），交給生成器產生圖片，一開始的作品可能是鼻子不像鼻子、嘴巴不像嘴巴的抽象畫。而判別器的作用則是來判別某一張圖是漫畫家畫出來的真實圖片，還是生成器所產生的抽象畫。所以，我們一方面要訓練判別器，讓它可以正確判斷某一張圖是否為真實圖片，另一方面，我們更要訓練生成器，讓它產生出判別器誤以為是漫畫家畫的圖。如此透過兩者相互對抗同時提升兩者的能力，最後機器就可以產生出真假難辨的絕佳作品。

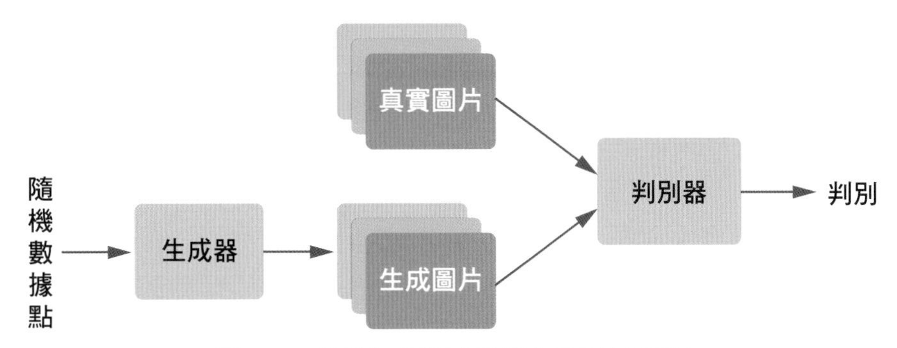


圖 14-8 利用生成對抗網路產生圖片的示意圖

另一個目前很受歡迎的架構，則是以**變換器**（Transformer）為基礎的預訓練模型（Generative Pre-trained Transformer；GPT）。Transformer 是一種採用**自注意力機制**（self attention）的深度學習模型，注意力機制可以按照輸入資料各部分重要性的不同而分配不同的權重，所以可以在序列資料中，抓取到上下文之間的重要關係。而利用 GPT 架構的最著名應用軟體，當屬 OpenAI 組織發表的 ChatGPT。一開始 OpenAI 組織先餵給 ChatGPT 大量的網路文件，如 Wiki 等，讓它學習如何產生句子，也就是有點類似玩文字接龍的遊戲。之後，到了 ChatGPT-3.5，則進一步加入了人類回饋的增強式學習，以進行模型的微調，也就是透過人類擔任老師或訓練員，引導機器輸出較有人性的句子。該軟體自從 2022 年底推出之後，就席捲全球。只是，該軟體極佳的表現，也產生了一些負面效果，包含學生使用 ChatGPT 寫作業、甚至學者使用 ChatGPT 寫論文等等。所以一方面在應用端如何辨別是否為人類自創，另一方面在技術端是否需要制定研發規範等等，都是越來越重要的社會議題。

## 資訊專欄 機智過人的雙子座

2023 年 12 月上旬 Google 推出新世代多模態大型語言模型 Gemini（雙子座），展現卓越超群的語言、圖像、聲音和影片之理解與生成能力！初出茅廬的 Gemini，共有三種規格：高複雜度任務的 Ultra、專業使用的 Pro 及智慧裝置應用的 Nano。

趕在 OpenAI 的聊天機器人 ChatGPT 周歲之際推出 Gemini，無疑是想與 ChatGPT 植基的 GPT 模型對決，並讓它所支撐的聊天機器人 Bard 更能與 ChatGPT 抗衡。在多項測試廝殺中，Pro 比 GPT-3.5 略勝一籌，而 Ultra 則超越最新版的 GPT-4，成為當代最強的多模態模型。在某些多模態智能測驗（如 MMLU）裡，Ultra 甚至成為首度勝過人類專家的人工智慧模型，相當值得期待。

多模態大型語言模型的應用極為廣泛，幾乎觸及人類智能駕馭的各個場域，未來將對我們的工作日常產生革命性的衝擊。它不僅可以看圖說故事，還能聽故事畫圖，乃至於自創圖文影音。它有問必答，有求必應，甚至還能無中生有，隨機組合變化。在校園學習裡，不僅學生作答時，可能會參考聊天機器人的輔助答案，或許老師命題及批閱時，也會參酌聊天機器人的建議呢！

2023 年 4 月，Google 整併 DeepMind 和 Google Brain 兩部門，成立新組織 Google DeepMind。兩部門原本就已聲譽卓著，DeepMind 推出的圍棋軟體 AlphaGo 及蛋白質結構預測軟體 AlphaFold 都立馬威震武林，而 Google Brain 在多種語言的轉譯上也令人耳目一新。它們在整併後齊心合力推出 Gemini 模型，必將牽動人工智慧應用領域的版圖。

大家或許好奇該語言模型為何取名 Gemini ？它的拉丁文字義為雙胞胎，英文字意為雙子星，反映其為 DeepMind 和 Google Brain 兩強匯流的成果。另一方面，當年美國航太總署推出阿波羅登月計畫前的橋接計畫即為雙子座計畫，因此將這個起手式平台命名為 Gemini，帶有振翅高飛的寓意和期許。此外，雙子座星座的特質是機智過人和博學多聞，猜測這也是命名原因吧！

趙老 於 2023 年 12 月

# 14-3 ｜ 電腦視覺及圖像識別

人類視覺是來自於眼睛注視，然後經由視覺神經傳導，至腦部針對所看到的影像進行判斷；電腦視覺則是由**感應器**（sensor）接收訊號，然後線路連結將訊號傳進電腦，透過程式進行分析判斷。電腦視覺是藉由理論及演算法的實作（包括計算機圖學及影像處理等重要資訊技術），希望能找到有用的資訊並將其擷取出來加以分析，使電腦所看到的就好比人所看到的一樣。假設肉眼看到一張海灘照片上面有個美女在做日光浴，則電腦如果讀進這樣的照片也應該能夠判斷出場景是在海灘上，並且能夠找到有用的資訊為照片中在做日光浴的美女，這樣才算是電腦視覺。也就是說，電腦視覺除了能夠「視」，知道有資料之外，還要能夠「覺」，察覺出資料所呈現的是什麼樣的意象。

想像如果有一天，電腦已經能夠完全判讀鏡頭所拍攝到的影像，如果發現監視器中有異樣，譬如是樓梯間有人埋伏許久，或者電梯裡有人在掙扎，電腦就啟動警鈴呼叫保全，那大樓的安全系統就不需要保全人員老是兩眼盯著螢幕監視，盯到後來神經疲乏、兩眼發花，結果真有事情時反而反應不過來。

想像如果有一天，家裡可能不再需要聘請保母照顧小孩，就買一個機器人放在家裡。由機器人負責看顧孩子，把觀察的焦點放在孩子身上，透過機器人的眼睛，也就是攝影機去拍攝，再由機器人的腦，也就是電腦運算去理解孩子的狀況，看孩子是否有異樣，定時定量給小孩子餵食，或者也可以把機器人所拍攝到的影像傳給上班中父母。或者就像是 SONY 推出的機器狗愛寶（AIBO，圖 14-9），能夠判斷出它的玩具球所看到影像在哪裡，然後上前踢一腳，再進一步追蹤球的方向，不停地玩踢球的遊戲。

圖 14-9 拜電腦視覺之賜，機器狗也可以擁有視覺

## 資訊專欄

在影像處理實驗室和專業期刊裡，常常看到同一張美女圖，早期沒有人清楚她的來歷，只知道她的名字叫 Lena。

Lena 到底是誰呢？多年以後大家才知道她是《花花公子》1972 年 11 月份的女郎，來自瑞典。1973 年時，有位南加大的學者設計了一個新的影像處理方法，想應用在有光澤的臉部圖片上，就在苦尋不得其果之際，有位同學帶著一份近期的《花花公子》走進實驗室，其中 Lena 這張美女圖正中該學者的下懷，因為它具備了可用來測試影像處理效果的各種重要特性。沒想到這張美女圖魅力驚人，從此成為影像處理領域最具公信力的測試基準，展開了極為出色的「Lena 王朝」。

Lena 出生於 1951 年，1972 年時在芝加哥擔任模特兒，後來回到瑞典工作，有個很幸福的婚姻，並育有三個小孩。直到 1988 年她被訪問時，才知道她的圖片多年來已在資訊領域內廣為流傳，她也不以為忤，同時很大方地出席了 1997 年影像科技學會五十週年的年會，風姿綽約，依然動人。

影像處理技術的精進，使得今日全球資訊網能廣受歡迎；而 Lena 這張美女圖，可說是這些年來影像處理技術上最重要的一張影像。因此，Lena 已成為全球公認「網際網路的第一夫人」，她是影像處理專家心中永遠的蒙娜麗莎。

電腦視覺面臨的第一個挑戰就是來自於影像的記錄方式，影像的記錄是以該影像如何描述作為根基，是我們以一點一點的**像素**（pixel）來記錄影像，pixel 裡記錄的是有關該點位置、顏色，但是這些資訊並無法幫助我們直接進行影像的分析，因為我們並沒有記錄出該物體是什麼形狀、以什麼角度擺設、或者與其他物體之間的距離。電腦視覺中，要能夠完全辨識出物體的意思是說：如果從不同的角度拍攝同一物體，所拍攝到的畫面自是不相同，但是電腦視覺要能分析判斷出兩個畫面是有關同一物體不同角度的資訊。

此外，大千世界裡，我們記錄影像通常都是採用全彩的模式，也就是影像的色彩越鮮豔越美麗，可是對於電腦視覺來說，顏色反而不是重點，重點是如何切出物體、辨識出物體。因此電腦視覺的第一步通常是做**灰階處理**（gray level），灰階處理是指以 8 位元的大小來記錄顏色的深淺，也就是一共有 0 到 255 種不同階層的顏色深淺。做了灰階處理之後，才能夠移除色彩所可能帶來的誤導或偏差（圖 14-10）。

圖 14-10　灰階處理前後的 Lena 照

電腦視覺的處理過程有五大步驟：**潤飾**（conditioning）、**下標籤**（labeling）、**群組化**（grouping）、**解析**（extracting）、**比對**（matching）。我們就簡單來看這些步驟如何完成電腦視覺的判斷。

## 潤飾

潤飾的情況在於猜測所觀測的物體可能伴隨著其他沒用的資訊，譬如說是背景或者其他會干擾電腦視覺的雜訊。因此，潤飾的最主要目的是去除沒有幫助的資訊，譬如說是 Lena 圖的背景，或者是金屬物品上的光澤（圖 14-11）。

圖 14-11　潤飾過後的 Lena 圖

## 下標籤

排除雜訊及背景資訊之後，電腦視覺再針對像素的灰階色澤進行標籤，譬如我們把灰階再分成 16 個等級，則 0~15 算是一個等級、16~31 是第二個等級，以此類推至 255。下標籤之後，雖然灰階圖上帽子的顏色略有差異，可是經由標籤之後，帽子上的點由於色差不大，因此很有可能都會被標為同一個等級。

## 群組化

下了標籤之後，我們就能夠把標籤值相同或相近的區塊圈選出來，整張圖就被分解成由數個群組所組成。

## 解析

已經群組化過後的資訊，我們針對群組進行一些計算，算出一些能代表這個區塊特性的數值，譬如說是標準差、平均值等。

## 比對

完成了解析的動作之後，電腦視覺已經能夠把觀察物區塊標明出來，並且得到夠多的資訊（標準差、平均值等）以理解觀察物，但是電腦還是不知道所觀察到的是什麼東西，因此就要透過與已知的物品進行分析比對，才能確認到底所看到的是一位美女？還是野獸？這跟人類的學習模式一樣，我們也是先被教導美女是什麼樣子，野獸又是什麼樣子之後，才能夠進一步辨別美女與野獸。只不過人類可以透過其他感官來分辨，例如聽美女悅耳聲音或野獸嘶吼大叫，電腦視覺則必須透過影像的特徵來辨析。

### 資訊專欄　回天之術的植入裝置

當身體器官受損失能時，有些部位除了器官移植外，還有植入人工裝置的選項，例如人工關節、心律調節器、植牙、人工耳蝸和視覺假體等。

五年多前，特斯拉電動車老闆馬斯克共同創設了 Neuralink，致力於腦部植入裝置的開發，期使人腦可直接連結電腦。Neuralink 的短程目標為治療腦部傷病，而終極目標則為藉由腦機介面增進人類腦力，讓常人成為可與人工智慧共生的超人。

2021 年四月，Neuralink 公布了一部影片，主角 Pager 是一隻九歲大的猴子，其大腦運動皮層被植入了可感測腦部訊號的電極。當 Pager 操作搖桿移動螢幕游標時，電極傳導的資料經由數學模型運算，可解碼腦部訊號與搖桿動作的對應關係。待練習校準一段時間後，Pager 僅靠腦部訊號就能控制螢幕上的物件移動。此一展示帶給癱瘓者一道曙光：未來能否僅靠意念驅動，就能自在遨遊於數位天地呢？

然而，Neuralink 的突破作法引來倫理爭議。近日，某非營利組織就指控猴子在實驗室受到折磨，甚至有多隻亡故。Neuralink 則回應當前先進的醫用器材及治療都先進行動物實驗，成功後再套用到人們身上，並承諾盡可能採用符合人道倫理的方式。近日俄羅斯入侵烏克蘭，人類連彼此和平共處都做不到，又怎能奢求人類與萬物和平共存呢？個人認為激進研究的倫理規範寧緊勿鬆，才不至於犯下滔天大禍，覆水難收。

此外，植入式電子裝置的保固維護極為重要，若碰上短命公司就很要命。二月中旬，《IEEE Spectrum》期刊的一篇報導指出，Second Sight 不再支援維護它所植入的仿生眼睛，不只軟體不再更新，而且硬體損壞也無從修護，至少有三百多位用戶頓失所依。有人下樓梯時突然變黑而無從改善，有人因腦部植入的仿生眼睛線路不明而無法做腦部磁振造影，只能改做電腦斷層…。有位用戶直言「這是很棒的科技，卻是很糟的公司」，疫情初期他已符合可增進視野的軟體升級資格，當他耳聞 Second Sight 陷入困境而致電該公司的治療師時，對方答覆：「好笑的是，我們都剛剛被解僱，而你的軟體也無法升級。」

該科技產品曾救助失明者重見光明，如今卻成為用戶頭顱內的不定時炸彈，讓他們墮入前途未明的黑暗深淵。該公司的招牌為「Life in a New Light」，卻因經營不善而逐步演變成「Life in a New Dark」，真令人不勝唏噓。

趙老 於 2022 年 3 月

# 14-4 ｜ 感測網路、物聯網及智慧聯網

不曉得讀者有沒有看過 1996 年播映的《龍捲風》（Twister）這部電影？在這部影片中，科學家為了搜集研究龍捲風相關的數據，製作大量的球型數據搜集裝置（圖 14-12）後，讓龍捲風捲入這些裝置，以量測龍捲風內部的相關數據，並透過網路回傳量測到的數據資料。雖然這是十幾年前的電影情節，但現在的技術已經讓過去的電影情節得以實現！而這就是現在的**感測網路**（sensor network）和**物聯網**（Internet of Things；IoT）的應用之一。

圖 14-12　電影《龍捲風》的劇照：片中所使用的球型感測網路裝置
（資料來源：https://haphazardstuff.com/twister-1996-movie-review/）

感測網路的主要應用之一，就是在一定規模的實驗場所裡進行資料的搜集。進行實驗的場所範圍可大可小。可以只是小規模的一個房間、一個層樓或是大規模的一個農場，或是一整個森林。而進行數據搜集的感測器也有各種不同的功能。基於實驗需求，感測器可以用來搜集各種需要的數據如溫度、溼度、聲音、振動、壓力等等資訊。由一群感測器所組成的網路即是我們所謂的「感測網路」。而搜集到的數據則可以透過感測網路回傳給資料處理中心。舉例來說，如果我們要監控森林裡是否發生森林大火，那麼我們可以將可接收 GPS 訊號並偵測環境溫度和空氣品質的感測器大規模地撒到森林裡，並由一個控制中心搜集所有位置及相關數據。當數據出現異常（區域溫度異常升高，或是二氧化碳濃度異常飆升）時，可推測可能發生不正常的現象，自動發出警告給相關單位。感測器可能透過有線網路或是無線網路進行通訊，而感測器電源的供給方式也可以是一般電源線或是透過電池供電。

如果是建置在大樓裡的感測器，通常可以用有線網路配合電源線，甚至使用可一併提供電源的網路線（即所謂的 PoE，Power over Ethernet 技術）。而如果是以上述森林大火偵測為例的話，在這種大規模、不易建置網路和電源的環境下，則可能使用無線網路通訊、使用電池供電的感測器。因此，感測器的設計除了感測不同的環境數據外，往往會依實際使用環境而有額外不同的設計需求，像是要防水耐摔、要成本低廉，或是要特別省電。

當然，光靠感測器之間的網路是不足以把數據資料傳送回資料處理中心的。通常我們還會需要一個類似**基地台**（base station）、**轉送站**（relay），或是**路由器**（router）的裝置，負責彙整區域內搜集到的數據，再回傳至資料處理中心。這個「基地台」可能是一個比較高級的感測器，或是一個特製的資料彙集或轉送裝置。而一般的感測器則可以透過這個類似基地台的角色，將數據資料回傳至資料處理中心。以圖 14-13 為例，它建置的網路是一個可以在水面下進行數據資料搜集的感測網路。而由於不同無線訊號傳輸技術的距離限制長短不一，一般的感測器只能將訊息傳送給配備較佳的轉送裝置，再將訊號回傳給位於海面上、距離較遠、架設於船上的基地台。最後再由基地台透過衛星或是地面的無線電，將資料回傳至數據中心。

物聯網和感測網路的概念類似，也可以說是感測網路的進階版。在感測網路裡，所有的感測器之間會形成一個網路。而物聯網則更進一步，把所有的裝置都連接成一個網路，甚至還可以接上網際網路！物聯網的概念其實在很久以前就已經出現了。最早可能是在比爾蓋茲 1995 年的「未來之路」一書裡，提到「物物相連」的概念。而國際電信聯盟則是於 2005 年正式提出物聯網的概念。在物聯網的世界裡，每個裝置或是物體上，帶有不同的晶片。它可能是用以識別的 RFID、各式各樣的感測器、或是無線通訊晶片。裝置則依其能力提供各式各樣的資訊，而和感測網路一樣，這些資訊可以透過像「基地台」或是「轉送站」等裝置，彙整至資料處理中心，進行各式各樣的應用。物聯網的設計為三層式的架構：感知層、網路層以及應用層。感知層就是資料的提供者，也就是先前提到的 RFID 或是感測器可以提供的資料；而網路層則負責資料的傳輸，通常是透過無線網路進行傳輸；應用層則是針對搜集回來的資料，進行不同的專業應用。

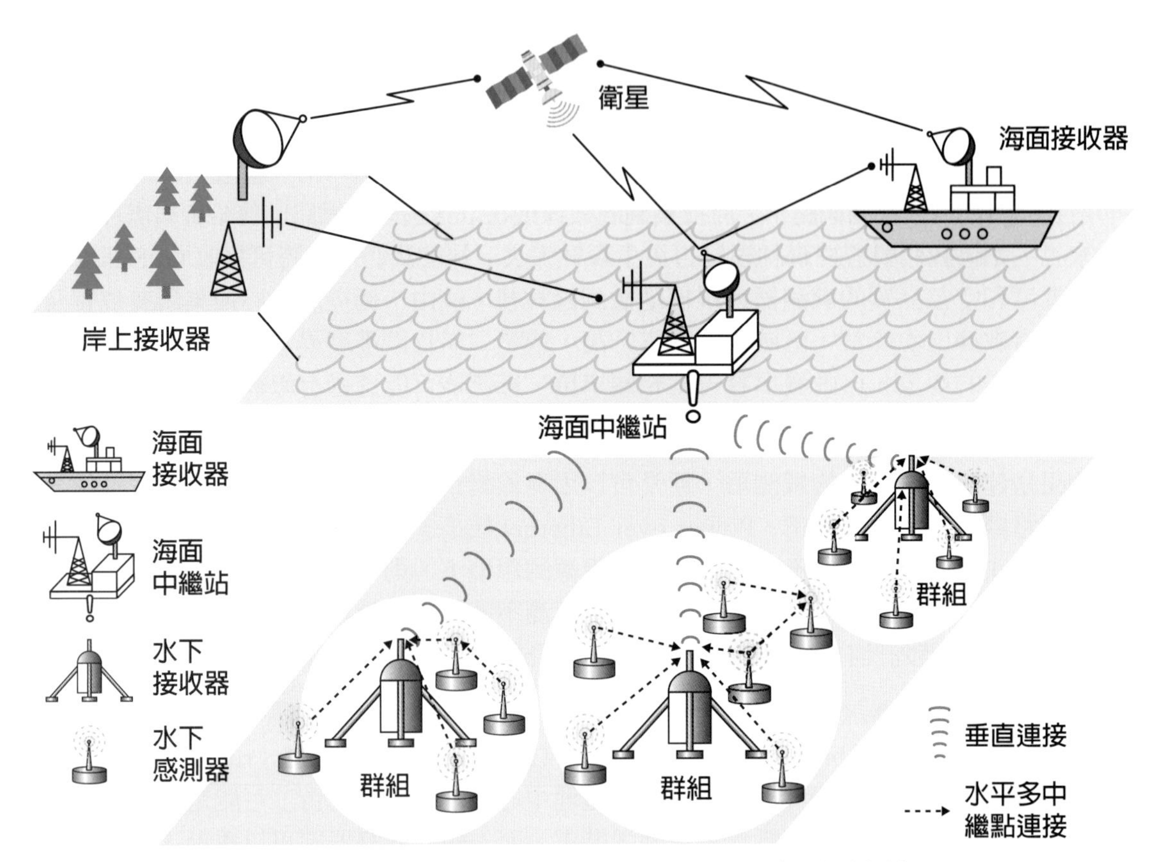


圖 14-13　喬治亞理工學院的水下探測計畫所使用的感測網路架構圖
（資源來源：http://www.ece.gatech.edu/research/labs/bwn/UWASN/）

我們可以舉二個物聯網的應用。讀者可能都聽過所謂的「數位家庭」或是「智慧家庭」，這是常見的物聯網的應用之一。讀者可以想象，在未來的世界裡，家裡所有的裝置都可透過手機或網路進行操作設定：出門時可以遠端遙控家電、回家時冷氣自動打開、天黑了房間自動調節燈光、有小偷來了自動發出警報等等。要做到這樣的情境，只要家裡的插頭、電燈、電器等家電都具備上網功能，再安裝各式各樣的感測器（如溫度、光線、攝影機等等），並搭配一個主控裝置（扮演資料搜集、訊號轉送或是自動控制的角色），就可以建立一個小型的物聯網，建構一個像是未來生活的智慧家庭。

## 資訊專欄　智慧城市逍遙遊

受邀參觀三月下旬在北高兩地舉辦的「智慧城市展」，對近年蓬勃發展的智慧建築、醫療、交通、節能、防災、教育、治理等，有了更寬廣的視界。身處數位時代，無論是日常生活的食衣住行育樂，或是生命旅程的生老病死，資通科技都如影隨形，深深影響著每個人。面對前所未有的革新浪潮，男女老幼從做中學，逐步淬鍊出當代智慧生活的生活智慧。

台灣資通產業基礎穩健，主其事者若能把握城鄉數位轉型契機，將可提升人民生活品質，並增強經濟成長動能。以民生交通而言，我們在街頭巷尾看到愈來愈多的智慧裝置，隨時隨地守護著外出者的行動需求。

例如各都會區新設的智慧停車柱，除可自動記錄停車格埋設的地磁所感應的停車時間外，還可偵測車牌、現場結帳及舉發違停，也無需任何紙本單據。本人因已申辦停車費自動代繳，不必結帳就能直接將車開走，可說極為便捷。惟目前智慧停車雖有優惠，但美中不足的是仍以半小時為計價單位。考量其計時的精準度，建議應改為以分鐘計價，將可吸引更多民眾使用，並強化停車格的換車率。這次展覽中，還看到兼具充電樁功能的智慧停車充電柱，一兼二顧，摸蛤仔兼洗褲，或將成為未來推廣電動車的重要支柱。

又如雨後春筍般冒出的智慧路燈，也是一種智慧共桿（smart pole，或譯「智慧杆」）。它除了更機動節能外，還可附加行動通訊、智慧聯網、路況監視、交通管控、科技執法、環境感測、儲能充電、防災示警等功能。目前全球數億支路燈仍以傳統照明功用為主，值此電能與智能匯流的時機，智慧路燈的市場即將邁入春秋戰國時代，相信以台灣的資通實力，必能佔有一席之地，為世界做出貢獻。另一方面，智慧路燈的資訊安全和個資保護格外重要，畢竟馬路如虎口，任何無心之過或駭客入侵，都可能造成無法彌補的災難。

回程路上，順道去大湖公園散步，觀賞近年因生態復育而回歸築巢的白鷺鷥，好不愜意！個人認為真正文明宜居的城市，不該全然以人為本，更應以友善萬物為宗。近日停電事故頻傳，究其原因，竟是鳥類築巢電線桿，或是松鼠誤觸電線等因素造成短路斷電，誇張的是類似事件幾乎天天發生。台電現階段除應優化電網穩定度外，也該通盤檢視供電設備的安全保護裝置。

或許有朝一日，智慧路燈和智慧電線桿都能成為禽鳥安全棲息的處所，展現都市叢林自在逍遙的新氣象。

趙老 於 2022 年 3 月

另外一個也蠻受到重視的應用就是**智慧電網**（smart grid）。智慧電網將發電端（電力公司）、電力傳輸以及用電端的所有設備，利用物聯網的技術建立起一最完整的監測和控制系統，如圖 14-14 所示。透過智慧電網，可以做到完整的即時電力監控功能，並調整資源配置。舉例來說，傳統的發電廠因為不知道用戶的實際需求，多發出來的電力往往只能浪費掉。而配合智慧電網的即時監控，電力公司可以儘量產生剛好夠用的電力，避免發電資源的浪費。此外，如果搭配新興的再生能源，電力公司也可以透過智慧電網整合來自不同發電來源的電力，除了可以提升電力系統的可靠性，更可以達到節能的效果。在消費端，傳統的電表僅能用來紀錄用電量，而電力公司必須定期派員來檢查電表上的數據，統計用電量以計算電價。而使用物聯網概念的智慧電網，則將傳統的電表以**智慧電表**（smart meter）取代（圖 14-15）。

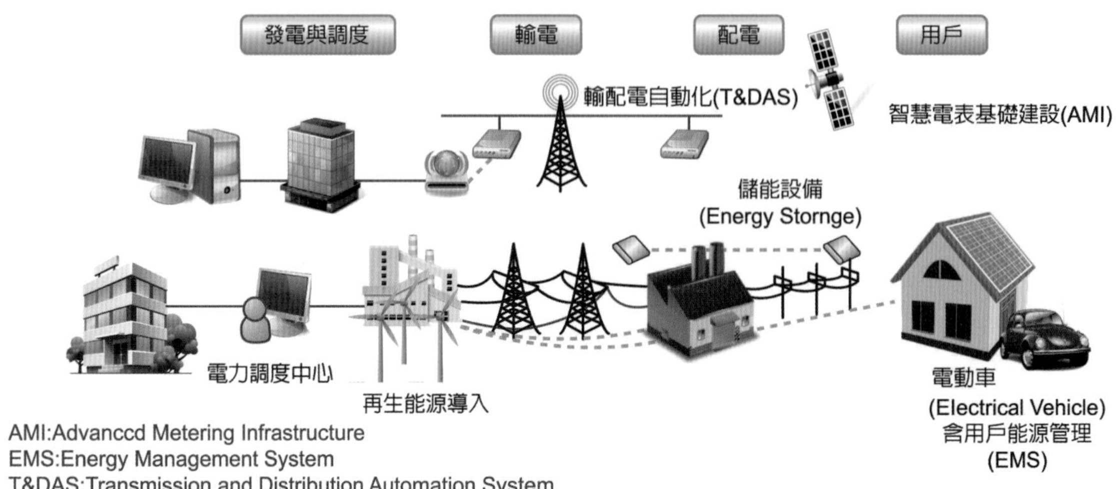


圖 14-14　智慧電網架構示意圖
（資料來源：資策會智慧電網教育宣導與人才培育計畫，網址 http://know-sg.sid.iii.org.tw/about/know.html）

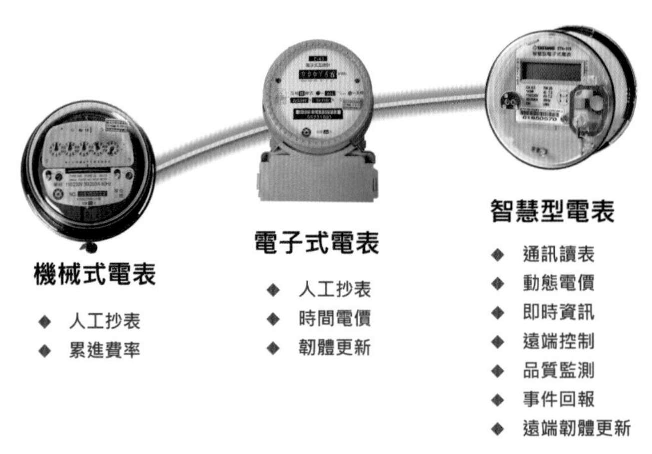


圖 14-15　傳統電表與智慧電表比較圖（資料來源：大同公司）

智慧電表除了可以即時地透過網路將用電資訊量回傳，免除抄表的麻煩，它也可以和「住宅能源管理系統」一併使用。如此可以監測家庭的用電情況，並搭配時間電價，改變用電行為，避免在尖峰時段不必要的用電，適當地轉移用電時機。

## 資訊專欄　善用智慧三表 節能減碳省荷包

截至 2022 年 6 月底，全台已布建約一百七十萬具智慧電表，這是智慧電網基礎建設相當重要的一環。最近得知居家大樓已安裝智慧電表，於是在手機上安裝「台灣電力 APP」，以便線上監控居家用電情況。

透過該應用軟體，智慧電表用戶可查詢到昨日以前的用電資訊，主要功能如「用電度數統計」，時段區分為每十五分鐘、每小時、每日和每月，以及尖峰和非尖峰等。又如「用電比較」，用戶可比較自家每小時、每日和每月之間的差異，也可和相同區域或相同行業的平均用電量比較。「住宅用電分析」計算電視、冰箱、冷氣機、洗衣機等項目在本月份所使用的度數，可據以改善用電習慣。

此外，「未出帳的累計電費」讓民眾在收到帳單前，能事先估算迄今累計的電費，而「費率試算」則可顯示前期帳單在不同計價方案下的電費，以協助用戶選取最佳方案。可惜的是，目前仍無法查詢當日即時的用電資訊，這應是用戶極為有感且可即刻節電的功能，但願未來能早日提供。

撰稿當下，該應用軟體的用戶評價兩極，以非常滿意的五顆星和非常不滿意的一顆星居多，在安卓手機 Google Play 和蘋果手機 App Store 的平均評價僅三點四顆星和三點二顆星，分數並不理想，顯示仍存在許多有待改善之處，例如登入卡卡、改版出包、系統不穩定及網路莫名斷線等。

智慧電表除了讓用戶能線上讀取自家用電資訊外，也讓電力公司配電時更能掌握各地區的總體需求趨勢。然而，用電資訊若不幸被不肖人士竊取濫用，可能衍生危及安全的情事，必須審慎保全。例如某戶的用電度數倘若連續數日幾乎歸零，竊賊得知後可推測主人近日可能外出，或將趁夜深人靜時伺機闖入行竊。

除了智慧電表外，智慧水表和智慧瓦斯表也正如火如荼推廣中。再過幾年，攸關民生的智慧三表必然更加普及，智慧讀表將取代紙筆登錄，同時也能藉此建立預警系統，及時警示瓦斯外洩和水電流量異常事件。

智慧三表的資訊攸關用戶權益及安全，應屬個資法保障的範疇。無論是內部作業或外包業務，都應建立安全機制防止用戶資料被竊取、洩漏或竄改，並能在遭到侵害時通知當事人。此外，智慧三表的安裝，是否應事先取得用戶的知情同意書方可施作呢？

節能、減碳、省荷包實乃簡約生活的智慧三訣。人人若能在日常生活中落實這智慧三訣，家家戶戶的智慧三表，就不會在寒冬酷暑時出現驚天大爆表！

趙老 於 2022 年 8 月

## 資訊專欄 十年後的人工智慧時代

最後一堂「計算機概論」課程，我請同學預測十年後人工智慧（AI）對社會的影響，該預測可以是一項技術、一種產品、一幅景象或一個概念。

這門課程限定非資工本科學生修習，班上同學背景多元，主修專業來自廿五個不同系所。茲摘錄分享這群網路世代孩子的一些想法，其中不乏巧思與反思，真令人拍案叫絕。

在學習成長方面，同學說：「如同我們出生一睜眼就與網路同步成長，十年後出生的孩子，將與 AI 同步成長。」、「知識傳授以 AI 為主，老師為輔。」、「AI 創作蔚為風潮，已列入 118 課綱。」、「創作者的輔助工具，提供創作靈感及修補創作細節。」、「人工智慧模型大量出現。」、「只要說出想法，軟硬體自然生成。」…

在智慧生活方面，同學說：「對話式 AI 普及，人人都有隨身 AI 助手。」、「大眾運輸路線固定，飛機、火車、公車和渡輪全面自動駕駛。」、「全面自動化的智慧城市。」、「大家都優游於生成式 AI 所建構的元宇宙裡。」…

在就業工作方面，同學說：「重複單調的技術性工作將被 AI 全面取代。」、「各行各業因 AI 而更加輕鬆。」、「AI 取代許多行業，產生更多新興行業。」、「失業率大幅上升。」、「藍領白領都面臨前所未有的挑戰，無領族群崛起。」、「AI 科技壟斷，階級對立加深。」、「AI 擔任多家上市公司總裁。」…

在風險監管方面，同學說：「大量運用 AI 來操弄政治風向。」、「AI 改變人類思考及作為，後果不堪設想。」、「AI 帶領個體走向反社會的不歸路。」、「即使 AI 局部取代人類，在法律上也很難有公信力。」、「AI 涉及法律問題時很難究責。」、「AI 知人知面又知心，人們將更難隱藏內心深處的想法。」、「道高一尺，魔高一丈，網路的安全防護將全面瓦解。」、「就像基因複製的規範一般，AI 的發展也要符合基本倫理，人們與 AI 終將達成某種平衡。」…

雖然目前無法驗證同學的預言是否成真，但同學所發揮的想像力及判斷力，朦朧間讓人窺見了「AI 人性化，人類 AI 化」的共生願景。其實，AI 早已廣泛應用於醫療照護、金融科技、生活育樂、科學研究、國防軍事等領域，而其核心技術正快速演化中。總有一天，AI 將是人類最可敬的伙伴，同時也是最可畏的對手。

五年前，我在譯本「AI 創世紀：即將來臨的超級人工智慧時代」的推薦序裡問「AI 的極限在哪裡？它能否在各個面向都超越人類？」、「AI 是親密愛人，或是恐怖情人？」、「以 AI 對決 AI，全體人類將瞬間陪葬嗎？」等問題，答案迄今未明，或許十年後我們就有更明確的答案。

十年後的人工智慧時代，你的預測是什麼呢？

趙老 於 2023 年 7 月

# 15 電子商務

0 1 0 0 0 0 0 1 1 0 1 1 0 1 0 0 0 1 1 0 0 0 0 0 0 0 0 0 0 0 0 0

隨著網際網路普及，網路所帶來的便利性及全球化等特性，正一點一滴的改變著我們的生活習慣。其中，最令人又愛又怕的，恐怕就是 1995 年興起的電子商務。這個新誕生的商務型態，受到廣大的矚目，不管是企業還是消費者，不論是專家還是散戶投資人，大量的資金及資源流入電子商務的範疇。.com（dot-com）公司如雨後春筍般地成立，在鼎盛時期，身為科技重鎮的矽谷自是沸沸揚揚，為了解決上下班進出矽谷的塞車問題，大舉開闢建設數條公路，只是好景不常，經歷了 2000 年的網路泡沫化，等到道路啟用時，.com 公司一部分已經搖搖欲墜，而絕大部分則是早已經銷聲匿跡。

從 1995 年到 2000 年，短短的五年內，電子商務歷經了誕生至興盛，然後急轉直下崩盤。雖然盲目的狂熱導致泡沫化，然而，可以肯定的是，電子商務已經深刻地改變了商業行為模式，並且經過理性的沉潛之後，其發展仍持續受到矚目。歷經大起大落的 1995 年到 2000 年，稱之為電子商務 I（e-commerce I），經過網路股的崩盤潰散之後，2001 年至 2006 年稱之為電子商務 II（e-commerce II）。以 2000 年作為分界點的理由是它經歷了重大轉折，以 2006 為電子商務 II 的年限則是因為電子商務與網際網路都屬快速變更之領域，五年為合理可預期範圍之內。本章節首先簡介電子商務及電子商務之分類，進而討論網路與電子商務、電子商務交易安全，分析電子商務 I 之成敗因素，從失敗中學習成功的要素。

# 15-1 ｜ 電子商務的特性

什麼是**電子商務**（electronic-commerce；簡稱 e-commerce）呢？簡單地說，凡是透過網際網路而達成交易的商業型態，就稱為電子商務。我們可以坐在電腦前，上網逛逛之後，按幾下滑鼠再加上簡單敲打鍵盤，就能盡情購買物品。所有能想到的一般生活用具乃至於稀奇古怪的物品或收藏，幾乎可說是應有盡有。電子商務打破了許多過往的消費習慣，消費者不必再整裝出門，只要窩在電腦前就可以買到喜歡的物品。也因為網路無國界，電子商務讓我們好像擁有小叮噹的任意門，連遠在天邊的國外限定販售商品也都變得咫尺可得。電子商務甚至讓整個世界成了一個不打烊的電子商城，就算是夜貓子也可以半夜在網路上瀏覽商品下單，滿足其購物欲望（如圖 15-1 所示）。

圖 15-1　秀才不出門，能買天下物。有了網際網路，只要擁有上網設備即能不分晝夜進行電子商務（資料來源：© Natee Jindakum | Dreamstime.com）

雖然電子商務可說是全球資訊網的一個重要應用，但在全球資訊網於 1990 推出之後的前幾年，電子商務的概念還不普遍，或許是因為技術還不夠成熟，也或者是大眾對此種商業行為仍有疑慮。可是從 1995 年開始，電子商務開始快速成長，時至 2000 年，全球電子商務交易金額，已高達 3540 億美元。而隨著網路的日益普及，電子商務的接受度更是水漲船高。

根據台灣網路資訊中心於 2023 年提出的台灣網路報告，個人上網比例自 2015 年起即維持在八成以上。而在網路上從事買賣行為的網路使用者比率，近年中以疫情最嚴重的 2020 年之 72% 為最高，而到了 2023 年仍約有 6 成，足見電子商務已經成為多數人的日常。

為何電子商務能受到大家的歡迎呢？下面就列出幾項電子商務的特性，並討論其對於傳統商業行為所帶來的衝擊。

## 遍存性

所謂的**遍存性**（ubiquity），就是不論在哪兒、不論何時，只要有網路，就能夠從事電子商務。消費者能夠在居家中、工作中、車上，或者是在過馬路等紅燈時，都能夠透過網路產生商業行為。反之，傳統的商業行為裡，消費者必須在營業時間內，經由交通運輸到達實體店面，透過服務員的介紹、結帳等服務，才能順利購買物品。有了電子商務之後，實體的商店可以免除，商家不必再聘請服務員一成不變機械式地對著客戶推銷。另一方面，消費者也可以用最省的力氣，最舒適的方式，恣意在自己方便的時候，輕鬆按幾下滑鼠購物，甚至可以無國界的採買物品。不論是對商家或者消費者而言，都擴大了市場存在的時間和空間。

## 全球市場（global reach）

電子商務使交易能夠跨越國界和文化進行。若是根據傳統的商業行為，如果我們想要異國美食物品，可能需在旅行時順便帶回，或者在國內被迫選擇由代理商進口的少數品牌。但是現在，我們可以在家裡上網訂購法國的魚子醬，或者剛在英國出版的原文書籍。因此，產業的經營策略也會有所不同。傳統產業裡，絕大多數的推銷是針對本國市場，所以設計出的產品或者廣告風格，都會以符合當地的文化為基準。可是透過網際網路，產業推往其他國家的難度降低，成本變小，只要調整好針對全球潛在消費者的行銷手法，便能擴張自己的市場至世界各個角落。

## 全球標準

由於網際網路的全球統一標準，連帶地使建構在其上的電子商務也有全球的統一標準（universal standard）。全球化標準的電子商務，使得進場的門檻變低，商人只需專注於把商品導入市場，而不必憂心如何解決國與國之間標準不同的差異。同時，對於消費者來說，有全球標準也是一大福音。

我們常說購物要貨比三家不吃虧，然而在傳統商業行為裡，假設我們想買個電器，在電器街上逛個兩三家可能已經耗時大半天，筋疲力竭卻不見得能夠看到多少候選商品，更遑論如果商家散落在各處而非集中同一區塊，要貨比三家只能是理想而非實際可行之方法。

可是在電子商務上，我們能在網路上透過瀏覽器搜尋找到提供物品的商家，輕鬆地在頁面之間切換比較不同廠商所開出的價格和商品規格。由於資訊容易取得，使得價格得以透明化，減少了資訊不對等的情況，也使消費者有機會以更低廉的價錢購得所要的商品。

## 互動與多元資訊（interactivity and richness）

傳統商業行為中，消費者透過平面廣告、電視廣告、或者廣播，被動得到有關商家所提供的產品資訊，如果有興趣，則得撥打電話進一步洽詢，或者出發到店面去探詢。然而，透過網際網路，電子商務的商家所能夠提供給消費者的，可以是文字敘述、圖片、廣告影片、甚至是實體 360 度環繞拍攝等的多元資訊。

舉例來說，旅遊前要選擇住宿地點的時候，之前我們只能從旅行社所給定的飯店書面資料挑選，現在我們能夠上網，從飯店網站所提供的各式房間介紹、價格服務說明、週遭景觀 360 度拍攝（圖 15-2）、飯店四周交通購物條件、即時訂房率等鉅細靡遺的說明，掌握更多的資訊而做出最後的決定。甚至我們也能夠在網站上指定某特定項目，而得到該項目更進一步的資料與說明。

相較於傳統廣告，我們既不能叫電視針對廣告中特定物品給予更進一步的詳細資料，而商家在考量文宣成本時，也不可能在有限的文案空間中提供所有產品的詳細資訊。所以，電子商務使資訊能夠以更多元化的方式、更豐富的內容和更低的成本代價，以互動的方式傳送給消費者。

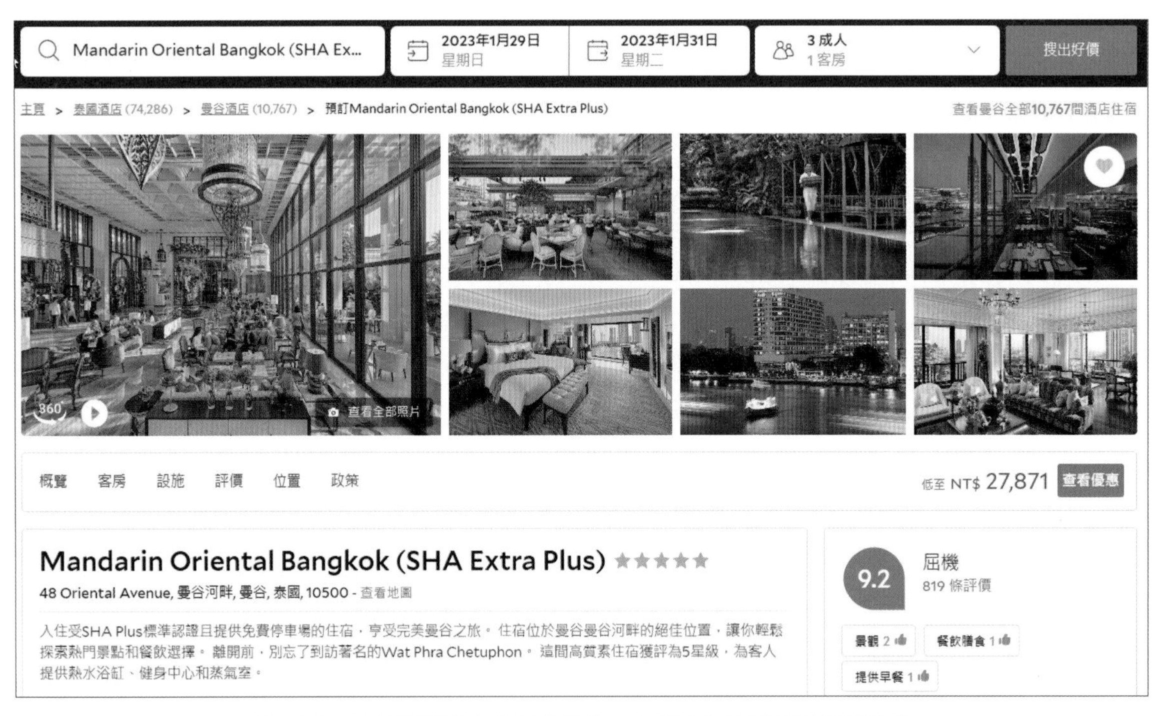


圖 15-2　電子商務擁有多元的特性，在網站上也可看到飯店景觀

## 資訊專欄 網路訂房時，照子放亮點！

疫情逐步緩和，國內外觀光交流活動也漸漸恢復常態。專門提供全球住宿比價和預訂服務的訂房網站，終於在三年多的慘澹經營下，重新找回生機與商機。

近日，國外友人打算來台訪問，他在訂房網站找到一家價格低廉的五星級商務旅館，下單前先問問我的看法。本人在地數十年，卻從未聽過這家商旅字號，於是到臺灣旅宿網查詢，確認它雖然是一家合法旅宿業者，但竟連一顆星評鑑都沒有。考量友人的預算，我向他推薦另一家口碑不錯且交通便捷的商旅，他瀏覽後二話不説，立馬下訂。

不禁想起十年前歐洲自助旅行時的某個午後，我開車從斯洛伐克的上塔特拉山鎮，繞過崇山峻嶺的邊境，前往波蘭小鎮札科帕內。彼時車用導航完全失靈，所幸藉由沿途善心人士的口頭指引及手繪地圖輔助，終於趕在太陽下山前抵達小鎮。當晚住宿已事先從訂房網站訂好，那是一家俗擱大碗的五星級旅店 X。雖然導航迷途，但想說抵達小鎮時只要報出響叮噹的五星級字號，應該就可得到指引。

孰料到了當地，問了許多店家居然都沒聽過 X 旅店，這才驚覺大事不妙，怎麼這家五星級旅店知名度這麼低呢？好不容易七彎八拐抵達旅店，發現 X 果真是偽高檔，它絕不是五星級，只是「有省錢」！十年後的撰稿當下，再上訂房網站查詢，X 旅店仍高掛五星級標記。唉！X 旅店的網路牛皮可真吹得臉不紅氣不喘呀！

雖然在訂房網站海選旅店潛藏不少暗礁，如廣告不實、房間超賣、旅店倒閉、價格誤植、佣金離譜、客服冷漠等，但它仍不失為自助旅遊時，初步了解當地住宿概況的依據。其實，如果訂購者能多方評估後再下單，誤觸暗礁的機率並不高，更何況一個帳號就能訂好訂滿，幸運時還能找到超乎想像的優惠方案。

現在訂房網站百花爭鳴，經營模式比往日更加多元，不少知名旅行業通路都加入戰局，搶食這塊疫後蓬勃復甦的觀光大餅。另一方面，疫情期間許多旅店自力謀生，不僅提升自家官網的訂房功能，同時也設計超值優惠的套裝組合。住客如果直接以旅店官網訂房，既可累積旅店會員點數，亦可享有自訂住客的專屬權益。

前陣子出國時，共訂了六家旅店，其中三家透過訂房網站下單，另三家直接從旅店官網下訂。由於事先做了不少功課，各家旅店的實測體驗大致符合預期水平，整趟旅途順暢平安。這一年來旅店房價飛漲，照子要放亮點才不會當冤大頭，而且訂房網站的優惠也不如從前，有些性價比甚至遠不如旅店的套裝行程。長此以往，訂房網站恐因流失忠實客戶而陷入經營困境。

該趟旅行的最終目的地是溫暖的家，那才是最道地的「有省錢」驛站。

趙老 於 2023 年 4 月

## 資訊密集（information density）

不論是商家想要提供資訊給消費者，或者消費者想針對商家收集資訊，都因為網際網路而越來越容易，成本也更低廉。此外，不僅是取得或傳遞資訊的資金成本變低，在時間效能上也更快。商家能在第一時間把價格或新產品資訊傳遞給消費者，而消費者也能及時得到最新的行情價碼，並輕易在各家廠商間比價，了解商家所訂出的價格及成本。對商家而言，透過電子商務，甚至能夠輕易蒐集到消費者的消費行為，進而針對不同的族群區分不同的市場，以不同的商品及價格吸引各個族群裡的消費者。

## 個人化與客製化（personalization and customization）

傳統的工商業為了降低貨品成本，總是訂定標準規格然後大量製造，但是有時顧客很難找到正好符合其個人需求的貨品。而透過電子商務網站，商家可以知道每個顧客的不同，傳達針對個人的訊息。舉例來說，商家可以親切的給予問候語，也就是**個人化**（personalization）。甚至可以能夠針對消費者的喜好或者過往的消費紀錄，提供不同的產品內容或服務，也就是**客製化**（customization）。如此一來，不僅讓消費者感覺到消費環境的親切，並且能夠免除瀏覽大量與自己喜好無關的資訊。

譬如：在提供股票訊息的網站上，使用者可選擇自己所想要觀察的目標（圖 15-3），而不必每天翻開報紙找個老半天。同樣我們也可線上選擇觀看某類新聞，並且要求站台在將來若有類似新聞時，送出訊息提醒自己關注。或者譬如我們曾在亞馬遜網路書店買過魔戒 DVD，網站就猜測我們可能是個魔戒迷，而主動推薦我們魔戒的原著小說，或者電影原聲帶等相關產品。如此針對個人興趣提供的客製化服務，不僅節省使用者找尋物品的時間，也提高商家的銷售率。

[刪除] | [新增] 投資組合　我的股票　觀察股　手機看股市

編輯 [我的股票]　進階設定　報價模式：快速 / 績效 / 完整　資料日期：101/05/28

| 股票代號 | 時間 | 成交 | 漲跌 | 張數 | 開盤 | 最高 | 最低 | 凱基證券下單 | 個股資訊 |
|---|---|---|---|---|---|---|---|---|---|
| 2303 聯電 | 13:30 | 12.70 | △0.10 | 20,938 | 12.60 | 12.75 | 12.50 | ○買 ○賣 張 送出 零股交易 | 成交明細 技術 新聞 基本 籌碼 個股健診 |
| 2883 開發金 | 13:30 | 7.05 | △0.15 | 48,646 | 6.90 | 7.05 | 6.88 | ○買 ○賣 張 送出 零股交易 | 成交明細 技術 新聞 基本 籌碼 個股健診 |
| 2889 國票金 | 13:30 | 9.65 | △0.01 | 1,065 | 9.60 | 9.65 | 9.52 | ○買 ○賣 張 送出 零股交易 | 成交明細 技術 新聞 基本 籌碼 個股健診 |
| 2892 第一金 | 13:30 | 16.75 | △0.30 | 8,721 | 16.55 | 16.75 | 16.45 | ○買 ○賣 張 送出 零股交易 | 成交明細 技術 新聞 基本 籌碼 個股健診 |
| 1312 國喬 | 13:30 | 11.95 | △0.05 | 1,120 | 11.95 | 12.00 | 11.70 | ○買 ○賣 張 送出 零股交易 | 成交明細 技術 新聞 基本 籌碼 個股健診 |

圖 15-3　個人化的網頁讓使用者能看到自己有興趣的資訊組合

# 15-2 ｜ 電子商務的種類

在上一節中，我們介紹了電子商務的特性，在本節中則進一步說明電子商務如何運作。一般來說，電子商務運作的流通系統包含以下四個要素，或簡稱「電子商務四流」：

* **商流（business flow）**：指買賣雙方順利溝通以完成交易，並達到商品的所有權移轉。
* **物流（logistic flow）**：指貨物的流通配送。若是實體貨物，可利用運輸工具以送抵目的地；至於無形的物品（如電腦軟體、歌曲等），則可以透過網路下載的方式交付到使用者的手中。
* **金流（money flow）**：指金錢的流通，也就是消費者透過金融體系完成付款給商家的機制，過程中特別強調完善的付款系統與安全性，此部分將於後續的章節做更進一步的介紹。
* **資訊流（information flow）**：在前述三流中所產生的資訊，必須利用資訊系統適當地傳輸、處理、以及存取，例如訂單處理、庫存管理、帳戶管理等。

在圖 15-4 中，我們顯示電子商務四流一種可能的運作方式。首先消費者上網瀏覽商品並下訂，若透過信用卡付款成功，購物網站即通知相關廠商出貨，並經由物流公司配送到府，若消費者經過 7 天鑑賞期並無退貨，購物網站即可順利收到貨款。

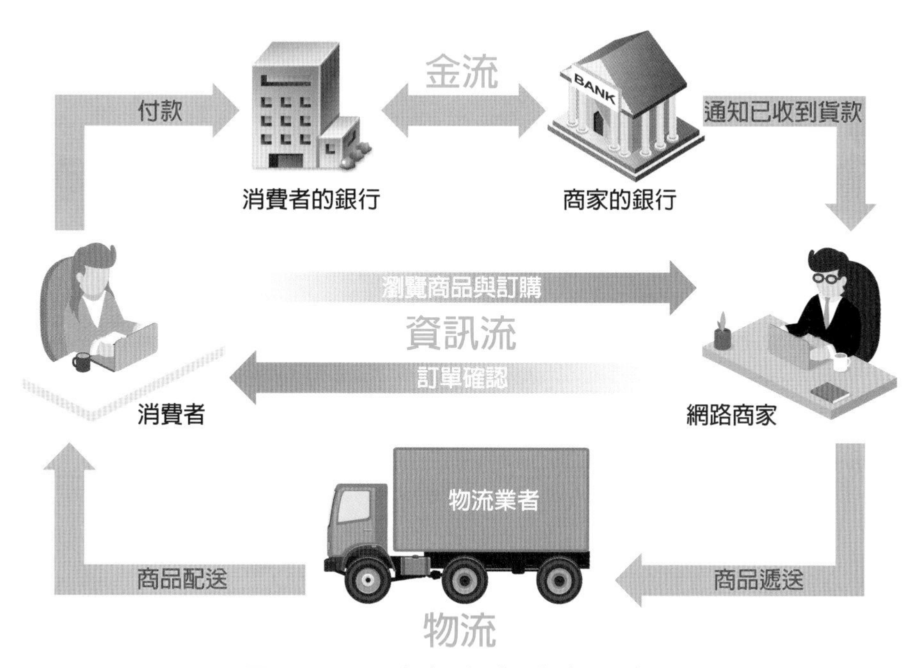


圖 15-4　電子商務可能的運作流程示意圖

接下來說明電子商務不同的運作方式。其實電子商務的分類方式並沒有唯一的標準，因為它會隨著時代潮流的演進、消費習慣的改變、不同的創意點子等而不斷改變。在本節中，我們將分別以「交易對象」和「商業模式」兩種分類方式做進一步的討論。

首先，以「交易對象」分類，電子商務基本上可分為 B2C、B2B、C2C、C2B 等型態，以下將一一詳加說明。

## B2C

B2C（Business to Consumer）型態指的是企業對一般消費者的電子商務，也就是指企業透過網際網路對消費者所提供的商業行為或服務，包括線上購物、線上遊戲、線上購票等應用。

B2C 型態的電子商務，主要是希望藉由網際網路，提供服務或產品給更多使用者，而得到更多的利益。有些公司一開始並沒有實體店面，完全從網路起家，最有名的就是網路書店 Amazon（如圖 15-5），而由於其成功的經營模式，該公司現在不只販賣書籍、CD 等，更提供了各式各樣完善的商品和服務。另一方面，則有些老字號的公司企業，因為觀察到電子商務龐大的影響力，所以除了原有的實體店面，也同時經營網站以提供其老顧客更即時的商品訊息和便利的購物方式，臺灣的金石堂書店即為一例（如圖 15-6）。

圖 15-5　B2C 電子商務中，最大的網路書店 Amazon

圖 15-6　臺灣的金石堂書店網站

## B2B

B2B（Business to Business）代表的是企業對企業的商務型態，主要是指企業間的整合運作，如電子訂單採購、投標下單、客戶服務、技術支援等。對許多企業來說，與其他企業之間的客戶關係在營業額中佔有極大比例，所以，將交易電子化以透過電子商務，可以改善批發商訂貨採購的程序。

舉例來說，批發商可以直接在線上下訂單、獲取產品最新資訊、檢查存貨情況等，或者了解訂單的最新處理狀況。經由電子化可讓有關企業減少處理訂單開支，並且能透過電子文件之傳遞，大大增進效能（如圖 15-7）。

不過在 B2B 中，有兩個特殊的子項目稱作 G2B（Government to Business）和 B2G（Business to Government）。G2B 的運作方式為政府部門將日常採購導入電子商務，透過將廠商與政府之間的採購程序全面電子化，包括採購公告、電子領標和投標等，以降低成本提升效率，此類網站，以行政院公共工程委員會[1]建置的「政府電子採購網」為代表。反之，B2G 則是企業對政府通過網路所進行的交易活動，如電子報稅、電子發票等。

圖 15-7　EUROPAGES 是一個提供 26 種語言版本的歐洲 B2B 貿易平台，每月吸引了 200 萬多個決策者尋找商業夥伴或供應商。

## C2C

C2C（Consumer to Consumer）代表的是消費者對消費者的商務型態，基本上由拍賣網站提供一個平台，讓一般使用者只要準備好物品，並依循網站的分類準則刊登物品，就能在網路當起賣家販售物品。而上拍賣網購物的使用者，則靠著網站的搜尋引擎，找到自己需求的產品，並且可以透過不同賣家提供的多種選擇，迅速比價，最後下標完成交易（如圖 15-8 所示）。

1. www.pcc.gov.tw

此類商業行為主要落實了「資源再利用」的概念，也就是自家不再需要的物品或者過多的商品，到了網路上卻可能是其他人躍躍欲下標的寶貝。對於賣家而言，比直接丟棄物品來得划算，對於買家則可能是以更低廉的價格讓喜歡的物品到手。另一個好處是，在網路上除了能販售實體的物品，如動產與不動產之外，虛擬的商品市場也一樣熱絡，由於國內的線上遊戲玩家眾多，因此交易寶物的仲介網[2]也有眾多使用者支持。

然而，很多網路族群仍然對於此類交易機制不能信任，舉凡「網路商店的信用度不明」、「詐欺行為」、「惡意棄標」、「商品品牌信用度不明與資訊不足」和「交易安全性考量」等議題常令人裹足不前。因為上網標售物品仍有風險必須承擔，使用者必須小心謹慎。

圖 15-8　提供 C2C 商務平台的 Yahoo! 奇摩拍賣

## C2B

C2B（Consumer to Business）不像傳統上由商家主導交易行為，而是逆向由消費者要求企業生產符合其需求的產品，或由消費者集體廉價購買。這種模式充分利用網際網路的特點，把分散的消費者及其購買需求聯合起來，形成類似於集團購買的大訂單，然後以數量優勢向廠商進行價格談判，爭取最優惠的折扣。較著名的網站有美國的 priceline[3]，臺灣的 GOMAJI（如圖 15-9 所示）等。

在此介紹另一個很類似的名詞，叫做 O2O（Online to Offline），此種線上到線下的商務模式，就是透過商家線上行銷，帶動使用者到實體店家消費。此種電商模式特別適合需要到店家消費的服務，如餐飲業等。舉例來說，筆者就曾經收到某家咖啡連鎖店的電子優待卷，而得以用花費較少的金額到店享用香醇的咖啡。

2. http://www.8591.com.tw/
3. www.priceline.com

圖 15-9　提供 C2B 商務平台的臺灣 GOMAJI 網站

以上我們以交易對象分類，說明電子商務的不同類型。接下來，我們則以「商業模式」分類，讓讀者可以更進一步了解電子商務網站不同的營運模式。

## 入口網站

**入口網站**（portal），顧名思義，是提供一個入口，成為使用者連上網之後第一個登入的網站，讓使用者可以在該網站直接取得各式各樣的網路服務，譬如說搜尋引擎、點選新聞、收發信件、理財投資分析、或者網站分類等超連結服務。入口網站就像是網路上的菜單一樣，把各式各樣的豐沛資源條列出來，讓使用者可以快速的找到自己的需求。Yahoo 奇摩、yam 蕃薯藤（圖 15-10）等，都是臺灣知名的入口網站。

以搜尋引擎起家的 Google，則提供與其他入口網站不同的服務，如地圖規劃、圖片和影片搜尋等，成為很多人心目中入口網站的首選。入口網站的主要收益來源是刊登廣告，以及對所提供的進階服務收費。對於這類型網站而言，最重要的就是建立**個人化**（personalization）服務，讓使用者用過後，可以設定自己的喜好，變成使用者習慣而依賴的網站，而增加再次使用的機率。入口網站容易呈現壟斷的局面，幾個大的入口網站幾乎佔據 90% 的市場。

圖 15-10　入口網站範例：蕃薯藤網站

如果再仔細一點分類，此類提供整合式的介面給使用者的稱為**水平入口網站**（horizontal portal，或 general portal），如上述所舉例的各個網站。另有一類型稱為**垂直入口網站**（vertical portal），指的是專門在某個類型裡提供該類型完整的資訊產品或服務。像是想為電腦增加硬體時，我們可能會先去 Tom's hardware 網站（圖 15-11）了解目前各類硬體及各家廠牌的資訊。雖然垂直入口網站的使用者人數顯然比水平入口網站少的多，但是由於垂直入口網站專注特定種類的產品，只要內容做的夠紮實，仍會吸引相關廠商花錢刊登廣告。

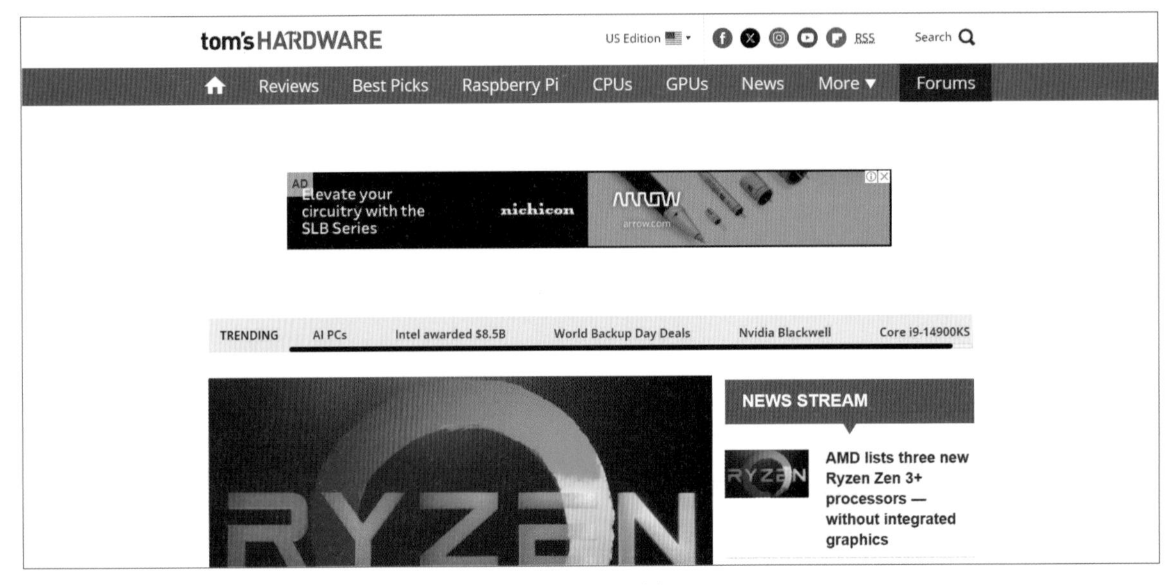


圖 15-11　垂直式入口網站範例：Tom's hardware

## 線上零售商

網路上的零售商，就是**線上零售商**（e-tailer），規模可以大如 Amazon.com，也可以小至區域性的小網站。此類網站是 B2C 類型中的大宗，如同之前所述，有些電子零售商是實體與虛擬商城並存，當然也有只存在虛擬商城的線上零售商。前者如金石堂或誠品書店，在英文裡押韻稱為 "clicks and bricks" 或者 "clicks and mortar"。其中，click 指的自然就是敲擊滑鼠即能完成交易的電子商務，而 bricks 或 mortar 則是指實體建築，譬如書店裡特有的書香氣息。而後者則如臺灣的「TAAZE 讀冊生活」網路書店，當你走在路上的時候，不會抬起頭來赫然發現書店招牌寫著「讀冊生活書店」。

由於成立網站的門檻及成本不高，因此線上零售商曾經如雨後春筍般的一一成立。然而經過時間的考驗卻發現，真正能夠倖存的卻不多。理由絕大部分是品牌缺乏知名度，無法吸引使用者上網站，或者網站設計欠缺人性化及專業化，導致使用者無法迅速完成購物。研究顯示，線上購物中斷的機率很高，使用者常會因為要填寫過多的表格而感到不耐煩，而網站的分類如果過於複雜，導致三五次的點選還不得其門而入，也會讓使用者放棄。

另外，誠信與快速的服務對線上零售商而言也很重要。過去幾年就曾發生網站標錯價的新聞事件。以電腦公司 Dell 為例，2006 年在中國的網站標錯價格，為了維護商譽一律照單全收，而損失約 5 千萬臺幣。2009 年在臺灣又發生電腦螢幕標錯價的事件，透過網友爭相走告，8 個小時狂訂了 10 幾萬台，不過大概是金額太過龐大，後來 Dell 只採取道歉並給折價卷的措施。無論如何，在目前資訊透過網路如此快速傳播的時代，每個商家都必須謹慎應對以免顧客流失。

## 內容提供者

**內容提供者**（content provider）以提供資訊為其業務。所謂的資訊包含各式各樣的智慧財產，其內容可以是 mp3 音樂檔案、財經報導、專業分析數據、圖庫、影片等，甚至線上算命也可歸為此類，消費者選取所需的資訊之後付費，即可得到完整內容。因為網站上充斥著免費的資訊，此類網站必須能夠具備他人無法提供的獨家資訊，才能吸引使用者付費，美國的紐約時報即由一家傳統報社成功轉型成電子商務網站，吸引眾多讀者上網付費以訂閱收看其詳細的新聞網站內容（圖 15-12）。

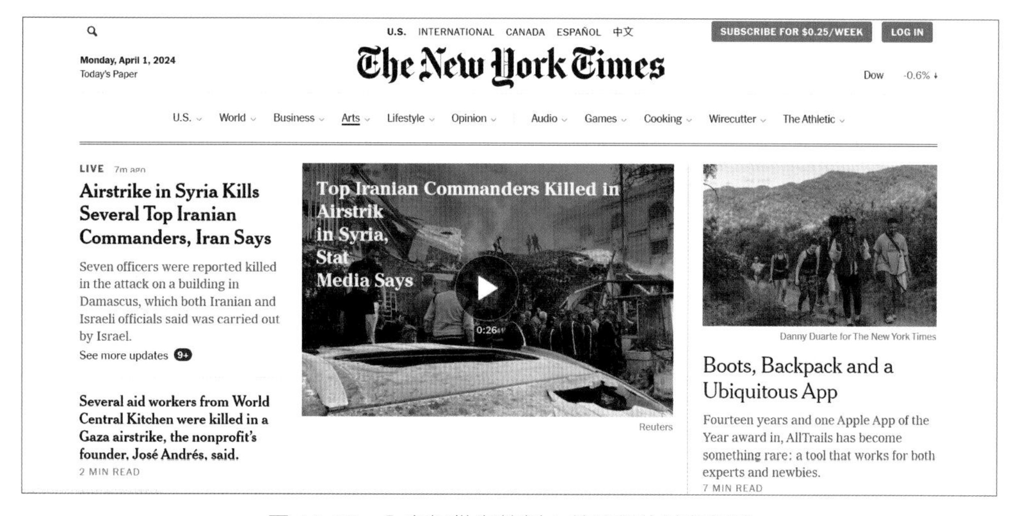


圖 15-12 內容提供者範例：美國紐約時報網站

在資訊提供者中，有一特殊範疇，即是**數位學習**（e-learning），也就是以數位為學習工具，經由網路取得數位學習教材，進行線上或離線學習。近年政府與民間企業大力提倡數位學習，使得 e-learning 成為全民運動。由於數位學習的內容是以數位的方式提供，通常會圖文並茂，甚至搭配動畫語音，使得數位教材比紙本教科書更生動有趣而清晰。而數位學習的最大好處是不需要到學校，在家上網也能輕鬆學習，另外，透過典藏的數位學習內容，不必擔心錯過大師的精采演講，可以空閒時再把資料播出來認真聽講。

而講到數位學習，就不可不提到**大規模開放式線上課程**（Massive Open Online Courses，簡稱 MOOC）的風潮。MOOC 的濫觴可從 2004 年說起，當時一名孟加拉裔美國人 Salman Khan 錄製了很多優秀的英文教學影片，在 YouTube 上大受歡迎，後來他就在 2006

年成立了一個非營利的教育機構稱作可汗學院（Khan Academy），提供軟體平台供每個人自主學習。此成功案例促使史丹佛教授 Sebastian Thrun 在 2011 年以自己的人工智慧課程進行開放式教學實驗，結果多達 16 萬人選課，有鑑於其受歡迎的程度，該教授在 2012 年集資成立了 Udacity 正式推展 MOOC。隨後以史丹佛大學為班底的 Coursera，以及哈佛與麻省理工學院攜手合作的 edX（如圖 15-13 所示）陸續成立，所以紐約時報即稱 2012 年是「MOOC 元年」（the year of the MOOC）。

以上這些網站的特色大多是可免費上課，然後通過評鑑要求授予認證時再予收費，雖然創造了世界各地都可向大師學習的奇蹟，但是其缺點是完成課程的比率不高，所以仍然有很多努力的空間。不過由於其風潮不可忽視，教育部也在 2013 年正式啟動新一代數位學習計畫，稱作「磨課師」計畫[4]，希望藉由此計畫與國內外機構進行聯盟合作與人才培訓，建立持續運作模式，並將臺灣各大學之優秀課程推廣至全世界。

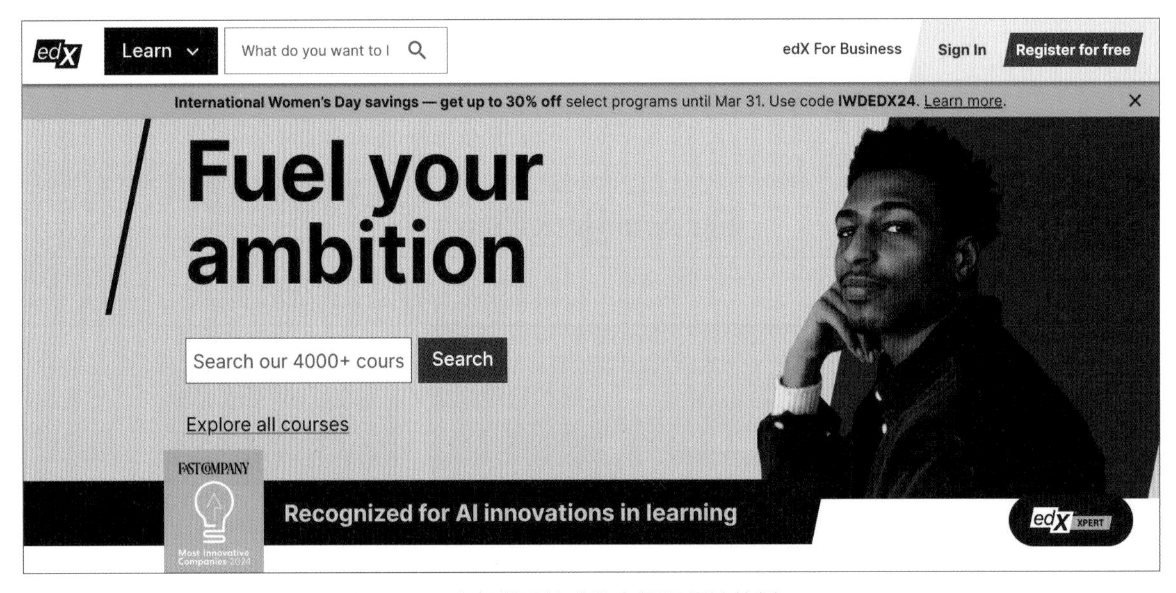


圖 15-13　大規模開放式線上課程網站範例：EdX

## 交易仲介者

有些網站專門負責幫使用者處理交易或者業務，就稱為**交易仲介者**（transaction broker），以下試舉幾例：證券公司提供的網站可以讓使用者線上下單，是使用者與證券交易所的中間人；訂票網站專門幫使用者找尋適當的班機訂機票，是旅客與航空公司的中間人；人力資源網站幫忙找尋工作，是應徵者與徵才公司的中間人。

以國內知名的 104 人力銀行（圖 15-14）為例，該公司看準網際網路時代的到來，於 1996 年在網路上成立人力仲介網站，提供給使用者一個歸納完整、人性化服務的求職求才管道。此類網站可讓求職者免費上傳履歷，而僅在企業主找到合適人才時，才對其收取合理的仲介費，由於可吸納的求職人才遠比傳統登報紙廣告的多，所以已經是目前企業找人才的第一選擇。

4. http://taiwanmooc.org/

圖 15-14　交易仲介者範例：104 人力銀行

## 市場提供者

**市場提供者**（market provider）提供了一個數位的環境，讓賣方可以展示想賣的物品，買方能夠快速搜尋到想買的物品，以搓合買賣雙方。在還沒有電子商務的時候，一般人家如果有一兩件物品想要轉手，除非有認識的人剛好需要，或者拿到二手店去寄賣，不然實在很難找到交易的管道。可是有了電子商務，這一切都變成可能，就如同我們在前面 C2C 一節中所介紹的拍賣網站一般。

大致來說，此類網站的營收來源大抵有以下三種：向賣家收取物品刊登費用、針對交易金額收取一定比例的費率、或是針對某些特殊設定收取費用，不過有時也會打出免費方案吸引大眾上門。而除了拍賣網站，搓合男女雙方的交友網站也可歸屬於此類，以成立於 2003 年的愛情公寓網站為例（圖 15-15），短短數年即吸引上百萬會員，不只進展海外，還於 2013 年正式上櫃掛牌交易，可見現代人對感情的媒介也是需求若渴。

圖 15-15　交友網站範例：愛情公寓

## 服務提供者

最後，我們介紹專門提供各式服務的網站，也就是**服務提供者**（service provider）。例如，很多人熟知的 Dropbox 網站，即是提供網路磁碟空間供網友使用，使用者只要安裝特定的軟體，即可將個人電腦裡的檔案同步至網路上，到任何地方都可存取或與他人分享，非常方便。

此類網站大多提供每個人固定的免費磁碟空間，而企業主可再多付一點錢得到更大的磁碟空間（如圖 15-16 所示）。而隨著雲端概念的盛行，更多的服務型態也相繼被提出。舉例來說，我們可以租用遠端的機器進行運算或建置網站，而使用者則根據所使用或運算的時間付費，這個部份我們會在之後介紹雲端運算時做更進一步的說明。

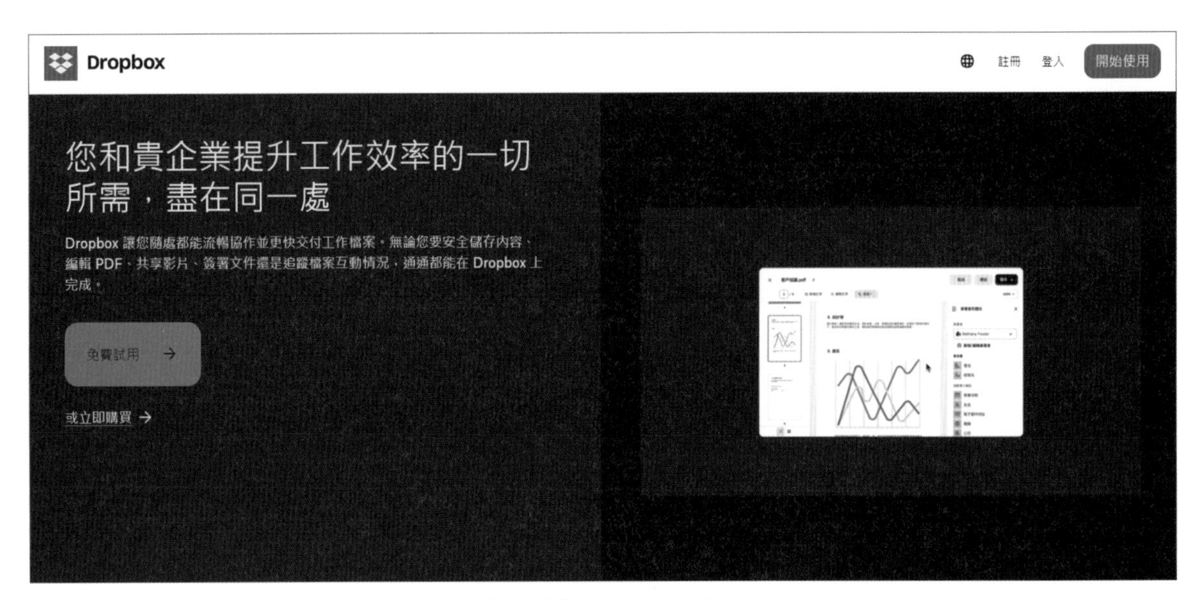


圖 15-16　提供網路磁碟儲存服務的 Dropbox

# 15-3 ｜ 電子商務交易安全

電子商務的好處實在不勝枚舉，然而，現實生活中電子商務的發展存有諸多限制，並且與一般消費者的購買習慣有些差距，因此傳統的消費行為及商店不可能完全被取代。除了在網路商城瀏覽物品時，僅能透過照片而缺少接觸物品的觸感，無法確認商品品質之外，電子商務最讓人怯步的恐怕就是有關交易安全的問題。總是會從新聞中聽聞某網站的客戶信用卡資訊外流；或者某大網站遭駭客入侵搗亂；甚至存在著有心人士仿冒知名網站，讓粗心網友一時不察受騙，在該偽站台消費後，信用卡等的客戶資料被取得作為不肖之用。這些都使社會大眾對於電子商務在客戶隱私機密資料隱私權上的漏洞產生惶恐不信任，因此有越來越多的消費者如果在網路上購物，則傾向到便利商店取貨付款，採取不使用信用卡策略避免危及自身權利。由於電子商務所牽扯的層面諸多，從資料本身的保護到社會制度規範與法律伸張，必須相輔相成，多重防範圍堵才能盡可能讓不肖分子無機可趁。

由於電子商務是個新興領域，理論與基礎都隨著實務經驗快速汰舊換新，因此本節將著墨於介紹電子商務環境安全、以及現階段廣泛使用的數位簽章、公開金鑰等技術。

## 電子商務環境安全

消費者可能因為擔心信用卡資訊外流而打消網路消費刷卡的意願，可是，當我們拋開消費者的角度去量度，才驚覺在虛擬網路世界中，其實商家可能才是信用卡詐欺事件的最大受害者。在真實生活中，當我們使用信用卡結帳，凡是受過訓練的店員都會把帳單上的簽名與信用卡背面的簽名作簡易核對，甚至看看信用卡上的照片與本人比較。一切吻合之後，貨物交給客人，簽帳單則由店家存底，信用卡擁有人必須為自己所簽刷的帳單付款。可是到了網路的虛擬世界裡，使用信用卡付帳不必經由簽名這道手續，通常只需要輸入卡號及信用卡有效期限等制式資訊，由於信用卡公司為了保障客人的制度，如果有人拿竊取的信用卡資料在網站上進行付費，則信用卡持有人只需負擔一小筆損失，而絕大部分的損失需由接受刷卡的網站自行吸收。消費者也可能在收到包裹之後，謊稱沒有收到物品，甚至否認自己曾經有過下單的行為，要求網站退錢。網際網路的無國界特性更是讓商家容易受害的一大因素，許多網站受騙後開始堅持投遞物品之住址須與付費信用卡登記之住址相同，信用卡公司雖然可以幫助確認該資訊，可是針對國外的信用卡持有者卻又無可奈何，更何況網路上購買的商品有可能只是檔案，直接傳輸到付費的使用者電腦而沒有特定送件住址（圖 15-17）。

電子商務的交易安全變成了發展中的一大重要環節，電子商務剛起步時，美國國家標準與技術局的局長 John W. Lyons 在國會做證時就表示：「**電腦密碼學**（computer cryptography）是發展網際網路電子商務的關鍵技術。」如果安全性不能被確保，就不可能有蓬勃發展的一天。電子商務安全可說是技術層面與法律層面環環相扣，甚至跨越國與國之間，必須有共同的規範來打擊網路犯罪。

圖 15-17　電子商務所可能發生的問題

我們在真實生活中購物也有風險存在。消費者可能在付費之後發現買到故障或過期的物品；也可能結帳之後的物品遭他人偷竊；更糟糕的是也許外出的途中錢包被扒手給偷走了。對於商家而言，可能收到偽鈔；可能會有小偷夾藏物品在背包；當然也可能遇到搶匪搶劫收銀機。在虛擬的網路世界裡，所面對的風險與真實世界很多都是一樣的，甚至因為網路的無國界及匿名的特性，更是吸引不肖分子的注意。從實務上的經驗，一個安全的電子商務環境應有下列幾個特性。

## 完整性

完整性是指所有傳輸的資料不會被未經授權者讀取、修改、攔截等。對消費者而言，必須確保在交易中指定收款的對象資料不會被他人攔截竄改後，導致金錢匯入其他帳戶；同時也必須確保消費者收到的匯款帳戶及金額等等資料是正確無誤由商家提供的。對網站而言，資料的完整性表示必須確保網站上所呈現的資料是自家提供的，而不是遭駭客入侵變更內容。總之，不論是從網站傳給消費者的訊息，或者從消費者傳給網站的資料，都應該確保傳輸內容不被任何未經授權的人士更改，這就是完整性。架設網站的系統管理者因此必須慎重決定給予權限，越多人擁有修改網站的權限，資訊的完整性必越難確保。

## 不可否認性

不可否認性指的是買賣雙方都不能蓄意矇騙或否認自己的行為。由於消費者容易申請到免付費電子信箱，因此可以以該電子郵件帳號恣意妄為隨後撇清關係，或散發不實言論，或亂下訂單擾亂，即使商家拒絕接受免付費的郵件，消費者還是可以輕易謊稱自己未收到物品或未下訂單等情事。對消費者而言，必須確保網站或收款人不得辯稱未收到金錢，或者謊報已送出物品；同時，對賣方而言，必須確保買方不得隨意否認自己下的訂單，或狡賴以獲利。

## 確實性

確實性是指買賣雙方都能夠認證對方確實是所聲稱的對象。對消費者而言，是必須確保交易的網站不是被他人仿冒，或者蓄意欺騙的網站。由於網域名稱註冊採取先搶先贏制度，因此常出現有心人士故意註冊知名公司之網域名稱，或者註冊類似的網域名稱佔為己有，譬如 ibm.com，apple.com 都曾被人註冊使用，我們稱這些故意以知名公司為網域名稱去註冊的人為「網路蟑螂」，這些名稱最後可能是由正牌的公司花錢買回網域名稱使用權，或者以商標法和網路蟑螂抗衡，可是這些網路蟑螂也可透過註冊類似的網域名稱，然後成立風格相似的網站等待粗心的消費者跌入陷阱受騙。除了網域名稱類似之外，虛擬世界的網站很多可能只是專為詐財存在，而非真正有販售物品或服務，因此消費者更是要小心求證。對於商家而言，由於不需要消費者簽名或現身，因此要達到確認消費者身分自是難度更高，並且消費者也很容易假扮成他人進行消費。

## 機密與隱私性

機密性是指傳輸訊息只有得到授權的人才能觀看，而隱私性則是指網站能夠充分掌握所有客戶提供的資料，確保客戶資料不會外流。良好的電子商務網站必定有內部資訊政策，以掌管顧客的資料。防外侮方面，要避免被駭客入侵之後輕易取得客戶資料，傳統觀念裡以為只有信用卡資料才需要特別保護，實際上，客戶的住址電話及電子郵件信箱等等都是必須被保護的資料。雖然客戶的電子郵件外流看似無大礙，可是卻會造成客戶收到大量的垃圾廣告色情郵件，浪費網路資源同時也造成困擾。曾經發生過的銀行網站客戶資訊外流，就使大眾對該家銀行的網路安全印象大打折扣，進一步可能會躊躇不敢與該銀行有金錢往來。在防內賊方面，必須只給予有必要授權的人相關的讀取客戶資料權限，盡可能避免有不肖員工私下把客戶資料外洩謀取不當利益。除了客戶基本資料之外，客戶的過往消費習慣等等也是有價值資料，網站可以根據消費者過往的消費及興趣，推薦適當的商品給消費者參考，一旦資料外流，同業競爭者必極力推銷，因此這類資料得給予保護。

### 可得性

可得性是為了確保網站能夠正常運作，由於電子商務就像是不夜商城，就算是半夜也可能有消費者想購物，當然也可能有跨國跨越時差的消費者，因此必須時時刻刻確保網站的可得性才能維持業者的信譽。同時也必須確保網站一切正常運作。

電子商務環境安全是倚靠多層防線來把關，第一道防線自是仰賴科技技術給予保障。由於電子商務交易資料必須在整個 Internet 上經過多個**路由器**（router）和主機才能抵達目的電腦，這與在**私有網路**（private network）內牽線使兩台電腦獨佔一條連線的情況非常不同，在 Internet 上的每一個環節都有可能使資料被截取，因此最基本的想法便是將資料**加密**（encryption），就算資料被攔截，在不知道解密方式之下，也無法了解傳輸的資料內容。關於加解密相關的介紹，請參閱第 8 章的說明。

## 15-4 ｜ 電子商務交易付費機制

除了上述的資訊傳輸安全之外，電子商務安全另一重大議題，則是在交易安全部分。目前網路上的交易，最普遍的還是使用信用卡來付費。上網購物時，把想買的東西丟進購物車，要結帳的時候，點選按鈕就跳出填寫信用卡資料的畫面，依照指示填寫完之後傳送出去，物品就送到家裡。看似只消點選敲打的功夫，但是實際上又是怎麼運作的呢？讓我們一步步檢驗使用信用卡交易的過程。

首先，網站為了接收消費者的信用卡，必須在銀行申請帳戶。當消費者按下確認結帳，在網頁上填寫完信用卡資訊，資料要傳送到網站主機時，啟動之前談過的 SSL，建立起一個安全的資訊通道，信用卡資料就在 SSL 的保護下傳送到網站。網站接收到信用卡資訊之後，聯絡**交換中心**（clearinghouse），票券交易所是各家發卡銀行的中間媒介，負責聯絡發卡銀行驗證信用卡資訊，一旦通過認證，發卡銀行就會從消費者戶頭裡扣款至網站的銀行戶頭。最後，這筆帳會跟隨著信用卡帳單而來（圖 15-18）。

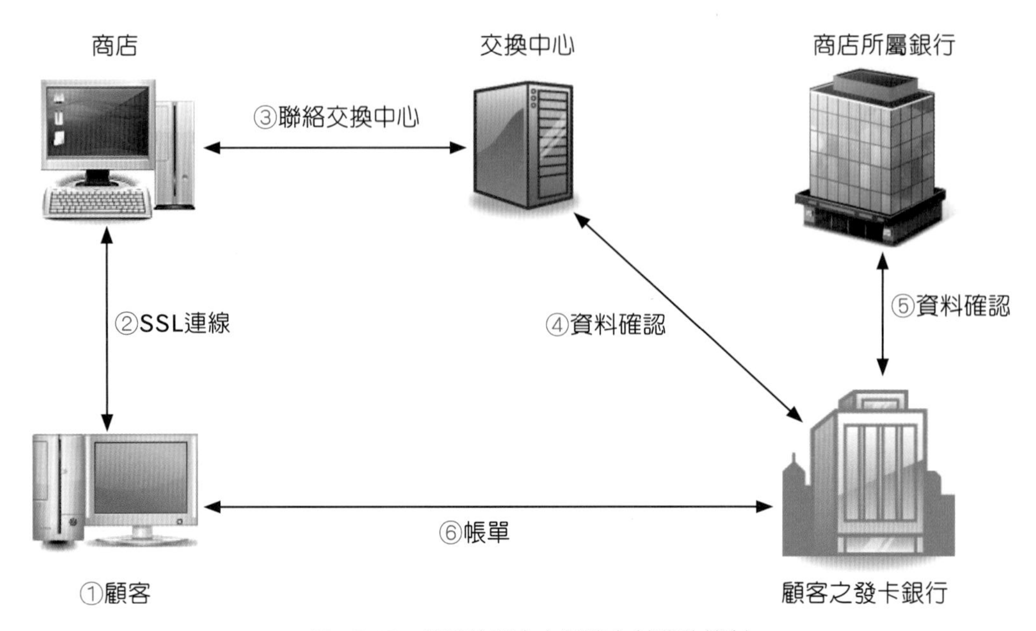


圖 15-18　使用信用卡在網路上付費的機制

整個過程看似完備，實際上仔細檢驗，仍有許多不方便與不安全的地方。首先，網站與消費者均無法完整確認對方的身分。也許網站其實是一個犯罪集團，假借電子商務的名義兜售物品，實際上則進行信用卡資料收集的動作。另一方面，消費者也可能拿著偷拐搶騙而來的信用卡資料在網路上血拚。另外，由於缺乏不可否認性，消費者也可在事後後悔之餘，不承認自己有過下單的行為，拒絕給付帳單，甚至收到物品之後還面不改色的予以否認。為改善信用卡的缺失，國際上兩大發卡集團，MasterCard 及 Visa 聯合 IBM 等公司推出**電子安全交易機制**（Secure Electronic Transaction protocol；SET），如圖 15-19 所示。

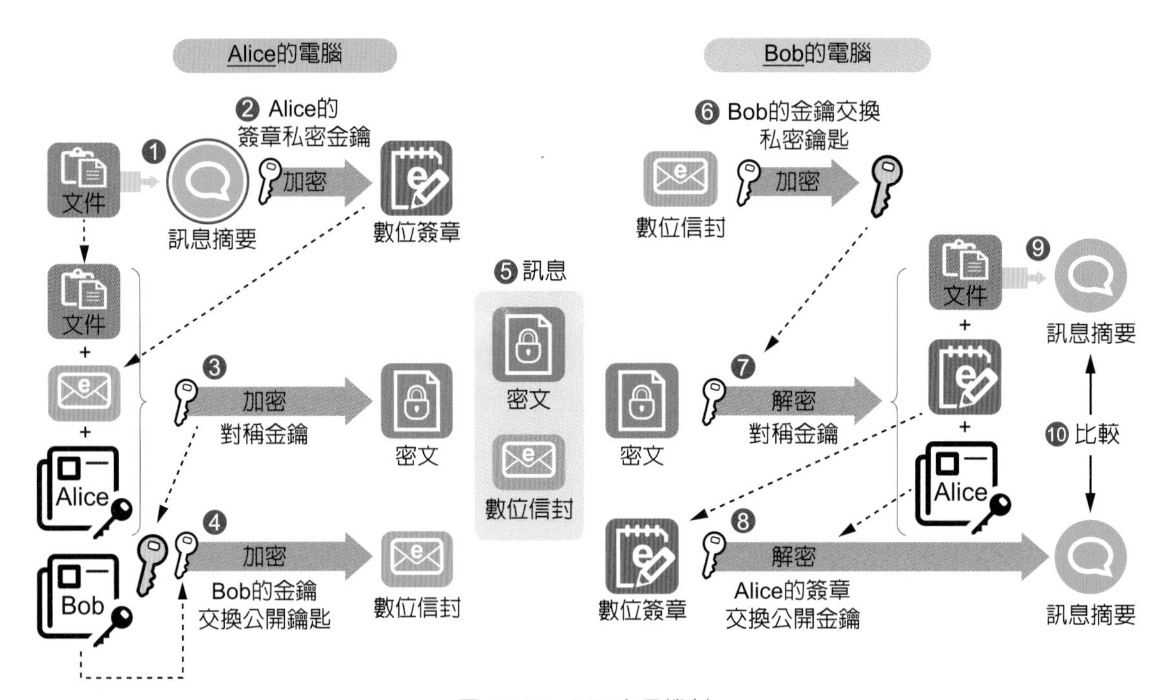


圖 15-19　SET 交易機制

SET 除了確保傳輸資料安全之外，最重要的是要解決身分認證以及確保不可否認性，透過消費者授權確認進行交易，就不能從而否認交易不存在。簡單來說，SET 基本上仍是使用信用卡付費，但是特別加強買賣雙方的認證及隱私保密部分，而其採用的技術幾乎是整合了前述的種種，包括對稱性加密、公鑰加密來產生數位信封，採用數位簽章來作憑證，透過認證中心來予以授權認證。

採用 SET 時（圖 15-19），Alice（顧客）的電腦首先利用雜湊函數計算交易資料（包含訂購資料以及付款資料）的訊息摘要，然後使用 Alice 的私鑰加以簽章。之後 Alice 的電腦隨機產生一對稱式金鑰，將交易資料、Alice 的數位簽章和憑證以對稱式金鑰加密產生密文，再使用 Bob（商店）的公開金鑰針對對稱式金鑰加密，以數位信封方式傳送資料給 Bob。Bob 於收到資訊後，首先用自己的密鑰將數位信封解密，得到對稱式加密的金鑰。以對稱式金鑰解開密文，得到交易資訊、Alice 的數位簽章及憑證。從 Alice 的憑證中，取得 Alice 的公鑰用以對數位簽章解密，還原得到訊息摘要。接著將接收到的交易訊息利用相同的雜湊函數計算，確認訊息摘要是否前後一致。若相同，表示此份交易資料在傳送過程中未經改變，並且已經經由 Alice 授權，確認不可否認性。之後，Bob 再把付款資料傳送給銀行，等到款項進入 Bob 的戶頭，便開始處理訂購資料。上述流程只不過是個概略性的描述，SET 為了確保客戶的隱私權，細步流程裡其實大有文章。

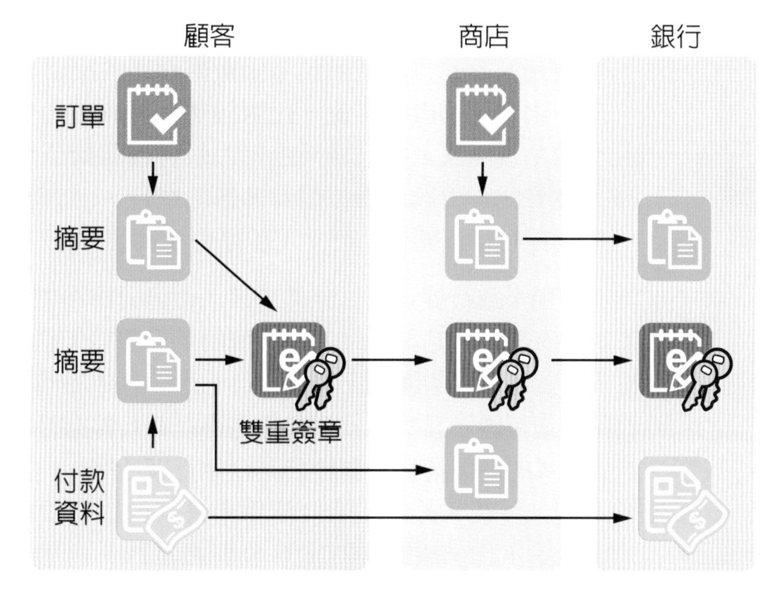


圖 15-20 雙重簽章

在原本的交易流程中，顧客傳送交易資料至商店，再由商店將資料轉送給銀行進行進一步處理。依此流程雖可完成交易，但是仍有美中不足的地方。仔細想想，其實商店本身只需要知道客戶的訂購資料，並不需要知道客戶的付款資料如信用卡號碼等等，一方面是可以免除憂心客戶信用卡資料外流的風險；一方面也可避免商店不當的收集信用卡資料。相同的，銀行其實只需要知道有關付款的資料，執行付款的動作，並不需要知道客戶的購買資料，確保客戶的購物隱私。但是實際上的操作仍然得在銀行端為訂購資料及付款資料建立起某種關聯，確認客戶確實有訂購的行為，避免日後引起不必要的紛爭。為了達到銀行與商店都不必得到不須使用的資料並且還能完成交易，**雙重簽章**（dual signature）（圖 15-20）的技術便孕育而生，其概念便是顧客僅對交易資料（包含訂購與付款）做一次簽章，商店與銀行即都可得到客戶的簽名授權，在分開處理的訂購與付款資訊中，仍使兩者有關聯，確保不可否認性。

我們先談如何產生雙重簽章，再談如何使用雙重簽章。將付款資料以及訂購資料分別使用雜湊函數產生付款資料摘要以及訂購資料摘要，然後將兩摘要相連結合併，再算一次合併之後的摘要。最後使用客戶的私鑰加密，即得到雙重簽章。產生雙重簽章後，顧客傳送給商店的訊息包括：

* 密文與數位信封：密文是商店轉交銀行的資料。包含付款資料、雙重簽章以及訂購資料摘要等，用隨機產生的對稱式金鑰加密，再使用銀行的公鑰將對稱式金鑰加密，產生數位信封。由於是以密文傳送，因此商家看不到客戶的信用卡資訊等。
* 付款資料摘要：提供給商店驗證雙重簽章，由於只提供付款資訊摘要而非付款，因此客戶的信用卡隱私得以確保。
* 訂購資料。
* 雙重簽章與顧客的憑證。
* 在商家收到交易資訊後，接著將進行各項檢驗工作。
* 檢驗顧客憑證的真偽，確認無誤之後，從顧客的憑證取得公開金鑰，用以解開雙重簽章，並且也驗證雙重簽章的真偽。解開雙重簽章後，取得原始交易資訊的付款摘要以及訂購摘要。
* 由收到的訂購資料經由雜湊函數得到新的摘要，然後與收到的付款資料摘要合併，再算一次雜湊函數摘要值，比對與雙重簽章裡的交易摘要是否相同。若數值相同，表示傳遞中途無誤，並且客戶也經由數位簽章給予交易的承諾，於是將密文，也就是包含付款資訊等資料及數位信封轉傳給銀行，由於銀行只收到訂購資料摘要，因此客戶的購物隱私得以確保；反之，若是交易摘要不相符，商家會知會顧客並且取消交易。

透過信用卡進行線上支付雖然普及，但仍有許多限制。首先，使用信用卡交易，網站必須付一定比例的手續費給予銀行業者。如果價格本身就不高昂的物品，再被銀行扣除一些手續費，網站的利潤可能就屈指可數。其次，收款者一定得在銀行擁有戶頭以接收款項，然而這樣的戶頭通常都屬於公司企業行號所有，一般民眾無法接受他人刷卡付費。再者，由於信用卡是基於銀行根據申請信用卡者的收入、工作、或過往的紀錄來衡量是否有信用、有能力支付可能的支出，因此，小孩子或者無工作的人都不能持有信用卡，某種程度上也被剝削了上網購物的權利。

除了使用信用卡付費之外，隨著 C2C 電子商務的蓬勃發展，**點對點**（peer to peer）式的付費機制也必須跟著發展。目前拍賣網站最普遍的交易方法乃是最原始的方法：可以是當面銀貨兩訖，但是當處理的金額較大時，容易遭受假鈔的威脅；或者買賣雙方確認交易之後，請買方將金額匯入賣方戶頭，經查驗入帳後，賣方以掛號方式郵寄物品。這方法雖普遍，卻不甚方便。買賣雙方得不停的往來，確認匯款戶頭、確認是否收到款項、確認物品投遞地址、確認物品是否送達。整個過程使得買賣雙方在電子郵件、銀行、郵局之間周旋，並且在交易的過程中缺乏隱私的保護。其實比較便捷的方法是使用**電子錢包**（digital wallet）。電子錢包其實就像真實生活裡的錢包一樣，在電腦裡安裝電子錢包軟體，在銀行開帳戶，把錢放在電子錢包裡，從此需要付款的時候，只要上網做出轉帳的動作即可，不必再來回銀行忙碌。整個運作流程可分成下列幾點：

**步驟 1** 消費者先上網申請電子錢包，並前往銀行將金錢以電子現金方式轉入電子錢包戶頭。

**步驟 2** 銀行在驗證了消費者的身分後，對消費者的真實帳戶做扣款動作，並將等值的電子現金存入消費者的電子錢包。

**步驟 3** 當消費者在網路商店觀看商品並決定購買時，他按下了「結帳」鍵，商店端的軟體就會將此商品的訂單送給消費者的電子錢包軟體。

**步驟 4** 電子錢包會將訂單上所列的電子現金支付給商店端。

**步驟 5** 商店端知會銀行驗證此筆電子現金之合法性，驗證無誤後會將電子現金轉成現金存入商店的帳戶。同時應開始寄發物品。

如果是在 C2C 交易中，則金流往來過程可如下：

**步驟 1** 結標之後，賣家可上電子錢包網站，填寫帳單給同樣擁有電子錢包的買方。

**步驟 2** 買方收到帳單後，可直接從電子錢包扣款，或者以刷卡的方式，由電子錢包網站接受該筆金額，然後通知賣方領款。

**步驟 3** 一定時間內，賣方確認收到該筆金額，金額正式匯入；否則可選擇將金額退回買方電子錢包。

最後賣方可向電子錢包網站提出提款申請，網站會將金額匯入使用者的銀行帳戶。此外，賣方也可利用電子錢包網站提供的功能，對買方以 e-mail 或行動電話簡訊送出繳款的通知。電子錢包可免除買賣雙方跑銀行刷簿子對帳，避免直接使用現金交易的風險。雖然每筆交易酌收手續費，但是一般說來仍比跨行轉帳的成本低廉。國際上類似這樣的線上付款機制最有名的是 PayPal，國內則有 SafePay、ezPay（圖 15-21）等公司。除了建立起線上付費平台之外，這些公司也因 C2C 之發達，著手整合物流的運送以及履約保障等服務。

圖 15-21　ezPay

電子支付除了在網上購物外，隨著無線技術和行動技術的普及，電子支付的選擇變得更加多元便利，也逐漸廣泛地應用在實體商店的支付上。除了信用卡外，許多商家和民眾已經可以透過以 RFID 技術為通訊媒介的悠遊卡或是一卡通進行付費。甚至近年來很熱門的「行動支付」，讓使用者可以透過手機直接在實體商店裡付款。行動支付的方式很多，其中之一就是透過手機裡的 SIM 電話卡來進行支付。

手機的 SIM 卡支付基本上還是使用信用卡的方式進行。使用者必須更換內建信用卡功能的 SIM 卡，如此可以透過無線感應的方式，以刷卡的方式進行支付。雖然無線感應刷卡很方便，但是要換 SIM 卡可能會讓比較偷懶使用者望之怯步。因此，業者也推出多種不同的方式。比如說，蘋果公司推出的 Apple Pay 機制。使用者只要將信用卡號輸入 iPhone 手機內的 Passbook 應用程式，就可以透過 Apple Pay 機制在支援的店家裡付款。而 Google 亦推出 Google Wallet 和 Android Pay，只需要把帳戶資訊輸入手機，就可以讓使用者透過手機內建的 NFC 裝置進行無線感應和付款。圖 15-22 展示的是付款方式提示。使用者在結帳時可以注意是不是有類似的圖案，表示店家可以提供以 Apple Pay 或是 Android Pay 的方式付款服務。

圖 15-22 Logo 圖示表示店家提供以 Apple Pay 或是 Android Pay 的方式結帳

支撐行動支付背後的技術就是所謂的「第三方支付」，近年來也有人泛稱這類的支付服務技術為**金融科技**（FinTech，Financial Technology）。過去的信用卡刷卡機制中，參與的角色通常只有消費者、商家、和銀行這三個角色。然而，像 Apple 或是 Google 這樣的公司，他們雖然不是銀行，但只要消費者和商家「信任」這些支付公司，就可以透過這些公司所提供的服務進行交易，而不用直接與銀行打交道。也因此，第三方支付非常適用於 C2C 的個人交易。第三方支付的交易流程如圖 15-23 所示。申辦第三方支付帳戶的門檻通常不像申請銀行戶頭那麼麻煩，且只要交易雙方使用相同的支付平台，就可以直接進行交易。除了 Apple 和 Google 外，像是「PayPal」、「支付寶」或是「Pi 行動錢包」也是第三方支付的服務。使用者通常只需要在手機上安裝相對應的 App 程式，就可以用手機在支援這些線上支付的店家裡消費。

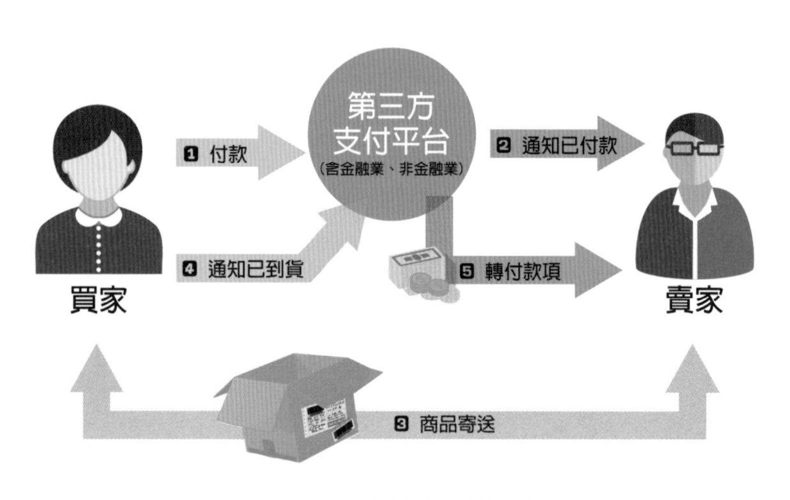


圖 15-23 第三方支付流程

第三方支付這麼的方便，當然它也有相對應的風險。從使用者的角度而言，首先就是所謂「第三方」的業者，如 Apple、Google、PayPal、支付寶、歐付寶、Pi 行動錢包等等，是否是可信任的公司。市面上除了這些比較有知名度的服務外，也有許多其他業者推出類似的服務，消費者在使用時必須要慎選。

另外，由於這些服務多半透過行動裝置付款，一但手機或是平版電腦遺失時，也可能會發生被盜用的風險。有一些服務應用程式提供像是指紋辨識或是密碼鎖的功能，使用者應該要小心保管具有支付功能的行動裝置，並設定較安全的認證機制，以免機財二失。而從監管單位的角度而言，第三方支付的交易巨有資訊的隱匿性，專家學者們擔心可能會有隱匿不法交易的風險。

此外，這些第三方支付的業者累積來自消費者的巨大款項，如果沒有適當的單位加以管理，一旦公司出狀況時，也可能損及消費者或是店家的權益。不過整體而言，發展金融科技是目前全世界的趨勢，不論是個人、企業、或是政府應該都要正視這個議題，共同努力發展更便捷安全的服務。

# 15-5 ｜ 電子商務的省思與展望

對 20 世紀末商業產生重大影響的，當然不只電子商務，但是電子商務最受到全球的矚目與廣泛的探討，主要是因為電子商務背後的技術與其他商務並不相同。雖然電子商務是以資訊技術為基礎，但是也挑戰傳統的經濟、商管行銷等手法，甚至在法律政策方面，也必須適時修正以保護個人資料、消費者權利、和智慧財產權等。

因為是新興領域，在快速變動中，很難有聖經般的定律可循，雖然有電子商務模範生供後人學習，更多的是失敗心酸血淚史供他人借鏡。舉例來說，從 1995 年開始，電子商務以前所未見的型態出現，很多號稱「.com」（念作 dot com）的公司，帶給人們無限的幻想。但是數年後隨即於 2000 年科技股崩盤，網路泡沫化，讓很多投資人為之心碎。歷經了大風大浪，電子商務經由冷靜之後轉型再發展，唯一能夠確定的是，**電子商務**（e-commerce）中的英文字母 e，絕對不是 easy 之意。

一般人對電子商務的迷思，是因為不需建構實體商店，所以覺得容易開設，但卻忽略由於開設門檻低，競爭激烈，唯有能夠吸引消費者固定瀏覽的網站，才有利潤可謀。由於大部分的消費者會光顧的網站幾乎都是幾個習慣愛用的網站，所以很多網站以低價促銷或免費運送來吸引目光，企圖讓消費者建立對該網站的忠誠度。但是若沒有適當的收費機制來達到收支平衡，錢燒完之後就很可能使公司倒閉。

在電影社群網站（The social network）裡，描述臉書網站（Facebook）草創初期，兩位創辦人就為了是否引進廣告增加收入來源而有不同意見，後來因為祖克伯堅持不加入廣告以維持網站的純淨來留住使用者，且適時引入創投公司挹注資金，終於讓其網站撐了過來，而成就目前驚人的龐大規模。

另外，電子商務網站也特別容易感受到**開創者**（first mover）的**首創利益**（first mover advantage）。所謂開創者是指第一個開創某個市場領域的公司，而首創利益則是指開創者快速擁有該市場的大餅。譬如美國的 Amazon、臺灣的博客來，都是當地的第一個網路書店。開創者可以先在消費者心中建立品牌形象，使消費者忽略其他後續跟上的競爭者，也可駕馭使用者的使用習慣，建立顧客的忠誠度，使得競爭者較難搶走顧客。

開創者也比後人更容易擁有**網路效應**（network effect），也就是第一章曾經討論過的**梅特卡夫定律**（Metcalfe's Law）。該定律是指當使用某一系統的人超過一個臨界點，就會吸引更多人使用，帶來更多利益。同樣以臉書網站為例，筆者一開始因為工作忙碌不願意加入，可是後來老同學來呼喚，連小孩同學的家長也在使用，為了能夠順利與他人聯絡，也只好加入。所以在網路上「大者恆大」的現象屢屢得到驗證。

而隨著資訊技術不斷地推陳出新，電子商務也持續有新的面貌，目前最受重視的應該就是**行動商務**（Mobile-commerce；簡稱 M-commerce）的發展了！此種商務行為是以無線數位裝置連結無線網路，讓使用者到網站上完成交易（圖 15-24）。

圖 15-24　利用智慧型手機即能進行行動電子商務

有了行動商務，我們可以早上悠閒地在咖啡廳享用早餐的同時，透過智慧型手機關心當日股票行情，遇到大好機會即用智慧型手機上網下單。到了中午，約了三五好友一同聚餐，趕緊使用手機查看附近有哪些餐廳可去，進而先行訂位。聚餐完若欲罷不能，還可再透過行動商務了解最近院線電影有哪些，並且看看劇情介紹與影評，最後訂票直接轉帳免除大排長龍的枯燥。如果看到販賣機卻口袋無零錢也不必擔心，透過手機連線，便可以把飲料的費用扣在每月的電信帳單上。

如上所述，行動商務具有「時效性」和「適地性」的好處。而隨著智慧手機的日益普及和使用智慧型手機上網的人數越來越多，從事行動商務的人口也急遽成長，成為企業心中的電子商務明日之星。

圖 15-25 比較了全球數個國家從事商務行為的狀況，該圖中標示「電子商務」的部分，指的是在企業外部使用有線通訊設備，而「行動商務」指的則是在企業外部使用無線通訊設備，我們可以看到臺灣民眾「電子商務」的使用率高達八成，而「行動商務」的使用率也上

升到高達六成。不過有個有趣的現象是，歐美日本等較先進國家「電子商務」使用率遠遠超過「行動商務」，東南亞國家則最為相近，可見每個國家的資訊發展程度或國情不同，也會影響到民眾的商業行為。

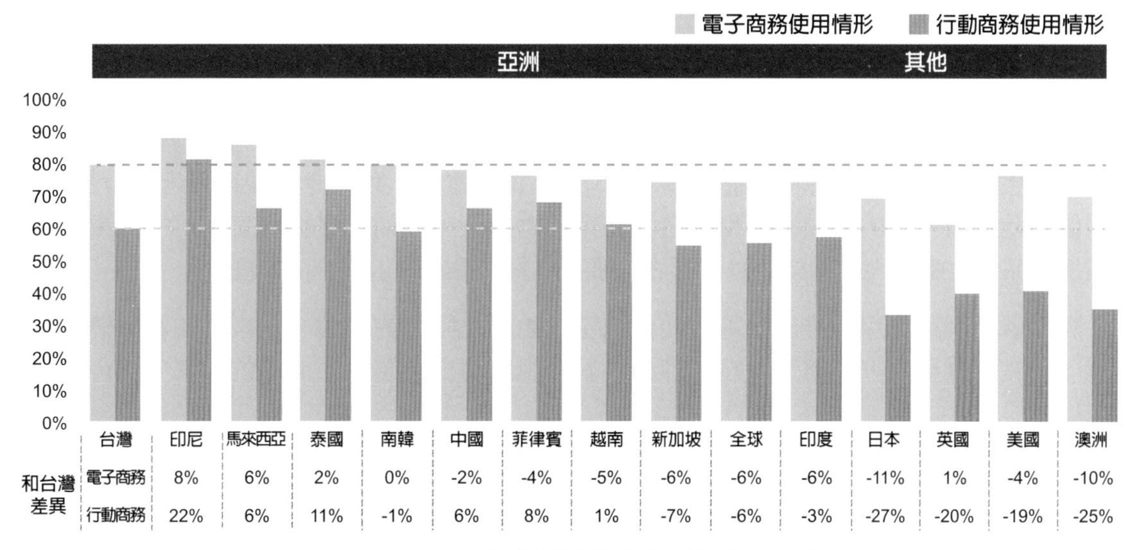


圖 15-25　各國電子商務和行動商務使用率之比較
（資料來源：財團法人臺灣網路資訊中心 2020 臺灣網路報告）

除了行動商務之外，社群網站對電子商務的影響，也相當受到矚目，有人稱此為「社群經濟」。如圖 15-26 所示，臺灣全部人口中，超過七成的人使用社群媒體，而超過八成的人使用即時通訊。所以不只商家紛紛上社群網站成立粉絲團與其顧客搏感情，更有商家善用好友推薦增加曝光率，箇中巧妙端看各商家如何應用。

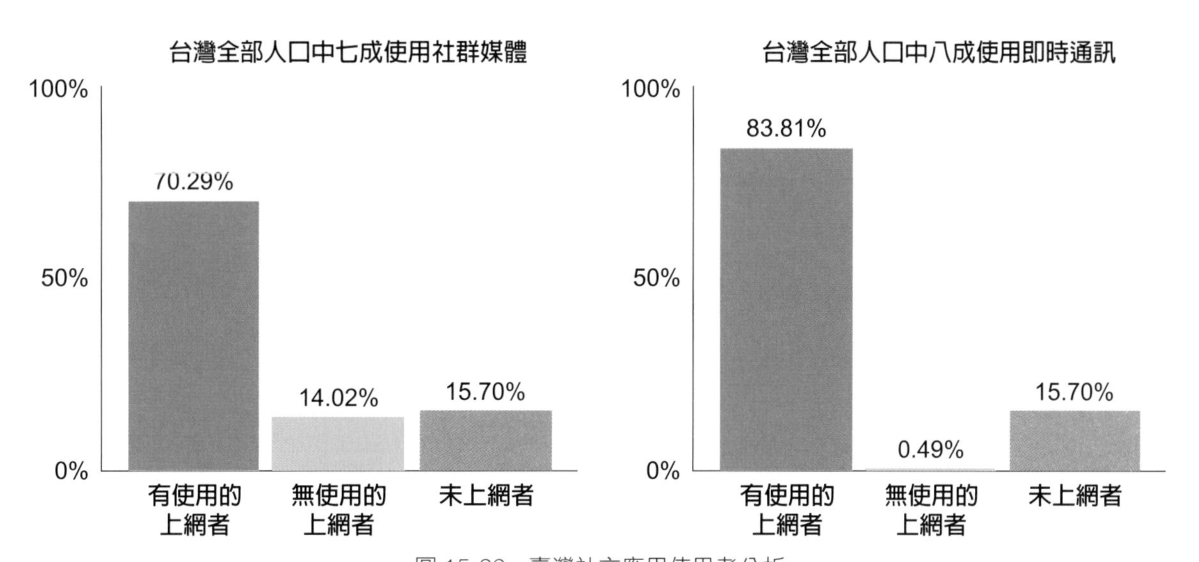


圖 15-26　臺灣社交應用使用者分析
（資料來源：財團法人臺灣網路資訊中心 2022 臺灣網路報告）

與此相關的另一個新興議題，則是「直播帶貨」。簡單來說，此行銷手法，就是結合「直播」和「電商」，此兩種已經發展相當成熟的網路媒介，以便將流量轉換為訂單。此商業模式的特色在於可以在鏡頭前近距離進行商品展示、而且即時回覆觀眾們的訊息，以進行商品的諮詢及互動（圖 15-27）。近年來各家網紅不僅紛紛透過業配大量推銷產品，賺取利益，各家直播主所創造的商機更是驚人。

2021 年有一個令人震撼的新聞，就是號稱中國「直播一姊」的黃薇（網名：薇婭），在 2019 年至 2020 年期間偷逃稅款 6.43 億元，而遭罰人民幣 13.41 億元，約合新台幣 58.6 億元。同篇新聞也提到中國直播電商整體規模在 2021 年達 2 兆元，實在令人瞠目結舌。而 2022 年另一個與此主題相關的新聞，則是一名女藝人再婚之後，其前婆婆靠著直播，一邊飆罵一邊賣周邊產品，而賺進大把鈔票。以上都在在顯示此類商業模式是如何的火紅。

隨著各類網路應用的推出，電子商務也不斷蛻變出不同的面貌，未來會如何改變我們的生活，實在很難預料。而誰又會在激烈的競爭中脫穎而出成為電子商務的贏家，值得我們拭目以待！

圖 15-27　直播帶貨
（資料來源：© Piyamas Dulmunsumphun | Dreamstime.com）

## 資訊專欄 數位新生活的八個好習慣

一元復始，萬象更新，面對數位科技帶來的典範轉移，且讓筆者淺談數位新生活的八個好習慣。

**第一、善用資通訊工具，磨刀不誤砍柴工。**市面上通行的資通訊工具包山包海，應用軟體五花八門，我們無須炫技，但平時可抽空摸索適合自己的軟硬體，善加琢磨運用必能事半功倍。藉由社群媒體連結，我們與海內外親友互通有無，分享人生的喜怒哀樂，實現四海一家的理想。

**第二、專注拓展知識疆界。**浩瀚網海是我們的知識擴大器，漫遊時請試著以建設性和系統性的方式在特定主題上開疆拓土，切莫渾渾噩噩遊蕩，入寶山而空手回。

**第三、減少列印紙本資料。**多多以載具儲存雲端發票，以電子票券和電子文件取代紙本資料，不僅有利保管，同時也能節約紙張資源。

**第四、帳密保管有一套。**行走於數位平台之間，只要帳號和密碼若合符節就可通行，而由於各個平台帳密要求不同，使得人人都擁有多組不同格式的帳密。要如何不忘記、不混淆和不外洩個人的帳密呢？平時就得養成一套牢靠的保管習慣。

**第五、適度保護個資，適時備份檔案。**資訊的累積速度愈來愈快，我們都要練就一套簡潔有效的資訊管理技巧。某些靜態檔案資料和即時動態訊息可能攸關個資，第一時間就要完善保護。另外，平時使用的手機和電腦都要設想萬一機器故障，關鍵資料是否已有備份。

**第六、害人之心不可有，防人之心不可無。**在數位江湖裡，網路謠言、網路詐騙和網路霸凌甚囂塵上，我們要明辨是非，不要以訛傳訛，不要為虎添翼，更不要淪為待宰羔羊。

**第七、役物而不役於物。**我們是使用機器的主人，而不是被機器操弄的奴隸。在緊湊的上機節奏中，適時插入一段停機時刻，避免身心靈過度疲累。即使是工具人，也無法像機器人那般二十四小時運作無休。

**第八、對網路通訊疑而不惑，即刻通知疑似受駭親友。**唯有大家互助合作，形成共善無漏的防禦網，我們才能在數位世界安居樂業。

好習慣讓我們一生受益無窮，而壞習慣終將折磨一生，好壞之分往往就在一念之間。大家不妨靜心自我檢視一番，並且下定決心在新的一年裡培養終身受益的好習慣，邁向更璀璨美好的人生。

趙老 於 2023 年 1 月

16

# 進階資訊理論及應用課題

0 1 0 0 0 0 0 1 1 0 1 1 0 1 0 0 0 1 1 0 0 0 0 0 0 0 0 0 0 0 0 0

本書簡介了計算機的基礎原理及基本實務，讓讀者對資訊工程領域有個初步的認識，但礙於篇幅，有許多課題非常有趣重要，我們並沒有專章介紹，其中包括：雲端運算、生物資訊、多媒體、計算機圖學、影像處理、虛擬實境、資料壓縮、平行處理及計算理論等，都已成為專門領域。本章擇要簡述了雲端運算、生物資訊、多媒體、資料壓縮及計算理論，讓大家對資訊工程的多元性有更多的體會。

# 16-1 ｜ 雲端運算

雲端運算是這幾年來非常火紅一個名詞。如果硬要用一句話來形容雲端運算，那大概是「所有的服務都取自於網際網路」。當然，這種說法並不是十分精確。嚴格來說，並不是把服務放上網際網路就可以說是雲端運算。但「雲端運算」這個名詞的由來是因為過去許多教科書或是研究報告，都用一朵雲的形狀來代替網際網路，因此當服務都取自於網際網路時，便有了雲端運算這個名詞。

從美國國家標準局的角度而言，他們所定義的雲端運算是指，使用者可以在最低的管理成本下，按每次使用量付費（pay-per-use），透過網路取得高可用性、方便且即時的計算資源（包括網路、伺服器、儲存，以及應用服務等等）。雲端運算的背後其實是許多相關的技術集結起來的成果。而雲端上提供的服務，可以非常有彈性的按照使用者的需求提供給使用者；而在使用者不需要時，可以立刻收回，使用者只需要按照其用量付費即可。我們可以用網路儲存為例。假設我們今天透過網路硬碟備份檔案，要備份的資料可能有多有少。當資料量大時，我們可以買大一點的空間；而當資料料少時，我們可以隨時都可以退回一些空間。而實際上需要支費的費用，則按照使用的空間和時間來計算。

雲端運算最常見的服務大概是這三種類型：IaaS（Infrastructure as a Service）、PaaS（Platform as a Service）以及 SaaS（Software as a Service），如圖 16-1。就 IaaS 而言，我們可以想像我們向服務提供者租用機器。只需要上網填寫要租用的機器規格（如 CPU 的速度、記憶體的大小、硬碟的大小、要安裝的作業系統等等），服務提供者馬上就可以「生」出一台符合使用者需求的機器。讀者也許在本機電腦上用過類似 VirtualBox 或是 VMWare 這種單機版的虛擬機器軟體（如圖 16-2 所示）。而使用者必須透過遠端存取的方式如 telnet、ssh、或是遠端桌面等方式，連上雲端 IaaS 服務所提供的虛擬機器進行操作，建置服務。

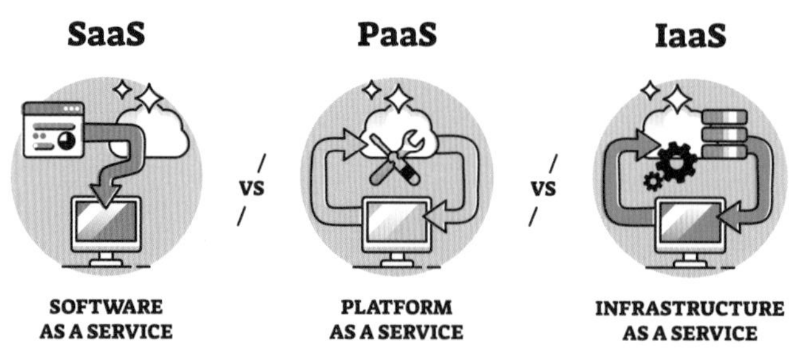


圖 16-1　雲端運算最常見的三種類型：IaaS、PaaS、SaaS
（資料來源：© VectorMine | Dreamstime.com）

最著名 IaaS 服務提供者代表大概是 Amazon 的 EC2（elastic compute cloud）服務。紐約時報（New York Times）在 2007 年時，計畫將他們過去 1851 年至 1992 年的文件資料從 TIFF（一種圖片檔的格式）轉成 PDF 檔案。當然，如果想在短時間內把所有的文件轉換完畢，那麼會需要購買大量的機器。為了節省成本，紐約時報便向 Amazon 租了 100 台機器，自己撰寫程式，花了一天的時間，就把大約 4TB 原始的圖片 TIFF 檔案順利轉換為 PDF 檔案。

PaaS 服務主要提供使用者建置網路服務。假設我們今天想要架一個網站，那麼如果在網路上向 IaaS 服務提供者租了一台機器，還得要自己在機器裡面安裝和設定各式各樣需要的伺服器（網頁、資料庫伺服器等等）。雖然彈性比較大，但所有的軟體安裝、設定和管理都得自己來。而 PaaS 服務的目的就是希望簡化這些工作流程。我們向 PaaS 的服務提供者租用的是一個「平台」和「空間」。

圖 16-2　Oracle VirtualBox 虛擬機執行範例：在 Mac OS X 裡透過需擬機器執行 Windows XP

如果我們想要建置網站，只需要選擇合適的 PaaS 服務，設定好建置服務的網域名稱，然後把網站的各種檔案上傳到租用的空間裡，就可以開始運作。而各家的 PaaS 服務的提供者支援的網站開發方式有所不同。如果使用者習慣用 ASP.Net 配合微軟的 SQL 伺服器建置網站，那麼可以考慮向微軟的 Azure 雲端服務租用；如果喜歡用 Google 的網路服務元件，也習慣用 Java Servlet、Python、PHP 或是 Google 的自家語言開發，那麼可以考慮 Google 的 GAE（Google Application Engine）服務；如果不需要特別的網路服務元件，只需要一般的 Java Servlet、Python、或是 PHP 配合標準的資料庫如 MySQL 建置網站，那麼選擇就十分多樣化了，如 CloudBee、Heroku、RedHat 公司的 OpenShift、VMWare 公司的 Cloud Foundry 等等。使用者可以根據自己的偏好多多比較，尋找適合自己應用的雲端服務。

而 SaaS 服務則是將「軟體」建置在雲端上。從一般使用者的角度而言，我們可以不需要安裝任何應用程式，直接使用在雲端上的網路軟體處理日常操作電腦的應用，如電子郵件、儲存、辦公室軟體、掃毒、遊戲等等。而從企業的角度而言，SaaS 服務更提供了多樣化的軟體元件，個別企業可以透過這些網路軟體元件，組合出適合個別企業的 ERP（Enterprise Resource Planning）或是 CRM（Customer Relationship Management）軟體。最著名的大概是 Salesforce 這家公司的軟體服務。許多大型企業都透過這種軟體租用的方式，節省其購買硬體自行建置的成本。當然，要做這像上述 IaaS、PaaS，或是 SaaS 這些高彈性的雲端網路服務，後端的技術也不可少！在雲端運算中，最常用的技術就是虛擬化的技術。

不論是機器、記憶體、儲存空間、網路、顯示卡等等，都可以透過虛擬化的技術，提供高可用性及動態配置的能力。此外，還有許多雲端相關的技術如分散式運算（如 Hadoop）、分散式檔案系統（如 GFS、HDFS）、分散式儲存（如 Cassandra、HBase、HyperTable、MongoDB、memcached）、前端呈現內容的網頁技術如 HTML5、CSS、JavaScript 等等。而隨著這些新技術的成熟與普及，才使得現在的雲端運算得以實現！

除了雲端計算之外，近年來**霧計算**（Fog Computing）也是繼雲端運算以來的熱門關鍵字。也有人稱霧計算為邊緣運算或是**邊界運算**（Edge Computing）。霧計算這個概念由思科（Cisco）首創。霧計算是雲端計算的延伸。和雲端運算相較起來，霧計算更貼近使用者。所以也有人說，霧計算是「更貼近地面的雲」。讀者可以想像，霧計算就是把雲端計算縮小規模後，在比較靠近使用者的地方建置服務。因為霧計算比較貼近使用者，所以最直觀的二個好處包括 (1) 反應較為迅速，以及 (2) 節省頻寬。打個比方來說，雲端計算就像是大賣場，而霧計算就像是便利商店。大賣場什麼都有，但要去一次可能成本比較高。便利商店規模小很多，但因為就在巷口，所以隨時想去都可以。假設使用者想要喝個果汁，去便利商店馬上就可以達成目的。但如果大家買什東西都要開長途車去大賣場的話，不但花時間，且路上很容易就會擠滿車輛。

最直接受惠於霧計算的應用服務可能是（即時）多媒體串流服務和 IoT 服務。多媒體如視訊串流服務，因為頻寬需求高，所以將其建置在貼近使用者的地方，自然就可以達到節省頻寬和縮短傳輸時間的效果。如果串流的是即時內容的話，更是可以突顯其好處。而 IoT 服務方面，透過霧計算的佈署，如果在資料搜集、傳輸和分析都可以在霧的環境中進行的話，那麼同樣可以達到節省頻寬和提升服務效率的效果。市場分析人員更指出，透過霧計算架構的支持，可以讓 AI、5G、IoT 做完全的整合。以無人自駕車為例，Intel 的分析指出，一台無人自駕車一天大約可以產出 4TB 的資料，如圖 16-3 所示。在安全考量下，唯有將資料搜集、分析和回應的機制建置在霧架構的平台上，才有辦法即時回應處理各種車輛感測器所回報的訊號。

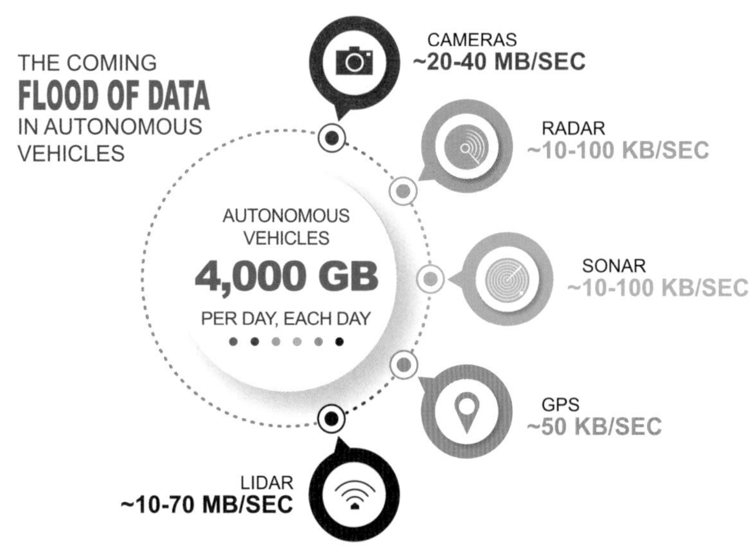


圖 16-3　自動駕駛車的資料搜集來源（資料來源：Intel）

霧計算相關技術的應用十分廣泛。讀者們平常用的免費 Email 如 Gmail 以及 Yahoo 信箱、線上儲存如 Dropbox 以及支援線上文件編輯的 SkyDrive 和 Google Document、線上影音 YouTube、雲端遊戲如 OnLive 等等，都和平常的上網生活息息相關。尤其在手機、平板等行動裝置盛行的世代，透過這些雲端技術和服務，讓原本計算和儲存能力有限的行動裝置，透過網路，得到龐大的資源。而在企業方面，透過各種雲端的技術，除了可以降低營運和維護成本外，各種專門領域更可以透過**巨量資料**（Big Data，或譯為大數據）的搜集和分析，在合理的時間內，獲取更有價值的資訊。

## 資訊專欄　雲端計算資訊安全

雲端運算為企業帶來便利，讓企業不需額外投入自行建置基礎架構的成本，即可享用雲端服務供應商提供的強大處理效能。然而，便利性與安全性在本質上往往難以兼顧，為此，雲端安全聯盟（Cloud Security Alliance）列出了七大雲端資訊安全威脅，以協助導入雲端運算時的分析評估：

1. 濫用或惡意使用雲端服務：雲端服務供應商為了大量推廣自己的平台，在使用者註冊時，只要有信用卡即可申請註冊，甚至提供免費試用的帳戶，但帳號取得的便利性與匿名性也讓有心份子能躲在幕後進行惡意攻擊。
2. 不安全的軟體介面及應用程式介面（API）：雲端服務供應商提供軟體介面或應用程式介面讓使用者使用，因此這些介面在撰寫時必須特別注意認證授權、資料存取權限等問題，才能防範惡意或非惡意的攻擊。
3. 帶有不良意圖的內部人員：內部人員因為擁有在職責下被賦予的存取權限，因此總是比外部人員更容易存取資料。由於使用者無法直接檢視雲端服務供應商如何管理與規範內部員工的存取資料制度，若無完善的管理及監控制度，內部員工即可輕易地製造各類的資訊安全威脅。
4. 技術共享問題：雲端服務供應商透過虛擬技術，在共用的實體環境中提供各家使用者看似獨立的環境。然而，若是虛擬技術不完善，便有可能讓某個使用者濫用到他人的運算資源、儲存空間及網路資源等。
5. 資料丟失或外洩：當資料意外被刪除或竄改時，若無法將備份資料還原，即可能對使用者造成商業損失。另外，若未經授權的使用者存取資料，即可能造成資料外洩，影響商譽。這些問題在一般運算環境中都存在，但在雲端運算的服務模式與架構下，影響更為嚴重。
6. 帳號或服務遭竊取：帳號或服務遭竊取並不是在雲端環境下才有的問題，但是當雲端運算供應商僅能透過帳號密碼做認證時，一旦帳密遭竊取，惡意人士便能竊取該使用者的各類資料，竄改程式碼或利用該使用者的名義發動攻擊而不被發現。
7. 未知的風險：雲端服務供應商的價值在於讓使用者專注在自家的服務開發上，而不必操心很多軟硬體上的細節問題，像是軟體版本、軟體更新、安全設計與規範，或是系統紀錄等。然而，這種簡便與未知也讓使用者無法有效地評估使用雲端服務的安全性，使用者仍須依照所需的安全等級，評估這些問題帶來的威脅，並採取適當的安全措施。

## 資訊專欄

幾年前，有人從一份公開的「關鍵字資料庫」中挖掘出不少關聯訊息。例如：某人可能得了某病等。想想看，如果你每天在搜尋引擎所打的關鍵字都被公開的話，是否會走漏一些個人隱私呢？Google 的前執行長就曾說過類似「若要人不知，除非己莫為」的話語，因為搜尋引擎公司雖然不會公布所有關鍵字的軌跡，但它們還是會將這些歷史資料儲存一段時間，以備後續安全調查等用途，而儲存這些資料的地方是否固若金湯，只有天知道。

利用資訊工具而不慎透露隱私的場景，可說是無處不在，不勝枚舉。

在咖啡廳無線上網時，你的操作過程，可能被鄰座監控著，也可能被路過的街景車隔空攔截；在社交網路出沒時，你的個人資料，或者是你的實體行蹤，可能都被網友一覽無遺；在電腦網路收發電子郵件、即時訊息、視訊通話等，可能在連線時被外來者竊取，也可能在內部被管理者所盜看。這些隱私資訊，萬一被有心人不當利用，其後果可真不堪設想。

活在雲端世界的我們，要有「每一位都是公眾人物」的心理準備，當你「公而忘私」時，就只好接受「至公無私」的殘酷現實。

看著自己的骨董手機，我很慶幸自己的古板，意外地讓自己保留了更多的隱私。但我必須承認，它仍可錄音、錄影及收發簡訊，不像張榮發先生設計的「道德手機」那麼有道德。

-- 趙老

# 16-2 ｜ 生物資訊

**生物資訊學**（bioinformatics）主要是研究生物學應用上的資訊分析問題，是一個結合生物學、醫學、藥學、資訊科學、數學、物理及化學等跨領域的研究，其終極目標，是了解生物特性及生命本質。它吸引了許多計算機科學家、生物學家、數學家、物理學家、化學家等積極投入研究。生物資訊學的主軸包括：

1. 大量資料的分析演算法及統計方法。
2. 各種生物序列及結構的分析與解釋。
3. 管理及使用各種型態資訊的軟體工具。
4. 生物醫學及藥物的開發等。

隨著生物科技的突飛猛進，它儼然已成為資料量最大的一門學問，極需電腦協助搜尋分析，使得生物資訊學很快就變成一個紮實的領域。

生物資訊學的核心課題包括：序列組合、序列分析、生物資訊資料庫、基因認定、種族樹建構，以及蛋白質三維結構推測等，讓我們在此簡要地敘述如下。另外，關聯的領域還有計算生物學、系統生物學，以及結構生物學等，在此就不一一贅述。

## 序列組合

以目前的技術，無法將人體細胞中，整個長度三十億的 DNA 序列一次讀出。所以，分子生物學家所用的方式，是先將這序列分成一些較小的片段，然後再逐一兜成原來的整個序列（這可是工程浩大的拼圖遊戲，比瞎子摸象還難！）。而這些片段是有一些層次性的，就好像我們將地球分成五大洲、數百個國家、數千個省等。在每一個階段，我們都面臨了一些頗具挑戰性的組合問題，很多實用的定序工具也因使用改良的演算法，而加速了這項定序工程。此外，**次世代定序**（next-generation sequencing）儀器的推陳出新，使得 DNA 序列資料迅速累積，成為**巨量資料**（Big Data）領域的重要應用之一。

## 序列分析

在我們得到一些序列片段後，我們也希望能藉由序列間的比較分析，來看看它們的相似程度，找出一些基因規則，或甚至於用來推測它們的演化關係。序列分析的研究，在傳統的計算機科學裡已被廣泛地探討。然而，因為生物序列分析的特殊需求，我們也常常可以找到一些有趣的演算法問題。目前，兩個序列的比較已有充份的工具可供使用，但在多重序列的比較上，仍缺乏很有效工具。此外，長序列分析也會在未來扮演更重要的角色。

## 生物資訊資料庫

由於愈來愈多的生物序列已被決定出來，以資料庫協助管理是最為有效的方式。其中，美國國家衛生研究院生物科技資訊中心（NCBI）所支援的 GenBank 已廣被各實驗室所採用。GenBank 是一個儲存核酸序列及蛋白質序列的資料庫，它與英國的 EMBL 資料庫，及日本的 DNA 資料庫互相合作。也由於其龐大的資料量，因此有很多人探討如何有效地表示資料，以及如何有效地搜尋資料。

## 基因認定

在人類三十二億長的 DNA 序列中，約只有 3% 是基因（所謂基因，是指那些會轉換成蛋白質的 DNA 序列，我們人類約有五萬到十萬種基因），如何在 DNA 序列中決定基因所在位置，仍是未解的問題。已有很多研究提供了一些有效的方法，但仍未能完全精確地預測出所有基因位置。此外，基因外有些序列是用來做基因規則的，而這部分也仍待更有效的方法來協助探討。

## 種族樹建構

種族樹的建構是一門有悠久歷史的研究領域，近年來，由於生物序列的協助，我們可藉由這種更精細的分析，來建構那些較為模稜兩可的種族間之種族樹，同時，我們也可藉由這種細部分析，來驗證以前所建構的種族樹。通常，這方面的研究都會先以生物序列的比較來求得種族之間的兩兩距離，然後基於某些要件，試著去建構一個最符合需求的種族樹。

## 蛋白質三維結構推測

蛋白質的很多特性與功能，是和它實際的三維結構非常相關的。然而，目前直接去決定某種蛋白質的結構，通常不是不可行，就是代價太高。藉由一些方法的設計與協助，生物學家可以用較低的代價，求得蛋白質可能的結構，然後再以實驗加以驗證。這些推測很多是基於最低熱能結構，或蛋白質序列比較來進行的。

目前已知的遺傳疾病已達數千種，我們希望生物資訊學的進步，能協助生物科技及基因工程治療這方面的疾病，或至少能在診斷上有所助益。我們相信，這方面的研究將使我們更認識生命的本質。但我們不願見到它被用來做違反倫理的事，如改變 IQ 或發展致命武器等。

### 資訊專欄 數位化的生命樂章

一百多年前，遺傳學首創者孟德爾神父以栽培的豌豆，進行異種交配實驗，得到一個結論：他的植物繼承了來自父母雙方各一的遺傳性成份。這遺傳性的成份，就是我們現在所知道的基因。因為孟德爾，我們了解到遺傳基因是數位的，也就是說，各種基因不會混雜在一起，它們有就是有，沒有就是沒有。

很神奇的是，單一的基因也是數位的！怎麼說呢？ DNA（去氧核糖核酸）已被證明是遺傳的基本物質，它是由四種鹼基（縮寫成A、G、C及T）組合而成的長鍊分子。而基因的訊息，就是由這些沿著DNA不同種鹼基的排列順序來傳遞。換句話說，基因的訊息，是由一種使用A、G、C及T四個字母的語言所寫成的。所謂基因，就是指那些儲存蛋白質製造模具的DNA片段。

以我們人類為例，每個細胞有二十三對染色體，它們其實就是由捲得很緊密的 DNA 所構成。有趣的是，若將我們身體裡的一個細胞內的 DNA 拉直之後，大約有兩公尺長。若將一個人身上所有的 DNA 拉直連接起來，它的長度可以由地球延伸到太陽，然後再返回地球；這樣的長度也可以從地球來回月亮八千次！不可思議吧！更令人驚嘆的是，光是一個小小細胞單套染色體的 DNA，就已包含了約三十二億個鹼基對，我們能解讀這份建構生命奧秘的藍圖嗎？

號稱生命科學領域登月計畫的「人類基因組解讀計畫」，目標就是要解讀出這部 DNA 字符所寫成的生命之書，已於本世紀初完成。

地球上的每一個生命體，都有屬於它自己的有字天書，你我也不例外。現在的生物科技，正處於如同哥倫布找尋新大陸的探險時代，在本世紀的前幾十年內，將帶領我們逐步探索每一部數位化的生命樂章。這樣的旅程，勢必充滿了刺激、突破、爭議及風險，沒有人確切知道我們究竟會航向何方！

## 資訊專欄　共享資源 同行致遠

2021 年，蛋白質資料庫（PDB）建立五十周年，先驅們開放、合作與教育的精神將永傳不朽。

蛋白質是生命體的必要成分，幾乎所有細胞活動都得借助各類型蛋白質，包括代謝、免疫、傳遞、結構、分化、凋亡等。當你讀這篇文章時，視網膜感光細胞的視蛋白吸收字面上的光子，並將光波轉換成視覺神經訊號；如果是聽有聲書，耳朵毛細胞的蛋白質將聲波轉換成聽覺神經訊號，再逐步傳到大腦……

蛋白質原為一維線性排列的胺基酸序列，經過折疊成為決定其功能的三維立體結構。解析蛋白質結構的實驗方法主要有三種，除了傳統的 X 光繞射和核磁共振外，還有近年很夯的低溫電子顯微技術。任一方法都所費不貲，而且解析時間累月經年，有時甚至還解不出來。

半世紀前，結構生物學家有鑑於資源共享對促進科學發展的重要性，建立了 PDB，專門收錄蛋白質及核酸的三維結構。那時候，剛萌芽的網際網路尚未普及，所有資料的送件與共享只能透過紙本或磁帶，就這樣篳路藍縷，迄今累積了十十餘萬筆資料。

去年三月，PDB 設置新冠病毒專區，現存約八百筆資料，包含兩百多筆棘蛋白的結構資料，對疫苗設計和治療策略幫助極大。新冠病毒最外層的棒狀凸起物棘蛋白，宛如打開人體細胞 ACE2 受體的鑰匙，一旦病毒闖入細胞後，就可綁架它複製病毒，進而感染更多的細胞。因此，若能掌握棘蛋白結構，就能針對它設計更有效的防禦機制。

往年實驗室解析的蛋白質結構，常常要等到論文被接受後才公開，對迫切挑戰顯得緩不濟急。上個月結構生物學界發起 #ASAPpdb 連署，已有多位結構生物學家響應，誓言在同儕審查前就讓新發現的蛋白質結構在 PDB 開放瀏覽，以便即時分享資源。最近來勢洶洶的英國變種和南非變種，它們的棘蛋白有多處突變，或恐降低疫苗的效度，故必須早日掌握突變結構，才能適度調整防疫策略。

另一方面，聚焦於蛋白質三維結構預測的 CASP 競賽，去年底由新版 AlphaFold 深度學習軟體拔得頭籌。令人讚嘆的是，它的精確度已相當於實驗結果，因而被《科學》期刊列入二〇二〇年度十大科學突破。

開放的 PDB 結構資料，讓 AlphaFold 能夠訓練得更精準；而做法公開的 AlphaFold，未來必可輔助解析更艱難的蛋白質結構，以及多個蛋白質組成的蛋白質複合體。同行不相忌，同行以致遠，科學家們協力拓展了更寬廣的知識疆界，共譜人類文明新樂章。

趙老 於 2021 年 1 月

## 16-3 ｜ 多媒體

什麼是媒體呢？它的可能解釋包括了「用來傳播資訊的媒介」（如教室裡老師所使用的黑板、粉筆、白板筆、單槍投影機、麥克風以及學生的筆記本、隨身聽等）或「利用媒介來傳送的資訊本體」（如黑板上的文字及投影片上的圖像等不同資訊型態所表達的意念）。

由於電腦軟硬體及周邊設備的進步，使得電腦的用途，已由傳統的計算應用擴展至資訊傳播與溝通管道的相關領域。**多媒體**（multimedia）是近年來媒體的寵兒，它是多種資訊傳輸媒介或多個不同型態的資訊。在數位世界裡，所謂多媒體是指運用電腦，將數位化的不同型態資訊，如：文字、語音、音樂、圖形、影像、影片及動畫等，加以編輯、處理、儲存、傳輸及播放，以便更有效精確地表達意念。我們將在這一節介紹電腦多媒體相關的課題，使讀者對它能有進一步的認識。

目前電腦所能處理的媒體型態，除了傳統的**文字**（text）之外，尚包含**聲音**（audio）、**音樂**（music）、**語音**（voice）、**音效**（sound）、**影像**（image）、**圖形**（graphics）、**視訊**（video）及**動畫**（animation）等。數位化的媒體資訊好處多多，我們可以用電腦來編輯及整合不同的數位化資訊，精確地安排各種複雜媒體出現的順序、時間及播放設備（圖 16-4）。我們也可利用電腦強大的處理及搜尋功能，提供多媒體的互動方式，加強虛擬實境的真實感。透過網際網路無遠弗屆的牽引，這些數位化的資訊也可即時地傳送到世界每一個角落。

影像是最常見的媒體型態，在電腦中，它是以資料矩陣的方式表示。矩陣中的每一個元素，稱為一個**像素**（Pixel，是 Picture Element（圖像元素）一詞的縮寫）。此影像矩陣的列數與行數，分別稱為此影像的水平及垂直**解析度**（resolution）。如果我們挑出一小塊影像區域加以放大，從放大的圖片，你可以看出其中如矩陣般排列的像素方塊。

圖 16-4　圖像編輯者使用專業軟體編輯視訊和音訊片段（資料來源：freepik）

影像能儲存的最多顏色數目，是由像素的儲存位元個數來決定。舉例來說，若像素只有一個位元（bit），則只能表現出黑白兩色；八個位元有 $2^8 = 256$ 種組合，所以能表現出 256 個**灰階色**（gray level）或是呈現出**調色盤**（palette；color look-up table）內 256 色彩中的一種；二十四個位元（紅、綠、藍各八個位元）則能表現出 $2^{24} = 16777216$（16.7M；True Color；又稱全彩）種顏色。影像的品質主要取決於影像的解析度及色深，如果我們格子打得夠細（也就是解析度夠高）且明暗度層次夠細緻，我們就可以數位化地複製出肉眼難以辨認真偽的照片；如果格子畫得不夠細（也就是解析度太低），就常常會出現「鋸齒狀」的數位化照片。高解析度的全彩影像雖然品質最佳，但所需要的記憶體容量也最大。這是因為儲存影像資料所需的記憶體空間，等於水平解析度乘以垂直解析度再乘以像素的位元數。例如：一張解析度為 640×480 的全彩影像（如前所述，它以 24 個位元，也就是 3 個**位元組**（byte）來表示一個像素），約需 900KB 的記憶容量（640×480×3 位元組 = 921,600 位元組）。

影像的品質除了可由輸入設備來控制解析度及使用的色彩模式外，我們還可以藉助影像編輯軟體來修改或編輯影像像素的內容。曾廣受歡迎的影像編輯軟體有：PhotoImpact、Photoshop、小畫家、Microsoft Photo Editor 及 ACDSee 等。

幾個常見的影像檔副檔名有：gif、jpg、png、bmp、tif、eps 和 tga 等等，各具有不同的影像儲存方法、表達及壓縮能力（表 16-1）。如果你對影像的品質要求非常嚴格，就必須慎選所使用的影像儲存格式。通常我們也可以利用影像編輯軟體來進行影像儲存格式的轉換，非常方便。

表 16-1　影像儲存方式

<table>
<tr><th>格式</th><th>說　明</th><th>壓縮類型</th></tr>
<tr><td>jpg</td><td>支援高壓縮比例和高品質圖像，通常用於數位攝影和網頁設計等。</td><td>破壞性壓縮</td></tr>
<tr><td>gif</td><td>支援動畫和透明背景的影像檔案格式，通常用於製作簡單的動畫圖形和表情符號等。</td><td rowspan="3">非破壞性壓縮</td></tr>
<tr><td>png</td><td>支援透明背景和高品質圖像的影像檔案格式，通常用於網頁設計、數位影像處理等。</td></tr>
<tr><td>tif</td><td>支援高品質圖像和多種色彩空間的影像檔案格式，通常用於印刷、出版、數位攝影等。</td></tr>
<tr><td>bmp</td><td>無壓縮的數位影像檔案格式，支援高品質圖像，但檔案通常較大，常用於印刷和數位影像處理等。</td><td>無</td></tr>
<tr><td>eps</td><td>支援向量圖和高品質圖像的檔案格式，通常用於印刷、排版、向量圖等，可縮放且不失真。</td><td>無</td></tr>
<tr><td>tga</td><td>支援透明通道和高動態範圍，通常用於影像處理、3D 渲染、動畫製作等。</td><td>無</td></tr>
</table>

在自然界中，聲音是個由物體震動而產生的**類比**（analog）訊號，其四個基本的物理特性為：**震動頻率**（frequency）、**振動幅度**（amplitude）、**震動波形**（wave form）以及發聲源與接收者的相對位置。對人的感官而言，這四個特性，分別對應到音高（音調）、響度、音質（音色），與方位的主觀感受。

目前市面上數位音樂／影像的播放軟體，可以說是五花八門，每個軟體都具有獨特的功能，真叫人不知如何選擇，常見的影音播放軟體，包括：Windows Media Player、Apple 公司的 QuickTime、訊連科技的 PowerDVD、享受網路上即時播放的 RealPlayer（RealOne Player）。

有人曾估計，一個人一輩子所有看過的文字及圖片、所有聽過的聲音、所有說過的話及所有看過的影片等，總共所需的數位儲存空間及處理速度，然後說明五十年內我們就能製造出具有相同能力的電腦，這樣的科技趨勢，讓多媒體有更進一層的發展空間。看來我們填鴨式的學習方式，勢必要做一番調適，才不會被這一波數位革命所淘汰。

多媒體已逐漸改變我們日常的生活型態，但它真的會取代我們現在或曾經擁有的媒體嗎？當你擠在羅浮宮德儂館二樓六號展示廳的人群裡，只為一睹用傳統媒體繪製而成之「蒙娜麗莎的微笑」，也許你心中已有了答案！

## 資訊專欄 動畫世界的無限想像

2023 年是年迪士尼一百周年，各項慶祝活動正熱烈舉辦中。談到迪士尼，許多人的腦海中大概都會浮現米老鼠、米妮、唐老鴨、布魯托…，這些伴隨無數孩童成長的卡通人物，很快就要成為百歲卡瑞了。

一百年前，華特．迪士尼執導了一部短片「愛麗絲的仙境」（Alice's Wonderland），由真人與卡通動物同台演出。該影片的製作技術與劇情張力，百年後觀賞仍很有看頭，可以想見當年推出時必然佳評如潮。可惜該製片公司在影片完成後就破產，促成了華特．迪士尼與兄長在洛杉磯共同創辦迪士尼公司。

這一百年來，迪士尼推出了許多膾炙人口的卡通動畫，包括「白雪公主」、「木偶奇遇記」、「仙履奇緣」、「歡樂滿人間」、「美女與野獸」、「獅子王」、「冰雪奇緣」…，不僅豐富了人們的想像力，也傳輸了關懷社會的普世價值，同時更大大推進了百年來的動畫技術。尤其近年來，電腦動畫科技突飛猛進，在導入人工智慧技巧後，動畫情境更加逼真，真實與虛擬的整合成效令人讚嘆。

參加一場電腦動畫會議，聆聽一些正在開發的平面或立體動畫技術，無論是生物力學模擬，或是幾何數學解析，都讓人收穫良多。其實，每部動畫的背後都有諸多影音科技支撐，例如臉部表情的喜怒哀樂與愛恨嗔癡，模擬細節就相當幽微。如何讓動畫人物、貓狗和花朵的一顰一笑自然反映內在，其間挑戰之處甚多。

又如肢體動作的一舉一動，牽扯到骨骼、韌帶、筋膜、肌腱、肌肉和神經等生物力學，還有皮膚和血管的紋路色澤變化，電腦模擬時必須納入的參數相當多元且複雜。記得有次我問某位骨科醫師：一個人有幾塊骨頭？他當下楞在那邊，讓我嚇一大跳！教科書不是都教「成年人體共有二〇六塊骨頭」嗎？眼前這位專家竟答不出來！經他細細道來，我才明白原來新生兒的骨頭數目大約三百，成長期間有些骨頭會融合，長大後才完構人體的骨骼。若再加上個體骨頭融合時的些許差異，以及胸骨算一塊或三塊也有不同説法，一個人到底有幾塊骨頭還真説不準。

此外，毛髮的自然擺動與靜止，根根都有其角色，可説是牽一髮而動全身。幾年前迪士尼製作的「海洋奇緣」（Moana），酋長和女兒莫娜的捲髮維妙維肖，其實也是運用了最前沿的電腦動畫科技才能達成。老天爺造物的巧妙實在是神乎其技，即使水滴也是千變萬化，試想若要以動畫模擬清水洗捲髮，那可就難上加難呀！

如今，電腦動畫科技讓我們享有更傳神逼真的視聽感受，未來必將更加超乎想像。儘管如此，當我們回頭再看一百年前的「愛麗絲的仙境」，或觀賞兩年前在台灣重映的「龍貓」時，種種莫名的感動依然湧上心頭！

趙老 於 2023 年 8 月

# 16-4 | 資料壓縮

資料壓縮是透過編碼的技術，來降低資料儲存時所需的空間，等到我們要用時，再做解壓縮的動作即可。

資料經過壓縮後，除了需要較少的儲存空間外，當我們在網路上傳輸時，所需的傳輸時間也較短。因此，我們從網際網路下載的資料，常常是壓縮後的資料，這樣我們才能更快速取得資料，在解壓縮後，我們就能還原成本來的資料。

我們如何做資料壓縮呢？下面這些技巧是常常被使用的。我們可以根據資料內各個字符出現機率的不同，來決定表示該字符所對應的二元碼（0 與 1 位元的組合）長度，我們用較短的碼來表示出現機率較高的字符，用較長的碼來表示出現機率較低的字符，這樣平均而言，我們所需的位元數會比我們用等長的碼來表示每個字符的情況來得省。例如：在英文中，字母 E 是出現機率最高的字符，而字母 Z 是出現機率最低的字符，所以比較好的編碼方式是用最短的碼來表示 E，而用最長的碼來表示 Z。

另一種壓縮技巧是將重複性的資料以它們的特質來表示。例如：如果我們的資料內容為 111...，總共有一千個 1，與其用一千個位元來儲存這些都是 1 的資料，倒不如用「重複一千次的 1」來得省。這種壓縮技巧大幅使用在影像壓縮方面，因為在影像上，我們常常有相同的色彩在一片鄰近的位置上。

在數位影像資料壓縮的技術中，目前較常用的方法是 JPEG（Joint Photographic Experts Group）。JPEG 影像壓縮技術是先將影像分割成 8×8 的像素區塊，使用**離散餘弦轉換**（Discrete Cosine Transform；DCT）適當的選項並量化後編碼，可獲得極高比率的壓縮比。

在數位視訊壓縮的技術中，目前較常用的方法是 MPEG（Moving Picture Experts Group，1988 年成立）。MPEG 使用動態預測及差分編碼法，以獲得兩相鄰影像的關連性。省去相同影像資料的重複儲存，MPEG 可獲得極高比率的壓縮比。

MPEG 共分為 MPEG-1、MPEG-2、MPEG-3、MPEG-4 四種，分別用於 320×240 低解析度視訊、720×480 標準廣播視訊、**高畫質電視**（High Definition TeleVision；HDTV）、**視訊電話**（video telephony）等視訊資料的壓縮中。此外，MPEG-7 主要目標是為多媒體的環境，提供一組核心技術作為描述**影音資料內容**（audiovisual data content）的標準。

顛覆整個唱片娛樂業的 MP3，基本上是一種數位音樂的壓縮技術，它是 MPEG 技術中，處理聲音的壓縮技術第三層，讓我們可以在一片光碟片上，儲存多片 CD 唱片的音樂，也讓我們可以更便捷地從網路上下載喜愛的音樂，真是不同凡響。

WinZip 壓縮軟體是目前在個人電腦世界裡，極為風行的一個資料壓縮軟體。我們現在從網路上下載的軟體，在使用前，幾乎都要先用 WinZip 來還原才行。它所使用的最主要壓縮格式是 zip 檔，而 zip 格式的發明人是卡茲（Philip Katz），卡茲同時也是 WinZip 風行前廣受歡迎的 PKZip 壓縮軟體的創作人。

2000 年四月，卡茲因酗酒而死亡，得年僅三十七歲。當檢方搜索他的豪華住宅時，發現卡茲家的四處都是腐爛的食物，而且垃圾深及膝蓋，這位在數位世界為眾生爭取時空的壓縮專家，在現實世界裡，竟然沒能將這種超人的智慧，也套用在日常生活上，卻讓自己沉浸於成堆的垃圾及腐爛的食物中，並反諷地把生命給壓縮了，真叫人不勝唏噓！

## 資訊專欄 伸縮自如的資料變身術

在數位生活裡，資料壓縮處處扮演著幕後功臣，默默分擔資料儲存與傳輸的重責大任。舉凡網路收發的文件檔案、LINE 交流的照片影片、親朋好友的視訊對話、數位電視的高畫質節目等，其間都經歷了資料壓縮和解壓縮的程序，讓我們能更即時收發資訊。

資料壓縮透過編碼技術，將原始檔案轉變為容量更小的壓縮檔案，除可節省儲存空間外，也能縮短傳輸時間。它分成兩種類型，一類為保真（lossless）壓縮，另一類為失真（lossy）壓縮。保真壓縮完整保留資料內容，解壓縮時可無損回復原始資料，例如文字檔案必須做到一字不差，壓縮務必保真。失真壓縮僅保留重點內容，解壓縮時未必能完整回復原始資料，例如圖像影音的資料量龐大，再加上眼耳的敏感度有限，通常容許局部失真以大幅降低檔案容量。

以居家事務打比方，壓縮枕就如同保真壓縮，真空時枕頭體積扁平，待解開密封袋接觸空氣後，枕頭可完全恢復原狀；而即溶奶粉則如同失真壓縮，加水沖泡成牛奶後，雖然營養成分與鮮奶大致相符，但並不完全等同鮮奶。

資料壓縮的一種策略是讓出現頻率較高的字符，使用較短編碼。例如摩斯電碼分別以一點和一劃，表示英文出現頻率最高的字母 E 和 T。又如霍夫曼編碼可根據文件裡各個字符的出現頻率，以巧妙的二元樹分派編碼，使得每個字符的平均位元數最少。

另一種策略是將連續出現的同一符號，以精簡方式表示。例如資料內容為 11⋯1，共有一萬個 1，若每個 1 都用一個位元表示，則需要一萬個位元來儲存；但若以「重複一萬次 1」表示，是不是更精簡呢？此策略亦可應用在圖像中一片片顏色相近的區塊，或者在圖像失真轉換後一堆數值為 0 的矩陣。

還有一種策略是將重複出現的字串以短代碼表示，在壓縮時依序讀取字符，並建立該文件的代碼字典，一旦出現重複字串，就可用代碼表示那一串字符。該方法的妙處在於代碼字典不必另外儲存或傳送，而可在解壓縮時同步回推生成，並依序回復原始文件內容。回顧七〇年代，Abraham Lempel 和 Jacob Ziv 所創的 LZ 壓縮方法奠定該策略的基礎，可惜兩位先驅已分別於今年二月和三月逝世。

近年來，由於人工智慧技術在圖像影音的辨識功力大增，使得資料壓縮強度也隨之進化。例如去年十月，臉書推出的數位音訊編碼方法 EnCodec，能更精準掌握音訊中人們難以察覺的變化，其壓縮效果比當今流行的 MP3 強上十倍；又如今年蘋果收購的 WaveOne，專攻內容感知的視訊壓縮，可用來提升影音串流效率。

他日當你我翱翔於數位多重宇宙時，資料壓縮必將是咱們加速前進的得力推手。

趙老 於 2023 年 5 月

# 16-5 ｜ 計算理論

給定一個問題，到底我們能不能利用計算機來解呢？有些問題已可證明再強大的計算機也無解；有些問題我們雖然有解法，但到現在還找不到有效解法；有些問題已有有效解法，但仍試著找更有效的解法。計算理論專門探討計算問題的複雜度，除了回答特定計算問題的難易度外，同時也設計最有效的方法來解決問題。

例如，在前面的章節裡，我們曾提到排序問題：給定 $n$ 個數，請將它們由小排到大，計算理論專家已證明最少要用和 $n\log_2 n$ 成常數正比的比較次數才能排好，雖然我們在本書中介紹的幾種排序法，最糟情況都要和 $n^2$ 成常數正比的比較次數才能排好，但很幸運地，人們也已找到最糟情況和 $n\log_2 n$ 成常數正比的比較次數就能排好的排序法，如：**合併排序法**（merge sort）和**湊堆排序法**（heap sort）等。

我們也曾談過，所有 NP-Complete 問題，目前都沒有有效的精確解法，而且只要有一個找到有效解法，那所有 NP-Complete 問題都有有效解法了。至今已有數以萬計的問題被證明為 NP-Complete，雖然大家幾乎都認為這類型的問題並不存在有效解法，但到現在都沒有人可以證明。在上個世紀末，證明 NP-Complete 問題是否存在有效解法，已被列為世紀數學七大難題之一，懸賞百萬元美金。

還有一些問題，是再強的計算機都無解的，最有名的要算是「程式是否停止問題」（halting problem），這問題是問有沒有一個程式，它可以用來判斷給定的程式及其輸入是否會停。這麼簡單的問題竟然無解！我們在稍作解說之前，先讓大家體會一下某些論證的自我矛盾性（paradox）。

**這句話是謊話。**

到底前面這句話是真話還是謊話呢？如果它是真話，那它所說的為真，也就變成了謊話；如果它是謊話，那它所說的為假，也就變成了真話。

請容我們用一個不嚴謹的說法，來探討「程式是否停止問題」的不可解，我們用矛盾證法，假設存在一個程式 x，可以判斷給定的程式及其輸入是否會停，那我們可以再開發另一個程式 y，它的程式前面為程式 x，後面再加上一個與 x 結果相反的動作，摘要如後：

```
程式 y
程式 x；
如果 x 說不會停，則停；
如果 x 說會停，則不停；
```

現在我們再把程式 y 丟給程式 y 自己判斷會不會停，我們剛剛假設存在的程式 x，可以判斷給定的程式及其輸入是否會停，因此，程式 y 執行時會先以程式 x 來判斷程式 y 會不會停，如果 x 說不會停，則停；如果 x 說會停，則不停。這時就產生這樣的矛盾：如果程式 y 不會停，則程式 y 停止；如果程式 y 會停，則程式 y 不會停。此矛盾來源是因為我們假設存在一個程式 x，可以判斷給定的程式及其輸入是否會停。因此，並不存在一個程式 x，可以判斷給定的程式及其輸入是否會停，「程式是否停止問題」是無解的。

## 資訊專欄　求證路迢迢 冷暖人自知

2022 年 4 月上旬，國際特赦組織宣布已掌握多筆證據，可證明俄羅斯入侵烏克蘭的戰爭罪行，包括非法攻擊行動和任意屠殺百姓。在兵荒馬亂之際，每項證據的保全稍縱即逝，倘若保存速度無法超越消逝速度，即使鐵證如山，也難保不會在幾次土石流衝擊下，就被夷為平地了。

最近，國內確診人數陡升，不幸染疫的同胞，並非人人都能順利證明自己確診。在有限的 PCR 檢測量能下，一一實證確診病例已是緣木求魚，但若檢測失去時效性的話，再回頭也無從驗證。尤其當陽性率激增時，可同時檢測數十份檢體的池化檢驗模式（Pooling）變得效率不彰，更讓 PCR 檢測作業雪上加霜。然而，確診證明攸關就醫領藥、保險理賠及居隔請假等，即使佐以「快篩陽即確診」的策略，程序上也無法太過馬虎，使得其間的眉眉角角，著實讓染疫民眾、醫療院所和保險公司傷透腦筋。

隨著中重症人數的增多，專責病房一人一室已是奢求，只能在專責區域內擴增專責病床。如果某醫療院所擬在三十三間病房裡安置一百位病患，則至少有一間病房需準備四張以上的專責病床。專責病床的安置問題，讓人聯想到數學證明廣泛應用的「鴿籠原理」（Pigeonhole principle）：若有 n+1 隻鴿子關在 n 個籠子裡，則至少有一個籠子關了兩隻以上的鴿子；若有 kn+1 隻鴿子關在 n 個籠子裡，則至少有一個籠子關了 k+1 隻以上的鴿子。

套用鴿籠原理的基礎例題如：「任挑三百六十七人，必有至少兩人生日相同」、「任挑二十五人，必有至少三人生肖相同」。進階例題如：「任選五個正整數寫在一列，必有相鄰的幾個數（可以只有一個）加起來是五的倍數」、「任選五個正整數，必能從其中挑出三個數的總和為三的倍數」、「任選六位台灣民眾，其中必有三位彼此曾經相距五公尺內，或者三位彼此未曾如此」。

可惜人世間的諸多證明，不像數理證明那樣說一不二，其間參雜的主觀判斷，增添了許多不確定性，若有偏差恐難令人信服。例如疫苗接種後發生不良事件時，兩者之間的因果關係，實在很難以科學方法證明。這也使得受害救濟的審查流程，讓審查專家煞費周章，更讓苦候良久的民眾怨恨難消。

有位友人花了多年的光陰，終於證明某某不存在，他自嘲：「我的存在價值，就是證明某某不存在。」其實，生命中本就充滿了種種荒謬，我們還是要活在當下，隨著各個挑戰問題，踏上千里迢迢的求證之路。

趙老 於 2022 年 5 月

## 資訊專欄　與機率大神共存的海海人生

最近疫情升溫，專家估計疫情高峰將如巴黎鐵塔般陡上，本土確診人數可達數百萬，聽了著實令人心驚膽跳。如今推估的感染機率愈來愈高，大家只能鴕鳥心態：染病就是 1，沒病就是 0。

哈佛大學任期最長的前校長艾略特曾說：「所有事務的推展，乃基於信念或機率判斷，而非確定性。」我們的生活日常何嘗不是如此，舉凡專業決策、醫藥保健、投資理財、交通路況、天氣預測、運動競賽、樂透彩券，乃至於抽籤分發等事件，冥冥中總與機率大神同行，有時陰溝裡翻船，有時柳暗花明又一村，有時卻又無風也無雨，沒人說得準。

現在就讓我們一同思索幾道機率問題吧。

在一個電視節目裡有三扇門，一扇後面有部轎車，其餘兩扇後面各有一隻山羊。參賽者若猜中轎車那扇門，就能開走轎車，不然就只能帶走山羊。參賽者選擇一扇門後，主持人總會在其餘兩扇門中，打開一扇山羊的門，然後問參賽者要不要換門。如果是你，換不換呢？

一開始選擇時，在三扇門裡選中轎車的機率是三分之一，選中山羊的機率是三分之二。或許你會認為，無論原來選的是轎車或山羊，其餘兩扇門至少有一扇是山羊，所以主持人總能找到一扇山羊的門，直覺是換不換似乎沒啥差別，其實不然。

當我們選擇換門時，若原來選的是轎車，換了之後就變山羊；若原來選的是山羊，因為主持人已將另一扇山羊的門打開了，所以換了之後就變轎車。既然原來選到山羊的機率是三分之二，選擇換門就能將猜中轎車的機率提高為三分之二。因此這道三門問題的正解，二話不說，換！

我們都知道，機率的值介於 0 與 1 之間，愈可能發生的事件，機率愈接近 1。然而，當機率為 0 時，該事件仍可能發生。例如在 0 到 10 之間的實數有無窮多個，挑中 5 的機率為 0，但仍可能湊巧挑中 5。故當有人說自己出馬參選的機率為 0 時，我們也要知道他仍可能參選。

反之，當機率為 1 時，該事件亦非必然發生。例如在 0 到 10 之間的實數，挑中非 5 的機率為 1，但不保證每次挑都必然非 5。故當有人說我百分之百挺你時，仍要接受對方百分之零變卦的可能性。

若說本文是一隻猴子在鍵盤上隨意敲打出來的，你信不信？想想看，雖然每個按鍵依序被敲中的機率微乎其微，但既然機率為 0 的事件都可能發生，更何況非 0 呢！

人生海海，有天命，也有運氣。無論是巧合，或是奇蹟，我們一生都得與機率大神共存。

趙老 於 2022 年 4 月

# 附錄

0 1 0 0 0 0 0 1 1 0 1 1 0 1 0 0 0 1 1 0 0 0 0 0 0 0 0 0 0 0 0 0



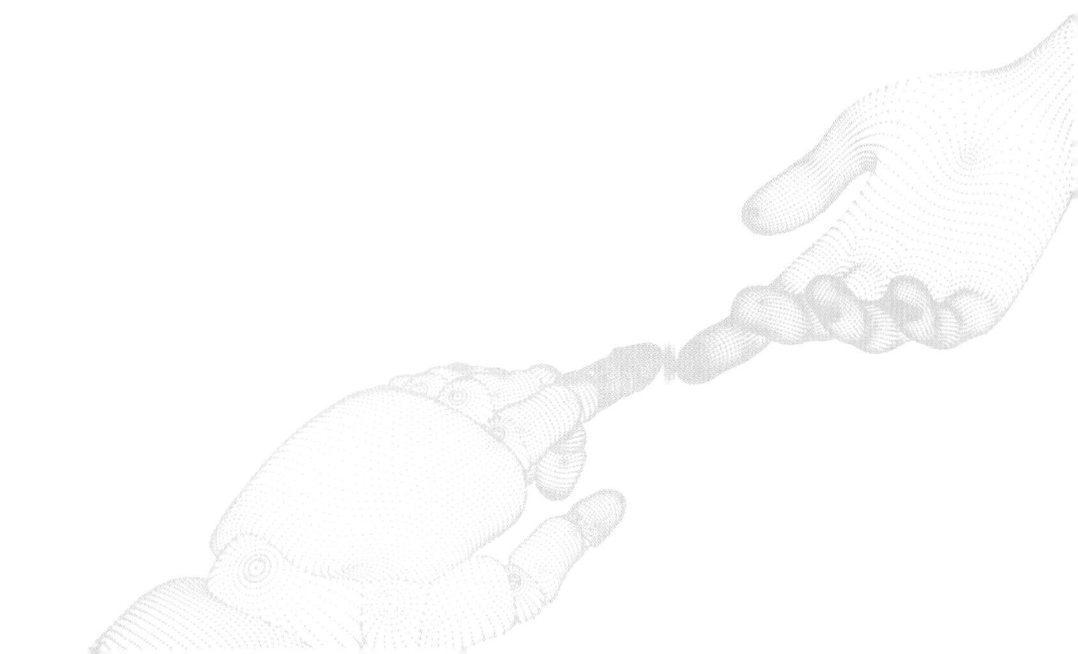

# 常見電腦專有名詞縮寫及中英對照一覽表

臺大資工系 趙坤茂 整理

| 英文縮寫 | 英文全名 | 中文釋義 |
|---|---|---|
| 3C | Computer, Communications, and Consumer Electronics | 電腦、通訊及消費者電子產品（僅在臺灣通用） |
| 5G | Fifth-Generation Mobile Networks | 第五代行動通訊技術 |
| ACM | Association for Computing Machinery | 資訊學會 |
| ADAS | Advanced Driver-Assistance System | 高級輔助駕駛系統 |
| ADSL | Asymmetric Digital Subscriber Line | 使用電話線寬頻上網的技術 |
| AI | Artificial Intelligence | 人工智慧 |
| AGI | Artificial General Intelligence | 通用人工智慧 |
| AIoT | Artificial Intelligence of Things | 人工智慧暨物聯網 |
| Ajax | Asynchronous JavaScript and XML | 互動式網頁開發技術 |
| ALU | Arithmetic and Logical Unit | CPU 內的算術邏輯單元 |
| ANSI | American National Standards Institute | 美國國家標準局 |
| API | Application Programming Interface | 應用程式介面 |
| AR | Augmented Reality | 擴增實境 |
| ASCII | American Standard Code for Information Interchange | 美國資訊交換標準碼 |
| B2B | Business-to-Business | 公司至公司 |
| B2C | Business-to-Consumer | 公司至客戶 |
| Blog | Web Log | 部落格 |
| BIOS | Basic Input Output System | 基礎輸出入系統 |
| CAD | Computer-Aided Design | 電腦輔助設計 |
| CD | Compact Disc | 光碟 |
| CDMA | Code Division Multiple Access | 一種無線通訊技術 |
| CD-ROM | CD Read-Only Memory | 唯讀光碟 |
| CD-RW | CD-Rewritable | 可複寫光碟 |
| CGI | Common Gateway Interface | 一種網頁伺服器使用的技術 |
| CISC | Complex Instruction Set Computer | 使用複雜指令集的電腦 |
| CNN | Convolutional Neural Network | 卷積神經網路 |
| CoWoS | Chip-on-Wafer-on-Substrate | 晶片堆疊封裝基板 |
| CPU | Central Processing Unit | 中央處理器 |
| CS | Computer Science | 計算機科學 |

| 英文縮寫 | 英文全名 | 中文釋義 |
|---|---|---|
| DBA | Database Administrator | 資料庫管理員 |
| DBMS | Database Management System | 資料庫管理系統 |
| DNS | Domain Name System | 網域名稱系統 |
| DAO | Decentralized Autonomous Organization | 去中心化的自主性組織 |
| DVD | Digital Versatile Disc | 數位多功能光碟 |
| EDI | Electronic Data Interchange | 電子資料交換 |
| EOF | End of File | 檔案結束 |
| EPROM | Erasable Programmable Read-Only Memory | 可擦拭可改寫的 ROM |
| FTP | File Transfer Protocol | 檔案傳輸協定 |
| GAN | Generative Adversarial Network | 生成對抗網路 |
| GenAI | Generative Artificial Intelligence | 生成式人工智慧 |
| GPS | Global Positioning System | 全球定位系統 |
| GPT | Generative Pre-trained Transformer | 生成式預訓練轉換器 |
| GPU | Graphics Processing Unit | 圖形處理器 |
| GSM | Global System for Mobile Communications | 一種行動通訊系統 |
| GUI | Graphical User Interface | 圖型化人機介面 |
| HBM | High Bandwidth Memory | 高頻寬記憶體 |
| HTML | HyperText Markup Language | 超文本標記語言 |
| HTTP | Hypertext Transfer Protocol | 超文本傳輸協定 |
| HTTPS | Hypertext Transfer Protocol Secure | 超文本傳輸安全協定 |
| IaaS | Infrastructure as a Service | 基礎設施即服務 |
| ICANN | Internet Corporation for Assigned Names and Numbers | 網際網路名稱與數字位址分配機構 |
| IDE | Integrated Development Environment | 整合式軟體開發環境 |
| IEEE | Institute of Electrical and Electronics Engineers | 電機及電子工程師學會 |
| I/O | Input/Output | 輸入和輸出 |
| IoT | Internet of Things | 物聯網 |
| IP | Internet Protocol | 網際網路協定 |
| ISO | International Organization for Standardization | 國際標準局 |
| ISP | Internet Service Provider | 網際網路服務提供者 |

| 英文縮寫 | 英文全名 | 中文釋義 |
|---|---|---|
| IT | Information Technology | 資訊科技 |
| LAN | Local Area Network | 區域性網路 |
| LIDAR | LIght Detection And Ranging | 光學雷達 |
| LLM | Large Language Model | 大型語言模型 |
| LTE | Long Term Evolution | 長期演進技術無線通訊標準 |
| MIPS | Million Instructions Per Second | 每秒百萬指令（計算速度單位） |
| NAT | Network Address Translation | 網路位址轉譯 |
| NFT | Non-Fungible Token | 非同質化代幣 |
| OCR | Optical Character Recognition | 光學字元辨識 |
| OOP | Object-Oriented Programming | 物件導向程式設計 |
| OS | Operating System | 作業系統 |
| PaaS | Platform as a Service | 平台即服務 |
| PCB | Process Control Block | 程序控制區塊 |
| PDA | Personal Digital Assistant | 掌上型電腦 |
| QoS | Quality of Service | 服務品質 |
| qubit | quantum bit | 量子位元 |
| RAM | Random Access Memory | 隨機存取記憶體 |
| RFID | Radio Frequency Identification | 無線射頻識別 |
| RISC | Reduced Instruction Set Computer | 使用簡潔指令集的電腦 |
| ROM | Read-Only Memory | 唯讀記憶體 |
| RNN | Recurrent Neural Network | 循環神經網絡 |
| RSS | Really Simple Syndication | 可供網路使用者訂閱的「簡易資訊整合」 |
| SaaS | Software as a Service | 軟體即服務 |
| SQL | Structured Query Language | 結構化查詢語言 |
| TCP/IP | Transmission Control Protocol/Internet Protocol | 網際網路通用的協定 |
| URL | Uniform Resource Locator | 全球資訊網的資源定址器 |
| USB | Universal Serial Bus | 萬用串列匯流排 |
| VLSI | Very-Large-Scale Integration | 超大型積體電路 |
| VPN | Virtual Private Network | 虛擬私人網路 |
| VR | Virtual Reality | 虛擬實境 |
| WAP | Wireless Application Protocol | 無線通訊應用協定 |
| Wi-Fi | Wireless Fidelity | 無線相容認證 |
| WWW | World Wide Web | 全球資訊網 |
| XaaS | X as a Service | 一切皆服務 |
| XML | eXtensible Markup Language | 可延伸式標記語言 |

# 數位邏輯設計相關網站

## 國內相關資源

國立陽明交通大學開放式課程：邏輯設計

https://ocw.nycu.edu.tw/?post_type=course_page&p=61663

國立臺灣師範大學開式課程：數位邏輯

http://ocw.lib.ntnu.edu.tw/course/view.php?id=319

## 國外相關資源

維基百科
項目

https://en.wikipedia.org/wiki/Logic_synthesis

德州大學
邏輯設計講義

https://www.cs.utexas.edu/~byoung/cs429/slides5-logic.pdf

數位邏輯
線上實驗模擬

http://www.neuroproductions.be/logic-lab/

# C 索引

## 數字



## 羅馬字

### A



### B



### C



### D



### E



### G



### H



### I



### K



### L



### M



### N

## 六劃



## 七劃



## 八劃



## 九劃

## 十劃



## 十一劃



## 十二劃

## 十三劃



## 十四劃



## 十五劃

## 十六劃



## 十七劃



## 十八劃



## 十九劃



## 二十劃



## 二十一劃



## 二十三劃

國家圖書館出版品預行編目資料

計算機概論 : AI 與科技的共舞/趙坤茂, 張雅惠, 黃俊穎, 黃寶萱著. -- 19 版. -- 新北市 : 全華圖書股份有限公司, 2024.04
面 ; 公分
ISBN 978-626-328-906-2(平裝)

1.CST: 電腦
312　　113004440

# 計算機概論

AI 與科技的共舞(第 19 版)

作者／趙坤茂 張雅惠 黃俊穎 黃寶萱
發行人／陳本源
執行編輯／王詩蕙
封面設計／楊昭琅
出版者／全華圖書股份有限公司
郵政帳號／0100836-1 號
圖書編號／0630608
19 版一刷／2024 年 04 月
定價／新台幣 660 元
ISBN／978-626-328-906-2 (平裝)
ISBN／978-626-328-901-7 (PDF)
全華圖書／www.chwa.com.tw
全華網路書店 Open Tech／www.opentech.com.tw
若您對本書有任何問題，歡迎來信指導 book@chwa.com.tw

**臺北總公司(北區營業處)**
地址：23671 新北市土城區忠義路 21 號
電話：(02) 2262-5666
傳真：(02) 6637-3695、6637-3696

**南區營業處**
地址：80769 高雄市三民區應安街 12 號
電話：(07) 381-1377
傳真：(07) 862-5562

**中區營業處**
地址：40256 臺中市南區樹義一巷 26 號
電話：(04) 2261-8485
傳真：(04) 3600-9806(高中職)
(04) 3601-8600(大專)

# 讀者回函卡

掃 QRcode 線上填寫 ▶▶▶

姓名：________ 生日：西元____年____月____日 性別：□男 □女

電話：(　)________ 手機：________

e-mail：(必填)________

註：數字零，請用 Φ 表示，數字 1 與英文 L 請另註明並書寫端正，謝謝。

通訊處：□□□□□________

學歷：□高中・職 □專科 □大學 □碩士 □博士

職業：□工程師 □教師 □學生 □軍・公 □其他

學校／公司：________ 科系／部門：________

・需求書類：

□ A. 電子 □ B. 電機 □ C. 資訊 □ D. 機械 □ E. 汽車 □ F. 工管 □ G. 土木 □ H. 化工 □ I. 設計

□ J. 商管 □ K. 日文 □ L. 美容 □ M. 休閒 □ N. 餐飲 □ O. 其他

・本次購買圖書為：________ 書號：________

・您對本書的評價：

封面設計：□非常滿意 □滿意 □尚可 □需改善，請說明________

內容表達：□非常滿意 □滿意 □尚可 □需改善，請說明________

版面編排：□非常滿意 □滿意 □尚可 □需改善，請說明________

印刷品質：□非常滿意 □滿意 □尚可 □需改善，請說明________

書籍定價：□非常滿意 □滿意 □尚可 □需改善，請說明________

整體評價：請說明________

・您在何處購買本書？

□書局 □網路書店 □書展 □團購 □其他________

・您購買本書的原因？(可複選)

□個人需要 □公司採購 □親友推薦 □老師指定用書 □其他________

・您希望全華以何種方式提供出版訊息及特惠活動？

□電子報 □ DM □廣告(媒體名稱________)

・您是否上過全華網路書店？(www.opentech.com.tw)

□是 □否 您的建議________

・您希望全華出版哪方面書籍？________

・您希望全華加強哪些服務？________

感謝您提供寶貴意見，全華將秉持服務的熱忱，出版更多好書，以饗讀者。

填寫日期：　/　/

2020.09 修訂

親愛的讀者：

感謝您對全華圖書的支持與愛護，雖然我們很慎重的處理每一本書，但恐仍有疏漏之處，若您發現本書有任何錯誤，請填寫於勘誤表內寄回，我們將於再版時修正，您的批評與指教是我們進步的原動力，謝謝！

全華圖書　敬上

## 勘誤表

| 書號 | | 書名 | | 作者 | |
|---|---|---|---|---|---|
| 頁數 | 行數 | 錯誤或不當之詞句 | | 建議修改之詞句 | |
| | | | | | |
| | | | | | |
| | | | | | |
| | | | | | |
| | | | | | |
| | | | | | |
| | | | | | |
| | | | | | |
| | | | | | |

我有話要說：(其它之批評與建議，如封面、編排、內容、印刷品質等・・・)

得　分

全華圖書（版權所有，翻印必究）

An Introduction to Computer Science

學後評量

CH01 計算機簡介

班級：＿＿＿＿＿＿＿＿

學號：＿＿＿＿＿＿＿＿

姓名：＿＿＿＿＿＿＿＿

## 一、選擇題(每題5分)

(　　) 1. 誰提出了杜林機（Turing Machine）的概念？
(A) John Louis von Neumann　(B) Richard Hamming
(C) Alan Turing　(D) John Bardeen。

(　　) 2. 圖形驗證碼是為了遏止機器人程式哪種作為而設計的？
(A)快速搶票　(B)密碼破解　(C)大量下單　(D)以上皆是。

(　　) 3. 馮紐曼（John Louis von Neumann）提出了什麼概念？
(A) Hamming code　(B)電動機械計算機　(C)儲存程式　(D)電晶體。

(　　) 4. 第一代電腦是什麼時期的？
(A)真空管時期　(B)晶體管時期　(C)集成電路時期　(D)微處理器時期。

(　　) 5. 西元 1977 年，Steve Jobs 和Steve Wozniak 成立了
(A) Microsoft　(B) HP　(C) Apple Computer　(D) Google。

(　　) 6. 第二代電腦的主要元件是什麼？
(A)電容器 (capacitor)
(B)電晶體 (transistor)
(C)電磁繼電器 (electromagnetic relay)
(D)以上皆是。

(　　) 7. 為什麼電晶體比真空管較受歡迎？
(A)體積更大　(B)耗電更少　(C)散熱較慢　(D)以上皆是。

(　　) 8. 馮紐曼模式的儲存程式概念是什麼？
(A)只能儲存程式或資料其中一種
(B)只能儲存程式
(C)只能儲存資料
(D)可以同時儲存程式及資料。

(　　) 9. 在1963年，美國國家標準局制定了哪一個編碼標準？
(A) Unicode　(B) ASCII　(C) UTF-8　(D)以上皆是。

(　　) 10. OpenAI推出的聊天機器人ChatGPT使用了哪些技術？
(A)監督學習和增強學習　(B)僅監督學習
(C)僅增強學習　(D)沒有使用機器學習技術。

（請沿虛線撕下）

## 二、是非題(每題5分)

(　　) 1. Dennis Ritchie開發了C程式語言。

(　　) 2. 馮紐曼模式的四大子系統包括：記憶體、算術邏輯單元、控制單元和輸入/輸出。

(　　) 3. 算術邏輯單元主要負責資料的儲存和檢索。

(　　) 4. 控制單元在馮紐曼模式中類似於大腦的中樞神經系統。

(　　) 5. Apple 是美國第一家市值超過一兆美元的公司。

## 三、填充題(每格5分)

1. 世上最早及最大的計算機教育及研究學會為________。
2. 有資訊領域諾貝爾獎之稱為________。
3. 第一部以真空管為基礎元件的電腦為________。
4. 西元2019年，________技術革命之父Yoshua Bengio、Geoffrey Hinton和Yann LeCun獲頒具「資訊科學諾貝爾獎」美譽的「杜林獎」（Turing Award），彰顯了該技術在當代資訊科技的重要性及影響力。
5. 第五代行動通訊技術（簡稱5G）乃________式網路技術。



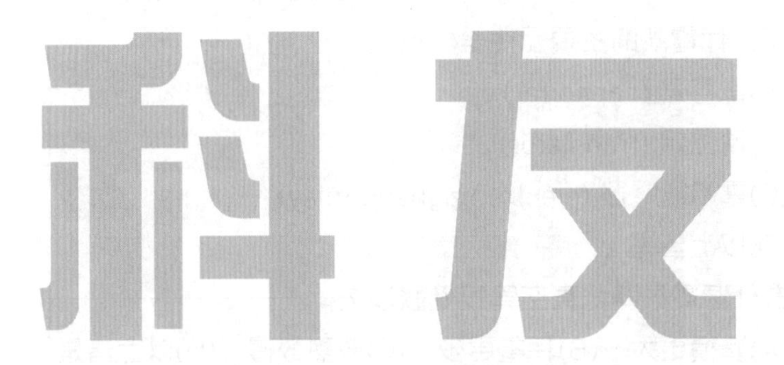

得 分

全華圖書（版權所有，翻印必究）

An Introduction to Computer Science

學後評量

CH02 數位資料表示法

班級：__________

學號：__________

姓名：__________

## 一、選擇題(每題5分)

(　　) 1. 數位在電學上的意思是什麼？
(A)連續變化的數量表示法　(B)不連續變化的數量表示法
(C)數字和文字的表示法　(D)電腦的基本元件。

(　　) 2. 什麼是位元？
(A)數位資訊的基本粒子　(B)電子元件的穩定狀態
(C)電腦的基本元件　(D)一個字元。

(　　) 3. 一個位元通常用什麼數字表示？
(A) 0 或 1　(B) 2 或 3　(C) 4 或 5　(D) 6 或 7。

(　　) 4. 為什麼早期電腦以8個位元為存取單位？
(A)因為8是一個幸運數字
(B)因為8個位元可以用來表示所有的英文字母、數字和標點符號
(C)因為8個位元可以用來表示所有的圖片和影像
(D)因為8個位元可以用來表示所有的音樂。

(　　) 5. 下列哪個Unicode的敘述有誤？
(A)「A」的UTF-16 為「0041」　(B)「A」的UTF-8 則為「41」
(C)「趙」的UTF-16 為「8D」　(D)「趙」的UTF-8 則為「E8B699」。

(　　) 6. 在電腦中，以下何種資料型態需要處理？
(A)數字　(B)文字　(C)影片　(D)以上皆是。

## 二、填充題(每格5分)

1. UTF-8編碼方式以幾個位元為基本單元？______。
2. 電腦儲存或傳遞資料的最小單位為____________。
3. 位元的英文名稱bit，是__________________的簡稱。
4. 一個位元組(byte)通常定義為幾個位元(bit)？_________。GB、KB、TB、MB四個位元組單位由小到大為___________________________。

（請沿虛線撕下）

假設一個整數儲存為8個位元（8-bit memory location），請填入下列空格：

| 十進位<br>**Decimal** | 帶正負符號大小表示法<br>**Sign-and-Magnitude** | 一補數表示法<br>**One's Complement** | 二補數表示法<br>**Two's Complement** |
|---|---|---|---|
| -120 | | | |

## 三、問答題(每題10分)

1. 將二進位數 11110110 轉換為十六進位表示法，結果是？

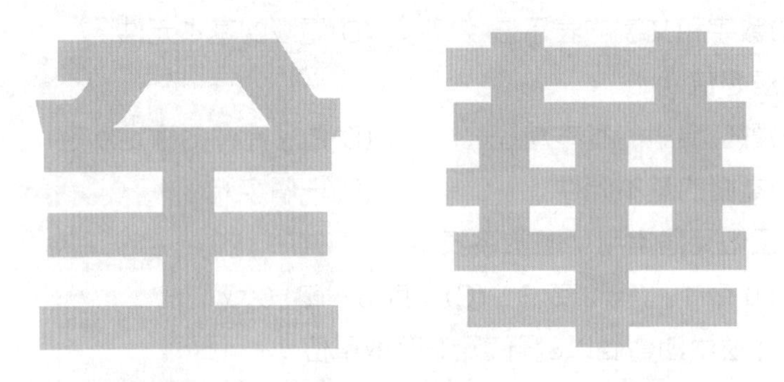


2. 將十六進位數 3A 轉換為二進位表示法，結果是？

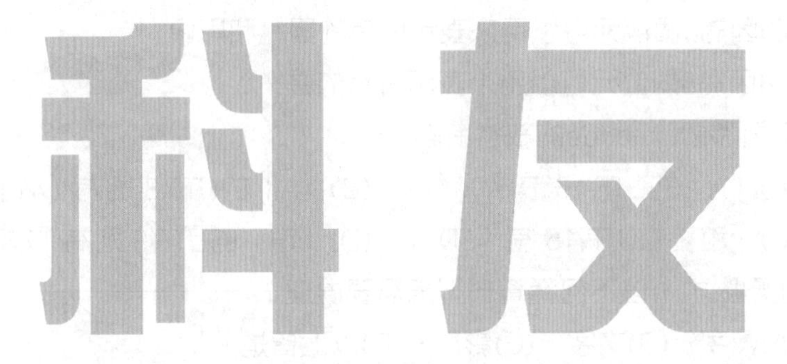


3. (a) 請把10110.100011轉成IEEE 754標準的單精度浮點數（single-precision floating-point：32位元）儲存格式。

   (b) 請把這個IEEE 754標準格式0 01111111 10000000000000000000000的值算出來。

得　分

全華圖書（版權所有，翻印必究）

An Introduction to Computer Science

學後評量

CH03 計算機組織

班級：________

學號：________

姓名：________

## 一、選擇題(每題5分)

(　　) 1. 在西元1970到2020的五十年間，摩爾定律說每隔多久數位處理器的功能會倍增？
(A)一年　(B)兩年　(C)五年　(D)十年。

(　　) 2. 中央處理器（CPU）的功能是什麼？
(A)邏輯運算　(B)數學運算　(C)執行程式指令　(D)以上皆是。

(　　) 3. 在中央處理器和記憶體的連結架構中，以下何者是用來傳輸電子訊號的傳輸工具？
(A)暫存器 (register)　(B)匯流排 (bus)
(C)快取記憶體 (cache)　(D)控制單元 (control unit)。

(　　) 4. ROM在電腦關機後是否能維持資料內容？
(A)是　(B)否　(C)部分　(D)不確定。

(　　) 5. 以下哪個介面規格是鍵盤與主機板連接的？
(A) USB　(B) HDMI　(C) VGA　(D) LAN。

(　　) 6. 印表機的解析度以什麼來表示？
(A)每英吋的列印點數　(B)每秒的列印速度　(C)儲存格式　(D)噴墨式或雷射式。

(　　) 7. 哪種儲存裝置的內部並沒有圓形碟片，而是使用積體電路晶片？
(A) CD-ROM　(B) DVD　(C)軟式硬碟　(D)固態硬碟。

## 二、填充題(每格5分)

1. ________又稱大拇哥，意即和大拇指大小差不多，透過USB埠可以連到電腦上，進行存取動作，相當方便。

2. 在中央處理器和記憶體的連結架構裡，有一些用來傳輸電子訊號的傳輸工具，稱為匯流排（bus），包括：
________、________及________。

（請沿虛線撕下）

3. 介於CPU和記憶體間的＿＿＿＿＿＿＿＿＿＿，它雖然比暫存器速度慢，但單位價格比較便宜，容量也比暫存器多很多；另一方面，它速度比主記憶體快，但單位價格比較貴，容量也比主記憶體少。

4. 主記憶體類別有兩種：＿＿＿＿＿＿＿＿＿＿＿＿＿＿＿＿＿＿＿及＿＿＿＿＿＿＿＿＿＿＿＿＿＿＿。

5. 主記憶體、暫存器、快取記憶體的速度由慢到快分別為＿＿＿＿＿＿＿＿＿＿＿＿＿＿。

6. 掃描器將掃描的文件以＿＿＿＿＿＿＿＿儲存。

7. 磁性儲存裝置的基本原理，是利用某些物質可以＿＿＿＿＿＿的特性，將資料記錄下來。

## 三、簡答題(每題15分)

1. 令DATA為 11010110，MASK為 00101100。
   (a) 請寫出DATA與MASK以XOR運算後的結果；
   (b) 將該結果再與MASK以XOR運算一次，得到的結果為何？

得 分

全華圖書(版權所有，翻印必究)

An Introduction to Computer Science

學後評量

CH04 作業系統

班級：________

學號：________

姓名：________

## 一、選擇題(每題5分)

( ) 1. 作業系統的主要功能是什麼？

(A)中央處理器管理 (B)記憶體管理 (C)檔案管理 (D)以上皆是。

( ) 2. 批次系統的主要特點是什麼？

(A)每個程序都需等待使用者輸入

(B) CPU 一直忙碌不閒置

(C)作業間自動轉換控制

(D)程序只能依序執行，無法並行。

( ) 3. 多元程式規劃中的工作池主要負責什麼？

(A)儲存程序的執行結果 (B)儲存待處理的程序

(C)儲存使用者的個人資料 (D)儲存系統設定檔案。



( ) 4. 分時系統的特色是什麼？

(A)使用者直接控制硬體 (B)多個使用者共享資源

(C)使用者只能單獨使用電腦 (D)使用者不需等待CPU回應。

( ) 5. 動態載入是指：

(A)程式在編譯時全部載入至記憶體 (B)常式只在被呼叫時才載入至記憶體

(C)程式始終在記憶體中等待執行 (D)記憶體載入後無法動態更改。

( ) 6. 覆蓋是一種記憶體管理技術，其特點是：

(A)將部分程式碼和資料覆蓋至磁碟

(B)程式被覆蓋時會立即結束執行

(C)常式只在執行時才會載入至記憶體

(D)記憶體中的舊指令會被新指令取代。

( ) 7. 下列哪個<u>不是</u>檔案系統的主要功能？

(A)檔案管理 (B)記憶體管理 (C)檔案讀取 (D)目錄管理。

(請沿虛線撕下)

## 二、是非題(每題5分)

(　　) 1. 排程中，必須有四個以上的程序才有可能發生死結的狀況。

(　　) 2. 識別符號是獨一無二的標籤，用來標示檔案系統內的檔案，通常是以數字來表示，是給作業存取所用，並非給使用者辨識。

(　　) 3. 作業系統像是電腦的管家婆，負責掌管電腦的軟硬體設備，成為人機中間的介面。

(　　) 4. 每一個程序在作業系統中，都對應著一個程序控制表 (PCB)，記錄該程序的相關資訊及程序的狀態。

(　　) 5. 多元程式規劃系統中，以時間為排班的基礎，時間一到CPU就必須更換計算的程序。

## 三、填充題(每格5分)

1. 作業系統負責的工作主要有五大項目：中央處理器管理、＿＿＿＿＿＿＿＿、檔案管理、周邊設備管理、＿＿＿＿＿＿＿＿。
2. ＿＿＿＿＿＿路徑是指由根部開始，一路指定資料夾直到該檔案所在的目錄。
3. ＿＿＿＿＿＿路徑則是由當前目錄去定義要開啓的檔案所在的位置。
4. 作業系統的記憶體管理功能必須要能負責把程式所使用的＿＿＿＿＿＿位址與記憶體裡的實際位址做映射的工作。
5. 用來儲存程序狀態的是＿＿＿＿＿＿＿＿＿＿＿＿＿＿。

## 四、簡答題 (每題10分)

(a)在CPU排班演算法中，「先到先處理」(First Come First Serve；FCFS)有時會讓每個程序平均等候時間非常大，試舉例說明。

(b)如果要讓每個程序平均等候時間最小，應採用何種排班演算法呢？

得 分

全華圖書（版權所有，翻印必究）

An Introduction to Computer Science

學後評量

CH05 電腦網路

班級：＿＿＿＿＿＿

學號：＿＿＿＿＿＿

姓名：＿＿＿＿＿＿

## 一、選擇題(每題5分)

(　　) 1. RFID 技術與傳統條碼相比的主要優勢是什麼？

(A)需要準確對準讀取裝置

(B)只能在非常近的距離內進行讀取

(C)不需要對準讀取裝置，且可以在允許的距離內進行無線讀取

(D)需要使用電池作為能源。

(　　) 2. 下列關於光纖的傳輸的特性何者正確？

(A)光纖的訊號傳輸距離較遠　(B)光纖的訊號不易受干擾

(C)光纖的訊號傳輸速度快　(D)以上皆是。

(　　) 3. NFC 技術常用於哪些應用場景？

(A)購物結帳　(B)倉儲管理　(C)電子錢包　(D)以上皆是。

(　　) 4. 若要進行大量資料傳輸，應選擇下列何種5G情境？

(A) eMBB　(B) mMTC　(C) URLLC　(D)以上皆非。

(　　) 5. 實體層的主要功能是：

(A)將頁框轉換為數位訊號進行傳送

(B)資料切割

(C)指定網路位址

(D)資料加密。

(　　) 6. 光纖的主要缺點是：

(A)傳輸速度慢　(B)傳輸距離短　(C)易受干擾　(D)成本高。

(　　) 7. 一般常見的無線耳機，常常是用什麼無線技術來傳輸音訊？

(A) RFIC　(B) Bluetooth　(C) WiFi　(D) LORA。

(　　) 8. 下列何者非常見的網路連線方式？

(A)星狀(star)　(B)環狀(ring)　(C)樹狀(tree)　(D)網格(mesh)。

(　　) 9. 網際網路上透過下列何者資訊來識別網路主機？

(A) IO位址　(B) ID位址　(C) IT位址　(D) IP位址。

(　　) 10. OSI網路模型一共有幾層？

(A) 5　(B) 6　(C) 7　(D) 8。



(請沿虛線撕下)

## 二、是非題(每題5分)

( ) 1. 5G規格是屬於電信網路的範籌，所以其資料傳輸機制主要是以線路交換的方式進行。

( ) 2. 無線網路設備常常使用2.4GHz或是5GHz的頻段。在距離遠或是室內牆壁比較厚實的環境下，我們應該要傾向選擇2.4GHz的頻段。

( ) 3. 使用ISM 頻段進行無線通訊傳輸，不需要事先向政府相關單位申請。

( ) 4. 我們可透過MAC位址連線到位於網際網路另一端的電腦主機。

( ) 5. 乙太網路（Ethernet）只能使用匯流排的方式進行連接。

## 三、填充題(每格5分)

1. 路由器是屬於OSI模型裡，第________層的網路裝置。
2. 交換器是屬於OSI模型裡，第________層的網路裝置。
3. IP分享器，是屬於OSI模型裡，第________層的網路裝置。
4. 行動電話網路常常按照訊號涵蓋範圍區分為____________，而每個區域裡由基地台負責傳送和接收訊號。
5. 無線網路可透過「infrastructure」以及「ad hoc」方式連線。而平常我們使用的無線網路方式為____________。

得　分

全華圖書（版權所有，翻印必究）

An Introduction to Computer Science

學後評量

CH06 網際網路

班級：________

學號：________

姓名：________

## 一、選擇題(每題5分)

( 　 ) 1. 下列哪項不是網路模擬的用途之一？
(A)網路測試與調整　(B)網路安全測試
(C)軟體開發和測試　(D)音樂製作。

( 　 ) 2. 以下哪個不是網路模擬常用的工具之一？
(A) Cisco Packet Tracer　(B) GNS3　(C) Wireshark　(D) Photoshop。

( 　 ) 3. 為什麼使用網路模擬可以更有效率和更安全？
(A)可以模擬出各種網路場景　(B)不需要額外的真實網路設備
(C)提供方便的快照和還原功能　(D)以上皆是。

( 　 ) 4. 以下哪個不是手動設定電腦上網所需的基本參數？
(A) IP位址　(B) MAC位址　(C)預設閘道器　(D)名稱伺服器。



( 　 ) 5. HTTP協定的主要功能是什麼？
(A)控制網路的傳輸速率
(B)定義網站伺服器和用戶端之間的通訊協定
(C)傳輸郵件
(D)處理網路連線的安全性。

( 　 ) 6. SMTP 協定主要用於什麼目的？
(A)傳輸超文件　(B)下載檔案　(C)寄送郵件　(D)處理網路連線的安全性。

( 　 ) 7. 下列何者為DNS 協定提供的功能是什麼？
(A)控制網路流量　(B)處理網路連線的安全性
(C)將網域名稱對應到IP位址　(D)定義伺服器和用戶端之間的通訊協定。

( 　 ) 8. 下列哪一種協定可以利用IP位址來查詢區域網路中對應主機的網路卡卡號？
(A) ICMP　(B) RARP　(C) ARP　(D) UDP。

( 　 ) 9. IPv4子網路遮罩常常以一個斜線和一個整數來表示，如/24。下列哪一個子網路遮罩的值是錯誤的？
(A)/1　(B)/33　(C)以上皆錯誤　(D)以上皆正確。

( 　 ) 10. 下列哪一個傳輸層提供的服務，是UDP協定本身即可提供的？
(A)多工傳輸　(B)流量控制　(C)壅塞控制　(D)可靠傳輸。

（請沿虛線撕下）

## 二、是非題(每題5分)

(　　) 1. 整體而言，IPv6的資料傳輸能力較它的前一版IPv4還要傳得更多、更快。

(　　) 2. 對使用者而言，底層改用IPv6進行資料轉輸可以明顯的感受到傳送效率地提升。

(　　) 3. MAC位址的前三組數字為廠商代碼。

(　　) 4. 255.255.192.0 是一個合法的子網路遮罩。

(　　) 5. 255.255.228.0 是一個合法的子網路遮罩。

## 三、填充題(每格5分)

1. 在一個IP網段裡，通常其第一個網路IP位址是用來做為＿＿＿＿＿＿＿＿＿＿，而最後一個網路IP則用做＿＿＿＿＿＿＿＿。
2. 就網際網路上常用的二種傳輸層協定，如果要建立可靠的資料傳輸連線，我們應該選擇使用＿＿＿＿＿＿傳輸層協定。
3. 我們可以透過＿＿＿＿＿＿＿＿＿＿＿＿＿＿指令，來查詢二台網際網路主機之間，封包傳輸所會經過的路由器。
4. 在Windows系統裡，我們可以使用＿＿＿＿＿＿＿＿指令查看電腦的網路基本設定。

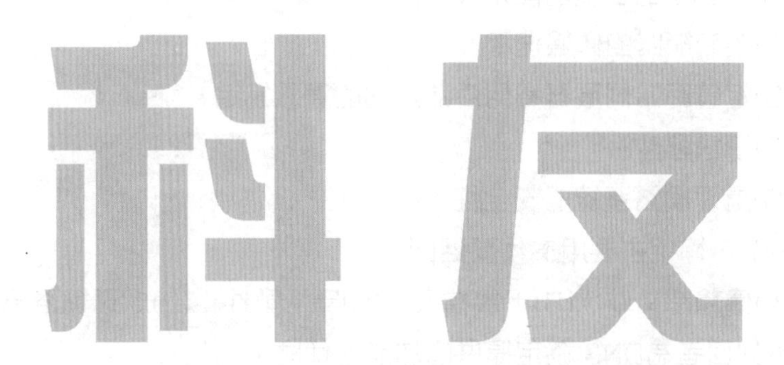

得 分

全華圖書（版權所有，翻印必究）

An Introduction to Computer Science

學後評量

CH07 網路應用

班級：________

學號：________

姓名：________

一、選擇題(每題5分)

(  ) 1. 電子郵件的運作主要包含哪三個元素？
(A)郵件主機、網際網路、瀏覽器
(B)使用者代理人、傳送協定、POP3
(C)使用者代理人、郵件伺服器、通訊協定
(D) SMTP、IMAP、DNS。

(  ) 2. 主從式架構中的網頁伺服器主要用於什麼？
(A)查詢網域名稱　(B)傳送網頁請求
(C)接收和回應網頁請求　(D)安裝伺服器軟體。

(  ) 3. HTTP 是什麼通訊協定的縮寫？
(A) Hyper Text Translation Protocol
(B) High Transfer Text Protocol
(C) Hyper Transcript Transmission Protocol
(D) Hyper Text Transfer Protocol。



(  ) 4. 什麼協定可提供網頁連線時的加密傳輸服務？
(A) FTP　(B) HTTP　(C) SSL　(D) POP3。

(  ) 5. HTML網頁的外觀和風格可以使用什麼語法來設定和修改其樣式？
(A) ASS　(B) BSS　(C) CSS　(D) DSS。

(  ) 6. 下列哪一種全球資訊網的概念中提出去中心化的機制。
(A) Web 4.0　(B) Web 3.0　(C) Web 2.0　(D) Web 1.0。

(  ) 7. 下列哪一個軟體不屬於視訊軟體？
(A) CyberLink U　(B) Google Meet　(C) Youtube　(D) Cisco WebEx。

(  ) 8. 全球資訊網是建置於以下何種架構之上？
(A)主從式架構　(B) P2P架構　(C)沒有特定架構　(D)以上皆非。

(  ) 9. 以下何者為傳輸網頁時所使用的通訊協定？
(A) HTTP　(B) FTP　(C) SMTP　(D) SOAP。

(  ) 10. 以下何者不包含在URL的組成成分中？
(A)通訊協定　(B)主機名稱　(C)檔案路徑和名稱　(D)瀏覽器類型。

（請沿虛線撕下）

## 二、是非題(每題5分)

(　　) 1. HTML 語言只定義了超連結的功能，沒有其他標籤功能。

(　　) 2. 網路檔案系統（NFS）是一種備份資料的協定。

(　　) 3. 在HTML中，標籤中的字必須全部使用大寫。

(　　) 4. 「郵件伺服器」是指專門用來處理網路上的收信Email的主機。

(　　) 5. 搜尋引擎的使用方式是使用者輸入關鍵字，然後搜尋引擎會找出與關鍵字相關的網站。

(　　) 6. 若要限定Google搜尋結果中有特定關鍵字，可以在關鍵字前加上一個「+」號。

(　　) 7. 郵件伺服器採取某些措施來防堵垃圾郵件，這些措施不會有任何漏網之魚。

(　　) 8. 使用者在收到來路不明的郵件附件或連結時，應該因為好奇心而輕易開啓。

(　　) 9. 網頁伺服器可能會連接其他伺服器，以提供更多元的資料。

(　　) 10. HTML5是一個WWW的技術標準。

得　分

全華圖書（版權所有，翻印必究）

An Introduction to Computer Science

學後評量

CH08 網路安全

班級：________

學號：________

姓名：________

## 一、選擇題(每題5分)

(　　) 1. 區塊鏈的主要目的是什麼？
(A)保護網路安全 (B)防止資料竄改
(C)集中保管交易資料 (D)儲存大量數據。

(　　) 2. 下列關於區塊鏈的描述何者正確？
(A)區塊鏈的長度有限 (B)保存的資料只能是文字檔
(C)每個區塊都包含加密金鑰 (D)可採用雜湊函數進行資料完整性驗證。

(　　) 3. 量子密鑰分發的概念是什麼？
(A)使用傳統數學方式設計抵抗量子電腦攻擊的演算法
(B)使用量子電腦生成和交換金鑰
(C)使用量子相關的硬體來保護資料
(D)使用現代密碼學方法來加密資料。



(　　) 4. 後量子密碼學的主要理念是什麼？
(A)依賴量子電腦生成安全金鑰
(B)使用傳統數學方式設計抵抗量子電腦攻擊的演算法
(C)使用量子相關的硬體來保護資料
(D)採用量子密碼學方法加密資料。

(　　) 5. 資訊財產權的保護主要是為了保護什麼？
(A)資訊隱私權 (B)資訊的再製和分享
(C)資訊的正確性 (D)資訊的擁有權。

(　　) 6. 若利用加密函數ENC(m, k)使用密鑰k對訊息m進行加密，請問下列哪一種加密函數在運算二次時相當於解出密文？
(A) Caesar (B) AES (C) TripleDES (D) XOR。

(　　) 7. 對稱式區塊加密演算法，若遇到訊息長度小於密鑰長度時，應該要如何處理？
(A)不需要處理，直接將訊息與密鑰輸入演算法進行加密即可
(B)將訊息後面補上特定字元，直到長度與密鑰相同時再進行加密
(C)將密鑰長度縮短為與訊息長度相同後，再進行加密
(D)將訊息後面補上特定字元，直到長度為密鑰之二倍長時再進行加密。

（請沿虛線撕下）

(　　) 8. 關於DDoS攻擊的來源，下列何者為是？

(A)個人上網主機　(B)伺服器　(C)嵌入式或是物聯網裝置　(D)以上皆是。

(　　) 9. RSA演算法是基於計算何種問題的困難度設計而成？

(A)離散對數　(B)因數分解　(C)二次剩餘　(D)橢圓曲線。

(　　) 10. 下列關於雜湊函數的描述，何者有誤？

(A)修改輸入中的任一字元都可以得到完全不相干的輸出

(B)雜湊函數是不可逆的函數

(C)相同的輸入一定可以得到相同的輸出

(D)不同的輸入一定可以得到不同的輸出。

## 二、是非題(每題5分)

(　　) 1. 電腦病毒會進行自我複製和感染其他檔案或主機。

(　　) 2. 特洛伊木馬程式的目的不是複製自己，而是用來竊取使用者的資訊或遠端遙控電腦。

(　　) 3. 密碼設定不太重要，因為即使密碼簡單，也不大可能被駭客破解。

(　　) 4. 許多網路服務要求使用者使用複雜的密碼，以防止被暴力破解攻擊。

(　　) 5. 雜湊函數的輸出與輸入內容的長度成比例。

## 三、填充題(每格5分)

1. 若以暴力循序破解由3個大寫英文字母所組成的密碼，最多只要嘗試 ____________________ 次即可成功。
2. 我們可以使用 ____________ 來檢查資料是否遭到修改。
3. 駭客自製介面精美的偽冒網站，以吸引使用者提供其帳號密碼等個人資訊。這種攻擊我們稱為 ______________。
4. 表面上沒有惡意，卻暗地裡在電腦主機上開啓後門的程式，我們常常稱其為 ______________________。
5. 基於效率考量，數位簽章通常不直接對內容進行簽章，而是針對內容的 __________ 進行簽章。

得　分

**全華圖書**（版權所有，翻印必究）

**An Introduction to Computer Science**

學後評量

CH09 程式語言

班級：＿＿＿＿＿＿＿＿

學號：＿＿＿＿＿＿＿＿

姓名：＿＿＿＿＿＿＿＿

## 一、選擇題(每題5分)

(　　) 1. 電腦只能接受由哪些元素組成的機器語言？

(A) A 和 B　(B) 0 和 1　(C)資訊和程式　(D)高階語言和低階語言。

(　　) 2. 組合語言的助憶符（mnemonic）和指令語法是由誰來制定的？

(A)程式設計師　(B)編譯器

(C)中央處理器（CPU）開發者　(D)組譯器（assembler）開發者。

(　　) 3. 下列哪一個是高階語言的一個例子？

(A)組合語言　(B)機器語言　(C) C 語言　(D)機器碼。

(　　) 4. 編譯的過程中，以下哪一個步驟是在進行語法分析？

(A)字義分析　(B)最佳化　(C)產生目的碼　(D)分析指令結構。

(　　) 5. 封裝（encapsulation）在C++中的意義是什麼？

(A)把不同類別的程式碼分開，使得更易於維護

(B)將資料和行為一起定義在類別中，提高程式碼的重用性

(C)指定資料或函數的可使用範圍，以控制對資料的存取

(D)將程式碼打包成庫，使得在不同程式中能夠共享使用。

(　　) 6. 在C++中，若將資料或函數定義為私有的（private），其意義是？

(A)只有定義在類別內部的程式碼可使用該資料或函數

(B)其他程式中的任何程式碼都可以使用該資料或函數

(C)只有定義在同一檔案中的程式碼可使用該資料或函數

(D)該資料或函數可以在程式的任何地方被修改。

(　　) 7. Python的開發模式是？

(A)專利　(B)閉源　(C)開源　(D)私有。

(　　) 8. Python的特性之一是什麼？

(A)將所有特性和功能置於語言的核心

(B)無法擴充

(C)提供有限的API和工具

(D)設計為可擴充的，提供豐富的API和工具整合其他模組。



（請沿虛線撕下）

(　　) 9. 下面哪一項資料型態，是處理一序列具有相同型態的資料：
(A)字元　(B)陣列　(C)結構　(D)浮點數。

(　　) 10. 在呼叫一個程序時，若是直接把真實參數的值，指定給正式參數，則這種方法我們稱作：
(A)以值傳遞　(B)以位址傳遞　(C)以名傳遞　(D)以上皆非。

## 二、是非題(每題5分)

(　　) 1. C# 是一種基於 C 語言的物件導向程式語言，常用於 ASP.NET 開發中。

(　　) 2. ASP.NET 是微軟公司提供的一個網頁開發平台，用於在伺服器端生成動態網頁。

(　　) 3. 函數（function）和程序（procedure）在定義上是完全相同的。

(　　) 4. 程序的名稱必須是唯一的，以便在程式中進行正確的呼叫。

(　　) 5. 在C 程式裡，定義在每個程序裡的變數，稱作局部變數（local variable），只有該程序可以使用該變數。

(　　) 6. 我們常利用指標，來表示不確定大小的資料。

(　　) 7. 在Python裡，我們利用while指令來表示執行固定次數的迴圈。

(　　) 8. C語言寫出來的程式，比組合語言寫出來的程式，可攜性較低。

(　　) 9. 第一個高階程式語言是FORTRAN。

(　　) 10. 在類別中，我們可以定義資料和行為。

得 分

全華圖書（版權所有，翻印必究）

An Introduction to Computer Science

學後評量

CH10 資料結構

班級：________

學號：________

姓名：________

## 一、選擇題(每題5分)

( ) 1. 什麼是二元樹？

(A)每個節點最多只有2 個子節點

(B)每個節點都有3 個子節點

(C)只有根節點和葉節點

(D)所有節點都是內部節點。

( ) 2. 樹的高度是指？

(A)從根節點到樹中所有葉節點的最短可能路徑

(B)從根節點到樹中所有葉節點的最長可能路徑

(C)該節點距離根節點的距離

(D)樹中所有節點的平均深度。

( ) 3. 佇列的操作方式是什麼？

(A)先進先出 (B)先進後出 (C)沒有規則 (D)以上皆非。

( ) 4. 堆疊的操作方式是什麼？

(A)先進先出 (B)先進後出 (C)沒有規則 (D)以上皆非。

( ) 5. 以下何者代表C語言裡的空指標：

(A) null (B) nil (C) empty (D) not。

( ) 6. 以下何者的邏輯順序和實體順序不一定相同：

(A)鏈結串列 (B)一維陣列 (C)二維陣列 (D)以上皆是。

( ) 7. 在以下哪種資料結構中，可以利用註標直接存取其內的特定元素：

(A)陣列 (B)佇列 (C)堆疊 (D)環狀佇列。

( ) 8. 在二元樹的探訪順序中，先探訪父節點、再探訪左子節點、最後探訪右子節點，稱作

(A)前序法 (B)中序法 (C)後序法 (D)循序法。



（請沿虛線撕下）

## 二、是非題(每題5分)

(　　) 1. 陣列裡元素的資料型態可以不同。

(　　) 2. 在C語言裡，陣列裡的資料是採用「以欄為主」的方式存放於記憶體中。

(　　) 3. 堆疊內的資料被處理時，是根據「後進先出」的順序。

(　　) 4. 環狀佇列裡宣告的每一個空間，都可以填入資料。

## 三、填充題(每格5分)

1. 假設系統在記憶體裡記錄多維陣列的方法，是先從第一列開始，然後接著記錄第二列，這種方式稱作＿＿＿＿＿＿＿。
2. 根據C語言的語法，若在宣告一個變數時前面加上＿＿＿＿＿符號，則該變數就是指標變數。
3. 所謂的二元樹，就是每一個節點最多只有＿＿＿＿＿個子節點。
4. 在程序的本體中，又呼叫到自己本身，稱作＿＿＿＿＿＿程序。

## 四、問答題(每題10分)

1. 討論何時使用陣列，何時使用鏈結串列。

2. 討論何時針對二元樹做後序法的探訪。

得　分

全華圖書（版權所有，翻印必究）

An Introduction to Computer Science

學後評量

CH11 演算法

班級：＿＿＿＿＿＿＿＿

學號：＿＿＿＿＿＿＿＿

姓名：＿＿＿＿＿＿＿＿

## 一、填充題(每格4分)

1. 從 n 個數中找出最大數，最少要用＿＿＿＿＿次比較。
2. 給定 n 個數，請將它們由小排到大，稱為＿＿＿＿＿＿問題。
3. ＿＿＿＿＿＿排序法將數列切成兩部分：已排序數列及未排序數列，每次從未排序的數列中挑出最小的數，將它移到未排序數列的最前面。
4. ＿＿＿＿＿＿排序法將數列切成兩部分：已排序數列及未排序數列，每次將未排序數列中的第一個數，插入到已排序數列中，使得插入後的已排序數列仍然維持由小排到大的性質。
5. ＿＿＿＿＿＿排序法將數列切成兩部分：已排序數列及未排序數列，每次從未排序數列中的最後一個數看起，如果它比前面的數小，則往前移，一直看到未排序數列的第一個數為止。



## 二、問答題(每題10分)

1. 請解釋動態規劃技巧的解法三步驟。

2. 請比較1000$n$、10$n^2$、$n^3$及2n，在$n$ = 1、100及1000000時的大小關係。

3. 給定數列23、12、58、85、72、98、13、37，請以課本介紹的方法，找出其中的最大數及第二大數，把你的作法記錄下來。

（請沿虛線撕下）

4. 給定一個數列，請設計一個可找出前三大數的演算法。

5. 給定數列23、12、58、85、72、98、13、37，請以「選擇排序法」將它由小排到大，記錄你的過程。

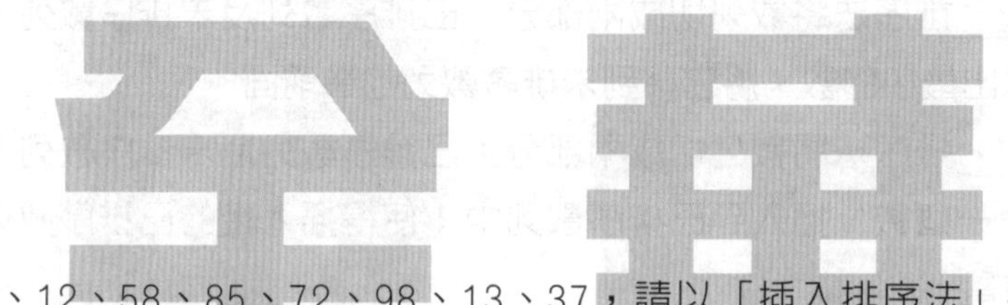

6. 給定數列23、12、58、85、72、98、13、37，請以「插入排序法」將它由小排到大，記錄你的過程。



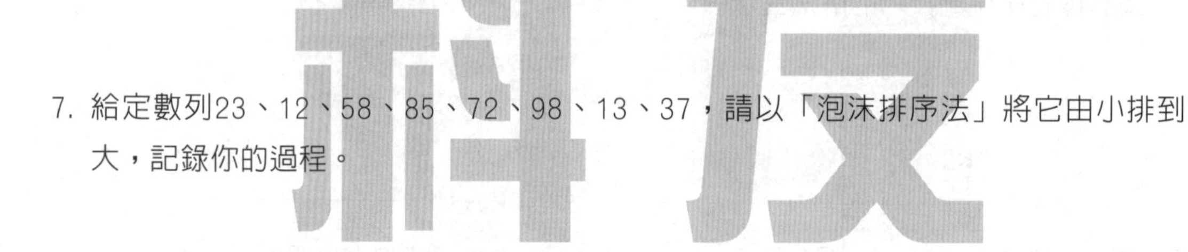

7. 給定數列23、12、58、85、72、98、13、37，請以「泡沫排序法」將它由小排到大，記錄你的過程。

8. 給定數列23、12、58、85、72、98、13、37，請以「快速排序法」將它由小排到大，記錄你的過程。

得　分

全華圖書（版權所有，翻印必究）

An Introduction to Computer Science

學後評量

CH12 軟體工程

班級：＿＿＿＿＿＿

學號：＿＿＿＿＿＿

姓名：＿＿＿＿＿＿

## 一、選擇題(每題5分)

(　　) 1. 瀑布式模型適合於下列哪種情況？
(A)需求經常變更　(B)客戶需求明確且固定
(C)需要快速產生原型　(D)團隊成員間溝通頻繁。

(　　) 2. 在瀑布式模型中，哪個階段通常是最後進行的？
(A)需求分析　(B)設計　(C)編碼　(D)維護。

(　　) 3. 螺旋式模型的主要目標是：
(A)快速完成整個系統的開發　(B)減少開發成本
(C)盡早發現問題和風險　(D)嚴格控制開發進度。

(　　) 4. 白箱測試和黑箱測試之間的區別是什麼？
(A)白箱測試考慮程式的邏輯流程，而黑箱測試不考慮
(B)黑箱測試考慮程式的邏輯流程，而白箱測試不考慮
(C)白箱測試和黑箱測試都不考慮程式的邏輯流程
(D)白箱測試和黑箱測試都考慮程式的邏輯流程。

(　　) 5. 軟體測試的目的是什麼？
(A)快速完成整個系統的開發　(B)降低開發成本
(C)確保軟體的品質和可靠性　(D)提高軟體的執行效率。

(　　) 6. CMMI 與 ISO 9000 的主要差異在哪裡？
(A) CMMI 強調各種類型產品發展過程的管理，而 ISO 9000 強調產品品質的管理
(B) CMMI 僅適用於大型企業，而 ISO 9000 適用於所有企業
(C) CMMI 是針對硬體製造業，而 ISO 9000 是針對軟體產業
(D) CMMI 著重於組織內部流程的改進，而 ISO 9000 著重於品質管理系統的建立。

(　　) 7. 在軟體開發生命週期中，哪個階段所需要的花費通常最多：
(A)需求分析　(B)設計　(C)編碼　(D)維護。

(　　) 8. 將物件行為和資料一起直接定義在物件上的性質，稱作以下何者
(A)封裝　(B)階層　(C)類別　(D)繼承。

（請沿虛線撕下）

(　　) 9. 在UML提供的圖形工具中，描述系統中有哪些類別的圖，稱作以下何者
(A)使用情況圖　(B)類別圖　(C)活動圖　(D)實作圖。

(　　) 10. 在UML提供的圖形工具中，顯示使用者和系統之間的互動，稱作以下何者
(A)使用情況圖　(B)類別圖　(C)活動圖　(D)實作圖。

## 二、是非題(每題5分)

(　　) 1. 為讓程式具有良好的可讀性，必須適當命名變數。

(　　) 2. 可信賴的程式是指寫出能夠跑出正確結果的程式即可。

(　　) 3. 軟體品質認證只有CMMI可作為選擇。

(　　) 4. 開發不熟悉的專案，如果採用螺旋式模型，可以逐步學習擴大以完成專案。

(　　) 5. 軟體的生命週期是指從購買日期開始使用授權有一定的日期限制，生命週期結束必須再買授權。

(　　) 6. 軟體專案中，必須負責與客戶討論，理解客戶需求的人員是專案管理人(PM)。

(　　) 7. 程式碼越短越好，所以盡量不要寫註解。

(　　) 8. 軟體發展中，風險發現的越早，所付出的成本越低。

(　　) 9. 如果軟體發展進度落後，多加派人手進行發展即可順利解決問題。

(　　) 10. 程式撰寫之初，程式研發人員（RD）必須針對市場的需求進行分析，撰寫市場需求文件（MRD）。

得 分



An Introduction to Computer Science

學後評量

CH13 資料庫

班級：________

學號：________

姓名：________

## 一、選擇題(每題5分)

( ) 1. 大型資料庫系統中，常常會有多個使用者同時存取資料，若不加以控管，可能會導致下列哪個問題？
(A)資料的完整性下降 (B)資料的處理速度提高
(C)資料的安全性增加 (D)資料的重複性減少。

( ) 2. 在資料庫系統中，安全控管的困難主要來自於以下哪個因素？
(A)程式語言的選擇 (B)資料量的增加
(C)使用者的多樣性 (D)資料庫系統的複雜性。

( ) 3. 關聯式資料庫主要由哪種結構所組成？
(A)網路模式 (B)階層模式 (C)關聯模式 (D)散列表模式。

( ) 4. 在實體關係圖中，一個實體的屬性以什麼形式表示？
(A)矩形 (B)橢圓形 (C)三角形 (D)正方形。



( ) 5. 在實體關係圖中，如果一個屬性有底線表示什麼意思？
(A)這是一個外鍵 (B)這是一個主鍵
(C)這是一個索引 (D)這是一個空值。

( ) 6. 下面哪一項是利用一般程式語言建立資料管理系統時，可能面臨的問題：
(A)資料的重複與不一致 (B)資料難以存取
(C)資料的限制難以修改 (D)以上皆是。

( ) 7. 目前市面上的商用資料庫軟體，大多是建立在什麼模式之上：
(A)網路模式 (B)關聯式模式 (C)階層模式 (D)物件導向模式。

( ) 8. 假設我們想利用SQL語法，將student表格和enroll表格結合，而且限制只有兩個表格中所有共同屬性值皆相同的資料列，才能配對輸出，請問from子句必須如何撰寫：
(A) from student, enroll
(B) from student natural join enroll
(C) from student left outer join enroll
(D) from student left inner join enroll。

(請沿虛線撕下)

(　　) 9. 在XPath中，以下哪個符號是用來代表二元素間具有父子關係？
(A)‘/’　(B)‘//’　(C)‘[’　(D)‘]’。

(　　) 10. 若一家超商從交易行為中，利用資料探勘的技術找出的資訊為：「顧客買麵包時通常會買牛奶」，則此項資訊屬於以下何者：
(A)關聯規則　(B)分群　(C)分類　(D)以上皆是。

## 二、是非題(每題5分)

(　　) 1. 資料倉儲的建立有助於大型企業整合分散的資料庫。

(　　) 2. 大數據的三個特質是巨量（Volume）、高速（Velocity）、以及價值（Value）。

(　　) 3. MongoDB採用文件導向的概念，將資料以JSON格式表示。

(　　) 4. 關聯主要是由「列」和「欄」所組成。

(　　) 5. 一個關聯的主鍵可以由兩個屬性所構成。

## 三、填充題(每格5分)

1. 若我們以一個關聯規則描述兩個物品，通常我們會以此規則的＿＿＿＿＿＿＿＿＿＿來表示此二個物品是否經常被購買，並以＿＿＿＿＿＿＿＿＿＿用來表示這兩個物品是否很有關聯。

2. 進行資料探勘，通常需要的三個步驟，依序為＿＿＿＿＿＿＿＿＿＿、＿＿＿＿＿＿＿＿＿＿和＿＿＿＿＿＿＿＿＿＿。

| 得　分 | 全華圖書（版權所有，翻印必究） | |
|---|---|---|
| | An Introduction to Computer Science | 班級：＿＿＿＿＿＿ |
| | 學後評量 | 學號：＿＿＿＿＿＿ |
| | CH14 人工智慧 | 姓名：＿＿＿＿＿＿ |

## 一、選擇題(每題5分)

(　　) 1. 人工智慧的研究主要是基於什麼觀察？
(A)植物的行為模式　(B)動物的生理反應
(C)人類的行為模式　(D)天文現象。

(　　) 2. 何謂經驗法則？
(A)總是成立的規則　(B)永遠不會成立的規則
(C)在大多數情況下成立的規則　(D)在特定情況下成立的規則。

(　　) 3. 下列哪個是自然語言處理的另一個重要應用？
(A)圖像處理　(B)機器學習　(C)網路安全　(D)機器翻譯。

(　　) 4. 下列哪種學習方式需要事先給予每一筆輸入資料的正確答案或標籤？
(A)非監督式學習　(B)增強式學習　(C)監督式學習　(D)半監督式學習。

(　　) 5. 生成對抗網路（GAN）的主要組成部分是什麼？
(A)生成網路和處理器　(B)判別網路和生成網路
(C)監督學習器和非監督學習器　(D)資料庫和演算法。

(　　) 6. 在感測網路中，什麼是感測器的主要功能？
(A)提供網路訊號　(B)彙整資料　(C)提供電源　(D)搜集各種環境數據。

(　　) 7. 感測器的設計需求可能受到什麼因素影響？
(A)地球磁場　(B)風向　(C)實際使用環境　(D)星座位置。

(　　) 8. 下列何者不是深度學習類神經網路常見的三種層面：
(A)輸入層　(B)隱藏層　(C)白千層　(D)輸出層。

(　　) 9. 下列何者不屬於攸關民生的智慧三表：
(A)智慧電表　(B)智慧手錶　(C)智慧水表　(D)智慧瓦斯表。

(　　) 10. 下列何者不是人工智慧裡特有的重要技術：
(A)知識表示　(B)邏輯系統　(C)經驗法則搜尋　(D)資料結構設計。

（請沿虛線撕下）

## 二、是非題(每題5分)

(　　) 1. 電腦視覺中的灰階處理是以8位元大小來記錄顏色的深淺，共有0到255種不同階層的顏色深淺。

(　　) 2. 在電腦視覺中，顏色是重點，因為它可以幫助電腦直接進行影像的分析。

(　　) 3. 在卷積神經網路（CNN）中，池化層（pooling layer）是用來針對重要的特徵設計對應的過濾器，以突出該特徵。

(　　) 4. 機器學習通常可分為監督式學習和非監督式學習兩種。

(　　) 5. 聊天機器人ChatGPT提供的資料都是正確的，不需要查證。

## 三、填充題(每格5分)

1. 智慧電網將發電端（電力公司）、電力傳輸、以及用電端的所有設備，利用＿＿＿＿＿＿＿的技術建立起一最完整的監測和控制系統。
2. 人和機器溝通的工具，稱作＿＿＿＿＿＿語言；而人和人之間使用的，則是＿＿＿＿＿＿語言。
3. 由感應器接收訊號，然後線路連結將訊號傳進電腦，透過程式進行分析判斷，稱為＿＿＿＿＿＿＿＿。
4. 在機器學習中，最為人知的架構，為仿照人類神經系統的＿＿＿＿＿＿＿＿＿＿＿＿＿＿＿＿＿＿＿＿＿。



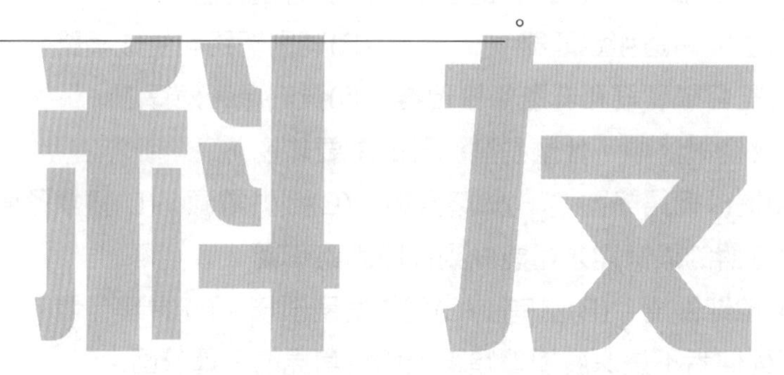

得　分

全華圖書（版權所有，翻印必究）

An Introduction to Computer Science

學後評量

CH15 電子商務

班級：＿＿＿＿＿＿＿＿

學號：＿＿＿＿＿＿＿＿

姓名：＿＿＿＿＿＿＿＿

## 一、選擇題(每題5分)

(　　) 1. 電子商務中的個人化與客製化（personalization and customization）意味著什麼？

(A)每個顧客都得到相同的服務

(B)商家無法根據消費者的偏好提供不同的產品或服務

(C)商家可以根據消費者的個人偏好提供定制服務

(D)消費者必須選擇標準規格的產品。

(　　) 2. 資訊密集（information density）對電子商務的影響是什麼？

(A)提高了資訊的取得和傳遞成本

(B)商家無法獲取消費者的消費行為

(C)消費者只能得到有限的商品資訊

(D)提高了資訊的取得和傳遞效率。

(　　) 3. 電子商務的全球標準（universal standard）意味著什麼？

(A)商家只需遵循國內標準

(B)每個國家都有自己的網路標準

(C)全球化標準使得進場門檻變高

(D)商家無需擔心國與國之間的標準差異。

(　　) 4. 物流在電子商務中的作用是什麼？

(A)買賣雙方溝通以完成交易　(B)金錢的流通

(C)商品的流通配送　(D)資訊的傳輸與存取。

(　　) 5. 在電子商務中，如何將無形的物品（如電腦軟體、歌曲等）交付給使用者？

(A)利用運輸工具送抵目的地　(B)透過網路下載的方式交付

(C)使用郵寄服務寄送　(D)親自遞送給使用者。

(　　) 6. 機密性和隱私性的主要區別在於：

(A)機密性是關於保護資料不被外流，而隱私性是確保資料只有得到授權的人才能觀看

(B)機密性是確保資料只有得到授權的人才能觀看，而隱私性是關於保護資料不被外流

(C)機密性和隱私性是相同的，沒有區別

(D)機密性是確保資料的可得性，而隱私性是關於保護資料的完整性。



（請沿虛線撕下）

(　　) 7. 在Internet 上的每一個環節都有可能使資料被截取，因此最基本的想法是：
(A)將資料放在公有網路內　(B)使用最快速的網路連接
(C)將資料加密　(D)減少資料的傳輸量。

(　　) 8. 電子商務的哪項特性，可以針對使用者的消費喜好或者過往的消費記錄，傳達不同的產品內容或服務？
(A)全球標準　(B)互動與多元資訊　(C)資訊密集　(D)客製化。

(　　) 9. 電子商務的四流中，何者是有關於貨物的配送？
(A)商流　(B)物流　(C)金流　(D)資訊流。

(　　) 10. Yahoo!奇摩拍賣是屬於以下何種電子商務類型？
(A) B2B　(B) B2C　(C) C2C　(D) C2B。

## 二、是非題(每題5分)

(　　) 1. 電子商務是指使用網際網路進行商業交易的商務型態。

(　　) 2. O2O稱作線上到線下的商務模式，特別適合需要到店家消費的服務。

(　　) 3. 凡是能夠連上網的地方，就有電子商務的存在，這是電子商務的全球標準特性。

(　　) 4. 「直播帶貨」的行銷手法，結合了「直播」和「電商」，可以將流量轉換為訂單。

(　　) 5. 一個安全的電子商務環境應包含完整性、不可否認性、確實性、機密與隱私性，及可得性等特質。

## 三、填充題(每格5分)

1. ________________可以兼顧對稱式加密系統的快速與非對稱式加密系統的安全。
2. 針對使用者的消費喜好或者過往的消費紀錄，傳達不同的產品內容或服務，稱之為________________。
3. 入口網站分成兩種類型，分別是水平式及________________，其中後者指的是專門提供某個領域的資訊產品或服務。
4. 有些網站專門負責幫使用者處理交易或者業務，稱為________________。例如104人力銀行幫忙企業及應徵者找雇員或工作。
5. ________________定律是指網路的價值與使用人口成正比，也就是說，具有規模與報酬呈現正向循環。

| 得　分 | 全華圖書（版權所有，翻印必究） | |
|---|---|---|
| | An Introduction to Computer Science | 班級：＿＿＿＿＿＿ |
| | 學後評量 | 學號：＿＿＿＿＿＿ |
| | CH16 進階資訊理論及應用課題 | 姓名：＿＿＿＿＿＿ |

## 一、選擇題(每題5分)

(　　) 1. 霧計算（Fog Computing）又被稱為什麼？
(A)雲端計算（Cloud Computing）
(B)朦朧計算（Haze Computing）
(C)邊緣運算（Edge Computing）
(D)邊界計算（Boundary Computing）。

(　　) 2. 霧計算相較於雲端運算更貼近於哪一個層面？
(A)使用者　(B)服務供應商　(C)硬體設備　(D)網際網路。

(　　) 3. 聲音的基本物理特性中，以下哪一項不是其中之一？
(A)振動頻率　(B)振動色彩　(C)震動幅度　(D)震動波形。

(　　) 4. 下列哪個軟體不是常見的影音播放軟體？
(A) Windows Media Player　(B) QuickTime
(C) Photoshop　(D) RealPlayer。

(　　) 5. 研究生物學應用上的資訊分析問題，結合生物學、醫學、藥學、資訊科學、數學、物理及化學等跨領域的研究，稱為？
(A)作業系統　(B)生物資訊　(C)智慧電網　(D)傳統電腦。

(　　) 6. 以下何者為霧計算相關技術？
(A) Gmail　(B) Dropbox　(C) SkyDrive　(D)以上皆是。



## 二、填充題(每格5分)

1. 結構生物學家有鑑於資源共享對促進科學發展的重要性，建立了PDB，專門收錄蛋白質及核酸的＿＿＿＿＿＿。
2. 影像是最常見的媒體型態，在電腦中，它是以資料矩陣的方式表示。矩陣中的每一個元素，稱為一個＿＿＿＿＿＿。
3. 資料經過＿＿＿＿＿＿後，除了需要較少的儲存空間外，當我們在網路上傳輸時，所需的傳輸時間也較短。
4. 在自然界中，聲音是個由物體震動而產生的類比訊號，其四個基本的物理特性為：＿＿＿＿＿＿、＿＿＿＿＿＿、＿＿＿＿＿＿以及發聲源與接收者的相對位置。

（請沿虛線撕下）

## 三、問答題(每題10分)

1. 列舉三種雲端運算常見的服務類型？

2. 何謂資料壓縮？為什麼我們要做資料壓縮，有什麼好處呢？

3. 試解釋資料壓縮的兩種類型：保真（lossless）壓縮和失真（lossy）壓縮。



4. 簡述「鴿籠原理」（Pigeonhole principle）。